U0394646

Rubiaceae

Coffea arabica l.

咖啡植物

咖啡的疗愈功能来自它独特的风味和香气，
是"大自然实验室"中纯粹、安全且有益的兴奋剂。

奥斯曼帝国的咖啡馆

从 15 世纪开始，人们便聚集在咖啡馆里喝咖啡、聊天、玩棋盘游戏、听故事和音乐、
讨论新闻和政治等，在奥斯曼帝国，咖啡馆曾被称为"智慧学校"。

享受咖啡

18 世纪的德国，因所有人都在饮用咖啡，导致巨额金钱流向国外，
腓特烈大帝曾试图让咖啡成为一种"上流社会"的饮料来限制人们饮用咖啡。
咖啡变成一种奢侈品，只有富人才买得起。

送咖啡的少女

图为约翰·弗雷德里克·刘易斯的东方主义画作,画于 1857 年。

画面描绘了一位青春朝气、形象美好的少女,她端着咖啡托盘徐徐走来,

伴随着愉快的基调,我们仿佛闻到了咖啡香气,有一种浮生若梦、唯美浪漫的感觉。

波斯咖啡馆

在波斯咖啡馆里，诗人和历史学家坐在高脚椅上发表演讲，讲述讽世的故事，
同时拿着一根小棒子把玩——采用与英格兰杂技演员和变戏法的人完全相同的手势。

夜间的露天咖啡座

　　图为文森特·梵高星光三部曲中的一幅作品，描绘了阿尔勒一家咖啡馆的室外景色，画面温暖明丽，呈现一种恬适闲逸的氛围。不论白天或夜晚，人们都能从咖啡中获得乐趣，哪怕是欣赏过往行人的人生百态消磨时光，更何况这么美好的夜晚啊。

夜晚的咖啡馆

图为文森特·梵高的作品，
夜晚的咖啡馆不仅是欢乐的场所，还能收留所有无处可去的不快乐的人。

在咖啡馆中读书的女人

19 世纪的巴黎有非常多的咖啡馆，
知识分子聚集在一些有格调的咖啡馆里喝酒、喝咖啡、听音乐、闲聊或阅读等。
这幅画是印象派之父爱德华·马奈的作品，
画面描绘了一位优雅的女性在咖啡馆里读书，享受阅读时光。

咖啡馆音乐会

爱德华·马奈的另一幅描绘咖啡馆的作品，创作于 1879 年。

当年咖啡馆经常举办音乐会，可以为顾客营造出一种文化艺术的氛围。

画面中是一位年轻女人在对着一群欢乐的人们歌唱。

洛东达咖啡馆里的知识分子

这幅画是意大利画家塔利奥·加巴里的名作，创作于 1916 年，
展现了当年咖啡馆内的生动景象，咖啡馆中聚集了一批极具才华的作家、诗人与画家。
在海明威《流动的盛宴》中也曾描写过洛东达咖啡馆，这里是文人与艺术家们的大本营。

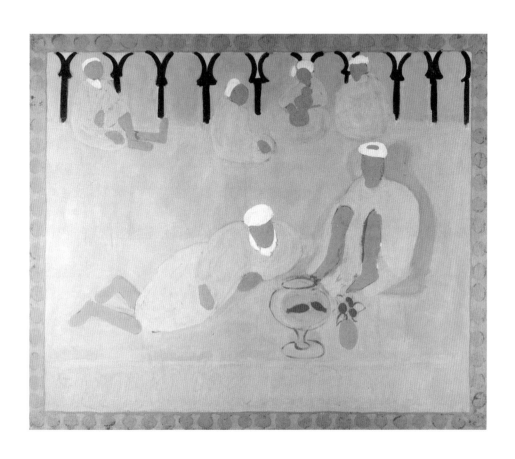

摩洛哥咖啡馆

这幅是亨利·马蒂斯的作品，

咖啡馆中几个穿着阿拉伯民族服饰的人，或坐，或躺，或远眺，或冥想，

画中心的两个人望着鱼缸中的金鱼，画面和谐、宁静，简洁的线条和清新的配色，

带给人一种安静的氛围，或许这就是咖啡的魅力。

喝咖啡的女人

这两幅画都是德国表现主义艺术家恩斯特·路德维希·凯尔希纳的作品，

描绘了柏林咖啡馆中喝咖啡的女人，

她们一边品尝咖啡、一边聊天，一起度过愉快的时光。

在咖啡馆里

艺术家图卢兹·劳特累克笔下的蒙马特咖啡馆，
带有一层挥之不去的暧昧色彩，咖啡馆中形形色色的艺人与客人们过着纸醉金迷的生活。

土耳其咖啡馆

一间土耳其咖啡馆的陈设是最简单的，仅有提供咖啡的吧台和享用咖啡的空间。

在远离喧嚣的僻静处享用咖啡甚好。

这两幅画是德国表现主义画家奥古斯特·马克的作品。

上海咖啡馆舞者

画中描述了 20 世纪早期位于上海的一家咖啡馆里的场景。

自清末以来，咖啡文化都不曾淡出过上海滩，

即便是资源匮乏的年代，老上海人家里的炉灶上，也仍然会煮着咖啡。

这幅作品是日本画家山村丰成的作品。

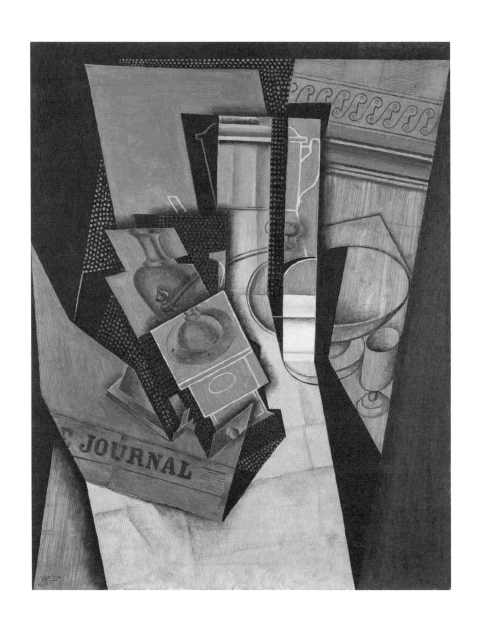

早餐

画面中可以看到一个打开的带有把手的咖啡研磨机和咖啡壶的轮廓，还有当天的报纸。这幅画作是西班牙艺术家胡安·格里斯的作品，名为《早餐》，咖啡代表了一天的开始。

向这世界最非凡的饮料致敬！

咖啡的世界史

ALL ABOUT COFFEE

［美］威廉·乌克斯／著

华子恩／译

海南出版社

·海口·

本书中文译稿由中国台湾台北柿子文化事业有限公司正式授权，以中文简体字在中国大陆出版发行。

版权合同登记号：　图字：　30–2023–092 号

图书在版编目（CIP）数据

尚：咖啡的世界史 /（美）威廉·乌克斯
（William Ukers）著；华子恩译. –– 海口：海南出版
社，2024.9
　　书名原文：All about Coffee
　　ISBN 978–7–5730–1554–9

　　Ⅰ．①尚… Ⅱ．①威… ②华… Ⅲ．①咖啡 – 文化史
– 世界 – 普及读物 Ⅳ．① TS971.23–49

　　中国国家版本馆 CIP 数据核字（2024）第 043811 号

尚：　咖啡的世界史
SHANG: KAFEI DE SHIJIE SHI

作　　者：［美］威廉·乌克斯
译　　者：华子恩
责任编辑：刘长娥
特约编辑：程培沛
责任印制：杨　程
印刷装订：北京汇瑞嘉合文化发展有限公司
读者服务：唐雪飞
出版发行：海南出版社
总社地址：海口市金盘开发区建设三横路 2 号
邮　　编：570216
北京地址：北京市朝阳区黄厂路 3 号院 7 号楼 101 室
电　　话：0898–66812392　010–87336670
电子邮箱：hnbook@263.net
经　　销：全国新华书店
版　　次：2024 年 9 月第 1 版
印　　次：2024 年 9 月第 1 次印刷
开　　本：787 mm×1 092 mm　1/16
印　　张：45.75
字　　数：655 千字
书　　号：ISBN 978–7–5730–1554–9
定　　价：188.00 元

推荐序

苦香的精神慰藉
——咖啡：为启蒙运动提神

"在人类的文明进程中，仅仅三种非酒精性的饮料脱颖而出，分别是由茶叶、可可豆，以及咖啡豆的萃取物制作而成。"

"这三种饮料都曾被认为与合理的生活方式、更为舒适的感受与更好的振奋效果有所关联。"

让我们倍感荣幸的是，作者在本书中，以坚定的数据告诉世人：茶饮第一，咖啡第二，可可豆第三。

人类的舌尖已给出答案，茶也是中国人开门七件事儿中的最后一件。"柴米油盐酱醋茶"，"柴"是第一位，解决物质能源问题；"茶"是最后一位，为人的精神活动提供能源。

我们被时间"间"在哪里？古往今来，四海八荒，饮茶的唇齿在时空交错中，竟然于舌苔上，偶遇了咖啡的苦韵芬芳，心甘情愿地让渡了一部分愉悦的感知，来熨帖咖啡的深情。《尚：咖啡的世界史》则倾情让渡了作者的倾情，为我们打开了咖啡世界的飞霞流云，驱散了雾里看花的隔岸花影，将我们引入咖啡之舟。读书，品咖，抵达彼岸风景，咖啡是最好的摆渡人。

茶似邻家青瓦碧玉，如雨巷里滴答的油纸伞；咖啡则在街巷转角处送往迎来，送走晨曦的清爽，迎来黄昏的忧伤。

历史从不缺乏食物，因为历史从不挑食，可历史学家挑食。本书作者美国人威廉·乌克斯先生就以咖啡作为他历史叙事的载体。

而在茶故乡，我们则怀拥苦涩之美的清茶滋味，走进作者的咖啡叙事文本，去试探苦香袅然的人之精神宝藏。

也许就像以咖啡之苦香浓郁去品清茶一样，而以茶的苦涩回甘去品咖啡之苦香，竟会生成一种"居间"的精神状态，各自欢喜，各奔前程。难怪威廉·乌克斯几乎拿出了中医的嗓音向人类倾诉，"咖啡的药用功能几乎和茶匹敌"了。其实，它们拥有更高级的药用价值，那就是以苦攻苦，以疗愈人的精神之苦。

当有苦不必说出时，茶和咖啡在舌尖上握手言和了。茶之苦，转瞬为清甜，留香唇齿；咖啡之苦，则转化为浓香袅然，回荡满口。这一对苦命的欢喜冤家呀，如并蒂莲，它们所蕴含的真理成分，完全可以定义它们的内涵之苦，可与人的精神相通。

人生之苦，莫过于精神从高昂趋于沦陷之际，愿你桀骜于苦涩的执着，给予人类以苦香回甘的精神慰藉。

一、咖啡——知识分子饮品

进入本书，我却为几幅咖啡主题的油画所吸引。其实，这几幅画，皆因其非凡出众而众人皆熟。不过，在咖啡的世界史上，当它们以独白的意识流登场时，便格外令人耳目不仅一新，还心为所撼了。

它们，可不是来书中叨陪末座的，画面与文字的知遇场景，将我们引入更深层的阅读在场感，追随苦香的浓郁回归内心，借助内在之光，有幸看到了咖啡参与人类精神成长的过程。

这不仅是一部关于咖啡在大洋上鼓满风帆的世界史，还是咖啡屡经坎坷的受难史、传奇冒险的浪漫史以及因咖啡而派生的文艺史、艺术史；当然还有围绕咖啡的经济利益史，商业成功带动相关行业的兴盛史，因咖啡而生的社交礼仪史、社会史等等，等到浩如烟海之细微支脉如汩汩山溪，但取一瓢饮，以解探奥咖啡精深渊博之焦渴。而那一瓢饮便是我们更为在意的咖啡与人类心灵的关系史，以及人类痴迷"心灵兴奋剂"这一天堂魔豆的解密史。

"送咖啡的少女"如晨曦，当她光芒万丈地迈进19世纪的门槛时，人类忧郁的精神之隅，便有了一缕苦香之光。

寂静有时如此深邃，可以让你听到孤寂在"夜晚的咖啡馆"里沙沙作响。那时，只有咖啡馆，还泛漫着一丝苦香的慰藉，收留那些个发呆的站立，留下自我蜷曲的哀伤。同样被咖啡馆收留的文森特·梵高，就坐在"夜晚的露天咖啡馆"的一个角落，任凭孤独与寂寞轮流坐庄，画家的内心也许被一杯咖啡占据了。

我有咖啡，你有艺术之灵，交换吗？成交。

一颗浩瀚的灵魂，散发着苦香，在一间小小的咖啡馆里，便给出了辽阔的天空，以皎然的星群，以静谧的深蓝，然后，投入温暖的光调里，品味咖啡的苦涩意味和命运的凹凸质感。

再也没有比画家笔下的咖啡苦味，更能令人在卑微时态慢慢地调试并勾勒自我的了，这里没有社交，只有不同灵魂的展示。

梵高曾给提奥写信说：所谓"午夜咖啡馆"，就是收留付不起住宿费或烂醉如泥的夜游的流浪汉，他们到处被拒之门外，但他们可以在这里落脚。我想在这幅画中，表现咖啡馆是一个供夜游人堕落、丧失理智或犯罪的地方，我努力想把这一切呈现出来。

但他的敏感再现，还是还原了午夜咖啡馆的来自星空的原力，袅然的苦香入口，便已然化解了白天带给一切的伤害。对于梵高来说，咖啡馆的艺术腔调，或与美术馆不同，它氤氲的苦香气味可以熨帖情感，有一种深邃的救赎力量，而美术馆只管贴标签。

人的灵感维度不同，倾注灵魂的截面也不同。

历史进入 19 世纪，法兰西知识分子们总喜欢在塞纳河右岸，围绕苦香袅袅的咖啡谈论他们的时代话题。"洛东达咖啡馆的知识分子"，便因邂逅了时尚之都对咖啡的宠溺，竟在咖啡馆里刷出思想和艺术的新高度。有海明威作证，他在《太阳照常升起》中写道：你在塞纳河右岸要司机开往蒙帕纳斯无论哪个咖啡馆，他们总是把你送到"洛东达"。

主人很重要，若无"洛东达"主人，也就没有"洛东达咖啡馆"了。主人是一位善良的胖老头，瞧那些"穷酸鬼怪"——诸如艺术家、诗人、文人，三五成群而来，他虽难以理解，但没钱的时候，他总能给予他的这些老主顾一些苦涩的照顾，偶尔也会用很少的钱购买他们一两幅画，更多的时候，任凭他的主顾们，在桌子上放一只空杯，等待那爱管闲事的乐施人，施舍一杯咖啡。

他们也喝廉价的苦艾酒，苦艾草芳香微苦，可以愉悦或微麻神经，而咖啡苦香则反其道而行之，非要唤醒苦艾酒带来的沉醉而不可。世间之事，但凡凑趣，就能成就一个历史桥段。

看看罢，有了苦咖啡提神，苦艾酒便是同道了。

那时，咖啡馆要遵循巴黎警规，午夜 2 点必须打烊，凌晨 3 点重启咖门，店主为关照无家可归的流浪艺术家或文人学者，尽量拖延打烊，却以庇护无政府主义者的嫌疑被迫变卖。

如果说咖啡的苦香气味，是一座城市的灵魂，那么诗人、画家、哲人、文人，便是那灵魂悠然绽放的苦香之花。他们在"洛东达"的苦香缭绕中，用各自获启的灵感和思想，编织了文艺沙龙的玫瑰花环。因此，装点塞纳河左岸右岸的并非仅仅是时尚的小资文艺腔调，还有锋芒毕露的、带有先锋锐气的思想风景，19 世纪的欧洲，在咖啡馆里，已经散发出一杯理想政治的苦香了。

二、咖啡馆——"一便士大学"

我们要感谢咖啡对人类精神的馈赠，因为，从此咖啡就已经与理性、思想以及思考人类命运的事业密不可分了。

早在 17 世纪，英国就发生了光荣革命，确立了君主立宪制，毫无疑问它们的兴起，与咖啡在大不列颠迅速流行密切相关。

那时，英伦岛上的所有咖啡馆，都以伦敦咖啡馆为范，苦香袅然，荣升为思想俱乐部，被称之为"一便士大学"。

那时，伦敦已有 2000 多家咖啡空间，而任何一个空间，都会被熙熙攘攘利来利往填满，但从不失其规矩和体面。

人们呼朋引类，只要付出 1 便士或 2 便士，便可以端着一杯浓香的咖啡或一张报纸，充分享用谈话的机会和各种谈话投递来的知识、思想等有营养的资讯。英国人非常喜欢这类咖啡馆，昵称之为"由谈话构成的学校"，坊间流行，曰"一便士大学"。

学费 1 便士，一杯咖啡或一杯茶，2 便士则包含了报纸和照明费用等学习用品，在进入或离开咖啡馆的时候，将钱留在吧台上，所有的人都可以来咖啡馆，参与机智且精彩的对话。

一便士大学时代，人民厌倦了斯图亚特末代王朝的恶政，急需一个公共集会的场所讨论重大议题，咖啡馆因此而成为了街头议会，集思民意，广益民心，终成民主，英国人民为争取政治自由所作的努力，事实上，是在咖啡馆里孕育并获得胜利的。

这便是一便士大学的由来，当时流传的吟诵：

> 多么优秀的一间大学啊！我想不会再有比这里更好的学校了；在这里，你将有可能成为一位学者，只要花费 1 便士。

接下来，连英国人的后生——美国人，也开始喝这款革命性的饮料——咖啡了，这就让唱民主高调的英国人头痛了。

18 世纪，美国波士顿发生"倾茶事件"，为抗议英国政府的茶叶税法，在茶叶党人的引领下，美国人宁愿放弃茶饮，也不愿再给殖民者上缴茶税，转而开始亲近咖啡，咖啡"挤掉茶叶"，荣登美国早餐桌上的王位，更令人仰慕的，还不是纽约人的早餐，而是市政议会开到咖啡馆里。

美国人的独立战争，从喝茶开始，到以喝咖啡告终，这两款饮料，提神醒脑，应运而生，不但提神了欧洲启蒙运动，成为理性时代到来的标配饮品，还提醒新大陆发表《独立宣言》。

三、咖啡也有革命的履历

咖啡的进展令人欣慰，它不但在英、美不停地萃取新鲜的苦香，还在法国荣获青睐。当时法国，作为欧洲启蒙运动中心和"中国热"的发动机，都有咖啡的参与，接受"太阳王"的催化。

咖啡经由土耳其来到法国，方一登陆，便经历了两场革命。

一场是由太阳王路易十四发起的被"中国热"主导的餐桌革命，那是他在过度奢华后为缩减宫廷开支而发动的用"中国热"来掩盖的革命，他主动撤下餐桌上的银质餐具，代之以仿制中国的瓷器，并以此号召全法国的贵族们，以至于竟然风靡欧洲。

民生之大，莫过于食物；而食品安全，重在餐具。欧洲中世纪瘟疫频仍，人皆熟知，其中原因就同用餐具有关。

银质餐具，因其昂贵而难以普及，仅限于贵族使用，而陶、木餐具，则因其粗糙，百姓日用，但难免藏污而滋生病菌，并传播疾病，以至流行，成为困扰欧洲餐饮进化中的"疑难杂症"。

直至 17 世纪，路易十四以其餐桌革命，普及中国瓷器于欧式餐饮，以此护生欧洲人，故当土耳其使贡咖而至，便正好赶上这一波餐饮革命，咖啡被送上太阳王的餐桌，与中国瓷器相结合。

它们结合的第一个产品，应该就是咖啡杯吧？

咖啡从阿拉伯来，咖啡杯也跟着从阿拉伯来，尤其是青花瓷的咖啡杯，应该从阿拉伯来，但出现在路易十四餐桌上的那只咖啡杯，却非由阿拉伯人转手，而是由法国人自己仿制的。

因为早在 1650 年，法国就烧制了青花瓷，不过，因未使用高岭土，故其仿制，尚属于软质瓷，但不妨碍上餐桌。

与中国瓷器一结合，咖啡在法国就趁着"中国热"流行了，在华丽而精致的洛可可风格里注入精神的苦香之旅。

其时，路易十四的餐桌革命，除了倡导止奢入俭，以宽财政，还有一个更大的考虑，那就是通过餐桌革命，发展法国的瓷器产业，以此产业，增加国民收入，从根本上改善其财政。

何以见得？以瓷器价格，当时制瓷产业之于欧洲，堪称奢侈品行业，可以赚大钱。据说，萨克森公国选帝侯奥古斯特大帝，就曾用一队骑兵和波斯商人交换过 48 件中国瓷花瓶。

毕竟是太阳王，个子虽小，却光芒万丈，与中国皇帝康熙交辉相映，互致问候，同时，还派去传教士，也就是殷弘绪，前往景德镇。殷弘绪在中国一住 10 年，掌握了制瓷全套工艺，然后回国。

尽管如此，法国制瓷还是缺了一项，那就是高岭土，后来，人们在法国南部城市利摩日（Limoges）附近发现了高岭土矿。

到了路易十五时期，生产要素都备全了，从餐桌革命到产业革命也就完成了，来自中国的瓷器和来自阿拉伯的咖啡，被法国人用一种洛可可式的艺术品位和风格统一起来畅销欧洲。

就这样，法国人喝咖啡，从路易十四喝到路易十六，终于喝出了另一场革命，那就是从启蒙运动喝到法国大革命。

虽然洛达东咖啡馆被迫关闭，但历史不会终结。

有人就会有时间，有时间就有历史，咖啡何罪之有？整个巴黎就是一间咖啡馆，在人类思考的时候，它配给了最激进的饮料角色。每一个街角迎面扑来的都是思想与咖啡密谋的热风，而且无需经过袭然出神的试炼，深邃而清醒的头脑，人人得而有之，把一座巴黎人自己的城市打扮成艺术、时尚和革命的前卫之都。

关于法国人的格调，革命是时尚的，就像那只误食了咖啡果实的阿拉伯老公羊，突然闪失了威严与庄重，却收获了羊仔一般的撒欢的活力，优雅继续，在咖啡馆打磨拉花新艺术原则的灵感，用唱歌、绘画、约会、写诗，疗愈间歇式疯狂时代的后遗症。

思想的黎明时分充满理想，而暮年之际又被理念拘围。被驯化的思想往往缺乏主心骨，传统给出的答案，要么过于深奥，要么不合时宜，世界愈发面临分歧，人类以往的认知结构愈发显得捉襟见肘，困惑与焦虑必将会像海边的浪潮将人们再次推进咖啡馆，审美和艺术会教会我们如何寻找在审美中达成共识。

咖啡天生反骨，苦香总有一股抗俗的执拗，散发叛逆的气息，与时人捶胸顿足倒立反思"人类不平等的起源"一拍即合，合成一味"社会契约论"的药方。大革命时代，一家法国杂志就曾宣称："名流沙龙代表的是特权，咖啡馆代表的则是平等。"艺术与平等成为法国咖啡的标签，象征艺术与平等的女性形象开始刷新咖啡馆的气质。

四、咖啡通往街头

马奈放下男人的宏大话题，画"咖啡馆音乐会"以及"在咖啡馆中读书的女人"的画题，定位了女性与咖啡的审美关系，精致而细腻，令咖啡之苦，如沉鱼落雁，嫣然折服于杯底。

凯尔希纳画"喝咖啡的女人"，暗示了咖啡馆为女性提供公共空间的时代意义，如今这一老话题仍然年轻，你说呢？

野兽派的马蒂斯，稍微抖了抖他的艺术机灵，就把咖啡的话题转移到"摩洛哥的咖啡馆"上，画风天真朴拙，色块单纯简洁，却有一股疗愈的回天之力，将咖啡拉回自我的本色，单纯、平静、放松、快乐，人与咖啡共氤氲，共享精神性闲暇。

什么是"精神性闲暇"？我们暂且回首端详一会儿古希腊。"闲暇"之于古希腊，是"学校"，比它更早的米诺斯文明和迈锡尼文明，并不缺少物质享受，感官方面也时尚风流，但它们却不曾有过"闲暇"。闲暇是一种自由人的状态，是自由人的身份标志，是自由支配自己的时间的人，他们不受资本、权力、主义、教条的支配。

"闲暇"的精神性，表明"闲暇"是一种精神生活，而"学校"则是过精神生活的场所，是古希腊人的一种生存状态，同时也是他们的生存空间和思想空间。因此，"学校"无处不在，在广场、在剧场、在会场、也在体育场。古希腊人有了"闲暇"就到"学校"去，他们在"学校"里"求知"，还在"学校"里"娱乐"，他们从"闲暇"中收获了两个文明成果，一个来自理性化的"知识"体系，一个出自心灵的"娱乐"方式，两朵花儿异趣而有趣。

还是忘了犬儒学派吧，可是一谈到"闲暇""广场"和"学校"，我们还是忘不了那位伟大的"自由的野狗"——第欧根尼，忘不了他在人类思想史上投下的那一个巨大的惊叹号！

2000年前，青春王者亚历山大大帝在科林斯城街头的广场上，邂逅了行乞者第欧根尼。他正躺平在破木桶里，就像躺平在天地间人类初生时的产房，不但晒着免费的太阳，而且无视这位希腊化世界之王。王者自报家门："我是亚历山大。"他躺言："'野狗'第欧根尼。"大帝问："我能为先生效劳吗？""野狗"依然躺着："不要挡住我的阳光。"大帝又问："难道你不怕我吗？""野狗"反问道："你是什么东西，是好东西还是坏东西？"大帝说："当然是好东西。""野狗"懒懒道："有谁会害怕好东西呢？"大帝叹："我若非亚历山大，即为第欧根尼。"

就这样，这位犬儒派大哲与亚历山大帝东一句、西一句地抖着自由的机灵，惹得大帝一时涌起做"野狗"的冲动。

如果当代愤青的梵高遇到快乐的"野狗"第欧根尼，又会发生什么呢？试想一下，他会将流落街头的第欧根尼，带到他常去的那家咖啡馆吗？当然会！坐下后，在桌子上，摆放两只咖啡杯，他会像收留其他流浪汉一样，将第欧根尼收留在他的"夜晚的咖啡馆"里，这就是古希腊人的快乐与梵高的忧伤之别。

如果能到中国来，那就更好啦！他们来到哪一家，就会给哪一家带来幸运，没有人像亚历山大那样去帮闲，问——你需要帮忙吗？"有朋自远方来，不亦乐乎"！别担心，一切都会安排好。

更为有趣的是，会有文化中国的公民们，从天南地北，四面八方，闻讯而来，来干什么？来聆听，聆听他们对话。

他们一边品味着欧洲启蒙运动中就已流行的那款饮料，一边为中国的文艺复兴提神，从一个人的文艺复兴，到每一个人的文艺复兴，一个都不能少——从文化个体性到文化人类性！

然后，在游历文化的江山时，让另一个问题涌上了心头：是像李白那样走读江山，还是像第欧根尼那样流落街头？此二人者，各尽其妙，一个"天子呼来不上船"，一个别挡着我的日头！

梵高提议：还是去喝一杯吧！于是，步入林下咖啡书屋，云绕林间，花满山川，喝一杯，"上下与天地同流"，这还是头一回，在文化的江山里，体验了古希腊人的"精神性闲暇"。

他拿起画笔，支起画架，大雄峰上，重启"夜晚的咖啡馆"，高天流云下，星汉灿烂中，李白与第欧根尼同框了。

酒酣而不醉，就因为有此咖啡一杯，李白也就不用随波逐流，逐月而去，而第欧根尼也可以一边晒太阳，一边喝咖啡，虽然历史不能回头，但我们仍然希望有一种文化将他们融合。

当历史上两颗高级的灵魂再次发生碰撞时，必将激荡飞溅人类的精神之光，呼唤出人类思想的极光品质，照耀历史的地平线，喷涌着令人类每每回顾时都会让灵魂泪目的历史高潮。那高潮，犹如梵高画笔下"燃烧的星空"化为"吾心的宇宙"，被一缕灵魂习习的苦香之旅穿透，能助诗仙走读江山、乞哲流落街头。

五、咖啡的闲暇底气

当咖啡传入欧洲，古希腊人那一粒"精神性闲暇"的广场种子，便被植入咖啡馆里，闲暇意味着学校也可以是在咖啡馆。咖啡里有精神的可卡因、思想的兴奋剂和灵感的触手。以闲暇入咖啡，以咖啡馆为学校，将古希腊人外向性的广场内化到咖啡馆里，于是，一枚咖啡小屋，化为灵魂地标——"一便士大学"。

有人常说，城市不是安顿自己的居处，而是人欲竞争的职场，但城市有咖啡馆，人欲横流处，就有了一个歇脚的地方；万丈红尘中，就有了一个宁静致远可达"诗与远方"的驿站。

若要安顿自我，不妨去咖啡馆坐坐，手擎一杯咖啡犹如与一位沉默的牧师相对，不，它比牧师还懂精神的乡愁，它治愈的不是身体，而是心灵深处的淤积，而且是信仰级别的清污。

"上海的咖啡馆舞者"，也是一座闲暇的学校。

人们在这里，学习西化的一切，咖啡进入中国，随欧风西雨而来，它虽非"师夷长技以制夷"的主科目，但一杯有灵魂的咖啡，绝不会干旱，它会下雨，将西雨落在东土，每一滴雨都是一颗咖啡豆，落地生根，在人类性、普世性的土壤里，它摇曳生姿，点燃了清茶的心灵，携手灼烫每一个即将堕毁的冰冷。

任何时候，咖啡都是能点燃他人情绪的饮料。

日本画家山村豐成，在一家清末民初的上海咖啡馆里被点燃了，咖啡馆里的舞者，则被他的色彩奔放的画作点燃。

自有咖啡以来，咖啡就成了海派文化的标志，不管出现什么风波，无论怎样穷迫，咖啡馆在上海滩从未逃离过。

有一杯咖啡做底气，画家笔下的上海咖啡馆的记忆，便不再发黄，怀旧的底调，也十分的时尚鲜艳，似乎隐喻了西学仍然是我们今天非常新鲜的课题，一如咖啡时尚鲜艳的气质。

时尚鲜艳，表达为三种情绪，咖啡自身带来的品物情绪，咖啡隐喻延展的异域情绪，还有大城市名利场以及浮世绘式的西洋市井情绪，如此种种，皆皆沉淀为大上海的固有腔调。一百年过去了，如今咖啡天赋异禀的苦香气，已非异国情调的浓郁所能解读，它已斐然于中国的大街小巷，与茶一样温暖人间，无论市场上推出饮品千百款，咖啡与茶总能以人类灵魂的"小棉袄"胜出。

我们对于咖啡的兴趣，已然习惯于扑鼻而来的苦香袅袅，多半人是为了疏解人生之惑于世俗的忧愁，还有少半人盎然于神秘甘美的缭绕，以安享其内在超越的精神通透，更小一众人则在遭遇困境时，因其独嗅含苦的芬芳，而以苦涩的美感偶然幸遇命运之契，豁然重启如咖啡般的命运经历，为自己再造一个苦香氤氲的人生以体验创世，获得一个被高压萃取后拥有质感的苦香人格。

若更有幸者，记忆深处被这份苦香唤醒了盘古开天辟地、女娲抟土造人的创世之崇高感以点缀新生的启程，再造一个回归初始的自我也不是不可能。完全有可能，在一个醉态的时间里，被一杯咖啡焕然为一中西合璧、古今合璧的彬彬"璧人"。

这当然是对一粒咖啡豆的"诗与远方"的解读，人类历史无比精彩，当我们喝着咖啡时，就难免将那一粒粒咖啡纳入到历史中来，不经意地赋予其无限可能的历史性的时间和空间。然后，终归还要面对自己，便从光昌流丽令人流连忘返的人文场景中如孟子所言"收放心"了，于是，带着自愈的心情，各奔东西。

泡咖，是调试情绪的艺术，讲究如何把情绪调理到完美在线。那么，咖啡有内涵吗？当我们拿起一杯咖啡，边嗅边品时，愉悦之余，都会发出这一让常识顿感困扰的问，问向灵魂。

品咖时，我们有一种感觉，咖啡似乎能触及人的灵魂，但灵魂是什么？不知道！我们只晓得它是人最重要、最宝贵的东西，决定了人之所以为人，想要了解它，就得提问题，让问题带你接近灵魂，而咖啡则是问题的催化剂，喝着喝着，问题就来了。

那么，咖啡有内涵吗？唯有精神与咖啡碰撞过的人、喝着咖啡而享受"精神性闲暇"的人，才能抵挡惯于庸常的眼神儿，因为，他们能"反求诸己"，活在自己的内涵里。

不要说是植物，这世界所有物种之属，唯有人才是有内涵的生物。内涵，指人的内在涵养，是人的精神生活指数。

有内涵的人，都是要过精神生活的，而精神生活的动力，来自人的内需，"吾心即是宇宙"，这是多大的内涵，有多大的内需？所以，喝咖啡，也要"反求诸己"，喝出"吾心"来。

当"吾心"觉醒时，自然就赢得了一份人格丰美的阔气——"自由之思想，独立之精神"，还有比这更阔的吗？

六、咖啡的吾心内涵

张载言："为天地立心，为生民立命。"所谓"立心"，立的什么"心"？当然是"自由之思想，独立之精神"；所谓"立命"，立的什么"命"，还是"自由之思想，独立之精神"。

或问：这么大的问题，一杯小小的咖啡，它能担待得起吗？担待不是咖啡的事，咖啡的作用，是有助于提出问题。

在咖啡上"反求诸己"是一种形而上学的精神操练，必须喝出人生哲学的味道，才能追随先贤去过一种精神生活。

而咖啡之内涵，亦因其与人的"精神性闲暇"有关，故其特有的物质属性也发生了相应的变化——物质变精神。

如果说咖啡有内涵，那就是指咖啡特有的物质属性，而事物的特有属性是客观存在的，它本身虽非内涵，但其特殊的物质属性——苦香，却能于宇宙某一瞬间，突然激发某人的灵感，调动其生命潜力，将有颜色的情绪和有声音的思考——这些具有内涵质地的生命情调，无保留地与其苦香共氤氲，恍若苦到了底始闻真香的换命知己。

知己互为天堂，那是一种诗的韵味，在倾诉衷肠时悠然升起……啊！那被你抿入口腔的苦香，在自己的虚无中，掩埋了你的叹息，以孤独的丰硕，融入你的虚无，消解了你在无人倾谈的沦落中怀拥的自卑、自大、怨恨、嫉妒的小情绪，与你沉默式的畅谈人间不能倾诉的冥想，以弥补无可慰籍的仓皇。

当我们确定了一个人与一杯咖啡的"精神性闲暇"关系时，"闲暇"就会应约而来。"闲暇"，是一种"精神性"的开放状态，当你"闲暇"时，那便是毫无设防，与自我赤诚相见，精神也会彰显独特的内涵，做自己的事情，欣然接受自己的不完美，用"你"的美好来使"我"完美。

咖啡最具魅力的成分，即咖啡因与咖啡焦油。

咖啡因是兴奋剂，它能改善体力和心智的能力，而且几乎不会有副作用，咖啡焦油则为咖啡提供了风味与香气。

我们不得不承认，苦是有缺憾的滋味，缺憾是不完美。南宋人在残山剩水中懂得了缺憾的真谛——不完美之美。

南宋人深陷无常之感，他们躲进无常结构的时间里审美缺憾，在浮世不完美的间隙里独自寥落，他们抒怀太吝啬了，只在一角半边里，那么有分寸、有节制的挥洒，成其自我的一个小角落，咖啡馆之于城市亦如此，带着城市文明的缺憾，成其苦香的一角。

不过，真山真水，的确并非皆皆完美，自然的美多半是残缺的美，真实的人与大自然一样的不完美。日本人称这种不完美主义为"倾"，并膜拜为本国的不对称美学范式，珍惜身边的实景，珍惜有时间感的、可供掌控、近在眼前的有缺憾的实物。

缺憾，是人的天性，有如胎记，故人之率性而为，从来都有缺憾。完美，是人定义的某种理想状态，在缺憾中追求完美，这副德性，差点儿误导了我们对咖啡之苦的审美与热爱。

我们习惯漫无目的地受苦，接受那种被教育的受苦，迷失于痛苦的自虐，妄想成就完美。幸好有两千年的清茶之苦涩垫底，在历史深层孕育了苦涩的美感，才会拥有这份对咖啡之苦的清欢，自我意识被回甘与苦香唤醒，在苦与香中选择不在以他者的价值为己鉴带来的痛苦，通往审美领域，而非占领价值领域。

咖啡与清茶之苦，虽然纵浪大化，却令人亲近，因为，对于苦和缺憾，人们不用歌颂，也无法歌颂，只要倾诉。歌颂会疏离，倾诉会靠近。

嗨！自溺于怎样的灵性，才能引起我们对咖啡之苦的种种思考？那种棕色与黑色的交融，萃取的热恋，高贵的光之流动，掩饰了浓郁之苦的精神性内涵，当一口入魂时，它更像一首诗，因了我的苦叹，浮沫下，沉稳的黑金意志，慢慢舒展浓香。

人生的苦味啊，我在唐诗里追逐你的味道，有的；我在宋词里追逐你的味道，也还是有的。有自我意识的人，都会意识到这份苦况的意味，在各自品尝之后，或有特立独行，但所有的特立独行，都要付出自由的代价，自由必须有代价，那代价，就是你疏离了群体意识，群体意识是依赖心，是在既定轨道上漫步。

这世界，还有正义吗？其实，正义早已不在由宏大叙事主导的意识圈里"反复"，而止于每个小事小物的个体性里。喝一杯咖啡，对于世界而言，我仍是一粒浮世之尘，但对于自己而言，我是我的主角，我是我的历史舞台。

若悲观之约，静待苦香，那么清咖一杯，或可提供"等待"和"希望"。然而哪一种未来是我们力所能及的未来？人类总有操控未来的野心，探囊未来，不仅仅在透支子孙的想象，更有窃取未来之嫌。还是把未来留给未来，把未来留给子孙后代吧。那么，当下呢？也不必总想在终极家园里莳弄信仰之花、概念之草，何妨如张潮所言："若无花月美人，不愿生此世界；若无翰墨棋酒，不必定作人身。"若以清咖一杯，对"花月美人"，如此人生也不算"非分之想"吧？

关于咖啡发展的世界史，我们可以多种方式轻易获得，但关于咖啡的心灵史，就有必要与《尚：咖啡的世界史》相处一阵子，本书中，有作者对咖啡许以"幸福"的承诺："咖啡不仅仅是一种饮料，世间男女饮用咖啡，是因为咖啡能增加幸福感——它的疗愈效果主要来自其独特的风味和香气。"因此，他要"向世界最非凡的饮料致敬"！但作者总不能在六十多万字里一遍遍喊口号。

李冬君

2024 年 5 月 24 日

于京郊蛱蝶斋

第二版

前　言

30 年前，为了撰写一本以咖啡为主题的书，本书作者开始了他的首次异国素材收集之旅。随后的一年中，他的足迹遍布各咖啡生产国。在初步调查结束后，多位特派员被委派到欧洲各主要图书馆及博物馆进行研究；此一阶段的研究工作一直持续到 1922 年 4 月。

与此同时，相同的研究也在美国的图书馆及历史博物馆中展开，一直持续到 1922 年 6 月最终考据结果回传到出版社为止。

《尚：咖啡的世界史》初版于 1922 年 10 月发行。单是对书中的素材进行整理和分类，就花费了整整 10 年时间，撰写稿件的时间则长达 4 年。至于与此次第二版发行相关的修订，则持续了 18 个多月的时间。

本书共参考了 2000 多位作者的相关专题书籍，以及 1 万多篇参考文献，并收录了一份涵括 562 个具有重要意义的日子的大事年表。

过去关于这个主题的作品中，最权威的是 1893 年于伦敦发行，由罗宾逊所著的《英国早期咖啡店发展史》，以及 1895 年于巴黎发行，由贾丁所著的《咖啡店及它们的店主》。本书作者希望借由这本著作，对上述两位先驱提供的启发与指引，表达自己发自内心的感谢之情。其余以阿拉伯文、法文、英文、德文及意大利文写成，分别探讨此主题特定方面的作品也被尽数收录在

也门咖啡梯田的山坡剖面图。

参考文献中。本书中的史实，已尽可能地研究并核实了——其中需要花费数月去追踪、确认或证实的项目确实颇多。

自 1872 年休伊特的《咖啡：历史、种植与用途》，以及 1881 年特伯的《咖啡：从农场到杯中物》出版之后，美国便再未出现关于咖啡的严谨作品。上述两本书现今皆已绝版，同样绝版的还有沃尔什于 1894 年出版的《咖啡：历史、分类与性质》。许多关于咖啡的著作都偏重于某一特定方面的介绍，有些还夹带着广告。《尚：咖啡的世界史》是一本全方位涵盖咖啡主题的著作，本书的目标读者不仅包括普通大众，还包括与咖啡产业相关的人士。

最后，本书作者希望对所有在出版《尚：咖啡的世界史》一书时伸出援手的人士表达感谢之意。来自咖啡贸易及工业业界内外的许多人对我们的咖啡知识科学研究都有所贡献，这些善意且无私的合作让本书成为可能。

1935 年 10 月 3 日写于纽约

序

向世界最非凡的饮料致敬！

咖啡不仅仅是一种饮料，世间男女饮用咖啡，是因为咖啡能增加幸福感——它的疗愈效果主要来自其独特的风味和香气！

在人类的文明进程中，仅仅三种非酒精性的饮料脱颖而出，分别是由茶叶、可可豆，以及咖啡豆的萃取物制作而成。

叶片与豆类种子，是全球最受欢迎非酒精性饮料的植物性原料来源。在这两者中，茶叶的消耗量居于领先地位，咖啡豆次之，可可豆位居第三。然而，在国际贸易方面，咖啡豆占据的地位，远比其余两者中的任何一种都重要——非咖啡生产国的咖啡豆进口量为茶叶的两倍之多。

尽管每个国家的情况并不相同，但是茶叶、咖啡豆和可可豆皆属全球性消费原料。在三者当中，无论是咖啡豆还是茶叶，只要其中一种在特定国家取得一席之地，另一种能获得的注意力相对来说便会较差，而且通常很难有改善的空间，至于可可豆，它在任何一个重要的消费国家都未达到广泛受欢迎的程度，因此并未如同它的两位竞争对手那般，出现严重对立的情形。

为了达到迅速"爆发"的目的，人们仍会诉诸酒精性饮料及通常以毒品和镇静剂等形式存在的伪兴奋剂。茶、咖啡和可可对心脏、神经系统和肾脏而言，都是货真价实的兴奋剂；咖啡对大脑的刺激性更大，对肾脏也更为刺激，而茶的作用介于两者之间，对我们身体的刺激较为温和。

这三种饮料都曾被认为与合理的生活方式、更为舒适的感受与更好的振奋效果有所关联。

咖啡的吸引力是全球性的，几乎所有国家都对它推崇备至。

咖啡已经被认可为人类生命的必需品，不再只是奢侈品或一种爱好，它能直接转化为精力与效率——咖啡因其双重功效（令人愉悦的感受及它所带来的工作效率提升）而被人们喜爱。

咖啡在世界各文明区域人群的合理饮食中占据了重要地位。它是大众化的——不仅是上流社会的饮品，也是全世界无论从事脑力或体力工作的男男女女最喜爱的饮料，并被赞誉为"最令人愉快的人体润滑剂"和"自然界中最令人愉快的味道"。

然而，从未有任何一种食用饮品像咖啡那般，曾遭受过如此多的反对。尽管咖啡通过教会引进而面世，并且还经过医学专业的认证，它仍旧遭受了来自宗教人士的盲目排斥（17世纪，有些天主教修道士认为咖啡是"魔鬼饮料"，怂恿当时的教皇克莱门特八世支持抵制咖啡运动，但教皇品尝后认为可饮用，并祝福了咖啡，这才让咖啡得以在欧洲逐步普及），也受到医学界的不公正对待。

在咖啡发展的数千年历史中，它遭遇过猛烈的政治对立、愚蠢的财政限制、不公平的税则与令人厌烦的关税，但皆安然度过，大获全胜地占据了"最受欢迎饮料"目录中最重要的位置。

然而，咖啡的内涵远远超出了一种饮料，它是全世界最重要的辅助食品之一，其他的辅助食品没有任何一种在口感和疗愈效果上能超越咖啡，而咖啡具有疗愈效果的心理学效应则来自其独特的风味和香气。

世间男女饮用咖啡，是因为咖啡能增强他们的幸福感。对全人类来说，咖啡不仅闻起来气味美妙，尝起来也十分美味，无论未开化社会还是文明社会的人们，对其神奇的激励特性都会有所反应。

咖啡精华中最主要的有益因子，是咖啡因与咖啡焦油。

咖啡因是主要的兴奋剂成分，它能改善体力和心智能力，而且几乎不会有副作用。咖啡焦油则为咖啡提供了风味与香气，那种令人无法形容的、让我们透过嗅觉紧紧追随的来自东方的芬芳气味——是咖啡的主要成分之一。此外还有一些其他的成分——包括咖啡单宁酸，它与咖啡焦油的组合，赋予了咖啡极佳的味觉体验。

1919 年，咖啡获得针对它的特别赞誉。一位美国将领说，咖啡身为三大营养必需品的一员，与面包和培根一样享有协助协约国赢得世界大战的荣誉。

和生命中所有美好的事物一样，喝咖啡这件事也有被滥用的可能。对生物碱特别敏感的人，对茶、咖啡或可可的摄取确实应该有所节制。在每个生活压力高的国家中，都会有一小群人因为自身特定的体质而完全无法饮用咖啡，这一类人属于人类族群中的少数。有些人不能吃草莓，但这并不能成为给草莓定罪的理由。

已故的托马斯·阿尔瓦·艾迪生曾说，吃太饱可能导致中毒；霍勒斯·弗莱彻相信过量饮食是导致所有疾病发生的元凶；过分沉溺于食用肉类很可能对我们之中最健壮的人都预示着麻烦的到来……但咖啡被诬告的概率可能比被滥用的概率高多了，全都要视情况而定。多给咖啡一点包容吧！

利用人们因疑神疑鬼而导致的轻信和对咖啡因过敏的问题，近年来在美国及美国境外出现了大批稀奇古怪的咖啡替代品。这些东西真可说是不伦不类！大部分这类事物都被官方认证为缺乏食用价值——也就是它们宣称的唯一优点。

一位对咖啡成为国饮很有意见的抨击者，为了没有一种美味热饮能够取代咖啡地位的事实而哀叹。造成这种情况的原因其实并不难找——咖啡就是无可取代的！已故的"纯食品药品法之父"哈维·华盛顿·威利为此做出了出色的结论："替代品应该要能够履行真品的主要功能，这就和替补兵员必须有作战的能力一样，入伍后领取津贴而开小差的人不能被视为替补。"

本书作者的目标在于为广大的读者讲述完整的与咖啡相关的故事，然而技术上的精确性让本书亦具有极高的商业价值。本书的出版目的，是希望成为一本涵盖所有关于咖啡的起源、种植、烘制、冲煮及发展等各方面重点的有用的参考书目。

好的咖啡，在经过精心烘焙和适当冲泡后，会得到 1 杯甚至连作为老对手的茶和可可都无法胜过的、带有滋补效果的天然饮品。这是一种 97% 的人都觉得无害且有益身心健康的饮品，而且少了它的日子确实会变得单调无趣——咖啡是"大自然实验室"中纯粹、安全且有益的兴奋剂，也是生命中重要的乐趣之一。

写于 1922 年

CONTENTS

目　录

part 1

最激进的饮料，最香醇的黑苦历史！

在咖啡蹿红的历史中，最有趣的一点是，它到哪里都会招来革命，
也会被诽谤，所幸之后会加倍翻红！

part 2

800 年的演进，等一杯理想的咖啡……

从天堂般的魔豆，一步一步地，
变成征服全人类的琼浆玉液……

尚：咖啡的世界史

part 3

老城里的咖啡风情

17 世纪的伦敦咖啡馆被称为"一便士大学"，
摄政时期的巴黎成了一间巨大的咖啡馆，
纽约早期的咖啡馆甚至被用来举行市议会会议……

part 4

向世界宣传咖啡

品尝咖啡能获得真正的愉悦，来杯咖啡是聚会的标配，
准确地呈上咖啡是种品位，宣传咖啡千万不可忽略这三点！

part 5

咖啡是生活美学的灵感泉源

启发诗人、音乐家、画家和工匠的想象力，为世人留下无数伟大而美丽的作品，
让我们在忙乱的生活中，追寻到比 1000 个吻还让人愉悦的幸福感……

尚：咖啡的世界史

part 1

最激进的饮料，
最香醇的黑苦历史！

在咖啡蹿红的历史中，

最有趣的一点是，

它到哪里都会招来革命，

也会被诽谤，

所幸之后会加倍翻红！

第一章

咖啡树来自何方？

> 淡水已经严重匮乏，以至于我必须将分配给我的、那少得可怜的饮水，与承载了我最幸福的愿望及喜乐之源的咖啡树分享。

咖啡生长繁衍的历史与早期饮用咖啡的历史紧密交织在一起，但本章节的意图仅在于讲述产出制成咖啡饮品的果实（咖啡浆果）的咖啡树（咖啡灌木）如何开始种植与成长的故事。

详细的研究揭露，咖啡这种植物是埃塞俄比亚，或者阿拉伯地区的原生植物，咖啡树的栽种则由这些区域扩展至整个热带地区。

人工繁衍咖啡树的起源

第一笔关于咖啡特性与使用的可靠记录出现在公元 9 世纪末，由一位阿拉伯医生写下，而且我们可以合理地推测，当时被发现的尚未经过驯化的野生咖啡树生长于埃塞俄比亚，或许还有阿拉伯地区。

阿拉伯人暗地里做手脚

如果确实如鲁道佛斯所写，由阿拉伯地区向外迁徙的埃塞俄比亚人是在中世纪初进入埃塞俄比亚的，那么他们很可能是带着咖啡树一同迁徙的；不过，阿拉伯人仍然应该因为发现和推广咖啡的饮用而获得赞扬，同样地，即便他们是在埃塞俄比亚发现咖啡树并引进也门，阿拉伯人对咖啡种植的推广也功不可没。

部分权威人士认为，也门咖啡种植的滥觞可追溯至公元 575 年，当时波斯帝国的入侵，终结了阿克苏姆王加列布从 525 年征服埃塞俄比亚后的统治。

毫无疑问，咖啡这种饮料的发现，使得埃塞俄比亚及阿拉伯地区开始种植这种植物，但直到 16 世纪时（当时咖啡似乎在阿拉伯的也门行政区出现），种植都进展得十分缓慢。阿拉伯人小心守护着他们的新发现和有利可图的咖啡产业，除非先以沸水浸泡或晒干的方式破坏种子的萌芽能力，否则禁止任何一颗宝贵的咖啡浆果离开国境；就这样，他们成功地在一段时间内阻止咖啡传播到其他国家。这很有可能是早期在其他地区推广咖啡种植失败的原因——他们后来便发现种子很快就失去了萌芽能力。

朝圣者偷渡咖啡生豆至印度

然而，在每年都有数以千计的朝圣者旅行往返麦加的情况下，监视每一条运输通道是不可能的；也正因如此，在印度传说中关于巴巴·布丹这位朝圣者早在公元 1600 年便将咖啡种植引进印度南部的说法（巴巴·布丹到麦加朝圣时偷偷从也门带走 7 颗咖啡生豆）是有其可信度的——尽管在更可靠的官方说法中，这件事发生的时间是 1695 年。

印度传说讲述到，巴巴·布丹在位于迈索尔山区的希克马格鲁为自己建造的茅草屋旁种下了咖啡种子。短短数年，人们就发现，这些第一批咖啡植株的后代，在当地已存活数世纪之久的原生丛林的树荫下，蓬勃地生长。库尔格和迈索尔原住民种植的咖啡植株中，有很大一部分应该就是巴巴·布丹带来的植株的后代。英国人则是直到 1840 年才开始在印度种植咖啡。现今印度的咖啡农庄由迈索尔最北部一直延伸到杜蒂戈林。

荷兰人成为欧洲种植咖啡的先驱

16 世纪后半叶，德国、意大利和荷兰的植物学家及旅人从黎凡特带回大量关于咖啡这种全新植物和饮料的信息。1614 年，锐意进取的荷兰贸易商人开始考察咖啡种植及咖啡贸易的可能性。1616 年，一棵咖啡植株被成功地从也门摩卡港口移栽到荷兰。据说阿拉伯人在 1505 年之前就已经将咖啡引进锡兰岛，但实际是在 1658 年，荷兰人才在斯里兰卡开始种植咖啡。

1670 年，有人试图在欧洲的土地上种植咖啡，但这项在法国第戎的尝试不幸以失败收场。

1696 年，在当时担任阿姆斯特丹市长的尼古拉斯·威特森的煽动下，印度马拉巴尔地区的指挥官阿德里安·范·奥曼促成了咖啡植株首次从马拉巴尔的坎努尔运送到爪哇群岛。

这些咖啡植株是由从阿拉伯地区传入马拉巴尔的阿拉比卡咖啡的种子发育生长而来的。将这些植株种下的是雅加达附近克达翁邦的总督威廉·范·奥茨胡恩，但这些植株随后因地震及洪灾而丢失。

1699 年，亨德里克·茨瓦德克鲁将一些咖啡枝条从马拉巴尔引进爪哇岛。这一次种植较为成功，让这一批咖啡植株成为所有荷属东印度地区咖啡植株的祖先；荷兰人也因此取得了咖啡种植的先驱地位。

1706 年，阿姆斯特丹植物园收到第一份爪哇咖啡的样品和一棵在爪哇长成的咖啡植株。此后由阿姆斯特丹植物园产出的咖啡种子繁殖出许多咖啡植株，其中一部分被分给了欧洲各地的知名植物园及私人温室。

狄克鲁船长的浪漫

在荷兰人将咖啡的种植扩张到苏门答腊、苏拉威西岛、东帝汶、巴厘岛及其他荷属东印度群岛时，法国人正试图将咖啡种植引进自家的殖民地。人们曾数次尝试将咖啡植株由阿姆斯特丹植物园移植到巴黎植物园，都以失败告终。

1714 年，经过法国政府与阿姆斯特丹市政府协议，一株约 154 厘米高的年幼而健壮的咖啡植株，被阿姆斯特丹市长送给当时在马尔利城堡的路易十四世。隔天，这株咖啡树便在经过隆重仪式后被移植到由植物学教授安托万·德·朱西厄主持的巴黎植物园中——这棵咖啡树注定会成为大部分法国殖民地，以及南美、中美及墨西哥所有咖啡的祖先。

把由进献给路易十四世的咖啡树所结种子培育出的植株移栽到安的列斯群岛（美洲加勒比海中的群岛）的两次尝试，都没能成功；最终胜利的荣耀，被狄克鲁这位年轻的诺曼底绅士赢得，他是一位海军军官，当时在驻扎于马提尼克（至今仍为法国的海外大区，位于加勒比海）的步兵团服役，领上尉军衔。

狄克鲁先生的成就是咖啡种植历史中最浪漫的篇章。

将救命水分给咖啡树

狄克鲁因为一些私人事务需要前往法国，他因此萌生了利用回程的机会将咖啡种植引进马提尼克的想法。他面临的第一个难关，是如何取得当时被种植在巴黎的数棵咖啡植株。最后，他是借助皇家御医 M. 迪·希拉克，或者根据狄克鲁本人写的信件透露，是通过一位贵妇协助而获得成功的。被筛选出来的咖啡植株，由罗什福尔地区代表 M. 卑尔根保管在罗什福尔当地，直到狄克鲁启程前往马提尼克。

关于狄克鲁带着咖啡植株（或者说咖啡植株们）抵达马提尼克的确切时间，有许多不同的说法。有些专家认为是 1720 年，还有一些人则认为是 1723 年。贾丁认为，这些年代上的不一致可能是狄克鲁先生造成的，因为凭借

花朵盛开优雅美丽的咖啡树。

着坚持不懈的精神，狄克鲁先生总共经历了两次移植咖啡之旅。

根据贾丁的说法，狄克鲁第一次运回的咖啡植株都枯死了；于是第二次启航前，狄克鲁在离开巴黎时便将种子种下，而这些种子"据他们说，是因狄克鲁将自己仅有的淡水配给供应给它们"而得以存活。然而，除了在1744年写给《文学月刊》的一封信以外，狄克鲁自己并没有就前一趟旅程留下任何证据。

此外，针对狄克鲁抵达马提尼克时究竟带回的是一株或三株咖啡树，也有不同主张。不过，狄克鲁先生自己在信件中说的是"带回来一株"。

根据可靠的数据显示，狄克鲁是在1723年由法国南特登船。他将珍贵的植株放在盖着玻璃罩的盒子里——玻璃罩可以吸收日光，利于保存热量，以备在阴天使用。

一位同在船上的乘客嫉妒这位年轻的军官，想用尽一切手段抢占成功移植咖啡树的荣光，所幸他卑劣的意图没有实现。

"要尽述在这段漫长的航行过程中我不得不为这株娇嫩的植物所做的一切是毫无意义的，比如为了避免一位卑劣人士对我即将因对国家所做贡献而感受到的喜悦产生嫉妒，从而扯下一段咖啡树的枝丫，我保护这株咖啡树不远离我身边所遭遇的艰难是难以言表的。"狄克鲁在给《文学月刊》的信中这么写着。

狄克鲁搭乘的是一艘商船，船上的乘客及船员都面临了同样的困境。他们在勉强躲过被突尼斯海盗俘虏的危险、狂暴的暴风雨的威胁之后，迎来了风平浪静的日子，然而他们紧接着面临的危机比海盗和暴风雨更加骇人：船上的饮用水消耗殆尽，在接下来的航程中，剩余的水必须定量配给。

"淡水已经严重匮乏，"狄克鲁说，"以至于我必须将分配给我的、那少得可怜的饮水，与承载了我幸福的愿望及喜乐之源的咖啡树分享。它生长得极度迟缓——不比一根石竹的枝条粗大多少——正处于亟须救助的境地。"人们写了许多故事和诗文，记录和称颂这样的牺牲精神，这使得狄克鲁先生的名望更高了。

收获首批咖啡豆

抵达马提尼克后，狄克鲁将他宝贝的枝条栽种在马提尼克岛的一个行政区，也就是自己位于普雷切尔的庄园中。据雷纳尔所述，咖啡树在普雷切尔庄园内"生长得特别迅速且成功"——大多数分布在安的列斯群岛的咖啡树，都是由这株咖啡树繁殖出的幼苗长成的。第一批咖啡豆的收获是在 1726 年。

根据狄克鲁先生的自述，抵达的情形如下：

> 到家以后，我做的第一件事是将我的植株小心地移栽到花园中最适宜它生长的区域。尽管我将它放在眼皮底下照看着，但我仍然无数次害怕它被人强取豪夺；最后，我不得不用荆棘将它围起来，并安排一位守卫在旁看守，直到它完全成熟……这株植物因为它曾经历过的危机及我对其所付出的关爱而让我更为重视。

因此，这位小小的陌生来客就在这片遥远的土地上，由忠心的奴隶日夜看守着苗壮成长。相对于日后遍布西印度群岛各个富庶行政区及墨西哥湾邻近地区的咖啡种植区来说，这株咖啡树是如此娇小！你无法想象，这个被托付给一位具备远见卓识和丰富的同情心，并因对它怀抱真切的热爱而充满激情之人所照护的小小天赋之物，竟能在未来带来如此美好的体验！在法国的历史上，

狄克鲁船长将饮用水分给咖啡树，他正要把它带往马提尼克。

这实在是一项史无前例的为人类带来绝大好处的善举。

狄克鲁如此描述将咖啡引进马提尼克后迅速引起的一系列事件，其中特别提到了1727年的自然灾害：

> 获得的成功远超我的期望。我收集了约900克种子，分别交给所有我认为最有能力使这种植物繁衍兴盛的人士。
>
> 第一批种子的收获相当可观；随着第二批种子的收获，扩大规模、大量种植也成为可能。然而，特别有助于咖啡繁殖的是，随后的两年中，当地民众赖以为生的重要资源——可可树，全都被可怕的暴风雨及伴随暴风雨一同出现，淹没其生长地的洪水给连根拔起、彻底摧毁。这些种植地立刻被本地人改为种植咖啡的庄园。这的确妙极了，让我们得以将咖啡植株送到圣多明各、瓜德罗普以及其他邻近的岛屿。从那时开始，咖啡的种植获得了最大的成功。

船长之逝

到1777年，马提尼克共有18,791,680棵咖啡树。

狄克鲁于1686年或1688年出生在滨海塞纳省（诺曼底大区所辖省份）一个名为安格斯基维尔的小镇。1705年，他是一名海军少尉；1718年，他受封为圣路易骑士团的骑士；1720年，狄克鲁被任命为步兵上尉；1726年被拔擢为步兵少校；1733年，他在一艘船舰上担任海军中尉；1737年，狄克鲁成了瓜德罗普岛的总督；1746年成为圣路易骑士团麾下一艘船舰的舰长，已经回到法国的狄克鲁，被海军大臣鲁伊勒·朱以"一位使法属殖民地及法国本土，还有总体商业贸易都受惠良多的杰出军官"的身份引荐给路易十五世；1750年，他被授以圣路易骑士团荣誉指挥官的称号；1752年，狄克鲁带着6000法郎的退休金退休；1753年他重归海军行伍服役；1760年，他带着2000法郎的退休金再次退役。

1752年及1759年呈给国王陛下的报告令人回想起狄克鲁将第一株咖啡树

带去马提尼克的事迹，以及他始终如一的热忱和公正无私。1774 年 12 月，以下这则讣闻被刊登在《风雅信使》杂志上：

> 加百列·德奇尼·狄克鲁先生，前圣路易骑士团所属船舰舰长及荣誉指挥官，于 11 月 30 日在巴黎去世，享年 88 岁。

1774 年 12 月 5 日，《法国公报》也刊登了狄克鲁先生去世的讣闻。这两则讣闻的刊登可谓殊荣——据说，狄克鲁先生也因而再次被众人称赞。

然而，据法国历史学家西德尼·丹尼记载，狄克鲁先生则于 97 岁时在圣皮埃尔去世，死时一贫如洗；尽管无法确认狄克鲁先生去世时手中是否有资产，但这项记录必然是错误的。丹尼是这样说的：

> 这位慷慨男士的高尚行为获得的唯一报酬，是亲眼见证自己奉献如此多心力保存的植物在安的列斯群岛欣欣向荣。马提尼克地区亏欠包括杰出的狄克鲁先生在内的先贤们。

丹尼还说，1804 年，马提尼克岛曾有一场运动，目的是在狄克鲁种下第一株咖啡树的地点为他建立纪念碑，但未获得成功。

帕登在他所著的《马提尼克地理志》中说：

> 向这位勇者致敬！他值得两个半球的人民都赞誉他的勇敢。他足以与将加拿大的马铃薯引进法国的帕门蒂尔齐名。
>
> 这两位先生为全人类的福祉做出了巨大的贡献，他们应该被永远纪念、永不忘怀——但老天啊！现在还有谁记得他们呢？

图萨克在他的《安的列斯群岛植物志》中这样描述狄克鲁："尽管没有为这位仁慈的旅行家建立纪念碑，但他的名字应永远被镌刻在所有殖民地人民的心中。"

1774年，《文学月刊》刊登了一篇向狄克鲁致敬的长篇诗作。1816年4月12日的《法国公报》小品专栏中，我们可以看到 M. 当斯（一位富有的荷兰人兼咖啡鉴赏家）试着借由在彩绘瓷餐具组上勾勒出狄克鲁航程的完整细节和快乐结局来向他致敬的报道。

"我有幸看到过这些杯子！"这篇报道的作者这样写道，并描述了大量的细节和杯子上铭刻的拉丁文。

航海吟游诗人艾斯门纳德曾用以下诗句描绘狄克鲁的牺牲与奉献：

> 勿忘狄克鲁如何用他的小舟航行，带来遥远摩卡国度的馈赠——那羞怯屏弱的小树苗。
>
> 惊涛骇浪倏忽而至，青涩的西风消逝不再。
>
> 穿过巨蟹座猛烈的火焰，看见的是庞大的泉源。
>
> 精疲力竭、一切失灵；而今无可变更的窘境构筑出她无情的律法——只能服从限量配给的救济。
>
> 如今，所有人都惧怕成为首先验证坦塔罗斯的磨难之人。
>
> 只有狄克鲁一人挺身反抗：在干渴的致命威胁下，如此残酷且令人窒息，日复一日，他的高贵情操被逐渐吞没，而尽管如此，黄铜色的天空让煎熬的时刻更火上浇油，带来如此与众不同、无法令他感到振奋欣喜的人生蓝图，但一点一滴，他让日益放在心头关爱的植株恢复生机。
>
> 他已然在梦境中见其长出繁茂枝干，他所有的苦难哀伤只消注视他珍爱的植株便能得到缓解。

马提尼克岛上唯一纪念狄克鲁的地方是一座位于法兰西堡的植物园，这座植物园在1918年开幕并题献给狄克鲁，"关于他的记忆已经被湮没太久了"。

从欧洲种到美洲

1715 年，咖啡种植首先被引进海地和圣多明各。随后从马提尼克引进较为耐寒的植株。1715 年到 1717 年，法属东印度公司一位出生于圣马洛，名叫杜福吉·格雷尼尔的船长将咖啡植株引进现今的留尼汪岛。咖啡植株在当地适应得很好，让留尼汪岛在引进植株的 9 年后开始出口咖啡。

荷兰人在 1718 年把咖啡种植带入苏里南。巴西的第一个咖啡庄园于 1727 年在帕拉省建立，种植的是由法属圭亚那带来的咖啡植株。英国人在 1730 年将咖啡带进了牙买加。西班牙传教士则在 1740 年将咖啡种植由爪哇岛引进了菲律宾群岛。1748 年，唐·约瑟夫·安东尼奥·吉列伯特将咖啡种子由圣多明各带到了古巴。荷兰人在 1750 年将咖啡的种植扩展到了西里伯斯岛（现今的苏拉威西岛）。咖啡在 1750—1760 年间被引进危地马拉。咖啡在巴西密集种植的时间可以追溯到 1732 年，在帕拉州、亚马孙州及马兰劳州等葡萄牙殖民地省份开始种植。波多黎各是从 1755 年开始种植咖啡的。

到了 1760 年，朱奥·艾伯特·卡斯特罗·布朗库将一棵咖啡树从葡属印度果阿邦带到了里约热内卢，巴西的土壤和气候格外适合咖啡种植的消息很快便传播开来。一位名为毛奇的比利时修士在 1744 年向里约热内卢的卡普钦修道院进献了一些咖啡种子。随后，里约热内卢主教乔辛·布鲁诺就成了咖啡的支持者，并且在里约热内卢、米纳斯、圣埃斯皮里图和圣保罗等地推广咖啡的繁殖。西班牙航海家唐·弗朗西斯可·萨里耶尔·纳瓦洛被认为在 1779 年时，将咖啡由古巴引入了哥斯达黎加。

而在委内瑞拉，咖啡工业在加拉加斯附近由一位名为荷西·安东尼奥·莫何唐诺的修士，利用 1784 年由马提尼克带来的种子打开新局面。

墨西哥开始种植咖啡是在 1790 年，种子来自西印度群岛。1817 年，唐璜·安东尼奥·高梅兹在维拉克鲁斯州设立了集约化咖啡种植地。1825 年，夏威夷群岛开始种植咖啡，种子来自里约热内卢。如同先前提到的，英国人于 1840 年开始在印度种植咖啡，同年，萨尔瓦多借着从古巴引进的植株开始种植咖啡。1878年，英国人在英属中非地区种植咖啡，但直到1901年，咖啡种植才从留尼汪岛被引进英属东非地区。1887年，法国人将咖啡种植引进中南半岛的东京（越南河内市旧名）。1896年，昆士兰引进咖啡种植，并获得小规模的成功。

近年来，美国南方进行了数次繁殖咖啡树的尝试，但都以失败告终。然而，南加州的地形、地貌及气候条件应该是有利于咖啡种植的。

CHAPTER 2

第二章

谁最先喝咖啡?

抱着能让自己振奋些的期望，他想，他应该采些那种果实吃。这个实验出奇地成功，他忘记了所有的烦恼，成了快乐的阿拉伯国度中最快乐的牧羊人。

咖啡作为饮品兴起，是在阿拉伯医学的古典时期，最早的饮用记录可追溯至遵循盖伦（影响西方医学理论长达千年之久的古罗马医学家、哲学家）学说并崇拜希波克拉底的拉齐医生（850—922），他是第一位以百科全书式的态度对待医学的医生。

咖啡在文献中的记载

根据部分专家的主张，拉齐是第一位提到咖啡的作家。他是波斯雷伊拉吉市人，因此取了拉齐这个充满诗意的名字。

拉齐是一位伟大的哲学家及天文学家，曾任巴格达一间医院的院长，他撰写了很多医学及外科手术方面的学术著作，不过，他最重要的作品是《医学集成》，这本书是合集，涵盖了从盖伦到拉齐这个时代与治疗疾病有关的一切资料。

法国咖啡商人、哲学家兼作家的菲利普·西尔韦斯特·达弗尔（1622—1687），在一篇精确且完美的咖啡专论中告诉我们，第一位以"bunchum"之名、"在我们的弥赛亚出生后的第 9 个世纪"提及咖啡豆特性的作家，就是拉齐；如果从那时算起，咖啡似乎已经存在千年之久了。

然而罗宾逊却认为，"bunchum"一词指的是其他事物，与咖啡一点关系也没有。毕竟达弗尔本人在之后写的《关于咖啡的新奇论文》（1693 年才于海牙出版）中，承认"bunchum"一词可能是指一种植物的根，而不是咖啡；不过，他特意在文中加入了阿拉伯人早在公元 800 年就知晓咖啡的文句——其他更为近代的作家则将咖啡首次出现于文献的时间定于公元 6 世纪。

856 年发现的爪哇铭文中有提到"Wiji Kawih"这样的事物；一般认为，大卫·泰佩里的《爪哇饮料列表》（1667—1682）中提到的"豆子汤"很可能就是咖啡。

尽管饮用咖啡的真正起源可能永远被隐藏在华丽的东方神秘事物中——如同它也被隐蔽在传说及寓言中一般，学者们仍整理出足够的事实，证明这种饮料从远古时代在埃塞俄比亚就已为人所知，这使得达弗尔的叙述显得更真实。这位擅长语言文字且具有高雅学识的第一位咖啡贸易王子自认，他作为一位商人的特质与一位作家的特质并无任何不一致；他甚至表示，身为商人，他对于某些事物（例如咖啡）要比哲学家更有见识。

在认同拉齐所说的"bunchum"就是咖啡的前提下，这种植物和由它制作的饮料必然为拉齐当时的追随者所认识；这一点似乎能够从阿维森纳（伊本·西那，980—1037）的著作中得到证实。

在达弗尔古雅风格的文字中，拉齐医生向我们保证"bunchum（咖啡）又热又干，对胃很有好处"。阿维森纳解释了被他称为"bunchum"的咖啡豆（bun 或 bunn）所具有的药用特性及用途，他是这么写的：

> 说到挑选咖啡豆，带有柠檬色泽、质轻且气味新鲜好闻的是最好的；而呈现白色且质量较重的则是无用的。咖啡豆又热又干，而根据其他人的说法，它也具有极寒的属性。它能强健身体、洁净肌肤并排除皮肤下的湿气，还能让全身散发出好闻的香气。

达弗尔著作的封面，1693 年版。

早期阿拉伯人将这种豆子和结豆子的植物称为"bunn"，由这种豆子制作的饮料则被称为"bunchum"。

法籍东方学家安东·加兰德（1646—1715）首次分析并翻译了阿布达尔·卡迪手稿（1583 年），这本阿拉伯文手稿是现存最古老的关于咖啡起源的文献。加兰德在手稿中发现：阿维森纳曾谈到 bunn，也就是咖啡；意大利医生普罗斯佩罗·阿尔皮尼和德国解剖学家兼植物学家维斯林也发现了这一点。另一位与阿维森纳同时代的伟大医生班吉阿兹拉也提到了咖啡……加兰德认为，我们应该感谢这些医生发现了咖啡，就像人类发现糖、茶叶和巧克力后幸福感提升了好多倍一样。

劳沃尔夫（卒于 1596 年）是一位德国医生兼植物学家，他是第一位提及咖啡的欧洲人。1573 年，他在阿勒颇认识了咖啡这种饮料。对于土耳其人如何制作咖啡，劳沃尔夫是这样叙述的：

在同样的水中，他们放入一种叫作 Bunnu 的果实，这种果实的大小、形状和颜色就和多了两片薄壳包裹的杨梅一模一样。

他们告诉我，这种果实是由东印度群岛传入的。不过，这些果实内部有两颗淡黄色的谷粒，分别生长在两个区隔开来的小室中。除此之外，鉴于它们的功效、形状、外表和名称与阿维森纳所说的 bunchum，还有 Rasis ad Almans（劳沃尔夫这里指的就是拉齐医生）所说的 Bunca 完全一致，因此我认为它们是相同的事物。

在艾德华·帕科克博士《阿拉伯医生描述的考希饮料——咖啡之本质及其制作原料浆果》（1659 年于牛津出版）的翻译作品中，我们读到：

> Bun 是一种也门的植物，种植地在雅达珥，伊卜则是其集散地。植株大约有一腕尺（古长度单位，等于手肘到中指顶端的距离）高，枝干约有拇指粗细。开白花，花落后会结出类似小坚果的浆果，不过浆果有时会宽大得像豆子一样；而在去壳后会看到果实有两瓣。质量最好的果实较重，是黄色的；质量最差的果实呈黑色。
>
> 这种果实首先显露的特性是热性，其次是干性；据传咖啡的性质是凉且干性的，事实并非如此；它是苦的，而所有苦味的物质都是热性的。或者可以说，最初咖啡焦油是热性的（指咖啡的油脂等成分经烘焙而产生苦焦味，不是烟草的焦油，这里应指咖啡豆经过烘焙加热会呈现热性），但 Bun 本身不是中性就是凉性的。
>
> 凉的性质来自它的收敛特性。我们根据经验发现，在夏季，咖啡有助于缓解眼睛或鼻腔黏膜干燥，还能镇咳、疏通堵塞、刺激排尿。
>
> 它如今被称为科华（Kohwah）。当它被干燥并彻底煮沸后能够缓解血液的沸腾，在对抗天花和麻疹以及皮肤出血点方面有好处；但可能会导致眩晕、头痛，令人极度消瘦，引起不眠、痔疮，有时候还可能使人忧郁。
>
> 如果有人为了振奋精神，或是因提到的其他特质而饮用这种饮料，建议在饮用时加入糖，或是搭配开心果油和黄油。有些人会将牛奶混入咖啡中一起饮用，这是错误的，可能会引发麻风病。

达弗尔的结论是，商业贸易中的咖啡豆、阿维森纳描述的 "bunchum（bunn）" 和拉齐所说的 "bunca（bunchum）" 是同一种事物。

在这个观点上，他几乎是一字不漏地同意劳沃尔夫的说法，这表示100年来，学者们的观点没有改变。

克里斯托弗·坎彭认为医学之父希波克拉底知道并饮用过咖啡。

罗宾逊对早期将咖啡作为药材持谴责态度，认为那是阿拉伯医生们犯的错误，造成了咖啡被视为强效药物的偏见，而非将其视为一种简单且可以提神的饮料。

荷马、《圣经》和咖啡

在早期希腊与罗马的文献中，无论是咖啡植株，还是由咖啡浆果制成的饮料，都未曾被提及。然而，皮耶罗·特拉华勒坚称，在荷马的笔下，海伦离开埃及时随身携带着用以排解愁思的忘忧药只不过是掺了酒的咖啡。不过，M.佩蒂对此论述提出了质疑，他是巴黎一位声名卓著的医生，卒于1687年。

几位较晚期的英国作家，包括诗人乔治·桑德斯、伯顿和亨利·布朗特爵士，都曾提出，咖啡可能就是拉科尼亚地区的"黑色高汤"。

乔治·帕西厄斯在他的拉丁文专著——1700年于莱比锡出版的《自古以来的新发现》——中陈述，他相信咖啡是利用烘干玉米的方法制作出来的，这些玉米是亚比该为平息大卫的怒火而准备的礼物之一，制作方法就和《圣经·萨缪尔记》第25章第18节中记载的一样。

《圣经》武加大译本中将希伯来文 seinkali 翻译为 satapolentea，有小麦、烘烤或以火烤干燥的意思。

瑞士的新教牧师兼作家皮埃尔·艾提恩·路易·杜蒙则主张：咖啡才是以扫贱卖自己长子名分而得到的红豆汤（而不是一般人以为的小扁豆）；波阿斯下令让路得捡拾的，毫无疑问是烘焙过的咖啡浆果。

达弗尔提出一个可能是对咖啡的反对例证，他说"毕达哥拉斯阻止使用和食用咖啡豆"。不过，他暗示阿拉伯的咖啡豆是不一样的。

余赫泽在他撰写的《神圣物理学》中说，"土耳其人和阿拉伯人将咖啡豆制成名称相同的饮料，还有许多人用由烘烤过的大麦制成的面粉当作咖啡的替代品"。由此可以发现，咖啡替代品的历史几乎和咖啡本身一样古老。

世界上第一杯咖啡

了解咖啡在医学方面的历史及影响后，接下来是宗教。

伊斯兰教版本的传说

数世纪以来，有许多伊斯兰教的传说流传下来，这些传说之一是，在大约 1258 年时，奥马教长——沙德利教长的追随者、摩卡港口的守护圣者及传奇奠基者——偶然地在阿拉伯的乌萨布（Ousab）静修地发现了咖啡，当时他因某些道德瑕疵而被放逐到该地。

面对饥饿，奥马教长和他的追随者们被迫以生长在周围的浆果为食——根据巴黎法国国家图书馆中阿拉伯编年史家的叙述，"除了咖啡，完全找不到其他可吃的东西，他们将咖啡采下来并在煎锅中煮沸，然后饮用煎煮出的汁液"。

奥马教长从前在摩卡港口的病患，到乌萨布静修地来寻找这位善良的医师修士。作为治疗这些人所患疾病的药剂，有部分熬煮出的汁液被施用在患者身上，效果是显著的。拜咖啡带来神奇效果的传闻所赐，回归城市后，奥马教长以胜利者的姿态被请回摩卡港口，当地总督还因此为他及他的伙伴们建造了一座修道院。

而这个东方传奇的另一个版本是这样说的：

苦行僧谢赫·奥马被他的仇敌驱赶，离开摩卡港口并进入沙漠。他的仇敌以为他会因饥饿而殒命。毫无疑问，若非他鼓起勇气尝试食用一种生长在灌木上的奇特浆果，这一切就会发生。

尽管那些浆果看起来是可食用的，吃起来却非常苦涩；奥马希望借由把它们烘干来改善口感，但他发现这些浆果变得非常坚硬，因此他试图用水软化它们。浆果似乎和之前一样硬，但用来煮浆果的水变成了棕色。奥马抱着水中可能含有浆果的某些营养成分的想法将水喝下，结果惊奇地发现，这种饮料可以消除疲劳、恢复活力及振奋精神。后来，当奥马回到摩卡港口，他的得救被视为奇迹，而让这奇迹得以发生的饮品一跃获得人们的极度喜爱，奥马本人更是被奉为圣者。

最广为流传并最常被引用的奥马发现咖啡的故事，来源于阿布达尔·卡迪的手稿，其叙述如下：

在公元656年，穆罕默德从麦加到麦地那逃亡的希吉拉年代，沙德利导师到了摩卡港口。当他抵达翡翠山（即乌萨布山）时，他对自己的门徒奥马说："我将在此地安息。当我的灵魂启程离去，一名蒙面人将现身在你面前。务必成功执行此人给予你的所有命令。"

可敬的沙德利导师去世后，深夜，奥马看见一个覆盖着白色面纱的巨大幽灵。

"你是何人？"奥马问道。

幽灵掀去面纱，奥马惊讶地发现那是死后增高了十腕尺的沙德利本尊。导师挖了下地面，地面竟然奇迹般地冒出水来。接着，导师的灵魂吩咐奥马将这水装满一碗，然后继续赶路，直到碗中的水不再晃动才能停下。

"在那里，"他接着说，"有伟大的天命等着你。"

奥马开始了他的旅程。在抵达也门的摩卡港口时，他注意到碗中的水静止了——此地便是他停留之处。

当时，摩卡港口的美丽村庄正遭受瘟疫的蹂躏。奥马开始为病人祈祷。由于奥马是亲近穆罕默德的圣洁之人，许多人因为他的祈祷而痊愈了。

摩卡国王的女儿也因瘟疫病倒了，她的父王将她送到奥马的住处。年轻的公主拥有举世罕见的美貌，在治愈公主后，这位好心的苦行僧试图带走她。国王可不喜欢这种收取报酬的方式，于是将奥马逐出城市，流放到乌萨布山地，他只能以草药为食、以山洞为家。

"啊，沙德利，我亲爱的导师！如果在摩卡港口发生的事是命中注定，你何苦不嫌麻烦地给我一碗水，只为了要我到这个地方来呢？"这位不幸的苦行僧大喊道。这些抱怨一出口，奥马立刻听到一阵无比优美和谐的旋律。一只羽毛华美得不可思议的鸟飞来，停在一棵树上。

奥马迅速扑向正鸣唱着优美乐音的小鸟，但等他到了那棵树前，只在枝干上看见了花和果实。奥马伸手摘下树上的果实，发现它们十分美味。

他把果实装满自己的大口袋，回到了山洞中。当奥马准备煮些草药当作晚餐时，突然灵光一闪，决定用他采集到的果实代替糟糕的草药。由此，他得到了一种美味且芳香扑鼻的饮料——咖啡。

1760 年出版的意大利文版《学者杂志》宣称，夏尔迪（Scialdi）和艾杜伊斯（Ayduis）这两位僧侣首先发现咖啡的可食用性，并同时因为这件事成了特别的祈祷对象。"莫非这位夏尔迪与沙德利教长是同一个人？"贾丁提出自己的疑问。

跳舞山羊

关于咖啡这种饮品的发现，最广为流传的传说是：一位出生于上埃及，也就是埃塞俄比亚帝国的阿拉伯牧羊人，他向邻近地区修道院的院长抱怨，自己看顾的山羊吃了放牧地附近生长的某些灌木结出的果实后，变得异常顽皮。在观察到这一事实之后，这位院长决定亲自试试这种浆果的功效。与山羊一样，他也出现了陌生的兴奋反应。因此，院长指示将部分浆果放入水里煮沸，并将煮出的汁液给手下的僧侣饮用。从此之后，在晚间的宗教仪式中保持清醒就不再是件困难的事了。马修院长在他的诗作《咖啡诗歌》中赞颂了这件事：

奥马与神奇的咖啡鸟。

当夜幕低垂，每位僧侣依次向前，

在大锅旁围成一圈——

欢呼！

根据传说，"不眠修道院"的消息迅速传开，而那神奇的浆果很快"在帝国全境大受欢迎；随着时间的流逝，东方的其他国家和省份也开始食用它"。

法国人保存了下面这个极为形象生动的版本：

有一天，一位名为卡尔迪的年轻牧羊人注意到，他那些原本举止无可挑剔的山羊突然开始放肆地蹦蹦跳跳；一向威严且庄重的公羊像只年轻羊羔一般蹦来跳去。卡尔迪将这种傻兮兮的快活行为归咎于山羊群食用了某种果实。据说那个可怜的家伙因此而心情沉重。抱着能让自己振奋些的期望，他想，他应该采些那种果实吃。这个实验出奇地成功，他忘记了所有的烦恼，成了快乐的阿拉伯国度中最快乐的牧羊人。当山羊跳起舞来时，他兴高采烈地加入了舞会。

某日，一位僧侣恰巧路过，他惊讶地发现一场狂欢舞会正在进行中。一群山羊正如同排成一列的女士般欢快地旋转着，领头公羊庄重地跳着圆舞曲的舞步，而牧羊人则跳着姿势古怪的乡村舞蹈。

看得目瞪口呆的僧人询问牧羊人发疯的原因，卡尔迪便将自己的宝贵发现告诉了对方。

这位可怜的僧侣正有个令他头疼的伤心事——他总是会在祈祷过程中睡着。他认为，这是穆罕默德在向他展示这种神奇的果实，好让他克服睡意。

对信仰的虔诚并不会将对美味的直觉摒除在外。而我们这位好僧侣

卡尔迪与他的跳舞山羊。

对美味的直觉非同寻常，因为他想到了将牧羊人的果实烘干并煮沸。正是这个别出心裁的烹制方法让我们有了咖啡。

王国境内所有的僧侣，立刻开始喝这种饮料，因为它能够使他们在祈祷时精神抖擞，或许也可能因为它并不令人讨厌。

早期煮制咖啡似乎有两种方式：其一是用包裹在咖啡豆外层的果壳和果肉煮制，其二则是用咖啡豆本身进行熬煮。烘烤工艺是后来才出现的——一般认为这要归功于波斯人。

有证据显示，早期的伊斯兰教徒在寻找《古兰经》所禁止的酒类替代品时发现了咖啡。阿拉伯文中，表示咖啡的单词 qahwah 与表示酒的单词是一样的；后来当饮用咖啡变得广为流行，以至于对教会本身的生存造成威胁的时候，这一雷同之处被教会领袖抓住不放，用来支持他们的论点，即对酒的禁令也同样适用于咖啡。

拉罗克在 1715 年写下一段文字，说明阿拉伯文中的 qahwah 一开始只有酒的意思，但后来演变为所有饮料的通称。"因此，咖啡其实有三种，那就是所有会使人喝醉的酒类、用咖啡豆的果壳制作的饮料，以及用咖啡豆本身制作的饮料。"

既然如此，那么或许咖啡一开始就是一种用咖啡果实制成的汁液。即使到了现在，咖啡生产国的原住民依然非常喜爱食用成熟去籽的咖啡浆果。包裹着咖啡种子（咖啡豆）的果肉尝起来十分可口，带有微甜和芳香的风味，放置一段时间便会迅速发酵。

而另一个传说则讲述了大天使加百列是如何向穆罕默德展示咖啡这种饮料的。咖啡的支持者满意地在《古兰经》中发现了一段话，他们宣称这段话预示了咖啡会被先知穆罕默德的追随者采用："他们将被赐予以麝香封缄的佳酿。"

即便研究得再细致，也无法将关于咖啡的知识回溯到早于拉齐的时代，也就是穆罕默德死后 200 多年，因此，除了推测和猜想之外，"咖啡已被圣经时代或先知穆罕默德时期的古人所知"这一理论并没有得到更多的支持。而我们所有关于茶的知识则能够追溯到公元纪年的最初几个世纪。我们也知道在 793 年（中国唐朝时期），茶已经是集约化种植，且开始征收茶税，并在下一个世纪将被阿拉伯商人知晓。

第一个可信的咖啡定年

一位亚丁的叫吉马莱丁的穆夫提（负责解释伊斯兰教法的学者），出生在一个叫达班的小镇。1454 年，在一次前往埃塞俄比亚的旅途中，这位穆夫提得知了咖啡的功效。回到亚丁后，他的身体渐渐衰弱。这时，他记起了同乡在埃塞俄比亚饮用过的咖啡。他订购了一些咖啡，希望借此缓解自己的病情。结果他不仅从病痛中痊愈，还因为咖啡可以驱除睡意而准许苦行僧们饮用咖啡，"那样他们将在夜晚祈祷或修行时，更专注、镇定"。

在这位穆夫提之前，亚丁地区就已经有人喝咖啡了；但一位声名卓著且博学的依玛目（伊斯兰教领袖）对咖啡的推崇，足以让这种饮品风靡整个也门，并风行到全世界。我们在珍藏于法国国家图书馆的阿拉伯文手稿中读到，律师、学

喝咖啡的阿拉伯人、喝茶的中国人和喝巧克力的印第安人。选自达弗尔著作之卷头插画。

生、在夜晚赶路的旅人、工匠，以及许多为了躲避日间高温而在夜晚工作的人们，都喜欢喝咖啡。他们甚至戒掉了另一种在当时流行、以名为巧茶（cathaedulis）的叶片制成的饮料。

在推广咖啡这一饮品时，这位穆夫提获得了颇有声望的穆罕默德·哈德拉米医师的帮助，这位医师出生于阿拉伯半岛菲利克斯的哈德拉毛省。

根据最新披露且鲜为人知的关于咖啡起源的说法，我们可以知道，一位专业的西方小说家是如何将奥马和吉马莱丁的传说结合起来编撰故事的：

> 在接近 15 世纪中叶时，一位贫困的阿拉伯人旅行至埃塞俄比亚。他既虚弱又疲惫，在一个小树丛附近停下了脚步。他砍了一棵缀满干浆果的小树，用来煮饭。煮好饭吃完后，这位旅人发现这些烧得半焦的浆果散发出芳香的气味，而当他用石头敲碎浆果后，香气更浓了。正当他感到困惑的时候，不小心让这种散发出香味的东西掉进了存放饮用水的陶罐里。
>
> 奇迹出现了！这些快变质的水重新焕发了活力。他喝了一口，新鲜且可口。经过短暂的休息，这位旅人的体力与精力恢复了，能够继续旅程了。这位幸运的阿拉伯人尽可能多地收集那些浆果，并在抵达亚丁的时候，将自己的发现告诉了穆夫提。那位穆夫提是位老烟枪，常年饱受毒药的折磨。他尝试喝下用烘焙浆果制成的饮品，惊喜地发现，自己竟然恢复了从前的活力。出于感激，他称呼这种植物为 cahuha，这个词在阿拉伯文中是"力量"的意思。

先前提过的阿拉伯文手稿，是关于咖啡起源最为可信的解释，加兰德分析后指出，奥马及埃塞俄比亚牧羊人的传说是罗马的东方语言马龙派教授安东·佛斯特斯·奈龙的杜撰。奈龙是第一位出版咖啡专著的作家，他认为奥马及埃塞俄比亚牧羊人的传说不能被视为史实，但他还是谨慎地在埃塞俄比亚牧羊人发现咖啡以及修道院院长指示僧侣们饮用咖啡的故事里补充了一些

"事实"："东方的基督徒们，那位修道院的院长，或吉马莱丁穆夫提和穆罕默德·哈德拉米，以及寺院里的苦行僧们，很乐意声称是他们发明了咖啡。"

根据所有这些细节，贾丁得出的结论应归功于对咖啡属性的了解：咖啡树从原生地传播到也门，再到麦加，并且可能在被带到埃及之前传入了波斯。

首次对咖啡的迫害

咖啡被顺利地引进亚丁，并从那时起作为饮品延续至今。种植咖啡植株以及饮用咖啡的习惯逐渐传入许多邻近区域。在 15 世纪末（1470—1500），咖啡被引进麦加和麦地那。和咖啡传入亚丁一样，苦行僧为了相同的宗教目的而将其传播开来。

脱离宗教成为世俗的饮料

大约在 1510 年，咖啡传播到了埃及的开罗，来自也门、聚居在开罗的苦行僧会在夜祷前饮用咖啡。他们会将咖啡装在一个红色的大陶罐中，修道院院长用小碗从陶罐中舀出咖啡，每个人恭敬地领用，同时吟唱祷告词。

苦行僧们领完咖啡之后，盛装咖啡的小碗便会被传递给前来旁听的会众。如此一来，咖啡与祷告行为就紧密地联系在了一起，"每一次公开的宗教仪式或节日庆典，绝不可能少了咖啡"。

与此同时，麦加的居民也爱上了咖啡这款饮品，以至于他们忽视了其与宗教的关联，并让咖啡成为一种能够在卡维·凯恩斯——也就是最早的咖啡馆——为大众享用的日常饮料。与刻板的伊斯兰教徒截然相反，无所事事的麦加居民聚集在咖啡馆喝咖啡、下西洋棋或玩其他游戏、谈论当日新闻，或唱歌、跳舞。就跟在麦加与亚丁一样，咖啡在麦地那和开罗也流行开来。

最终，虔诚的伊斯兰教徒开始反对一般人饮用咖啡。他们给出的理由之一是，这样会导致他们信仰的宗教中最主要的心理辅助作用变得平平无奇；

其次，对于那些经常光顾咖啡馆的人而言，咖啡有助于释放压力、带来欢愉，进而引发社会、政治及宗教各方面的争论，甚至引起骚乱。教徒之间还产生了分歧，他们分裂成了支持咖啡及反对咖啡的两个阵营。伟大先知制定的以酒为规范对象的律法，在套用于咖啡时，出现了各种不同的解读。

造谣抹黑

大约在同一时期（1511年），当时代表埃及苏丹（伊斯兰世界统治者的头衔）的麦加总督凯尔·贝——他似乎是一个绝对严守纪律的人——对自己治下人民的真实情况一无所知，这很可悲。

某个夜晚，当凯尔·贝结束祈祷离开清真寺时，被一群在角落里饮用咖啡、准备彻夜祈祷的人惹怒了。他的第一反应是这些人在饮酒，而当发现自己以为的烈酒的真实身份，以及它在整座城市有多受欢迎后，他大吃一惊。进一步的调查让他相信，沉溺于这种使人兴奋的饮料，会让男人与女人言行放肆，因此他决意查禁这种饮料。他的第一个行动便是将饮用咖啡的人逐出清真寺。

翌日，凯尔·贝召集了司法官、律师、医师、僧侣和重要公民前来议事。他向这些与会人士宣告了自己前一晚在清真寺见到的情景，同时"出于关闭所有咖啡馆的决心，他征求大家对这个议题的建议"。他控诉咖啡馆的主要罪状是"男人与女人在这些场所相遇，弹奏铃鼓、小提琴和其他乐器；有人会以赚钱为目的下西洋棋、玩播棋和其他类似的游戏；还有人会做出许多其他与我们的神圣律法相悖的行为——愿真主保佑我们远离一切腐败，直至我们出现在他面前"。

出席的律师对于咖啡馆需要改革这一点表示赞同，但对于咖啡这种饮品本身，他们则表示应该先查清楚它是否会对心灵或身体造成损害；如若不然，就没有充分的理由关闭咖啡馆。有人提出建议，应当征求医师们的意见。

一对名为哈其马尼，据称是麦加医术最精良的波斯医师兄弟被征召而来（尽管据我们所知，他们对推理法的了解更胜于医术）。这对兄弟中的一位早就撰写了一本反对咖啡的著作，因此他完全是带着偏见来参加会议的；同时，他唯恐一旦这种新式饮品获得普及，将对自己的药师职业带来负面影响。

这对波斯医师兄弟对与会人士信誓旦旦地宣称，bunn 这种用来制作饮品的植物"又冷又干"，于身心健康有害。

当另一位出席的医师出言提醒，与阿维森纳同时代、年高德劭且受人敬重的班吉斯拉（Bengiazlah）医师说咖啡是"又热又干"时，这对兄弟武断地回复，班吉斯拉指的是另一种同名的植物。他们还声称，若咖啡会促使人们做出宗教禁止的言行，那么对伊斯兰教徒来说，最安全的做法就是禁止饮用咖啡。

咖啡的支持者们慌乱了。会议上只有穆夫提发言支持咖啡，其他被偏见或被狂热所影响，而引导到错误方向的人，则坚称咖啡会蒙蔽他们的感官与意识。其中一位与会人士起身发言，说咖啡会像酒一样使人沉迷。此言一出便引起哄堂大笑，因为在伊斯兰教教义严格禁止饮酒的前提下，如果发言者未曾饮酒，那么他根本不可能做出这样的评价。当被问及是不是喝过酒时，这位发言者承认了，他的不打自招让他获判了笞刑。

亚丁的穆夫提是议事会的一员，也是一位传教士，他竭力为咖啡辩护。但很明显，他属于不受欢迎的少数，得到的回应则是宗教狂热分子的斥责和公然侮辱。

正式禁喝咖啡

总督得偿所愿，咖啡被正式宣告为律法禁止之物；同时还起草了一份陈述报告，出席这次会议的大多数人在上面签名后，由总督用最快的速度以急件的方式传送给他的皇家顶头上司，也就是在开罗的苏丹。总督还颁布了一项官方命令，禁止公开或私下贩卖咖啡。司法官员据此关闭了麦加所有的咖啡馆，并下令烧毁所有从咖啡馆或商人的仓库中缴获的咖啡。

由于这道命令如此不受欢迎，自然而然地出现了许多规避的做法，还有许多人关起门来偷偷饮用咖啡。一部分咖啡支持者直言不讳地表达他们对执政者的反对，坚信当初的与会人士并非凭借事实做出裁决——尤其是这项裁决与穆夫提的意见相左，而穆夫提在所有的阿拉伯群体中被敬为律法的翻译者或解说者。有一个违反这项禁令的人被当场抓获，除了受到严厉的惩罚之外，他还被迫坐在一头驴背上、在城内最热闹的街道上游行示众。

埃及苏丹主动撤令

然而，咖啡的反对者们获得的胜利是十分短暂的，因为远在开罗的苏丹不仅不赞同麦加总督"有失慎重的狂热"，下令撤销宣告咖啡违法的命令；还针对此次事件严厉谴责了麦加总督。"麦加总督哪来的胆子，竟敢在远比麦加医师有分量的开罗医师认为使用咖啡并不违背律法的情况下，宣告一项被首府开罗认可的食物不合法呢？"苏丹还补充道，再好的东西都有可能被滥用，甚至包括渗渗泉的圣水，但这不是发出禁令的理由。

没有记录显示误入歧途的麦加总督有没有被这番看似亵渎的言语所震惊，不过我们确知的是，他立即服从了他的君王兼主宰的命令。禁令被撤销后，总督便只有在维持咖啡馆秩序时行使他的权力。咖啡支持者和乐于见到因果报应的爱好者对总督接下来的悲惨命运感到十分满意：他遭人揭发，被冠以"勒索者兼人民强盗"的名号，并且被折磨致死；总督的兄弟则为了逃避相同的悲惨命运而选择自杀。

在第一次迫害咖啡的行动中扮演卑鄙角色的两名波斯医师的结局同样不幸。由于他们在麦加已经声名狼藉，这两名医师逃往开罗。而在开罗的时候，他们趁机对征服埃及的土耳其皇帝塞利姆一世下诅咒，最终被塞利姆一世的军团处决。

因此，咖啡在麦加重新被接纳，直到 1524 年都未曾遭遇过强烈的反对。当时，由于发生了骚乱，麦加的法官下令关闭咖啡馆，不过并没有干涉私下饮用咖啡的行为。他的继任者则重新批准咖啡馆经营，此后咖啡馆就一直存在了。

1542 年，由苏里曼一世签署的一纸咖啡禁令带来迫害的余波；不过没有人把这个禁令当一回事，尤其是不久后众人得知这条禁令是用"出其不意"的方式、出于一位"有些爱挑剔的"女法官的希望而获得通过后，更是如此。

在饮用咖啡的历史中，最有趣的一项纪录是，所有引进咖啡的地区都会爆发革命。由于咖啡的作用是让人们思考，它堪称世界上最激进的饮料。而当人们开始思考，暴君、自由思想及行为的反对者就会感觉到危险。有时候，人们醉心于新发掘的念头，并且误将自由当作特许而陷入狂乱，为自己招来迫害和诸多心胸狭隘者的偏见。因而在第一次麦加迫害事件过去23年后的开罗，历史再次重演。

对咖啡的第二次宗教迫害

征服埃及之后，塞利姆一世在1517年将咖啡带到了君士坦丁堡。这种饮品传入叙利亚，并且在未遭到任何反对的情况下，大约于1530年被大马士革接纳，于1532年引入阿勒颇。在大马士革，有数间咖啡馆颇负盛名，其中包括玫瑰咖啡馆和救世之门咖啡馆。

在咖啡日渐普及的情况下，一位开罗医师认识到，若这种饮料持续传播，人们对医师的需求将会减少，于是在大约1523年，他向同行们提出以下问题：

> 你们对那被称为咖啡的汁液抱持什么意见？它被那些人认为可任意饮用，即使它会飞蹿至头部，成为重症之源，十分有害健康。它是不是该被禁止使用？

他在最后小心翼翼地——不带任何偏见地——加上自己的意见，主张饮用咖啡是不合法的。值得称赞的是，开罗的医师阶层对自己的同僚提出的一项试图给有宝贵的医药学价值的辅药带来麻烦的提案冷漠以对，封杀咖啡的计划因而胎死腹中。

如果说医师们没打算阻止咖啡的传播的话，传教士们可就不一样了。作为休闲放松的场所，咖啡馆对大众的吸引力显然要比做礼拜的寺庙强大得多，这对于受过充分宗教训练的人来说是无法容忍的。

对咖啡的不满与反对情绪被抑制了一段时间，但是在 1534 年，依然爆发了出来。这一年，开罗清真寺中一位性格火暴的传教士，以一场反对咖啡的布道挑动了教堂会众的情绪，他宣称咖啡是违反律法的，而饮用咖啡的人则是不忠于伊斯兰教的。许多旁听这场布道的人都被激怒了，他们冲进走出会堂后遇见的第一间咖啡馆，放火烧毁了里面的咖啡壶和盘碟，并且对当时在咖啡馆里的所有人动粗。

这件事立刻引起了公众的议论，人们分成了两派：一派坚决认为咖啡是违背伊斯兰教律法的，另一派则持相反意见。在首席法官中出现了一位聪明人，他召集一些学识丰富的医师，咨询了相关信息。这些医学专业人士则再次表达了坚定的立场，他们向首席法官指出，他们的前辈在这个问题上早已选择站在咖啡这一边，同时是时候对"那些偏执之人的狂热激情"和"那些无知传教士的轻率发言"做一番审查了。这位睿智的法官赞同将咖啡供应给所有人，他自己也饮用了一些。借由这次行动，他"让互相争斗的两方握手言和，并且将咖啡的地位提升到前所未有的高度"。

咖啡在君士坦丁堡

咖啡被引进君士坦丁堡的故事显示，它经历了与在麦加和开罗传播时几乎相同的兴衰无常——同样的骚乱、同样来自宗教的盲目恐惧、同样来自政治的敌意、同样来自执政当局的愚蠢干预。然而无论如何，咖啡依然获得了荣耀和名气。东方咖啡馆在君士坦丁堡获得了良好的发展。

尽管在君士坦丁堡，咖啡从 1517 年就已经为人所知，但直到 1554 年，那里的居民才开始熟悉咖啡馆这个早期东方的伟大组织。同年，在苏里曼一世——也就是塞利姆一世之子——的统治下，大马士革的森姆斯和阿勒颇的哈克姆在塔塔卡拉区开设了最早的两间咖啡馆。

在当时，这两间咖啡馆的建筑设计都令人赞叹不已，室内的装潢陈设和舒适度都卓越非凡；同样出众的，还有它们提供的社交往来及自由评论的机会。森姆斯和哈克姆用"非常整洁的卧榻和沙发"接待顾客，而只要1杯咖啡的费用——大约1分钱，便能进入咖啡馆。

土耳其的各色人等热情地接受了咖啡馆。咖啡馆如雨后春笋般增加，咖啡也可谓供不应求。在土耳其皇宫的后宫中，还有专门委派的官员准备苏丹饮用的咖啡。咖啡获得了所有社会阶层的喜爱。

咖啡馆被土耳其人命名为卡维·凯恩斯－多里多利亚（kahveh kanes-diversoria），卡托佛格斯便如此称呼它们。在日益受到欢迎的同时，咖啡馆也变得越来越奢华，有铺满华丽地毯的休息室，以及除了咖啡之外的众多娱乐消遣方式。"准备进入法院任职的年轻人，寻找复职或新任命机会的各省下级法官，教授，后宫的官员，还有港口的重要领主等权贵"都来到这些"智慧的学府"，更别提那些从世界各个角落远道而来的商人和旅行者。

针对咖啡馆的迫害

大约在1570年，正当咖啡似乎在社交体制中稳定下来时，依玛目和苦行僧大声疾呼，抗议清真寺门可罗雀，而咖啡馆却总是人满为患。接着，传教士也加入抗议的行列，声称去咖啡馆是比去小酒馆还要严重的罪行。执政当局开始进行调查，老调重弹的争议再次浮上台面。不同的是，这一回出现了一位对咖啡怀有敌意的穆夫提。

百姓的阳奉阴违

宗教狂热分子争辩说，穆罕默德从未听说过咖啡，更不可能饮用过咖啡，因此他必然厌恶自己的追随者饮用咖啡；他们还说，咖啡在被制成饮料前，要先经过烘焙和研磨，而《古兰经》明确地禁止使用木炭，并将其列入不洁净的食物之列。穆夫提偏向那些狂热分子，咖啡便因此遭到律法的禁止。

结果显示，违反禁令的人比遵守禁令的人多。人们不再在公开场合饮用咖啡，而是暗地里饮用。大约在 1580 年，在传教士进一步的恳切请求之下，穆拉德三世在一项法令中宣布，咖啡应当与酒划归为同一类，并且应当遵循穆罕默德先知的律法加以禁止。对此，人们只是笑了笑，然后继续"阳奉阴违"。对于宗教以及政治事务，人们已经开始有自己的思考与想法了。

公务人员发现试图压制人们饮用咖啡的习惯是徒劳的之后，便索性装作没有看见；同时，他们出于某种考虑，允许私下贩卖咖啡。这么一来，土耳其涌现了许多"地下咖啡馆"——这些地方可以关起门来出售咖啡；或许你能在商店的密室中买到咖啡。

这些情况足以让咖啡馆再次建立起来。

此时，出现了一位不那么谨慎或者说比他的前辈们更有见识的穆夫提，他宣称咖啡不该被视为木炭，由咖啡制成的饮品也不能被律法禁止。大家又开始喝起咖啡来；宗教信徒、传教士、律师以及穆夫提本人都沉迷其中。

政治迫害咖啡馆

这次事件过后，咖啡馆给每一位继任的大维齐尔（苏丹以下最高级的大臣，相当于宰相）带来可观的税收；至此，咖啡未曾再遭遇进一步的阻碍。直到穆拉德四世统治时期，大维齐尔库普瑞利在围困坎迪亚的战争爆发时，基于政治因素而将咖啡馆尽数关闭。他的论述早于百年之后英国的查理二世提出的说法，但两者几乎完全相同，也就是认为咖啡馆是煽动叛乱的温床。

库普瑞利是一个军事独裁者，他不像查理二世那样犹豫不决；尽管和查理二世一样，库普瑞利后来废止了自己发出的禁令，但在禁令有效期间，他毫不犹豫地关闭了所有的咖啡馆。库普瑞利可说是个暴君，对于违反禁令的初犯者，所施予的刑罚是用棍棒鞭打，再次犯禁者会被缝进皮革口袋中，丢进博斯普鲁斯海峡（又称伊斯坦布尔海峡）。奇怪的是，库普瑞利在查禁咖啡馆的同时，却又允许贩卖酒类（被《古兰经》所禁止）的小酒馆继续开门营业。或许他发现，比起咖啡带来的精神刺激，酒类带来的精神刺激所造成的

17 世纪，一间土耳其咖啡馆的内部画面。

后果并没有那么危险。维雷说，对残酷且无知的帕夏统治阶层而言，咖啡是一种过于有智慧的饮料。

在那个年代，律法并不能督促人们行善。就算以整个世界掩盖，也不能遮掩天下人之眼，被压抑的欲望将再次出现。不公正的律法在那些古老世纪并没有比在 20 世纪更具有执行力。首先，尽管人类可能因为失去理性而变得粗野残酷，但咖啡并不能偷走他们的神智；更准确地说，咖啡反倒增强了他们的推理能力。

正如加兰德所说："咖啡乃为社交而生，将人互相联结，使人以更完美的方式达成一致；当心灵未被愤怒和幻想遮蔽时，提出的异议会更真诚，也不会被轻易地遗忘——反倒是那些酒后提出的抗议转头就被遗忘了。"

酷刑下照喝不误

尽管严酷的刑罚摆在面前，但在君士坦丁堡，违反律法的人比比皆是。贩卖咖啡的小贩出现在市集，带着"用火在底下加热的大型铜制器皿，而想喝的顾客会被邀请进入附近的任何一家商店，这些商店欢迎所有因为这个原因而进入店内的人"。后来，库普瑞利在确定咖啡馆对他的政策不再造成威胁后，就准许人们自由饮用这种之前遭到禁止的饮品。

爱在咖啡馆里谈政治的波斯人

有些作者主张咖啡的发现应该归功于波斯，但他们并没有证据支持这种说法。然而，的确有充足的事实证明，在波斯，如同在埃塞俄比亚一般，咖啡从远古时代起就已经为人所知——这可真是个省事的说法。在早先的年代，咖啡馆成为主要城镇既定的机构。

比起土耳其人，波斯人似乎在处理咖啡馆所代表的政治层面问题上展现了更多的智慧，因此在波斯，咖啡馆从未被禁止经营。

阿拔斯一世的妻子注意到，许多人习惯于聚集在伊斯法罕的顶级咖啡馆里谈论政治，她便指派了一位穆拉——教会导师以及律法的阐释者——每天在那里坐镇，以巧妙篡改过的历史、律法及诗歌等款待前往咖啡馆的常客。

这位穆拉有智慧且非常机智圆滑，会回避具有争议性的官方议题；也因此，政治议题得以被保持在幕后。结果证明，穆拉是一位极受欢迎的访客，并且受到顾客的推崇。这个案例被普遍效仿，结果便是伊斯法罕的咖啡馆里极少发生骚乱。

1633—1636年间，亚当·奥利留斯（1559—1671）担任德国驻土耳其大使的秘书，他描述了波斯咖啡馆里的娱乐活动："诗人和历史学家坐在高脚椅上发表演讲，讲述讽世的故事，同时拿着一根小棒子把玩——采用与英格兰杂技演员和变戏法的人完全相同的手势。"

在法院的正式会期中，国王的随侍里必然会有 kahvedjibachi，也就是"咖啡侍者"。

早期饮用咖啡的礼节与习惯

在 1682 年，法籍东方旅行者阿尔维厄骑士描述了阿拉伯的贝都因人是如何发现新鲜烘焙和新鲜研磨的优点的。

咖啡馆文化

卡斯滕斯·尼布尔（1733—1815）是一位汉诺威王朝时代的旅行者，他对早期阿拉伯、叙利亚和埃及等地的咖啡馆进行了如下描述：

> 它们通常有宽敞的大厅，地板上铺着地席；到了晚上，有许多油灯照明。作为仅有的可用来练习世俗雄辩术的场所，贫穷的学者会来这里娱乐大众。他们中的一些人会挑选特定的文字诵读，例如波斯英雄罗斯坦·索尔的冒险事迹；还有一些人则胸怀抱负，在那里创作诗歌和寓言。他们会四处走动，表现出一副演说家的神态，就自己选择的话题高谈阔论。

大马士革的一间咖啡馆会定期雇用一名演说家，在固定时段讲述他的故事；在其他情况下，演说家讲述的内容取决于听众的口味——或是文学性的话题，或是不拘一格、没有根据的故事传说。他的报酬依赖于听众的自发捐献。此外，在阿勒颇有一名灵魂超凡脱俗、声名卓著的学者，他走遍了城内所有的咖啡馆，并在里面发表道德演讲。

有些咖啡馆和从前一样，店内有歌手和舞者，也有许多人前来聆听

《一千零一夜》中令人惊叹的故事。

东方国度曾有个习俗，即给官员或被证明对当权者有妨碍的人提供"坏咖啡"，也就是加了毒药的咖啡。

在家喝咖啡的情况

虽然一开始，饮用咖啡是为了宗教性的目的，不过在经由咖啡馆的介绍传播后，没过多久，咖啡就与宗教分离了。然而，咖啡的宗教意义仍然保持了数世纪。加兰德说，在他访问君士坦丁堡期间，无论穷人或富人、土耳其人或犹太人、希腊人或亚美尼亚人，每家每户一天至少要喝两次咖啡，许多人甚至喝得更多，这是因为提供咖啡给访客饮用已经成了每户人家的习惯；而且拒绝被认为是很无礼的。在那里，每个人每天饮用20杯咖啡是很常见的。

加兰德观察到："君士坦丁堡普通家庭花在咖啡上的钱，和巴黎家庭花在酒上的一样多。"这也可以解释，为什么乞丐经常用购买咖啡作为索要金钱的理由，就像在埃及，乞丐会讨钱去买葡萄酒或啤酒一样。

在此时的土耳其，拒绝或疏忽给妻子咖啡是合法的离婚理由。男士们在结婚时要承诺，绝不让自己的妻子没有咖啡可喝。福尔伯特·德·蒙提斯说，"那可能比发誓对伴侣忠贞还要慎重"。

另一份收藏在法国国家图书馆，由比奇维利撰写的阿拉伯手稿中，一幅手绘图画给我们提供了一窥16世纪君士坦丁堡的咖啡仪式的机会：

所有大人物的家里都有专门负责咖啡、不需要做其他事情的仆人；他们中领头的那一位，也就是检查其余所有人工作的主管，会在被预订用来接待访客的厅堂附近拥有一个房间。土耳其人称这位主管为Kavveghi，意即"咖啡监督员"或"咖啡管家"。

土耳其后宫的闺房，也就是女眷们居住的房间，也有很多这样的管家，每位管家手下有40到50位侍者。这些管家通常在咖啡馆服务过一段时间，他们会获得很好的待遇，要么是有利可图的职位，要么是数量

为宾客端上咖啡。仿自《阿拉伯之夜》早期版本中的插画。

充足的土地。

　　同样地，在有地位的人家里也有被称为 Itchoglans 的男侍，当主人做出送上咖啡的指示——也就是主人家与这些男侍间唯一的沟通用语时，他们会由管家手中接过咖啡，用令人惊叹的速度和得体的方式将咖啡呈送给客人们……咖啡会被放在无足的托盘中端上来，通常是有彩绘或以清漆上光的木质托盘，有时候也会用银制的托盘。每个托盘可以容纳 15 组到 20 组陶瓷盘碟；有能力负担者会将其中半数用银器替代……这些盘碟可以借由用大拇指托住下方、其他手指扶住上部边缘的方式轻松地拿好。

瑞典旅行家兼驻奥斯曼帝国宫廷外交使节尼古拉斯·罗兰姆著有《1657年君士坦丁堡游记》，从这本书中可一窥咖啡在土耳其人家庭生活中的痕迹：

此物（指咖啡）是一种生长在埃及的豆类。土耳其人将它捣碎，并放在水里烹煮，作为替代白兰地的休闲饮料。这种饮料要趁热啜吸入口，说服自己它能毁灭卡他（黏膜炎、感冒），还能预防胃气上升到头部。饮用咖啡和吸食烟草（虽然烟草是被禁止的，但在君士坦丁堡，吸烟的男人和女人比其他任何地区都多得多——尽管是在背地里）是土耳其人全部的消遣娱乐。咖啡也是他们唯一用来款待彼此的饮品；基于这个原因，所有名流都会在自己的住所附近准备一个特别的房间，在那里放着一罐持续煮沸的咖啡。

针对咖啡有很多错误的观念，其中有一个古怪的错误观念源自黎凡特地区的某些人，他们认为咖啡会让人阳痿——尽管在波斯版本的大天使加百列传说中，是加百列为了让先知穆罕默德恢复日渐衰弱的新陈代谢而发明了咖啡。

在土耳其和阿拉伯的文学作品中，我们经常看到饮用咖啡会导致不孕不育的暗示。这个观点已经被近代医学驳斥，因为现在我们知道，咖啡会刺激种族本能，而烟草对种族本能则具有镇静的效果。

第三章

威尼斯商人
将咖啡带到西欧

喝完咖啡之后，教皇大声地说："老天，这种撒旦的饮料是如此美妙……我们应该为它施行洗礼，以此来迷惑撒旦，让它成为真正属基督的饮料。"

世界三大无酒精饮料分别是可可、茶和咖啡。其中，可可在 1528 年被西班牙人引进欧洲，茶在 1610 年被荷兰人带到欧洲，咖啡则是在 1615 年由威尼斯商人引进欧洲的。

欧洲最早关于咖啡的知识，是由那些从远东和黎凡特地区归来的旅行者带回来的。莱昂哈德·劳沃尔夫在 1573 年 9 月由马赛出发，开始了进入东方国度的著名旅程，但早在 5 月 18 日，他便离开了位于奥格斯堡的家。他在 1573 年 11 月抵达阿勒颇，并在 1576 年 2 月 12 日返回奥格斯堡。劳沃尔夫是第一位提到咖啡的欧洲人，也是首位在出版的作品中提到咖啡的人。

劳沃尔夫不仅是一位医学博士和极有名望的植物学家，还拥有奥格斯堡正式官方医师的身份，他的意见被视为权威人士的发言。第一篇为咖啡所撰写并付梓的参考文献是《劳沃尔夫的旅程》，在其中的第八章（该章谈的是阿勒颇这座城市的风俗与习惯），他将咖啡称为 chaube。在 1582 年到 1583 年间，劳沃尔夫于法兰克福及劳因根出版了德文文献，其中确切地提及了咖啡。

如果你想吃点东西或喝点烈酒，可以走进一间开着的商店，坐在地上或地毯上，与众人一同饮酒。有另一种非常好的饮料在其他人中流传，他们称其为 chaube（咖啡）。这种饮料黑如墨汁，对疾病（主要是胃疾）极有帮助。清晨，那里的人会公开地、毫无顾虑地饮用尽可能热烫的咖啡——通常只以杯碰唇、一次喝一点点。

在同样的水中，他们放入一种叫作 Bunnu 的果实……因此我认为它们是同样的事物。[①] 在市集上随处可见有人贩卖这种饮料；还有一些人贩卖浆果。

咖啡北传进入意大利

很难确定咖啡何时由君士坦丁堡普及到欧洲西半部；不过极有可能是由威尼斯商人引进的，因为威尼斯与黎凡特地区的地理位置相近，他们又与该地区有大量的贸易往来，所以咖啡逐渐被欧洲人熟悉。

意大利帕多瓦一位学识渊博的医师兼植物学家普罗斯佩罗·阿尔皮尼（1553—1617），在 1580 年到埃及旅游，并带回了关于咖啡的消息。1592 年，他于威尼斯出版了用拉丁文写成的专著《埃及植物志》，他是首位将咖啡植株和咖啡饮料用文字描述出来的人：

我曾在开罗见过这棵树，它结的果实在埃及十分常见，人们把它叫作 bun 或 ban。阿拉伯人与埃及人会将这种树的果实煎煮，饮用得到的汁液，将其作为酒的替代品。这种饮料在所有公众场合都有得卖，就和我们对待酒类的做法一样。他们称这种饮料为 caova。用来制作这种饮料的果实来自"快乐的阿拉伯"。我看见的那棵树看起来像卫矛树，但叶片更厚、更坚韧，颜色也更绿。这种树是常绿树种，从不掉叶子。

---

① 第二章已出现过该部分译文，故此处省略。——编者注

1582 年于劳沃尔夫的作品中出现的第一篇关于咖啡的参考文献。

阿尔皮尼记录了东方国度的居民认为此种饮料所具有的医药用途，而其中很多药效很快被纳入欧洲的药物学体系。

约翰·维斯林（1598—1649）是一位德国籍植物学家兼旅行家，他在威尼斯定居，以"学识渊博的意大利医师"身份享誉当地。他在 1640 年对阿尔皮尼的著作进行新的编辑，不过早在 1638 年，他针对阿尔皮尼的作品发表了一些评论。在编纂及出版的过程中，他辨认出这个由咖啡浆果的外壳（外皮）所制成的饮料拥有某些特性，与那些被他称为咖啡果核的咖啡豆制成的汁液的特性不同。他这么说：

> 咖啡不仅在埃及有很高的需求，在奥斯曼帝国几乎所有的省份也是如此。因此出现了咖啡在黎凡特十分昂贵，在欧洲则十分短缺的状况。欧洲人在某种意义上被剥夺了享用一种对身心非常有益的汁液的权利。

由此我们可以得出结论：欧洲人在当时并非对咖啡一无所知。维斯林补充说，当他访问开罗的时候，他发现当地有两三千家咖啡馆，"有些店家开始在贩卖的咖啡中加糖，以修正其苦味，还有一些店家会把咖啡浆果做成小甜点"。

教皇为撒旦的饮料施行洗礼

根据一则被广为引述的传说，在咖啡流传到罗马后不久，它再次遭受宗教狂热主义的威胁，几乎都要被逐出基督教国家了。在相关的讲述中，某些僧侣呼吁教皇克莱门特八世（1535—1605）禁止基督徒饮用咖啡，并指控咖啡是撒旦的造物。这些僧侣宣称，恶魔禁止他的追随者（那些伊斯兰异教徒）饮用酒类——毫无疑问是因为酒被基督认为神圣的，而且用于圣餐礼中——因而恶魔提供了可憎的黑色饮料给追随者作为替代品，他们称它为咖啡。对基督徒来说，饮用咖啡就是在冒险跳入撒旦为他们的灵魂设下的陷阱。

另外还有一种说法是，教皇因为好奇，让人进献一些咖啡给他。咖啡的香气太诱人，以至于教皇忍不住喝了一整杯。喝完咖啡之后，教皇大声说："老天，这种撒旦的饮料是如此美妙，要是让那些异教徒独享就太可惜了。我们应该为它施行洗礼，以此来迷惑撒旦，让它成为真正属基督的饮料。"

如此一来，无论咖啡的反对者试图将何种坏处归在咖啡头上，咖啡依旧存在——若我们相信上述故事——咖啡被教皇施以洗礼、宣告为无害，还被称为"真正属基督的饮料"。

威尼斯人在1585年带来更多关于咖啡的知识，当时担任君士坦丁堡地方行政官的吉安弗朗西斯科·摩罗辛尼向上议院汇报土耳其人"用他们所能忍受最热的温度饮用一种黑水，这种黑水由一种叫作cavee的豆子浸制而成，据说拥有刺激人类的功效"。

欧洲的第一杯咖啡

在一篇意大利语评论文章中，A.库格博士声称欧洲的第一杯咖啡是16世纪末在威尼斯被人喝下的。他认为最初的咖啡浆果是由被称为佩维尔的莫森吉奥进口的，因为他借着由东方国度而来的香料及其他特产的贸易创造了巨额财富。

1615年，皮耶罗·特拉华勒（1586—1652），知名的意大利旅行家和《印度及波斯之旅》一书的作者，从君士坦丁堡写了一封信给在威尼斯的友人马里欧·席帕诺：

> 土耳其人有一种黑色的饮料，在没有改变饮料本质的情况下，喝这种饮料在夏季能让身体感到凉爽，而在冬季则会让身体发热，使人感到温暖。他们在咖啡刚从火上移开时趁热喝下。他们狂喝这种饮料，但不是在正餐时刻，而是将其当作某种美味，一边与朋友谈天说地，一边慢慢地啜饮。你找不到任何一个没有咖啡的聚会场合……有了这种被他们称为cahue的饮料，他们便能从彼此的对话中转移注意力……这种饮料

一间18世纪的意大利咖啡馆。仿自哥尔多尼，由扎塔所作。

是由某种被叫作 cahue 的树结的谷物，也就是果实制成的……回程时，我会带一些回去，并将这些知识传授给意大利人。

不过特拉华勒的同胞可能已经很熟悉这种饮料了，因为咖啡已经（在1615 年）被引进威尼斯了。一开始，咖啡大部分被用于医疗，而且售价十分昂贵。维斯林说过咖啡在欧洲是如何被用作药物的，"咖啡，作为一种奇特的外来种子，跨出珍奇展示柜的第一步是以药物的角色进入了药剂师的店铺"。

意大利的咖啡馆

意大利的第一间咖啡馆据说在 1645 年就开张了，但这个说法缺乏确凿的证据。一开始，咖啡是和其他饮料一起出现在柠檬水小贩贩卖的商品中的。意大利文的 aquacedratajo 指的就是贩卖柠檬水和类似饮料的人，以及那些贩卖咖啡、巧克力、烈酒等商品的人。贾丁声称，咖啡在 1645 年就在意大利被普遍使用。无论如何，可以确定的是，1683 年一间咖啡店在威尼斯行政官邸大楼中开张营业。而著名的弗洛里安咖啡馆（也叫花神咖啡馆）则是在 1720年由弗洛里安·弗朗西斯康尼于威尼斯开设。

第一篇关于咖啡的权威性专论直到 1671 年才出现，由罗马大学迦勒底语及叙利亚语的马龙派教授安东·佛斯特斯·奈龙（1635—1707）以拉丁文撰写而成。

为西方建立正宗咖啡馆

在 17 世纪后半叶和 18 世纪前半叶，咖啡馆在意大利取得极大的进展。值得注意的是，这些第一批欧洲版本的东方咖啡馆被称为 caffé，单词中的两个 f 被意大利人保留至今。而有部分作家认为，这个词是由 coffea 演变而来的，当中的两个 f 并未逸失，就和现今法国与其他某些欧洲大陆国家的书写形式一样。

于是，尽管法国人和奥地利人都认为自己做得更好，带给西方世界正宗咖啡馆的荣誉却归属于意大利。

在咖啡开始风行后不久，几乎所有威尼斯圣马尔谷广场的商店都成了咖啡馆。Caffé dell Ponte dell'Angelo 位于圣马尔谷广场附近，1792 年，一只名为"烟草店"的狗在那里死去，文森·弗马里欧尼于是模仿乌巴多·布雷戈里尼于安杰洛·伊莫（最后一位威尼斯海军上将）死亡时发表的纪念演说，为其作了一篇讽刺悼文，这间咖啡馆从此声名大噪。

在马可·安伽罗托拥有的 Caffé della Spaderia 中，某些激进分子主张开辟一间阅览室，用来促进自由主义思想的传播。检察官派了一位士兵前去通知店主，要店主告诉第一个进入那间阅览室的人，他将面临在法庭出席的后果。这个主意因此而被放弃。

早期威尼斯咖啡馆中的贵族。选自科雷尔博物馆的格雷文布罗克典藏。

在其他著名的咖啡馆中，有一间因矮胖店主梅内柯而得名的梅内加佐。这是一间文人作家频频造访的咖啡馆，在这里，安吉洛·玛莉亚·巴尔巴洛、洛伦佐·达·彭特和其他同时代的著名人士进行激烈的讨论是司空见惯的事情。

咖啡馆逐渐成为各个阶层普遍的休闲娱乐场所。晨间，咖啡馆迎来商人、律师、医师、掮客、工人和流动小贩；而午后到深夜，咖啡馆则属于包括贵妇、淑女在内的有闲阶级。

大多数情况下，最早的意大利咖啡馆都很低矮、简单而朴素，没有窗户，而且只用闪烁又模糊的光源提供糟糕的照明。然而在这样的环境里，欢乐的人群来来去去，他们穿着五颜六色的衣服，男男女女一群群地在各处闲聊谈天；而且，那些流言蜚语中，总有可供选择的丑闻片段值得在咖啡馆里传播一圈。

哥尔多尼是一位讽刺作家，在他的喜剧《咖啡馆》中，在"小广场"——理发店加上赌场的复合式商店里，了不起的诽谤类型老派传奇小说家唐·马齐欧就是当时进出咖啡馆的人的典型代表。该剧中的其他角色也脱胎于当时每天在城市广场咖啡馆中能看见的各类人。

18世纪时，圣马尔谷广场的旧行政官邸大楼下方有法兰西王、阿庞特札等咖啡店。最后那间咖啡店于1775年由原籍克基拉岛的乔尔乔·夸德里开设，是首家在威尼斯提供正宗土耳其咖啡的咖啡店。

而在新行政官邸大楼下方，你会发现安杰洛·库斯托德、弗洛里安等咖啡馆。

圣马尔谷广场最受欢迎的咖啡馆

大概没有一间欧洲的咖啡馆像弗洛里安咖啡馆那样曾获得如此多来自全球名人的光顾——雕塑家卡诺瓦的友人，还有数以百计出入城市、发现卡诺瓦是社交信息宝库与城市导览指南的可信代理商及熟人。离开威尼斯的人会将名片和行程表留给卡诺瓦；新来者会在弗洛里安询问他们想见的人的消息。"他长期专注于获得比从古至今的任何人所具备、更为多样的知识。"赫兹利特为我们生动地描绘出18世纪威尼斯咖啡店的愉快生活：

> 据说威尼斯的咖啡远胜于所有其他地方的，而弗洛里安为他的访客奉上的商品则是威尼斯最棒的。莫尔门蒂的插画可以部分证明。在一幅画作中，剧作家哥尔多尼被描绘成一位访客，画中还有一名女乞丐正乞求施舍。
>
> 伟大的雕塑家卡诺瓦对弗洛里安的敬重是如此诚挚，以至于在弗洛里安突然被痛风侵袭时，他为弗洛里安制作了腿部支架，让这可怜的家

伙免去把脚塞进靴子里的痛苦。这段友谊始于卡诺瓦刚开始雕塑事业之时，他从未忘记在自己遇到困难时，对方所提供的大量协助。

后来，弗洛里安咖啡馆由一位女性主厨掌管，在店内服务的女侍者会为某些访客在纽扣的扣眼中系上一朵花——这可能有暗指其姓名的意思，而在广场上的姑娘们也会这么做。

在威尼斯，提供家庭式服务的咖啡馆和餐馆从此都以非常殷勤的方式款待访客。

还有许多其他会社——特别在威尼斯独立时代的末期，是专门为满足那些以八卦闲聊为目的的人而设立的。各式各样不同阶层的顾客频繁出入这些商店，包括显贵人士、政客、军人、艺术家和没有职业的老人、年轻人等。这些让人流连忘返的场所里全都有足以匹配顾客身份的同伴以及相应消费水平的价目表。男性社交圈的上层人士，毫无例外都被吸引到这里来。

对威尼斯所有阶层的人来说，咖啡馆几乎是他们离开这个城市前最后一个到访之地，也是回到这个城市后第一个前去走访的地方。

对威尼斯人而言，居所只不过是妻子的住处和财产的存放地；只有在极少数的情况下，他们才会居家招待访客；更为罕见的则是夫妻二人一同外出，此时丈夫会邀请女士进入一间咖啡馆或糖果点

哥尔多尼在一间威尼斯咖啡馆。选自 P. 隆吉的画作之一。

心店，一同分享一份冰品。

弗洛里安咖啡馆经历了许多变化，但它仍作为圣马尔谷广场最受欢迎的咖啡馆留存了下来。

从镇压中幸存下来

到了 1775 年，咖啡馆遭受迫害的历史再度在威尼斯上演。不道德、邪恶和腐败都成为控诉咖啡馆的罪名；而十人议会在 1775 年及随后的 1776 年命令国家检察官将这些"社会弊端"连根拔除。然而咖啡馆从改革者对其所有的镇压中幸存下来。

位于帕多瓦的佩德罗基咖啡馆是另一家十分有名的早期意大利咖啡馆。安东尼奥·佩德罗基（1776—1862）是一位柠檬水小贩，为了吸引寻欢作乐的年轻人与学生，他买下了一间老房子，打算将一楼改装成引人注目的场所。

他将自己手头所有的现金和所有借到的钱都投入到这项有些冒险的项目中。结果，他发现那间房子没有制作冰品和饮料不可或缺的地窖，而且房子的墙壁和地板都十分老旧，当整修工作开始时，房子就倒塌了。

他陷入了绝望，不过并没有气馁。他决定着手挖掘地窖。在挖掘地窖的过程中，他惊喜地发现这栋老房子建在一座古老教堂的地下金库之上，那个金库中居然藏了相当多的宝藏。从此，这位幸运的业主拥有了自由，他可以选择继续柠檬水小贩兼咖啡商人的事业，也可以轻松度日。作为一位睿智的人，佩德罗基决定坚持原来的计划。很快，他的那些富丽堂皇的场所成了当代时髦人士钟爱的会面地点。在那里，柠檬水和咖啡经常一同搭配贩卖。佩德罗基咖啡馆被认为是 19 世纪矗立在意大利的最精致的建筑。佩德罗基咖啡馆始建于 1816 年，于 1831 年开业，但直到 1842 年才彻底完工。

意大利的其他城市也很早就有了咖啡馆，特别是罗马、佛罗伦萨和热那亚。

1764 年，《咖啡》——一本纯文学杂志——在米兰登场，这本杂志由彼得

19 世纪，位于威尼斯圣马尔谷广场的弗洛里安咖啡馆。

罗·维里伯爵（1728—1797）创立，总编辑是凯萨·贝加利亚。该杂志的创办目标是对抗阿卡迪亚田园风格的影响。杂志的名字源于维里伯爵和他的朋友们常常在米兰的一间咖啡馆聚会，这间咖啡馆的店主是一位名为蒂米奇的希腊人。但这本杂志只存活了两年。

后来也出现了其他同名的杂志，它们在短暂地为各种党派提供有效的宣传之后，都步入了被遗忘杂志的后尘。

第 四 章

咖啡在法国刮起的旋风

他们想了解这种备受追捧的东方饮料，尽管咖啡的漆黑色泽给法国人的
第一印象完全与吸引力背道而驰。

我们要为了大部分关于咖啡的宝贵知识感谢三位法国旅行者，这些英勇
的绅士率先点燃了法国民众对这种注定要在法国大革命中扮演如此重要角色
的饮料的想象力。这三位旅行者分别是塔维涅（1605—1689）、德·泰弗诺
（1633—1667）与贝涅尔（1625—1688）。

此外还有尚·拉罗克（1661—1745），他在 1708 年到 1713 年间完成了著
名的著作《欢乐阿拉伯之旅》，他的父亲 P. 拉罗克则拥有在 1644 年将第一批
咖啡引进法国的荣誉。

法国籍的东方学家安东·加兰德不但是第一位翻译《天方夜谭》的译者，
也是法国国王的古文物家。1699 年，他翻译并发表了阿布达尔·卡迪手稿中
阿拉伯文的分析，首次为咖啡的起源提供了可靠的解释。

咖啡传入法国的历史

或许法国最早关于咖啡的文献来自 1596 年被送到法国医师、植物学家
兼旅行者卡罗卢斯·克卢修斯（1529—1609）处的意大利植物学家兼作家里
奥·贝利的简单陈述，他写道："这是埃及人用来制作他们称为 cave 这种饮
料的种子。"

P. 拉罗克陪同法国大使 M. 拉哈耶前往君士坦丁堡，并在之后进入黎凡特。当他在 1644 年回到马赛时，不仅带回了咖啡，还带了"在土耳其会用到、跟咖啡有关的所有用具，这在当时的法国被视为珍奇之物"。在提供咖啡的服务中包括 fin-djans，也就是使用瓷杯，还有被土耳其人当作餐巾，以金线、银线和蚕丝刺绣的平纹细布。

P. 拉罗克于 1657 年将咖啡秘密地引进巴黎。教导法国人如何利用咖啡的功劳则归于尚·德·泰弗诺。

德·泰弗诺以一种轻松愉快的风格写下咖啡这种饮料如何于 17 世纪中叶在土耳其被饮用：

VOYAGE
DE
L'ARABIE HEUREUSE,
PAR L OCEAN ORIENTAL,
& le Détroit de la Mer Rouge. Fait par les François pour la premiere fois, dans les années 1708, 1709 & 1710.

AVEC LA RELATION PARTICULIERE d'un Voyage fait du Port de Moka à la Cour du Roy d'Yemen, dans la seconde Expedition des années 1711, 1712 & 1713.

UN MEMOIRE CONCERNANT L'ARBRE & le Fruit du Café, dreßé sur les Observations de ceux qui ont fait ce dernier Voyage. Et un Traité historique de l'origine & du progrès du Café, tant dans l'Asie que dans 'Europe ; de son introduction en France, & de l'établissement de son usage à Paris.

A PARIS,
Chez ANDRE' CAILLEAU, sur le Quay des Augustins, près la rue Pavée, à Saint André.

MDCCXVI.
Avec Approbation, & Privilege du Roy.

《欢乐阿拉伯之旅》的扉页，1716 年。

他们还有另一种日常饮用的饮料，被称为 cahve。在一天中，他们随时都会喝这种饮料。

这种饮品是用以平底锅或其他器具在火上烘烤过的浆果制作而成的。烘烤过的浆果会被捣碎成极为细致的粉末。

当想要饮用这种饮料时，他们会取出一个专门制作的、被称为 Ibrik（后世称土耳其咖啡壶）的煮具，将煮具装满水后再将水煮沸。当水烧开后，他们在约 3 杯分量的热水中加入 1 满匙咖啡粉；等到咖啡沸腾的时候，迅速将咖啡从火源上移开。有时候他们会搅拌咖啡——咖啡的膨胀速度非常快，一不小心就会沸腾到溢出。

将咖啡这样煮沸 10 次或 12 次之后，他们会将其倒进瓷杯里，瓷杯则会被放在大的浅盘或色彩鲜艳的木盘上。就这样，咖啡在沸腾的状态下就被送到了饮者面前。

你得趁热分几次喝完一杯咖啡，否则就不好喝了。由于害怕被烫到，人们喝咖啡时会小口啜饮——你能在 cavekane（他们如此称呼贩卖煮好的咖啡的地方）听见一种令人愉悦的、细碎悦耳的吸溜声……有些人会将少量的丁香和小豆蔻籽与咖啡混合饮用；还有一些人会加糖。

法国的咖啡风潮

贾丁说，法国人对咖啡趋之若鹜其实是出于好奇的心理，"他们想了解这种备受追捧的东方饮料，尽管咖啡的漆黑色泽给法国人的第一印象完全与吸引力背道而驰"。

对东方黑色饮料的好奇

大约 1660 年时，几位曾在黎凡特居住过一段时间的马赛商人觉得自己不能没有咖啡，于是带了一些咖啡豆回到家乡；稍后，一群药剂师和其他商人进行了第一宗由埃及大量进口咖啡豆的进口贸易。

里昂的商人很快跟上这股风潮，饮用咖啡在那些地区开始变得常见。

1671 年，有几个平民在马赛的交易市场附近开了一间私人咖啡馆，这间咖啡馆立刻在商人和旅行者之间受到极大欢迎。

其他的咖啡馆也陆续开张，而且都挤满了人。不过，人们在家里也经常喝咖啡。P. 拉罗克说："总而言之，这种饮料以如此惊人的速度普及，这不可避免地让医师们警觉起来，他们认为它不会适合炎热且极为干燥国家的居民。"

古老的争议再次登场。有些人和医师们站在同一阵线，其他人则持反对意见，这一场景就跟在麦加、开罗以及君士坦丁堡发生过的一样；只不过在此地，争论的主要方向转而集中在药性问题上。这一回，教廷未在争端中扮演任何角色。

"热爱咖啡的人士与医师狭路相逢时，会以非常恶劣的态度对待他们；而坚守自己立场的医师们则用各式各样的疾病来吓唬那些喝咖啡的人。"

事态在1679年发展到关键时刻，当时马赛的医师们采取了一个巧妙的办法，让咖啡的名声受损。

他们让一位即将进入医学院的年轻学生在市政府地方行政官的面前提出质疑——事实上这个问题是由两位身为艾克斯马赛大学教职员的医师提出的。这个问题是，咖啡是否对马赛的居民有害？

他们主张咖啡已经赢得所有国家的认可，即便它连酒这种完美饮料的渣滓都比不上，却几乎完全压制了酒的饮用量。不利于咖啡的论证被罗列出来，相关论点有咖啡是邪恶且无用的异国玩意儿；宣称咖啡对精神紊乱有治疗效果的主张是荒谬可笑的，因为咖啡并不是一种豆类，而是山羊与骆驼发现的一种树所结的果实；咖啡是热性而非凉性的；咖啡会燃烧血液，从而引起麻痹、瘫痪、阳痿和消瘦……他们表示，"综上所述，我们必然能够得出以下结论：咖啡对绝大多数的马赛居民是有害的"。

艾克斯马赛大学的好医师们提出的质疑其实是他们对咖啡的偏见。许多人认为，这些医师被误入歧途的狂热冲昏了头脑而弄巧成拙。医师们处理这场争端的方式有点粗暴，导致许多论据被揭露是谬误；除了惊人的错误外，这些论据对事实毫无贡献。

从升斗小民到上流社会都疯狂

然而，世界的趋势已然改变，反对咖啡的声音也不再像过去那般具有影响力。在这一回合，阻止咖啡继续传播的努力甚至还没有穆罕默德僧侣们的抨击谩骂来得有力量。人们继续像以前一样频繁出入咖啡馆，而且他们在自己家里也没少喝咖啡。

事实上，这次对咖啡的控诉最终证明是自作自受，因为受到如此的刺激后，咖啡的需求量反而日渐增多。为了满足需求，里昂和马赛的商人们史无前例地联合起来，开始由黎凡特整船整船地进口咖啡豆。

与此同时，在1669年，穆罕默德四世派往路易十四世宫廷的土耳其大使苏利曼·阿伽也到达巴黎。他随身携带了数量可观的咖啡，同时把以土耳其风格冲煮出来的咖啡传入法国的首都。

1669年7月到1670年5月，这位大使短暂地停留在巴黎。然而，这段时间已经长到足以让被引入的咖啡习俗在此立足。2年后，一位名为帕斯卡尔的亚美尼亚人在圣日耳曼市集开设了咖啡饮用摊，这是巴黎咖啡馆的起源。

饮用咖啡的习惯在首都马赛及里昂都变得十分普遍。随后，法国所有省份纷纷效仿。

很快，每座城市都有了咖啡馆，咖啡也在私人住宅被大量消耗饮用。尚·拉罗克写道："从升斗小民到优雅的上流阶层，没有人会忘记在每天早晨或用过正餐后不久来杯咖啡。在有人拜访或探视时为其提供咖啡也成了惯例。"

"优雅的上流阶层"鼓动了小咖啡馆风潮；而且很快便有消息指出：在法国的咖啡馆中，可以见到所有由东方供应的华丽装潢，"他们用比金银更富丽、价值更高昂的大量陶瓷罐及其他印度家具装饰咖啡馆"。

1671年，里昂出现了一本名为《咖啡，最完美的浆果》的书籍，提出在这个议题方面亟须具有公信力的论文或著作。1693年在里昂，随着菲利普·西尔韦斯特·达弗尔

尚·拉罗克在他的《欢乐阿拉伯之旅》中描绘的咖啡树。

令人赞赏的专题论文《关于咖啡的新奇论文》的发表，这一需求得到了满足。

1684 年，达弗尔再度于里昂出版了臻于完善的著作《制作咖啡、茶和巧克力的不同方法》。紧接着（1715 年），尚·拉罗克在巴黎出版了《欢乐阿拉伯之旅》，讲述了作者在 1711 年前往也门宫廷的旅程，其中对咖啡树及其果实多有着墨，这也是关于咖啡第一次被使用及引进法国的关键历史的专题论文。

尚·拉罗克对他拜访皇家花园的描述非常有意思，字里行间显示出阿拉伯人依然坚信咖啡只生长在阿拉伯地区：

在尚·拉罗克所著《欢乐阿拉伯之旅》中，带有花及果实的咖啡枝条插画。

皇家花园里除了花费极大力气布置了在国内寻常可见的树木之外，没有什么值得注意的；这些树木中就有所能找到的最好的咖啡树。

当代表们向国王陛下表示，这样的布置与欧洲贵族们布置花园的习惯相反（欧洲贵族们致力于塞满自己花园的，主要是他们所能找到的最稀少和罕见的植物）时，国王对自己不输任何一位欧洲贵族的品位和慷慨感到自豪，他告诉使者们：咖啡树在他的国度内确实十分常见，但那并不能成为他不珍视它的理由。

咖啡树常年青翠的特性极大程度地捕获了国王的欢心，而且它会结出举世无双的果实，这一点也令人感到愉快。对国王来说，在将产自皇家花园的咖啡果实当作礼物时，宣称结出这种果实的树是由他亲手种下的，能带给他无与伦比的满足感。

1718 年在巴黎创立的丽晶咖啡馆，图片展示了典型的欧式座位安排。

10 年独家销售咖啡豆的权力

第一位在法国注册贩卖咖啡豆的商人名为达乌密·法兰索瓦，他属于巴黎的中产阶层，借着一份 1692 年发布的法令确保了自己贩卖咖啡豆的特权。他被授予长达 10 年、独家在法兰西帝国所有省份和城镇以及法国国王治下所有疆域贩卖咖啡及茶叶的权力，并且也拥有供养一间仓库的权力。

咖啡很快地由本国运输到圣多明各（1738 年）和其他法属殖民地，并在国王签发的特别许可下蓬勃发展。

1858 年，一份标题为《咖啡、文学、美术及商业》的小册子在法国出现。编辑查尔斯·沃恩滋在发刊时表示："名流沙龙代表的是特权，咖啡馆代表的则是平等。"这份刊物只持续了非常短的一段时间。

第 五 章

来到英国的
古斯巴达黑色高汤

咖啡馆的概念，还有在家饮用咖啡的习惯迅速在大不列颠的其他城市散播开来；不过所有的咖啡馆都以伦敦咖啡馆为典范并加以模仿。德文郡埃克塞特的穆尔斯咖啡馆，是英国最早创立的咖啡馆之一。

16 世纪和 17 世纪时的英国旅行者及作家在讲述咖啡豆和咖啡这种饮料方面，跟与他们同时代的欧洲同侪一样有魄力。

英国首篇咖啡文献

然而第一篇印刷出版且提及咖啡的英文文献，是一位名为巴鲁丹奴斯的荷兰人撰写的《林斯霍腾的旅程》，咖啡之名出现在注释中，这本书的书名英译来自 1595 年或 1596 年在荷兰首次发行的著作，英文版则于 1598 年在伦敦出现。

在古籍注释中现踪

下文展示的是原版书照片复制品，可以看出古雅的哥特体印刷文本和巴鲁丹奴斯以罗马体写就的注释。

汉斯·雨果（又名"约翰·惠更斯"）·范林斯霍腾（1563—1611）是最勇敢无畏的荷兰旅行者中的一员。从他对日本风俗习惯的描述中，我们找到了最早关于茶的参考文献：

our clokes when we meane to goe abroad into the towne or countrie, they put them off when they goe forth, putting on great wyde breeches, and coming home they put them off again, and cast their clokes vpon their shoulders: and as among other nations it is a good sight to see men with white and yealow hayre and white teeth, with them it is esteemed the filthiest thing in the world, and seeke by all meanes they may to make their hayre and teeth blacke, for that the white causeth their grief, and the blacke maketh them glad. The like custome is among the women, for as they goe abroad they haue their daughters & maydes before them, and their men seruants come behind, which in Spaigne is cleane contrarie, and when they are great with childe, they tye their girdles so hard about them, that men would thinke they should burst, and when they are not with Childe, they weare their girdles so slacke, that you would thinke they would fall from their bodies, saying that by experience they do finde, if they should not doe so, they should haue euill lucke with their fruit, and presently as sone as they are deliuered of their children, in sted of cherishing both the mother and the child with some comfortable meat, they presently wash the childe in cold water, and for a time giue the mother very little to eate, and that of no great substance. Their manner of eating and drinking is: Euerie man hath a table alone, without table-clothes or napkins, and eateth with two peeces of wood, like the men of China: they drinke wine of Rice, wherewith they drink themselues drunke, and after their meat they vse a certaine drinke, which is a pot with hote water, which they drinke as hote as euer they may indure, whether it be Winter or Summer.

Annotat. D. Pall.

The Turkes holde almost the same maner of drinking of their *Chaona*, which they make of certaine fruit, which is like vnto the *Bakelaer*, and by the *Egyptians* called *Bon* or *Ban*: they take of this fruite one pound and a half, and roast them a little in the fire, and then sieth them in twentie poundes of water, till the half be consumed away: this drinke they take euerie morning fasting in their chambers, out of an earthen pot, being verie hote, as we doe here drinke *aquacomposita* in the morning: and they say that it strengtheneth and maketh them warme, breaketh wind, and openeth any stopping.

The manner of dressing their meat is altogether contrarie vnto other nations: the aforesaid warme water is made with the powder of a certaine hearbe called Chaa, which is much esteemed, and is well accounted of The 1.Booke.

among them, and al such as are of any countenance or habilitie haue the said water kept for them in a secret place, and the gentlemen make it themselues, and when they will entertaine any of their friends, they giue him some of that warme water to drinke: for the pots wherein they sieth it, and wherein the hearbe is kept, with the earthen cups which they drinke it in, they esteeme as much of them, as we doe of Diamants, Rubies and other precious stones, and they are not esteemed for their newnes, but for their oldnes, and for that they were made by a good workman: and to know and keepe such by themselues, they take great and speciall care, as also of such as are the valewers of them, and are skilfull in them, as with vs the goldsmith prifeth and valueth siluer and gold, and the Iewellers all kindes of precious stones: so if their pots & clippes be of an old & excellet workmäs making, they are worth 4 or 5 thousad ducats or more the peece. The King of *Bungo* did giue for such a pot, hauing three feet, 14 thousand ducats, and a Iapan being a Christian in the town of *Sacay*, gaue for such a pot 1400 ducats, and yet it had 3 peeces vpon it. They doe likewise esteeme much of any picture or table, wherein is painted a blacke tree, or a blacke bird, and when they knowe it is made of wood, and by an ancient & cunning maister, they giue whatsoeuer you will aske for it. It happeneth some times that such a picture is sold for 3 or 4 thousand ducats and more. They also esteeme much of a good rapier, made by an old and cunning maister, such a one many times costeth 3 or 4 thousand Crownes the peece. These things doe they keepe and esteeme for their Iewels, as we esteeme our Iewels & precious stones. And when we aske them why they esteeme them so much, they aske vs againe, why we esteeme so well of our precious stones & iewels, whereby there is not any profite to be had, and serue to no other vse, then only for a shewe, & that their things serue to some end.

Their Iustice and gouernment is as followeth: Their kings are called Iacatay, and are absolutely Lords of the land, notwithstanding they keepe for themselues as much as is necessary for them and their estate, and the rest of their land they deuide among others, which are called Cunixus, which are like our Earles and Dukes: these are appointed by the king, and he causeth them to gouerne & rule the land as it pleaseth him: they are bound to serue the king as well in peace, as in warres, at their owne cost & charges, according to their estate, and the auncient lawes of Iapan. These Cunixus haue others vnder them called Toms, which are like our Lords

第一篇提到咖啡的英文文献，1598 年，在以罗马体印刷的巴鲁丹奴斯注释第二行中写作 Chaona（chaoua）。

他们的饮食礼节是这样的：每个人都有自己单独的桌子，不会铺设桌布或餐巾，而且像奇诺人一样，用两根木条进食；他们还会喝以米制成的酒，直到烂醉如泥。

而在吃完肉类以后，他们会饮用一种特定的饮料，也就是一壶热水，无论冬天或夏天，他们都会在自身可忍受的最高温度下饮用。

荷兰学者兼作家柏纳德·坦恩·布鲁克·巴鲁丹奴斯，同时也是莱顿大学哲学教授，更是一位游历了全球四分之一地域的旅行者，在此处加入他包含了咖啡文献的注释。

他是这么写的：

土耳其人几乎是用完全一样的方法来饮用他们的 Chaona。这是以一种特定的果实制成的饮料，这种果实就好像生长在月桂树上一般，而埃及人称它们为 Bon 或 Ban。土耳其人取用 1 磅半的果实，在火中烘烤一小段时间，然后将它们浸泡在 20 磅的水中，直到消耗掉半数的果实。土耳其人每天早晨在房间斋戒时都会从一个陶制的壶中倒出这种滚热的饮料并饮用，就和我们每天早晨都会饮用烧酒一样。土耳其人自称这种饮料能增强精力并让他们感到温暖、终结肠胃胀气，还有助于消化。

接着范林斯霍腾用这段话完善了茶的参考文献：

他们调味肉类的方法与其他国家截然不同：前段所述的热水由一种被称为 chaa 的特定药草粉末制成，这种药草备受他们的称赞和珍视。

chaa 就是茶，方言则念作 t'eh。

独树一帜的绅士探险家安东尼·舍利爵士（1565—1630），是第一位探讨东方世界咖啡饮用的英国人，他在 1559 年由威尼斯启航，自发、非正式地前往波斯，去邀请中东国家的君主与基督教国家的贵族结盟对抗土耳其人，还附带提高了英国在东方的贸易利益。

以近代英文正式提及"咖啡"

英国政府对他的安排一无所知，拒绝为安东尼·舍利担负责任，并禁止他返回英国。无论如何，他确实抵达了波斯，之所以航向那里，与安东尼·舍利一同行动的威廉·派瑞写下了理由。这份记录在 1601 年于伦敦出版，而很有趣的是，这当中包括了第一篇以较接近现代英文方式写就且付印并提及咖啡的文献。下文图为由存放在大英博物馆沃斯图书馆中的原件制成的复制品。

这个段落是描述居住在阿勒颇的土耳其人习惯和风俗文字的一部分，派瑞称这些土耳其人是"受诅咒的异教徒"。这段文字内容如下：

> 他们坐在他们的肉旁（被端上来放在地上供他们食用），如零售商盘腿坐在他们的摊位一般；大多数情况下，他们会在宴席和喧闹的酒会中寒暄，直到他们感到厌腻为止。他们饮用某种被称为咖啡的汁液，那是用很像芥末籽的种子制成的饮料，和蜂蜜酒一样，会很快地让大脑沉醉。

另一则咖啡的早期英国文献是约翰·史密斯上尉的著作《旅游与冒险》，1603 年于伦敦出版，书中将咖啡拼写作 coffa。他谈到土耳其人时说："他们最好的饮料是用一种被称为 coava 的谷物制成的 coffa。"

也正是这位约翰·史密斯上尉在 1607 年成为弗吉尼亚殖民地的创建者，他带着很可能是关于咖啡这种饮料最早公之于新西方世界的知识来到美国。

塞缪尔·珀切斯（1527—1626）是一位早期英国的旅行报告收集者，1607 年，在《珀切斯朝圣之旅》中"商人威廉·芬奇在索科特拉岛（印度洋中的一个岛屿）的观察报告"的标题下，是这样说道阿拉伯居民的：

which was graunted by the Bashaw, with his Passe, together with the English Consuls and vice-consuls.

Leauing heere awhile to profecute our tourney, I will fpeake fomewhat of the fashion and difpofition of the people and country; whofe behauiours in point of ciuilitie (befides that they are damned Infidells, and Zodomiticall Mahomets) doe anfwer the hate we chriftians doe iuftly holde them in. For they are beyond all meafure a moft infolent fuperbous and infulting people, euer more preft to offer outrage to any chriftian, if he be not well guarded with a Janizarie, or Janizaries. They fit at their meat (which is ferued to them vpon the ground) as Tailers fit vpon their ftalls, croffe-legd: for the moft part, paffing the day in banqueting and carowfing, vntill they furfet, drinking a certaine liquor which they do call Coffe, which is made of a feede much like muftard feede, which will fome intoxicate the braine, like our Metheglin. They will not permitte any chriftian to come within their churches, for they holde their profane and irreligious Sanctuaries defiled thereby. They haue no vfe of Belles, but fome prieft thrice times in the day, mounts the toppe of their church, and there, with an exalted voyce cries out, and inuocates Mahomet to come in poft, for they haue long expected his fecond comming. And if within this time (as they fay) he come not (being the vtmoft time of his appointment and promife made in behalfe) they haue no hope of his comming. But they feare (according to a prophecie they haue) the Chriftians at the end thereof fhal fubdue them all, and conuert them to chriftianitie. They haue wiues in number according to their wealth, two, three, foure, or vpwards, according as they are in abilitie furnifhed to maintaine them. Their women are (for the moft part) very fure, larted euery where; and death it is for anie chriftian carnally to know them, which, were they willing

ing to doe, hardly could they attaine it, becaufe they are clofely chambred vp, vnleffe it be at fuch time as they go to their Sassones, or to the Graues, to bewaile their dead (as their maner is) which once a weeke vfually they do, and then fhall no part of them be difcouered neither, but onely their eies, except it be by a great chaunce. The country aboundeth with great ftore of all kinds of fruit, whereupon (for the moft parte) they liue, their cheefe of meate being Rice. Their flefh is Mutton and Vennes, which Muttons haue huge broade fatte tailes. This meate moft commonly they haue but once in the day, all the reft, they eate fruite as aforefaide. They eate very little beefe, vnleffe it be the poreft fort. Camels for their carriage they haue in great abundance; but when both them and their horfes are paft the beft, and vnfit for carriage, the poreft of their people eate them.

They haue one thing moft vfual among them, which though it be right wel knowne to all of our Nation that knowe Turkie, yet it exceedeth the credite of our home-bred countriemen, for relating whereof (perhappes) I may be held a liar, hauing authoritie fo to doe (as they fay and thinke) becaufe I am a traueller. But the truth thereof (being knowne to al our Englifhmen that trade or trauel into thefe partes) is a warrant omnifufficient for the report, how repugnant foeuer it be to the beleefe of our English multitude.

And this it is, when they defire to heare news, or intelligence out of any remote parts of their country with all celeritie (as we fay, vppon the wings of the winde) they haue pigeons that are fo taught and brought to the hand, that they will flie with Letters (faftened with a ftring about their bodies vnder their wings) containing all the intelligence of occurrents, or what elfe is to be expected from thofe partes: from whence, if they fhoulde fent by camells (for fo otherwife they muft) they fhould not

第一篇以近代形式的英文写作并印刷出版、提及"咖啡"的参考文献，1601 年由收藏于大英博物馆沃斯图书馆之 W. 派瑞书中哥特体原稿翻摄。

　　他们的最佳娱乐方式就是来上一瓷碟 Coho，那是一种色黑味苦的饮料，用来自摩卡、类似杨梅的浆果制成，在热腾腾的时候啜饮，对头部和胃部有益。

　　更多早期为咖啡写作并对咖啡表达喜爱的英国参考文献可在威廉·比多福的著作《旅游集》中找到。这部作品出版于 1609 年，副标题为"一群英国人在非洲、亚洲等地的旅程——始于 1600 年，部分人在 1608 年完成旅程"。这些参考文献也被翻拍并收藏于大英博物馆。

　　比多福描述了这种饮料以及土耳其人的咖啡馆风俗习惯，这同时也是第一则由英国人写下的详细记述。这段记述也出现在《珀切斯朝圣之旅》中（1625 年）。引述如下：

他们最普遍的饮料是咖啡，那是一种黑色的饮料，是用一种类似豌豆、被称为 Coava 的豆类制作的；将这种豆子研磨成粉，并在水中煮沸，他们会在能忍受的最大限度内尽可能趁热饮用；而这种与他们的粗放饮食习惯，还有以药草及生肉为食截然相反的做法特别合土耳其人的胃口。

他们还有另一种叫作 Sherbet 的混合饮料，由水和糖或蜂蜜制成，里面再加冰让饮料清凉。这个国家十分炎热，这里的人终年都会储冰以用来让他们的饮料保持凉爽。据说他们其中很大一部分人会用 1 杯咖啡招待来访的朋友，这种饮料比美食更有益健康，因为它需要好好烹制，还能驱走倦意。

有些土耳其人也会食用 Bersh 或鸦片，这些物品会让他们忘乎所以，无所事事地谈论些虚无缥缈的事情，就好像他们真的看见了神迹、听见了神启。

他们的咖啡店比英国的小酒馆更常见，但他们并不习惯坐在店铺里面，反而喜欢坐在店铺附近街道两旁的长凳上。每个人都端着一杯冒着热气的咖啡，将咖啡凑近鼻子和耳朵，然后不慌不忙地啜饮。他们聚集在一起，一边喝，一边沉浸在懒散与小酒馆式的闲聊八卦中；在那里，人们不会放过任何新鲜消息。

我们在其他早期关于咖啡的英国文献中发现了一篇由乔治·桑德斯爵士（1577—1644）撰写的有趣文章。乔治·桑德斯爵士是一位诗人，在弗吉尼亚州作为拓荒先锋的日子里，他借着翻译奥维德的《变形记》推动了美国的古典文学学术研究开端。1610 年，他花了一整年待在土耳其、埃及和巴勒斯坦，并且对土耳其人做出如下的记录：

> Although they be destitute of Tauerns, yet haue they their Coffa-houses, which something resemble them. There sit they chatting most of the day; and sippe of a drinke called Coffa (of the berry that it is made of) in little *China* dishes, as hot as they can suffer it: blacke as soote, and tasting not much vnlike it (why not that blacke broth which was in vse amongst the *Lacedemonians*?) which helpeth, as they say, digestion, and procureth alacrity: many of the Coffamen keeping beautifull boyes, who serue as stales to procure them customers.

乔治·桑德斯爵士著作是早期提及咖啡的文献，《桑德斯的旅程》第七版，1673 年于伦敦出版。

尽管他们没有小酒馆，但他们有自己的、与小酒馆类似的咖啡店。他们在那里闲坐终日谈天说地，同时从瓷盘中啜饮一种滚烫的、被叫作咖啡的饮料。这种饮料黑得跟煤烟一样，而且尝起来也和煤烟没什么两样（为什么那些斯巴达人饮用的黑色高汤并非如此？）。他们说，这种饮料不仅能帮助消化，还能给饮用者带来欢愉。许多咖啡店主会雇用俊美的男孩做销售员以招徕顾客。

爱德华·泰瑞（1590—1660）是一位英国旅行者，他于 1616 年提及，许多印度最优秀的人对自己的宗教信仰极为严谨，滴酒不沾，"他们饮用一种与其说令人愉悦，倒不如说有益身心健康的汁液，他们称之为咖啡——用一种黑色种子在水中煮沸制成，煮后的水的颜色几乎和那种子一样，不过水的味道并没有太大的改变。尽管如此，这种饮料对帮助消化、振作精神以及清洁血液都非常有好处"。

1623 年，弗朗西斯·培根（1561—1626）在他的《生死志》中说："土耳其人饮用一种被他们称为 caphe 的药草。"同时在 1624 年，在他的《林中林：百千实验中的自然志》中（1627 年出版），他写道：

在土耳其，他们有一种被称为咖啡的饮料，是用一种同名的浆果制成的。这种饮料黑得跟煤烟一样，而且有一股称不上芳香的强烈气味。

Their moſt common drinke is Coffa, which Coffa. **is a blacke kind of drinke made of a kind of Pulſe like Peaſe, called Coaua; which being ground in the mill, and boiled in water, they drinke it as hot as they can ſuffer it; which they find to agrée very well with them againſt their crudities and féeding on hearbs and rawe meates.**

It is accounted a great curteſie amongſt them to giue vnto their frends when they come to viſit them, a Fin-ion or Scudella of Coffa, which is more holeſome than tothſome, for it cauſeth good concoction, and driueth away drowſineſſe.

Their Coffa houſes are more common than Ale-houſes in England; but they vſe not ſo much to ſit in the houſes as on benches on both ſides the ſtréets néers vnto a Coffa houſe, euery man with his Fin-ion ful; which being ſmoking hot, they vſe to put it to their noſes & eares, and then ſup it off by leaſure, being full of idle and Ale-houſe talke whiles they are amongſt them-ſelues drinking of it; if there be any news, it is talked of there.

1609 年于《比达尔夫之旅》中发现相同的咖啡文献。翻印自大英博物馆哥特体原稿。

他们将浆果打成粉末放进水中，尽量趁热饮用。他们还会端着这种饮料坐在咖啡店中，这些小店很像我们的小酒馆。这种饮料能抚慰头脑和心脏，还能帮助消化。

　　毋庸置疑，土耳其人是咖啡浆果、槟榔根和叶、烟草叶，还有鸦片的重度使用者（这些物质被认为可以驱除所有的恐惧）。这些物质能让他们最大限度地集中精神，还能让他们强壮且精力充沛。不过摄取这些物质，似乎有数种不同的方式：咖啡和鸦片是喝的，烟草是吸入烟雾，槟榔则是配一点莱姆放进嘴里咀嚼。

　　罗伯特·伯顿（1577—1640）是一位英国哲学家兼幽默作家，他在 1632

年所著的《忧郁的解剖》中写道：

> 土耳其人有一种被叫作咖啡的饮料（他们不能饮酒），由一种和煤烟一样又黑又苦的浆果制成（和斯巴达人常饮用的黑色饮料很像，说不定是同一种）。他们啜吸这种饮料，并且是在可忍受的最高温度下啜饮。他们将大把时间耗在咖啡店中，这些店铺有几分类似我们的麦芽酒馆或小酒馆。土耳其人们坐在店铺中，闲聊并喝东西，在那里消磨时光，与众人一起寻欢作乐；他们发现，在如此情境下饮用那种饮料能帮助消化，并获得爽快的感觉。

然而，后期的英国学者从阿拉伯作家的作品中发现很多证据，足以让他们向自己的读者证明咖啡有时候会让人忧郁、造成头痛，还会"让人大幅消瘦"。帕科克医师（这些作家中的一员，见第二章）曾做出以下陈述："任何为了保持活力以及在懈怠懒惰的时机饮用它的人……同时搭配大量甜美的肉类还有开心果油及牛油；有些人会搭配牛奶一起饮用，但这都是错误的。这么做可能会患麻风病。"另一位作家则观察到，任何由咖啡引起的不适，会在停止饮用后消失，这和由茶等饮料引起的不适不同。

黑色高汤争议

在这一层关联性之下，发生了一件值得一提的有趣事件。1785 年，服务于切尔西医院，同时也是内科医学院等机构成员的本杰明·莫斯理医师认为，既然咖啡的阿拉伯原文代表力量或活力，他希望咖啡能取代"廉价的咖啡替代品，以及那些制造出小杯饮用的不良习惯，即让人衰弱无力的茶"，有朝一日重新受到英国大众的喜爱。

大约在 1628 年时，英国作家兼旅行者托马斯·赫伯特爵士（1606—1681）将他对波斯人的观察记录如下：

他们的饮料首选是 Coho 或 Copha，土耳其人和阿拉伯人则称之为 Cophe 及 Cahua。那是一种酷似幽暗湖泊之水的饮料，色泽墨黑，汁液浓稠且苦涩，由 Bunchy、Bunnu（即月桂浆果）制成。他们说，若趁热饮用这种饮料，将有益于健康，因为它能驱除忧郁……但这种饮料得到的评价并不高，因为在一则传奇故事中，它是大天使加百列发明并调制的。

1634 年，有时会被称为"英国咖啡馆之父"的亨利·布朗特爵士（1602—1682）搭乘一艘威尼斯双排桨帆船进入黎凡特。他曾在穆拉德四世在场时获邀饮用 cauphe；稍后在埃及，他讲述这种饮料再次被"盛在瓷盘里"，用来款待他。他是如此描述这种土耳其饮料的：

> 他们还有一种不适合在用餐时饮用的饮料，叫作 Cauphe，是用一种和小粒的豆子一样大的浆果制成的。浆果在火炉中烘干，并打成粉末，那色泽像煤烟一般，带有一点苦味。他们将这粉末煮沸，并在所能忍受的最高温度下饮用。在一天中的任何时候都可以饮用这种饮料，但清晨和傍晚尤为适合。当目的是喝 Cauphe 时，他们会在大量存在于土耳其、比我们的小酒馆和啤酒屋还普遍的 Cauphe 小店里娱乐消磨 2 小时或 3 小时。这种饮料被认为就是斯巴达人大量饮用的古老黑色高汤，能让引起胃部不适的体液变干、抚慰大脑，绝不会让人酩酊大醉或带来任何其他因摄取过度而引发的不适。而且，一起饮用 Cauphe 也是交情良好的友人间的一种无害的娱乐方式。他们在半码高、铺着毡毯的支架上遵循土耳其式的习惯双腿交叠盘坐，往往同时有 200 人至 300 人一同聊天，有时还可能伴随着一些蹩脚的乐声。

这篇关于斯巴达人黑色高汤的文献最早由桑德斯提出，伯顿接续，然后被布朗特提及，并获得了首位皇家史学家詹姆斯·豪威尔（1595—1666）的赞同。后来，它在英国文学家之间引发了很多争议。那些当然是无端的猜测；斯巴达人的黑色高汤是"在猪血中炖煮的猪肉，以盐和醋调味"。

发现血液循环现象的著名英国医师威廉·哈维（1578—1657）以及他的兄弟，据说在咖啡馆于伦敦蔚然成风之前，就已开始饮用咖啡了——时间必然早于 1652 年。奥布里说："我还记得早在咖啡馆于伦敦成为时尚流行之前，他习惯和他的兄弟以利亚一起饮用咖啡。"霍顿在 1701 年谈道："有些人说哈维医师确实常常饮用咖啡。"

即便有众多作家及旅行者的描述，还有在不列颠群岛和亚洲商人间频繁的贸易往来，咖啡在 17 世纪 30 年代前的某个时间点传入英国的可能性非常高，但我们手边最早关于咖啡出现的可靠记录是在《皇家学会院士约翰·伊夫林的日记和通讯》中找到的。在"1637 年之注释"的条目下写着：

> 在我的大学时期（牛津大学贝利奥尔学院），有一位名为纳桑尼尔·科诺皮欧斯的人士，他来自希腊的西里尔，是君士坦丁堡的主教；许多年后，（根据我所了解的）他在被任命为主教后回到士麦那。他是我见过的第一个喝咖啡的人。喝咖啡的习惯直到 30 年后才传入英国。

咖啡传到牛津

伊夫林说的应该是 13 年后，因为当时正值第一间咖啡馆开张（1650 年）。

科诺皮欧斯的家乡在克里特岛，他是在希腊的教堂接受培养的，后来成为君士坦丁堡西里尔的总主教。当西里尔遭受土耳其官员的迫害时，科诺皮欧斯逃到了英国，躲避可能发生的暴行。他带着给劳德大主教的国书，被劳德大主教准许在贝利奥尔学院休养生息。

有人注意到，科诺皮欧斯在贝利奥尔学院时，会为自己制作一种类似咖啡的饮料，而且每天早上都喝。那间宿舍的老人告诉我，那是咖啡头一次在牛津郡被饮用。

1640 年，英国植物学家兼草药学家约翰·帕金森（1567—1650）出版了《植物剧院》，该书首次对英国的咖啡植株进行了植物学描述，将其称为"土耳其浆果饮料"。

由于他的作品有些罕见，在此引用他的文字或许是有利于历史研究的：

阿尔皮尼在他的著作《埃及植物志》中为我们描述了这种树。根据他的说法，他曾经在某位土耳其禁卫军上尉的花园中见过这种由阿拉伯半岛带出来的树种。这些树种被当作珍稀的品种，种植在那些从未见过此种植物生长的地方。

阿尔皮尼说，这棵植株有点类似卫矛属刺木，不过叶片更厚实、坚硬，颜色也更绿，而且终年常绿。它结出的果实叫作 Buna，比榛子稍大些、长些，形状也是圆的，末端有点尖，两侧也有皱褶，但某一侧会比较明显。果实可以分成两半，每一半中有一颗小小的白色核仁，两颗核仁以平坦的那一面互相连接在一起，外侧包覆着一层黄色的薄膜，这层薄膜带有酸味和一点点苦味，同样被一层浅黑灰色的薄壳包覆着。

这种植株通常生长在阿拉伯和埃及，还有土耳其帝国统治疆域内其他地方，其浆果会被用来煎煮成汁并饮用。对土耳其人来说，这种饮料是酒的替代品，通常会被以 Caova 的名字在小酒馆里贩卖。巴鲁丹奴斯将这种饮料称为 Chaoua，劳沃尔夫则称其为 Chaube。

这种饮料对身体有很多好处，饮用时若配合一段时间的禁食，能使虚弱的胃强健起来，并有帮助消化、治疗肝脏和脾脏的肿瘤与梗阻的功效。

1650 年，某位来自黎巴嫩的犹太人——有些人认为他名为雅各布或雅各布伯，有些人认为他叫乔布森，在"被东方的圣彼得天使庇护下的"牛津开设了英国最早的咖啡馆，"一些喜爱新奇事物的人会在那儿饮用（咖啡）"。这第一家咖啡馆也兼售巧克力。

虽然权威人士各持己见，但咖啡馆主人的姓名之所以混淆不清，可能是因为实际上有两位"雅各布伯"：一位的记录始于 1650 年；而另一位瑟克斯·乔布森则是名犹太籍詹姆斯党，他的记录开始于 1654 年。

这种饮料立刻获得了学子们的偏爱，它的需求量急剧增加：1655 年时，一群学子鼓动一位名叫亚瑟·蒂利亚德的"药剂师兼保皇党人"在"紧邻万灵学院的住所中公开贩卖咖啡"。一个以年轻的查理二世崇拜者为主要成员的俱乐部似乎以蒂利亚德的住所为聚会之地，并持续到王政复辟之后。此牛津咖啡俱乐部便是英国皇家学会的前身。

伦敦第一间咖啡馆

雅各布伯在大约 1671 年时，搬迁到伦敦南安普敦的老建筑内。同一时间，帕斯夸·罗西在 1652 年开了伦敦的第一间咖啡馆。

毫无疑问，咖啡馆的概念，还有在家饮用咖啡的习惯迅速在大不列颠的其他城市散播开来；不过所有的咖啡馆都以伦敦咖啡馆为典范并加以模仿。德文郡埃克塞特的穆尔斯咖啡馆，是英国最早创立的咖啡馆之一，可说是在各地迅速增长的咖啡馆的典型。早先穆尔斯咖啡馆是一间著名的俱乐部会所，以橡木镶嵌的美丽古典大堂依旧展示着知名会员的纹章。在这里，华特·雷利爵士和与他意气相投的友人们快意地吞云吐雾。这里也是英国头一个允许吸食烟草的场所。如今，此处是一间艺廊。

在贝鲁特主教于 1666 年前往越南的途中，他记述了土耳其人如何用咖啡平复因不洁的水源而引起的胃部不适。他说："这种饮料模仿酒的效果……它喝起来并不会让人愉快，反而相当苦涩，然而这些人为了他们在这种饮料中发现的好处，还是会大量地饮用。"

约翰·雷，英国最著名的博物学家之一，于 1686 年出版了《植物史》，

位于英国埃克塞特的穆尔斯咖啡馆，现为沃斯艺廊。

这本书最重要的意义在于，它是同类书籍中第一本以科学专论形式赞美咖啡功效的作品。

剑桥的植物学教授理查德·布拉德利于 1714 年出版《咖啡简史》，但这本书现在已无迹可寻。

詹姆斯·道格拉斯博士在 1727 年于伦敦出版了他的著作《咖啡树描绘与其历史》，他在文中将贡献归功于那些阿拉伯与法国的作家先辈。

CHAPTER 6

第 六 章

商业脑让荷兰成为
现代咖啡贸易的先驱

1640 年，一位名为沃夫班的荷兰商人在阿姆斯特丹公开贩卖第一批从摩卡经商业货运输送而来的咖啡……这个时间比咖啡引进法国要早 4 年，而且距离科诺皮欧斯在牛津私下设立早餐咖啡杯协会只晚了 3 年。

荷兰人很早就具备咖啡的知识，这要归因于他们与东方国家和威尼斯人之间的贸易往来，以及与德国接壤。1582 年，劳沃尔夫首次在著作中提及此地。荷兰人对阿尔皮尼在 1592 年以此为题材撰写的著作十分熟悉。1598 年，巴鲁丹奴斯在《范林斯霍腾的旅程》中为咖啡做的注释则提供了更多启发。

占领第一个咖啡市场

荷兰人一向是优秀的生意人和精明的商人。

基于讲究实际的思维模式，他们构想出在自家的殖民地种植咖啡的宏伟计划，借此让他们的国内市场成为世界咖啡贸易总部。

谈到现代咖啡贸易，荷属东印度公司可说是先驱者，因为该公司创建在爪哇岛，而爪哇岛则是第一个咖啡耕种实验园所在地。

荷属东印度公司于 1602 年成立。早在 1614 年，荷兰贸易商便走访亚丁，调查咖啡市场和咖啡贸易的可能性。

1616 年，彼得·范·登·布卢克将最初的咖啡由摩卡带进荷兰。1640 年，一位名为沃夫班的荷兰商人在阿姆斯特丹公开贩卖第一批从摩卡经商业货运输送而来的咖啡。根据这个荷兰公司指出的，我们可以发现，这个时间比咖啡引进法国要早 4 年，而且距离科诺皮欧斯在牛津私下设立早餐咖啡杯协会只晚了 3 年。

大约在 1650 年，荷兰在奥斯曼土耳其宫廷的常驻公使瓦尔纳发表了一本以咖啡为主题的专门著作。

当荷兰人在 1658 年终于将葡萄牙人逐出斯里兰卡后，他们开始在当地种植咖啡——尽管早在 1505 年，咖啡植株就被比葡萄牙人更早抵达当地的阿拉伯人引进了斯里兰卡。然而，一直等到 1690 年，荷兰人才开始在斯里兰卡进行更为系统化的咖啡植株栽种。

定期从摩卡运输咖啡到阿姆斯特丹是从 1663 年开始的。随后，由马拉巴尔海岸来的货物也开始抵达阿姆斯特丹。

帕斯夸·罗西在 1652 年将咖啡引进伦敦。据说他在 1664 年时，在荷兰将咖啡当作饮品公开贩卖而使得咖啡广为流行。

在作家范·艾森的庇护下，第一家咖啡馆于海牙科特·福尔豪特开张；其他咖啡馆也紧随其后，出现在阿姆斯特丹和哈伦。

咖啡幼苗的散播

在阿姆斯特丹市长兼荷属东印度公司总裁尼古拉斯·维特森的鼓吹下，马拉巴尔司令官亚德里安·凡·欧门在 1696 年将第一批阿拉伯咖啡幼苗运往爪哇岛。这批幼苗被洪水摧毁了，但在 1699 年，第二批幼苗运达，这些幼苗让荷兰东印度群岛的咖啡贸易得以发展，让"爪哇咖啡"成为每个文明国家家喻户晓的名词。

1706 年，一批种植在雅加达附近的咖啡被运送到阿姆斯特丹，一同运来的还有一株为植物园准备的咖啡植株。这株植物随后成为西印度群岛及美国大部分咖啡的先祖。

1711 年，阿姆斯特丹收到第一批为贸易生产的爪哇咖啡。这一批货品包括 894 磅由贾卡特拉种植园和岛屿内陆生产的咖啡豆。

在第一场公开拍卖会上，这批咖啡达到每磅价值 23 又 2/3 便士（约 47 分钱）的价位。

东印度公司与荷属印度的摄政王签订了强制执行咖啡交易的条约；与此同时，当地的原住民被禁止种植咖啡，因此咖啡的生产成为由政府运作的垄断产业。政府在 1832 年将一套"通用种植系统"引进爪哇岛，其中有为不同产品雇用强制劳动之劳工的规定。在执行这套种植系统前，咖啡种植是仅有的强制经营的产业，也是该系统于 1905 年至 1908 年间被废止时唯一幸存的政府产业。

政府持续直接由咖啡获利的情况终止于 1918 年。从 1870 年到 1874 年，政府的种植园每年的平均收获是 844,854 担（1 担约 60 千克）；从 1875 年到 1878 年的年平均收获量则是 866,674 担；而从 1879 年到 1883 年的年平均收获量则飙升至 987,682 担；1884 年到 1888 年的年平均收获量只有 629,942 担。

官方对咖啡的打压

荷兰毫无困难地接受了咖啡馆，现今能找到的、保留下来最早的咖啡图像是由阿德里安·凡·奥斯塔德（1610—1675）绘制的，描绘了一间 17 世纪荷兰咖啡馆的内部情景。

历史上的荷兰对咖啡并没有任何无法容忍的记录。荷兰人始终具备结构主义者的态度。荷兰的发明家和工匠在咖啡研磨机、烘豆机以及咖啡冲煮壶等方面都有所创新。

1700 年之前，咖啡在斯堪的纳维亚诸国的知名度似乎不高。但在 1746

阿姆斯特丹的咖啡经纪人会议，1920 年。

年，咖啡饮用的比例增加，甚至引起了特定知识分子族群的敌意。同年，瑞典颁布了一项皇家敕令，反对"茶与咖啡的误用与过度饮用"。第二年，瑞典政府开始向饮用茶和咖啡的人征收消费税，这些要被征税的民众在尚未表达自己的看法前就遭到拘捕、缴交 100 个银塔勒的罚款、"没收咖啡杯盘"的威胁。

到了 1756 年，饮用咖啡遭到彻底禁止，但在不合法的状况下，非法咖啡运输仍成了贸易的重要分支。1766 年，试图对咖啡施加更严格禁止的新法被订立，但咖啡依旧被走私进入瑞典。

政府因此得出一个结论：既然咖啡的贸易无法阻止，那么至少要从其中谋取一些利益。因此在 1769 年，咖啡贸易被纳入进口关税的征收范围。

1794 年，摄政团再度试图对咖啡下达禁令，但因为大众强烈的非难和抵

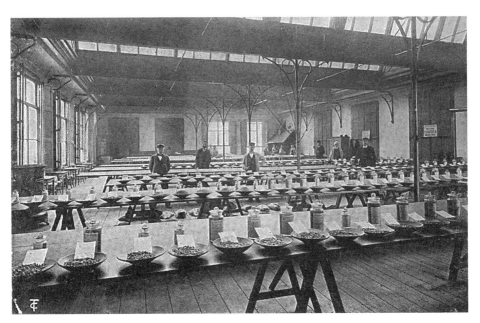

阿姆斯特丹的咖啡拍卖会样品展示。

制，这项禁令在 1796 年被废止。尽管有过这次教训，官方仍然在 1799 年到
1802 年间再次对咖啡展开攻击，不过并没有成功。

最后一次打压咖啡饮用的尝试发生在 1817—1822 年间，这段时期过后，
官方不得不接受这种不可避免的局面。

CHAPTER 7

第 七 章

咖啡大大撼动德国的君王

他们的职责就是昼夜不停地监视民众……找出那些没有烘豆许可的人。这些监视者能获得罚款全额的四分之一，他们让自己成为十足的讨厌鬼，而且遭到了民众的厌恶，气愤的人们称他们为"咖啡嗅辨员"。

我们已经知道，莱昂哈德·劳沃尔夫在 1573 年踏上了值得纪念的、前往阿勒颇的旅途；1582 年，他为德国赢得第一个将关于咖啡饮料的文献印刷出版的欧洲国家的荣誉。

亚当·奥利留斯，即欧斯拉格，一位德籍东方学家（1559—1671），他以德国大使秘书的身份，于 1633—1636 年间在波斯旅行。回归家乡后，欧斯拉格发表了他的游记。以下为他在 1637 年谈到关于波斯人的记载：

他们会在吸食烟草时搭配一种被称为 cahwa 的黑水，由一种从埃及带回来的浆果制成，浆果的颜色和一般的小麦很像，尝起来像土耳其小麦，大小则和小型豆类差不多……波斯人认为这种饮料能平息物质的热度。

1637 年约翰·阿尔布雷希特·范·曼德尔斯洛在他的著作《东方之旅》中提到"被称为 Kahwe 的波斯黑水"，并说"那必须趁热饮用"。

德国第一间咖啡馆

咖啡大约在 1670 年被引入德国。这种饮料在 1675 年出现在勃兰登堡选帝侯的宫廷中。北德从伦敦获得首次品尝这种饮料的机会，一位英国商人在1679—1680 年间于汉堡开设了第一家咖啡馆。1689 年里根斯堡紧随其后；莱比锡是 1694 年；纽伦堡是 1696 年；斯图加特是 1712 年；奥格斯堡是 1713年；而柏林则是在 1721 年。同年（1721 年），腓特烈·威廉一世授予一个外邦人在柏林经营咖啡馆且无须付任何租金的特权。这间咖啡馆以英国咖啡馆之名为人所知，也是汉堡的第一家咖啡馆。同时，英国商人为德国北部供应咖啡，意大利商人则为德国南部供应咖啡。

柏林旧城区其他有名的咖啡店还有贝尔大街上的皇家咖啡馆，寡妇多伯特在施特希广场开设的咖啡店，林登大道上的罗马城咖啡馆，位于克罗嫩大街的阿诺迪，开设在陶本大街的米尔克，还有在邮政大街的施密特咖啡馆。后来，菲利浦·弗克在施潘道尔大街开设了一家犹太咖啡馆。在腓特烈大帝（腓特烈二世，1712—1786）当政时期，柏林的都会区至少有 12 家咖啡馆，

李希特开设于莱比锡的咖啡馆，
17 世纪。

郊区还有许多供应咖啡的帐篷。

第一本咖啡杂志

西奥菲洛·乔吉于 1707 年在莱比锡发行第一本咖啡杂志——《新奇及奇特的咖啡屋》。杂志第二期的发行让乔吉赢得了真正发行人的名声。创设这本杂志，是为了让其成为德国第一个真正咖啡沙龙的宣传媒介。这是一本记录熙来攘往、经常出入一位富有绅士位于市郊的产业"Tusculum"的众多专家学者的编年史。一开始，屋主便声明：

> 我知道光临此处的先生们以法语、意大利语及其他语言交谈。我也知道在许多咖啡聚会和茶会中，以法语交谈是必不可少的。然而，请容许我要求前来拜访我的人只能使用德语，不能使用其他语言。吾辈皆为德国人民，且吾辈皆身处德国境内，难道我们不该表现得像真正的德国人吗？

1721 年，李奥纳多·费迪南德·梅瑟于纽伦堡发行了第一本以德文写作，探讨咖啡、茶及巧克力的主题图书。

18 世纪后半叶，咖啡进入一般民众的家庭中，同时开始逐渐取代早餐桌上的面糊汤和温啤酒。

腓特烈大帝的咖啡烘焙垄断

在此同时，咖啡在普鲁士及汉诺威却遭到了相当大的反对。腓特烈大帝发现许多金钱流入异国咖啡豆商的钱包后，十分恼怒，于是试图让咖啡成为一种"上流社会"的饮料来限制人们饮用咖啡。很快地，所有的德国朝廷大臣都有了属于自家的咖啡烘焙机、咖啡冲煮壶，还有咖啡杯。

许多在迈森制作、曾在这个时期的宫廷节日聚会使用的精美瓷制杯盘幸存至今，被保存于波茨坦和柏林的博物馆中。上层阶级有样学样，但穷人却无法负担得起这种奢侈品，当他们表示不满并要求能买得起咖啡时，得到的答复却是："你们最好别心存妄想。咖啡对你们是有害的，它会导致不孕不育。"许多医师参与了反对咖啡的活动，他们最喜欢的论点之一就是喝咖啡的女性必然要放弃怀孕生子。巴赫的《咖啡清唱剧》（发表于 1732 年）就是以音乐的形式抗议了对咖啡的诽谤。

1777 年 9 月 13 日，腓特烈大帝发表了一份奇特的咖啡与啤酒宣言，其内容如下：

> 我十分憎恶地察觉，我的臣民的咖啡使用量与日俱增，所有人都在饮用咖啡，并且导致巨额金钱流向国外。如果可以的话，这种情形必须被遏止。我的子民必须饮用啤酒。国王陛下是喝啤酒长大的，他的祖先及官员亦然。被啤酒哺育的士兵曾出征并在许多场战争中获胜。国王陛下不相信饮用咖啡的士兵可以忍受艰苦，或在另一场战争发生时能够击败敌手。

德国的咖啡馆，17 世纪中叶。

有段时间，啤酒恢复了它尊荣的地位，而咖啡继续保有富人才买得起的奢侈品地位。很快地，厌恶的情绪开始出现，即使动用普鲁士军法都无法强制实施咖啡禁令。于是在 1781 年，腓特烈大帝创建了咖啡的皇家专属事业，并禁止皇家烘焙机构以外的地方进行咖啡烘焙。同时，他又为贵族、神职人员和政府官员大开特例，但拒绝了一般人民的咖啡烘焙执照申请。

很明显，国王陛下的目的是将这种饮料的使用局限在特殊阶层中。国王给普鲁士社会的精英代表颁布了特殊执照，允许他们自行进行咖啡烘焙。他们须向政府购买咖啡必需品，而当价格大幅抬高时，这些业务自然为腓特烈大帝带来可观的进账。附带地，这也让拥有咖啡烘焙执照成为上流阶层的一种象征。较为贫穷的民众被迫偷偷摸摸地取得咖啡，而一旦失败了，他们就只能退而求其次，转向大麦、小麦、玉米、菊苣和无花果干等如雨后春笋般出现的替代品。

这一条奇特的法令在 1781 年 1 月 21 日颁布。

咖啡嗅辨员

将咖啡收益的事务交给德·兰诺伊伯爵这位法国人负责后，收税需要的副手人数如此之多，以至于负责执法的行政机关成了不折不扣的迫害单位。通常被雇用的是因伤退役的士兵，他们的职责就是昼夜不停地监视民众，无论何时，只要闻到咖啡烘焙的气味，便要加以追踪，找出那些没有烘豆许可的人。这些监视者能获得罚款全额的四分之一，他们让自己成为十足的讨厌鬼，而且遭到了民众的厌恶，气愤的人们称他们为"咖啡嗅辨员"。

仿效腓特烈大帝的做法，科隆选侯国的统治者、明斯特主教兼威斯伐伦公国领主马克西米利安·弗里德里希在 1784 年 2 月 17 日发表宣言，其内容如下：

我们很不满意地发现，在我们的威斯伐伦公国中，滥用咖啡的现象已经如此广泛。为了遏制这股邪恶势力，我们下令：在本法令公布四周后，任何人不得贩卖咖啡，不论烘焙过与否，违反者将罚款 100 金币，或监禁 2 年。

所有烘焙咖啡和提供咖啡的场所都将被强制关闭，咖啡从业者和旅社经营者必须在四周内清除所有咖啡存货。可容许的最高个人咖啡消耗量是 50 磅。男女主人不可允许他们的雇员——尤其是负责洗衣熨烫的妇人——制作咖啡，违反者将罚款 100 金币。

所有的官员和政府雇员若想免于缴交 100 金币的罚款，就请务必严格地遵守并密切留意此项政令。凡是举报他人违反此项政令者，可获得上述罚金的半数，并且举报人的姓名将绝对保密。

这项政令在讲道坛上被正式宣读，并被张贴在一般场所和道路旁边。随即出现了许多"告密者"和"嗅辨员"，引起了激烈的对立，在威斯伐伦公国造成许多不幸。显然大公的目的在于制止穷人享受这种饮料，而那些能一口气购买 50 磅咖啡的人则被允许放纵其中。可以预见，这是个失败的计划。

第一位咖啡帝王

当普鲁士君主借由利用国家垄断咖啡事业剥削自己的臣民来勒索财物时，符腾堡公爵（符腾堡公国在 1806 年升格为符腾堡王国，为莱茵邦联的成员，1815 年后为德意志邦联的成员）则打着自己的小算盘。

他将独家在符腾堡开设经营咖啡馆的权利卖给一位肆无忌惮的金融家——约瑟夫·苏斯·奥本海默。苏斯·奥本海默将经营咖啡馆的权限轮流卖给出价最高的竞标人，借此累积了一笔可观的财富。奥本海默是第一位"咖啡之王"。

不过咖啡存续的时间比所有这些不正当的诋毁和过分父权制统治政府的严苛税收都要长久，咖啡逐渐成为德国人民最喜爱的饮料之一。

CHAPTER 8

第八章

维也纳"兄弟之心"的 传奇冒险

战利品被分配下去，但没有人想要咖啡，他们不知道该拿这些咖啡怎么办……哥辛斯基说："如果这些麻袋没有人要，那我就接收了。"每个人都由衷地为摆脱了这些奇怪的豆子而高兴……他创办了第一个公众摊位，在维也纳提供土耳其咖啡。

咖啡引进奥地利的过程被编织成一段传奇冒险故事。

传奇故事里说，维也纳在 1683 年遭到了土耳其人围城，当时，原籍波兰、曾经在土耳其军队中担任口译员的法兰兹·乔治·哥辛斯基拯救了这座城市，并且赢得了永垂不朽的名声，至于咖啡，则是他获得的最重要的奖赏……

哥辛斯基的传奇冒险

我们无法确定，在 1529 年土耳其人第一次围困维也纳的时候，这些侵略者有没有围绕着奥地利首都的营地篝火煮咖啡——尽管他们很有可能这么做，因为塞利姆一世在 1517 年征服埃及后，将大量的咖啡豆当作战利品带回了君士坦丁堡。

不过，我们可以确定的是，当土耳其人在 154 年后卷土重来再次发动攻击的时候，他们随军携带了足够多的咖啡生豆。

那时，穆罕默德四世动员了一支 30 万人的军队，在他的大臣，亦是库普瑞利的继承人卡拉·穆斯塔法的率领下发兵出战，意在摧毁基督教国家并征服欧洲。

这支军队在 1683 年 7 月 7 日抵达维也纳，随即迅速地包围这座城市，切断了它与世界的联系。

哥辛斯基英勇救国

利奥波德一世从土耳其军队的包围网逃脱了出去，身处数千米之外。附近不远就是洛林亲王的领地，驻扎了 3.3 万名奥地利士兵，他们正等待波兰国王索别斯基承诺的援军的到来，以解首都维也纳之危。

当时指挥维也纳军队的是恩尼斯特·吕迪格·冯·斯塔海姆贝格伯爵，他征集了一位志愿者，带着口信通过土耳其军队的防线，希望借此加快救援的速度。

这位志愿者名叫法兰兹·乔治·哥辛斯基，他曾与土耳其人一同生活多年，对土耳其人的语言和风俗十分熟悉。

1683 年 8 月 13 日，哥辛斯基穿上土耳其军队的制服，穿越敌军防线，来到了多瑙河对岸的皇家军队营地。他冒险进行了好几次像这样前往洛林亲王和维也纳总督卫戍部队营地的旅程。有报道说，哥辛斯基每次都必须游过 4 条穿越营地的多瑙河分支。

哥辛斯基带来的消息对提振维也纳守城士兵的士气十分有帮助，约翰国王和他的波兰援军终于抵达，并在卡伦山顶与奥地利军队会师。

那是历史上最戏剧化的时刻之一，身为基督教文明的欧洲正岌岌可危；所有迹象似乎都指向挥舞新月旗的土耳其军队将赢过举着十字架的基督教联军。哥辛斯基再次横渡多瑙河，带回了关于

穿越敌军防线时，身着土耳其军队制服的哥辛斯基。

洛林亲王和约翰国王将会从卡伦山发出何种攻击信号的讯息，斯塔海姆贝格伯爵得以知晓他应当在何时发动突围。

这一场战争在 1683 年 9 月 12 日打响，多亏约翰国王的伟大将才，土耳其人终于被击溃了。此时此刻，波兰人为所有的基督教国家提供了一项永世难忘的帮助。

乏人问津的战利品

土耳其入侵者落荒而逃，在混乱中，他们落下了 2.5 万顶帐篷、1 万头牛、5000 头骆驼、10 万蒲式耳的谷物、大量的黄金，还有许多装满咖啡生豆的麻布袋——对当时的维也纳人来说，咖啡是一种陌生的事物！

战利品被分配下去，但没有人想要咖啡，他们不知道该拿这些咖啡怎么办——确切地说，应该是除了哥辛斯基以外的所有人。哥辛斯基说，"如果这些麻袋没有人要，那我就接收了"。每个人都由衷地为摆脱了这些奇怪的豆子而感到高兴，但哥辛斯基很清楚自己为何留下这些咖啡——他先前在潜入土耳其敌军阵营时，曾被招待喝咖啡。不久后，他就开始教导维也纳人制作咖啡。他创办了第一个公众摊位，在维也纳提供土耳其咖啡。

这就是咖啡传入维也纳的故事。咖啡在维也纳成长发展，乃至于任何一间典型的维也纳咖啡馆都足以成为世上多数地区咖啡馆的典范。

哥辛斯基在维也纳被尊奉为咖啡馆的守护圣人，他的追随者集结于咖啡师联合工会，并为他塑造了一座雕像以示尊敬。这座雕像屹立至今。

"咖啡馆之母"的日常

维也纳有时候会被称为"咖啡馆之母"。萨赫咖啡馆享誉全球。每一本烹饪书都收录了萨赫蛋糕的食谱。维也纳人每天午后都会享用他们的茶点。

在维也纳咖啡馆中饮用咖啡时，人们通常会搭配牛角面包食用，那是一种新月形状的面包卷。

牛角面包第一次被烘焙出来是在 1683 年——这是土耳其人围城的时刻，

一位面包师本着反抗土耳其人的精神制作了这些新月形的面包卷。奥地利人一只手握着剑、另一只手拿着牛角面包出现在他们的防御工事上，并向穆罕默德四世的同伙发起挑战。

穆罕默德四世在战败后便遭到罢免，而卡拉·穆斯塔法则因为在维也纳城门口丢下军队补给——尤其是那几袋咖啡豆——而被处决；然而，维也纳咖啡和维也纳牛角面包依旧存在，而且它们受欢迎的程度并未因岁月的流逝而有所下降。

充满感谢之情的市政当局将一栋房子赠予哥辛斯基这位英雄。根据众多说法之一，就是在该处，哥辛斯基用蓝瓶子之名，继续以咖啡馆经营者的身份活跃了许多年。

由维也纳咖啡师联合工会所建立的哥辛斯基像。

简而言之——尽管不是所有细节都能被证明为真——这个故事在许多书籍中都被提及，全维也纳人民对它都深信不疑。

贪得无厌的"兄弟之心"

要败坏一位经历过如此传奇性冒险的英雄的声誉，似乎是一件令人感到遗憾的事；不过，维也纳的档案记录让哥辛斯基后来的表现真相大白，显示出这位维也纳人的偶像还是有致命的人性弱点的。

维也纳人的偶像走下神坛

据说，哥辛斯基在获得那几袋土耳其人留下的咖啡生豆之后，便立刻开始挨家挨户地兜售咖啡饮料。他先将咖啡装在小杯子里，然后放在大浅盘上提供给客户。

随后，哥辛斯基便在比斯霍夫租了一间店铺。接下来，他开始向市议会请愿，要求除了为表彰他的勇气而奖励他100个金币以外，还应该赠予他一栋附带着良好商机的房子；换言之，就是哥辛斯基想要一个位于黄金地段的店铺。

M. 贝尔曼如此写道："他（哥辛斯基）的诉愿体现了他的极端自负、厚颜无耻和贪婪，让人十分吃惊。他似乎决意要从他的自我牺牲中获得最大限度的好处。他坚持要取得最高奖赏，就像罗马人奖励他们的库尔提乌斯、斯巴达人奖励他们的庞皮里乌斯、雅典人奖励他们的塞涅卡一般。"

最后，取代一套限制在300基尔德内奖金的折中方案，哥辛斯基可以从三栋位于利奥波德城的房子中选择其一，任何一栋房子的价值都在400基尔德到450基尔德之间。

不过，哥辛斯基对此并不满意；他强烈要求，如果要他接受一栋付清全

被称为伟大的兄弟之心的哥辛斯基在他位于维也纳的蓝瓶子咖啡馆，1684年［法兰兹·沙姆斯名为"Das Erste（Kulczycki'sche）Kaffee Haus"的画作，平版印刷品］。

利奥波德城的第一间咖啡馆，选自贝尔曼的 Alt und Neu Wien。

款的房子，那栋房子的价值必然不能低于 1000 基尔德。

接踵而来的，是众多信件和大量的讨价还价。

最后结果

为了平息这场激烈的争执，市议会于 1685 年指示，把当时是海德加斯 30 号（现在为 8 号）的房屋立契出让给哥辛斯基和他的妻子玛丽亚·乌苏拉，不得再有任何争论。

进一步的记录显示，哥辛斯基在一年之内就将该房舍变卖了。

在历经多次的搬迁之后，哥辛斯基于 1694 年 2 月 20 日病逝，享年 54 岁，死因是肺结核。他去世的时候依然是国王的信使，并被安葬在斯特凡斯弗里德霍夫。

哥辛斯基的继承人将咖啡馆搬到 Donaustrand，在木制的 Schlag 桥附近，这座桥后来被称为"费迪南之桥"。

除此之外，法兰兹·摩西（卒于 1860 年）著名的咖啡馆，也开设在相同的地点。

在 1700 年的城市记录中，一间位于丁形广场的房屋被标记了"allwo das erste kaffee-gewölbe"，也就是"此处为第一间咖啡馆"的字样。可惜的是，其中并没有提及业主的姓名。

有许多传说讲到，作为一位咖啡馆业主，哥辛斯基是如何广受欢迎。据说他一律用 Bruderherz——也就是"兄弟之心"——称呼所有人，而渐渐地这就成了他本人的称号。一幅在哥辛斯基风潮最为流行时绘制的哥辛斯基肖像，被小心地保存在维也纳咖啡师联合工会中。

早期维也纳咖啡馆的生活

即使在声名大噪的第一位 kaffee-sieder 在世期间，还是有不少咖啡馆开张营业，而且小有名气。

18 世纪初的一位旅行者的叙述，让我们得以一窥咖啡饮用史以及维也纳咖啡馆构想概念的进展：

> 维也纳城里到处林立着咖啡馆，那里是小说家或是那些为新闻业奔忙的人士喜爱的会面场所，他们可以在此阅读报刊并讨论其中的内容。
>
> 某些咖啡馆的名声之所以胜过其他咖啡馆，原因是聚集在此的"报纸博士"（一种具有反讽意味的头衔）会将关于最重大事件的评论以最快的速度传播出去，同时，他们提出关于政治事务和政治问题的意见也远远胜过其他人。
>
> 这一切让他们备受崇敬，让许多人为了他们聚集在那里，并让自己的心灵因发明创作还有愚蠢事迹而丰满；同时，这些讯息会立刻席卷整个城市，传进上述那些名士耳中。
>
> 名士们谈论小道消息的自由度，是我们完全无法想象的。他们不只毫无敬意地针对国家将领和统治者的作为高谈阔论，还会把自己掺和进皇帝的生平事迹中。

维也纳对咖啡馆是如此热爱，以至于到了 1839 年的时候，维也纳市区已经有 80 家咖啡馆，连郊区也有超过 50 家咖啡馆。

第九章

挤掉茶叶，
荣登美国早餐桌之王

将咖啡知识带到北美的第一人毋庸置疑是约翰·史密斯上尉,他于 1607 年在詹姆斯镇建立了弗吉尼亚殖民地。史密斯上尉是在土耳其之旅中熟悉咖啡的。

　　尽管荷兰人对于咖啡也有一定的认识,但并没有迹象显示荷属东印度公司在 1642 年将咖啡带进曼哈顿岛这第一个固定殖民地——尽管 1620 年的五月花号货运清单中包含了一组后来用于制作"咖啡粉末"的木制研钵和杵,但没有任何咖啡的记录。

新阿姆斯特丹的咖啡

　　在 1624 年到 1664 年间——那是还被荷兰人占领的年代,纽约还是新阿姆斯特丹,咖啡很可能由荷兰进口至纽约——咖啡早在 1640 年就在阿姆斯特丹的市场上出售了。

　　1663 年,阿姆斯特丹市场收购的是由摩卡稳定供应的咖啡生豆;但这并无确切的证据。在咖啡之前,荷兰人似乎已横渡大西洋,从荷兰运输茶叶了。英国人可能是在 1664—1673 年间将咖啡引进纽约殖民地的。

　　咖啡在美国最早的记录是在 1668 年,当时在纽约,人们饮用一种以烘烤过的豆子制作，并用糖、蜂蜜或肉桂调味的饮料。

1670 年，咖啡首次出现在新英格兰殖民地的官方记录中。1683 年（威廉·佩恩在德拉维尔建立殖民地的第二年），我们发现威廉·佩恩在纽约的市场上以每磅 18 先令 9 便士的价格购买咖啡。

仿照英国和欧洲大陆原型的咖啡馆很快在所有的殖民地开设起来（纽约和费城的咖啡馆将在独立的章节中叙述。波士顿的咖啡馆会在本章末详述）。

诺福克、芝加哥、圣路易以及新奥尔良都有咖啡馆。位于圣路易市场街 320 号的康拉德·伦纳德的咖啡馆以其咖啡和咖啡蛋糕而闻名，它在 1844—1905 年间转型成为面包店，并在 1919 年搬迁到第 8 街和派恩街。

在大西部拓荒时期，咖啡和茶都很难取得；作为二者的替代品，庭院栽植的药草、山胡椒、黄樟树根和其他由灌木林取得的灌木会被用来泡茶。1839 年，芝加哥市有一

五月花号上的"咖啡研磨器"——用来"捣碎"咖啡制成粉末的研钵和杵，由裴瑞格林·怀特的双亲带上五月花号。

大西部拓荒时期曾崭露头角的咖啡器具，由威斯康星历史学会博物馆拍摄。由左至右依次为：英式装饰锡壶；发现于马萨诸塞州莱克星顿的咖啡暨香料研磨器；由康涅狄格州柏林的 Rays&Wilcox 公司制造的球形烘豆器，受伍德的专利权约束；于马萨诸塞州莱克星顿发现的铜箔咖啡研磨器；约翰·路德的咖啡研磨器，R.I. 沃伦；铸铁漏斗式研磨器。

殖民时期的咖啡烘焙器
种类。图中最上方的圆
柱体要放在火炉上用手
旋转；长柄锅则要放在
焖烧的灰烬中。

在纽约殖民地使用的金
属咖啡壶。左，锡制咖
啡壶，带有红色的"爱
苹果"装饰。新泽西历
史学会，纽瓦克；右，
带有玫瑰装饰花纹的底
部加重锡制咖啡壶，私
人藏品。

家被称为湖街咖啡馆的小旅社，它位于湖街和韦尔斯街的街角。有许多更适
合被称为小客栈的饭店花费不高，能满足人们的住宿需求。

　　1843 年和 1845 年有两家咖啡馆名列芝加哥饭店名录中，分别是湖街 83
号的华盛顿咖啡馆，以及位于拉萨勒街和南水街之间克拉克街上的交易所咖
啡馆。

　　从前的新奥尔良咖啡馆都坐落于城市最初的市区，这个区域以河流、运
河街、滨海大道以及垒街为界。早期城市中的大生意都是在咖啡馆里进行的。
Brúleau 是一种加了柳橙汁、橙皮和糖后，再加上白兰地点火混合而成的咖
啡，这种饮料起源于新奥尔良咖啡馆，而且逐渐进入酒馆。

抛弃茶叶，选择咖啡

咖啡、茶和巧克力在 17 世纪后半叶几乎同时被引进北美洲。18 世纪前半叶，由于英属东印度公司的营销宣传，茶在英国的推广进展良好，以至于在将茶推广至殖民地时，他们立刻将目光聚焦在北美洲。然而，乔治国王于 1765 年颁布的印花税法搞砸了他们精心筹谋的计划。征收印花税让殖民地发出了"没有代表权不得征税"的怒吼。

即使印花税法在 1766 年被撤销，但征税的权力仍被维护，并于 1767 年再次被使用，征税对象则是染料、油脂、铅、玻璃以及茶叶。殖民地再次反抗，并以此为理由拒绝进口英国制的任何货品。这令英国制造商备感痛苦，以至于国会将所有课税对象的税金全部撤销——除了茶叶。

尽管茶在美国越来越受喜爱，然而，殖民地居民宁愿从其他地方购买茶叶，也不愿违背自己的原则向英国采购。随后，由荷兰走私茶叶的生意开始发展。

出于即将失去最具潜力殖民地市场的恐慌，英属东印度公司向国会请求协助，并获得茶叶出口许可的特权。货物以寄售的方式被运到波士顿、纽约、费城和查尔斯顿等城市的官员手中。严格说来，随后发生的故事属于以茶为主题的书，本书谈到反对此重大茶税的抗议白热化阶段就够了，因为这一事件毫无疑问促使美国成为饮用咖啡，而非如同英国一样喝茶的国家。

1773 年波士顿发生"倾茶事件"，当时的波士顿市民乔装成印第安人，登上停泊在波士顿港的英国籍货船，将茶叶货物丢入海湾中，为咖啡奠定了大局；身处这样的时代，致使大众对那"提振精神的 1 杯咖啡"产生了微妙的偏见，而这偏见在往后的 160 年都无法被彻底克服。

与此同时，这个事件也影响了我们的社交习惯以及纽约、费城和查尔斯顿等殖民地的习惯，使得咖啡被加冕为"美国早餐桌之王"，成为美国人民心中至高无上的饮料。

新英格兰的咖啡

新英格兰殖民地的咖啡历史与小旅馆和小酒馆的故事紧密纠缠，以至于要分辨真正的咖啡馆是十分困难的，因为众所周知在英国，酒吧是提供住宿和烈酒的。

令人沉醉的葡萄美酒、烈酒和进口的茶，都是咖啡的强劲对手，因此咖啡并未像在 17 世纪末 18 世纪初于伦敦人中引起风尚般，在新英格兰殖民者中引发流行风潮。

尽管新英格兰有咖啡馆，但也有提供咖啡的小酒馆。罗宾逊说："它们通常是对教会和国家事务持保守观点、对掌权的政府友善之人的聚会场所。"这些人被他们的敌人，也就是不顺从国教者和共和党人士称为"谄媚者"。

大多数的咖啡馆都开设在当时马萨诸塞州殖民地的中心，同时也是新英格兰社交中心的波士顿，尽管普利茅斯、塞勒姆、切尔西和普罗维登斯都有供应咖啡的小酒馆，却都未能赢得像波士顿某些著名咖啡馆一样的名声和声望。

咖啡最早何时被引进已无可考究；但可以合理假设，咖啡是作为家用补

与新英格兰早期的咖啡有关的历史遗物。这些展品被收藏在波特兰的缅因州历史学会博物馆。图左是肯里奇获得专利的咖啡磨豆机。图中央是附有加热液体的铁棒的不列颠咖啡壶；加热铁棒被包裹在一个悬挂在盖子内侧的锡制容器中。图右是壁挂式的咖啡或香料研磨器。

给品而随着某些屯垦者一起出现的，时间可能在1660—1670年间，这些屯垦者在离开英国前就已熟悉咖啡了。咖啡也可能是被某些英国官员引进的，这些官员在伦敦时就已走遍17世纪后半叶当地的著名咖啡馆。

根据波士顿早期的城镇记录显示，多萝西·琼斯是第一位被核发贩卖"咖啡和可可"许可证的人。

这张营业许可证标注的时间是1670年，据说是马萨诸塞州殖民地第一份关于咖啡的文字参考文献。许可证中并未陈述多萝西·琼斯是咖啡饮料或"咖啡粉末"的小贩，咖啡粉末是早期对研磨咖啡的称呼。

关于多萝西·琼斯是否为在波士顿贩卖咖啡的第一人仍存有一些疑问。在她取得咖啡营业许可证之前，伦敦人已经知晓并饮用咖啡长达18年了。

英国政府官员经常乘船由伦敦前往马萨诸塞州殖民地，他们很有可能带着英国绅士近来喜欢的、可解燃眉之急和作为样品的咖啡。毫无疑问，他们也会讲述在伦敦各个角落变得越来越受欢迎的新形态咖啡馆。所以我们或许可以假定，他们的故事让波士顿殖民地小旅馆和小酒馆的老板们将咖啡加入了他们的饮料单。

新英格兰的第一家咖啡馆

直到17世纪末，咖啡馆之名才开始在新英格兰被使用。早期的殖民地记录并未清楚显示伦敦咖啡馆和格特里奇咖啡馆中的哪一个最先在波士顿以咖啡馆这一特殊名称开张。

十有八九，是伦敦咖啡馆赢得此荣誉，因为塞缪尔·加德纳·德雷克在他于1854年出版的著作《波士顿的城市历史与文物》中说，"1689年本杰明·哈里斯（也是伦敦咖啡馆的店主和新闻工作者）在那里卖书"。德雷克似乎是唯一一位提到伦敦咖啡馆的早期波士顿历史学家。

承认伦敦咖啡馆是波士顿的第一家咖啡馆后，格特里奇咖啡馆便只能屈居第二。格特里奇咖啡馆位于国务街北端交易所街与华盛顿街之间，以在

马萨诸塞州殖民地使用的煮制和供应咖啡的器具。这些展览品被收藏在马萨诸塞州塞勒姆的艾塞克斯学会博物馆中。上排左和右为不列颠咖啡壶，中为不列颠桌上咖啡壶；下排最左为锡制咖啡冲煮壶，中为不列颠咖啡壶，最右为法式滴漏壶。

1691年拿出一张旅舍经营者执照的罗伯特·格特里奇的姓氏命名。27年后，他的遗孀玛丽格·特里奇向市镇当局陈情，申请更新她已故丈夫的营业许可证，以便继续经营一间酒吧。

在公务员和所有从英国来的事物对殖民拓荒者而言开始变得面目可憎时，更名为美国咖啡馆的不列颠咖啡馆也大约在格特里奇拿出他的营业证的同时开始营业。它坐落在现在的国务街66号，并且成为新英格兰殖民地最广为人知的咖啡馆。

当然，在咖啡及咖啡馆来到新英格兰都会中心前，波士顿就已经有不少的小旅馆和小酒馆。有些小酒馆在咖啡变得风靡殖民地时接受了咖啡，并将其提供给不喜欢刺激性更强饮料的常客。

最早已知的小旅馆，是由塞缪尔·科尔在华盛顿街开设的，位于法尼尔厅和国务街中间。科尔在1634年（波士顿建立4年后）获得"糖果制造商"

的营业许可证；两年后，他的小旅馆成了印第安酋长米安东默与他的红战士们暂时的居住地，米安东默酋长在此会见范恩州长。随后一年，马尔博罗公爵发现科尔的旅馆"管理良好"，同时能提供令人满意的清净与隐秘，以至于他拒绝了温斯罗普州长在州长官邸的款待。

当时另一家广受欢迎的旅舍是 1637 年由贵格会教徒尼古拉斯·普索尔开设的红狮旅舍；尼古拉斯后来因试图贿赂狱卒，为两位在监牢中挨饿的贵格教女教徒送食物而被绞死。

建立于 1650 年的船酒馆位于北街和克拉克街的街角，当时的滨水区，是英国政府公务员经常流连的地方。哈钦森州长的父亲是第一任老板，约翰·维尔于 1663 年接手。4 位由查理二世派往这些沿海地区，解决当时刚开始出现在殖民地与英国间争端的特派员居住在这里。

蓝锚是另一个波士顿早期上流社会绅士会造访的供膳宿之处，于 1664 年在康希尔开业，由罗伯特·特纳经营管理。政府成员、来访官员、法官和牧师在此聚集，参加马萨诸塞州议会举行的大会。

神职人员很有可能将饮料的选择限制在咖啡和其他温和的饮料之间，红酒和其他烈酒则留给他们的同事。

一些著名的波士顿咖啡馆

17 世纪的最后 25 年期间，许多小酒馆和小旅舍如雨后春笋般出现。

在波士顿历史记录获得认可的咖啡馆中，最著名的包括位于舰队街和北街街角的国王之首，坐落在由华盛顿街通往霍利街之通道上的印第安皇后咖啡馆，位于法尼尔厅广场的太阳旅舍和绿龙旅舍——绿龙旅舍后来成为最著名的咖啡酒馆之一。

于 1691 年开业的国王之首很早就是英国政府官员及殖民地社会上层阶级的云集之地。

印第安皇后也成为议会大楼的英国政府官员们喜爱的休闲场所，大约于

新英格兰殖民时期使用的金属及陶瓷咖啡壶。选自马萨诸塞州迪尔菲尔德波肯塔克山谷纪念协会博物馆馆藏。

1673 年由纳森尼尔·毕夏普开设。它以印第安皇后这个名字屹立了超过 145 年，之后被改名为华盛顿咖啡馆。这间咖啡馆也是从波士顿到附近罗克斯伯里的"钟点计费"驿马车的发源地，并因此扬名全新英格兰。

太阳旅舍的存活时间比任何一家波士顿小旅舍都要长久，它于 1690 年在法尼尔厅广场开业。根据亨利·R. 布兰妮的说法，这间旅舍直到 1902 年都存在；不过自那之后就被夷为平地，为一栋现代建筑让出空间。

新英格兰最负盛名的咖啡馆

绿龙旅舍。绿龙旅舍是 17 世纪末的最后一家广受欢迎的小旅馆，也是波士顿最著名的咖啡酒馆。它位于联合街，处于波士顿商业中心的心脏地带，从 1697 年屹立到 1832 年。在它漫长的营业时光里，几乎所有重大的当地及国家事件中都曾出现其身影。

穿着红色斗篷的英国士兵、殖民州州长、戴假发的英国政府官员、伯爵和公爵、出身名门望族的公民、策划革命的无产阶级、波士顿倾茶事件的共谋者、革命运动的爱国者和将军——这些人全都习惯于集结在绿龙旅舍，在那里边喝着咖啡和刺激性更强的饮料，边讨论各式各样他们感兴趣的事物。

用丹尼尔·韦伯斯特的话来说，这间著名的咖啡酒馆是"独立革命总部"。就是在这里，沃伦、约翰·亚当斯、詹姆斯·奥蒂斯，以及保罗·里维尔以"筹款委员会"成员的身份聚会，以确保美洲殖民地的自由。也是在这里，共济会的成员前来在共济会波士顿分会首位特级大师沃伦的引导下举行会议。绿龙旅舍的旧址上如今矗立着一栋商业大楼，这块地仍然是共济会圣安德鲁分会的财产。老咖啡酒馆是一栋二层楼的砖造建筑，拥有尖锐的人字形斜屋顶，酒馆的入口处挂着一个画有绿色恶龙塑像的招牌。

不列颠咖啡馆。绿龙旅舍和不列颠咖啡馆的常客对于当时议题的观点无疑是彼此对立的。当绿龙旅舍被当作爱国殖民者的集结地时，不列颠咖啡馆则成了保皇派的聚会场所，这两间著名咖啡馆的常客们经常不期而遇。詹姆斯·奥蒂斯就曾被敌手引入不列颠咖啡馆痛打一顿，导致他再也无法重拾雄辩家的光辉。

绿龙旅舍被作为波士顿社交与政治生活的中心长达 135 年。1697 至 1832 年间，所有重大国家事务中都有这间旅舍的身影。同时根据丹尼尔·韦伯斯特的说法，这里也是"独立革命总部"。

1750 年，英国士兵在此地上演了波士顿的第一场戏剧，演出的剧目是奥特威的《孤儿》。1751 年，第一个以俱乐部为名的公民团体在此建立，即商户俱乐部；会员包括英国皇室官员、殖民地官员，以及下级军官、陆军及海军将领、院部门成员，还有少数坚定的保皇派上层阶级。然而英国人在当地遭到广泛的厌恶，以至于在革命战争期间皇家军队一从波士顿撤离，咖啡馆的名字就立即改成了美国咖啡馆。

早在 1712 年就由弗朗西斯·霍姆斯管辖的葡萄束酒馆，是另一个政客的温床。和马路对面的绿龙旅舍一样，葡萄束的常客中有无条件追求自由的人，当中有许多人是从不列颠咖啡馆转移过来的——在英国保守党氛围的影响下，那里的局面对他们来说实在太过于火爆。1776 年，当一位费城代表在旅馆阳台对聚集在街道上的群众宣读独立宣言时，葡萄束成了庆祝活动的中心。波士顿人变得如此热情，导致旅舍被包围在激动和兴奋的情绪中，差点因一位

波士顿的王冠咖啡馆。新英格兰最早拥有这一独特名称的咖啡馆；1711 年开张，在 1780 年遭到焚毁。

狂热人士在太过靠近墙壁的地方点燃篝火而被摧毁。

另一则关于葡萄束的趣闻则与 1692 年到 1694 年间担任马萨诸塞州州长的威廉·菲普斯（以其暴躁的脾气闻名）有关。他在葡萄束有自己偏爱的座位和窗景，而在关于那个时期的记述中曾提到，经过国务街的行人，可以在任何一个天气晴好的下午，从菲普斯偏爱的窗口看见他横眉怒目的表情。

王冠咖啡馆。进入 18 世纪之后，许多开设在波士顿的旅店和酒馆改用咖啡馆这个名称。王冠咖啡馆便是其中之一，它是由随后成为马萨诸塞州州长，并在更后来成为新泽西州州长的乔纳森·贝尔彻于 1711 年开设的，是"长码头的第一家咖啡馆"。王冠咖啡馆的第一任店主是托马斯·塞尔比，他是一位假发制造商，不过他可能发现贩卖刺激性饮料和咖啡更有利可图；塞尔比的咖啡馆同时也是拍卖场。王冠咖啡馆一直屹立不倒，直到 1780 年，一场席卷长码头区的火灾将它摧毁。咖啡馆原址位于国务街 148 号，现在那里矗立着的是富达信托公司的大楼。

皇家交易所。另一家位于国务街的早期波士顿咖啡馆是皇家交易所。这间咖啡馆在 1711 年殖民地记录提到之前存在了多久，我们并不清楚。它占据了一栋古旧的两层楼建筑，在 1711 年时是由本杰明·约翰斯经营的。这家咖啡馆成为往返波士顿和纽约之间定期驿马车的发源地，第一班车在 1772 年 9 月 7 日启程。1800 年 1 月 1 日的《哥伦比亚百年报》出现了一则广告："纽约及普罗维登斯邮局站，每天早上 8 点由主路口的皇家交易所咖啡馆发车。"

北端咖啡馆。在 18 世纪后半叶，北端咖啡馆以"波士顿最高级咖啡馆"之名著称，它占据了一栋大约在 1740 年由爱德华·哈钦森——那位著名州长的兄弟——建造的三层砖造宅邸。北端咖啡馆位于北街的西侧，介于阳光巷和舰队街间，是同类型咖啡馆中装饰得最浮夸的。一位 18 世纪的作家在描述这间豪华咖啡馆时，大肆宣扬它拥有 45 扇窗户，而且价值 4500 美元——这在那个时代是一笔巨款。

独立革命期间，海军上将戴维·D. 波特的父亲戴维·波特上尉是这间咖啡馆的店主，在他的经营下，这里成为全市闻名的高级用餐地点。北端咖馆的广告宣传其特色为"宴会和正餐——为小型聚会所准备、小而清幽的房间——用最佳方式提供生蚝正餐"。

"摩天大楼"咖啡馆

波士顿咖啡馆的发展在 1808 年进入黄金巅峰时期。经过 3 年的建设,交易所咖啡馆盛大开幕。这栋位于国会街、邻近国务街的建筑是当年的摩天大楼,甚至可能是全世界最富野心的咖啡馆。这栋建筑是由石材、大理石、砖块建造而成的,共有 7 层楼,造价达 50 万美元,由当时最著名的建筑师查尔斯·布尔芬奇设计。

和伦敦的劳埃德咖啡馆一样,交易所咖啡馆也是海事情报中心,它的公用室无时无刻不挤满了水手、海军军官、船舶和保险掮客,这些人都是前来商讨买卖,或查询船只抵达及启航、船货清单、船只租赁,以及其他海事文

交易所咖啡馆,波士顿,1808 年,它以伦敦的劳埃德咖啡馆为样本,并且是波士顿的海事情报中心。

件记录的。交易所的一楼是贸易场所；二楼是大型餐厅，举办过许多场奢华的宴会，尤其是 1817 年 7 月为门罗总统举办的那一场，参加的宾客有前总统约翰·亚当斯，还有许多将军、海军准将、州长及法官。其他楼层则充当起居室及卧室，共有超过 200 个房间。

1818 年，交易所咖啡馆毁于一场火灾；随后，其原址上建起了另一栋名称相同的建筑，不过与之前的建筑毫无相似之处。

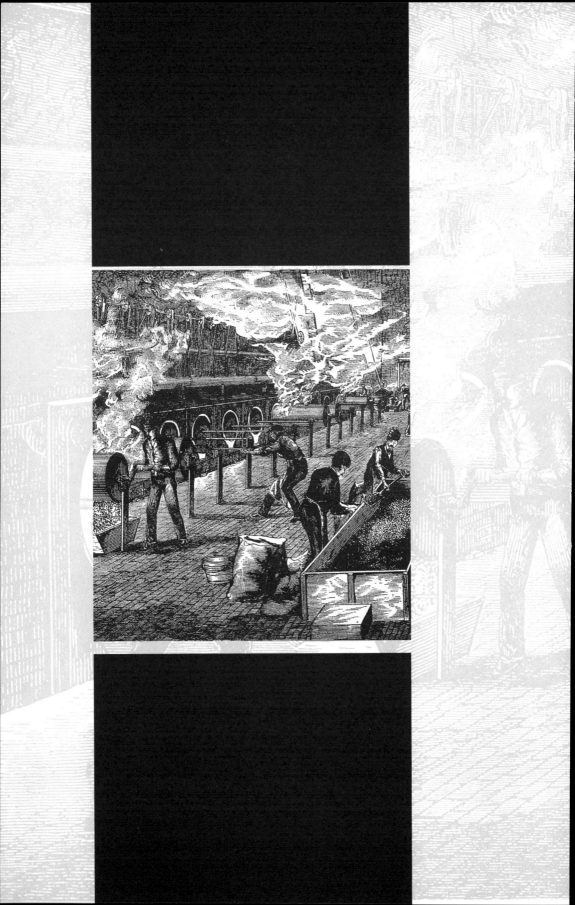

part 2

800 年的演进，
等一杯理想的咖啡……

从天堂般的魔豆，

一步一步地，

变成征服全人类的琼浆玉液……

第 十 章

Coffee 一词的由来

达弗尔说，Coffee 一词由 caouhe 衍生而来，是土耳其人给由咖啡种子制成的饮料取的名字。阿勒特、萨瓦里以及特莱武的法国领事劳伦特·达维认为，咖啡来自阿拉伯，写为 cahoueh 或 quaweh，意思是给予体力或力量，萨瓦里说，这是因为咖啡最普遍的效用就是提升和增强活力。

欧洲语言中出现 Coffee 这个词大约在 1600 年，并非直接由原始阿拉伯文 qahwah 而来，而是由其土耳其文 kahveh 演变而来。这个词不是咖啡这种植物的名字，而是指用其浸泡汁液制成的饮料，这个词原本在阿拉伯文中是被用来称呼酒的。

詹姆斯·穆雷爵士在《新英语辞典》中说，有些人推测 Coffee 一词可能来自非洲的变装外来词，并认为该词与埃塞俄比亚西南部绍阿省的一个城镇 Kaffa 有关联——当地被认为是咖啡的原产地。但这个说法并没有证据，而 qahwah 这个词不是用来称呼咖啡浆果或咖啡植株的，这两者被称为 bunn，绍阿省当地则它们为 būn。

由来及其与语音学的关系

詹姆斯·普拉特二世在 1909 年给《笔记和查询》期刊举办的一场研讨会投稿，探讨与追溯与 Coffee 的词源学有关的语音学问题，他写道：

土耳其文可能会写成 kahvé，"h"在任何时候都是不发音的。詹姆斯·穆雷爵士注意到两种欧洲形式的存在，一种与法文 café 和意大利文 caffé 相似，另一种则与英文 coffee 和荷兰文 koffie 类似。他解释第二组词中的元音 o 很明显是代表 au，由土耳其文的 ahv 而来。这个说法似乎没有证据支持，而且 ff 已经代表了 v，因此，根据詹姆斯爵士的假设，coffee 代表的一定是 kahv-ve，而这不太可能。

依我个人的观点，有瑕疵的辨识是由 a 变成 o 的理由。在阿拉伯文和其他东方语言中的确实发音是英文短音 u，和"cuff"中 u 的发音一样。这个发音对我们来说十分容易，对其他国家的人却存在极大难度。

我判断荷兰文 koffie 和与其同类的形式，是对于标记作家无法领会的元音的一种有瑕疵的尝试。很显然法文的形式是更正确的。德国人对 koffee 做出了修正，他们可能是由荷兰文接触到这个词，而 kaffee 是修正后的结果。斯堪的那维亚语系采纳了法文的形式。很多人必然感到困惑，原来的 hv 如何在其欧洲语系对等词汇中，一直不变地转变为 ff 的形式？詹姆斯·穆雷爵士并没有想过解决这个问题。

同样也投稿给《笔记和查询》研讨会的维连德拉纳什·查托帕迪亚雅，则主张阿拉伯文中的 qahwah 在翻译成欧洲语系时，其中的 hw 有时会演变成 ff，有时则成为 f 或 v，这是因为某些语种——例如英语，有很强的重读音节（重音），而法语等其他某些语种则没有。他还指出，气声音 h 在某些语种中是发音的，但在其他语种中是不发音的。大多欧洲人倾向于将其省略。

另一位投稿人威廉·弗朗西斯·普里东上校主张，欧洲语系直接由阿拉伯文 qahwah 演化出"咖啡"一词的其中一种形式，他引用了《霍布森－乔布森》词典来作为证据：

公元 1508 年写作 Chaoua，1610 年写作 Cahoa，1615 年写作 Cahue；

同时，托马斯·赫伯特爵士（1638 年）明确地指出："（在波斯）他们最常饮用……，Coho 或 Copha；土耳其人和阿拉伯人则称其为 Caphe 或 Cahua。"此处波斯语、土耳其语以及阿拉伯语的发音显然是有所区别的。

普里东上校接着邀请在《新英语辞典》及《霍布森－乔布森》写成时，无暇参与的一位人士作为盎格鲁阿拉伯发音的证人。那就是约翰·儒尔登，一名多塞特郡号上的船员，他写的《日志》于 1905 年由哈克卢伊特学会出版。1609 年 5 月 28 日，他的记录显示"中午时分，我们由哈奇（豪塔，邻近亚丁之拉赫季省的首府）启航离去，并航行到凌晨 3 点，之后我们在接近沙漠中荒野平原的一间 Cohoo 小屋休息到隔天 3 点"。6 月 5 日，一行人从 Hippa（伊布）出发，"躺卧在山上，我们的骆驼已经疲乏，我们的奴隶则稍好一些。这座山叫作 Nasmarde（NakīlSumāra），是所有 Cohoo 生长的地方"。

此外，更远处是"一个小村落，那里贩卖 Cohoo 和水果。Cohoo 的种子是重要的商品之一，会被运送到伟大的开罗及土耳其所有的地方，以及印度群岛"。

然而普里东提到，另一位名为威廉·瑞佛的水手在他的日志（1609 年）中讲到，在摩卡这个地方，"Shaomer Shadli（谢赫·阿里·伊本·奥马·沙德利）是第一位发明并饮用 coffee 的人，并因此备受尊重"。这在普里东看来就跟在阿拉伯海岸一样，而在贸易城镇中流行的是波斯语发音；而在内陆，也就是儒尔登走过的地方，英国人则沿袭了阿拉伯语的发音。

查托帕迪亚雅先生在讨论普里东上校的观点时写道：

普里东上校可能会被我质疑"在写下航海日志中的文字时，这位可敬的海员是否受到了语音学清晰发音的深奥规则的影响"，不过他会乐于承认由 kahvah 到 coffee 是一种语音学的转变，而且必然是某些语音学规则运作的结果。在一般人试图以自己的母语写出一个外语单词时，会在相当程度上被他传承和学习所得的语音学能力所妨碍。而事实上，若我们接受《霍布森－乔布森》中的引用文字，并根据作者的国籍将"coffee"一词的各种不同形式进行分类，我们会得到很有趣的结果。

让我们先以英语及荷兰语为例。在丹弗斯的著作《字母们》（1611 年）中，我们同时看见"coho 壶"和"coffao 壶"两种写法；托马斯·罗爵士（1615 年）和泰瑞（1616 年）写为 cohu；赫伯特爵士（1638 年）写为 coho 和 copha；伊夫林（1637 年）写为 coffee；弗来尔（1673 年）写为 coho；奥文顿（1690 年）写为 coffee；瓦伦丁（1726 年）写为 coffi。而从普里东上校举的两个例子我们可以看出，儒尔登（1609 年）是用 cohoo，而瑞佛（1609 年）则是用 coffe。

上述解说应该加上以下英国作家们于福斯特的著作《印度的英国工厂》（1618—1621，1622—1623，以及 1624—1629）里的写法：cowha（1619 年），cowhe 和 couha（1621 年），coffa（1628 年）。

不同语言中的"咖啡"

现在我们来看看外邦人（主要是法国人和意大利人）是怎么写的。欧洲最早提及咖啡的是于 1573 年从阿勒颇认识咖啡的劳沃尔夫，他将其写成 chaube。普罗斯佩罗·阿尔皮尼（1580 年）写为 caova；帕卢达努斯（1598 年）写为 chaoua；皮拉德·特拉华尔（1610 年）写为 cahoa；皮耶罗·特拉华勒（1615 年）写为 cahue；雅各布·邦修斯（1631 年）写为 caveah；而 *Journal d'Antoine Galland*（1673 年）中写的则是 cave。也就是说，英国人使用一种特定明确的类型，那就是 cohu、coho、coffao、coffe、copha、coffee，与外邦人更正确的音译有所不同。

1610 年，葡萄牙籍犹太人佩德罗·泰谢拉（见其由哈克卢伊特学会出版的《旅程》）写的是 kavàh。

由这些翻译形式我们似乎能得出结论：（1）土耳其语及阿拉伯语两者都

是这个词汇传入欧洲语系内。（2）英文的形式（第一个音节有重音强调）是写为 ŏ 而不是 ă，还有，是 f 而不是 h。（3）外语形式并无重音，而且没有 h。原始的 v 或 w（或唇音化的 u）会保留或变化为 f。

因此，或许可以这么说，之所以有两种有所区别的拼写形式，原因是 h 在无重音语系中被省略，而在加重音语系中，变成强重音的 f。这样的转换通常发生在土耳其语中；举例来说，波斯语是相当强调重音的，波斯语中的 silah dar，在土耳其语中会变成 zilif dar。而在印度语系中，尽管事实上气音字通常会被清楚地听见，qăhvăh 一词会被受教育程度较低的阶级发音为 kaiva，这是因为所有音节的重音都相同。

现在来看看法国的观点。贾丁认为，当考虑到"咖啡"一词的词源学时，学者们并没有共识，而且可能永远无法达成一致的意见。达弗尔说，Coffee 一词由 caouhe 衍生而来，是土耳其人给由咖啡种子制成的饮料取的名字。阿勒特、萨瓦里以及特莱武的法国领事劳伦特·达维认为，咖啡来自阿拉伯，写为 cahoueh 或 quaweh，意思是给予体力或力量。萨瓦里说，这是因为咖啡最普遍的效用就是提升和增强活力。塔维尼埃挑战此一说法。莫塞莱将"咖啡"一词的起源归于 Kaffa。西尔韦斯特·德·萨西在他于 1806 年出版的著作《阿拉伯文选》中认为，与 makli 同义的 kahwa 一词，意思是在炉子中烘烤，很有可能就是咖啡的词源学起源。达朗贝尔在他的《百科辞典》中将咖啡写为 caff。

贾丁推论，不管这些不同的词源学有何意义，"咖啡"一词源自一个阿拉伯词语是事实，不论那个词是 kahua、kahoueh、kaffa，还是 kahwa；而且，接受这种饮料的人们都将那个阿拉伯词语修改成适合自己的发音，这一点从此词在不同现代语种中的书写方式上可以体现出来：

· 法语，café

· 布列塔尼亚语，kafe

· 德语，kaffee（咖啡树，kaffeebaum）

· 荷兰语，koffie（咖啡树，koffieboom）

· 丹麦语，kaffea

· 芬兰语，kahvi

· 匈牙利语，kavé

· 捷克语，kava

· 波兰语，kawa

· 罗马尼亚语，cafea

· 克罗地亚语，kafa

· 西班牙语，café

· 巴斯克语，kaffia

· 意大利语，caffé

· 葡萄牙语，café

· 拉丁语（科学上的），coffea

· 土耳其语，kahué

· 希腊语，kaféo

· 阿拉伯语，qahwah（咖啡浆果，bun）

· 波斯语，qéhvé（咖啡浆果，bun）

· 安南语，ca-phé

· 柬埔寨语，kafé

· 杜克尼语，bunbund

· 塔鲁扬语，kaprivittulu

· 泰米尔语，kapi-kottai 或 kopi

· 卡纳雷兹语，kapi-bija

· 汉语，kia-fey，teoutsé

· 日语，kéhi

· 马来语，kawa、koppi

· 埃塞俄比亚语，bonn

- 福拉克语，legalcafe
- 苏苏语，houri caff
- 马尔克斯语，kapi
- 奇努克语，kaufee
- 沃拉普克语，kaf
- 世界语，kafva

　　　　　　　尚：咖啡的世界史

第 十 一 章

咖啡的分类学

咖啡被归类为茜草科，以它们对神经系统的作用闻名。咖啡含有一种被称为咖啡因的活性物质，是作用于神经系统的兴奋剂，在少量使用的前提下，对人体是非常有益的。金鸡纳树带给我们奎宁，而吐根则能制作吐根酊———一种催吐剂和泻药。

科学上被称为阿拉比卡咖啡的咖啡树是埃塞俄比亚的原生种，但是在爪哇岛、苏门答腊以及荷属印度尼西亚群岛的其他岛屿，印度、阿拉伯群岛、赤道非洲国家、太平洋群岛、墨西哥、中美洲及南美洲，还有西印度群岛，也都生长良好。

咖啡的完整分类

咖啡属于科学分类上植物门的被子植物，即 Angiospermæ，意指该植物会产生种子，而且种子会被包裹在小盒子一样的隔间，也就是子房内，子房位于花朵的基部。

"被子植物"（Angiosperm）一词是由两个希腊文字演变而来的，sperma 指的是种子，aggeion 则是盒子的意思，而这里的盒子即子房。

这个庞大的植物门可以再分为两个纲，分类的基础是由种子萌发的幼苗长出叶子的数量。

咖啡同样由种子萌发，幼苗有两片叶子，因此被归类为双子叶植物纲（Dicotyledonæ）。Dicotyledonæ 这个词由两个希腊单词构成，di（s）的意思是二，而 kotyledon 的意思是腔或槽、臼。实际上，并不需要植物由种子发芽才能判断幼苗是否拥有两片子叶，因为成熟的植株通常会显露出伴随着这种种子状态的特定特征。

双子叶植物

所有的双子叶植物，成熟的叶片会有网状叶脉，此形态连外行人都能轻易鉴别出来；其花朵的花瓣结构呈圆形，包含两片或五片花瓣，绝不会是三片或六片。

双子叶植物纲的茎干一直都是随着一层被称为形成层的细胞的生长而增加厚度，形成层是会持续不断分裂生长的组织。形成层细胞只要活着就会分裂，此特点造就了木质树干的独特外观，当树干被拦腰锯断后，我们只要观察其截面就能判断树龄。

春季时，形成层会长出大而空的细胞，可容纳大量树的汁液在其中流动；秋季时，形成层长出的细胞具有非常厚的细胞壁——因为此时没有那么多要运输的树汁。

由于这些薄皮空洞的细胞紧邻上一个秋季的厚壁细胞，很容易就能分辨出前一年与接下来一年的成长差异；这样形成的标记被称为年轮。

如果只有咖啡植株的叶子和茎干的话，那么，对咖啡的分类就只能做到纲的地步。

为了更进一步地分类，我们得要有植物的花朵，因为植物学的分类从这一点起，就是根据花朵来进行的。

阿拉比卡咖啡叶子与浆果的近照。

根据花朵是否具备花冠——花朵引人注目的部分，通常赋予花朵独特的色彩——双子叶植物纲可再分为两个亚纲，整朵花为一个整体，或可以区分为数个部分。

咖啡花与其花冠的排列是一个整体，排列成管状，因此咖啡这种植物被归属在合瓣花亚纲（Sympetalæ），或者称为后生花被亚纲（Metachlamydeæ），意思是它的花瓣是连合在一起的。

亚纲下的进一步分类，就是目。根据植物的不同特征将它们划分到不同的目中。咖啡属于茜草目（Rubiales，根据中国生物多样性数据库显示，咖啡则应属于龙胆目）。

茜草家族

这些目会进一步被区分为不同的科。咖啡被归类为茜草科，我们在这一科中能找到的植物有药草、灌木或乔木，例如矢车菊，这是一种开蓝色小花的春季花卉，常见于美国北部空旷的草地；除此之外，还有蔓虎刺。

相较于本土物种，茜草科的异国代表植物更多，其中包括了咖啡、金鸡纳树以及吐根，这些植物在经济方面全都具有重要价值。茜草科成员以他们对神经系统的作用闻名。咖啡含有一种被称为咖啡因的活性物质，是作用于神经系统的兴奋剂，在少量使用的前提下，对人体是非常有益的。金鸡纳树带给我们奎宁，而吐根则能制作吐根酊——一种催吐剂和泻药。

科会再细分成更小的分类单位，称为属，咖啡植株便被归类在咖啡属中。咖啡属下有数个亚属，我们常见的咖啡——阿拉比卡咖啡，被归类在真咖啡亚属（Eucoffea）中。

阿拉比卡咖啡是用于交易的原始或常见的爪哇咖啡，"常见"一词看似没有必要，但除了阿拉比卡之外，还有许多其他的咖啡品种，这些品种并未以非常高的频率被提及，因为它们的原生地在热带，而热带通常没有适合的条件进行植物研究。

并不是所有的植物学家都赞同咖啡属内物种和变种的分类。比利时皇家温室花园的管理者 M. E. 德·怀德曼在他的著作《热带植物的大规模耕作》中说，这个有趣的属的系统分类离完成还早得很；事实上，几乎称不上已经开始。

我们之所以对阿拉比卡咖啡最了解，要归因于它在商业贸易中扮演的重要角色。

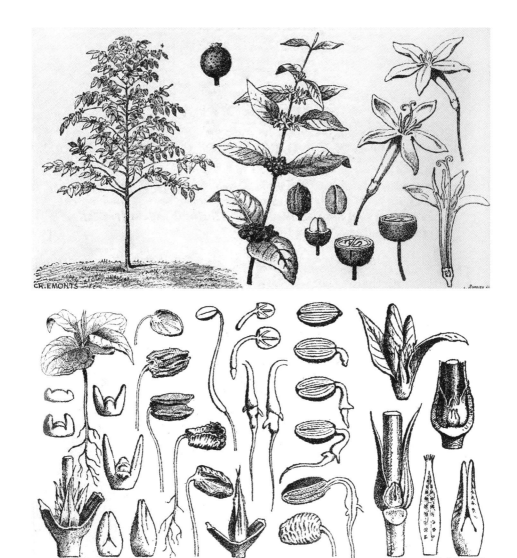

咖啡树，显示出植株、花与浆果的细节。来自贾丁的著作《咖啡店及它们的店主》中埃蒙茨牧师绘制的插图。

咖啡的完整分类

界	植物
亚界（门）	被子植物
纲	双子叶植物
亚纲	合瓣花亚纲或后生花被亚纲
目	茜草目
科	茜草科
属	咖啡属
亚属	真咖啡亚属
种	阿拉比卡

就像之前说明过的，为了收集浆果而最常被种植的咖啡植株是阿拉比卡咖啡，它是在热带区域被发现的，不过也能够在温和的气候中生长。

与在热带生长最为良好的植物不同，咖啡也能够忍耐低温。当生长在炎热、低洼地带时，咖啡需要遮阴；但当生长在纬度偏高的地区时，即便没有这样的保护咖啡也能欣欣向荣。弗里曼说，目前有大约 8 种获得承认的咖啡品种。

阿拉比卡咖啡

阿拉比卡咖啡是一种有着常绿叶片的灌木，完全长成的高度有 5~7 米。

直立枝和侧枝

这种灌木会长出二型性枝条，意即两种形态的枝条，分别被称为直立枝和侧枝。植物在幼生期时有一主要树干，即直立枝，而这直立枝最终无论如何都会发出侧芽，即侧枝。侧枝会长出其他更多侧枝，被称为次生侧枝；但没有侧枝能长出直立枝来。

侧枝是两两成对生长的，而且彼此相对，每对侧枝由环绕着树干的轮生体生长而来。侧枝只有在其依附于直立枝的接合点还年轻时才会生长；而如果它们由接合点处被折断，直立枝没有能力再让侧枝重生。

直立枝也能生长出新的直立枝，但如果直立枝被砍断，那个位置的侧枝会有增厚的倾向。这一点很令人满意，因为侧枝是花生长的地方，花朵很少出现在直立枝上。

人们根据这一事实修剪咖啡树：直立枝会被剪短，然后侧枝就会变得更有生长力。某些国家的咖啡农会将他们的咖啡树修剪保持在约2米的高度，而在其他咖啡产地国则习惯让咖啡生长到约4米高。

叶片

咖啡的叶片是矛尖形的，就是长矛的形状，两两对生。叶片的宽度为0.1～0.2米，有逐渐变细的尖端，叶子基部会稍微变细，以非常短的叶柄与在基部短短的叶柄间托叶联结在一起。咖啡的叶片很薄，但是质地致密，稍微带有皮革感。

叶片上层是非常深的绿色，底下的颜色则浅很多。叶片属于全缘叶（叶的边缘平滑完整，没有缺口）且呈波浪状。在一些热带国家，当地的原住民会用咖啡树的叶子炮制一种咖啡茶。

咖啡花

咖啡花尺寸较小，色白，而且香气非常浓郁。花朵成簇生长在枝条侧面的叶腋处，一季能有数次收获，与特定季节的热度和湿度状况有关。花期分为主花期和次花期。

在半干燥的高海拔地带，例如哥斯达黎加或危地马拉，花期只有一季，时间大约在3月，而且在多数情况下，花和果实不会同时出现在树上。但在常年下雨的低地种植园，基本上整年都持续不断地开花和结果；而成熟的果实、青果、盛开的花，还有花苞，可以在同一根树枝上同时被发现，并不会混杂在一起，而是依上述顺序出现。

阿拉比卡咖啡树的花及果实，哥斯达黎加。

咖啡花也是管状的，花冠的管状结构可分为 5 个白色的节。荷属印度农业局植物配种部门的主任 P. J. S. 克莱默博士说，花朵上的花瓣数目根本就不固定，甚至同一棵树上开的花也是如此。花冠的长度大约是 5 厘米，而管状部分大约有 1.25 厘米长。5 根雄蕊的花药由花冠筒顶端伸出，伴随着二裂雌蕊的顶端。

咖啡花的花萼是如此细小，除非已充分了解它的存在，否则很容易将其忽略。花萼是环状的，有细小、锯齿状的缺刻。

尽管通常咖啡花的颜色是白的，新鲜的雄蕊和雌蕊则可能带有淡淡的绿色，而某些栽培品种的花冠是淡粉色的。

咖啡花的颜色与状态完全取决于气候。有时花朵十分细小、香气非常浓，而且数量非常多；有时候，在气候并不炎热干燥时，花朵尺寸会非常大，但数量不是那么多。上述两组咖啡花在需要时都会"结出果实"；但有时，尤其在非常干燥的季节，咖啡开出的花细小、数量少，而且结构并不完整，花瓣通常是绿色而非白色，这些花朵无法结出果实。

在炎热且阳光充足的日子，花朵结的果实，比在潮湿的日子里花朵结的果实要好很多，因为前者被昆虫和风力授粉的概率要高很多。咖啡庄园在开花季节的美景是转瞬即逝的：前一天，触目所及是绵延数里、香气馥郁的广阔雪白花海，而两天后的景象会让人想起维庸《古美人歌》中的诗句——

旧时白雪，如今何在？

冬日寒风已将其吹落殆尽。

不过，咖啡庄园美景的消逝不能归咎于冬日寒风：是无止境的夏天那轻柔、温和的微风造成严重的破坏，留下一片无论如何不算讨厌的墨绿、淡绿、苔绿色叶片构成的画卷。

咖啡花的确美丽，不过，咖啡种植者看见和闻到的，不只是它们的美丽和香气。他们看得更加深远，在他们的心灵之眼中，那是一袋袋咖啡生豆，代表的是所有劳苦工作的目标和报酬。在所有的花朵凋谢之后，出现的是商业上被称为"咖啡浆果"的果实。

咖啡浆果

根据植物学观点来看，"浆果"这个称呼并不恰当，这些小小的果实并不属于以葡萄为最佳代表的浆果类，而应该属于以樱桃和桃子为最佳代表的核果类。在六七个月的时间内，这些咖啡核果会发育成小小的红色球体，和一般的樱桃差不多大小；但它不是圆的，而是有点椭圆，在远离中心的一端有一个细小的脐。咖啡核果通常有两个子房室，每个子房室中包含一颗小"石子"（种子与其羊皮纸质地的覆盖物），咖啡豆（种子）便是由此获得的。

少数核果会有三颗种子，而其他在枝条外侧的核果则只有一颗圆形的种子，这种豆子被称为圆豆。采摘的次数取决于同一季节中不同的开花时期；阿拉比卡咖啡一棵树一年可以收获 1 磅到 12 磅的咖啡豆。

在印度和非洲等区域，鸟类和猴子会

种植在夏威夷群岛的阿拉比卡咖啡树的浆果。

以成熟的咖啡浆果为食。根据阿诺德的说法，印度所谓的"猕猴咖啡"是通过该动物消化道的未消化的咖啡豆。

包裹咖啡豆的果肉目前来说并没有商业价值。尽管在不同时期，原住民已经花费许多努力想将咖啡果肉制作成食物，但它的口感却不大受欢迎，于是鸟类被容许独占这些果肉。

人们认为，咖啡果肉或科学上所称的肉质果，是一种相当讨厌的东西，因为要取得咖啡豆就必须将果肉去除。这有两种方法可以办到：

第一种方法是日晒法，让整个果实变得干燥，之后再将其敲开。

第二种是水洗法，这种方法是将果肉以机器去除。此步骤之后，便得到 2 颗湿黏的种子包。接着，这些看起来跟种子很相似的种子包会进行发酵，再进行水洗；这个步骤让它们脱去所有的果胶。而在彻底干燥之后，内果皮——也就是所谓的覆盖物，就能轻松地被打破和去除了。在覆盖物被去除的同时，其下方的一层薄薄的银色膜，也就是银皮，也会跟着脱落。这层银皮的碎屑经常会被发现包裹于覆盖物内的咖啡豆的沟槽中。

我们已经提过，1 株咖啡树 1 年的产量是 1 磅到 12 磅不等，不过，这当然会随着每棵树的个体差异还有区域而有所变化。在某些国家，全年的收获量是每亩少于 200 磅，然而也有记录显示，在巴西的一块土地上，一棵咖啡树的产量大约是 17 磅，这让该地的亩产量提高非常多。

若是将咖啡豆彻底风干，或是存放超过 4 个月，它们就无法栽种了。

咖啡种子从发芽至破土而出大约需要 6 周的时间。由种子开始栽种的咖啡树在 3 年之内会开始开花，但是在最初的 5～6 年间，是不会有好收成的。

除了一些例外的情况，咖啡树在大约 30 年内便会衰老无用。

咖啡植株的繁殖

咖啡树还可以用除种子以外的方式进行繁殖。

直立枝的枝条可以用来扦插，待直立枝发根后，便能长出能产生种子的侧枝。中美洲的原住民有时会用咖啡树的直立枝来围篱笆，看见围篱的柱子

"成长茁壮"的景象是很稀松平常的。

咖啡树的木材也被用来制作橱柜，因为它比大部分的原生树种木料更牢固，每立方厘米的重量大约是 2.6 磅，抗压强度每平方厘米有 900 磅，断裂强度则是每平方厘米 1690 磅。

用扦插法来繁殖咖啡植株有两项优于种子繁殖的独特优势：其中一点是能够省去生产种子的巨额花费，另一点则是可以为咖啡植株进行杂交，或许会带来不仅有趣，还可能非常有利可图的结果。

荷兰政府以完全科学的态度及方法，于 1900 年在爪哇岛班格兰（Bangelan）的实验园内开始进行咖啡植株的杂交。P. J. S. 克莱默博士在他的研究中辨识出 12 种阿拉比卡咖啡的变种，那就是：

劳丽娜（Laurina），是阿拉比卡咖啡与 C. 毛里求斯咖啡的杂交品种，叶小且窄，有硬挺密集的枝条，幼生叶片近乎白色，浆果的形状窄长，咖啡豆则呈窄椭圆形。

默特尔（Murta），叶小，枝条密集，咖啡豆的形态与典型的阿拉比卡咖啡一样，此品种可耐酷寒。

梅诺斯皮亚（Menosperma），这是一个很独特的种类，具有窄叶和如柳树般向下弯曲的枝条，浆果内很少包含超过一颗的种子。

摩卡（Mokka），叶形小且具有密集的簇叶，浆果形状小而圆，咖啡豆形状小而圆，类似裂荚豌豆，并且具有比阿拉比卡咖啡更加强烈的风味。

紫叶咖啡（Purpurescens），具红色叶片的变种，色泽堪比榛木和紫叶山毛榉，产量较阿拉比卡咖啡稍低。

堇菜（Variegata），具有杂色、带白色斑纹或白点的叶片。

酸樱桃（Amarella），结出的浆果呈黄色，色泽堪比草莓的白色果实变种。

布拉塔（Bullata），具有宽大、卷曲的叶片；硬挺、厚实的纤细枝条，以及圆形、多肉的浆果，许多浆果内没有咖啡豆。

狭叶咖啡（Angustifolia），一种窄叶变种，其浆果更近似椭圆形，而且与上述品种一样，是贫瘠的生产者。

埃瑞克塔（Erecta），比典型阿拉比卡健壮的变种，较适应多风地带，产量与常见的阿拉比卡一样。

象豆（Maragogipe），定义明确的变种，淡绿色叶片边缘多为彩色；浆果宽大，通常果实中间较为窄小；果实稀少，有时每株树只有数颗浆果。

柱状咖啡（Columnaris），一种健壮的变种，有时植株会生长至约8米，叶片相当宽大且围绕在基部，但结果能力较弱，建议种植在干燥气候区。

狭叶咖啡

阿拉比卡咖啡有一个难缠的对手，那就是狭叶咖啡。此一变种咖啡的风味甚至被某些人判定比阿拉比卡咖啡更为出众。

不过，这个品种有一个极大的缺陷，即它在能确保任何有价值的收获之前所需要的成长时间十分漫长——尽管如此，一旦开始有收成，每次的收获量与阿拉比卡咖啡一样大，有时还稍微多一些。此品种的叶片较前述所有品种小，花朵开放时花冠长为15～20毫米。这个品种是塞拉利昂的原生种，生长于野外。

阿拉比卡咖啡的难缠对手——狭叶咖啡；塞拉利昂的高地咖啡由此品种而来。

利比里亚咖啡

尽管是首选的主要豆种，阿拉比卡咖啡的豆子并不是唯一供贸易用的咖啡豆；在此仅简单描述一些为商业用途而生产的其他变种。

利比里亚咖啡就属于这种类型。以此品种的浆果制作的咖啡，质量逊于阿拉比卡咖啡，但是该植物本身却有着耐寒的生长特质，这一独特的优点使

种植在 P. I. 拉毛实验站的利比里亚咖啡树（左图）、咖啡枝条（右图）。

得这个品种成为令人心动的杂交选择。

相较于阿拉比卡咖啡，利比里亚咖啡的树形更大也更健壮，在其原生地会生长至 10 米高。这个品种能生长在更为炎热的气候下，并能耐强烈的日光照射。

利比里亚咖啡叶片的尺寸，是阿拉比卡咖啡叶片的两倍大，长 0.15～ 0.3 米，质地厚且结实，而且像皮革一样强韧。叶片的尖端尖锐无比。花朵也比阿拉比卡咖啡的花朵大，而且开花时会聚集成密集的花簇。

在当季的任何时候，同一棵树都可能开花，花色白或粉红，甚至可能是绿色的，气味芳香。有些果实是绿色的，有些已经成熟，带着明亮的红色光泽。

已知利比里亚咖啡树的花冠可以分为 7 节——尽管一般规则是 5 节。其果实大而圆，呈暗红色；果肉的汁水不多，还带有些微苦味。和阿拉比卡咖

一株开满花的 5 年生埃塞尔萨咖啡树。这个品种是 1905 年在西非的乍得湖地区发现的。它是利比里亚咖啡的小豆变种。

啡不同，利比里亚咖啡的核果成熟后不会从树上掉落，所以采收时间可以视种植者的方便而延期。

克莱默博士从与利比里亚咖啡同类的树种中辨识出以下品种：

阿比欧库塔（Abeokutae），叶小，颜色为亮绿色，花苞在将开放前通常是粉红色（这在利比里亚咖啡中从未出现），果实较小且有鲜明的红色条纹及黄色有光泽的外皮，出产的豆子比利比里亚咖啡的豆子稍小，但风味和口感都获得了客户的赞美。

德维瑞（Dewevrei），叶片边缘卷曲，具有硬挺的枝条与厚皮的浆果，有时候会开粉红色的花，咖啡豆通常比利比里亚的小。此品种没有太大的商业价值。

阿诺尔迪亚纳（Arnoldia-na），阿比欧库塔的近亲，叶片颜色比较深，浆果小且颜色均匀。

Laurentii gillet，勿将此品种与被归类在罗布斯塔咖啡的 C.laurentii 混淆，此品种更接近利比里亚，浆果为椭圆形且相对皮薄。

埃塞尔萨（Excelsa），健壮且具抗病性，1905 年由奥古斯特·谢瓦利埃在西非距离乍得湖不远的沙里河区域发现。叶片宽大呈暗绿色，底面呈淡绿带微蓝色；花朵大且呈白色，一到五朵腋生成簇；浆果形状短且宽，色泽深红；咖啡豆尺寸较罗布斯塔种小，与摩卡种十分相似，但颜色与阿拉比卡咖啡一样是鲜黄色的。此品种咖啡的咖啡因含量极高，香气非常明显。

迪博夫斯基（Dybowskii），与埃塞尔萨具有相似抗病性的另一个变种，但此品种叶片及果实的特征与埃塞尔萨的不同。

兰博雷（Lamboray），具有弯曲的沟状叶片，以及软皮、椭圆形的果实。

万尼·鲁库拉（Wanni Rukula），叶大，生长旺盛，浆果形小。

阿鲁维门斯咖啡（Coffea aruwimensis），不同形态的混合品种。

最后三个品种是克莱默博士在班格兰的时候，从来自比属刚果的弗雷尔·吉列处获得的。

罗布斯塔咖啡

1898 年，埃米勒·洛朗发现一种咖啡树生长在刚果野外，这个品种随即被布鲁塞尔的一家园艺公司带走，并为了销售目的进行培植。即使发现者已将这个品种命名为小粒罗伦（Coffea laurentii），这家公司还是给此品

位于苏门答腊西海岸的罗布斯塔庄园。

开花中的罗布斯塔咖啡树，爪哇岛，皮恩格。

种重新取名为罗布斯塔。这个品种与阿拉比卡咖啡及利比里亚咖啡大不相同，尺寸比这两者巨大许多。这个品种的枝条非常长，并弯曲朝向地面，因此树型呈伞状。

罗布斯塔的叶片比利比里亚的要薄很多，但不像阿拉比卡的叶片那么薄。整体来说，这是一株十分健壮的变种，甚至在树龄未满 1 年的时候就会开花。这个品种全年都会开花，花朵由 6 节的花冠构成。结出的核果比利比里亚的核果小，但皮薄很多，因此，咖啡豆事实上并未变小。核果在 10 个月内会成熟。

尽管此品种早在树龄 1 年时就会结果，但头两年的收成是不能算数的，到了第四年，每一次的收成很可观。

1921 年，负责美国农业农村部化学处生药实验室的阿诺·菲赫费尔公布了可靠的发现，证实哈特维奇（1851—1917，德国药剂师和史前学家，对植物学颇有研究）似乎让罗布斯塔、阿拉比卡和利比里亚之间的分化成为可能。这些主要是胚乳的独特折叠形态，在罗布斯塔咖啡豆的例子中，通常都显示出一种独特的钩状形态。胚芽的尺寸，特别是支根和胚轴间的关系，在利比里亚、阿拉比卡和罗布斯塔的分化是十分有用的（见切片图）。

菲赫费尔与雷波继续进行了一系列罗布斯塔的杯测，测试的结果发现口感与风味无疑是良好的。他们将研究和测试的结果总结如下：

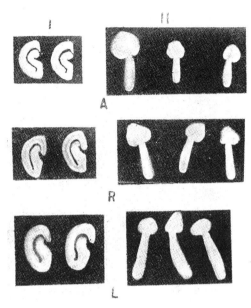

咖啡豆的分化特征，横切面。I栏：成熟的咖啡豆。II栏：胚。A：阿拉比卡咖啡，R：罗布斯塔咖啡，L：利比里亚咖啡。

被限制在只能由阿拉比卡咖啡树和利比里亚咖啡树取得咖啡豆的时代已经过去。

拥有让它们富有魅力的其他咖啡树品种——甚至不是那些已经颇有名声的——已被发掘并种植。在这些品种中，罗布斯塔咖啡树具有极大的经济价值，种植数量也日益增加。如同报告中似乎隐约指出的，现在还没有可能获得像古老"标准"阿拉比卡咖啡、以爪哇咖啡或"FancyJava"之名著称、价值已然确立的同样风味的品系。

植物学起源尚未彻底厘清，属于罗布斯塔族群的此一变种值得进一步地研究。让罗布斯塔咖啡与其他品种或族群有所区别的解剖学方法，可能会为此助力……

和大多数咖啡品种一样，罗布斯塔同样含有咖啡因。平均来说，其含量似乎比南美洲咖啡品种稍高（甚至超过2%）。无论如何，没有任何情况下咖啡因的含量会超过在一般咖啡中所观察到最高含量的限制……由于罗布斯塔咖啡树生长快速、早熟、多产、具有对枯萎病的抗病性，以及许多其他优点，它值得被关注和认可。

乌干达咖啡树，枝条被累累果实压弯了。

在罗布斯塔的变种中，卡内弗拉咖啡（Coffea cane-phora）是一个独特的品种，它的生长、叶型与浆果都被完整地描绘。此品种的枝条修长，比罗布斯塔的细；叶片呈深绿色且较窄；花朵通常带有淡红色；未成熟的浆果是紫色的，成熟浆果则是亮红色的椭圆形。产量与罗布斯塔相差无几，差别只在于咖啡豆的形状——此品种的咖啡豆较窄，而且形状更为椭圆，让它看起来更引人注目。和罗布斯塔咖啡树一样，卡内弗拉似乎更适应高纬度地区。其他卡内弗拉的变种包括：

马达加斯加（Madagascar），具有小且略有条纹的亮红色浆果，以及小而圆的咖啡豆。

基洛恩斯（Quillouensis），具有深绿色叶簇及红棕色的嫩叶。

狭叶（Stenophylla），有着紫色的未成熟浆果。

其他与罗布斯塔种同类的品种还有：

乌干达，这个品种的产出有着比罗布斯塔种更好的风味。

布科本斯，与乌干达种的区别在于浆果的颜色，此品种的浆果是暗红色的。

基卢（Quillou），具有鲜红色的果实、紫铜色的银皮，3磅果实能制作出1磅在市场上销售的咖啡。比起罗布斯塔咖啡，有些人更偏好基卢种，因为其产出的咖啡豆烘焙后口感更好。

一些有趣的杂交种

最受欢迎的杂交种要属利比里亚咖啡与阿拉比卡咖啡杂交后的品种了。克莱默说，这个杂交种结合了利比里亚的强劲口感与旧官方爪哇（阿拉比卡）的细致风味，成就了绝妙的咖啡。他还说：

> 这个杂交品种不仅对烘豆师而言有其价值，对种植者同样价值非凡。这是一个强壮的树种，几乎没有叶片类疾病；可以很好地忍受干旱，也能忍受倾盆大雨；关于遮阴和管理方面，它们并没有特殊需求；产量总

树龄18个月，开花中的基卢咖啡。

是相当不错，甚至经常是大获丰收。果实整年都能够成熟，而且并不像阿拉比卡咖啡一样容易掉落。

还有许多与主要类别——阿拉比卡、罗布斯塔及利比里亚——相距甚远的咖啡属品种；尽管有一些具有商业价值，但大多数只有从科学的观点看来才是有趣的。

西非法属热内亚卡玛耶尼实验园的 M. 梅森尼尔，培植出一株大有可为的咖啡品种，叫作阿菲尼斯。这是由狭叶苣苔与利比里亚其中的一个品种杂交而来的。

其他由克莱默博士辨识出来的且前景看好的品种还有：

刚果咖啡，浆果与阿拉比卡的类似，当准备上市时，其浆果是绿色或带点蓝色的；至于先天咖啡变种，这可能是先天咖啡与卡内弗拉咖啡的杂交种。

无咖啡因的咖啡

一些生长在科摩罗群岛和马达加斯加野外的特定树种被认为是无咖啡因的咖啡树。它们是否有资格被放进这个类别是有疑问的。

某些法国和德国的调查者曾记述这些地区出产的咖啡是完全没有咖啡因的。一开始，许多人认为这些树种必然代表了一个全新的属；但深入调查后发现，这些树种依然与我们常见的所有咖啡一样，被归类于相同的咖啡属。

法国国家自然历史博物馆暨殖民地植物园的杜博教授在对这些树种进行研究后，将它们在植物学上的分类定为大果咖啡（C.gallienii）、C. 邦涅利咖啡、C. 莫杰尼蒂咖啡以及 C. 奥加涅里咖啡。贝特朗教授对这些树种的咖啡豆进行研究后，宣布它们是无咖啡因的；但拉柏利在写到同一种咖啡时却说，尽管咖啡豆无咖啡因，但含有一种非常苦涩的物质卡法马林（cafamarine），不适合用来浸泡制作咖啡。

W. O. 威尔考克斯博士在检验由马达加斯加来的部分野生咖啡样本后，发现咖啡豆并非无咖啡因；而且尽管咖啡因含量很低，却并未比一些波多黎各变种的含量更低。

哈特维奇记述哈瑙赛克在以下品种中没有发现咖啡因：C. 毛里求斯、C. 洪博利亚纳、大果咖啡、C. 邦涅利以及 C. 莫杰尼蒂。

咖啡树的霉菌疾病

和所有其他生物一样，咖啡树也有其特定的疾病和天敌，其中最常见的是某些霉菌疾病。

霉菌的菌丝会侵入咖啡树的组织，还会在叶片上造成斑点，最终导致叶片脱落，从而剥夺了这棵植物炮制自身食物的权利。

野生的"无咖啡因"咖啡树曼萨卡（Mantsaka）种，即索瓦奇咖啡——马达加斯加。

咖啡树的昆虫界死敌是一种小型鳞翅目变种昆虫，被称为咖啡潜叶蛾。这种蛾是衣蛾的近亲，而且与衣蛾相似，在幼虫阶段会钻孔，以叶片的叶肉为食。这会让叶片看起来像被火烤过一般皱缩或干枯。

让咖啡植株感染疾病的霉菌主要有 3 种。

最常见的是小斑霉菌（Pellicularia tokeroga），传播不快，但会造成极大损失。尽管这种霉菌不会产生孢子，但被寄生的叶片会死亡干枯，并带着霉菌干燥的菌丝随风飘走。一旦这些菌丝找到足以让其获得营养的、新鲜潮湿的咖啡叶片，它们就能开始生长。要摆脱这种霉菌，方法就是在干季时用水喷洒咖啡树。

1869 年，一种名为咖啡驼孢锈菌（Hemileia vastatrix）的霉菌侵袭锡兰（今为斯里兰卡）的咖啡工业，并最终将其摧毁。那是一种微小的霉菌，由风力传播的孢子会黏附在咖啡树的叶片上并萌芽。

另一种常见的疾病是褐根病，这种疾病最终会在地底将咖啡树缠绕致死。此疾病的传播速度缓慢，但树木基部堆积的腐烂物质似乎有利其传播。有时候，在树根周围挖一圈沟槽就足以防止引起疾病的菌丝触及树根。

剩下一种常见的霉菌名为美洲叶斑病菌（Stilbium flavidum），这种霉菌只会在湿度极大的区域出现，会同时对叶片和果实造成影响。由此霉菌引起的疾病被称为叶斑病和果斑病。

咖啡替代品

一种被广泛使用、由咖啡植株的叶片浸泡而成的饮料，被记录出现在爪哇岛和德国。而对其浸泡液进行分析后，伦敦的药剂学杂志说，这是一种十分有营养价值的饮料：

> 咖啡植株的叶片中含有咖啡因这一事实早已为人所知，但直到战争发生，人们才开始从咖啡叶片中提取大量咖啡因并用于商业。这个想法发源自苏门答腊，在现今系统下种植的咖啡树，经常会遭到胭脂虫的侵袭。在浆果收成不足的情况下，种植者得为含咖啡因产品寻找替代品，他们收集叶片，并从叶片中提炼出纯咖啡因。随着战争的发生，咖啡因的需求大幅扩张，以至于由咖啡叶片大规模萃取咖啡因的工程必须有赖于成吨购买咖啡叶片的荷兰工厂。

CHAPTER 12

第 十 二 章

全球的咖啡礼仪与习惯

> 倒出来的第 1 杯咖啡必须由煮制咖啡的人自己喝下，证明"壶中的死亡"并不存在；接下来他便服务宾客……拒绝绝对是不可饶恕的羞辱；不过一个人一次喝的量并不多，因为被唤作芬扬（finjans）的咖啡杯，尺寸和一个大的蛋壳差不多，而且倒入其中的咖啡从不会超过半杯。

　　自从阿拉伯的谢赫·奥马发现咖啡的饮用方法后，东方的咖啡礼仪及习惯 600 余年来极少发生改变。然而，作为西方人士，特别是美国人喜爱的饮料，咖啡在准备及供应方面已经有了许多改良。

　　在此披露一项针对咖啡已经成为饮食列表固定项目的主要国家所做的咖啡社会习俗简略调查，结果显示不同民族如何将此一普遍的饮料改造成适合自己国家的需求和偏好。

　　以下的介绍将从非洲开始，埃塞俄比亚、阿尔及利亚、埃及、葡属东非和南非共和国都十分热衷饮用咖啡。

非洲的咖啡礼仪及习惯

　　埃塞俄比亚和索马里的原住民族群中，仍然保留着最原始的咖啡制备方法。在这里，四处流浪的盖拉族仍然将研磨成粉的咖啡豆与油脂混合当作日用口粮，而其他土著部落则偏爱咖许（kisher），也就是用烤过的咖啡豆壳制作的饮料，将这种咖啡豆壳煮沸 1 小时后会得到一种带有一丝甜味、稻草色的汤汁。

在非洲习俗根深蒂固的区域，咖啡这种饮料是仿照阿拉伯与土耳其的方法，用烘烤过的豆子制作的。欧洲人通常会用与家乡一样的方式准备和提供咖啡，这种咖啡可以是英国、法国、德国、希腊或意大利风格。在大型城镇中，或许还能找到法式路边咖啡厅与土耳其咖啡馆的改造版。

埃及与乌干达等在赤道附近省份的原住民会食用生的咖啡浆果；或将咖啡浆果先以沸水煮过，在阳光下晒干，然后再食用。在朋友聚会中交换咖啡豆是当地的习俗。

某些埃塞俄比亚的土著部落会专门制作涂成红色和黄色的独特陶制器皿来盛咖啡。这些器皿获得了咖啡迷朝圣者的青睐，绝大多数伊斯兰教徒前往麦加时都会随身携带它们。

"马扎格朗"甜味冷咖啡

土耳其和阿拉伯的咖啡习惯在阿尔及利亚和埃及十分普遍，并在与欧洲文化接触后发生了某种程度上的更改。数个世纪以来，开罗、突尼斯和阿尔及尔的摩尔风格咖啡馆为作家、艺术家和旅行家提供了灵感与仿效的对象。随着时光的流逝，它们并没有多大的变化。马扎格朗（Mazagran）——一种加了水或冰的甜味冷咖啡——发源于阿尔及利亚。

这种饮料的名字可能源自 1837 年被《塔夫纳条约》保留给法国的同名要塞。据说法国殖民地部队是第一批于马扎格朗附近行军时，被供应用咖啡糖浆和冷水制作饮料的人。当这些人回到法国首都时，他们将饮料装在高脚杯里，带进他们喜爱的咖啡厅中。这种饮料在咖啡厅中以马扎格朗咖啡之名为人所知。咖啡糖浆加塞尔兹矿泉水，还有咖啡糖浆加热水，都是这种咖啡的变种。

埃塞俄比亚哈勒尔的本土咖啡厅。

贾丁说："把咖啡装进玻璃杯中的风潮，一点存在的理由都没有，而且绝非放弃用杯子喝咖啡的正当理由。"

摩尔式"洞穴"咖啡馆

一群阿拉伯人蹲踞在移动式炉子周围，还有一张桌子放着准备盛放滚烫咖啡的杯子，在阿尔及利亚任何一个城镇的主要街道及公共广场都是司空见惯的场景。这些干渴的阿拉伯人走近那位商人，用不多的金钱买到饮料并继续自己的事情；如果他走进咖啡厅，在那里他可能会得到数杯饮料供他慢条斯理地饮用，他可以盘坐在地毯上，同时抽着他的长烟管。

这的确是整个近东地区常见的景象，几乎每个角落都能找到棚子或咖啡帐篷（奢华咖啡馆的阳春版）、咖啡店，以及流动的咖啡小贩。

在一项未发表的工作中，安东·鲁索男爵和罗兰得·德·布西神学士对一家阿尔及尔典型的摩尔式咖啡厅做出如下叙述：

> 我们轻松地走进一个窄而深、有咖啡厅之名的洞穴。整个洞穴的左右两侧有两张铺着席子的长椅；遍布凹痕的杯子、火钳、一盒红糖，全都放在靠近一个小炉子的地方，这就是这个地方全部的家具布置。
>
> 当夜晚来临，一盏悬挂在天花板上的油灯发出昏暗的光线，映照出两排正在聆听一个乐队以小型三弦提琴拨弦伴奏、抑扬顿挫带着鼻音哼唱的原住民们的模糊身影。
>
> 就像在欧洲一样，此地的咖啡厅天然地成了游手好闲的人传播八卦谣言、房地产中介交流信息，还有玩纸牌游戏的人经常出没的场所。
>
> 最近抵达的欧洲人尤其喜爱光顾此处。有些人只是为了

阿尔及尔的摩尔式咖啡厅。

满足自己的好奇心，其他人则
是出于对本地文化习俗的欣赏。

他们对"土耳其艺术"的
热爱只足够带领他们在当地的
商店流连，摆出一副东方人的
姿态。

如果我们暂时离开城市内
部，沿着两行乳香或芦荟间的
灌木小径行走，那是一条不太
可靠的路径，会带领人们偶尔
通往一座山丘的峰顶，有时又
深入某些深谷的内部。不久，
那生锈长笛的旋律和变调的朱
瓦克（Djouwak）琴将穿透宽
大的开口，泄露某些凉爽且宁

开罗的咖啡馆。

静的僻静之所和可轻易由外观认出的某些乡下咖啡厅的位置。在我看来，
没有什么能和这些沿着小溪边缘随处散布的小巧建筑媲美，它们被掩映
在浓密的灌木下，因附近百姓的来往而充满生气。

一些为逃离城市喧嚣从邻近区域前来的老摩尔人是这些宜人休闲场
所的忠实顾客。他们于拂晓时分安顿在此，并懂得如何用他们的旅游故
事和年轻时的冒险经历，还有完全由他们的丰富想象力创造出的传奇故
事来让自己一天中的每时每刻过得快活有趣。

埃及咖啡馆

由杰洛姆绘制、悬挂在纽约大都会艺术博物馆名为"开罗咖啡馆"的画
作，让人对埃及咖啡厅的氛围有了很好的了解。在埃及咖啡馆，准备和供应
的咖啡是改良后的土耳其－阿拉伯式。咖啡豆被研磨成粉，和糖一起在土耳

开罗一家理发店提供的咖啡服务。

其咖啡壶中煮沸，汁液在沸腾的时候被倒入小杯子里并端上桌。一如往昔，咖啡馆里有说书人、歌手和舞者，为顾客提供娱乐消遣，在这方面，东方的习俗并没有太大的改变。

在较具规模的埃及城市的新街区上，驴或许已被电车、双座四轮马车和出租车取代，不过，在古老的亚历山大港和开罗，通往当地咖啡馆的道路一如既往地肮脏且气味难闻。所有的商业交易场所都会提供咖啡。时髦的埃及女性会嚼口香糖，而男性则吸食香烟，法国百货公司会推出特价活动，饭店则会宣传茶舞派对；但是埃及咖啡依旧和300年前糖首次在开罗被加进咖啡时一样，是装在小杯子中的咖啡粉和糖。

在葡属东印度地区，当地原住民会仿效众所周知的非洲特有方式煮制并饮用咖啡，白人族群则采用欧洲的习惯。在南非共和国内，普遍流行以荷兰和英国的习惯准备和供应咖啡。

亚洲的咖啡礼仪及习惯

要是只考虑它带给世界咖啡这项馈赠，"阿拉伯乐土"便值得称为是"被祝福的"。

阿拉伯人好客的象征

咖啡饮料的功效第一次在此地被公之于世；咖啡植株在此首次被密集栽种。在习以为常地饮用咖啡数个世纪之后，我们发现阿拉伯人现在（和从前一样）是世界上最强壮的民族之一，他们中的大多数人都心智优秀且身体康健，通常能做到优雅地老去，以至于很少发生心智机能比身体机能更早丧失的情况。他们是咖啡于健康有益的见证者。

房屋的特色是咖啡室。阿拉伯人的好客，尽人皆知，而千百年来，他们好客的象征一直都是象征民主的伟大饮料——咖啡。他们的房子甚至就是围绕着这杯象征人类兄弟情谊的饮料而建立的。威廉·华勒斯是这样描写阿拉伯人人生哲学、礼仪及习惯的：

> 阿拉伯房子的主要特色是"kahwah"，也就是咖啡室，那是一个铺着草席的巨大房间，有时候会配置地毯和几个垫子。房间的一头是一个用来煮制咖啡的小火炉或壁炉。男士们在这个房间内聚会、接待宾客，甚至让宾客在这里暂住；女士们很少进入这个房间，只有偶尔有陌生人出现时，她们才会暂时待在此处。这些房间有的非常宽敞，里面还有支撑的柱子；通常会有一面墙的建筑方向横切过 Ka'ba（麦加的神圣祭坛）的界线方位。这是为了让那些待在咖啡室的祈祷者不错过特定的祈祷时间。

阿拉伯人接待宾客时，一开始会上几轮没加牛奶或糖的咖啡，有时里面会加一些小豆蔻；在两餐之间的时段，或是任何有需要的场合，阿拉伯人都会为客人提供咖啡。他们永远会用新鲜的咖啡豆来进行烘焙、研磨和烹煮。

一间阿拉伯咖啡馆。

咖啡馆速写。阿拉伯人平均一天会喝25～30杯咖啡。在阿拉伯，随处可见能购买到这种饮料的咖啡馆。

下层阶级的民众整天挤满咖啡馆。店前通常有可供人坐下的门廊或长凳。房间、长凳，还有那些小椅子欠缺像大马士革和君士坦丁堡这些城市中奢侈豪华的咖啡室内的洁净与高雅，但是有着同样的饮料。在也门，几乎所有的集镇或小村落，都可以找到挂着"咖啡小屋"招牌的朴素小屋子。

阿拉伯人在饮用咖啡前会先喝水，但从不在饮用咖啡后喝水。"从前在叙利亚，"一位旅行者说，"因为我在喝完咖啡后立刻要求喝水，被当地人认出我是个异乡人。侍者对我说，'如果你是本地人，你不会喝水来破坏口中咖啡的滋味'。"

在阿拉伯的路边小旅馆或小客栈分享 1 杯由勤奋的司机在户外煮制的咖啡是一种冒险。他会从车座挂包中拿出咖啡工具箱，里面有咖啡豆；然后他会将咖啡豆放在一个置于明火上的有孔小铁盘上充分烘烤，在豆子变成正确的颜色时，熟练地、一颗一颗地将它们取下；接着，他会在研钵中将豆子捣碎，用一个开口的、有着长直柄的水壶，也就是土耳其咖啡壶（某种铜制的大杯子，也作 jezveh），将水煮沸，并放入咖啡粉末，等到里面的液体沸腾时，于火焰上方前后移动这个容器；在重复这个动作 3 次之后，他将容器中愉快地冒着泡泡的汁液倒入一个小小的蛋形饮用杯中。

Café sultan，或称为咖许，指的是由干燥并烘烤过的咖啡果壳制成的原始汤汁，阿拉伯及土耳其的部分地区现在仍然会饮用这种饮料。

咖啡在阿拉伯是生意上的例行公事，就和在其他东方国家中一样。商店主人会在开始讨价还价前，为顾客送上咖啡。曾有一位纽约的理发师因为用茶和音乐款待客户而得到好些有用的宣传。几个世纪以来，阿拉伯和土耳其的理发店都会为顾客提供咖啡、烟草，还有糖果、糕点。

家庭里的古老咖啡礼节。要想一窥现今在阿拉伯家庭中依旧可见、只有略微修改的阿拉伯古老咖啡礼节，便需求助于帕尔格雷夫。他描述了阿拉伯家庭的布置及咖啡礼节：

咖啡室是一个大型、椭圆形的大厅，高度大约是 7 米，宽度大约为 5 米；墙壁以粗糙的手法被刷上棕色和白色，而且到处都有凹陷的三角形的小壁龛，那是用来收藏书本的地方——反正加菲尔一家（加菲尔是一小部族的首领）也没有过剩的油灯和其他类似的物品需要收纳。屋顶由木料构成，而且是平的；地板铺着细腻洁净的沙子，沿着墙壁还装饰着长条的地毯，上面以适当的距离堆放着覆盖了褪色丝绸的软垫。稍微差一些的房宅通常会用毛毡毯代替地毯。

在一个角落，也就是离门口最远的地方，设置了一处小壁炉，或者更正确地说，是一个小火炉，由大块的方形花岗岩或其他坚硬的石材制成，每一边大约是 0.7 米；内部是空心的，其上有一根很深的烟囱，下方则以一根小水平管或管孔互通，让风箱驱动的空气可以流动到堆放在位于烟囱圆锥向内约一半深度的格栅上点燃的煤炭上。这样一来，燃料就能很快燃烧至很高的温度，而放在漏斗开口上的咖啡壶里的水便能轻而易举地沸腾起来。

咖啡炉子的系统在卓夫和杰贝尔肖默两处是通用的。但在纳季德当地，以及我向南及向东拜访的阿拉伯更为遥远的地区，在地面挖的坑洞取代了壁炉，坑洞周围有凸起的石头边沿，还有为燃料设计的柴架，现在可能在西班牙还能见到这样的明火火炉。

对阿拉伯人来说，这种布置上的差异是由于柴木在南部非常丰富，当地居民得以用较多木材来燃烧；反之，在卓夫和杰贝尔肖默，木材十分稀少，唯一唾手可得的燃料是劣质的煤炭，这些煤炭通常是从相当遥

一位伊斯兰教徒正在家中为客人冲泡咖啡。

远的地方运来的，因此人们使用时很节约。

K'hāwah 的这一角也是尊贵之处，主人自己，或是主人特别想取悦的客人，会坐在这个角落。

根据情况，火炉或壁炉较宽的一侧会设置一排豪华的铜制咖啡壶，各有不同的尺寸和样式。在卓夫，咖啡壶的样式与大马士革流行的相似；但在纳季德和东部地区，咖啡壶的样式是不同的，它们更多样化，非常高瘦，除了拥有长长的、鸟喙形状的壶嘴和高耸的尖顶壶盖之外，还带有一些装饰性的圆圈及精致浮雕的饰边。

这些器皿的数量通常比较多，我曾在一处炉边见过一打咖啡壶排成一列——就算是为了煮制咖啡，最多也只需要 3 个。在卓夫，5 个或 6 个咖啡壶被认为是了不起的；对南部地区来说，这个数字必须翻倍；这一切是为了暗指宾客来访得十分频繁，致使主人不得不因此准备大量的咖啡，以此显示自己的财富与慷慨。

在炉边座位的后方——至少在那些富有的咖啡馆内，通常会有一个名字带有表示亲昵或喜爱意味的黑奴（比如索威林，Soweylim，Sālim），他的工作是煮制和倒咖啡；如果家中没有奴隶，可能由主人的儿子来执行待客的任务。我们很快就会看到，这项工作既冗长又乏味。

我们进入屋内：在跨过门槛时，必须说声"Bismillah"（意为"以神之名"），否则会被视为恶兆，不论对进入室内的访客还是本来就在屋内的人来说都是；访客安静地前行，直到来到约横跨房间一半的位置时，向所有人致意，尤其看向主人，此时合乎习俗的问候语是"Essalamu'aleykum"，意即"愿平安降临在你身上"。

当这一切进行时，屋内所有其他人都留在原位静止不动，且一言不发。当被客人以额手礼致敬时，若主人正好是（或看起来像是）一位严谨的瓦哈比派教徒的话，会回以标准长度的传统客套话，"W'aleykumu-s-salāmu, w'rahmat'Ullahi w'barakátuh"。依照所有人的理解，整句话的意思是"也愿平安、神的慈悲和祝福归于你"。但如果主人恰好有反对瓦哈比教派的倾向，他很可能会说"Marhab'i"或"Ahlan w'sahlan"，意即"欢迎"或"荣幸，而且很高兴"，或是其他类似的话。

走近和行礼致敬，所有的致意都遵照此范例进行。宾客接着走向主人，主人也会朝前走1步到2步，将他张开的手放在宾客的掌中，但不会抓握或摇晃——那些行为被认为是不礼貌的。与此同时，每人再次重复问候，如"你好吗？""近况如何？"等，用的都是极为关注的腔调，并且会重复3次或4次，直到两方之中有人说出"El hamdu l'illāh"，意即"让我们赞美神"，或是"好的"，这就是转移话题的信号了。

在小小的礼仪竞争后，接着宾客向在一侧的黑奴及在另一侧离他最近的邻座问候，之后便在炉火旁的荣誉座位落座。当然，因为他的荣誉身份，主人已经为他准备了最好的软垫与看起来最新的地毯。在踏上地毯之前，客人会脱下鞋子或者说凉鞋（实际上在阿拉伯只有后者会被使用），并将其放在附近的沙地上。不过，对一个正统的阿拉伯人——贝都因人或都市居民、富人或穷人、出身高贵者或出身低下者——来说，骑马杖或棍都是不可分割的伴侣，它们会被留在手中，并且在谈话停顿期间充当让人把玩的对象，就和我们的曾祖母把玩扇子一样。

索威林一刻不耽误地开始煮制咖啡。他先拉动风箱鼓风，这个过程大约 5 分钟，并放入煤炭，直到产生足够的热度。他再将最大尺寸的咖啡壶注入 2/3 的清水，并将其和一个巨大的机器放在灼热的煤炭堆边缘，好让其内容物在进行其他作业时能够渐渐变热。然后他会从附近墙上的壁龛中拿出一条脏兮兮、打结的破布包，并将结打开，从中倒出 3 把到 4 把未烘焙的咖啡豆，放在一个小小的草编盘子上，再仔细挑出其中发黑的颗粒，或其他在大量买进时经常会混杂在浆果中的异物。

经过很大程度的清洁与摇动后，他将干净的豆粒倒进一个很大的开口铁杓，并将铁杓放在烟囱口上，同时用风箱鼓风并轻柔地一圈一圈搅拌豆粒，直到它们发出细碎的爆裂声、发红，甚至有点冒烟。在远远没有达到因土耳其和欧洲采用的错误方法而使咖啡豆变成黑色或烧焦的程度之前，小心地将它们从热源上移开，放在草编盘子上冷却一会儿。

随后，他把大咖啡壶放置在火焰上，如此一来，咖啡壶中的水就得以在正确的时刻沸腾起来。与此同时，将一个中间有一条狭窄沟槽的巨大石制研钵拉动到他身边，沟槽的宽度恰好足以容纳他正拿在手中的那支约 30.5 厘长、3.8 厘米厚的石制碾槌。他将半烘焙的豆粒倒进研钵中，以非比寻常的熟练度准确地敲进那条狭窄的沟槽中。他的敲打从来没有失误，直到豆子成为被敲碎但并未变成粉末的状态后，他将其舀出。豆子现在变成一种粗糙、带红色的沙砾状——和在某些国家流传，细致如煤炭灰的咖啡粉大相径庭，那些咖啡粉中带有真正香气的微粒早已被烧焦或磨碎。

在以仿佛整个卓夫的福祉都取决于此的极度认真和审慎精确的态度执行完所有的操作之后，他拿出一个较小的咖啡壶放在手边，将大咖啡壶中的热水倒进小咖啡壶中，使其半满，然后将捣碎的咖啡豆摇动着加入其中。接着，将小咖啡壶放在火上煮沸，间或用一根小棒子加以搅拌，在水面上升时检查沸腾状况，防止液体溢出。

小咖啡壶中的液体的沸腾时间通常不会太长，反应也不会太剧烈——恰恰相反，这个阶段越轻微越好。在间歇时，他会从另一个打结的破布包中拿出一些叫作 heyl 的芳香种子，这是一种印度的产物，但是很遗憾，我对它的正式名称一无所知；又或者他会拿出一点点番红花，待轻轻捣碎这些原料后，将它们丢进即将沸腾的咖啡中来增添风味。像这样额外添加香料，在阿拉伯被认为是不可或缺的——尽管这在东方其他地区通常是被省略的；至于加糖，则是完全没有听说过的渎神行为。

最后，他将某种棕榈树皮内层纤维放在壶嘴，将汁液滤出，并且准备好精美的杂色草编托盘，以及用来盛装咖啡的小咖啡杯。

以上这所有的准备工作，需要耗费整整半小时。

与此同时，我们正忙于与主人及他的朋友们积极地对话。但我们的谢拉拉特向导苏莱曼，和真正的贝都因人一样，尽管被反复邀请，他仍对身处于一群城里人中和冒险涉足上层阶级感到非常尴尬，因此就蹲坐在靠近入口的沙地上。加菲尔的许多亲戚都在场；他们以银装饰的宝剑昭示着这个家族的重要性。其他人也前来接待我们，我们在入口通道遇见的人事先宣告了我们的到来，这算是城镇里的一件大事；某些人的穿着显示出他们经济的窘迫，其他则是较富裕的阶层，不过所有人都表现得非常有礼貌且举止高雅。

他们问许多关于我们故乡和城镇的问题（我们佯称自己来自叙利亚的大马士革）；他们对我们的回答很满意——这对继续维持假身份是非常重要的；接着，他们询问我们的旅程、我们的买卖、我们带来了什么，以及我们的医药、我们的货物和物品等。

打从一开始我们就轻易地看出，病人和买主很可能都大量存在。在每年这个时节拜访卓夫的行商不是没有就是非常稀少，因为在六七月的热浪下跑进广阔的沙漠中横冲直撞的人，不是疯子就是离发疯不远；身为疯子中的一员，我很确定我一点都没有再经历一次的意愿。我们几乎没有遇到危险和竞争者，而市场几乎完全任我们宰割。

45分钟即将过去，黑奴仍旧在烘焙或捣碎咖啡豆，此时出现了一个高瘦的男孩，他是加菲尔的长子，带着一个和其他盘子一样的草编大圆盘。他优雅地一推，将盘子抛在靠近我们面前的沙地上。接着他拿出一个放满椰枣的大木碗，那堆椰枣的正中间是一整杯融化的奶油，并说"Semmoo"，字面意思是"念出神之名"，也就是说"干劲十足地开始吃吧"。

我们离开火炉旁的座位，并在我们对面的沙地上就座；我们向盘子靠近，其他4到5位客人害羞而有礼貌地推让一番后也加入了我们的圈子。每个人都从那一大堆多汁的、半切开的椰枣中拿起1颗或2颗，将它们浸入奶油中，直到吃得心满意足后，起身并清洗双手。

拿着咖啡招待用具的努比亚女奴，波斯。

此时咖啡已经准备好了，索威林便给大家都斟上咖啡，他一手拿着咖啡壶，另一只手上则是托盘和杯子。根据礼仪，倒出来的第1杯咖啡必须由煮制咖啡的人自己喝下，证明"壶中的死亡"并不存在；接下来他便服务宾客，从那些坐在火炉旁荣誉席位的客人开始；主人是最后才拿到咖啡的。拒绝绝对是不可饶恕的羞辱；不过一个人一次喝的量并不多，因为被唤作芬扬的咖啡杯，尺寸和一个大的蛋壳差不多，而且倒入其中的咖啡从不会超过半杯。这被认为是良好教养的必备条件，满杯在此地所代表的意义与欧洲恰恰相反；我完全不知道这是怎么造成的，唯一能想到的原因是，在埃及和叙利亚已经十分普遍的杯架"zarfs"，在阿拉伯却相当罕见；对毫无隔热器具、直接用手握住杯子的阿拉伯人来说，将咖啡倒得太满显然会过于烫手，不便取用。尽管如此，"为你的仇敌倒满杯"是整个阿拉伯半岛的人——不管是贝都因人还是城里人，都耳熟能详的谚语。

咖啡的香气馥郁且提神醒脑，它是真正的滋补药，与黎凡特人吸食的黑色泥浆，或法国清淡如水的烘焙豆调制品有非常大的差异。当奴隶或自由人——这要视情况而定，将1杯咖啡呈送给你时，必然会伴随着一句"Semm"，即"奉神之名"，也就是说，你必须回以"以神之名"才能接过这杯咖啡。

当所有人都被如此服侍过后，就可以倒第二轮咖啡了，不过这次的顺序是相反的，主人第一个喝下咖啡，而宾客则是最后。在特殊情况下——例如第一次接待时，这种微红的汁液在第三轮才被逐一传递；不但如此，有时候还会加上第四杯咖啡。但这些咖啡的量全部加起来都不到欧洲人在早餐时所喝下唯一一杯的1/4。

近代的咖啡礼仪。要了解更近代的阿拉伯咖啡礼仪与习惯，我们要求助于查尔斯·M. 杜提所写的《阿拉伯沙漠旅行》：

（以氏族部落为基本单位在沙漠过游牧生活的阿拉伯人，即贝都因人。同住一个帐篷的，就代表一个家庭，并与其他家庭组成一个氏族，许多血缘相近的氏族再组成一个部落，并拥有专属部落的土地。部落的首领多半是从部落里推选出来的。贝都因人还有一个更大的家族单位——由彼此有些许血缘关系的部落组成，这些部落的各个首领们还会组成一个"民族会议"。）

赫法曾问她丈夫宰德（一个小游牧部族的首领），对搭建帐篷有哪些需求（宰德的部族大概有6个大帐篷）。

"把这面装饰一下，一直到这里。"他手指着南方对她比画着。他的

满载咖啡的沙漠之舟，阿拉伯。

帐篷若能整天都对着热辣的太阳，那么来喝咖啡的造访者中（首领必须招待来到首领帐篷的人们喝咖啡，但宰德为人有点吝啬），就会少一点闲汉与寄生虫般的家伙。由于只有部落首领能获得支付给他们部落的献金（朝觐地点行政当局每年都要给部落一笔钱，这些钱全部进了首领的口袋），那些家伙常常投向咖啡东道主（这里指宰德）的怀抱是很自然的事。

我曾看过宰德在那些家伙走近时躲开，甚至可以说是很不礼貌地在他们出现的那一刻就起身（每个帐篷都有一半是随时开放的——来访者的那一侧，任何身处那一侧的人都会置身毫无遮掩的沙漠中）。他们低声抱怨着，因为宰德跟他们道再见，表示他必须去参加民族会议，要他们去寻找其他喝咖啡的地方。不过，此时若有其他的部族首领跟他们同行，宰德就没得选择，只能老实留下并为他们准备咖啡；此外，只要是与首领有同宗族关系的人造访，就算宰德本人不在帐篷，仍必须有人为来客准备咖啡——除非客人温和地拒绝，"真主在上，我不会喝咖啡"。宰德的妻子赫法，是他的女性近亲（当时的贝都因人有近亲结婚的习惯），也是一位部落首领之女，即使宰德常搞一些吝啬的手段，她仍对他忠诚如一。

如果宰德没有离开去部族会议现场喝他的午间咖啡，在我们的地盘（以作者杜提的角度而言，他是宰德的客人）站着的那些家伙，会走向煮咖啡的炉火旁。

几根收集来的柴火被扔在炉边；有一人弯下腰用燧石和钢铁在火绒上引火，他轻吹并以一些干燥的骆驼粪保护这些欢快火焰的种子，让这些碎屑在干燥的稻草下燃烧，并放进更多弄碎的干燥骆驼粪来增加火力。当火焰燃起，部落首领伸手拿起他的咖啡壶——咖啡壶是被放在咖啡器具篮中搬运的；这个游牧部族习惯将每一样物品都妥善收藏在适合的帐篷中，才不会在他们每天的迁徙中遗失。一人起身走到皮水囊处，将咖啡壶装满水，或会由女士们那一侧的帘幕后传过来 1 碗水；将咖啡壶放在火边，赫法拿来如她手掌大小的一把生咖啡浆果……这些浆果会被烘烤和捣碎；在煮水的同时，宰德会开始摆放他的小咖啡杯。

当他带着令人愉快的认真神色解开他的杯匣时，我们发现这位牧民有 3 个或 4 个小咖啡杯，这些杯子被包裹在一块褪色的破布中。他用那块布使劲地擦拭那些杯子，仿佛如此就能让他的杯子变干净一般。烘焙过的豆子被阿拉伯人以宽大的响板捣碎——而且（就和他们所有的劳动一样）带着节奏——城镇中用的铜研钵，或古老的木制研钵，闪亮地缀满钉子，那是某位牧民铁匠的杰作。

水在小小的咖啡壶中冒着泡泡，他将细致的咖啡粉撒进壶里，并移回咖啡壶，让它用文火慢慢地煮一会儿。他从打开结的手帕中拿出一把丁香、一片肉桂或其他香料等，将这些东西一起捣碎，随后，他将它们的粉末撒进壶里。

很快地，他便倒出几滴滚烫的液体尝尝；若尝起来符合他的喜好，便敏捷地带着悦耳的铿锵声，把所有的杯子套叠在他的手上，他准备好为所有客人倒咖啡了。由他的右手边开始；首先是倒给其他的部落首领和重要人士——如果他们在场的话。1 小杯咖啡只够吸啜 4 口——就像北边城镇的做法一样，为宾客倒满一整杯会被贝都因人视为一种伤害，而且带有"予汝此饮然后离去"的意味。

接着，这群人通常会就谁该第一位享用咖啡而有礼地争执一番。

有些人在拿到自己那杯咖啡时不会先喝——而是将咖啡让给坐在他位阶下一顺位的人，如同献给更高贵的人一般；但对方会举手推拒，并激动地回答："别，奉阿拉之名，千万不要如此！肯定是您先用。"就这样，这个谦让的人（前者）匆匆地啜吸3口，而后举起他空了的小咖啡杯。但假如他实在坚持，经由此举，他也充分展现出自己愿意与位阶较低之人调和一致。至于那位邻座之人，在发觉饮用咖啡的客人们一直看着他之后，或许会以坦率的动作优雅接过杯子，并让这件事看起来并非出于自愿；但意志坚定者有时仍会拒绝他人和善的奉献。

有些人或许宁愿选择身份较低的位置，而不愿成为与首领有同宗关系、让游牧民嫉妒的人。他们会早早地进入室内，在让所有客人感到困扰之前以一定的顺序入座。一位姗姗来迟的部落首领通常会在远离群众处落座，在这种可敬的谦逊中出席，意味着他会成为一位受欢迎的人。

越靠近帐篷内侧的座位代表地位越高，而那通常会是某位陌生人的座位——部落首领们也被安排于此入座。在帐篷外及帐篷前方松散地坐成一圈是普通人的行为，一位部落成员前来坐在那里或于更低处出席，在所有人眼中，他的权利是被充分地允许的；通过这种良好教养的仪式，一名游牧者可以在同族人中赢得面子。

一个贫苦的人裹着他破烂的斗篷由后方接近，以庄重的礼节隐匿身形站在该处，直到那些在他面前懒散地坐在沙地上的人将注意力移到他身上；随后他们不情愿地起身，并后退让咖啡圈子变大好容纳他的进入。不过，如果到来的是一位部落首领、一位咖啡东道主、拥有好些牲口的勇者，所有在帐篷内的花花公子访客们都会用讨人喜欢的谄媚语气跟他打招呼："您请上前到这里来。"

精明但手头紧的部落首领在他们的咖啡饮用礼节上超越所有人，而宰德又比这种貌似绅士的冒牌货更甚；他浑身充满了趾高气扬的自满，面对更为谦逊的人则加倍地奉承恭维。以这种文绉绉且谦和的方式，他小心温和地对别人做出了强求的动作，而这自抬身价的行为为他自己争取到一块本属于他人的空间！
宰德装作是名慷慨的好人，事实上他是最吝啬的家伙。

杯子在众人间轮流饮用传递了 2 圈，每个人都不感到嫌恶地在其他人以唇碰触后继续吸啜咖啡；对伟大的部落首领来说，杯子里会重复地填满咖啡，但这属于咖啡侍者的奉承。某些部落首领虽不富裕却十分贪图享乐，他们会为了延长自身的快乐，而在 3 次的苦涩吸啜中，做出转动、翻转和摇动杯子的动作达 10 次以上。

咖啡的招待结束后，咖啡渣被从小的咖啡壶倒进更大的、

波斯的咖啡服务，1737 年。

装满温水的贮藏壶中；这些游牧民将以此苦涩的碱液制作他们的下杯饮料，并盘算着他们可以因此省下咖啡。

以下是一份制作咖啡的阿拉伯配方，由那个年代消息最为灵通的诗人卡迪·震德哈特提供：

汉志地区所有行政区的长官（愿神的慈悲降临在他身上！）我曾于圣餐礼时，在他的陪同下学得……他告诉我，没有什么比饮用咖啡前喝冷水更有益处的了，如此能减轻咖啡的干性，从而在相同的程度下，饮用咖啡后不至于失眠。诗人并未忘记解释此一饮用咖啡的礼仪：

它是用艺术制备出来的，

便应以艺术的方式饮用。

只是以自由之心所汲取的寻常饮料；

但这——

一旦小心翼翼地从明亮的火焰中移开，

并留出已自证其价值的酸橙——

首先将其加入深桶中，静默且缓慢地，

立刻停止、现在继续，

以此种艺术的风格饮用；

在令口感吸引人的同时，

它烧灼却令人沉迷，

在它获得胜利的时刻，它被承认的好处穿

透每个组织；它的威力凝结集中，

令人振奋的暖流流通循环，

为每一种感官带来新生。

从大锅中传来香料的气味

毫无防备地挑逗你的嗅觉，

并使其感到深切的愉悦，

当你以满满的幸福，

吸入那被微风带来的迷人香气。

长袍大衣。东方咖啡馆经营者的装束。

土耳其的华丽咖啡馆走入历史

君士坦丁堡那"奢侈且华丽的"咖啡馆已消逝无踪，那些咖啡馆让咖啡这种饮料首度扬名天下；这些咖啡馆就如同在《君士坦丁堡图解》中，托马斯·艾隆绘制、罗伯特·华许牧师描述的一样：

咖啡馆，是某种更为壮丽的存在，土耳其人将他们对盛装和高雅的

一间土耳其咖啡室的内部景象，19 世纪初期。

概念全都应用于此，这里是他们最喜爱的沉溺之所。

这座宏伟的建筑通常以非常华丽的方式装饰，建筑以柱子支撑，而前方空旷开阔。建筑内部由一圈加高的平台环绕，上面覆盖毯子或软垫，土耳其人在其上盘膝而坐。

建筑一侧是弹奏曼陀铃和铃鼓的音乐家们，他们通常是希腊人，伴随着歌手在喧闹中咏唱旋律；这响亮而吵闹的演奏会与寂静且沉默寡言的土耳其式聚会形成强烈对比。对面那一侧通常属于出身良好的人们，有些人每天都可以在此地见到，而且是一整天，在咖啡与烟草的双重影响下打瞌睡。

咖啡被装在非常小、不比蛋杯大多少的杯子中，包含咖啡渣和所有一切，不加奶油或糖——如此纯粹、浓厚和苦涩，以至于它曾恰如其分地被比拟为"炖煤灰"。

除了寻常代表烟草的长杆烟管外，咖啡馆中还有另一种制作更为精

在一家咖啡店前烘焙咖啡，
土耳其。

美的吸烟器具。它的组成中包括了一个装满水的玻璃瓶，其中的水通常
以蒸馏的玫瑰或其他花卉加上香味。玻璃瓶上有一个银制或铜制的头，
从中穿出一条有弹性的长管子；烟斗的烟丝碗被放置其上，而这样的构
成让烟被引出，冒着泡泡通过水中，清凉而芳香地抵达口中。搭配这种
器具使用的是一种产于波斯，气味类似小块皮革片的罕见烟草。

当然，根本没有所谓咖啡店建筑学这回事。可能直到财政比过去50年来
更为宽裕的阿卜杜勒·哈米德时期，才出现了比现存咖啡店装饰得更为舒适
的咖啡馆。

现代咖啡店。无论如何，更现代化形式的咖啡店在土耳其的数量，和在
穆拉德三世和恶名昭彰的库普瑞利时期一样多。

H. G. 德怀特在描写现代土耳其咖啡馆时是这么说的：

任何一个土耳其城市中，都有经营着同类生意的大街。没有任何一
个街区会如此不幸或偏远，没有一家或两家咖啡店；它们是贫困阶级的
俱乐部。

各种各样的市井小民、生意人、不同省份或国籍的人——因为土耳其咖啡店也可以是阿尔巴尼亚咖啡店、亚美尼亚咖啡店、希腊咖啡店、希伯来咖啡店、库德咖啡店，几乎所有你乐意放上去的国家——在工作结束后，都会定期在由他们自己族群的人经营的咖啡店中聚会。光临这些简朴咖啡馆的常客如此之多，以至于一名打字学徒或学习方言的学生能从中体会到，咖啡店过去被称为"知识的学院"是多么精确的形容。

一间土耳其咖啡店的陈设是最简单的。必不可少的是提供饮料的地方，还有享用饮料的空间。街上经常可以看见咖啡店的设计，视季节而定可能在一片阴影或一片阳光下，几张凳子对过往行人发出邀请，邀他们前来享受一段沉思的时刻。虽然很少达到非常大的程度，但有些设施会较为宽阔，在街道尽头的那一侧会开尽量多的窗户，而另一头我们则可以将其称为吧台。那是一个带有令人愉悦的曲线的吧台，总是让我遗憾自己对镌刻一窍不通，它带有铜制品的强烈光芒，阴影颜色深浓如瓷器般精美。

你不会在店内站着。你会落座在沿着房间布置的长凳上。它们多少都放置了一些舒适的软垫——虽然以异乡人的审美来说有些高和宽。如果你想和罗马人一样，那就脱掉你的鞋子，然后盘腿而坐。一张摆在你面前的桌子供你放置你的咖啡——通常在夏日还会放一盆香气扑鼻的罗勒以驱赶苍蝇。椅子或凳子四处散置。装饰性的阿拉伯文字（有时候是出色的印刷品）会用来装饰墙壁。甚至可能会有令你赏心悦目的挂毯和瓷器。这就是全部了。

咖啡店的气质是需要带着某种程度的闲适的。你绝不能像在饮用西方度数高的酒精饮料一般，狼吞虎咽地饮用咖啡；无须仪式，在远离公众视线的僻静处享用咖啡甚好。我认为，作为一种没那么激烈的热爱，沉迷于咖啡是一件更为人道的事。

在那些尚未被欧洲污染的咖啡店中，咖啡店的礼仪是最具特色的。某些类似的场所普遍流行于意大利，在进入和离开咖啡店时要轻触你的

一家土耳其咖啡店内部。

帽子。然而在土耳其，我曾见过一位新来客对着拥挤咖啡屋内的人一个接着一个地致意，一次是在他进门时，第二次则是在他就座时，而人们也对他回礼致意——将右手放在心脏处并说"Merhabah"，或做出temennah——挥手3次，这是最得体的致意方式。我也曾见过所有的客人在一位老者进入时起身，并礼让出代表荣誉的角落。

这些谦恭有礼的举动是需要花时间的，然后你必须等待咖啡被煮好。为了最终的这杯咖啡，新鲜的咖啡豆是必要的——以1个铁制圆桶在柴火燃起的火堆上烘烤，并在1个铜制的磨豆器中将其碾磨成最细致的粉末，这些粉末被放进1个小的有着长柄的无盖铜壶中。咖啡粉被放在壶中，以装满木炭的黄铜火盆煮沸3次到起泡状态，随你喜好加糖或不加糖。但添加牛奶是一种前所未闻的渎圣行为。

有些专门负责制备咖啡的人会轻快地拍打咖啡壶好让咖啡渣沉淀。与此同时你可以吸烟，那也能耗点时间，特别是——按照土耳其人的说法，如果你"吸饮"的是"narguileh"的话，那是一个巨大的卡拉夫玻璃水瓶，有一个放置烟草的金属顶端和一卷长皮革管子，由此吸入水冷后的烟雾。一开始的效果十分奇妙，让人感到放松且无害——尽管对新手来说，到最后是惊人的乏味。使用的烟草并非一般的烟叶，而是从波斯来的、被称为 tunbeki 的更为粗糙和气味浓重的品种。同一种烟草曾被大量放在有长嘴柄的红色浅陶烟斗中吸食。这些烟斗现在大多在古董商店才看得到了。

黎凡特的街头咖啡小贩，1714 年。

当你的咖啡准备好的时候，它会被倒进 1 个餐后咖啡杯或 1 个很小的碗中，并放在托盘上，与 1 杯水一起送上来给你。异乡人几乎总是会因为饮用这些提神饮料时的礼节而被认出来。

土耳其人会先啜饮一口水，一部分是为了饮用咖啡做准备，同时也是因为在其他人只喜欢更浓烈的饮料时，他却是前一种液体（指水）的鉴赏家。他从碟子上拿起他的咖啡杯——不管杯子有没有把手，他以自己独有的灵巧方式驾驭这两样东西。

不包括水烟斗在内，所有这一切的时价是 10 帕拉——1 美分的零头——这个价格会让卡赫维吉对你嚷着"神保佑你"。更夸饰浮华的场所会收你 20 帕拉，在少数让人眼花缭乱的地方，价格会提高到 1 个皮亚斯特（不到 5 美分）或 1.5 个皮亚斯特，然而那就有点像敲诈勒索了。

你要注意的是，最好不要打赏侍者小费。我经常因为收费并未超过价目表上的价格而感到惊讶，尽管我给出面额较大的金额用以找零，这一点暴露了我异乡人的身份。这一幕极少发生在与他本身同一教派的旅行者身上。我甚至遇过侍者不愿向我收取分毫费用的状况，不但如此，当我试图坚持付款时还被坚决地拒绝了，单纯只因为我是个异乡人——远道而来的客人。

然而，当你享用过咖啡或1杯茶，还有你的烟之后，没有任何理由立即离开。正好相反，你应该继续留下来，尤其是如果你恰好在日落后不久进入咖啡店的话。这个时候，最具当地色彩的咖啡店正是最热闹的时刻，它们的顾客在一天中稍早的时刻很可能都在工作。后来他们会一起消失不见，因为君士坦丁堡还未完全遗忘咖啡帐篷的习惯，除了斋戒月这个神圣的月份之外，君士坦丁堡在夜晚犹如一座被遗弃之城。但在夜色刚刚降临时，这座城市充满了会让一个局外人单纯透过咖啡店的明亮窗户观看而感受到的生活气息。

还有理发厅，在那里男士们不只剃去下巴的毛发，还根据他们的"祖籍"修剪头上的不同部分。他们当中也有下棋的人，他们会玩波斯双陆棋，还有各种用狭长的卡片进行的游戏。他们说桥牌来自君士坦丁堡。确实，我相信一个 Pera 俱乐部声称拥有将那项热爱传播到西方世界的殊荣。不过我必须承认，我还没有在大众咖啡馆里看过一个慷慨的人。

咖啡馆里的余兴消遣。消遣方式逐渐变成了最少见的，那就是由巡回说书人提供的节目。这些说书人依旧在东方延续着吟游诗人的传统，他们讲述的故事或多或少都与《一千零一夜》里的相似，即使可能更不适合提供给店内混杂的顾客——因为除了这些人之外，其他人是永远不会出现在咖啡店的。

这些说书人有时在角色的独白或对话上有惊人的机敏。他们会在一幕剧的关键时刻停下来收取报酬，直到

君士坦丁堡街头的咖啡服务。

观众们用一些更为"实在"的表示证明自己对故事感兴趣且有诚意，否则他们会拒绝继续演出。

音乐演出是更为常见的。无疑地，总会有人认为留声机中流出的声响算不上是音乐。音乐通常是由一对带着1支扩口笛子和2个小小的葫芦所做的鼓的吉卜赛人演奏的，有时候会由杰出的鲁特琴演奏者组成的所谓的管弦乐队演奏——一群在以栏杆围起的高台上演出的音乐家，他们会演唱长歌，同时演奏带有奇特曲线的有弦乐器。

我对音乐的了解并不深，无法理解那些歌曲反复出现的抑扬顿挫声调与不连续的韵律。但只要那些音乐家开始演奏，我便会聆听。

想象有音乐从远处传来，这令我感到愉悦——由峡谷中不知名的河流处传来、由广袤平原上闪烁的篝火处传来。难道这样的黑暗、这样的忧思、这样久久不散又难以捉摸的气息，不是通过乐音传递的吗？

歌曲中也有闪光点，如牧羊人短笛的奏响、骑马者的飞扑，还有野蛮人突然发出的呼喊，但这些音符全都回归到最纯朴生活的单音调上，就像终日敲响的驼铃一样。而最重要的是，这是亚洲的基调，它既非愉快，也并非绝望。

斋戒月和拜兰节。一年之中，某些季节中的消遣娱乐比另一些季节多一些，比如斋戒月和两次拜兰节。整个斋戒月期间，纯粹的土耳其咖啡店在白天是不开门的，因为在这段时间，人们不被容许沉溺于咖啡馆带来的享乐中；不过他们会整晚开门营业。只有在一年中的这个月，才能在少数几个较具规模的土耳其咖啡店看见土耳其皮影戏。

拜兰节是分别持续3天及4天的庆典，前者是为了庆祝斋戒月的结束，后者则在某些方面呼应犹太人的逾越节。舞蹈在拜兰节期间是咖啡店独有的特色。相较于其他人，肩负着君士坦丁堡重大责任的库德族人尤其喜爱这种运动方式——尽管船夫们会与他们针锋相对。某个黝黑的部落男子会演奏一把类似波谢尔（pochelle）的小提琴，或者一人演奏笛子，另一人敲着一个大鼓，同时其他人会在他们周围围成一圈跳舞，有

耶路撒冷的户外咖啡沙龙。

一间叙利亚的咖啡馆——根据贾丁所述。

时会跳到他们因疲惫而倒下。诡异的音乐和别具一格的服装，还有舞者们的动作，构成了一幅令人难以忘怀的景象。

基督徒的咖啡店。基督徒的咖啡店也有自己的节庆季节，通常和教堂的庆典时间一致。不过，由于每一季都有自己的守护圣人、当地教会或圣泉的圣人，他们的节日会以为期3天的帕纳伊里（panayiri）来庆祝。街道装点着旗帜和一串串的彩纸，桌椅陈列在人行道上，奠酒为了纪念那位举行庆典的圣人而被倒出。出于这个原因，以及希腊人更活泼的个性，狂欢时的音响效果会比土耳其人的吵闹许多。在希腊帕纳伊里期间，你甚至还能看到男男女女狂欢共舞的景象。

为这些狂欢定调的乐器则是兰特那（lanterna），那是一种在君士坦丁堡十分少见的手持风琴。更确切地说，那是一种会发出响亮且令人愉快的声音的手持钢琴，它的铃声融合了欧亚风情的和声，显得更有生气。

各个角落的咖啡店。然而，咖啡店最早开始让政府当局觉得可疑，是它们真正的作用——提供了同类人士聚会、社交谈话，以及对人生进行沉思冥想的便利场所。咖啡店的选址往往很巧妙，它们常常在阴凉处、宜人的角落或开放的广场，可以看到水边的景色或开阔的风景。在君士坦丁堡，它们享有无穷尽的地点选项，这座城市的范围如此庞大，被丘陵与海洋切割得如此破碎，城市中的人生百态又是如此地变化多端。身处城市中最平常不过的咖啡店里，可以从葡萄藤或紫藤下往外观看那川流不息的世界。

还能在俯瞰马摩拉海的棕榈之地、巨人山上、杀人者的落脚处，以及流入黄金之角的河流沿岸等地方找到负有盛名的咖啡馆。

一开始，土耳其人制备咖啡用的是阿拉伯人的方法，费罗斯先生在他的著作《小亚细亚行脚》中如此叙述：

每杯咖啡都是分别准备的，用来准备咖啡的小碟子或勺子的尺寸大

土耳其的咖啡制备。

约是 3 厘米宽、5 厘米深；咖啡豆被仔细地用杵和研钵碾碎后，会装进前述容器到超过一半的容量，然后加满水；在置于火上数秒后，内容物会被倒出来，或者说震出来（因其比巧克力还要浓稠），不加奶油或糖，装在尺寸和形状与半个蛋壳差不多的瓷杯中，瓷杯的一侧围绕着方便用手拿取的装饰性金属。

后来，土耳其人改进了这一方法，就是在煮沸的步骤中加入糖——这是欧洲嗜甜人士认可的方法。以下是改良后的土耳其式食谱：

首先，将水煮沸。2 杯咖啡需要加入 3 块糖，然后将烧水壶移回火上。加入 2 满匙咖啡粉，充分搅拌并让壶中内容物煮沸 4 次。

在每次煮沸的间隔，将壶由火上移开，并轻拍壶底，直到上层的泡沫平息下来。

最后一次煮沸之后，将咖啡先倒入其中一个杯子内，再倒入另一个，如此以便均匀分配泡沫。

近东地区的咖啡习俗百年未变

叙利亚和巴勒斯坦沿用的是土耳其 – 阿拉伯式咖啡冲煮法。黄铜制的土耳其咖啡壶（Ibrik），被拿来做煮沸之用。

现今近东地区饮用咖啡的礼仪和习惯与 50 年前，甚至 100 年前并没有什么两样。大马士革就是最好的证明。以下关于这座古老城市内咖啡厅的描绘写于 1836 年，并附有巴特利特和波瑟的画作（下页）；不过该段文字也有可能写于 1835 年，在谢姆西于 1554 年将最早的咖啡馆由大马士革带到君士坦丁堡之后，咖啡馆的布置或其风格所经历的改变可说是微不足道：

插图中所示的这一类咖啡厅，可能是一个异乡人在大马士革能找到最奢华的了。花园、贩卖亭、喷泉，还有果林，大量围绕在每个东方首府的四周；咖啡厅的位置在一条快速流动的河流正中央，沐浴在这条河的波浪中，是这座古老的城市独特的风景；它们为了驱逐阳光而如此建造，同时它们允许微风的吹入；透光的屋顶由一排细长的柱子支撑，而整座建筑的每一面都相当开阔。

这些房舍有少数位于城镇的外缘，在其中一条小河上，有能让眼睛休息的繁茂花园和树木等植被；其他的则在城市的中心地带。爬上数个通往其中的阶梯就得以离开闷热的街道，而能远离喧嚣、无遮阴的大街，

大马士革的一家河畔咖啡厅，19 世纪；翻拍巴特利特和波瑟的画作。

在此消磨一段时间是很令人愉快的——在大街上你只能看见简陋的通道和大厦的三角墙根，而在这样一个凉爽、令人愉快、平静的场所，你可以放松、沉思与冥想，而且每时每刻都能感受到从河面吹来的微风。

在其他情况下，一条轻便的木桥会通往平台，而在接近平台和几乎在平台范围之外的地方，有一两棵巨大且宏伟的树，它们伸展的枝叶构成一顶华盖，比起《一千零一夜》中金碧辉煌的屋顶，这绿色华盖在正午时分更加受欢迎。

高耸的亭子屋顶和柱子都是木制的；地板是木制的，有时候是泥土的，而且店家会定期在上面洒水，地面高出河面几厘米，而小河就在顾客的脚下冲刷而过，在顾客啜吸咖啡或冰冻果子露时，他的脚几乎是浸泡在河里。地板上摆放着数不清的小椅子，你可以任意拿起其中的一张，并将其放在你最喜欢的位置。

或许你想要坐在远离人群的地方、树荫处或能够让你吸烟的角落，注视着集结成沉静而庄重的小群体的混杂宾客，他们不愿与异教徒有任何亲密交流。

这里有充裕的食物提供给观察者、商人、修理工、士兵、绅士、花花公子、面对过去看起来相当明智而对于未来却模糊黯淡的严肃老者；一位戴着绿色哈吉布的人吹嘘他前往麦加的旅程，而且在叙述时添油加醋、夸大其词：又长又直的烟斗、有着柔软卷曲管子和玻璃瓶的水烟筒广受欢迎；不过最常用的是较为粗劣的烟土。

从日出到日落，这些房舍从不曾空无一人。我们已习惯每天大清早，在早餐前造访其中一间，但早已有不计其数的人在那里了。这"宜人的黎明时刻"，是一整天中最安静和孤寂的时刻，也是最凉爽的时候。带着红色光芒冉冉升起的太阳照耀在水面上，热气尚未传达到空气中。新的客人一就座，侍者就立刻送上装在小杯中的摩卡咖啡和烟斗。他最喜爱的那家咖啡厅有巴拉达河流经——古代的法珥法河。如此众多的水声从未像在大马士革般悦耳，空气中充满着声响，没有混杂的言语冲突声、车轮滚动声、男仆或骑马者行进的声音。喜爱在此休闲娱乐的小团体有一半时间是安静的；而当他们开始交谈时，音量"低微，如同幽灵一般"，或者他们用迅速由耳边滑过的简短庄重的语句交流。

然而在这个城市，相当多的土耳其人生活中的兴奋激动，经由这些咖啡馆削减缓解，它们是土耳其人的歌剧、剧场、座谈会。当土耳其人从睡眠中睁开眼，他心心念念的，就是咖啡馆，并且毫不犹豫地立即前去；他期待着在喜爱的场所度过夜晚，去看看那河流、天上的星辰、友人的脸孔，以及月光洒落在世间一切事物之上的美好景象。

这些咖啡馆称不上华丽：没有沙发、镜子或打着褶的帐幔，只有一些常绿植物和匍匐植物，大马士革著名的丝绸和锦缎在这里毫无用武之地，一切都是简朴和家常的；当然，拥有华丽镀金镜子和奢侈品的巴黎式咖啡厅总是更受到旅行者的欢迎。游荡在干燥、多石地带和沙漠地区许多天后，双唇开始渴望水汽的滋润，安坐在一条狂野、奔腾洪流的岸边，凝视着它带起的白色泡沫及破碎的波浪，直到你感觉它们几乎喷涌在你每一条神经和纤维中，并让你的灵魂浸浴其中，这是件多么美妙的事情。而当你缓慢地吞吐装有最醇美烟草的烟斗，沙漠中的沙砾和炙热的太阳再次浮现在眼前，那时你祈求云彩的阴影能出现在你的路途上——即使一片也好。河岸有一部分被树林覆盖，它们柔软鲜绿、葱葱茏茏，与清澈的急流形成美丽的对比，而且几乎垂落到河流的怀抱中。

接近咖啡馆处有 1 个或 2 个大瀑布，它们连续不断的声响和散播在周遭的清凉是完美的奢侈品——无论在明亮的白天或是昏暗的傍晚。那里有 2 间到 3 间与前述建造方式不同的咖啡厅：低矮的回廊将平台与潮水隔开；地上有喷泉在喷水，地面还陈设了非常朴素的沙发及软垫；同时总是有最粗俗的音乐及舞蹈。

阿拉伯说书人提供了唯一让智力满足的活动，他们有几位是学识出众且聪明的：在他进门后没多久，一群人就将这位天赋异禀的人团团围住，并在经过适当的停顿以集中听众或刺激他们期待的情绪之后，开始讲述他的故事。那是一幅别具一格的景象——那些阿拉伯人有着热烈且优雅的姿势，而他的听众因深切且如孩童般的全神贯注而寂静无声地坐在急速流动的潮水边，他以独特且如音乐般美妙的声音说出的每个重音，在咖啡厅内处处可闻。这栋建筑的正对面是另一家在每一方面都极为相似的咖啡馆。还有几家较小的咖啡馆，土耳其绅士们通常会去那里组织晚宴和消磨白天的时间。

夜晚，是拜访这些场所的最佳时段。照耀在水面的刺眼阳光消逝，那时的顾客数量最多，因为那是他们最喜爱的时刻。悬挂在细长柱子上的油灯被点燃；穿着各式各样服饰色彩缤纷的土耳其人蜂拥而至，挤在平台上，有些人站着不动，因为他们的身旁就是柱子，他们手里拿着自己的长烟斗——人类智慧的典型表现，就好像内在非凡的才智散发出来一般；有些人斜倚在围栏上，其他人则或成群或独自一人坐着，好像沉浸在"极端孤寂的思绪"中一般。而比起隐隐约约、力争被听见的笛子和吉他演奏，瀑布奔腾的水声是更为甜美的乐音。

插图中的大瀑布非常纯净，激起的泡沫在月光下十分宜人。我们在这样的夜晚度过好多小时。法珥法河清澈的河水滔滔向前奔流时，映照出每根柱子；还有每个穿着飘动的服饰、缓缓移动的大马士革人。油灯的光线奇妙地与月光混在一起，带着柔和又鲜明的光辉洒落在水面，也落在柱子与屋顶下、身处其中如画的人群身上。

细长的黄铜咖啡研磨器有时候会被土耳其官员当作组合器具来使用。那些装备通常是银制的，可能被作为可拆卸、可折叠的咖啡工具组，它们集咖啡壶、咖啡研磨器、咖啡容器及咖啡杯等功能于一体。

生的或烘焙过的咖啡豆被放在下层保存。将此装置的盖子旋开大概要花 1 分钟的时间。

煮制 1 杯咖啡，要先倒入咖啡豆，其中 3～4 颗会被放进中层。钢制的曲柄会被安装在由中层伸出的方形杆上，这根杆子旋转时，会带动内部的研磨装置。磨好的咖啡粉会向下落在底层并加水进去。接下来壶被放在火炉上，内容物被煮沸。咖啡壶也被当作杯子使用。整个过程只需要不过几分钟的时间。杯子被洗干净，咖啡豆被换新，器具被重新组合在一起，整件装备被滑进官员所穿的短上衣内，然后他神清气爽地继续自己的工作。

在大部分时间都是喝茶的伊朗地区，煮制咖啡沿用了土耳其－阿拉伯式的方法。锡兰和印度的原住民也是用同样的方法，白人则沿用欧洲的惯常做法。在印度，很多人认为咖啡只不过是一种饮料。一家著名的英国茶叶公司在印度推出一种由印度咖啡与菊苣混合而成的罐装"法国咖啡"，并且获得了一定的成功。

欧洲煮制咖啡的方法在中国、日本、法国和荷兰的殖民地流行。在远东地区旅行时，咖啡爱好者得鼓起勇气忍受的最艰困之事便是欧洲的瓶装咖啡萃取液——时常成为懒惰厨师用来调制 1 杯令人望而生畏的咖啡的补给品。

在爪哇地区，用法式滴漏法制备浓缩萃取液是一种很受欢迎的方法。将 1 汤匙萃取液加入 1 杯热牛奶中，这是一种很棒的饮料——前提是每次供应的萃取液都是新鲜制作的。

欧洲的咖啡制作

在欧洲，咖啡一开始是由柠檬水小贩贩卖的。在佛罗伦萨，那些贩卖咖啡、巧克力和其他饮料的人不叫咖啡商贩，而是柠檬水小贩。帕斯卡尔的第一家巴黎咖啡店除了咖啡，还供应其他饮料；普罗可布的咖啡厅则是以一家柠檬水商店起家的。一直到后来者的咖啡开始领先其他饮料后，普罗可布才将整个休闲场所改名为咖啡厅。

到了今天，欧洲几乎每个国家都能提供 2 种极端不同的咖啡制作法。在巴黎及维也纳，你会发现咖啡被以尽善尽美的方式冲煮和供应；不过此地同样也经常发现冲煮得像在英国一样糟糕的咖啡，而那代表着一桩好生意。主要的困难点似乎是菊苣的味道，因为在长期使用的情况下，大多数人都习惯了菊苣的味道。而现在，咖啡和菊苣混合而成的饮料一点都不难喝：确实，笔者必须承认，在法国待一段时间后，笔者已经对这种饮料发展出一定程度的喜爱——但它并不是真正的咖啡。

菊苣在欧洲并不会被视为一种掺杂物，如果你想的话，可以把它看作添加物或修饰物。如此多的人习惯了咖啡加菊苣的口味，导致如果有机会遇到的话，他们能不能欣赏 1 杯真正的咖啡是很让人怀疑的。当然这是一种普遍的现象；但和所有的普遍现象一样，这也是危险的，因为在任何欧洲国家，甚至是英国，能喝到一杯恰当冲煮的好咖啡多半是在一般人的家中，很少是在饭店或餐厅中。

奥地利跟风法式风格

咖啡在奥地利是依循着法式风格制作的，通常是用滴滤法或使用一般称为维也纳咖啡机的压滤器具。餐厅会使用一个配有金属过滤器和布袋的大型咖啡壶。将研磨的咖啡粉浸泡约 6 分钟后，一个螺旋转动的装置会将金属过滤器拉起，造成的压力会迫使液体由装着咖啡粉的布袋中流出。

维也纳的咖啡厅很有名，但世界大战让它们黯然失色。曾有一种说法表示，维也纳咖啡厅在总体服务与平实的价格方面，是无可匹敌的。从早上 8 点 30 分到 10 点，绝大多数人习惯在咖啡厅内享用早餐，1 杯咖啡或茶，搭配面包卷和奶油。混合式是加牛奶的意思；"棕"咖啡是比较浓的，而施瓦尔泽（Schwarzer）是不加奶的咖啡。在所有的咖啡厅中，顾客可以买到咖啡、茶、利口酒、冰品、瓶装啤酒、火腿、蛋等物品。最典型的是位于格拉本大街上的施朗格尔咖啡厅。当时该咖啡厅里还有搭配咖啡的乳制品，独具特色。还有许多有趣的咖啡厅开设在大众公园。

查尔斯·J. 罗斯伯特曾在为《纽约时报》撰写的文稿中说：

维也纳的咖啡厅一直是全球其他地方咖啡厅的范例，但模仿的结果是无一例外都成了赝品。我认为，最接近真正维也纳咖啡厅的，是位于

维也纳格拉本大街上的施朗格尔咖啡厅，伯顿·霍姆斯摄于世界大战前。

纽约的老弗莱希曼咖啡厅楼上的空间。这是因为一般的纽约人不知道这个地方，以至于此处对国际主义者仍维持着神圣不可侵犯的地位：音乐家、艺术家、作家和其他被信赖托付咖啡厅存在秘密的波希米亚人。

最重要的是其精神特质，而正是那些常客的特质造就了维也纳咖啡厅。那里是每个人的俱乐部，也是属于每个人的，人们在那里放松休息，并遗忘所有存活于世的烦忧，可以翻阅世界各地以每一种已知语言印刷的报纸和杂志，可以下棋、玩纸牌游戏，可以与朋友闲聊；还能喝到独特的维也纳咖啡，只有去年紫罗兰的香气可用来描述它的芬芳。

午餐时间过后，咖啡厅就客满了，忙碌的男士们享用他们的咖啡并吸烟；另一个客满的时段是在下午 5 点左右，男士们和他们的妻子沿着格拉本大街和克恩滕大街漫步，然后造访一家喜爱的咖啡厅，在那里享用咖啡或巧克力，还有蛋糕——用美味面团做的牛角面包和塞满了果酱的新月面包，或者是令人赞叹的奶油圆蛋糕。相较之下，我们的海绵蛋糕简直就像铅块一样。最后是夜晚时分，那时会有家族宴会以及那些从剧院、音乐会以及歌剧院回家的人们。

尽管维也纳的咖啡厅生活几乎被世界大战抹杀殆尽，至少时间能让它过去的荣光得以恢复一二。我们获悉《巧克力士兵》的作曲家奥斯卡·施特劳斯在维也纳过着相对奢华的生活，并将他大部分的时间消磨在咖啡厅内，通常是下午 2 点到 5 点间，以及晚上 11 点直到第二天清晨，可在咖啡厅发现他"被较不出名且贫穷的音乐家们围绕，在某种程度上，这些人是由他所赞助的；和他在一起的还有许多维也纳的重要作曲家、歌剧剧作家、男女演员和歌手"。

就维也纳咖啡而言，咖啡通常是用压滤式咖啡壶或以滴漏的程序制作的。平常，咖啡馆供应的咖啡是 2 份咖啡加 1 份热牛奶，上面再覆盖打发奶油。然而在 1914 年到 1918 年间，以及接下来的战后时期，美味打发奶油让位给了炼乳，同时糖精取代了糖。

比利时最爱法式滴漏法

法式滴漏法是比利时普遍采用的咖啡冲煮法。作为修饰剂的菊苣被大量使用。据说在 20 世纪的欧洲君主中，最爱喝咖啡的就是已故比利时国王阿尔贝；国王陛下会在早餐前、早餐后、午餐中、下午、晚餐后各喝 1 杯咖啡，就寝前也会来 1 杯。

被咖啡界嫌弃的英国人

在英伦群岛，即使浸泡、典型的过滤方式（滴漏法）以及过滤法都有许多拥护者，咖啡依然是用煮沸的方式制备。最受欢迎的一种器具是粗陶水壶，可选择不搭配棉布袋，或搭配棉布袋让水罐变成比金壶来使用。在不加棉布袋使用时，最好的方法是先加热咖啡壶。每 1 品脱的咖啡液需要将 1 盎司（3 甜点匙，满匙，约 28.35 克）现磨的咖啡粉放入壶中。由壶的上方注入煮沸的水——需要水量的3/4。在以木制汤匙搅拌后，倒入剩余需补足的水，随后壶被移回"炉架"上浸泡，并静置3～5分钟。有些人会在最后静置步骤前搅拌第二次。

最受欢迎的英式咖啡制备方法。

最好的商业管理机构强调家庭式研磨，而且反对将咖啡煮沸。他们也主张把咖啡当作早餐、午餐后及晚餐后的饮料。

以美国人的观点来看，英式咖啡制备法主要的缺陷存在于烘焙、处理和冲煮方面。他们指控若采用英式方法，咖啡豆在研磨前就已经不新鲜了。英国人倾向极浅或浅烘焙，然而最好的美式冲煮法是中烘焙、深烘焙或城市烘焙。南部丘陵地区偏爱更浓的棕色调烘焙，而兰开夏、约克郡的西瑞丁以及苏格兰南部则偏好颜色较淡的。在多数情况下，贸易商要求成熟栗子的棕色调烘焙。

英国的咖啡烘焙近年来有显著的改善，这要归因于由这个行业领头人以及零售批发商想出的，关于烘焙主题的聪明研究。一般说来，咖啡零售批发商，对于其所从事行业的知识与经验，是比其他任何国家的食品杂货零售商要丰富的。数年前，烘焙过程中会加入奶油或猪油让咖啡豆的外观更好看；不过现在这种做法已经不像从前那么普遍了。

然而，英国的消费者在这种国际性饮料出现一致的改善之前，仍需要大量的教育。尽管比起从前，咖啡的烘焙可能更仔细，也"调制"得更好，但咖啡豆在烘焙完毕后未售出的储存时间依然过长，再不然就是研磨后，隔了太长的时间才用来冲煮。不管怎么样，这些陋习都被纠正过来，消费者们处处被劝导要购买新鲜烘焙的咖啡豆，而且使用时要现磨。

另一个让英国在咖啡爱好者间背负恶名的因素，毫无疑问是"罐装咖啡"，这些产品是由咖啡粉和菊苣制成的，而且以"法式"咖啡之名流行了一段时间。它们会受到青睐的原因，可能是处理起来很容易。罐装咖啡在英国的发展不如美国；但多少有一些发展范围，市面上也有数个完全是纯咖啡的品牌。

小杯黑咖啡是午餐会、晚餐后甚至是白天时受欢迎的饮料——尤其是在城市中。伦敦市内还有专门制作这种咖啡的咖啡厅，例如皮尔咖啡馆、格鲁姆咖啡馆以及尼诺咖啡厅，还有伦敦咖啡公司及 Ye Mecca 公司旗下的商店。

尽管在一般家庭中习惯用浸泡法制备咖啡，但饭店和餐厅则会采用某些形式的过滤器具、提取器或蒸汽机器。

美国访客会抱怨英国的咖啡对他们而言太过厚重和浓稠。餐厅会供应装在粗陶器或银质壶中的"白"咖啡（加牛奶）或"黑"咖啡。在里昂餐馆或 A.B.C. 餐厅等连锁餐厅，价目表上会有"掺有少量咖啡的热牛奶"。

至于煮沸法，已经普遍在西欧各国遭到质疑。在英国如此受欢迎的浸泡法，可能也要为英国咖啡招致的某些不友善的评论负一部分责任；毫无疑问，此法导致了过度浸泡的弊端，造成和煮沸法一样糟糕的结果。

茶馆扼杀咖啡馆。然而，绝大多数的英国人都是根深蒂固的饮茶人士。"振奋人心的 1 杯"，这项经过数世纪、深植于民间的全国性习惯能否有所改变，极度让人怀疑。

如同本书中已经谈到的，17 世纪和 18 世纪的伦敦咖啡馆被另一种主要卖点是食物而非饮料的咖啡馆所取代。随着时间的流逝，这些咖啡馆也开始向要求现代化饭店、奢华的饮茶休息室、时髦的餐厅、连锁商店、茶馆以及咖啡厅（不管有没有供应咖啡）等转变中的文明进程影响低头。有一段时间，英国出现一种有着以木板草草搭建成的隔间、砂质地板和"个人房"的特殊类型"咖啡店"，经常会被下层劳工阶级光顾，但最终因为它们可疑的属性而遭警方勒令停业。

在伦敦其他可能获得以英式或其他欧洲大陆方式制作咖啡的地方中，特别值得一提的有：莫尼科咖啡厅，这里是前去造访并来杯咖啡和利口酒的好地方，也是现代化餐厅的先驱者之一；加蒂咖啡馆的专长是过滤咖啡，也就是用过滤法制备的咖啡；国际化的萨佛伊饭店和它著名的饮茶休息室；皮卡迪利饭店的路易十四餐厅提供精致且奢华的体验服务；华尔道夫饭店的美国顾客和它的棕榈树中庭；里昂大众咖啡厅和它的冰咖啡；托卡德罗每周1次、由印度本土厨师烹调的印度咖喱特餐；隶属经营了遍布全国、将近200家类似机构的半慈善性质的信托之家股份有限公司的圣殿酒吧餐厅，会提供酒精性饮料，不过重点是非致醉性饮料，其中就有特制摩卡；拥有几十家附带零售商店的餐厅和茶馆的史莱特股份有限公司；英国茶桌协会和史莱特公司一样，是维多利亚女王时期古早面包店的成熟类型；卡多马连锁咖啡厅，你在那里能获得1杯满意的咖啡和1片蛋糕；还有皇家咖啡厅以及奥德尼奴咖啡馆。

补充以上所述，查尔斯·库珀，《美食家》和《餐桌风景》曾经的编辑为本书准备了一些旧日伦敦咖啡馆如何演

一家 Ye Mecca 公司的咖啡厅，伦敦。

一家伦敦的 A.B.C. 商店。

位于皮卡迪利的圣詹姆斯餐厅，伦敦。

位于伦敦皮卡迪利圆环的
莫尼科咖啡厅。

圣殿酒吧餐厅，伦敦。

进成今日供所有来客消费的茶馆、饮茶休息室、咖啡厅和餐厅的记录。库珀先生谈及这种转变时说：

> 50 到 60 年前盛极一时的老式伦敦咖啡馆，在过去 40 年内彻底地被现代茶馆消灭。
>
> 这些老式的会所主要坐落在河岸街与舰队街上及附近，还有律师学院周边等地。它们并未在外观和装修上花费太多。
>
> 店内被分隔成包厢或座席，一般来说都算得上整齐清洁；价格中庸，

食物简单却极为美味——现在没有任何足以与其匹敌的。猪排在烤架上被烤制。茶和咖啡都是最好的；火腿则是约克火腿，而培根是最好的威尔特培根；这里是最后还会制作真正黄油土司的店家，这项艺术如今已经失传。

它们的服务对象仅限男士，顾客包括记者、艺术家、演员、律师学院的人与学生。一个住在旅馆的人可以舒舒服服地在其中一间咖啡馆用早餐，并且舒适放松地阅读所有的早报。

这些老咖啡馆中，位置在最西边的，大概是最近刚被卖出的潘顿街干草市场的

位于舰队街的格鲁姆咖啡馆，伦敦。

史东咖啡馆。现在或许还有机会享用 1 杯好咖啡的舰队街的格鲁姆咖啡馆，主要顾客是大律师，他们通常在午餐时段光顾。

就像我说过的，茶馆扼杀了咖啡馆。

在咖啡馆繁荣兴旺的时期，除了能够在少数几家甜食店喝到一杯淡薄无味的茶之外，伦敦完全没有让女士们在无男士陪同的情况下享用茶点的场所。这个问题在女性侍者开始出现前的那段时期并不突出。当女性就业的领域开始扩大，新生的工作需求被创造出来，而咖啡馆未能躬逢其盛时，这个问题就比较明显了。

伦敦茶馆的先驱是加气面包有限公司，更让人熟知的名称是 A.B.C.。

史莱特咖啡馆，较高级的连锁咖啡店，伦敦。

位于河岸街的盖提斯咖啡馆，伦敦。

我认为外省工业中心的豪华咖啡厅正在兴起——不过是作为禁酒宣传的一部分，用来对抗酒吧的吸引力。

加气面包公司成立的时间约在20世纪中叶，成立的目的是制造与销售以道格里什博士取得专利的加气法制作的面包。他为了将面包销售给大众而开设了面包店，但为了让人们有试吃的机会，营业的店中还会提供1杯茶以及面包与奶油。

这个附加目的在短时间内成为这家公司营业项目最重要的部分。公司大量增加商店的数量，并扩充菜单的内容，将熟食也纳入其中；尽管当时的 A.B.C. 与其竞争对手每天供应了数千人的饮食，我依旧对是否有任何人会外带一条面包回家这件事存疑。

A.B.C. 有许多竞争者，里昂、立顿、史莱特、牛奶快递公司、卡宾、先驱者咖啡厅，还有其他公司，也都开始举一反三地设立类似的商店。

所有这些地方的菜单都十分相似，设备、价格，还有顾客的社会阶层也都差不多。它们为下层阶级的顾客提供饮食服务。在忙碌的城市中心，它们的常客主要是年轻的男女办事员和商店店员，还有在此购物的都会女性以及与她们同类型的顾客。年轻的员工们会以能匹配他们消费能力的价格买到 1 份中餐。

在战争发生前，1 杯茶加上 1 个面包卷及奶油，普遍的价格是 4 便士。现今的价格上涨了至少 50%。在最糟的食物管制时期，价目表变得十分贫乏且索然无味。在大多数情况下，茶是朴素又有益健康的，并没有将自己伪装成精品。茶通常一如既往地优良；咖啡就不在同一水平上了。这些商店都是为少量、快速的餐点而设计的场所。

里昂公司有不同等级的茶点店。大众咖啡厅是比茶馆略胜一筹的，角落咖啡馆也是。几年前，A.B.C. 与位于牛津街、历史悠久的巴斯扎德甜点店——一家著名的蛋糕店合并了。

莫尼科和盖提斯咖啡馆吸引的客群与那些被茶店服务的顾客阶层截然不同，尽管经常光顾那些时髦饭店休息室的可能并非博芬夫人所说的"时髦的野心人士"。

一件很有趣的事情是，萨佛伊饭店是 70 年代吉尔伯特和苏利文歌剧合作关系的结果，多伊利·卡特曾将他部分的盈利花费在建设位于萨佛伊戏院旁一片荒地上的这间饭店。他把 M. 利兹从蒙地卡罗带来打理饭店和餐厅，还有当时最伟大的厨师埃斯科菲耶负责管理烹饪事务。他们让萨佛伊因其宴会而声名远播，并且一直维持高水平的名声，即使在于 1934 年过世的埃斯科菲耶后来执掌卡尔登饭店，还有利兹在皮卡迪利的饭店时亦然。

咖啡摊。伦敦城市生活独具一格的特色就是咖啡摊。"1 杯咖

萨佛伊饭店的饮茶休息室，伦敦。

啡和 2 片厚片面包"是大约一个世纪前，咖啡摊主顾们通常会有的要求，而当时咖啡摊的东西可以说相当松散混乱，包括放置杯子和盘子的柜台板、放置未使用杯盘的架子、食品架、摊主用的遮盖物，还有提供给顾客的帆布遮雨篷。咖啡的主要成分是菊苣，而 2 片"厚片面包"是真正纯正的面包，覆盖在上面的是实在的人造奶油；在当时，面包的价格低到 1/4 条只要 4 便士。摊主会自己把摊子拖到摊位去。1 杯热饮卖 1 便士，固体食品的价格是 1/2 便士——对那些身无长物的可怜乞丐来说，这一餐很便宜。

近年来，这些经常被警察查缉的男士们流连的场所，已经被更豪华、带轮子的咖啡摊取代，无论贫富，声名远播或籍籍无名者，都会在此聚首。这些摊位的全套装备需耗资 750 英镑。咖啡的质量比较好，菜单的种类更为多样，品质也更高。据说那些在好的地点拥有 2 个咖啡摊的业主，1 年的净利润可达 1500 英镑。

法国人的"格调"

要不是因为那几乎不可避免的极深烘焙，还有经常让人焦虑不安的菊苣添加问题，在法国，咖啡称得上是十分纯粹的乐趣——至少在美国人的眼中是如此。你很少，应该说几乎不会在法国发现用错误方式冲煮的咖啡——它绝不会被煮沸。

只略逊于美国，法国每年消耗的咖啡豆约 300 万袋，种类包括由东印度群岛、海地共和国（这是最受欢迎的）、中美洲国家、哥伦比亚和巴西等地出产的咖啡豆。

尽管法国有众多的咖啡烘焙批发商和零售商，家庭烘焙依然持续存在，尤其是在乡村地区。可在盛有炭火的铁盒上手动旋转的小型铁片圆桶烘焙器甚至在大城市的百货公司中都十分畅销。在风和日丽的好天气里，居民们在自家门前的路边转动着烘焙器，是法国任何一个村庄或城市常见的景象。安马·G. 毕森在《茶与咖啡贸易期刊》中简洁地为我们描述了法国南部的乡村咖啡烘焙情景：

我曾在法国某个城镇看过一位老人带着一套比家用大一点的机器，一台容量大约 10 磅，用来烘焙咖啡的并不是圆桶，而是架在铁皮架子上的空心铁皮球。球的顶端有一个可以用金属工具开启的小滑门。他在铁皮架子上点燃炭火。他的烘焙器正前方是一个自制的冷却用平底锅，锅沿是木制的，底部铺了一层极细的金属筛子。

在这个特别的午后，这位老人占了一个路边的位置；而一只大黑猫就着炭火散发的暖气，蜷缩着身体，在最靠近火边的平底锅里安睡。老人一点注意力都没有分给猫儿，而是继续烘烤他那一球咖啡，并若有所思地吸着香烟。当他的咖啡变黑并烧焦，而且焦黑到应有的程度时，他停下转动铁皮球的动作，将顶端的滑门打开，把铁皮球翻转过来，热烫的咖啡便从里面滚出来。而让他高兴的是，咖啡落在正在睡觉的猫儿身上，猫儿跳出平底锅，仓皇地奔逃到街上，并钻进一栋老房子底下的洞里。

我后来得知，这老家伙游走在城镇间，从家家户户收集咖啡豆并以每千克几苏的价格代为烘焙——很像磨剪刀师在一个美国小镇中经营手艺的模式。

相当多的食品杂货商会自己用简陋的装置烘焙咖啡豆，与上述情形极为类似；不过大型咖啡烘焙商让这种传统的做法逐渐被淘汰。

巴黎和其他大城市的店主会每天烘焙他们的新鲜咖啡豆。他们用的机器大部分都是圆桶样式的，利用瓦斯燃料，并以电力旋转。不变的是，这些设备会矗立在街道显眼的地方。

烘焙样品，或测试表格在法国之所以引人注目是因为它们的付之阙如。对这个议题的探讨显示出咖啡是靠着营销宣传贩卖的；而当法国商人被问道，"你如何知道这批货制作成成品后，质量是符合你宣传用的形容词的？"他会回答，是根据咖啡豆的外观和气味来判断的。或许造成法国商人采购杯中成品时态度散漫的原因之一是咖啡的烘焙程度非常深，实际上它们几乎被烧焦到成炭的程度；而除非咖啡豆的本质非常糟糕，否则烧焦的气味会消弭任何它可能带有的异味。

咖啡经常以生豆的形式被卖给消费者，这个事实曾经是，而且直到现在还是中美洲咖啡销售独占鳌头的原因。说到要和法国人做买卖，格调优先于所有其他的因素。

在美国的咖啡商人看来，法国人把艺术品位套用到咖啡上的时候，几乎将其提升到不合理的极端。因为咖啡是种来喝的，而非用来观赏的。

由于能将烘焙好的咖啡豆直接送到消费者手中的大型烘焙商的出现，圣多斯咖啡豆得以进入市场分一杯羹。烘焙商用达 50% 和 60% 的圣多斯咖啡豆为材料，混合西印度群岛及中美洲咖啡豆所制作的调和豆取得很好的成果。

布列塔尼则对不限种类的咖啡公豆需求很高。出现这个情形是由于此地区的居民依旧坚持自家烘焙，并且他们没有改良的手持烘焙器，而是用将平底锅放进烤箱的方式来烘焙咖啡豆。他们习惯于使用咖啡公豆，因为公豆在平底锅中能恰到好处地四处滚动，烘焙得更为均匀。

几乎所有的咖啡粉都是自家研磨的，这对消费者来说毫无坏处；不过，对于会将不同等级的咖啡粉混进调和咖啡的从业者来说，可能会给生意带来一些困难——虽然这种鱼目混珠并不会造成什么实质上的伤害。

商店中使用的是磨豆机，这种传统的研磨咖啡的手段非常"暴力"。如果你想听见一个法国的食品杂货商的咆哮声，那么就向他买 1 千克的咖啡豆，并请他磨成粉吧！

包装咖啡和独家品牌尚未像在美国一样获得应有的承认——尽管如今有数家公司已经开始起步，并广泛地在告示牌上、有轨电车，还有地铁中发布广告。然而，大部分咖啡仍然是大宗出售。法国那些贩卖奶油、蛋和奶酪的商店也大量交易咖啡。在战争及高昂的价格出现前，有些规模非常庞大的公司经营咖啡、茶，还有香料等货物的高端优质服务。

这些公司现今仍然存在，而且营业额非常杰出；但咖啡与优质商品的高昂价格让销售量显著地下滑。它们采取沿线推销予掮客的方法运营，就和某些美国的公司一样。一家位于巴黎的大型商号已经在这个行业经营超过 50

年，分店和货运点遍布法国每个乡镇、村庄和小村落。

喝咖啡的时机。法国的咖啡消耗量日益增加，有人说这是因为酒类售价高昂，另一些人则认为纯粹是因为人们开始喜爱咖啡。

一般民众的法式早餐包括 1 碗或 1 杯欧蕾咖啡，也就是半杯或半碗浓黑咖啡加菊苣，还有半杯热牛奶和 1 码（约 91 厘米）长的面包。工人将他的面包直立起来，并浸入咖啡中，让面包尽可能地吸收碗中的液体，然后将这两者的混合物吞进体内。他可以通过在这个过程中制造出的噪声音量来表明他的满意程度。

在条件较好的阶层中，早餐组合则是欧蕾咖啡、面包卷和奶油，有时候还有水果。咖啡是用滴滤法，也就是真正的过滤式咖啡壶，或是过滤制作而成的。一只手拿着装有滚烫牛奶的壶，另一只手拿着泡好的咖啡，将两者一起倒进杯子里，使其混合。牛奶与咖啡的比例各有不同，从两者各半到 1 份咖啡加 3 份牛奶都有。有时候，供应的方式是将少许咖啡倒入杯子中，然后加入等量的牛奶，就这样交错重复，直到杯子倒满为止。

除了早餐以外，咖啡不会与任何一餐一起饮用，但总是会在正午过后和傍晚的进餐时间以小杯清咖啡的形式供应。在一般家庭中，午餐或晚餐过后的例行公事是走进沙龙中，在舒适的壁炉火焰前，享用小杯清咖啡、利口酒以及香烟。

在法国人的观念中，晚餐后咖啡因为不加牛奶有着不寻常的浓厚口感，而且总是搭配利口酒一起饮用——不论是不是已经喝过餐前开胃的鸡尾酒、搭配肉类主菜的红酒，或者是搭配色拉与餐后甜点的白酒。当小杯清咖啡出现时，必定伴随以干邑、班尼迪克丁酒或薄荷甜酒的形式提供的甜香酒。法国人无法想象一个人饮用晚餐后喝咖啡时不摄取一点酒精。"那能辅助消化"，他们这么说。

诺曼底风格。在诺曼底盛行一种与咖啡饮用有关的独特习惯。这个省份大量生产一种以当地独有的特殊品种苹果制成、被称作西打酒的苹果酒——换句话说，就是单纯的硬西打酒。他们会将这种硬西打酒进行蒸馏，从蒸馏

普罗可布餐厅，1922 年。1689 年
著名的"洞穴"餐厅的后继者。

物中获得被称为卡尔瓦多斯的饮料。

诺曼底出身的人会拿半杯咖啡，再以卡尔瓦多斯添满后，加糖增加甜味，然后以貌似津津有味的态度饮用。冰凉的咖啡在卡尔瓦多斯倒入的时候会发出嘶嘶声。它尝起来像螺丝起子，而且喝 1 杯后会感觉像是有一把锤子敲在了头上。从蹒跚学步的年纪开始，诺曼人就如此饮用卡尔瓦多斯加咖啡。

法国南部的人们会利用葡萄的残渣制作一种混合调制品。他们会将葡萄渣放进水中煮沸，得到一种被称为马克（应该是果渣白兰地酒）的饮料；而这种酒使用的方法与北边的诺曼人使用卡尔瓦多斯的方式几乎一模一样。还有广受欢迎的夏日饮料马扎格朗，在当地代表的是碳酸水加冰咖啡。

偏爱滴滤和过滤法。在法国冲煮咖啡曾经是、将来也会是用滴滤和过滤的方法。大型的饭店和咖啡厅几乎都采用这些方法，家庭主妇也是。当客人到来，而且需要提供一些不寻常的咖啡时，厨师会用 1 次将 1 汤匙热水倒进压紧且磨得很细的咖啡粉中的方法滴漏咖啡，这能让水彻底浸透咖啡粉，萃取出每一丝油脂。

他们会大量使用比正常 1 杯咖啡量所需的更多的咖啡粉，有时甚至花 1

小时制作 4～5 杯的小杯清咖啡。不消说，当完全可以饮用时，成品与其说是咖啡，反倒更像糖浆。

法国某些地区将咖啡渣留下进行第二次甚至第三次浸泡是很常见的，不过这种做法并不被认为是好习惯。

在某些情况下，冯·李比希关于正确制备咖啡的理念以下面这种方式被吸收纳入法国的咖啡冲煮法中：将用过的咖啡渣放在滴漏式咖啡壶的下层，将新鲜研磨的咖啡粉放在咖啡壶上层，然后倒入煮滚的水。这种方法的理论是旧的咖啡渣会提供稠度和浓度，而新鲜的咖啡粉则带来香气。

咖啡馆和酒馆不分家。林立在巴黎和其他法国大城市林荫大道两旁的咖啡厅全都供应咖啡，无论是纯咖啡或加牛奶的，而且几乎都会搭配利口酒。法国的咖啡馆也可以被视为酒馆，或者说酒馆也可以被视为咖啡馆，两者密不可分。这些场所，无论规模大小，在白天或夜晚的任何时刻都会供应咖啡。巴黎一家颇具规模的咖啡厅的店主说，他的咖啡在白天的销售量几乎与他的红酒销售量相等。

一家比亚尔咖啡厅。巴黎大约有200家这种贩卖咖啡和酒的商店，它们的主要客群是劳工、职员以及女店员。

和平咖啡馆，巴黎人在此地露天饮用咖啡。

丽晶咖啡馆，巴黎，1922 年。

法国人——不论年轻或年老，都能从坐在咖啡厅前的户外人行道上啜饮咖啡或利口酒这件事中获得极大乐趣。他们热爱在此处单纯观赏过往行人的人生百态消磨时光。

巴黎的林荫大道两侧有数以百计的咖啡厅，你可以坐在那里很长时间，在小桌子前看报纸、写信，或单纯地发呆。在上午时分，从 8 点到 11 点，雇员、时尚男士、游客还有乡下人为了点杯欧蕾咖啡挤满了咖啡厅。侍者们冷淡而有礼，他们送上报纸，并轻刷桌面——加了牛奶的浓咖啡刷 2 次，完整咖啡套餐（附面包和奶油）刷 3 次。

午间时刻的咖啡代表的是 1 小杯或 1 玻璃杯的黑咖啡，也就是自然咖啡。用过滤式咖啡壶或过滤器具滴漏的咖啡是一般的两倍量，整个滴漏过程费时 8～10 分钟。

有些人认为黑咖啡指的是等量的咖啡加上白兰地，并添加糖和香草增加风味。当黑咖啡与等量的干邑单独混合，混合物会变成格洛丽亚咖啡。马扎格朗咖啡在夏季也有极大需求，其作为基底的咖啡与黑咖啡的制法一样。马扎格朗咖啡会被盛装在一个高玻璃杯中供应，附有水供稀释之用，以符合个人口味。

让巴黎在 18 世纪声名远播的咖啡厅只有极少数存活至今。那些咖啡厅中，以咖啡服务闻名的有创立于 1718 年的和平咖啡馆、丽晶咖啡馆；以及普雷沃斯特咖啡馆，它的巧克力也同样有名。

午后咖啡的起源在德国

德国是"午后咖啡聚会"（kaffee-klatsch）的起源地。甚至直到今日，德国家庭的团圆聚会都是在周日午后围绕着咖啡桌进行的。

在夏日时分，气候允许的情况下，全家人会散步进入市郊，并在有整壶咖啡贩卖的花园停驻。老板会供应咖啡、杯子、汤匙，在一般情况下，每杯咖啡会提供两块糖；顾客会自带蛋糕。他们会在每杯咖啡中放一块糖，并将另一块糖带回家给"金丝雀"——指的是食品柜中的糖碗。

某些花园会供应较为廉价的咖啡，其入口处陈列着显眼的巨大招牌，上面写着："一家人可以在此煮制自家的咖啡。"

在这一类花园中，顾客只需要购买热水，咖啡粉和蛋糕须自行准备。

在等待咖啡煮制的期间，顾客可以欣赏乐队演奏和看孩子们在树下玩耍。用来冲煮咖啡的是法式滴漏壶或维也纳滴漏壶。

德国的每个城市都有自己的咖啡厅，顾客可以在宽敞的空间内围坐在小桌子旁饮用咖啡，不论是喝完的还是没喝完的、热气腾腾的还是冰凉的、甜的或不甜的——这取决于糖的供应量；同时小口吃着从一座玻璃金字塔中选出来的一块蛋糕或点心；一边谈话、调情、诽谤、打哈欠、阅读，还有吸烟。事实上，咖啡厅就是公共阅览室。有些地方会提供上百份每日和每周报纸与杂志供顾客使用。

如果客人只买了1杯咖啡，可以保有座位数小时，并一份接着一份地看报纸。

在柏林，最重要街道的十字路口，4个街角中就有3个被咖啡厅占据。此地便是菩提树下大街与腓特烈大街交会之处。西南方的角落是克兰茨勒咖啡厅，这是一处非常体面的场所，其低楼层大厅是给非吸烟者使用的。东南方角落则是举世闻名的鲍尔咖啡厅，它有过更为辉煌的时期，不过现在已被竞争者远远抛在身后。位于东北方角落的是维多利亚咖啡厅，是一个新式场所，非常明亮，也没那么古板。那里并没有给非吸烟者的房间，对大多数女士来说，就算她们自己不吸烟，还是会为她们的护花使者点燃雪茄。

波茨坦广场周边有许多咖啡厅。乔斯蒂咖啡厅可能是柏林最常被人光顾的咖啡厅。它因为店前的树木与宽大的阳台而成为最受人喜爱的咖啡厅。再更往西一点的选帝侯大街上，有十几家大型咖啡厅。

有些咖啡厅是特定职业和行业的会面之地。举例来说，腓特烈大街上的海军上将咖啡厅是"艺人"交易所。所有的舞台工作人员与穿戴鞣制皮革的明星每天在此聚会。歌舞队的女孩、杂技演员、表演空中飞人的女士、柔体杂技演员，以及无鞍马骑手也会在那里出现，在那里发牢骚、谴责他们的经理人、交换他们的钻石，还有讲述自己以前的丰功伟绩。电影制作人也会前往此地为新的电影选角。在那里，每分钟都可以选出完整的演出阵容。

然后就是位于选帝侯大街的西方咖啡馆——旧的那一个，是梦想家和诗人的会聚之处。它也被称为狂妄咖啡馆，该店因为聚集了一群受自负所折磨的人而引人注目。

撒克逊和图林根是培育咖啡爱好者的温床。据说比起世界上其他任何一个地方，撒克逊每平方米有更多饮用咖啡的人，而单一1颗咖啡豆会被倒进更多杯子中。撒克逊人喜爱自己的咖啡，但似乎担心咖啡太过于浓厚，所以他们总是会在举起冒着热气的杯子凑向嘴边前，确认自己能看到杯底。

用冯·李比希煮制咖啡的方法准备咖啡的话，需先将所有咖啡粉量的3/4煮沸10～15分钟，然后加入剩

位于菩提树下大街上的克兰茨勒咖啡馆，柏林。

位于菩提树下大街上的鲍尔咖啡厅，柏林。

鲍尔咖啡厅内部景象，柏林。

余的咖啡粉，浸泡 6 分钟，这个方法被某些女管家奉为圭臬并虔诚地遵守。冯·李比希是主张将咖啡豆覆上一层糖的。在某些家庭中，油脂、蛋，还有蛋壳，被用来沉淀和使咖啡清澈。

比起其他欧洲国家，德国的咖啡被更好地烹制（烘焙），并用更科学的方法煮制。然而近年来，在世界大战期间和其后，咖啡替代品的使用出现了惊人的成长，以至于在德国，饮用咖啡已经不像从前那样是纯粹令人享受的乐事了。

除了酒，希腊人最爱喝咖啡

咖啡是希腊最受欢迎并最广泛被饮用的非酒精性饮料——如同它在近东地区的定位一样。

希腊每年人均咖啡豆消耗量大约是 2 磅，2/3 由奥地利与法国供给，巴西则提供了剩余 1/3 的绝大部分。

咖啡的烘焙度是深烘焙或城市烘焙，而且几乎完全是以粉末的形式使用。希腊人主要是用制作土耳其式小杯清咖啡的方法煮制咖啡。研磨细致的咖啡粉甚至被用来制作一般的餐桌或早餐咖啡。在私人家庭中，最常用的是君士坦丁堡生产的圆桶状黄铜研磨器。而在遍布希腊与黎凡特村庄和乡镇的咖啡馆内，则是由一位强壮的男士，用沉重的铁制碾槌，把放进笨重的石制或大理石制研钵内的咖啡豆研磨成粉；较贫穷的家庭则使用土耳其制造的黄铜制碾槌与研钵。

埃德蒙·弗朗索瓦·瓦伦丁·约在他的《今日希腊》中说：

> 在所有希腊咖啡馆中被饮用的咖啡让从未见识过土耳其和阿尔及利亚的旅行者感到震惊。他们会在杯子中发现食物，而非原先预期的饮料。然而你会逐渐习惯这种咖啡高汤，并发现它更为美味可口、更为轻盈、气味更为芬芳，尤其是比在法国喝到的所有咖啡萃取液更为有益健康。

约公布了他的仆役佩卓斯——雅典代表咖啡之第一人——的制作方法：

咖啡颗粒在不被烧焦的前提下被烘烤；它会在研钵或非常密实的磨中，被磨碎成细微的粉末。水被放在火上煮滚，随后被取下，并投入 1 满匙咖啡粉，并视预计要制作的杯数，以 1 杯 1 满匙的比例加入敲碎的糖；小心地加以混合；重新将咖啡壶放回火上，直到内容物似乎将因沸腾而溢出；咖啡壶被取下，然后再次放回；最后咖啡被迅速地倒入杯子里。

有些喝咖啡的人会让咖啡煮至沸腾 5 次。佩卓斯规定不可将他的咖啡放在火上超过 3 次。将咖啡倒入杯子时，他会仔细地将咖啡壶上方产生的泡沫均分到每 1 杯；这是咖啡的 kaimaki，没有 kaimaki（即 crema，咖啡表层的咖啡油脂）的咖啡是不合格的。

当咖啡被倒出来之后，是要在它热烫浑浊的时候饮用还是在冷却澄清的时候饮用，可视你的喜好选择。用这种方式煮制的咖啡，一天内可以饮用 10 次，但是你不能有恃无恐地每天喝 5 杯法式咖啡。这是因为土耳其和希腊的咖啡是一种稀释的补药，而我们的则是浓缩的滋补剂。

我曾在巴黎遇到许多喝咖啡不加糖的人，他们借此模仿东方的咖啡风味。我认为我应该通知他们一声——只限于私下说说，其实在雅典的大咖啡馆中，糖总是伴随着咖啡一起出现；在中东及近东地区的小客栈，还有二流的咖啡馆，供应的是加了糖的咖啡；在士麦那和君士坦丁堡，端上来的咖啡也永远是加了糖的。

意大利人注重早餐的欧蕾咖啡

在意大利，批发商、零售商，还有一般家庭都是使用法式、德式、荷式和深城市烘焙的烘焙机器烘焙咖啡。深城市烘焙是受偏爱的烘焙度。意大利也有和法国及其他欧洲大陆国家一样的咖啡厅，咖啡则是以法式滴滤法制备。餐厅和饭店则使用最早由法国人和意大利人开发出来的快速过滤咖啡机。渗滤式咖啡壶和过滤器具则是一般家庭常用的器具。

意大利人对于烘焙的温度和冷却的步骤特别注意。烘焙好的咖啡会散发油光，而且使用了许多咖啡添加物。

意大利人和法国人一样，特别注重早餐的欧蕾咖啡。晚餐时分则是供应黑咖啡。

法式流派的咖啡厅沿着罗马的科尔索大道两侧、那不勒斯的托莱多街、米兰的艾曼纽二世回廊及米兰大教堂广场，还有环绕着威尼斯圣马尔谷广场的拱廊商场分布，弗洛里安咖啡馆在圣马尔谷广场依旧生意兴旺。

荷兰人很少在正餐场所喝咖啡

在荷兰，法式咖啡厅同样也是大型城市生活中令人愉快的一项特色。

荷兰咖啡的烘焙是恰到好处的，而且经过了妥善的冲煮。咖啡被装在独特的壶中供应，或是以小杯清咖啡的形式放在银制、锡制或黄铜制的托盘上，并附带有一个微型水壶，里面装着恰好分量的奶油（通常经过打发），1 个和单人奶油盘差不多大小的小碟子——上头放着 3 块方糖以及 1 个装水的细长玻璃杯。这是共通的服务；水杯总是会伴随咖啡一起出现。这是一种确保美国人会喝水的方法。

在荷兰，聚集在某些露天咖啡厅或室内咖啡馆饮用晚餐后的咖啡是一项惯例。人们很少在用正餐的场所喝咖啡。像这样的咖啡厅有很多，其中一些还经过了精心的设计。其中最有趣的一家是位于海牙的老乔里斯店，店内以古老的荷兰风格布置。法式滴滤法是荷兰人认可的咖啡制作方式。

欧洲其他国家的习俗

保加利亚。在保加利亚，阿拉伯－土耳其式的咖啡冲煮法十分盛行。下图显示一群忠实信徒组成的香客队伍一年一度前往麦加的朝圣之旅。这位由护卫队陪同的可敬穆斯林怀抱着成为朝圣者的野心。我们能从外表辨认出他们中谁是护卫队的：奇异的服装、有着金色手柄、闪闪发光的汉贾尔匕首、还有嵌银的手枪；一顶缀满流苏的小帽取代了严肃的头巾。

他们与随行的骆驼一起住在客栈的马厩或骆驼商队的客栈中。他们的提神饮料是咖啡，浓厚且又黑又苦，被装在极小的杯子中。

丹麦和芬兰。咖啡的冲煮和供应是仿照法国和德国的方式。

挪威及瑞典。法国和德国的影响在挪威和瑞典的咖啡烘焙、研磨、煮制以及供应方式上留下印记。一般而言，咖啡里没有添加太多的菊苣，而打发奶油则被大量使用。

于一间骆驼商队客栈中停留的篷车旅行者，保加利亚。

煮沸法在挪威有许多追随者。他们使用的是一个大（无盖）的铜制水壶，水壶中放满水，咖啡粉被投入其中并煮沸。

在较贫穷的乡下家庭中，铜制水壶会被直接拿到桌上，安放在一个木盘子上。咖啡会直接从铜水壶倒进杯子中。在富有的家庭中，他们会将咖啡从铜水壶倒进银制咖啡壶内，然后将银咖啡壶端到桌上。

奥斯陆市内唯一近似于咖啡馆的设施就是"咖啡室"。那是一些小型的、一间房间的场所，在那里可以和咖啡一起搭配购买更简单的食物，比如燕麦粥。这些咖啡室收费低廉，大多会被贫困的学生光顾，他们在这里边喝咖啡边读书。

俄罗斯和瑞士。俄罗斯和瑞士流行的是法式和德式的咖啡冲煮法。然而俄罗斯饮用茶比咖啡多，而且在可能的情况下，咖啡大多数都是用土耳其式

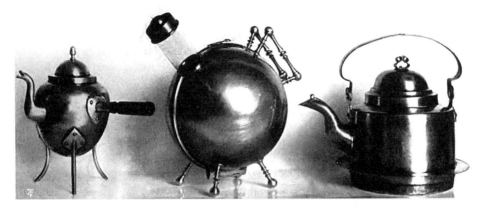

这些咖啡壶在瑞典被用来煮沸咖啡。左，带有木质手柄的铜壶，铁制的脚能让铜壶站在煤炭中；中，供炉台使用的玻璃球形壶，被包在有毛毡内衬的铜制保温罩中；右，供炉台使用的手工锤铸铜水壶。

方法准备的。对一般的俄罗斯人来说，咖啡只是一种廉价的"替代品"。而特权阶级所谓的拉鲁斯咖啡馆是以柠檬调味的浓厚黑咖啡。

另一种俄罗斯配方需要将咖啡放在一个大的潘趣酒碗中，盖上一层切细的苹果和梨，然后将干邑倒在这团东西上用火柴点燃。

罗马尼亚和塞尔维亚。两地饮用的咖啡是用土耳其式或法式冲煮法制备的，具体是哪种方式取决于饮用者的社会阶层和供应咖啡的场所。在这两个地方，咖啡有无数的替代品。

西班牙及葡萄牙。法式咖啡厅在西班牙及葡萄牙像在意大利一般兴盛。在马德里，在波多德尔索勒周边可以找到一些令人愉快的咖啡厅，那里最受欢迎的饮料是咖啡与巧克力。咖啡是用滴滤法制作的，并以法式风格供应。

北美的咖啡礼仪及习惯

咖啡和茶被引进北美，使得人们的佐餐饮料发生极大的变化——一开始的麦芽饮料被烈酒和苹果酒取代，随后，又被茶和咖啡取代。

人行道上的咖啡厅，里斯本。

更偏爱茶叶的加拿大人

在加拿大，我们发现法国和英国的影响同时作用在咖啡的制备和供应上；还有从边境传入的"美国佬"的想法。数年前——大约是 1910 年——加拿大税务部的首席化学家 A. 麦基尔针对冯·李比希的咖啡冲煮法提出了改良性建议，他表示加拿大人可据此得到 1 杯理想的咖啡。

这个方法结合了两种为人熟知的方法：

其一是煮沸一部分咖啡粉，以便得到最大的稠度或可溶性物质；其二是将大约与煮沸方式等量的咖啡粉用过滤法冲泡，以获得所需要的咖啡焦油。将煮出的汁液与浸泡的汁液相混合，得到的饮料就会具有丰富的稠度，同时也有该有的香气。然而在咖啡的消耗量逐渐增大时，大多数加拿大人依然继续喝茶。

墨西哥人的特殊习惯

在墨西哥，当地的原住民有一项自己的独特习惯。烘焙过的咖啡豆会被装在一个布袋中并研磨成粉，随后布袋被浸泡在一壶煮沸的水和牛奶中。然而，牧牛人则将滚水倒进水杯中被磨碎的咖啡粉上，并用一根红糖棒增加甜味。

墨西哥的上流阶层会用以下这种有趣的方法来制备咖啡：

将 1 磅咖啡豆烘焙至内里焦黄。将 1 茶匙奶油、1 茶匙糖和一点点白兰地与烘好的豆子混合，盖上一块厚棉布，冷却 1 小时后研磨。将 1 夸脱水煮沸，待水滚的时候放入咖啡粉并迅速从火源上移开。静置数小时，然后用一个法兰绒袋子过滤，将得到的汁液储存在石制的坛子中，等到饮用时再加热需要的分量。

飞速进步的美国

没有任何一个国家在咖啡的制作上像美国一样突飞猛进。尽管这种国民饮料当初是被平庸地制备出来，但近年来取得的进展如此巨大，使得咖啡之友觉得不久便有希望能真正地说，美国的咖啡制备是一项国家荣誉，而不再是国耻。

早餐桌之王的地位。在更为先进的家庭和最好的饭店及餐厅中，咖啡的质量已经达到优良的水平，并以一切应有的形式供应。美式的早餐咖啡是一种优良的饮料，因为其中添加了牛奶或奶油，还有糖；与欧洲不同，内容同样丰富的 1 杯咖啡也会被当作正午还有傍晚用餐时的一部分，再次供应给大多数人。

在禁酒时期，咖啡取代了麦芽酒与酒精性烈酒，饮用咖啡的人有增多的趋势。饭店的咖啡室、午后饮用咖啡的顾客，以及工厂、商店与办公场所的免费咖啡服务也开始出现。

在殖民地时期，作为早餐饮品的葡萄汁或麦芽啤酒首先向茶屈服，随后是咖啡。波士顿的"倾茶事件"促使咖啡赢得了一席之地；与此同时，咖啡被作为正餐后或两餐间的饮料，就和欧洲人一样。在华盛顿执政时期，正餐通常在下午 3 点供应，而在非正式的晚宴上，客人们"枯坐到日落——然后是咖啡时间"。

在 19 世纪初期，咖啡坚守住了伟大的美国早餐饮料的地位；而咖啡占据此一地位的安全性看来是能够名留青史的。

一日之始，一日之终。时至今日，美国所有的阶层都以 1 杯咖啡开始及终结每一天。在一般家庭中，咖啡以煮沸、浸泡、滴滤、过滤等方式制备；饭店和餐厅则是用浸泡、滴滤和过滤等方法。最佳的惯例做法则偏向真正的滴滤（法式滴滤）或过滤法。

经常被用来为亚伯拉罕·林肯供应咖啡的布列塔尼亚咖啡壶，新萨勒姆。

在美国家庭中，通常会用瓷器或是陶制水罐浸泡咖啡——一项英国传家宝。将研磨好的咖啡粉倒入水罐，再注入滚水，直到水罐达到半满。

轻轻搅动浸泡的混合物；接着，倒入剩余的热水，直到水罐被装满，再次轻轻搅动浸泡的混合物，然后静置；最后，用过滤器或滤布在供应前过滤。

当使用抽送式渗滤咖啡壶或双层玻璃过滤器具时，可以依使用者的喜好用冷却后的混合物或是煮沸的混合物。有些人会在煮制过程开始前，用冷水冲湿咖啡壶。

市面上有许多构造合理且外观很吸引人的美制器具，适合用来当作过滤器具。最新的过滤器具会在下一章描述。

各地的咖啡风俗。在新奥尔良享誉已久的克里奥咖啡，也就是法式市场咖啡，是由用滴滤壶煮制的浓缩咖啡萃取液制成的。

首先，将足量的沸水倒在研磨好的咖啡粉上，使其充分浸湿，然后加入更多的热水，以一次 1 汤匙、每匙间隔 5 分钟的频率将水加到咖啡粉上。将得到的萃取液放在用软木塞塞紧的瓶子中，在有需要的时候用来制作欧蕾咖啡或黑咖啡。还有一种改良后的克里奥咖啡制作法是将 3 茶匙的糖放到平底

阿斯特豪饭店的咖啡服
务，纽约。

锅中制成焦糖，加入 1 杯水，用小火慢慢煮至糖融化；将此液体倒进放在滴
漏壶中的咖啡粉上，加入所需分量的热水，供应时可随自己的意愿选择是否
加奶，或添加奶油或热牛奶。

在新奥尔良，咖啡通常作为一种早餐的餐前仪式，于床边供应。

1876 年的"费城百年博览会"成为将维也纳咖啡厅引进美国的场合。弗
莱希曼的维也纳咖啡厅与面包店是我们第一届世界博览会的特色。后来它搬
到了纽约百老汇，于恩典堂隔壁继续提供棒极了的维也纳风格咖啡。

机会仍在等待那些能够为我们较大的城市带回维也纳咖啡厅或某些美国
化形式的欧洲大陆咖啡馆或露天人行道咖啡厅，让茶、咖啡和巧克力成为特
色的勇士。

旧阿斯特豪斯酒店有许多年都是以咖啡闻名，1840 年到 1922 年间的多隆
咖啡馆也是如此。

已故罗斯福上校的家庭成员于 1919 年在纽约开创了一家巴西咖啡馆企
业。它最早的名称是保利斯塔咖啡馆，后来则被称为"二重 R 咖啡馆"或
"南美洲俱乐部"，40 年代时在巴西有一家分店，还有一家位于莱克星顿大道
上的阿根廷分店。这里的咖啡是用巴西风格煮制并供应的，也就是深城市烘

焙、彻底研磨成粉、用过滤法制作、供应黑咖啡或加热牛奶，同时也提供三明治、蛋糕和油炸小煎饼。

这家企业并不成功。即使在纽约市，有没有足够多的拉丁人能让一间只供应以巴西方法煮制咖啡的咖啡馆维持下去确实令人怀疑。

纽约独有的俱乐部之一是以咖啡馆之名而闻名遐迩。它位于西45街，自从1915年12月开始存在，当时它以一场非正式的晚宴宣布开业，在这场晚宴上，身为原始成员之一、已故的约瑟夫·H. 乔特简要叙述了这个俱乐部的成立目的与运作方针。

咖啡馆的创立者相信——由于纽约社交俱乐部中不断增加的高昂税金和礼节俗套与约束导致的结果——此处需要一个价格中庸的用餐及聚会场所，这个场所应该用尽可能简单的方式和最少的花费来经营。

这个俱乐部正式营业的时候，公布了一套最不正规的章程："不接受官员、不穿制服、不用给小费、不安排固定演说、不准赊账、没有任何规则。"

整体而言，俱乐部的会员多半是画家、作家、雕刻家、建筑师、演员以及其他各行业的成员。会员被预设以现金支付所有的点单。会员资格并非由提名候选人的机制决定。俱乐部会邀请那些相信赞同俱乐部创建人理念的人加入。

在纽约华尔道夫－阿斯托里亚酒店中，为个人服务的咖啡煮制方法被许多不只是提供瓮煮咖啡的一流饭店与餐厅吸收采用。

华尔道夫－阿斯托里亚酒店使用的是法式滴滤，但须注意小心谨慎地制作1杯完美咖啡的所有影响因素。一位饭店的侍者是如此描述的：

> 使用的是一个瓷制的法式咖啡滴漏壶。壶被存放在一个温暖的加热器上；当有人点咖啡时，这个壶会用沸水冲洗消毒。
>
> 将1平匙的咖啡豆研磨至和小颗粒砂糖差不多的粗细，然后放入上层，也就是咖啡壶过滤器的部分。接着注入新鲜煮沸的水，使其透过咖啡粉过滤进入咖啡壶的下层。

根据我们的经验，成功的秘诀在于咖啡粉要新鲜现磨，并且水越接近沸腾状态越好——基于这个理由，咖啡壶应该被放置在炉子或炉灶上。

咖啡粉的量可以依个人的口味而有所变化。我们在煮制晚餐后咖啡时，会比准备早餐咖啡时多加入约 10% 的研磨咖啡粉。我们使用的是由产自爪哇和波哥大的咖啡豆混合而成的综合咖啡豆。

纽约国宾饭店的主厨 C. 史考提如此描述那间饭店制作咖啡的方法：

首先，最基本的要点是，咖啡的质量是所能取得的咖啡中最好的；其次，使用法式过滤壶或咖啡袋，如此得到的咖啡是比较好的。

早餐咖啡的比例是 12 盎司的咖啡配上 1 加仑的水。

正餐咖啡则是 16 盎司咖啡配上 1 加仑的水。

倒在咖啡上的水应该是煮沸的，而且水应该放回炉子上加热数次。任何时候我们都不会允许咖啡粉放在瓮里超过 15～20 分钟。

在最好的饭店中，咖啡通常是被放在银制的壶和罐子中供应给顾客，一并提供的有新鲜煮制的咖啡、热牛奶或奶油（有时候两者皆有），还有塔糖。

许多重要的饭店和某些大型铁路系统采纳了以下惯例：只要顾客或旅人坐在早餐桌前或进入餐车中，就提供免费的小杯清咖啡。"小黑人"，侍者们这么称呼它们，或者是"咖啡鸡尾酒"。

南美洲的咖啡习惯

阿根廷。作为一种休闲饮料，咖啡在阿根廷是很受欢迎的。康莱切咖啡——也就是咖啡加牛奶，其中咖啡的比例由 1/4 到 2/3 不等——是阿根廷常见的早餐饮料。人们用餐后通常会喝一小杯咖啡。在很大程度上，咖啡也会在咖啡厅中被消耗掉。

巴西。在巴西，每个人无时无刻不在喝咖啡。让这饮料成为特色产品，并仿照欧洲大陆原始版本的咖啡厅在里约热内卢、圣多斯以及圣保罗随处可见。巴西人一般习惯将咖啡豆烘焙到极深，几乎到碳化的程度，被研磨至极细，然后按照土耳其式煮制方法将其煮沸，用法式滴漏壶滴滤，浸泡在冷水中数小时，在需要使用时将此液体过滤并加热，或用吊挂在金属线圈上的锥形亚麻布袋过滤。

巴西人热爱光顾咖啡厅，他们喜欢在那里自在地品尝啜饮咖啡。在这一方面，巴西人相当大陆化。敞开的大门还有大理石圆桌，他们的小杯子和茶托被放在糖盆周围，构成了一幅吸引人的画面。顾客将其中一个杯子拉到自己面前，放进半杯绵糖，一位侍者立刻上前将杯子倒满咖啡，这样1杯咖啡的收费是1托斯陶，大约1.5美分。

一个巴西人一天喝掉12～24杯咖啡是很常见的事。

如果某人在进行社交访问时，对共和国总理、任何次要官员或生意上的熟人提出邀请，这对服务的侍者来说便是上咖啡的信号。欧蕾咖啡在早上很受欢迎；除此之外都绝不会用到牛奶或奶油。如同在东方，咖啡在巴西也是好客的象征。

哥伦比亚。和大部分拉丁美洲国家一样，咖啡会伴随所有的社交与商业会谈出现。在俱乐部、餐厅、饭店或人行道咖啡厅中，人们饮用的永远是以小杯清咖啡形式供应的黑咖啡。

智利、巴拉圭以及乌拉圭。这些国家盛行的咖啡制作方法与供应习惯差不多都是相同的。

其他国家的咖啡饮用

澳大利亚及新西兰。在澳大利亚及新西兰，英式咖啡烘焙、研磨，还有煮制的方法被视为标准。咖啡中通常有30%～40%的菊苣。如果置身荒野，会用斑马锅煮沸水，然后加入被研磨成粉的咖啡，随后此液体被再次煮沸，咖啡就煮好了。在城市中，采用的基本上是同样的方法。在对极点（北半球对澳大利亚及新西兰的称呼），一般的规则似乎是"让它煮至沸腾"，然后将其由火上移开。

古巴。古巴的惯例是先将咖啡豆磨成细粉，然后放进悬挂在承接容器上方的法兰绒布袋中，再倒入冷水。多次重复这个步骤，直到大部分咖啡粉彻底吸饱水分。第一次滴下来的咖啡会再次被倒入袋中。最终，可以得到极为浓缩的萃取液。人们可以依想要的方式用萃取液制作欧蕾咖啡或黑咖啡。

马提尼克、巴拿马、菲律宾。在这些地方，咖啡是用法式和美式方法制作而成的。

第十三章

咖啡器具的演进

大约 1817 年，据说由比金先生发明的比金壶在英国被广泛使用在咖啡的制作上。壶的边缘悬挂着装有咖啡粉的法兰绒或棉布袋，倒入的热水会穿过这个袋子，如此袋子便能当过滤器使用。直到现在，比金壶在英国还广受欢迎。

最古老的咖啡研磨器。古埃及的研钵和杵，可能曾被用来捣碎咖啡浆果。

一开始，也就是在大约 800 年的埃塞俄比亚，咖啡被视为一种食物。成熟的浆果，包括咖啡豆和果壳，都被放在一个研钵中捣碎，并加上油脂揉成食物球。后来干燥的浆果也被用类似的方式处理，粗糙的石制研钵和杵就是原始的咖啡研磨器。

各式咖啡器具的发展

在 1200 年到 1300 年之间，干燥的果壳和生豆会被人们放在粗糙烧制的陶盘或石制器皿上烘焙。

接下来，人们把咖啡豆放在小型的磨盘上碾磨——一块磨石在另一块上面转动。随后出现的是希腊人和罗马人用来研磨谷类的磨臼。这种磨臼由两块圆锥形的磨石构成，一块是空心的，安放在另一块磨石上；庞贝城中曾发现这种磨臼的样本。原始烘焙用具的构造原理与大多数现代金属研磨器的完

希腊与罗马的谷物磨臼，
也被用来研磨咖啡豆。

最早的咖啡烘焙器，大约是 1400 年。

全相同。

1400—1500 年间，独特的陶制和金属制咖啡烘烤盘出现了。这些盘子是圆形的，直径为 10～15 厘米，厚度约 1.6 厘米，稍微有点内凹，同时打有小孔，有点像现代厨房用的漏勺。在土耳其和波斯，人们会使用此器具在炭盆上（开口的平底锅或盆子，用来盛装点燃的煤炭）烘焙咖啡豆，并且一次只烘焙一点点。炭盆通常架设在脚架上，而且被装饰得很华丽。

大约在同一时间，金属制小型土耳其圆筒咖啡研磨器和最早的土耳其咖啡壶——咖啡烧煮壶首次出现了。小巧的中国瓷杯让整套用具变得更齐全。

最早的咖啡烧煮壶和无盖的英国麦芽啤酒杯很像，顶部比底部小，装有一个供倾倒用的带沟槽的盖子，还有一根又长又直的把手。这些壶是黄铜制的，其容量可装满 1～6 个小杯子。随后大口水壶的设计有所改进，有圆滚滚的壶身、有领的顶端，还有盖子。

土耳其式咖啡研磨器似乎昭示着单独的滚筒式烘焙机在后来（1650 年）会变得很普遍，并且由此发展出大型的现代滚筒商用烘焙机。

在早期文明中，为个人提供咖啡时，是将咖啡装在粗糙的陶碗和碟子中；但早在 1350 年，在波斯、埃及和土耳其，人们会用陶制的大口水壶作为盛放咖啡的器皿。在 17 世纪，类似样式、以金属制成的大口水壶是颇受东方国家和西欧地区人们喜爱的咖啡器具。

在1428—1448年间，一种带有四条腿的香料研磨器被发明出来；这种器具之后被用来研磨咖啡豆。18世纪时，研磨器里添加了可收集咖啡粉的抽屉。

在1500—1600年间，带有长柄和脚架的铁制浅勺出现了，在巴格达和美索不达米亚的阿拉伯人会用这种器具烘焙咖啡豆。这种烘焙器的柄长约86厘米，碗状部分的直径约20厘米。人们还会配一根金属搅拌棒（锅铲），用来搅动咖啡豆。

另一种类型的烘焙器是在1600年左右被发明出来的。它的形状像一只长着腿的铁蜘蛛，如前所述，这是为了让烘焙器能放置在明火中。在这个时期，白镴（锡铅合金）制咖啡壶首度被采用。

在1600—1632年间，欧洲人普遍使用木制、铁制、黄铜制和青铜制的臼和杵来捣碎烘焙过的咖啡豆。几个世纪以来，咖啡鉴赏家一直认为，用臼和杵捣碎的咖啡豆要比用最有效率的研磨器研磨的咖啡豆好。裴瑞格林·怀特的父母于1620年乘坐五月花号，将一个用于捣碎咖啡豆的木臼和杵带到了美国。

当拉罗克谈到他的父亲于1644年从君士坦丁堡带回马赛的冲煮咖啡的器具时，他指的是当时东方特有的器具，包括烘焙盘、圆筒研磨器、小型的长柄烧水壶，还有小巧的瓷杯。

大约17世纪中叶，当伯尼尔访问大开罗时，他发现，全城有1000多家咖啡馆，但只有两位懂得咖啡豆烘焙工艺的人。

大约1650年，单个的圆筒咖啡烘焙器出现了，通常是用马口铁或镀锡的铜等金属制成的。这种器具由原始的土耳其式口袋研磨器发展而来，可以放在炭盆的明火上使用。

大约在同一时期，也出现了一种集制作和供应功能于一体的金属咖啡壶，毫无疑问，如今常见的咖啡机就是由它演变而来的。

大约在1660年，埃尔福德白铸铁（镀锡的铁片）烘焙机器在英国出现，"用一个插座点燃火焰"。这机器不过就是更大尺寸的单个圆筒烘焙器，是为

17 世纪用来制作咖啡粉的青铜制与黄铜制研钵。左，青铜制（德国）；中，黄铜制（英国）；右，青铜制（荷兰，1632 年）。

最早的圆筒烘焙器，大约在 1650 年。

家用或商用设计的。法国人和荷兰人对其进行了改进。17 世纪时，意大利人生产了一些设计美观的铸铁制咖啡烘焙器。

在埃尔福德机器出现之前，乃至其后的两个世纪，一般家庭普遍使用无盖陶制塔盘、旧布丁盘和平底锅来烘焙咖啡豆。

在现代厨房炉具的时代到来之前，烘焙咖啡豆通常都是在没有火焰的炭火上进行的。

1665 年，改良后的土耳其式复合咖啡研磨器首次在大马士革出现，它可以用来研磨、煮制和饮用咖啡，并且附带有可折叠的把手和存放咖啡豆的杯子。大约在这个时期，土耳其式咖啡器具组合，包括长柄烧水壶和放在黄铜支架上的陶瓷杯开始流行起来。

1665 年，住在伦敦的尼可拉斯·布克声称，他是"唯一以制作把咖啡豆研磨成粉的研磨器而闻名的人……每个研磨器的价格是 40 先令到 45 先令"。

荷兰人将巴格达烘焙器具有的长柄和原始圆筒烘焙器结合起来，制作了一种小型的封闭式铁片圆筒烘焙器，它带有长柄，可以在明火中手持并转动。

从 1670 年开始，一直到 19 世纪中叶，这种家用烘焙器在荷兰、法国、英国以及美国广受欢迎——尤其是在乡村地区。欧洲和美国的博物

烘焙、制作和供应咖啡的器具。17世纪早期，
达弗尔绘。

馆保存有许多样本。

铁制圆筒的直径大约是13厘米，长度是15～20厘米，底部连接有三四支铁棒，并装有一个木质手柄。咖啡生豆通过滑门被放入圆筒。通过把从烘焙圆筒较远程伸出的铁棒的一端搁在常见的壁炉起重机的钩子上，让烘焙器在火焰上方保持平衡，然后慢慢地转动圆筒，直到咖啡豆变成合适的颜色。

1691年，可以放在口袋里的便携式咖啡制作设备在法国相当流行。这些设备包括一个烘焙器、一个研磨器、一盏油灯、灯油、杯子、碟子、勺子、咖啡和糖。一般的烘焙器是用锡板或镀锡的铜板制作而成的，若是供贵族使用，则会用银和金制作。1754年，在送往驻扎于凡尔赛的国王军队的货物中，出现了一个长约20厘米、直径约10厘米的白银制咖啡烘焙器。

"伦敦咖啡大师"汉弗莱·布罗德本特在1722年写下以下这段文字：

我认为最好是把咖啡豆放在满是小空的铁制容器中，然后置于炭火上方烘焙，在这个过程中要一直转动容器，并且偶尔摇晃一下，以避免里面的咖啡豆烧焦。把咖啡豆从容器中取出后，将它们摊开铺在锡板或铁板上，直到热量散去。

我建议每个家庭都自己烘焙咖啡豆，因为这样做可以保证几乎不会

土耳其式咖啡研磨器。美国国家历史博物馆彼得典藏中一件精致的样本。

美国国家历史博物馆彼得典藏中的历史文物：（1）巴格达咖啡烘焙勺及搅拌棒；（2）用来捣碎咖啡豆的铁臼和杵；（3）华盛顿将军及其夫人使用的咖啡研磨器；（4）弗农山庄中使用的咖啡烘焙锅；（5）有鸦喙形壶嘴的巴格达咖啡壶。

拿到任何受损的浆果，也可以避免任何对咖啡饮用者来说非常有害的增加重量的欺骗行为。在荷兰，大多数知名人士都自己烘焙咖啡浆果。

在1700—1800年间，一种小型的便携式家用炉具出现了——它是用铁做的，且装有可水平旋转的圆筒，可以用来烘焙咖啡豆。这些炉具还装备有铁质手柄，用来转动圆筒。

这种烘焙器的改良版是加上一个三面罩，而且有三条腿可供站立，这样的设计可以让烘焙器架在开放式火炉上，靠近火焰或直接放进焖烧的余烬中。由于此烘焙器容量较大，小旅馆和咖啡馆都可能用它来大批量地烘焙咖啡豆。

另一种在18世纪晚期出现的烘焙器，是悬挂在一个里面可生火的、高的铁制盒状格子，或炉子上方的铁皮烘焙器。它也可以被用来烘焙大批量的咖啡豆。在某些样本中，这种烘焙器装有支脚。

18世纪的咖啡烘焙器。艾塞克斯学会，塞勒姆，马萨诸塞州。

1672 年，巴斯可在巴黎的圣日耳曼集市中首次使用了大的银质咖啡壶"加上所有使用同样材质的附属用具"。英国和美国的银匠仍然持续打造款式最为美观的银质咖啡壶；这些咖啡壶在英国和美国都有一些著名的典藏。

东方的咖啡壶几乎都是金属材质的，而且在古老的样式中，它们有着优雅的曲线，还有一个 S 形、略微弯曲的装饰壶嘴，被装在低于容器中线的位置。用同样方式装饰的手柄也能塑造出设计上的平衡感。

1692 年，灯笼形直线排列咖啡壶（带有标准的锥形盖、壶盖按压片，把手与壶嘴呈直角）被引进了英国，取代了有弧度的东方式咖啡壶。

1700 年，用比较廉价的金属——像是锡和大不列颠金属（一种特殊铅锡合金）——制作而成的咖啡壶开始出现在普通人家的餐桌上。1701 年，银质

早期法国的壁挂式及桌上研磨器。左，收藏于哈莱门博物馆中的 17 世纪咖啡研磨器；中，18世纪的壁挂式研磨器；右，18 世纪的铁制研磨器。

咖啡壶出现在英国，它具有完美的半球形，壶身上下粗细趋于一致。

1700—1800 年，银制、金制以及精美的瓷制咖啡壶在欧洲皇室中广为流行。

1704 年，布尔的咖啡烘焙器在英国获得专利。这可能标志着煤炭首次被用于商业烘焙。

1710 年，在法国家庭中最受欢迎的咖啡烘焙器是一种有着光泽表面的陶盘。同年，用来浸泡咖啡粉的棉麻混纺（亚麻）布袋被引进法国。

到了 1714 年，英国的咖啡壶上供拇指按压的部分已经消失了，把手也不再与壶嘴呈直角。1725 年，英国咖啡壶的壶身出现了进一步的变化，越来越接近直筒的形状。

1720 年，咖啡研磨器在法国十分普遍，一台研磨器的售价仅为 1.2 美金。

以原始的香料研磨器为起点，法国人很快便将其发展成咖啡研磨器。在一开始，它们被称为咖啡磨臼；18 世纪的时候，烘焙器开始以磨臼之名为人所知。它们是铁制的，保留了古人用来磨碎小麦的水平磨石的原理——其中一块磨石固定，而另一块可以移动。它们是低矮的箱形物，中间有一根能绕着一片固定的波浪状铁板旋转的铁柄；此外，有的咖啡研磨器可以钉在墙上。

一开始，研磨器上并没有能够存放咖啡粉的抽屉，后来才出带抽屉的样式。在盛粉盒被发明出来之前，磨好的咖啡粉是装在一个用涂了油脂的皮革制成的袋子里的，或是放在外层以蜂蜡处理过的皮袋中——这可能是为保存风味而出现的双层纸袋的起源。

法国人将与生俱来的艺术天赋充分地投入到研制咖啡研磨器上，就跟他们在烘焙器与咖啡供应壶上的投入一样。在许多情况下，他们会用银与金制作咖啡研磨器的外壳。

到 1750 年，直线排列型咖啡供应壶在英国开始屈服于偏爱圆滚滚的壶身和弯曲的壶嘴之新古典主义的反动运动。

大约在 1760 年，法国发明家致力于改进咖啡制作器具。一位巴黎的锡匠唐·马丁在 1763 年发明了一种瓮形壶，这种瓮形壶采用法兰绒袋子进行

英国与法国的咖啡研磨器，19 世纪。

浸泡。同年，巴黎锡匠艾恩制作出被称为"diligence"的另一种浸泡器具。

1770 年，英国咖啡壶的风格彻底发生了改变，回归土耳其大口水壶的流畅线条；而在 1800—1900 年间，咖啡壶逐渐回归到把手与壶嘴呈直角的风格。

大约在巴西开始积极种植咖啡树的时期，威廉·潘特获得第一项给予"咖啡去壳研磨机"的英国专利，时间是在 1775 年。

1779 年，理查德·迪尔曼发明了一种制作咖啡研磨器的新方法，并获得英国专利。

1798 年，小托马斯·布鲁夫获得了第一个改良咖啡研磨器的美国专利。那是一台壁挂式磨豆器，装有薄铁板，咖啡豆被放在两个圆形螺丝间的铁板内，铁板的宽度约 8 厘米，中心有粗齿，而边缘有浅浅的细齿。

最初的法式滴滤壶

德贝洛侬的咖啡壶于 1800 年在巴黎出现。一开始是锡制的，但后来以陶瓷和银制作——那是最初的法国滴滤壶。这个器具从未申请专利，但它似乎为许多法国、英国和美国的发明家提供了灵感。

法国第一个咖啡滤器专利，于 1802 年被授予德诺贝、亨利翁和鲁什；专利内容是"浸泡方式的药物学－化学法咖啡制作器具"。同一年，查尔斯·怀亚特在伦敦获得一项蒸馏咖啡器具的专利。

1806 年，哈德罗特被核发一项器具的法国专利，该器具"不需煮沸并暴露在空气中即可过滤咖啡"。

在这里使用"过滤"这个词可能有误导的嫌疑，该词在法国、英国和美国的专利命名上被使用过许多次，但在那些专利中是渗滤的意思，这和过滤原本的意思有极大差异。

渗滤是指让水穿过陶瓷或金属的细微缝隙滴下；过滤则是让水穿过有孔洞的材质滴下——通常是布或纸张。

德贝洛依的咖啡壶是一种渗滤式咖啡壶，哈德罗特的咖啡壶也是。让哈德罗特得以获得专利的咖啡壶是"将一般过滤咖啡壶中使用的白铁滤器（sic）以坚硬的锡铋合金构成的滤器替代"，以及使用"以同样材质制作、有打洞的装药棒"。装药棒可以将咖啡粉压紧和铺平，使其平滑且均匀。

哈德罗特在他的规格说明书中说："它能阻止沸水从高处倒入时产生扰动。抓握装药棒的柄，并将其维持在距离咖啡粉 1.3 厘米的地方，如此一来，它便只会受到水的作用，而水则被装药棒分散，并因此能帮助必然会在每一个颗粒上产生的萃取。"

詹姆斯·亨克于 1806 年因为一项咖啡干燥机而获得英国专利，"一项由一位外邦人传达给他的发明"。

大约 1806 年，皇家学会会员、美裔英籍科学家、慈善家兼行政官员本杰明·汤普森于巴黎发明了渗滤式咖啡壶。本杰明·汤普森被称为伦福德伯爵，这是教皇授予他的头衔。

伦福德伯爵的发明，1812 年于伦敦首次公之于众。他因为自己发明的器具获得极高的赞誉，他为了这项发明物，以"关于咖啡的绝佳质量及以完美的方式制作咖啡的艺术"为题，在巴黎发表了一篇精心写就的论文；同时，这篇论文在 1812 年于伦敦发表。

那是一个简单的渗滤式咖啡壶，

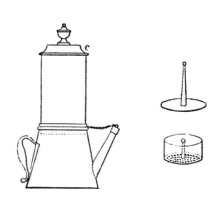

原始的法式滴漏壶，德贝洛依的咖啡壶。

伦福德伯爵的渗滤式咖啡壶。

装有一个热水保温罩，对德贝洛依发明的法式滴漏或渗滤式咖啡壶来说是一项真正的改进，但与哈德罗特获得专利的器具十分类似。

无论如何，伦福德伯爵是一号别具一格的人物，同时也是一位优秀的广告人。他通常被冠以发明咖啡渗滤器具的荣誉；但只要检视他的器具便会发现：严格说来，德贝洛依的壶也是渗漏器具，而且很明显比伦福德伯爵的发明大概早了6年。

德贝洛依利用的原理是，将有孔的金属或陶瓷网格保持在悬吊状态，让热水从网格上滴下，穿过研磨好的咖啡粉；这是真正的渗滤式做法。

如上段所述，哈德罗特所做的改进与伦福德伯爵是完全一样的。在论文中，伦福德伯爵承认这种制作咖啡的方法并非新创，但他宣称自己所做的改良是新的。他的改良是在上层，也就是渗滤器具中装上一个装药棒，用来将咖啡粉压缩到一定的厚度，这可借由将放置在磨好的咖啡粉上的锡制渗滤圆盘分水器装上四个凸出物（或者说脚）来达成，这四只脚能让分水器维持悬吊的状态，并使其与盛装咖啡粉的网格保持在1.3厘米的距离内，而且免于受到"搅动"的影响。

伦福德伯爵认为，1.7厘米厚的咖啡粉应该在加入热水前被弄平并压缩到1.3厘米厚。事实上，用德贝洛依和哈德罗特的咖啡壶基本上也能得到相同的结果，上述两种壶也装备有分水器和填塞器，不过在渗滤步骤开始前的咖啡粉深度这件事情上无法保证有同样的精确性。德贝洛依的分水器在底部并没有凸起，这一点被伦福德伯爵特别加以强调。然后就是热水保温罩的部分，这是哈德罗特热空气浴的改良版本。

那些追随伦福德伯爵脚步的发明家忽视了他将科学的精确性附加到咖啡制作上的重要性；不过很有趣的是，我们可以发现，现代的复杂咖啡机器以及大部分的过滤器具，保留了很多德贝洛依、哈德罗特以及伦福德等人发明的咖啡壶设计上的特色。

优秀的改良版本在英美

法国的发明家继续专心致力于解决咖啡烘焙与咖啡制作的问题，并衍生出许多新奇的想法。这些点子有一部分被荷兰人、德国人和意大利人加以改进；不过在留存下来的众多改良版本中，最好的是英国与美国的。

1815 年，塞内被核发一项"无须煮沸的咖啡制作器具"的法国专利。1819 年，罗伦斯生产出渗滤器具的原型，热水会被一根管子吸上去，并洒在咖啡粉上。同年，一位名为莫理斯的巴黎锡匠兼灯具师傅仿照欧洲与美国所有逆过滤咖啡壶的先驱，制作出逆过滤双重滴漏咖啡壶。另一位名为格德的锡匠在 1820 年因采用布质滤材制作渗滤壶的一项改良手法而获得专利。到了 1825 年，借由蒸汽压力和部分真空原理作用的泵浦式渗滤壶在法国、荷兰、德国以及奥地利被大量使用。

与此同时，用"铁锅或以铁皮制成的中空圆筒"烘焙咖啡豆在英国是很普遍的做法；而在意大利，则是用配有松松的软木塞的玻璃瓶来烘焙咖啡豆，玻璃瓶被"保持在燃烧的木炭的澄澈火焰上，同时被不断地搅动"。1812 年，安东尼·施依克获得一项关于烘焙咖啡豆的英国专利；但他未曾提出规格说明书，我们恐怕永远都无法知道那种方法的步骤。当时英国的习惯是将烘焙好的豆子放进研钵中碾碎，或用法式研磨机研磨。

在美洲，一项美国专利在 1813 年被核发给纽海文的亚历山大·邓肯·摩尔，专利内容是"研磨和捣碎咖啡豆"的研磨机。1818 年，新伦敦的英克里斯·威尔森因为金属制研磨机获得美国专利。1815 年，阿奇伯德·肯里奇因"研磨咖啡之磨豆机"而获得一项英国专利。缅因州贝尔法斯特的内森·里德是第一位美国咖啡机械器具发明家。他在 1822 年被核发咖啡脱壳机的专利。

1822 年，刘易斯·伯纳·拉鲍特被核发一项英国专利，专利内容是借由蒸汽的压力迫使热水向上穿过大部分咖啡粉的逆转法式滴滤法。

1824 年,一位名叫卡泽纳夫的巴黎锡匠在法国获得的专利有着几乎完全一样的概念。卡泽纳夫在他的机器中采用的是纸质的滤器。

比金壶

大约在 1817 年,据说由比金先生发明的比金壶在英国被广泛使用。它通常是一个陶制的壶。最早的壶在上半部有一个类似法式滴滤壶的金属滤器。在后来的样式中,壶的边缘悬挂的是装有咖啡粉的法兰绒或棉布袋,倒入的热水会穿过这个袋子,如此袋子便能当作过滤器使用。

这个器具由 1711 年法国的棉亚麻混纺布袋以及其他早期法式滴滤和过滤器具改良而来,并且受到极大欢迎。任何在开口处装配有这种袋子的咖啡壶都可以被说成是比金壶。后来又发展出装配有金属丝网过滤器的金属咖啡壶。直到现在,比金壶在英国仍然广受欢迎。

更多进一步的发展

当法国发明家忙于制作咖啡滤器时,英国和美国的发明家则在研究改进烘焙咖啡豆的方法。

从咖啡器具到农庄机械

1820 年,巴尔的摩的佩瑞格林·威廉森因改进咖啡烘焙机而获得了美国的第一个专利。

1824 年,理查德·埃文斯因烘焙咖啡的商用方法获得英国专利,包括装有供混合用的改良式凸缘的圆筒形铁皮烘焙器、在烘焙的同时为咖啡取样的中空管子及试验物,以及将烘焙器彻底翻转以便清空内容物的方法(下页图)。

罗斯威尔·阿贝在 1825 年获得一项脱壳机的美国专利,同年,美国第一

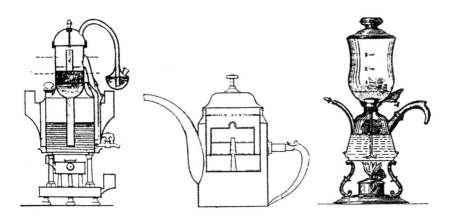

早期的法式过滤器具。左，卡泽纳夫的滤纸机器，1824 年；中，高德特的滤布咖啡壶，1820 年；右，拉巴列尔的渗滤式咖啡壶。

项咖啡滤器的专利被核发给纽约的刘易斯·马爹利。这标示了美国人试图让蒸汽及咖啡精油凝结，并将其返回浸泡物中的首次尝试。

1838 年，北卡罗来纳州米尔顿的安东尼·班契尼被核发一项类似的美国专利。1844 年的罗兰以及 1856 年韦特与谢内尔在他们的欧道明咖啡壶（Old Dominion）中试着做出相同的结果，也就是将蒸汽凝结在壶的上层空间内。

同一时期，法国人将重点放在咖啡滤器上；而在 1827 年，巴黎的一位镀金珠宝制造商雅克·奥古斯汀·甘达斯生产出一台能实际使用的泵浦式渗滤壶。这台机器外部有一条向上倾斜的蒸汽管。同样在 1827 年，香槟沙隆的一位制造商尼古拉斯·菲利克斯·杜兰特因首次在渗滤式咖啡壶采用内部管道将热水喷洒在咖啡粉上而获得一项法国专利。

1828 年，康涅狄格州梅里登的查尔斯·帕克开始着手研究最初的帕克咖啡研磨机，他后来因此获得了名声和财富。1829 年，第一项咖啡研磨机的法国专利被核发给穆尔塞姆的 Colaux & Cie。同样在 1829 年，巴黎的劳扎恩公司开始制作手摇式铁制圆筒咖啡烘焙机。

乔治亚州杰斯帕郡的齐诺斯·布朗森在 1829 年获得一项咖啡豆脱壳机的美国专利。许多人在接下来的数年间追随他的脚步。

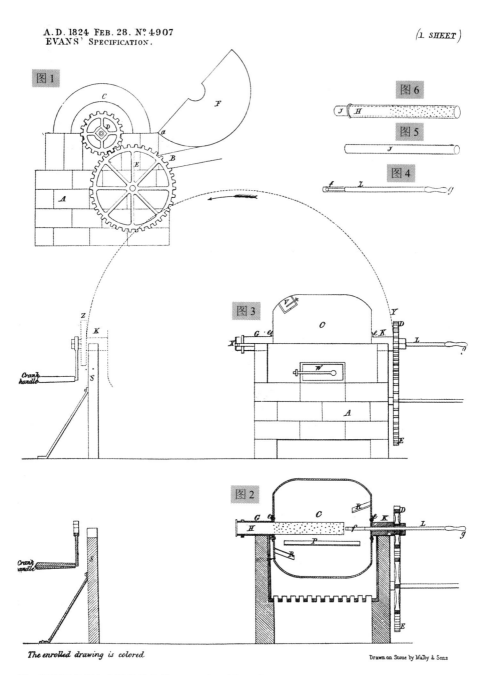

The enrolled drawing is colored

Drawn on Stone by Malby & Sons

第一项英国商用咖啡烘焙机专利，1824 年。图 1，侧视图；图 2，剖视图；图 3，前视图，显示烘焙圆筒在清空时如何完全翻转；图 4，检查器，或取豆勺；图 5，插入图 6H 处防止香气逸散的管子（J）。

1831 年，戴维·塞尔登因一台
有铸铁制研磨锥的咖啡研磨机而被核
发一项英国专利。

帕克咖啡研磨机在家用咖啡与香
料研磨器方面获得的第一项美国专
利在 1832 年核发给康涅狄格州梅里
登的爱德蒙·帕克与 M. 怀特。查尔
斯·帕克公司的业务也是在同一年奠
定基础。1832—1833 年，康涅狄格州

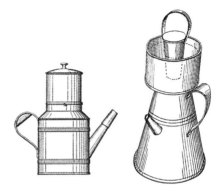

早期美国咖啡滤器之专利。左，韦特与谢内尔
的欧道明咖啡壶；右，班契尼的蒸汽凝结壶。

柏林镇阿米·克拉克也因改良家用咖啡及香料研磨器获得美国专利。

康涅狄格州哈特福德的阿莫斯·兰森在 1833 年获得咖啡烘焙器的美国
专利。

英国人在 1833 年到 1834 年开始出口咖啡烘焙与咖啡研磨的机器。

1834 年，约翰·查斯特·林曼因将装配有金属锯齿的圆形木盘用在咖啡
豆脱壳机上而获得一项英国专利。

1835 年，波士顿的艾萨克·亚当斯与托马斯·迪特森共同推出了改良版
脱壳机。

直到 1836 年，第一项法国专利被才核发给巴黎的弗朗索瓦·勒内·拉库

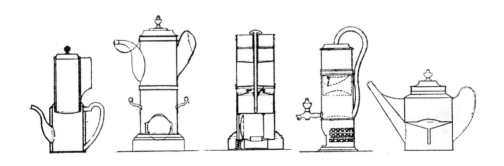

早期法式咖啡滤器的专利制图。左 1，1806 年的滴漏壶；左 2 及左 3，杜兰特的倒流壶，1827
年；紧接着（第 4 个），甘达斯的第一个能实际使用的泵浦式渗滤壶，1827 年；右，葛兰汀与
克雷波的渗滤壶，1832 年。

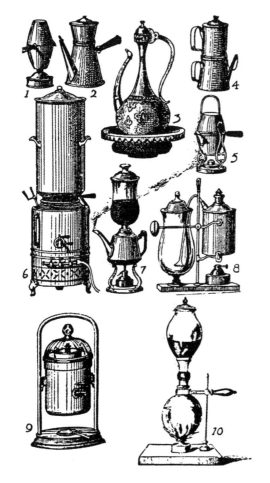

19世纪的法式咖啡滤器。1、2：改良版法式滴滤壶；3：波斯设计款咖啡壶；4：德贝洛依咖啡壶；5：俄罗斯颠倒壶；6：新式过滤机；7：玻璃过滤壶；8：虹吸式机器；9：蒸汽喷泉咖啡壶；10：双层玻璃"气球"式器具。

的复合式咖啡烘焙研磨机。因为发明人认为金属会在烘焙过程中给咖啡豆带来令人不悦的风味，所以他的烘焙机是陶瓷制的。1839年，詹姆斯·瓦迪和莫里茨·普拉托因采用真空步骤、用有玻璃制上层器皿的瓮形渗滤式咖啡壶制作咖啡，而被核发了一项英国专利。

利用同样的原理，第一项玻璃制咖啡制作器具的法国专利在1842年被核发给里昂的瓦瑟夫人。

这些都是20世纪初期在美国大为风行之双层玻璃"气球"式咖啡器具的先驱者。直到20世纪后期，这些器具在欧洲都还很受欢迎。

1839 年，费城的约翰·里腾豪斯被核发了一项为解决研磨咖啡豆时钉子与石子的问题而设计的铸铁研磨机的美国专利。他的改良意在借由将机器停止来预防对研磨锯齿造成的伤害。

1840 年，纽约州波兰的阿贝尔·史提尔曼获得一项美国专利，专利内容是在家用咖啡烘焙器上加上让操作者得以在烘焙过程中观察咖啡的云母片窗口（下图之 10）。

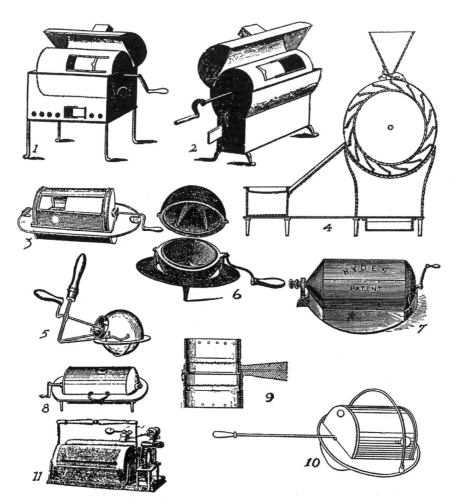

早期英国与美国的咖啡烘焙器。1、2：英式木炭烘豆机；3、5、8：美式煤炉烘豆机；4：雷明顿箕斗轮式（美国）烘豆机，1841 年；6：伍德烘豆机；7：海德炉用烘豆机；9：可翻转炉用烘豆机；10：阿贝尔·史提尔曼炉用烘豆机；11.铸铁研磨机。

1840 年时，威廉·麦金能开始在他于 1798 年在苏格兰阿伯丁创立的春园铁业公司制造咖啡农庄种植机械。麦金能于 1873 年逝世，在他过世之后，他的公司继续以 Wm. 麦金能股份有限公司的名称存在。

1850 年，约翰·戈登有限公司开始在伦敦制造后来以"戈登出品"而举世闻名的一系列咖啡农园机械。

威廉·沃德·安德鲁斯在 1841 年因采用泵浦压迫热水向上穿过咖啡粉的改良式咖啡壶而获得英国专利，泵浦的位置在以螺丝锁住的咖啡壶下层的渗滤圆筒内。这是拉布特在 19 年前提出的想法。

这个主意在 1906 年于美国的纽约市场上再度出现。

巴黎的克劳德·马里·维克多·伯纳德在 1841 年获得一项法国专利，专利内容是烘焙圆筒与火焰距离更近的改良版咖啡烘焙器。

引述发明者古怪的文字说明，这件事得以做到是借助了可移动脚架，还有"借由在火炉边缘加上一个铁皮小圈获得双倍热能，而它带来如此多的优点，以至于它看来值得注册专利"（下图 4）。

不过法国人对烘焙机的态度并不是太认真，不像英国和美国，烘豆在法国还称不上是咖啡生意的一项独立分支，而在英美两地，已经有敏锐的人在研究纯商用的咖啡烘焙机器了。正因为如此，往这个方向加强思考的努力，注定在 1846 年的美国及 1847 年的英国开花结果。

法国的发明天才们继续专注在咖啡的制作上，1843 年，巴黎的爱德华·洛伊塞尔·德·桑泰首度提出了后来被体现在 1855 年万国博览会上"1 小时冲煮 2000 杯咖啡"所用之流体静力渗滤壶上的概念，随后这个构想在意大利人的快速过滤咖啡机中被不断地改良。

值得注意的是，洛伊塞尔的 2000 杯咖啡应该指的是小杯清咖啡。现代的意式快速过滤咖啡机每小时可生产大约 1000 杯大杯咖啡。

牙买加京斯顿的詹姆斯·密卡克在 1845 年因一台可独立去皮、处理和分类咖啡豆的机器而获得英国专利。

卡特烘豆机

波士顿的詹姆斯·W.卡特在1846年因他的"拉出式"烘豆机而被核发一项美国专利；这是接下来20年间，美洲商业烘焙最普遍使用的机器。

卡特并没有宣称自己发明了圆筒烘焙器和鼓风炉的组合，不过他的确主张拥有此一组合的优先权，包括鼓风炉及烘焙器具和环绕两者的通风空间，即通风腔室，"同样的设计具有在通风腔室的进气和排气开口或通道关闭时，防止鼓风炉散发出的热量快速逸散的用途"。

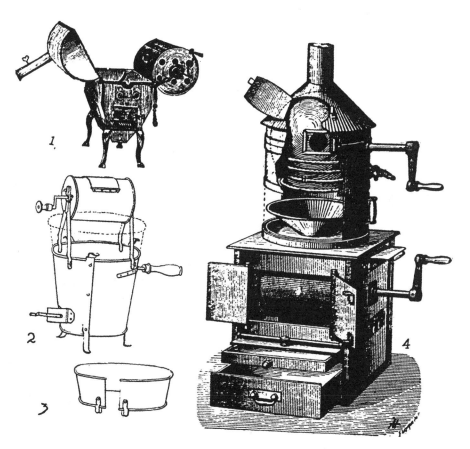

早期的法国咖啡烘焙机器。1：德尔芬的焦炭烘豆机；2：伯纳德的烘豆机；3：伯纳德烘豆机使用的铁皮小圈；4：Postulart 的瓦斯烘豆机。

卡特"拉出式"烘豆机之所以有这个称呼，是因为铁皮制的烘焙圆筒为了要从其"侧边"的滑门清空或重新装填，会被以直立支柱支撑的轴由鼓风炉中拉出。

这种烘豆机在位于波士顿德威内尔－赖特公司、位于圣路易的詹姆斯·H. 富比士和威廉·史腾以及位于辛辛那提的 D. Y. 哈里森等老式工厂中还持续使用了多年。

下页的插图重现使用卡特烘豆机运作中的烘焙室，唤起了德威内尔－赖特公司的乔治·S. 莱特于 10 岁或 12 岁时的回忆——那时的他偶尔会在他父亲的工厂度过一天。

"我注意到的唯一不同，"他在写给作者的文字中说，"根据我的记忆，并没有容纳烘焙好的咖啡豆的冷却盒。烘好的咖啡豆被倒在地板上，并在那里被铁耙摊开至 10 到 13 厘米深，同时用洒水壶喷水上去。水和炙热咖啡豆的接触制造出大量的蒸汽，以至于烘焙室在每批咖啡豆从火里拉出来后的数分

一家早期美国工厂中整排的卡特"拉出式"烘豆机。

三面屏蔽的殖民地时期烘豆机。它是铸铁蜘蛛形烘豆机的后继机型，悬吊在壁炉起重机上，或站立放在余烬中。

钟内都充斥着浓厚的雾气。"

A. E. 富比士也因此忆起 1853 年在他父亲位于圣路易的工厂中的卡特烘豆机，当时他经常在放学后过去帮忙；1857 年后，他有时候还会操作烘豆机：

> 烘豆机是桶状的，一个与一侧长度等长的滑门可供装填和清空咖啡豆。一支粗重的轴穿过中心，被撑在鼓风炉后方的墙和与前方墙壁距离约 2.4 米的垂直立柱上。火焰在圆筒下方，距离是 40～46 厘米，以烟煤燃烧。圆筒并没有打洞，理论上是让蒸汽不要逸散，这当然是不对的。
>
> 由滑门边缘喷出的烟雾是供我们辨识烘焙过程是否接近完成的媒介。在完成的时刻来临前，圆筒经常被拉出并开启检查好几次。当烘焙得恰到好处时，传送带会被转换到游滑皮带轮上，圆筒停下，并被拉出火焰。轴会在装上手柄后，将圆筒转至侧面，咖啡豆就被倒进一个一定要推到圆筒下方的木制托盘里。咖啡豆在托盘中被循环搅拌，直到冷却至可以装袋。
>
> 那个年代的烘焙师必须高大健壮，足以扛起一袋重 73～79 千克的里约咖啡豆（不像现在，一袋咖啡豆的重量是约 60 千克），而且还要将整袋

咖啡豆倒空到烘焙圆筒中——我们以前并没有架设在天花板上的送料斗。

后来我们把后半部包括进来，放进两个正面固定的克里斯·阿贝尔型烘焙圆筒，并从前端进行装填和清空。我们依旧采用烟煤为燃料，火焰的位置在圆筒下方 53～60 厘米处。

我们有其他以卡特烘豆机为模板、在当地制造的机器。密封圆筒的概念本意是要将烟雾阻挡在外，同时让香气保留在内。我想我们是第一个使用孔洞的，因为我记得老杰贝兹·伯恩斯在我们引进他的其中一台机器并对其做出讨论后才出现。

富比士先生关于早年在圣路易烘焙及贩卖咖啡的回忆如此富有启发性，而且为那个时代描绘出如此有趣的一幅图像，因此它们被收录于本书中，用来说明在美国的商用烘豆机被发展成现代机型那个时代大体上的状况。

拓展烘焙豆市场

富比士先生进一步说明：

在所有人都在厨房炉子上烘焙咖啡豆的情况下，贩卖烘焙好的咖啡豆是一项艰难的工作。

人们购买生豆的价格差不多是 20 美分，但我们的"烘焙豆"要价 25 美分，我们得向顾客说明关于生豆损耗、使用密闭圆筒让强度及风味不至于逸散等额外的成本开销；与此同时，顾客在炉子上自行烘焙 1 磅咖啡豆时，整间房子都闻得到味道，导致了如此大量的损失，更别说他们的烘焙有多不均匀了——部分还是生的，部分经过烘焙会产生让人不舒服的口感。

顾客在家中烧焦咖啡豆的情况对我们的工作也有些帮助。我们对顾客说，一名男子在自家后院意外踢翻了一堆土块并从中发现了一些烧焦的咖啡豆。他诘问妻子并要求解释。妻子承认把咖啡豆烧焦了，而且把

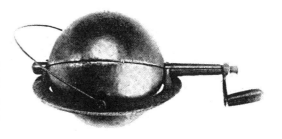

1860 年的球形炉用烘豆器。当时并没有去石头和分离用的机器；1 袋一般的牙买加咖啡豆里会含 1～2 千克的石头和树枝，因此烘焙过后必须进行人工挑拣。

烧焦的豆子藏起来以避免他的责骂。他说，"我们以后最好买烘好的豆子，才能避免这样的意外发生"。

我们在地下室进行烘焙。在一扇窗户旁，我们有一台精心打造的优美的李德&曼恩发动机，另一扇窗户旁则是两个黄铜的附料斗磨臼，锅炉位于人行道下方。我们有一个红木做桌面的柜台，墙上挂着油画，还有中式外表的贮藏箱等，由著名的艺术家麦特·黑斯廷斯（现已过世）完成；所以你看，我们有正确的开始。

将烘焙豆引进市场是一场残酷的斗争。我们的卖点是能节省燃料、人工，保持冷静，不再有烤焦的脸，还有其他能想到的任何事。我们只售卖 3 种咖啡豆，里约、爪哇和摩卡。如果向顾客供应圣多斯咖啡，很难让他们从里约级别的风味转变成更为温和的圣多斯风味，他们宣称后者没有微涩的口感——他们想念那种口感，并渴望闻到里约咖啡的强烈气味。

我们并不进口咖啡豆，而是向新奥尔良和几个当地批发杂货商购买。没有人送货上门；运输的货物在圣路易装运港船上交货，用板车运货和包装都要另外收费。咖啡豆并未经过清洁或剔除石头等杂物，而是以它被运来的原始状态贩卖。无论如何，我们当时并未使用任何等级非常低的咖啡豆。若有任何人抱怨有小石头损坏了他们的磨豆机，我们会建议他们购买研磨好的咖啡粉，为他们展示在咖啡粉被密封包装的情况下能维持较佳的研磨状态；反之，烘焙过的咖啡豆较为松散，而且空气能轻易地在其中流动。

经过了整整 1 年或更长的时间，我们的销售量才达到能盈利的程度。代客烘焙的部分，我们每磅收取 1 美分；经过一段时间，这项服务成为一项规模庞大的事业，以至于我们所有的开销都可以由此支付。我们是密西西比以西和落基山脉以东第一家用蒸汽动力烘焙咖啡豆的。

茶叶部门为我们提供了支持，直到我们的咖啡在市场上占有一席之地；因为在那个时期，所有人都会喝茶，而且坚决要求要喝好茶——价格不是问题。现在的情况已完全不同了！

5 年后（1862 年），一位名为 J. 内维森的英国人漂泊到镇上，并在北 4 街 85 号开了一家店。他弄出一份非常夸张、导致我们将他赶走的传单。接着出现了一位名为柴尔德斯的人；在他之后是休·米侬，现在米侬＆格雷戈里公司的这位米侬的叔祖父；然后是麦特·杭特；全都转移阵地加入多数人的阵营。

在内战结束后，咖啡豆烘焙产业以极快的速度增长，来来去去变化不断，直到现在，这个城市有 19 家烘焙公司。

已故的朱里尔斯·J. 史腾也在给本书作者的信中写下下列有关卡特烘豆机时代以及 1862 年由威廉·史腾建立的咖啡烘焙批发事业的文字：

在早期的时候，每个批发杂货商都贩卖咖啡豆；批发杂货商控制了国内 90% 的交易量。在那个时期，咖啡烘焙商找人在街上推销烘焙好的咖啡豆是不划算的。在这种情况下，咖啡烘焙商烘焙的咖啡豆 75% 都是代客烘焙，价格是 1 磅 1 美分。

一开始，国内这个区域（圣路易）的市场只熟悉 2 种烘焙咖啡，毫无疑问，这些品牌其中一种就是"里约"，另一种则是"爪哇"。前者是名副其实的里约咖啡，但爪哇则大部分都是牙买加咖啡。

当时烘焙咖啡的包装（在城市交易中使用的）是约 2 千克和约 4 千

克装，这种分量的包装似乎能满足一般杂货商一周的需求量。偶尔会有约11千克的包装，在极少数的情形下，多达23千克的同等级咖啡会被一次售出。

在那个年代，咖啡烘焙商的顾客阶层是小商人；在质量方面有自己想法的大型商店会购买生豆。虽然它们贩卖的烘焙豆数量非常少，但还是会送半袋，有时候是一整袋来进行烘焙。我们花了好几年劝说那些大型杂货商，甚至是一般食品杂货商，购买烘焙好的咖啡豆。

咖啡豆是用老式"拉出式"圆筒烘豆机进行烘焙的。也就是说，需要将烘豆机停下，把圆筒拉出后取样，以辨别何时将咖啡豆由火上移开。

当咖啡豆准备好可以出炉时，烘焙圆筒会被整个拉出来。接着它会被翻转，然后一道宽约23厘米、长度与圆筒等长的滑门会被打开，圆筒中的内容物会被倒进冷却盒中。当咖啡豆被装进冷却盒后，需要2个拿着锄头或木制铲子的男士不停地翻搅，直到咖啡豆彻底冷却下来，当时并没有现在用的冷却装置。

渐臻完备的各式改良

在卡特之后，下一个咖啡烘焙机的美国专利被核发给了巴尔的摩的 J. R. 雷明顿。

雷明顿的机器是利用箕斗轮将生豆推送穿过加热槽（以木炭加热）。此一设计从未成功转变成商业用途。

1847—1848 年，威廉和伊丽莎白·达金在英国因一台"清洁与烘焙咖啡豆以及制作浓咖啡"的器具获得专利。烘豆机的规格包括一个有金、银、白金或合金内衬的烘焙圆筒，还有架设在天花板轨道上、将烘豆器由烘炉中移进和移出的移动式滑动台架；而"浓咖啡"的制作则是扭绞比金壶内用来盛装咖啡粉的布袋，或将拧的动作加诸装有咖啡粉的渗滤圆筒内的圆盘上，如此可在经过浸泡后，将液体由咖啡粉中挤出。

之后，烘豆的功能被保留了下来，但咖啡机就没那么好运了。达金的想

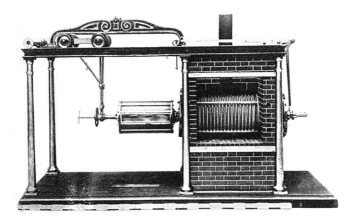

法是，咖啡豆在烘焙过程中与铁接触会产生有害的物质。烘焙圆筒被包覆在一台炉子中，而不是直接暴露在炉火中。这个器具也是同类器具中首度配有"尝味器"——取样器的，能让操作者在无须停止机器的情况下检查正在烘焙的生豆。借由参考此机型的模型图（上图）可发现，此器具制作十分精巧，而且有相当多的优点。达金公司现在仍存在于伦敦，营运贩卖的机器与原始型号十分相似。

1848 年，托马斯·约翰·诺里斯因镀有珐琅的渗滤式烘焙圆筒获得一项英国专利。值得注意的是，这种以极度周到的方式处理咖啡生豆的概念非常明显是来自法国，生豆在美国从未被认真对待过，美国的发明家选择用鲁莽的方式来处理生豆。

咖啡研磨器的第一项英国专利在 1848 年被核发给路克·赫伯特。

1849 年，利哈佛的阿波莱奥尼·皮埃尔·普雷特雷将咖啡烘焙机架设在称重器具上，如此便可测量烘焙过程中的重量流失并自动中断烘焙过程，因而获得了一项英国专利。同时，他也获得一项与 1827 年杜兰特相同的真空渗滤式咖啡壶的英国专利。

也是在 1849 年，辛辛那提的托马斯·R. 伍德因一台为厨房炉具设计的球形咖啡烘焙机获得一项美国专利。这台烘豆机在偏爱自己烘豆的家庭主妇间受到极大的欢迎。

大约在 1850 年，咖啡农园机械英国发明先驱之一的约翰·沃克将他为阿拉伯咖啡设计的圆筒碎浆机带到锡兰。去除果肉的薄片是铜制的，被一片半月形、抬起切割刀口的冲床穿过，分割成半圆形。

1852 年，爱德华·吉将咖啡烘焙机装配上供烘焙时翻转咖啡豆之用的倾斜凸缘而获得一项英国专利。

罗伯特·鲍曼·坦内特因一台双圆筒碎浆机在 1852 年获得一项英国专利，在 1853 年获得一项美国专利。

纽约州的 C. W. 范·弗利特在 1855 年因一台采用了上层为断裂锥、下层是研磨锥的家用型咖啡研磨机而被核发了一项美国专利。他将此专利让渡给了康涅狄格州梅里登的查尔斯·卡特。1859 年，约翰·戈登因他对咖啡碎浆机的改良而获得了一项英国专利。

乔治·L. 史奎尔在 1857 年于纽约州水牛城开始制造农园机械。直到 1893 年，他都还活跃于这一行当中，他于 1910 年去世。乔治·L. 史奎尔制造公司依然是最重要的美国咖啡农园机械制造商之一。

1860 年，一位在哥斯达黎加圣荷西的美籍机械工程师马可斯·梅森发明一台咖啡碎浆兼清洁机，这台机器最终成为 1873 年成立于马萨诸塞州伍斯特的马可斯·梅森公司庞大农园机械生意的奠基石。

1860 年，约翰·沃克获得圆盘式碎浆机的英国专利。这台机器去除果肉的铜片被用能抬起成排椭圆形小球形突出物的隐藏式冲床打孔——或说打出球形突起，但并未将铜片打穿，因此并没有留下任何尖锐的边缘。在锡兰生产咖啡的 50 年间，沃克机械在这个产业中扮演了重要的角色。这些机械仍由位于科伦坡的沃克父子股份有限公司制造，并外销至其他咖啡生产国。

1860 年，阿莱克修斯·范·居尔彭开始在德国埃默里希生产咖啡生豆分级机器。

随着诺威在 1857—1859 年获得的美国专利，另外的 16 项专利则被核发给好几种不同类型的咖啡豆清洁机器，有些是设计给农园使用的，而有些则是在咖啡豆抵达消费国进行处理的时候使用的。

1860—1861年，数项美国专利被核发给约翰及爱德蒙·帕克的家用咖啡研磨机。

1862年，费城的E. J.海德获得一项美国专利，专利内容是咖啡烘焙机与装配有起重机的火炉的组合器具，烘焙圆筒能够在有起重机的火炉上旋转，并可水平回转以清空与重新装填。这台机器获得了商业上的成功。班乃狄克·费雪在他位于纽约市的第一间烘焙工厂中使用了这台机器。现在，纽约市的布拉姆霍尔·迪恩公司仍在生产这种机器。

CHAPTER 14

第十四章

完美的咖啡

采用正确的方法制备，咖啡就会是一种令人愉快的饮料；但若采用错误的冲煮方法，咖啡则成为施加在人类味觉上的惩罚。尽管咖啡对不正确的处理方法十分敏感，但最好的煮制方法也是最简单的。冲煮适当的廉价咖啡会优于制备拙劣的精品咖啡。

咖啡这种饮品曾有一段稀奇古怪的演进史。它不是以一种饮料，而是以一种口粮开始为人所知。

咖啡首次以饮料的身份出现在人类的餐桌上是被当作一种酒类。文明世界对咖啡的第一个认知是一种药物。在咖啡发展的其中一个阶段，在它作为一种提神饮料被普遍接受前，这种浆果被当作一种甜点而备受青睐。而作为一种饮料，饮用咖啡的历史则可以追溯到大约 600 年前（以作者撰写本书的时间为基准）。

研磨与煮制方法的演进

对有科学知识背景的人来说，咖啡中的蛋白质及脂肪含量是完全无用的，唯一有价值的成分是水溶性的，可以很容易地用热水萃取出来。

当咖啡被用适当的方式制作出来，例如滴漏法——不管是渗滤或过滤，研磨好的咖啡粉只会与热水接触几分钟，因此，大部分不仅不溶于水，而且加热即凝结的蛋白质会留在未被利用的咖啡渣中。

在咖啡豆中，蛋白质占有很大比例 14%。将这个数字与豌豆的 21%、小扁豆的 23%、菜豆的 26%、花生的 24%、小麦面粉中大约 11% 和白面包中不到 9% 的蛋白质含量相比，便可看出它随着咖啡渣流失了多少。

咖啡食物球

除了位于布列塔尼半岛海岸线外的格鲁瓦以外，教化已开的文明人都不会将咖啡含有的蛋白质成分当作食物使用，而在非洲的特定地区，咖啡自远古时代便被当成食物。

苏格兰旅行家詹姆斯·布鲁斯在他 1768—1773 年追寻尼罗河源头的旅程中，发现咖啡豆的这种奇特用法已经为人所知长达数个世纪。他带回了咖啡被当作食物使用的描述，还有混合了油脂和用石头细细研磨的咖啡粉制成的球状物样本。

其他作家则提及了加拉人这个非洲的流浪部落（和大多数流浪部落一样好战），发现他们会在漫长的行军路程中携带浓缩食物。在踏上寻机劫掠的短途旅程前，每位战士会装备许多食物球。

这些食物球的原型与桌球的尺寸大略一样，由磨成粉的咖啡加上油脂塑形而成。1 球就是 1 日份口粮，即使文明人可能会觉得食物球非常难吃，但从生理学的角度来看，食物球不只是一种浓缩且可以饱腹的食物，还含有宝贵的兴奋剂——咖啡因，咖啡因能激励战士发挥出最大的潜力。显然非洲丛林的野蛮人借此解决了两个问题：利用咖啡中的蛋白质，生产浓缩食物。

进一步的研究显示，或许早在 800 年，这种习俗就已出现：在研钵中将整颗成熟的浆果、咖啡豆和果壳压碎，然后将它们与油脂混合，并团成食物球。后来，干燥的浆果也被如此使用。靠着将烘焙过的咖啡豆作为食物，格鲁瓦的居民逐渐兴盛。

大约在 900 年的时候，一种非洲的酒是由成熟咖啡浆果的果壳和果肉发酵制成的。

用咖啡生豆煮咖啡

据说最早开始喝咖啡的人没想过烘焙的问题，但在对干燥咖啡豆的香气留下深刻印象后，他们将其放进冷水中，并饮用饱含咖啡豆芳香成分的汁液。后来，人们将制作方法改良为将生咖啡豆和果壳捣碎后再将它们浸泡在水里。

煮沸的咖啡（这在今日是个令人厌恶的名称）大约是在 1000 年发明的，即使在那个时候，咖啡豆都是未经烘焙的。

我们在医学书中读到，咖啡以煎煮的药物形式被利用。干燥的果实、咖啡豆和果壳被放在石头或陶土做的大锅中煮沸。使用未经过烘焙、日晒干燥果壳的习惯仍然存在于非洲、阿拉伯国家以及南亚的部分地区。苏门答腊的原住民舍弃咖啡树的果实，转而使用其叶片，制作出一种类似茶的浸泡饮料。叶片会被烘焙并研磨成细粉。据贾丁叙述，在圭亚那有一种宜人的茶，是将咖啡树叶芽干燥并卷起来在铜盘上略微烘烤制成的。在乌干达，当地原住民会食用未加工的浆果；他们也会用香蕉与咖啡制作一种被称为孟海（menghai）的甜蜜且美味可口的饮料。

咖啡豆的烘焙

大约在 1200 年，只用干燥果壳制作汤汁是一种常见的做法。随后，人们发现将咖啡豆烘焙后能增进其风味。直至今日，这种被称为苏丹或苏丹咖啡的饮料在阿拉伯仍旧受到喜爱。

发明这种饮料的荣誉被不同的法国作家错误地加诸巴黎的医学院院长安德里医师身上。安德里医师有自己制作苏丹咖啡的配方，就是将咖啡果壳煮沸半小时，得到一种柠檬色的液体，饮用时加一点点糖。

东方的传统做法是将果壳放在陶制的壶中后置于炭火上烘烤，少量的银皮会被混入其中，翻转它们直到稍微干燥为止。接着，以 4：1 的比例混合的果壳和银皮会被丢进热水中，并再次完全煮沸至少 0.5 小时。

这种饮料的颜色与最好的英国啤酒有些相似，拉罗克向我们保证，它不需要加糖，"没有需要调整的苦味"。在拉罗克和他的旅伴们于 1711—1713 年踏上前往阿拉伯的著名旅程时，这种饮料仍然深受也门王宫及黎凡特名人们的喜爱。

早期波斯人制作咖啡的场景。图中显示，制作咖啡的器具有装生豆的皮袋、烘烤盘、研磨器、烧水壶，以及饮用杯。

将咖啡浆果去壳后再烘烤咖啡豆的做法始于 13 世纪某个时期。如同在"咖啡器具的演进"一章中所描述的，一开始，人们是在粗糙的石头和陶制托盘上烘烤咖啡豆的，后来则是用金属制的盘子。有一种汁液的做法是将完整的咖啡豆投入水中并煮沸。下一个阶段是先用研钵和杵将烘焙过的豆子捣碎成粉末，接着将粉末放进热水中制作汤汁，在饮用时将汁液连同粉渣和其他杂物一起喝下。在接下来的 4 个世纪，咖啡都是通过熬煮的方式制成的。

咖啡制备方式的演进

当长柄阿拉伯式金属烧水壶在 16 世纪初期出现的时候，制备和供应咖啡的方法有了很大的改良。阿拉伯人和土耳其人让咖啡成为社交的附件，不再局限于医生与神职人员之间，而是成了所有人的提神饮料；与此同时，阿拉伯人与土耳其人为上层阶级发展出一套咖啡礼仪，和日本的茶道礼仪一样精彩。

加糖，不加糖

在整个黎凡特地区，常见的早期制备方法是：将咖啡粉浸入水中一整天，然后将汁液煮沸至剩一半后将其过滤，再储存在陶罐中，待需要时取用。

16 世纪时，小型咖啡壶——土耳其咖啡壶——让这种做法成了更为实时的事。咖啡豆被研磨成粉末并投入热水中，待其沸腾且水面接近壶口的时候，将壶从火上移开，如此反复数次。趁汁液还在沸腾时，人们有时候会在汁液被倒进小瓷杯之前加入肉桂和丁香，端上桌前还会加入一滴琥珀油。土耳其人后来还会在沸腾过程中加糖。

从一开始无盖的简易土耳其咖啡壶，到大约 17 世纪中期时发展出了大容量的有盖咖啡烧煮壶，结合了现代煮制与供应壶的先驱。

这种有盖的咖啡烧煮壶是用铜片制成的，具有宽大的底座、球状的壶身以及窄小的壶颈，壶身的装饰仿照了东方大口水壶上的图案。在壶中倒入提供饮料所用碟子（杯子）容量 1.5 倍的水后，咖啡壶被放在燃烧的火焰上。

当壶中的水煮至沸腾时，咖啡粉被投入壶中；待汁液再次沸腾后，将壶由火中移开一会儿再放回，可能会这样反复数次。最后，将咖啡壶放在热的灰烬中，让咖啡渣沉淀下来。

达弗尔描述了这种在土耳其与阿拉伯流行的制备方式的步骤：

咖啡不应当被喝下去，而是要在尽可能热烫的时候吸吮。

为了避免被烫伤，你大可不必将舌头伸进杯子中，而是用杯缘抵着舌头，双唇分别在其上方和下方，施加微小的力量使杯口不至于下倾，然后吸入咖啡；也就是说，一小口接一小口地咽下咖啡。

如果有人十分娇弱，无法忍受咖啡的苦味，那么他可以加些糖来缓和一下味道。在壶中搅动咖啡是错误的，因为咖啡渣是毫无价值的。在黎凡特，只有粗鲁的人才会将咖啡渣吞下。

拉罗克在《阿拉伯之旅》中说：

当阿拉伯人将他们的咖啡由火中取出时，会立刻将容器裹进一块湿布中，这会让汁液立刻变得澄清，让它的上层结成膏状，并产生更有刺激性的蒸汽。他们喜欢在把咖啡倒进杯子里时，使劲嗅闻蒸汽的味道。

和所有其他东方国家一样，阿拉伯人饮用咖啡时是不加糖的。

后来，某些东方人将早期制作咖啡的方法改成把热水倒进装在供应杯里的咖啡粉上，由此得到"1 杯泡沫四溢且气味香浓的饮料"，贾丁说，"我们（法国人）不习惯喝这种饮料，因为粉末还持续悬浮在其中。然而，在东方还是有可能喝到澄清的咖啡。在麦加，为了咖啡的口感，他们会使用放在罐子开口的干燥药草做的塞子来过滤咖啡。"

糖似乎是在 1625 年的开罗被加进咖啡中的。维斯林记录下开罗 3000 家咖啡馆喝咖啡的人"确实开始将糖加入咖啡来修正其苦味"，而且"其他人会用咖啡浆果来制作糖梅"。

糖梅后来在巴黎出现，其出现的时间大约与一种咖啡水被引进蒙佩利尔的时间相同（1700 年），咖啡水是"一种有着宜人香味的玫瑰叶饮料，某种程度上有烘焙过的咖啡的气味"。然而这些新奇的事物只能取悦仅有的"最体面的咖啡爱好者"；因为日常的倦怠与无聊和现在一样，大家都需要新的感受。

煮沸咖啡仍受欢迎

直到彻底进入 18 世纪以前，煮沸依然是最流行的制备咖啡的方法。同时我们也从英国的参考文献了解到，人们习惯于跟药剂师购买咖啡豆，在用臼和杵将咖啡豆碾成粉末前，要先把咖啡豆放进炉子里干燥，或是用旧的布丁盘或平底锅烘焙，将咖啡粉压过一层细棉布的筛网，再以泉水煮沸 15 分钟。

以下配方摘自一本 1662 年在伦敦出版的珍版书，记录了 17 世纪咖啡制作的细节：

1662 年的咖啡制作

如何制作现在广泛使用、被叫作咖啡的饮料。

你可以在任何一位药剂师那里买到所需要的咖啡浆果，1 磅大约 3 先令；将购买来的咖啡豆放进一个旧布丁盘或煎锅，置于炭火上烘烤。在烘烤的过程中要持续不断地翻搅咖啡豆，直到它们的颜色变得相当黑，而且当你用牙齿咬开其中 1 颗豆子时，其内部和外表的颜色一样，都是黑色的。如果你烘烤过头，那么就浪费了咖啡豆中的油，也就是唯一用以制造咖啡饮料的物质；如果烘烤得不够，豆子就不会释放制作饮料必需的油分；如果你一直烘烤到豆子变白，那么，你就无法制作任何咖啡饮料了，这样的豆子只剩盐分了。

按照上述方法准备好咖啡豆后，须再加以槌打并挤压通过一层细棉布网筛，这样就得到能用来制作咖啡饮料的咖啡粉了。

取干净的水并煮沸，直到水量减少 1/3。接着，取出 1/4 水量的沸水，并将 1 盎司准备好的咖啡粉放进去，然后慢火煮沸，滚个 15 分钟，这样就得到适合饮用的咖啡了；在你能接受的最热烫的程度喝下 120 毫升左右。

大约在这个时期的英国，咖啡饮料经常会和糖果甚至是芥末混合。然而在咖啡馆，通常供应的是黑咖啡，没有加糖或牛奶。

大约在 1660 年时，荷兰派往中国的大使纽霍夫首先尝试将牛奶加进咖啡中，模仿加牛奶的茶。

法国格勒诺布尔一位有名的医师西厄尔·莫宁，在 1685 年首次将欧蕾咖啡当作一种药物推荐。他是这样准备的：将 1 碗牛奶放在火上加热；当牛奶煮沸并即将溢出时，将 1 碗咖啡粉、1 碗湿润的糖投入其中，再让它滚沸一段时间即可。

我们读到，在 1669 年时，"咖啡在法国是一种热的黑色汤汁，由浑浊的粉末制成，并加上糖浆使其浓稠"。

安杰罗·兰博蒂在他的《阿拉伯珍馐》中如此描写 1691 年意大利与其他欧洲国家制作咖啡的方法：

制作熬煮汤汁的瓶子、所需粉量及水量，还有煮沸时间的说明

　　2 个大的大肚容器必须放在火边，另外有 2 个长颈且窄小的附盖容器，盖子能够让它们的酒精性及易挥发粒子在被热能释放出来时不轻易地流失。这些容器在阿拉伯被称为伊布里克，在那里它们是铜制的——里外都镀成白色。我们并不具备制作这些容器的工艺技术，因此改用陶瓷土、硫酸铜，或是任何被用来制作厨房用具的材料来制作，甚至使用银制的。

　　水和粉的量没有特别的规定，这是因为我们的天性与口味各有差异，每个人都会凭自己的判断将使用量调整到符合自己喜好的程度。

　　马龙尼塔将 2 盎司的咖啡粉浸泡在 300 毫升水中。科托维科在他前往耶路撒冷的旅程中坚称他曾看过将 6 盎司咖啡粉放进 2000 毫升水中，滚煮至剩下一半的水量。特维诺声称土耳其人在每 3 杯量的水中放进满满 1 匙咖啡粉。然而，我在非洲、法国和英国观察到的，是在大约 6 盎司的水（这样是 1 杯的分量）中放入约 1.8 克的咖啡粉，这个比例合乎我的口味——不过，有时候我会希望能改变剂量。

　　其他人的方法则是：将水放进瓶中，当水煮至沸腾时加入咖啡粉，但由于其中富含酒精，液体沸腾后会溢出瓶子。此时将瓶子从火源上移开，待沸腾的液体平息后，再次将瓶子放回火源上，并在盖子盖着的情况下让液体煮沸一小段时间。接着将瓶子放置于温热的灰烬中，直到其中的液体变得澄清。

　　液体澄清后，慢慢地将其倒进一个陶制或任何其他材质制作的器皿中（以容器所能承受的最大热度为限），并啜饮一口。如果你喜欢的话，可以加入一点小豆蔻、丁香、肉豆蔻或肉桂，并将一些糖溶于水中；然而由于这些物质会改变纯咖啡的口感，这种做法并不被太多的专家称道。

　　现在的阿拉伯人、巴塞罗那人、土耳其人以及那些正在旅行或在军队中的人，会将咖啡粉浸泡在冷水中，然后用如上所述的方法煮沸。

　　在任何时间都可以饮用这种有益健康的饮品。土耳其人中甚至有晚

上饮用的。几乎所有商业场合或社交场合，人们都会喝咖啡。

若咖啡没有伴随香烟一并供应，这对于亚洲人来说是无礼的，也没有人会将白天光顾贩卖咖啡的市场当作可耻的事。

当我身在伦敦时，那个有 300 万人口的城市中有小酒馆会有提供咖啡的特别服务。

咖啡是强力的兴奋剂，清醒之人借饮用它来激励胃部，而患有淋巴结结核的人对它深恶痛绝，因为他们认为它会扰动空虚的胃里的胆汁——但是经验法则却证明恰巧相反，他们和其他人一样享受饮用咖啡。

浸泡法制作咖啡

1702 年，咖啡在美国的殖民地被当作两餐之间的提神饮料，"就像酒精性饮料一样"。用浸泡方式制作咖啡的概念是 1711 年出现在法国的，以放在咖啡滤器中装有咖啡粉的棉亚麻混纺（布质）布袋的形式登场，而热水会被倒在布袋上。

这项法国的新事物，在英国和美国的进展却十分缓慢，英美两地有些人还是会煮沸完整的烘焙豆，并饮用得到的汁液。

早在 1722 年的英国，出现了对煮沸咖啡的强烈反对者——亨弗瑞·布洛德本。布洛德本是一位咖啡商人，他撰写了一篇题为"准备和制作咖啡之真正方法"的专论，谴责当时伦敦咖啡馆很常见的"愚蠢"咖啡制作法：将"1盎司（约 28.3 克）咖啡粉放进 1 夸脱（约 0.95 升）水中滚煮"。他鼓动大众使用浸泡法。

以下是他喜爱的做法：

将咖啡粉放进壶里（石质或银质的壶比锡或铜制的要好得多，后两者会减少咖啡大部分的风味和精华），然后将滚烫的热水倒在咖啡粉上，让它在火源前静置浸泡 5 分钟。这是最棒的方法，远远胜过常见的煮沸法。

但无论你用煮沸或此处所说的方法准备咖啡，制作好的液体都会是黏稠和混浊的，除非你倒入 1 汤匙或 2 汤匙冷水，这样会立刻让液体中更重的部分沉淀，使其澄清到可供饮用。

有些人会用泉水煮制咖啡，但其实泉水没有河水或泰晤士河水好，前者会让咖啡变得较为烈性，而且味道变差，其余的水则会使咖啡顺滑且宜人，轻柔地栖息在胃里面。

我无法想象将少于 2 盎司的咖啡粉放进 1 夸脱水中，或把 1 盎司咖啡粉放进 1 品脱（约 0.57 升）水里，甚至有些人会用 2 盎司咖啡粉和 1 夸脱水，这样是无法煮制出好咖啡的。

到 1760 年的时候，煮沸法在法国已经普遍被浸泡法取代。

1763 年，一位法国圣班迪特的锡匠唐·马丁发明了一种咖啡壶，壶的内里"被一个细致的麻布袋填满"，还有一个阀门可以倒出咖啡。大约在这个时期，法国出现了许多发明，让咖啡不用煮沸。直到 1800 年，采用了原始法式滴漏方法的德贝洛依咖啡壶出现，这标识着制作咖啡的方法也向前迈进了一步——渗滤法出现了！

渗滤法

德贝洛依的咖啡壶一开始可能是用铁或锡制成的，之后是瓷制的；在接下来的百年间，它被当作所有渗滤器具的原型。它似乎并未被注册专利，关于它的发明人也没有明确的记录。

大约在这个时期，英国人常用传统方式将咖啡煮沸，并用鱼胶"纯化"（使其澄清）；这促使伦福德伯爵（本杰明·汤普森）——一位当时居住在巴黎的美裔英籍科学家，对科学化制作咖啡的方法进行研究，并制作出改良式的滴滤器具，即伦福德渗滤壶。一般都将发明渗滤式咖啡壶的荣誉归给伦福德，但如同上一章中指出的，这份荣誉似乎应该属于德贝洛依才对。

伦福德伯爵将他的观察和结论收录在 1812 年《关于咖啡的绝佳质量及以最完美的方式制作咖啡的艺术》这篇论文中，他在文中描述并图解说明了伦福德渗滤壶。

法国著名的美食家布瑞拉特–萨伐仑在他写作的《对美食的沉思》中也曾谈到德贝洛依壶：

> 我试过所有方法，也采纳了所有建议（1825 年），根据我现在掌握的知识，最喜欢的还是德贝洛依的方法，此法是将热水倒入装有咖啡粉且有着非常细小的孔洞的瓷制或银制器皿中。我曾尝试在高压下用烧水壶制作咖啡，但得到的是充满萃取物和苦味的咖啡。

对于研磨咖啡，布瑞拉特–萨伐仑的结论是"最好是将咖啡豆捣碎，这比用研磨的好"。

他提到巴黎大主教杜贝·洛伊，"他喜爱美好的事物，也是位相当讲究饮食的人"，并说拿破仑曾向他表达敬意与尊重。此处所说的可能是尚·巴提斯特·德贝洛依，根据迪多的说法，他出生于 1709 年，并于 1808 年去世，同时他被认为可能是德贝洛依壶的发明人。

伦福德伯爵在 1753 年出生于马萨诸塞州沃本，他于 1766 年给塞勒姆的一位商人当学徒。他在以美国自由为理想的朋友间成了不被信任的对象；在 1776 年，皇家部队由波士顿撤军时，他被新罕布什尔州的温特沃斯州长选中，将公文急件送往英国。他于 1802 年离开英国，并在 1804—1814 年间定居于法国，直到他去世。

1772 年，伦福德伯爵结婚了，跟一位富孀结婚，这位富孀是一位极受人尊敬的牧师的掌上明珠，也是第一批定居在新罕布什尔州伦福德（即现在的康科德）的殖民者。当他在 1791 年被神圣罗马帝国授予伯爵爵位时，他的头衔——伦福德——便由此地名而来。他的第一任妻子已经去世，他在巴黎与著名化学家拉瓦锡的遗孀结婚，和她在一起过着极度不自在的生活，直到两人分开为止。

在他关于咖啡及咖啡制作的论文中，伦福德伯爵为我们很好地描绘出 19

世纪刚开始时，在英国准备这种饮料的情景。他说：

> 首先用铁制的平底锅或铁皮做的空心圆筒在旺盛的火上烘焙咖啡豆，在烘焙过程中，根据咖啡豆的颜色和气味来判断其是否被充分烘烤，等到合适的时机，将装着咖啡豆的容器从火源上移开，并让咖啡豆冷却。当咖啡豆冷却了之后，将其放入研钵并捣碎；或是用手磨将其研磨成粗粉，存放起来以供利用。

在从前，磨好的咖啡粉会被放进一个咖啡壶内，然后加上足量的水，再将咖啡壶放在火上加热；待咖啡壶里的液体被煮沸一段时间后，将咖啡壶从火源上移开，并让咖啡渣沉淀，或用鱼胶将其澄清；将澄清的液体倒入杯中供人饮用。

伦福德伯爵认为在煮制过程中搅动咖啡粉是错误的，这一点他和德贝洛依的意见一致。

伦福德伯爵是一位咖啡鉴赏家，他是第一批主张在制作理想的咖啡饮品时使用奶油及糖的人。虽然没有指名道姓，但他曾提到德贝洛依的渗滤法，并说："它的用处已经被普遍承认。"

重要名词定义

在此，为了确保对这个议题有更好的理解，我将对渗滤、过滤、熬制、浸泡等名词做出清楚的定义，以助于厘清与这些名词相关的误解。

熬制是将一种物质煮沸到水溶性成分都被萃取出来。咖啡一开始是一种熬制汁液；而在今日，当咖啡以传统方法煮沸时——就像自己在家做的一样，你得到的便是熬制汁液。

泡剂是浸泡的加工步骤——在未经煮沸的情况下萃取。这是一种在沸腾以下的任何温度都能进行的萃取，而且是能够再进一步细分的程序中最常见的类别。依照普遍且正确的做法来说，在这种操作法中热水单纯地被倒进散置在壶中，或被装进容器放在壶底的咖啡粉上。从这个术语最严格的意义来说，只要水和咖啡接触时并未沸腾，泡剂也可以用熬制和过滤的方式制作。

渗滤的意思是滴漏穿过陶瓷或金属制的尖细装置，就像德贝洛依法式滴漏壶一样。

过滤的意思则是滴漏穿过一种有孔洞的物质——通常是布或纸。

渗滤和过滤基本上是同义词，尽管它们的意义有细微的区别，以至于后者在逻辑上经常被认为是接续前者的步骤。借由让液体缓慢地穿过某种物质来达到萃取的目的其实是渗滤，而过滤则是借由插入某些介质，以去除萃取液中的固体或半固体物质。两者皆被视为完整的工序。因此，在浸泡制剂由咖啡粉中倒出后，会立即进行渗滤，让咖啡汁液穿过由陶瓷或金属制成的细致渗滤壶。

真正的渗滤法无法使用泵浦式"渗滤器"，在泵浦式"渗滤器"中，加热过的水会向上升高并喷洒于放在咖啡壶上层金属篮里磨好的咖啡粉上；汁液会不断循环，直到达到令人满意的萃取程度。这个工法介于熬制法和浸泡法之间，因为稀薄的汁液为了提供足够引起泵浦作用的蒸汽而在过程中被煮沸。

当磨好的咖啡粉被包裹在布或纸内，过滤法便得以实施，包着咖啡粉的布或纸通常会以煮制器具的某个部分作支撑，而萃取是借着将水由包好的团块顶端注入，让液体能渗滤穿透，过滤的媒介能够留住咖啡渣。

专利与器具

打从一开始，法国人就比其他国家的人投注了更多的注意力在咖啡的煮制上。咖啡滤器的第一个法国专利，在 1802 年核发给了德诺贝、亨利翁以及鲁什；他们获得专利的项目是"浸泡方式的药物学－化学法咖啡制作器具"。

1802 年，查尔斯·怀亚特以一种蒸馏咖啡的器具获得一项伦敦的专利。

第一项法国专利"以无须煮沸的过滤法"制作咖啡的改良版法式滴漏壶在 1806 年被核发给哈德罗特。严格说来，这并不是一种过滤器具，因为它装配了一个锡纸过滤装置，或说格栅。它与伦福德在 6 年后发布的渗滤式咖啡壶非常相似，将图片比较一番就能够看出这一点了。

1815 年，塞内在法国发明了他的塞内咖啡机——另一种"无须煮沸"的咖啡制作器具。

1817 年左右，比金壶在英国出现。其实那只是一个矮胖的陶制水壶，上层附加了一个可移动的锡制过滤器零件，仿照了法式滴滤壶的形式。后来的样式采用了从壶的边缘吊挂下来的布袋。据说是由一位比金先生发明的；一位素有"活字典"美誉的莫瑞博士似乎对这位先生的存在深信不疑——即便其他人对此抱持怀疑，并认为比金之名源自荷兰，而这件物品最早是为荷兰制造的。

有一种说法，认为比金之名极有可能来自荷兰文的 beggelin，意思是细细流淌或顺流而下。有一点可以确定，那就是比金壶起初来自法国；就算有比金先生这一号人物，他也只不过是将此器具引进英国罢了。

美国人最熟悉的比金壶包括了一个用来盛装咖啡粉的法兰绒布袋或圆筒状金属丝网过滤器，而热水就是由此倒入。"马里恩·哈兰德"咖啡壶是改良版的金属制比金壶。"凯旋"咖啡过滤器则是一种布袋器具，能让任何咖啡壶都变身为比金壶。

以蒸汽及真空原理制作的器具

1819 年，巴黎的一位锡匠莫理斯发明了一种双重滴漏、可翻转的咖啡壶。这个器具有两个可移动的"过滤器"，而且以底部朝上的方式放在火上直到水被煮沸，当水沸腾时，咖啡壶便被翻转，好让咖啡"滤出"或滴漏出来。

1819 年，罗伦斯因最早的泵浦式渗滤器具而获得了一项法国专利，水在这个器具中会被蒸汽压推高并滴流在磨好的咖啡粉上。另一位巴黎锡匠格德，在 1820 年发明了一种采用布制过滤器的过滤器具。

1822 年，刘易斯·伯纳·拉鲍特获得一项英国专利，专利内容是用蒸汽压力压迫滚沸的水向上穿过咖啡团块，逆转了一般法式滴漏步骤的咖啡制作器具。巴黎的卡泽纳夫在 1824 年因一项类似的器具获得专利。

1825 年，第一项咖啡壶的美国专利被核发给刘易斯·马爹利发明的"凝结蒸汽和精油并将它们送回浸泡液中"的机器。

依照我们现在对泵浦渗滤壶的认知，1827 年，巴黎的一位镀金珠宝制造商雅克·奥古斯汀·甘达斯发明了第一台真正能实际使用的泵浦渗滤壶。滚水经过一根手柄内的管子被拉高，并喷洒于装在过滤篮内悬挂着的咖啡粉上，不过无法进行二次喷洒。

1827 年，香槟沙隆的一位制造商尼古拉斯·菲利克斯·杜兰特被核发一项"渗滤式咖啡壶"的法国专利，专利内容是将内部管路的设计首次应用于把滚水拉高来喷洒在磨好的咖啡粉上。

1839 年，詹姆斯·瓦迪和莫里茨·普拉托因一种采用真空步骤制作咖啡，且上层器皿为玻璃制作的瓮形渗滤式咖啡壶，而被核发了一项英国专利。

到现在，借由蒸汽压力和部分真空操作的泵浦式渗滤壶在法国、英国和德国被广泛使用。此后，咖啡的制作方式有了新的突破——过滤。

大约 1840 年，著名罗伯特·纳皮尔父子克莱德造船公司的苏格兰航海工程师罗伯特·纳皮尔（1791—1876）发明了一种借由蒸馏和过滤来制作咖啡的真空咖啡机。此器具从未注册专利；但 30 年后，托马斯·史密斯父子（艾尔金顿有限公司继承人）在年迈的发明人纳皮尔先生的指导下制造出此器具的成品。这项器具由一个银质的球体、虹吸式冲煮器以及过滤器构成（见右图）。

它的运作方式如下：

将半杯水放进球体里，然后点燃瓦斯炉。将干的咖啡粉置入容器，随后注入沸水，装满此容器。持续数分钟搅动

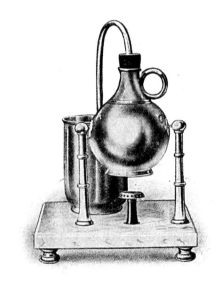

纳皮尔真空咖啡制作机。

容器内的液体。当混合物静止下来时，关闭瓦斯炉，而澄清的咖啡借着虹吸作用经虹吸管吸进球体中，因为被搁在咖啡液中，所以在虹吸管的末端会有一个包了滤布的过滤器。

纳皮尔式咖啡机在英国大受欢迎。根据这一机器的设计原理，随后几年，供饭店、船舶、餐厅等地使用的纳皮尔－李斯特蒸汽咖啡机诞生了。蒸汽被当作热源使用，但不会与咖啡混合。李斯特对纳皮尔式咖啡机进行了改良，并在1891年获得核发专利。

据说老纳皮尔先生过世前不久，在面对与根据自己设计图制造蒸汽咖啡机的史密斯股份有限公司之间的争端时，对老史密斯先生说："或许你是一位杰出的银匠，但我可是个更厉害的工程师。"

1841年，威廉·沃德·安德鲁斯因改良的咖啡壶获得一项英国专利，专利内容是：采用泵浦将沸水挤压穿过研磨好的咖啡粉——这一过程在一个用螺丝锁在咖啡壶底部的渗滤圆筒中进行。

1842年，第一个玻璃制咖啡制作器具的法国专利被核发给里昂的瓦瑟夫人。随之而来的，是法国和英国为数众多的双重玻璃咖啡制作器具专利的核发。这些器具最早被称为双重玻璃气球，同时它们大部分都采用金属过滤器。

从此之后，法国、英国以及美国出现了许多"渗滤式咖啡壶"的专利，其中部分专利改良了德贝洛依器具所使用的原始滴漏法。其他的则是核发给"渗滤式咖啡壶"，之所以如此称呼，乃是源自它们采用的原理：将加热过的水拉高并以连续的方式喷洒在咖啡粉上。海外和美国也生产了为数众多的过滤器具。

在众多渗滤式咖啡壶中，曼宁鲍曼公司及兰德斯福拉利及克拉克公司的产品在此地变得广为人知。在过滤法的领域获得相当多好评的产品罗列如下：哈维·里克的半分钟壶，采用底部加强过的棉布袋，大约在1881年引进市场；1900年的金喜壶；乔伊私产咖啡机，使用日制滤纸，于1905年引进市场；芬利·埃克渗滤式咖啡壶在同一年被引进市场，其同样在两个有侧边渗滤功能的圆筒间使用一层滤纸；"Tricolator"出现于 1908 年；使用滤纸的国王渗滤式咖啡壶出现于 1912 年；以及 1911 年的 "Make-Right" 及其于 1920 年出现的改良版本 "Tru-Bru 壶"。

"Make-Right"是纽约市的爱德华·阿伯尔尼的发明，它由两个套叠在一起的开放式金属框或篮组成，金属框之间夹了一块摊平的棉布。"Tru-Bru 壶"采用了相同的理念，但其金属框是为了提供 4 个滴漏点，这样的构造能让水在咖啡粉上的分布更为均匀，同时减少过滤所需的时间。它还有一个陶瓷制的盖子，用来容纳并将过滤器具抬高，在咖啡粉上方有一个开口，可在不让咖啡粉暴露出来的情况下让沸水注入其中。

以正统渗滤式咖啡壶的原理为基础而发展出来的众多类型中，真正引起美国大众的兴趣、值得一提的是 "Phylax" 咖啡滤器与 "Galt" 咖啡壶。

真空型玻璃咖啡滤器

在 1914—1916 年间，美国的以真空方法制作咖啡的方式，再次引起大众的兴趣，并在 19 世纪前半叶以"双重玻璃气球"之名被引进法国。心灵手巧的美国人生产出数个聪明的改版产品及改良方案。这些真空型玻璃咖啡滤器在餐厅与家用两方面发展出极大的广告需求——如同它们在今天普遍为人所知一般。

起初，如何在饮料制作完成后适当加热以维持温度，是影响餐厅从业者使用真空型玻璃咖啡滤器的重大障碍，但是大众喜爱观看咖啡机运作，也喜爱它们制作出来的咖啡，因此很快便发展出特殊的瓦斯和电气加热器。

这些加热器能快速煮制咖啡，然后将咖啡的温度维持在不低于 79℃且不高于 88℃之间。在这个温度范围内，咖啡能保持一段时间的新鲜，而且不会因煮沸而散失香气。这是极大的优点，因为这容许餐厅在繁忙时刻来临前预先制备咖啡。

真空型玻璃咖啡滤器也被广泛销售给一般家庭使用。作为家庭使用的器具，它们并未遭遇过在公共场合中的障碍，这是因为通常在家庭中，不需要长时间让热咖啡保持随时可供应的状态。家用型咖啡滤器采用瓦斯或电力作为加热的媒介。著名的家用及商用真空型玻璃咖啡滤器制造商包括 Silex、Vaculator、Vis-a-Vac、Thermex 等。

在过去几年内，在美国以"煮制咖啡的工艺"或"咖啡制作工艺"来获取专利的大有人在。

以核发给卡尔金和穆勒两位先生的专利为例。在卡尔金的专利中（"Phylax"咖啡壶），所谓的"工艺"在于以洒水器孔洞的数量与间隔距离来控制热水的流动，以便限制水量与流速，以达到快速初萃取的目的；接着，借由浸煮器里新的孔洞间距延迟滴漏，"以便获得延长萃取能得到的单宁及其他慢速萃取的物质，同时将初萃取与其后煮制阶段中得到的汁液结合，以获得平衡的萃取液"。

穆勒的"工艺"在于在一个瓮里面，以如此供应和维持咖啡粉的方式，使咖啡粉在随着第一次的加水暴露于空气和蒸汽中后，再也不需要经过"熬制"的步骤。

近年来，美国家用咖啡壶的制造已经有了相当大的进步，尤其是滴漏或过滤类型的咖啡壶。咖啡滤器的外观和冲煮效率也有大幅改良。

这段咖啡煮制演进的简短回顾显示，一开始是用煮沸法制作咖啡，接着变成浸泡法。在那之后，关于煮制咖啡的方法，人们分为两派：单纯的渗滤或是过滤，这两种方法一直持续到现在。煮沸法在每个国家也继续拥有拥护者——即使在美国也是一样，无论为败坏它的名声做了多少努力，煮沸法在美国似乎很难消失。渗滤式咖啡壶进一步被细分为单纯的滴滤壶和连续渗滤的机器，如同市场上为数众多的复杂且价格高昂的器械一样。然而渐渐地，真正的咖啡爱好者开始了解到，最好的咖啡都是用简单的渗滤式咖啡壶或单纯的过滤法制成的。两种方式都有很好的论据。

1932 年，一项美国咖啡习惯的调查显示，美国全境 50%～75% 的家庭使用的是泵浦渗滤式咖啡壶，17%～32% 使用煮沸法制作咖啡，5%～20% 使用滴漏法。调查结果显示在下方的表格中。这项调查也显示，在美国不同地区接受调查的家庭中，只有极少一部分家庭，每杯咖啡会使用 1 满匙咖啡粉，这是权威人士普遍认为要得到 1 杯好咖啡所应使用的比例，与煮制用具类型无关。大约 75% 的家庭使用中度研磨的咖啡粉，20% 用的是细研磨，而 2% 用的是粗研磨。

煮制方法（1932 年进行的一项调查，美国 3 个代表性地区的家庭使用的煮制咖啡的方法，以百分比表示）			
方法	东北部地区（%）	中西部地区（%）	美国西岸（%）
渗滤式咖啡壶	75.51	52.31	58.48
煮沸	17.54	32.16	18.50
滴漏	5.43	12.79	20.11
其他	1.52	2.74	2.91

根据这一调查可知，提高美国家庭中咖啡的质量，对刺激消费和经济发展有很大的推动作用。

商用煮咖啡壶

公众外汇承办商对有用且外观漂亮的咖啡制作和分配设备的需求，已经被美国和欧洲国家大型咖啡壶的制造商大大地满足。

在美洲，不论是单一一个或者一组数量从 2 个到 5 个、互相连接的大型咖啡壶，一般都会有一个部分，或者说最主要的部分，在一台大型瓦斯炉的协助下，这个部分用来将水加热，而在水煮沸之后，水会被抽走并倒在被细致研磨好、放在咖啡壶上方布质或纸质过滤器的咖啡粉上。接着瓦斯炉的火力会被调小，以便被过滤回到下层容器的咖啡浸泡汁液维持在大约 79℃，随时准备好在需要时被抽出使用。这套系统在美国有许多的变化类型。

举例来说，有些是 2 个或 3 个大型咖啡壶组合使用，有些会将煮水的壶与煮制咖啡的壶隔离，并分别供应热水到一个内部煮制容器和后者的外部水冷套。另一项近期的改良是为咖啡容器设计的非吸收性玻璃内衬。

意大利用完全不同的系统发展出大容量咖啡冲煮壶，利用壶本身作为提供蒸汽和加压后热水给多个过滤和分流出水口的烧水壶，而不是和美式机器类似的单一塞栓。每个分流装置都有一个可拆卸的过滤器，制作 1 杯咖啡需要的正确分量的咖啡粉会在计量后被放进过滤器内。一个局部回转的零件将过滤器固定在分流装置的下方，之后开启阀门，迫使热水和蒸汽穿过咖啡粉，并在实时冲煮时流进等待的咖啡杯中。

这些机器在欧洲大陆被广泛采用，无论是每小时供应 150 杯咖啡的较小型机器，还是每小时能供应超过 1000 杯的大型机器，应有尽有。

英国人偏爱的是自动化装置：烧水壶放在桌面下，而桌面上的煮制装置配有一个或多个接收咖啡液的壶；还有一个龙头用以供应泡茶专用的新鲜沸水。最著名的品牌有史提尔、斯托特以及杰克森。这种自动化装置靠瓦斯或电力来将水加热到沸点，只要打开桌面上煮制装置的开关即可自动进行。可动式萃取器被用来盛装咖啡粉，方便倾倒萃取完的咖啡渣以及重新装填新鲜咖啡和新的滤纸。

19 世纪欧洲的咖啡制作

英国

我们提过伦福德伯爵在 19 世纪初期改革英国咖啡制作方面的努力。

其他科学人士也加入了这个运动，其中就有唐纳文教授，他在 1826 年 5 月号的《都柏林哲学期刊》中讲述了他"确立萃取浆果中具备固有功效的成分的最佳方法"的实验。

1834 年 6 月 14 日的《竹篙杂志》在谴责过"在英国经常被误称为咖啡而被如此介绍的稻草色液体"之后，如此介绍唐纳文教授的发现：

唐纳文先生发现，咖啡的药用性质其实与其芳香风味无关——因此，人们仍旧有可能在口感未得到满足的情况下，通过咖啡获得令人振奋的效果。

而在另一方面，也可以在对经济学方面没有产生任何效果的情况下享受咖啡的芳香。他的目标是将两者结合。

烘焙咖啡豆对生成上述两种性质必不可少；不过，为了确保咖啡的品质，在执行烘焙工序时是需要一些技巧的。

第一件事就是将生咖啡豆放在开放式容器中，并使其处于温和的火源之上；持续不断地搅拌咖啡豆，直到它们呈现出微黄的色泽。

接着，咖啡豆应该被粗略地打碎，让每颗豆子在放进烘焙装置时被分为大约4块或5块。

最常见的烘焙装置是铁皮制成的圆筒形——想达到最佳烘焙效果，使用这种一点也不昂贵的机器就行了。用常见的铁制或陶制的壶也能够将咖啡豆烘焙得非常好。在烘焙过程中，需要注意观察咖啡豆烘焙的程度，并借由持续搅拌防止咖啡豆不完全燃烧。要获得一杯好咖啡，必要条件之一是咖啡豆必须是近期内烘焙的。

咖啡豆应该被研磨成极细致的咖啡粉以供使用，而且只有在需要的时候才研磨豆子，否则其芳香风味会有一定程度的流失。要萃取咖啡中全部有优良性质的成分，需要将咖啡粉通过两种独立且稍微有点矛盾的方法处理。

一方面，咖啡细致的风味可能会因煮沸而流失，而另一方面，又需要将咖啡置于一定的热度之下，以萃取出它的药用成分。

经过许多次实验之后，唐纳文先生发现了以下这种能同时达到两个目的、最简单且有效的处理方法：

将所有会用到的水分成均等的两份。

先将一半的冷水加入装有咖啡粉的容器，并将容器放到火源上加热。待容器中的液体"刚好沸腾"时，立即将容器从火源上移开。接着，让咖啡沉淀一阵子。最后，尽可能地将澄清的液体倒出来。

在上述这段时间中，放在火源上的剩下那一半水接下来一定要在"沸腾的热度"加进咖啡粉中，并放在火源上，务必要保持煮沸大约3分钟时间。此举会萃取出药用功效，然后再次让此液体沉淀，同时澄清的汁液被加进第一份汁液中，这样调制出来的咖啡会兼具此浆果所有的优良特性。

如果要使用任何澄清剂原料，那么应该在整个工序一开始的时候就将其与咖啡粉混合。

有数种不同的种类装置，其中一些结构非常精巧的被推荐用来准备咖啡，不过它们全都是根据只能萃取芳香风味的原理制造而成的。然而，唐纳文教授的建议不仅让我们得以萃取咖啡的芳香风味，还帮我们提取并制备出那些药用功效较不明显但同样不可或缺的物质。

当韦伯斯特和帕克斯在1844年于伦敦出版《国内经济百科》时，他们提出以下"在英国制作咖啡最常用的方法"：

将新鲜研磨的咖啡粉放进咖啡壶中，加入足量的水并将其放置在火源上直到沸腾，滚煮1分钟或2分钟；然后将其从火源上移开，倒出一满杯，这在之后会放回咖啡壶中，让可能还漂浮在咖啡中的咖啡渣沉淀；重复这个步骤，并让咖啡壶在接近火源处静置，但不要放在太热的地方，直到咖啡渣都沉淀到壶底。

不需要任何其他调制品，咖啡在数分钟之内便会澄清，然后就可以倒进杯子里。

用这种方法，加上足量的优良物质和适当的小心谨慎，就能制作出极为出色的咖啡。

咖啡最有价值的部分很快便会被萃取出来，无疑地，长时间煮沸会让细致的香气与风味逐渐消失。有些人将反复煮沸咖啡当成一项错误的规定，而是只将咖啡刚好煮到沸点；但唐纳文先生说，咖啡需要滚煮一小段时间，以便完整萃取其中的苦味。

他认为，苦味物质中具备许多令人振奋的特性。

这篇文章还谈到下列关于澄清咖啡的方法，这在当时是一个受到广泛讨论的问题：

咖啡的澄清是一件需要特别注意的事。咖啡渣最重的部分沉淀下来后，仍然会有细微的颗粒在咖啡中悬浮一段时间，而如果在这些颗粒沉淀前将咖啡倒出，所得到的液体就会缺乏透明度，而透明度是检验咖啡完美程度的指标之一；没有好好澄清的咖啡总是会有一种令人不愉快的苦涩口感。

就像我们说过的，通常将咖啡静置数分钟就能使其澄清；但那些着急的人会采用某些人工的方式来帮助咖啡快速澄清，例如加入些许鱼胶、鹿角薄片、鳗鱼皮或比目鱼皮、蛋清、蛋壳等。显然地，在遵循与精制啤酒、红酒相同的原理下，这些物质若要发挥它们的作用就应该被事先溶解，若未经过溶解就加入，会导致咖啡的风味消失。

17世纪及18世纪的白镴制咖啡壶。由左至右分别是收藏于纽约大都会艺术博物馆中的德制、佛兰德斯制、英国制以及荷兰制咖啡壶样本。

早期欧洲与美国的咖啡制作器具。1：英国改良版的法式烧水壶；2：英式比金壶；3：改良版伦福德渗滤壶；4：琼斯外部管路渗滤壶；5：帕克蒸汽喷泉咖啡滤器；6：普拉托过滤壶；7：布雷恩真空过滤壶，或称气动过滤壶；8：比尔特渗滤壶；9：美式比金壶；10：布袋滴漏壶；11：维也纳咖啡壶；12：勒布朗煮咖啡壶；13：可翻转波茨坦煮咖啡壶；14、15：哈钦森将军的渗滤壶及瓮，结合了德贝洛依和伦福德的构想；16：伊特拉斯坎比金。

这段时期英国的咖啡制作器具，除了伦福德形式的渗滤式咖啡壶以及广受欢迎的比金壶之外，还有伊凡的咖啡机，其配备有附加了盛装咖啡过滤袋的锡制气垫；琼斯的咖啡器具，是一种泵浦式渗滤壶；帕克的蒸汽喷泉咖啡滤器，能压迫热水向上穿过研磨好的咖啡粉；普拉托获得专利的过滤式咖啡壶，先前提过，是单一一个真空玻璃渗滤壶与一个大型咖啡壶的组合；布雷恩的真空，或者说气动过滤式咖啡壶，采用"棉布、亚麻或羚羊皮革"过滤，还有一个排气泵浦，是为厨房使用设计的；还有有着类似构造的帕玛及比尔特的气动式过滤咖啡机。

冷泡法也很常见，这种方法是让浸泡液静置过夜，第二天早晨再过滤，并且只加温不煮沸。

供这些各种不同类型咖啡过滤器使用的咖啡粉是用铁制磨豆机研磨的；携带型盒式磨豆机是最受欢迎的家用机型。"它包括一个以桃花心木或上过漆的铁所制成的方形盒子，盒子内部包含了一个空心且内侧带有锐利沟槽的钢制圆锥；圆锥内部安装了一个以硬化的铁或钢制成、表面刻有螺旋形沟槽的圆锥形零件，而且此零件可由把手控制加以转动；另有一个抽屉，可以容纳被细致研磨出来的咖啡粉。"较大型的壁挂式磨豆机采用的是相同的研磨机制。

1855 年，约翰·多兰博士在他的著作《餐桌的特色》中写道：

关于制作咖啡，对我们来说，用土耳其方法在研钵中将咖啡豆敲碎远比用磨豆机研磨好得多。但不论采用两者中的哪一种，由 M. 索尔推荐的处理方法或许是最有帮助的，即："将 2 盎司咖啡粉放进长柄炖锅中，将锅子放在火源上，以 1 支汤匙循环搅拌直到咖啡粉彻底变热，然后倒入 1 品脱的滚水；将盖子盖紧并等 5 分钟，让汁液流过一层布，再次加热以供饮用。"

根据 1883 年伦敦的 G. W. 波尔医师的观察，我们得以一窥 19 世纪后期英国的咖啡制作。他说：

那些想要享用真正好咖啡的人一定要使用新鲜烘焙的咖啡豆。在欧洲大陆，每个正常家庭中每日供应的咖啡都是每天早上烘焙的。但这在英国很少发生。

如果要保存烘焙好的咖啡豆，一定要将其贮存在一个密闭的容器中。在法国会用以上蜡皮革制成的包裹布来存放咖啡豆，并将布紧紧地绑好。如此一来，就能阻隔咖啡豆和空气接触。

维也纳人说，咖啡豆应该被保存在以塞子封口的玻璃瓶中，而绝不能贮存在锡制的罐子里。

咖啡豆被烘焙好后，在进行浸泡前必须被弄碎成粗糙的粉末。咖啡豆的研磨和粉碎应该在其被使用前进行，如果连完整咖啡种子的香气都很容易迅速流失，那么被弄碎成细粉的咖啡，其香气流失的速度又会增快到何种地步？关于咖啡磨豆机没有必要再多说些什么，它们足够普遍、足够多样化，而且足够廉价以符合任何审美。

要确保能冲煮出 1 杯真正的好咖啡，需要注意以下几点：

（1）确保使用优良、新鲜烘焙的咖啡豆，并在冲煮前将其研磨成粉。

（2）使用分量足够的咖啡粉。针对这一点我曾经做过一些实验，得到的结论是：1 盎司的咖啡粉和 1 品脱的水会做出差劲的咖啡，1.5 盎司的咖啡粉和 1 品脱的水则能做出相对还不错的咖啡，2 盎司咖啡粉加上 1 品脱的水就会做出非常美味的咖啡。

（3）对于咖啡壶的形式，我没有什么好说的。咖啡机形式多样，但其中有许多都是无用的累赘。就算比较有设计感的咖啡壶，也并非绝对必要。巴西人坚持，不能使用以金属制造的咖啡壶，只有瓷制或陶制的是可以容许的。我近来的习惯是用一个装配有过滤器的普通水壶煮制咖啡，而且我相信没有比这更好的了。

（4）将水壶烧热，把咖啡粉放入咖啡壶中；将水煮沸，并将煮好的水倒在咖啡粉上，咖啡就泡好了。

（5）咖啡一定不能煮沸，或者最多只能如同厨师所说的，让咖啡刚好"接近沸腾"。如果让咖啡剧烈地沸腾，其香气就会消散，这份饮品就毁了。

制作咖啡最经济的方式是将咖啡放进一个水壶中并倒入冷水。这应该在需要咖啡的几小时之前就进行——举例来说，如果早餐需要咖啡的话，可以在前一晚浸泡。轻飘飘的咖啡颗粒会吸收水分，并最终沉降于壶底。当需要饮用咖啡时，将水壶放置在装好水的平底深锅或双层蒸锅中，将外层容器放在火源上加热直到其中的水沸腾。这种方式能让咖啡在不经过剧烈沸腾的状态下被温和地加热到沸点，同时能在没有任何香气流失的情况下，得到最大量的咖啡萃取物。

确保将你的咖啡冲煮得浓烈。用 1/4 份的浓咖啡加上 3/4 份牛奶做出来的欧蕾咖啡会比用一半淡薄的咖啡加一半牛奶做出来的更好；这是很明显的。

认为没有一大堆昂贵且麻烦的器具就无法煮制咖啡，这是错误的。

欧洲大陆

罗希庸为我们描绘了 19 世纪中叶欧洲大陆制作咖啡的普遍方法：

从前是用以粗呢制成的小袋子来渗滤咖啡。水被倒在咖啡粉上，在袋子还很新的时候，咖啡能很好地由其中渗滤出来，但当被使用过数次之后，袋子会变得油腻腻的，而且不管用什么方法都很难把它们弄干净。油腻的粗呢袋子会让咖啡的质量发生改变，由此得到颜色暗淡的咖啡，看起来实在非常令人不愉快。现在很少有人使用这种小袋子了。

渗滤咖啡最常用的器具是由两部分零件组成的锡制咖啡壶。上半部有一个可供放置咖啡粉的过滤器或筛网，过滤出的咖啡必然会由此穿过。沸腾的水会被倒在咖啡粉上。渗滤出的汁液会落进第二部分。接着上半部会被移开，而作为饮品的咖啡就准备好了。

咖啡壶有许多不同的样式。其中最好的一种是俄罗斯式的，由两个半鸡蛋形的容器旋在一起组成。其中一个容器装有热水，另一容器则装了研磨好的咖啡粉，中间有一个过滤器。将咖啡壶上下颠倒，渗滤过程便会非常缓慢地进行，不会让咖啡的香气流失。

通常被用来制作咖啡壶的马口铁片有许多缺点，其中一个缺点就是在使用一小段时间后，铁会溶解。

作为一种饮品，咖啡的质量主要取决于水的热度。

经验法则显示，在适当热度下准备的咖啡风味相当不错，而若将滚烫的水倒在最棒的咖啡粉上，却无法产生好喝的汁液。因此，与其在瓷制或银制的咖啡壶中倒入 100℃ 的沸水，不如倒入温度为 60℃～75℃ 的水，这样才能得到 1 杯完美的咖啡。

法国

大约 19 世纪中叶，法籍自然学家杜图尔如此描述法国人制作咖啡的过程：

将咖啡粉倒进滚沸的水中，且咖啡粉和水的比例是 1∶15。将混合物以汤匙加以搅拌，而咖啡壶则迅速从火源上拿开，但容许它保持紧闭的状态，维持至少约 2 小时，放在木炭燃烧后的灰烬中。

泡制过程中的汁液应该用巧克力起泡器或类似的器具搅动数次，并静置约 15 分钟使其沉淀。

欧蕾咖啡一开始是做成黑咖啡——只不过更为浓烈；然后将这咖啡按照需要的分量倒进杯中，再将杯子用煮滚的牛奶装满。奶油咖啡则是将煮滚的奶油加进浓烈清澈的咖啡中，并把它们一起加热。

在 19 世纪后半叶的法国，咖啡豆是放在陶盘或平底深锅中、放在炭火上进行烘焙，使用抹刀或木匙搅拌，或者咖啡豆会放进铁制的小型圆筒或球状烘豆器中进行烘焙。当大量的咖啡豆烘焙好后，豆子会被放在柳条筐内在空

比利时、俄罗斯和法国的白镴咖啡供应壶，收藏于纽约的大都会艺术博物馆，属于 19 世纪的设计。

气中抛甩冷却。最好在研钵或金字塔形状、带有接收抽屉的盒式磨豆机中研磨咖啡豆，注意不要将咖啡豆磨得太细。

现在法国较优渥家庭平常制作咖啡的方法是使用改良版德贝洛依滴漏器具、双重玻璃真空过滤壶、泵浦式渗滤壶（双循环装置）、俄罗斯蛋形壶，还有维也纳咖啡机。最后提到的器具是有玻璃盖子的金属制泵浦式渗滤壶，通常在一个传送装置的支撑柱间来回摆荡，传送装置的底部装有一个酒精灯。

在众多法式咖啡机中，为人所知的包括：Reparlier 的玻璃"过滤器"；伊格罗特的蒸汽滤布咖啡机以及马伦的渗滤式咖啡壶具，两者都是为军营和船舶使用设计的——在此之前，这些场所的咖啡是在汤锅里煮制的；布雍·穆勒的蒸汽渗滤壶；罗兰的笛音咖啡壶，是一个会提醒咖啡已经准备好的蒸汽渗滤壶；爱德华·洛伊塞尔的快速过滤器，这是一个利用流体静力学的渗滤壶；还有以莫理斯、勒马雷、葛兰汀、克雷波和甘达斯等人之名命名的咖啡壶。

1892 年，法国战争大臣指示，军中咖啡烘焙和研磨作业产生的咖啡外壳废料不应该再被丢弃，因为这些废料中被发现富含咖啡因以及芳香物质。

"随叫即做咖啡"于 19 世纪时出现在法国，是用熬制或浸泡的方法，让咖

尚：咖啡的世界史

啡流经内里覆盖了一层吸墨纸或羊毛滤布的有孔漏斗。根据贾丁的说法，这个系统让人联想到经济型咖啡壶。

一款在19世纪晚期受到欢迎的德制咖啡滴漏壶在壶嘴处用了一个塞子，这提供了阻挡浸泡汁液的空气压力（见右图）。

1787年，波兰国王的医师皮耶·约瑟夫·布克霍兹经营起一门生意：将烘焙咖啡填装在小包装中，每包足够1杯咖啡的用量。他的销售额逐渐增加，直到某天，他被

受欢迎的德制咖啡滴漏壶。

逮到将咖啡偷偷替换成烘烤过的裸麦。以下是布克霍兹制作咖啡的方法，这种方法在下层阶级中十分受吹捧，他被这些人视为权威人士：

> 用1个咖啡壶将水煮滚。当水沸腾时，将其由火源上移开足够长的时间，以便将1盎司的咖啡粉加进1磅的水中。以汤匙搅拌。将咖啡壶放回火源上，同时在沸腾时把壶从火源上撤回来，再用文火煮约8分钟。用糖或鹿角粉使壶中的咖啡澄清。

美国早期的咖啡制作

1668年，当咖啡饮品首次抵达殖民地时，一开始是被当作富人的饮料。当咖啡在1700年经由咖啡馆介绍给普通大众时，最早是像在英国一样用小碟子啜饮；没有人太过仔细地询问咖啡是如何制作的。

半个世纪过后，当咖啡取代了早餐中的啤酒和茶的时候，人们开始打听制作咖啡的正确方法。直到完全进入19世纪，才出现了基于科学关注的建议，而直到19世纪的最后10年或20年间，人们才以制作出科学化的咖啡饮品为目的，进行真正的化学分析。

一开始，由于殖民地间相隔遥远的距离，并且存在沟通上的障碍，改良的咖啡滤器和咖啡制作方法传播得非常慢，而早期殖民者由欧洲大陆带来的咖啡风俗成了无法轻易改变的习惯。有人坚守最糟糕的咖啡制作方法，对改良的器具和方法视而不见。

尽管美国成为所有国家中最大的咖啡消费国已达半世纪之久，但直到最近25年[①]，才能在主要城市以外喝到以正确的方法制作的咖啡。即使到了今天，一般消费者亟须被普及正确煮制咖啡的方法。

如果能将推广宣传活动使用的所有资金持续数年地集中在研究咖啡相关的问题上，同时将这些建议通过出版的方式公之于众，便能将正确煮制咖啡的知识牢牢地刻印在人们的记忆中。事实上，在一般的美国家庭中，咖啡还是以随意粗糙的方式制备的。然而近年来，有组织的贸易在努力修正人们对这种国民饮料的误解，已有足够迹象显示，咖啡制作的持续改革达成的时刻已然不远。

殖民地时期的咖啡饮料大多都是熬制的。

埃丝特·辛格莱顿告诉我们，在新阿姆斯特丹，咖啡是在一个内里镀锡的铜壶内煮沸，并在尽可能热烫的时候，加糖或蜂蜜与香料饮用。"有时候1品脱新鲜牛奶会被加热至沸点，然后加入由咖啡中汲取出的酊剂，或者，咖啡会被放进加了牛奶的冷水中，两者一同煮沸后饮用。有钱人会在咖啡中加入丁香、肉桂，或是混有龙涎香的糖。"

研磨好的小豆蔻种子也会用来为熬制的咖啡增添风味。

在早期的新英格兰，人们经常将整颗咖啡豆滚煮数小时，如此制作的食物或饮料，都不令人满意。

在新奥尔良，研磨好的咖啡粉会被放进一个锡制或白镴制的咖啡滴漏器中——仿照法式做法，借由缓慢地将滚水倒在滴漏器上达到目的。除非咖啡确实将杯子染色，否则不会被认为是1杯好咖啡。这个方法在克里奥尔人的

---

① 以作者完成本书时间推算，应为20世纪初期到30年代这段时间。——编者注

家庭中依然通用。

在 1800 年之前，将粗略捣碎的咖啡豆放在水中煮沸 15 分钟到半小时，是殖民地常用的制作咖啡的方法。

在 19 世纪早期，最好的方法是将咖啡豆放在一个竖立在壁炉炉火前的铁制圆筒中烘焙。圆筒以手柄旋转或如同起重机一般自行吊起。研磨是用折叠式或壁挂式磨豆机完成的；最好的磨豆机品牌有肯里克、威尔森、伍尔夫、约翰·路德、乔治·W.M.范德格里夫特，以及查尔斯·帕克的"最佳质量"。

要在"无须煮沸"的情况下制作咖啡，当代的烹饪书建议家庭主妇们使用"比金壶，最好的在法国被称为 Grecque"。

1844 年，《厨房指南与美国家庭主妇》以咖啡制作为题，提出下列建议：

> 咖啡豆应放进一个铁制的壶中，并在烘焙（放在壶中于热炭上进行，并持续搅拌）前放在靠近温和的火源处数小时。咬开颜色最浅的豆子——如果是脆的，表示全部的豆子都被充分烘焙好了。咖啡烘焙机比不加盖的壶好得多。用 1 大汤匙咖啡粉兑上 1 品脱沸水，在锡制的壶中滚煮 20～25 分钟。如果再煮久些，咖啡的味道就不再新鲜和令人神清气爽了。让它静置 4～5 分钟发生沉淀，再将咖啡渣倒进 1 个咖啡壶或瓮里。
>
> 将适当大小的鱼皮或鱼胶放进壶中煮滚，或者将半个鸡蛋的蛋白及蛋壳放进几夸脱的咖啡中。
>
> 法式咖啡是使用德式过滤器制作的，水是在煮沸的温度点被打开，而咖啡用量比一般煮沸方式制作时所需要的分量还要多 1/3。

1856 年，《女士之家杂志》（现在的《女士之家期刊》）刊载下列文字，总结了那个时代咖啡制作的习惯：

> 如果你希望享用风味最佳的咖啡，应该自己在家烘焙咖啡豆；但不是用一个开放无盖的平底锅烘焙咖啡豆，因为这样做会让咖啡豆的香气

逸散。

烘豆器应该是一个密闭的球体或圆筒。而作为咖啡良好口感依据的香气，只会经由烘焙过程从浆果中发散出来，而烘焙对于削弱浆果的硬度、使其适合进入研磨程序也十分必要。

在进行烘焙时，咖啡豆会流失15%~25%的重量，而体积则会增加30%~50%。这更多地取决于恰当的烘焙程序，而非咖啡本身。1颗或2颗烧焦或烤煳的豆子会毁坏好几杯咖啡的风味。哪怕咖啡豆只是被加热过度一点点，其良好的口感都会有所损失。

在家烘焙咖啡豆时，最好的方法是先在一个开放式器皿中将咖啡豆风干，直到咖啡豆稍微变色。然后将咖啡豆密封在容器中并烘烤，在这一过程中需要保持稳定的摇动，从而让所有的咖啡豆受热均匀。过于低温和过于温暾的火源会让咖啡豆在未产生完整香气风味的情况下变得干燥；反之，过于强烈的热源会使咖啡豆中的油性物质消散，只留下苦涩焦黑的颗粒。

咖啡豆应该被加热到呈现出深肉桂色，并且外观油亮的程度，但绝不能出现浓重的深棕色。此时，将烘焙好的咖啡豆从火源上移开，并将其装在密闭的容器中直到冷却，再将其密封起来，按需取用。未烘焙的咖啡会随着时间流逝而保存香气，但若不将烘焙过的咖啡豆密封储存，必将导致其香气流失。那些事先研磨好、被保存在桶子或纸包中贩卖的咖啡粉不配称为咖啡。

烘焙好的咖啡豆应该在使用之前才加以研磨。

如果在前一晚将咖啡豆磨好了，那么应该将咖啡粉包好；或者，将其放进烧水壶中并加水覆盖——水不但能保存咖啡粉中珍贵的油脂和其他芳香成分，还能够借由浸泡使其在早晨就能立即煮沸。

如果将咖啡壶（这里指的是"欧道明咖啡壶"，用普通的烧水壶会造成香气散失而毁了整壶咖啡）放在多炉炉灶或做菜用的小炉子上，或接近火源处，以便保温整晚为早上的煮沸做准备。到了第二天早晨你会发现，这饮料的味道变得浓厚、圆润，极为可口。

晚餐时饮用的咖啡应该在午餐后立刻放置在火源上或靠近火源的地方，并保持热度或用文火慢煮（而非沸腾）整个下午。

如果你希望煮制出完美的咖啡，试试这个方法。

伍德的改良式咖啡烘焙机被认为是现在使用的同类器具最好的一种。

这台有专利的咖啡烘焙机已经借由在每个半球内侧采用三角形突缘的方式加以改良，就像在之前的图片中看到的一样。这些突缘在烘豆机转动时，会将咖啡豆钩住并由内部表面将其抛出，如此可确保燃烧过程中完美的一致性。伍德烘豆机（1849 年）和欧道明咖啡壶（1856 年）在上文已提过。

从《实用食谱百科》一书中，我们学到更多在大约 19 世纪中叶时，关于流行在美国"国内第一批厨师中"的烘焙与制作咖啡的习惯。

举例来说：

烘焙咖啡豆

将豆子放进烘豆机，将其放置在中等温和的火源前，缓慢转动，直到咖啡变成漂亮的棕色；这个过程需要大约 25 分钟。

打开盖子确认咖啡是否烘好。如果咖啡豆已经呈棕色，将其转移到一个陶制的罐子中，将罐子紧紧盖好，在需要时取用。

更简单甚至更有效果的方法是用一个锡制烤盘，将底部涂上奶油，将咖啡豆放进烤盘内，并将烤盘放入设定为中温的炉子中，直到 20 分钟后，咖啡豆变成鲜艳的金黄色。在这一过程中，需频繁地用木质汤匙将咖啡豆铲起来。

另一个方法是将 1 磅生咖啡豆放进一个小平底锅内，将平底锅放到火源上，间或搅拌并摇动，直到咖啡豆变成黄色；然后将平底锅加盖同时摇晃咖啡豆，直到其大约变成深棕色。将锅子从火源上移开，盖子继续盖好，待豆子稍微冷却后，打一个蛋在咖啡豆上，并搅拌到咖啡豆彻底被蛋包裹住。接着，将咖啡豆贮存在罐头或盖子很紧的罐子中，在需要时研磨使用。

应该选择购买咖啡豆，并在有需求时再研磨，否则很容易买到掺杂了大量菊苣粉（即苦苣粉）的咖啡粉；有些人喜欢这种添加物，但真正喜爱咖啡的老饕无法容忍它的存在。

制作早餐咖啡

给每个人 1 满汤匙的咖啡粉。在研磨咖啡时，应该要称重。将咖啡粉放进咖啡壶中，以 3/4 品脱滚水配 1 满汤匙咖啡粉的比例，将相应量的沸水倒在咖啡粉上；在沸腾的那一刻将壶移开，打开壶盖使其静置 1 分钟或 2 分钟；然后盖上盖子，把咖啡壶放回火源上，让壶中的液体再次沸腾。将咖啡壶由火源上拿走，让其中的液体静置 5 分钟并沉淀。咖啡便准备好可以倒出来了。

这个方法推荐使用的最新和最佳咖啡制作器具中，包括了所有那些由亚当斯父子公司在本国制造或贩卖的器具：英式比金壶；哈钦森将军的咖啡壶及瓮，结合了德贝洛依和伦福德的构想；勒布朗采用蒸馏和蒸汽压力制作咖啡，将咖啡直接压进杯子里的煮咖啡壶——一种维也纳咖啡制作机器；还有被称为"波茨坦"的俄罗斯咖啡颠倒壶。

在 2 份为制作以咖啡调味的各种萃取物、冰品、糖果、蛋糕等的咖啡食谱中，有一则奇特的咖啡啤酒食谱，这是一位名为普鲁哈特的法国人发明的。

以 1000 份为单位，需要的原料和分量是——浓咖啡 300，朗姆酒 300，以阿拉伯树胶增稠的糖浆 65，橙皮的酒精萃取物 10，以及水 325。

"它看起来并没有那么受欢迎！"编辑加了这么一句。

煮沸咖啡开始遭遇反对

1861 年，戈迪的《女士书籍与杂志》以赞同的态度提到越来越多饭店和餐厅的顾客会点咖啡而非酒或烈酒，用以搭配晚餐。在"如何冲煮出 1 杯咖啡"这个主题上，它有下列说法：

制作咖啡最好的方法是什么？这个特定的议题有各自迥异的见解。

举例来说，土耳其人不会自找麻烦，像我们一样习惯用加糖来除去咖啡的苦味，也不会试图用牛奶掩盖咖啡的风味。他们会在每 1 碟咖啡中加入 1 滴琥珀油，或在准备咖啡的过程中放入几颗丁香。我们认为，像这样的调味并不适合西方口味。

如果 1 杯质量绝佳的咖啡以最完美的方式准备并接近沸腾，接着被放在房间中央的桌子上任凭它冷却，在冷却过程中，房间内会满是它的香气；但咖啡变冷之后将失去大部分风味。被再次加热后，咖啡的口感和风味将进一步减少，而如果加热第三次，咖啡会走味且令人作呕。四散在房间内的香气证明咖啡已经失去了它绝大多数易挥发的部分，也因此失去它令人愉快的特质和功效。如果将滚水倒在咖啡上，并在盛放咖啡的容器周围装满沸水，咖啡更为美好的特质将会被保留下来。

在咖啡壶内滚煮咖啡是一件既不经济又不明智的事，这种方法浪费了大量的香气。伦福德伯爵（个中权威）表示，1 磅优良的摩卡咖啡在被烘焙和研磨时，将可以制作 56 杯绝佳的咖啡，但它必须被细致地研磨，否则只有颗粒的表面会被热水作用，而大部分的精华会被留在咖啡渣里。

在东方，咖啡据说能使人激动、振奋，并保持清醒、缓和饥饿，使疲劳的人恢复力量与活力，与此同时会减少舒适与安详的感觉。当阿拉伯人将咖啡从火源上移开时，会用湿布包裹容器，这能让液体立刻澄清，并且使咖啡表面乳化。

有一个极重要的因素必须注意，那就是，咖啡豆不应在使用前先行研磨，因为当咖啡豆成为粉末后，其更为细致的特质将会很快地挥发消散。

我们通常不考虑用来制作咖啡的常用方法，因为每个家庭主妇对那些方法都已十分熟悉，比如常见配方——2 盎司咖啡加 1 夸脱水。之后过滤或煮沸 10 分钟，然后静置 10 分钟以待澄清。

法国人制作的咖啡极其浓烈。在早餐的时候，他们饮用的咖啡是用1/3 浸泡的咖啡汁液和 2/3 热牛奶混合而成的。晚餐后饮用的黑咖啡则是咖啡浆果的精华之所在。饮用的分量只有 1 小杯，以白糖或糖果增添甜味，有时候糖会通过汤匙放置在咖啡表面，少许水果白兰地会被倒在糖上然后点火；或者在那之后，法国人会立即饮用 1 小杯被称为"查斯咖啡"的利口酒。

不过，在法国盛行的最好的咖啡制作法（制作的汁液口感会很浓烈——或者说，口感可能很直接）是使用一个咖啡壶，壶的上层是一个能与壶体紧密相合的容器，容器底部则有许多小孔，里头包含了 2 个可动式金属过滤器，咖啡粉便放在这 2 个过滤器中间。将滚水倒在上层滤器上，持续且和缓地注水，直到冒出气泡穿过过滤器；然后将器具的盖子关闭，将其放置在靠近火源处，如此一来，水就会快速流出通过咖啡，重复这个操作直到所有的咖啡都流出，无须澄清。如此一来，咖啡的全部香味，加上所有香胶及香脂，及咖啡精华中的刺激性成分都将被保留。这是真正法式的做法，瞧！1 杯完美的咖啡。

这篇文章最有趣的地方在于，它显示出对煮沸咖啡的反感已经开始在美国出现；细致研磨的重要性已得到这个国家最杰出的思想领袖的承认和重视。

咖啡的科学探索

美国第一项以咖啡烘焙与冲煮为主题的科学探索，可能是由奥古斯特·T. 道森和医学哲学博士查尔斯·M. 威瑟里尔于 1855 年发表在 7 月和 8月的《富兰克林研究所期刊》上的详细文章。以下是摘要：

饮料可划分为两大种类：（1）酒精性饮料；（2）含氮饮料。含氮食品能有效替换身体内各种器官因产生活力而消耗的物质。咖啡是其中一种。

除了单宁之外，咖啡浆果还含有 2 种物质，一种是含氮的咖啡因，含量约占 1%，在烘焙过程中不会改变；另一种则是具挥发性的油脂，在烘焙过程中形成，为咖啡带来风味。朱里亚斯·雷曼博士（《利比希化学纪事》87 期）说咖啡会使身体的无用组织受到阻滞，并减少维持生命所需要的食物量；这个效应要归因于油脂。咖啡许多有营养的部分都在欧洲式咖啡制作方法中流失。

好咖啡十分罕见。这些实验是为了查明适于饮用的咖啡是否能以生咖啡豆或烘焙豆相同的低价提供给普通大众。为达到此目标，我们需要萃取出比一般家庭萃取所能获得的更多的营养物质。这些实验被证明是徒然的。

当我们用不同方法进行烘焙与煮制咖啡后发现，以下方案是最方便和最好的：每一次的咖啡口味都相同，而且味道很好。如果好的浆果被适当地烘焙，同时调制出适当的浓度，得到的必然是 1 杯好咖啡。应该一次挑选 7 磅到 8 磅摩卡浆果，并在滚筒中将其烘焙。烘焙完毕后，咖啡豆应该放进一个开口直径为 10 厘米的石制罐子里密封保存；这样的分量，如果每天喝 2 杯咖啡，能供应 6 个月。需要的时候，从罐子中取出 1 夸脱的豆子并研磨，研磨好的咖啡粉应该被保存在有盖的玻璃罐中。

装配有底部穿孔、可供咖啡粉放置的上层隔间的普通比金壶被发现是最好的咖啡壶。要用此器具制作 1 杯泡制咖啡时，须将半盎司咖啡粉放进上层，6 盎司的水放进下层。将比金壶放到瓦斯灯上，水会在 3 分钟后沸腾。当蒸汽出现，将比金壶从火源上移开并将水倒入杯子里，再从那里立刻倒进比金壶的上层，替换进去的水会接着萃取咖啡浆果（此处有 1 次实验）。

这个实验显示，失重并非咖啡被正确烘焙的评判标准，颜色也不是（只用此点判断），温度和时间也不是。

接着我们进行实验以厘清香气是否经由烘焙咖啡豆而产生，而已经流失的香气无法被收集并随心所欲地加进咖啡中。我们试图将从烘焙过的咖啡豆而来的挥发性油脂以蒸汽驱赶，并将剩余的咖啡残渣做成干燥的萃取物，之后再将油脂加进此萃取物中。我们尝试了 2 次，2 次实验都以失败告终。看起来烘焙过程中，只有少量的香气流失，流失的这部分香气与难闻的蒸汽混在一起，不可能将其单独提取出来。

接着我们尝试用生咖啡豆的水溶性萃取物制作咖啡，将咖啡豆蒸发到干燥并烘焙剩余物质（此处有 1 次实验）。

这个实验也不成功。

这里最大的问题是一种深色、发亮的残渣，尽管淡而无味，看起来却非常令人不快。相较于比金壶来说，用煮沸法准备咖啡的时候，被萃取出的物质的量多了 2.5 倍。

以下是恰当的咖啡豆烘焙方法：

咖啡豆应该被放进 1 个圆筒中，并在明火上持续转动。当白烟开始出现，就要仔细观察内容物。持续检验圆筒中的豆子。一旦豆子能被轻易地弄碎，且颜色呈现浅榛果色时，咖啡豆便烘好了，借由 1 个锡杯把一些咖啡豆捞起并再扔回去让豆子冷却。如果将咖啡豆堆成一堆冷却，有可能出现过度烘焙的危险情形。烘焙好的咖啡豆需要用密封的容器来贮存。为测量比例，每杯咖啡需要用半盎司咖啡兑 6 盎司水。

所有的"咖啡萃取物"都是毫无价值的，它们大多由烧焦的糖、菊苣、胡萝卜等物质组成。

1883 年，当代的权威人士弗朗西斯·T. 特伯，因为喝了以古老煮沸法加蛋准备的"1 杯完美咖啡"，而决定将他的著作《咖啡：从农场到杯中物》题献给波启浦夕的铁路餐厅经营者。这是特伯的配方：

将 1 大杯或 1 小碗咖啡豆以中等粗细颗粒度研磨；将 1 个蛋连壳打进咖啡粉中；混合均匀，加入足够让咖啡粉湿润的冷水；在这个混合物上倒入 1 品脱的沸水：让它慢慢滚沸 10～15 分钟，具体的时间取决于使用的咖啡种类以及研磨的粗细度。让它静置 3 分钟沉淀，然后倒出，流过 1 个细致的金属筛网后，进入 1 个温过的咖啡壶中；这样的量足够供应 4 个人饮用。用餐时，先将糖放入杯中，然后装入煮滚的牛奶至半满，接着加入咖啡，你就拥有 1 杯对许多可怜的凡人来说犹如天启的可口饮料，这些可怜人对 1 杯完美咖啡只有模糊的记忆和热切的渴望。

如果有奶油将会更好，在那个情况下，沸水可以加进咖啡壶或杯子中，填补上述做法中牛奶的空间。或者你会发现，炼乳是奶油很好的替代品。

1886 年，对制作咖啡饮料、烘焙及研磨工作都有所了解的杰贝兹·伯恩斯说：

将沸水放在手边便于取用之处，拿一个清洁干燥的壶并放入研磨好的咖啡粉，将足量的沸水倒入壶中，水量不要超过壶的容积的 2/3。当水沸腾的时候，加入少许冷水并将壶移离火源处。为了萃取出咖啡中最好的物质，需要将咖啡粉磨细并将滚烫的水倒于其上。

纽瓦克公共图书馆的约翰·科顿·达纳讲述在他位于佛蒙特州胡士托的老家，他们为何总是在阁楼里放着一个储存生咖啡豆的大石罐。这对盛大的庆典日，像感恩节、圣诞节等来说是神圣的。在那些纪念日前夕，石罐会被带上前来并从中取出适当分量的咖啡豆，然后放进一个平底的铁皮锅中在炉灶上烘焙，豆子会被持续搅拌并极为用心地观察。

"我的记忆似乎告诉我这并不经常发生，"达纳先生说，"即使在当时，看起来似乎是我那在村里经营杂货店的父亲，由波士顿或纽约市买进烘焙好的咖啡豆。"

在 19 世纪末，煮沸法仍然有许多拥护者；但即使咖啡行业还没有完全准备好宣布彻底独立于这个方向之外，仍然有许多先驱者大胆地宣告他们免于陈旧偏见的自由。晚至 1902 年，阿图·格雷在他的著作《关于黑咖啡》中引证"美国最大咖啡进口商号"鼓吹使用鸡蛋和蛋壳，并将此混合物煮沸 10 分钟。

咖啡制作方式的改良史

由合作企业努力推广的改良版咖啡制作法，在 1912 年全国咖啡烘焙师协会大会中得到最初的激励。会议之后，以调查与研究为目的的咖啡制作优化委员会成立了。

在 1913 年的全国咖啡烘焙师协会大会中，咖啡行业做出与咖啡煮沸法无关的宣告，当时，在听过咖啡制作优化委员会由已故的纽约市爱德华·阿伯尔尼所作的报告后，大会正式决议表示，推荐方法必须获得大会认可，并且必须以出版物的形式向大众普及。

委员会完成的工作包括"第一份有正式记录的煮制咖啡化学分析"，这是对研磨以及比较四种煮制方法的结果的研究。委员会的结论和建议都被记录在一份由全国咖啡烘焙师协会印刷的名为《咖啡，从树上到咖啡杯中》的小册子里。委员会在 1914 年提出了进一步的报告，其中一些收录在一本叫作《咖啡全书》的协会手册中，并在 1915 年第二届全国咖啡周推广活动中使用。

委员会也强调了之前的发现，尤其是以下这则："过滤袋在不用的时候应该放在冷水中保存。干燥会使其变质；保持湿润才能维持良好。使用棉布制作过滤袋，并将粗糙的表面磨平。"

作者提出，1915 年匹兹堡大学梅隆工业研究所对 9 种不同咖啡制作器具（包括煮沸和滴滤壶、泵浦式渗滤壶、滤布及滤纸）效能的调查，以及雷蒙·贝肯博士提交的一份报告显示，煮沸法产生的咖啡单宁酸与咖啡因所占百分比是最高的；法式滴滤法则是最低的。这项调查还推出了另一种相较于沸点来说，煮到 90℃～93℃、更可口的煮制方法。

对咖啡煮制科学而言，另一项值得注意的工作在 1916 年由堪萨斯大学的家政实验室完成。实验时间持续超过 1 年。他们证明，煮制出的咖啡其浓烈程度、颜色与品牌及价格无关，只需将咖啡豆研磨粉碎就能以最大限度达到目的，这也是最有效率的方法；消费者为风味买单，而过滤法能获得最好的咖啡。法式滴漏——真正的渗滤式咖啡法没有参与这些实验。

在 1915 年的全国烘焙师协会大会上，阿伯尔尼先生指出，委员会在咖啡研磨与煮制方面的小册子已经发布出去 4000 份；而关于咖啡的秘密在 2 年间发行的 200 万本小册子中获得进一步传播。

他讲述那些测试，证明虽然基于商业上的方便，事先研磨好的包装咖啡粉有其存在的理由，但却不能用品质原则为其辩驳。还有磨片式磨豆机比滚筒磨粉机能产生更有效的拉制造粒作用，以及用所谓钢切工序消除灰尘的主意是无稽之谈，因为"最细致的研磨咖啡是处于最有效拉制条件下的咖啡"。他接着说，"在这些测试中，我从未对去除糠壳和灰尘一事给予任何关注，那些方法早已多次被证实无用"。

此处的参考资料是他在 1913 年与 1914 年的报告，报告开宗明义就说"在钢切工序中排除糠壳无法移除任何单宁酸，就移除单宁酸这个目的而言，钢切工序是完全无效的，既浪费成本又没有必要"，还有"糠壳的移除明显地影响风味，并降低咖啡的杯值"。

这份报告重复了之前反对泵浦式渗滤壶的调查结果，理由是它会制造出差劲的咖啡，而且它是一种有缺陷的器具。阿伯尔尼先生如此总结他的报告：

> 为古老过时的煮沸法辩护的人已经愈来愈少，并只能坚守盲目崇拜的立场。因此我将其视为被摒弃的议题而忽略不谈……对我来说，"研磨造粒作用是最有效率的造粒作用"这种论点不过是在重复之前的报告；研磨造粒作用能确保咖啡的最高质量，以及在特定的浓度下，最低的咖啡粉使用比例；它（咖啡）一定要是新鲜研磨的；过滤法在基本原理上是最正确的，而且在搭配棉布袋使用时，能确保消费者获得最纯净、风味最为独特、健康价值最高且成本最低的咖啡。

关于咖啡的教育运动在 1916 年继续进行，在学校、学院、医学兄弟会、报社和行内人士及消费者中，都产生了令人振奋的结果。这是第一项结合实用与科学两方面研磨与煮制方法所进行的大型、具有建设性的工作。

滤纸 vs 棉布

咖啡制作优化委员会在 1917 年出版了一本小册子《咖啡研磨与煮制》，里面总结了委员会到目前为止的工作，并提出委员会对于将棉布过滤器作为理想的咖啡制作器具的特别要求。

此器具引发了相当多的讨论，尤其是在那些偏爱滤纸的人和与阿伯尔尼先生一样相信棉布（例如平纹细布）是最有效过滤器的人之间。"棉，"阿伯尔尼先生辩称，"是一种理想的、干净的过滤器，因为它不含任何化学物质或可疑的制造成分。"

而另一方面，底特律测试实验室的弗洛伊德·W. 罗比森博士指出，尽管像平纹细布这一类的棉布确实能带来相当清澈的咖啡，但其清澈程度还是比不上使用滤纸的过滤法得来的。他说：

> 两种方法都有令人讨厌的特点。特别是棉布袋，它确实不够卫生，尤其是在餐厅和饭店中使用的。那些经常造访餐厅和饭店厨房的人会知道，那里的棉布过滤袋的清洁过程常常很马虎。食品安全检查员可能必须尽可能地经常检查餐厅里的棉布过滤袋，就和检查餐厅里的其他东西一样。

> 从卫生角度来反对使用滤纸是站不住脚的，就这一方面而言，使用滤纸是十分理想的方法。反对的主张在某种程度上有点道理，那就是滤纸确实阻挡了煮制好的咖啡中那些有价值的成分。

> 过滤器的许多特点都没有被考虑到。卡尔金先生相信，最好的过滤器是咖啡粉本身。我必须说，这个说法得到了相关实验的支持和认可。

攻击棉布过滤器的 I. D. 里奇海默如此说道：

众所周知，咖啡中的脂肪非常浓厚，而且占咖啡重量的 12% 到 15%。这些脂肪，由于接触空气、湿气，还有与持续发散的热源接触时发生最简单的化学反应，会在完成的咖啡饮品中开始发酵。在以棉布过滤的过程中，由于水会以几乎和倒入一样的速度，快速通过咖啡粉，被带进饮料中的脂肪百分比是最大的。如果在煮制过程中给予足够的时间，比水轻的脂肪会浮到水的表面。如果咖啡中没有脂肪（进行发酵），就不需要将布制过滤材料如同所建议的放在水下防止它们变酸。

以下是阿伯尔尼先生对过滤法的看法：

过滤法并没有任何创新，但被验证且长期被使用——虽然经常是错误使用。这是被所有世界上一流的饭店，以或多或少正确的方式依循使用的方法。这个方法不受制于任何专利或专卖器具，只需要价格最为低廉的用具。要达到完美的结果，只需要正确遵守简单却极其重要的原则，一旦偏离原则——即使是微小的偏离，都会造成失败。当这些原则以及确实遵循它们的需求被清楚地理解，任何人，哪怕是一个小孩子，都能成功地煮制出完美的咖啡。

使用过滤法时要考虑的第一点是过滤袋——盛装咖啡粉的容器——的尺寸，与所使用的咖啡量及研磨度相关。如果用的过滤器是没有任何固定的平纹细布袋，过滤的面积是相当可观的，也能满足"让水分快速通过咖啡粉"此一必要条件——只要袋子有足够宽的直径，这是为了避免咖啡粉过厚而导致水无法快速穿透。常见的错误是使用过窄的过滤器。那样会造成过滤的延迟，导致水与咖啡粉的接触时间过长，并带来汁液冷却的问题。在正确、未受到延迟的过滤法中，滤出的汁液应该是滚烫的。过滤袋也不应该太长，或任其悬垂或浸泡在滤出的汁液中，紧贴着咖啡壶内壁放进壶中的过滤袋会被无通透性的壶壁给环绕，使得过滤表面积大幅减少，过滤速度也因此变慢。

过滤袋的材质不能像粗棉布那样粗糙，也不能像非常厚的平纹细布一样，太厚且无通透性。中等质量的平纹细布（而非太轻的）是最合适的。

当然，研磨的粗细度会影响流速。研磨度越粗，流速会越快，这会容许固定直径的过滤袋滤出更多的咖啡。

在使用过滤法时，最频繁出现的错误是未能了解要达到最佳成果所需要的咖啡研磨度。

当研磨不够细致时，理所当然地，萃取程度就会很低。细致的研磨（像粗玉米粉那样的）是基本要点。如果过滤器的直径是正确的，细致的研磨就不会减慢流速。粉末状的研磨（像面粉的粗细）太过于细致，很容易给过滤带来巨大的阻力。

许多过滤法的使用者不止一次将滤出的汁液倒在咖啡粉上。这虽会再添加一些颜色，但也加进了令人不快的成分，使风味降低，在研磨度已经足够细致的情况下尤其失策。要获得最好的成果，建议只倒出 1 次。

陶瓷器或有时被称为法式滴漏壶的上釉陶壶，上层搭配盛装咖啡粉的陶瓷或陶制筛网，水由此处倒入，完全没有金属制品，在过滤的纯净度和卫生方面都很吸引人。搭配过滤袋后，此器具便适用上述关于容积的评论。陶瓷制的筛网无法达到金属筛网的细密程度，当然也因此无法盛装棉布袋所能盛装、研磨度非常细的咖啡粉。因此，要想冲煮出特定浓度的咖啡就需要更多的咖啡粉。上层容器应该要够宽，可盛装特定分量的咖啡粉，以提供不受阻碍的水流。同时，过滤器的开口越多越好。

在任何滴漏、过滤以及渗滤的方法中，搅拌咖啡粉都会造成水和咖啡的过度接触，并导致风味受损的汁液过度滤出。如果水无法顺畅地通过咖啡粉，问题是出在以上所罗列出的事项中，搅拌或扰动咖啡粉不能修正这种情况。许多对于苦味的抱怨都能追溯到进行过滤法时所犯的错误。

　　没有必要以滴的方式注水。水可以被缓慢地倒入，但咖啡粉应该彻底被水盖住。水的重量会帮助水向下流并穿过咖啡粉。要谨慎注意保持水温。在没有注水的时候，将水壶放回炉子上。如果已经量好水量，用一个小型的加热器皿，这个容器要能在不让水变冷的情况下，迅速地装满和倒空。

　　1917 年，《茶与咖啡贸易期刊》进行了一项咖啡煮制测试的比较，使用了标准煮沸法咖啡壶、泵浦式渗滤壶、双重玻璃过滤器、使用滤布的滤器，以及使用滤纸的滤器。杯测由 E. M. 范高尔博士与美国农业农村部的咖啡专家威廉·B. 哈里斯进行。煮制出的咖啡会从颜色、风味（适口性、顺滑度）、稠度（浓厚程度）以及香气等方面来被评判。测试结果证明，使用滤纸的滤器能制作出最优良的咖啡。使用滤布的滤器、玻璃滤器、渗滤壶以及煮沸壶制作的咖啡则依序排列在后。

　　在 1917 年全国烘焙师协会大会上，底特律的约翰·E. 金宣布，他曾经主持的一项实验室研究证明，研磨度越细，香气的流失越严重，因此他选择的研磨度包括了 90% 极细的咖啡粉和 10% 较粗的咖啡粒——这个比例似乎能使香气得以维持。随后他因为这种研磨度获得了一项美国专利。金先生在这场大会上宣布，他的调查显示，受到广泛讨论的咖啡单宁酸有极大的可能性在咖啡中并不存在——它极有可能是绿原酸和咖啡酸的混合物。

咖啡制备优化报告

　　世界大战的影响让咖啡烘焙师建立一个研究机构的计划受到阻碍；而同时在 1919 年，巴西的咖啡种植者在美国开始了一个百万元等级的广告宣传活动，与代表生豆及烘焙豆利益的联合委员会一同协作。接下来的一年，该委员会与麻省理工学院开始了咖啡的科学研究，烘焙师所属的咖啡制作优化委员会的文献被提交给麻省理工学院；而麻省理工学院开始"以纯分析的方法测试委员会工作的结果"。

这项在麻省理工学院进行的研究工作的第一份报告在 1921 年 4 月,由 S. C. 普雷斯科特教授提交给联合咖啡贸易宣传委员会。委员会公布了一份声明,表示普雷斯科特教授的报告中陈述:"咖啡因是咖啡具有的最独特的成分,也是一种兴奋剂,若每个喝咖啡的人摄取一般的分量,不会带来后遗症。"因此,并没有任何实验结果以文字的形式出版,但这份报告所宣告的发现基本上肯定了前人得到的结果——尤其是霍林沃斯的工作,"当咖啡因以适当的分量与食物一同被摄取时,它没有丝毫危害"。

在 1921 年 11 月 2 日的全国烘焙师协会年会上,普雷斯科特教授提出更进一步的报告,在此报告中他陈述对咖啡煮制的调查显示,以 85℃～ 93℃的水冲煮的咖啡比以沸腾的水冲煮出的咖啡受欢迎,前者的化学反应远没有那么剧烈,得到的汁液保留了所有的细致风味,而且相比用更高温制作的咖啡,没有特定的苦味或涩味。

普雷斯科特教授同时也宣称,咖啡制作器具最好的材质是玻璃(包括仿玛瑙斑纹之陶器、玻璃化陶器、瓷制品等),其次依序为铝、镍或银器、铜,以及马口铁。

联合咖啡贸易宣传委员会于 1921 年发行的主题为"咖啡与咖啡制作"的小册子中,坚守着该组织在研磨和煮制上的观察意见。它避开了所有的争议点,不过对煮制此一笼统的主题发表了以下言论:

> 化学家已经对咖啡豆做出分析,并告诉我们唯一应该进入咖啡杯中供人饮用的部分是一种芳香油脂。这种芳香成分只有用新鲜煮沸的水才能被有效萃取。因此,将咖啡粉浸泡在冷水中的做法是不适用的。真正的咖啡风味一旦被萃取出来后,再让水和咖啡粉一同煮沸也是错误的。萃取作用发生的速度非常快,特别是在咖啡被细致研磨的情况下。研磨度越粗,咖啡粉需要维持与沸水接触的时间就越长。要记住,咖啡唯一值得拥有的风味是借由沸水与咖啡粉的短暂接触萃取而来的,如果时间

过长，咖啡粉便成了无用的残渣。

这份报告还包括了下列关于咖啡服务以及美国境内常用的各种咖啡煮制方法的一般性问题：

尽管上述规则在制作 1 杯好咖啡中是基本的，它们却鲜少得到重视，以至于在某些家庭中，早餐剩下的枯燥无味的咖啡渣被留在咖啡壶里，并在下一餐时，加上少量的新鲜咖啡后重复浸泡。在制作咖啡时，用过的咖啡粉的价值甚至没有火焰燃烧后的灰烬高。

当咖啡煮制完成后，咖啡豆中被萃取出来的纯正咖啡风味应该被小心守护。当煮制好的汁液被置留在火源上或过热时，风味就会散失，同时，咖啡饮品的整体特征也被改变。任凭咖啡饮品变冷一样会造成无可挽回的结果。如果可能的话，咖啡应该在煮制出来后立刻被端上桌。如果供应有所延迟，那就应该注意保持咖啡的热度，但不能过度加热。基于这个目的，细心的厨师喜欢用隔水加热胜于文火慢煮。杯子应该要先预热，供应壶也应该如此。煮制好的咖啡一旦冷却，是无法借由重新加热恢复其风味的。

如果冲煮的咖啡令人不甚满意，原因经常能追溯到器具不够干净。咖啡制作器具在每一次使用后都应该以一丝不苟的态度被清洗干净。如果使用的是渗滤式咖啡壶，要特别注意供热水通过、使其喷洒在咖啡粉上的小管，应该用有金属线柄的刷子用力擦洗它。

在清理滴漏或过滤袋时要用冷水。热水会将咖啡渍"煮进"器具中。当过滤袋被冲洗过后，将其浸入冷水中，直到再次使用时再取出来。注意，绝对不要让过滤袋变干。这个处理方式能保护布料免于被空气中会发酵造成酸味的细菌污染。新的过滤袋在使用前应该清洗，以去除粉浆或浆料。

滴漏（或过滤）咖啡。这个方法背后的原理是：让处于沸腾状态下的水与研磨至最细致程度的咖啡粉进行快速接触。过滤的媒介可以是布或纸，或者是有孔的陶瓷或金属。研磨度的粗细被过滤媒介的种类控制，颗粒要足够大到不会从孔洞中滑出。

研磨好的咖啡粉用量从每杯咖啡要求满满的 1 茶匙到圆形大汤匙 1 满匙不等，取决于研磨度、冲煮使用的器材，以及个人的口味。一般规则是，研磨得越细，所需要的干燥咖啡豆的量越少。

供布质滴滤袋使用、最令人满意的咖啡粉与粉状的糖大小一致，而且在用大拇指和食指摩擦时，会有轻微的沙砾感。以这个研磨度而言，以未漂白的平纹细布制成的过滤袋是最佳选择。至于要滴滤碎成像面粉或糖粉一样的咖啡粉，应使用绒毛面向内的棉绒。然而，越细腻的咖啡粉越需要谨慎地操作，不推荐给一般家庭每日使用。

将研磨好的咖啡粉放进袋子或筛网中。将新鲜的水煮到完全沸腾，并以稳定、平缓的流速倒出，使其穿过咖啡粉。如果使用的是布质的滴滤袋和研磨得十分细致的咖啡粉，那么注一次水就够了。不需要特殊的壶或器具。液态的咖啡可以滴滤进任何手边可用的器皿，或直接滴入杯子中。不过，并不建议直接滴滤进咖啡杯中，除非滴滤器在杯子与杯子间移动，如此没有任何 1 杯会获得比应有分量还多的头一道咖啡，那是最浓烈也是最好的。

当咖啡由咖啡粉中滴滤下来，冲煮就完成了，进一步的烹煮或"加热"会使品质受损。因此，既然没有必要将咖啡放在火源上，这便使得玻璃制品、瓷制品或陶制咖啡供应壶的卫生优点有了被应用的可能。

煮沸（或浸泡）咖啡。煮沸（或浸泡）咖啡用的是中等研磨度的咖啡粉。配方是每杯咖啡 1 满大圆汤匙的咖啡粉或——像某些厨师记得的——每杯咖啡 1 汤匙，还有"给咖啡壶的 1 汤匙"。将干燥的咖啡粉放进壶中，并倒入新鲜的、剧烈沸腾的水。在文火上浸泡 5 分钟或更久，具体时间取决于想要的口味。加少许冷水后静置，或使其过滤通过平纹细布袋或粗棉布袋并立即上桌。

渗滤式咖啡。用 1 满大圆汤匙中等研磨度的咖啡粉兑 1 满杯的水。倒进渗滤式咖啡壶的水可以是冷的或是沸腾的。若是后者，水一倒进壶中，渗滤就会立刻开始。让水渗透通过咖啡粉 5～10 分钟，具体时间取决于火力的强度和想要的风味。

法朗克博士的观点

作为在其计划中对贸易直接服务的一步，1934 年，美洲咖啡工业联合会在会员间出版并流通了一系列涵括咖啡与咖啡煮制研究的工作报告，这些研究工作是由协会的研究机构主任马里昂·G. 法朗克博士带领、哥伦比亚咖啡种植者联合会赞助进行的。以非专业性的"正确研磨与咖啡煮制间的关联性"为题，合格的食品化学权威人士法朗克博士探讨了咖啡粉颗粒尺寸和正确的咖啡煮制间的关联性。他是这么说的：

> 如果咖啡完整的风味要被萃取出来，研磨度的正确性便是必要的；就一般家庭中找到的煮制器具而言，都不是用来萃取到最大容量的，研磨的一致性因而变得更加必要……为了证明研磨的重要性，我们对数批研磨至不同尺寸的咖啡粉进行测试。所使用的磨豆机是一款著名的零售商店机型，研磨效果可由"细粉"调整至"粗粒"。
>
> 测试使用的是在研磨刻度的调整旋钮上显示为 3、4、5、6 和 7 的咖啡粉，数字越大，表明颗粒越粗糙。咖啡饮料以这些研磨度的咖啡粉用 1 个 8 杯份滴漏壶煮制至萃取的最大容量。实验用另一个 6 杯份的壶，以同样的制作方法重复。第三次实验则是以这些研磨度的咖啡粉用 6 杯份的壶煮出 4 杯咖啡。咖啡与水的比例固定在每 150 毫升的水使用 8 克咖啡粉。咖啡豆是同一品牌且彻底烘焙。烘焙在每次测试即将开始前进行。至于煮制咖啡的风味强度，则是借由比较不同分量的咖啡粉调制的汁液来决定。举例来说，如果某一壶煮制咖啡的风味与泡制咖啡的风味相同（均由相同分量的水及咖啡粉制成），那么这一壶咖啡的风味便被评为百

分之百……

实验结果显示：（1）随着研磨粗度的增加，风味强度会减少；
（2）在咖啡壶的最大萃取容量缩减时，风味强度会随着研磨粗度的增
加而减少得更快；（3）当咖啡壶未被使用到最大萃取容量时，完整的
风味强度不是那么容易达成；（4）风味强度在咖啡壶未被使用到最大
萃取容量时减少最快。

Ro-Tap 是一台用于测试咖啡粉一致性的机器，也可以检测研磨设备的稳
定度并提供完全且精细的分析。不过配备 Ro-Tap 的工厂并不多，大部分工厂
使用的是一台较为简单廉价、叫作"旋转分析仪"的机器，这台机器是为每
日例行的粗略测试设计的。

建议每个月取一批咖啡粉的样品以 Ro-Tap 进行测试，作为对旋转分析仪
的检测。如果 Ro-Tap 的分析与上一个月的一致，从旋转分析仪得来的数据便
能作为整个月份的每日测试标准。协会以产量为代价，为会员安排确保这些
旋转分析仪的可靠测量。

关于美国家庭的咖啡煮制，或许过去 10 年最重大的发展是咖啡磨豆机与
合适的煮制器具能互相配合。各式各样的咖啡机类型都曾被挑选出来，不过
通常受到青睐的是滴漏或过滤类型的器具。在这个运动之前，咖啡师都十分
不情愿教导或建议消费者使用制作咖啡的最佳方法；事实上，咖啡师们对这
个问题无法达成共识。然而，他们现在彻底了解，咖啡有可能会在制作时被
毁掉，因此越来越关注这项在咖啡最终制备中极其重要的因素。

作为对笔者的答复，查尔斯·W.特里提供了以下对咖啡制作的讨论：

科学化的咖啡煮制

在煮制咖啡饮料之前，一定要仔细地筛选和混合咖啡豆，并娴熟地
加以烘焙，这样能够保障获得风味最佳的咖啡。

如果冲煮的方法不正确，之前所有的努力就白费了，整杯咖啡都会

被毁掉。烘焙过的咖啡豆需要被小心地处理，否则非常容易变坏。

　　大概从未有任何饮品像咖啡一样，如此契合要求严格的人类的胃口喜好。使用正确的方法制备，咖啡就会是一种令人愉快的饮料；但若采用错误的冲煮方法，咖啡则成为施加在人类味觉上的惩罚。尽管咖啡对不正确的处理方法十分敏感，但最好的煮制方法也是最简单的。冲煮适当的廉价咖啡会优于制备拙劣的精品咖啡。

　　构成概念。生豆经过烘焙会导致它的物质结构发生改变，引发的结果是生豆中本来为水溶性的化合物转变成不溶于水的，而某些不溶于水的转变成水溶性物质。原始咖啡因含量有一部分因升华作用而流失。咖啡焦油形成，并且产生大量的气体，气体中有一部分在咖啡豆的细胞中累积压力，令豆子突然爆裂或膨胀，如此让每一颗豆子增大。烘焙过后，咖啡豆中的水溶性成分通常会被分类成重的可萃取物和轻的芳香物质。这些物质在烘焙过的咖啡豆中所占的百分比和性质，会随着咖啡种类以及使用的烘焙方式不同而发生改变。通常——尤其是为了对煮制方法进行比较，这些物质会被当作是一样的，而且在所有咖啡中出现的比例大致相同。

　　重的可萃取物有咖啡因、矿物质、蛋白质、焦糖、糖分、"咖啡单宁酸"，以及各种各样不确定成分的有机物质。有些脂肪也会在一般的冲煮咖啡中出现，这并非由于它是水溶性的，而是因为热水融化了咖啡中的脂肪，并被水溶液夹带出来。

　　咖啡因提供了一般人喝咖啡所寻求的刺激。咖啡因只有些微的苦味，而因为它在 1 杯咖啡中占相对少量的百分比，对杯值并无贡献。矿物质，以及粗纤维和绿原酸的某些被分解和水解的产物贡献了杯中的涩感或苦味。蛋白质的量如此稀少，以至于它们唯一的角色，就是稍微提高咖啡汁液中几乎可忽略不计的食物价值。稠度，或者可被称为咖啡的类甘草精特质，要归因于带有葡萄糖苷的主要类别成分的存在，以及焦糖。

　　如同之前指出的，"咖啡单宁酸"这个名词是误称；因为被这个名字指称的物质极有可能大部分都是咖啡酸和绿原酸。两者都不是真正的单宁酸，而且它们只表现出少数具单宁酸特征的反应。有些中性的咖啡会显示含有与其他被描述为酸性的咖啡一样大量的"咖啡单宁酸"成分。由瓦尼耶进行的仔细工作显示，某些东印度咖啡真正的酸度在 0.013% 到 0.033% 之间变化。这些数字可以被视为咖啡中真实酸含量的可靠范例，而尽管这

放大 1000 倍的烘焙豆切片。

个含量看起来非常低，但一点都不难理解这一点点酸造成了 1 杯咖啡的酸味。它们可能大部分是具挥发性的有机酸，以及其他因烘焙产生、本质为酸性的产物。

我们知道，极为少量的酸在果汁和啤酒中很快便会被察觉，而且它们所占百分比的不同也会被迅速注意到，然而中和少量的酸度只会留下 1 杯清淡无味的饮料。

这些少许的酸质极有可能为咖啡饮料带来其不可或缺的酸味；少数中和作用的实验证实，用此方法处理咖啡汁液，会制造出 1 杯淡而无味的饮料。如此一来，某些咖啡的酸度明显应该是由上述化合物提供的，而不是被误称的"咖啡单宁酸"。

轻的芳香物质以及可被蒸汽蒸馏的其他物质——在咖啡被煮沸过程浓缩时被驱赶出来的物质，是每种咖啡特征的主要决定因素。这些化合物被统称为"咖啡焦油"，在不同咖啡中所占百分比差异极大，也是我们能够分辨杯中咖啡种类的主要原因。这些化合物提供了咖啡令人愉悦的芳香和令人垂涎的味道。

所有这些化合物（可能除了蛋白质），都能轻易地溶解在热水和冷水中。1 杯以热水萃取的清澈咖啡在立刻冷却后，并未显示出有产生任何

沉淀，这一事实证明，冷水能和热水一样达成完全的萃取。然而，萃取速度随着温度上升而显著加快，这归因于物质在水中的溶解速度与程度，还有水穿过咖啡的细胞壁的速度都因升温而加速。另外，咖啡豆所含脂肪对润湿咖啡造成的阻力，以及在热水中脂肪保留咖啡焦油的持续"冷吸"作用比在冷水中少。因此，使用热水让萃取速度加快，而每单位时间内，在以水萃取的条件下，萃取效率更高。

延长咖啡和水接触的时间会导致某些不溶物质的水解以及随后发生的、对这些新生成物质的萃取作用。水解速率也会随着温度上升而加快，而因为这些物质是带涩味或苦味的，在煮沸咖啡时得到的溶液自然会具有让鉴赏家感到不快的风味。

将已经移除咖啡粉的泡制咖啡煮沸也会带来有害的影响，因为在使用火源将此溶液局部过度加热的瞬间会导致变质发生，尤其是如果此溶液在这时被转换成蒸汽，留下一层固态的薄膜暂时暴露在热源破坏性的作用下。某些更为脆弱的成分会因这样的处理受到不利的影响，并经历水解和氧化作用。因煮沸的附加作用会导致香气受蒸汽萃取流失，这样形成的产物会因而在风味中被突显出来。

将煮制好的咖啡重新加热会对其造成负面影响是众所周知的事实。这有一部分可能是因为某些水溶性蛋白质在静置时发生沉淀，而随后它们因为被重新加热而发生分解。在冷却过程中，溶液会吸收空气，伴随而来的氧化作用会因再次加热时使用火源而更明显。重新加热还会产生其他种种影响，制作咖啡壶的材质也会对溶液产生影响。

自然科学概念。咖啡豆由数量众多的细胞组成，这些细胞是咖啡脂肪以及芳香风味物质的天然容器和保留者。为使得可溶性固体能彻底被接触到，这些细胞对萃取用的水造成的阻力必须借着研磨来克服，这是为了让它们全部破开。用这种方法得到的咖啡粉，能最大限度地排除重的萃取物。

然而当所有的细胞都被破坏，咖啡焦油有很大的概率会逸散，而这种概率会因通常伴随着如此细致的研磨产生的些微加热而进一步增加。逸散的咖啡焦油如此之多，甚至连我们最有经验的杯测师在盲测中辨认被研磨成粉的咖啡时都遭遇困难。事实上，哪个杯测师会在他们杯选时使用咖啡粉呢？

试想，将咖啡粉与研磨度较粗的新鲜研磨咖啡相比较。前者和用它煮制出来的咖啡，其可被归因于咖啡焦油的标志性风味或香气含量，都明显低于后者。对此情况的解释是，研磨得越细，咖啡中的可溶性成分越容易与水相溶。

然而，咖啡焦油除了是水溶性的之外，还极难以捕捉，因此当研磨度被推进到每颗细胞都被破坏的细致程度时，大部分的咖啡焦油都在水与它接触前挥发了。

因此最为理想的，是使用所有细胞尚未被破坏的研磨度，但又足够细致，使有效的萃取能够发生。按照这种认知，这种被提倡的研磨度似乎是合乎逻辑的，因为随之而来——即使未能获得最大量的非挥发性萃取物和最大量的咖啡焦油——获得的是每杯高质量的咖啡。

在研磨的时候，这些挥发性香气以及给予咖啡特色之风味成分的逸散，使得烘焙豆在萃取前马上进行研磨这一点成为基本要点。

不同的萃取方法。制作咖啡的方法，可分为煮沸、浸泡、渗滤，以及过滤。真正的渗滤法被业内人士称为过滤法；但在这个类别中，这个名词指的是用泵浦式渗滤壶为例的萃取种类。

煮沸的咖啡通常是浑浊的，这是由于剧烈的沸腾使得咖啡粉碎裂崩解，导致细微的颗粒悬浮在咖啡中。通常用来澄清熬制汁液的方法是加入一颗蛋的蛋白和一些蛋壳，蛋白中的白蛋白借由溶液的热度与微粒凝结，使微粒的重量增加并沉至底部。即使是这个需要大量注意力的步骤，也无法像其他萃取方法一样得到澄清的溶液。

在煮沸过程中，咖啡处于最糟糕的条件下，因为咖啡粉和咖啡溶液同时经历水解、氧化作用，还有局部过热，与此同时，咖啡焦油因蒸汽蒸馏的关系而从这杯咖啡中散失。许多人早就习惯饮用以此方法煮制的苦味相当重的饮料，对用任何其他方法冲煮的咖啡都不满意；但这完全是口味上的扭曲，因为那样的咖啡完全不具有咖啡之所以被老饕如此重视的特质。

在浸泡法中，冷水被加入咖啡中，此混合物被加热至沸腾，并未将咖啡置于像上述那样激烈的环境中。局部过热和水解会发生，但程度不会像煮沸时那么严重；而且大部分的氧化作用和咖啡焦油的挥发都不存在。若萃取得不完全，则是水和咖啡未完全混合的缘故。

当咖啡在最佳环境下制作时，水温和萃取过后的萃取液温度不应有变动。在泵浦式渗滤壶中，就像使用浸泡法一样，从萃取开始到整个程序完成的过程中，温度变化非常大；这会造成危害。还有，局部过热在咖啡汁液接触热源的那一刻就会发生；而因为水与咖啡粉接触的方式，萃取作用的程度显示萃取效率不佳。将水喷洒在咖啡粉上永远无法让咖啡粉完全被水覆盖，且极有可能发生通道效应。要想完全萃取，需要物质在被萃取的过程中消耗得更多，新鲜的溶剂应该与被萃取物接触。在泵浦式渗滤壶中，被泵送到咖啡粉上的溶液随着咖啡粉的消耗而变得更加浓缩；耗时更久，分量可观、非常浓缩的液体会被保留在咖啡粉中。

最简单的方法就是将热水注入悬挂于过滤媒介中的咖啡粉上，让水缓慢穿透咖啡粉，并流进一个接收容器中，这能避免做好的饮料进一步与咖啡粉接触。当水接触到研磨好的咖啡粉时，会萃取出可溶性物质，而溶液会被重力带走。新鲜的水取代本来溶液的位置；如此一来，如果滤材的细致度适宜的话，水会以正确的流速穿过，而随着清澈液体的产生，正确的萃取作用便达成了。如此便能在短时间内，在水解程度、氧化作用，还有咖啡焦油的流失都最少的情况下，达到最大的萃取量；而如果立即饮用汁液，或将其置于隔水加热的装置上保温，局部过热的影响就能够被排除。此外，由于使用了适当的滤器，就可以使用研磨度比其他器具所需更为细致的咖啡粉，而不至于得到浑浊的咖啡。上述所有步骤都是为了制作出 1 杯令人满意的饮料。

市场上有数种不同的器具，有些用纸或布作为滤材，这些器材都遵循上述原理，能够制作出非常优良的咖啡。使用滤纸的优点是每次冲煮时用的都是崭新干净的滤纸；而若使用滤布，在不同次冲煮之间，必须将滤布小心浸泡在水中以避免污染变脏。

按照过滤原理运作、搭配大型咖啡壶一起使用的大容量装置，已经被设计出来投入使用，并且被证实能成功地让全部的水在不发生通道效应的情况下，以慢速流经咖啡粉，如此完成近乎完整的萃取。

大多数的大型咖啡壶仍然搭配过滤袋，在这些过滤袋中，侧面所用制作材料比底部厚实的类型能获得最令人满意的结果，因为大部分的水必然会穿过咖啡粉，而不是由过滤袋的侧面流出。在使用过滤袋时，最大的萃取效率会借由重复注水直到所有的液体流经咖啡 2 次而达成；重复注水会萃取出带有涩味的水解产物。

不使用时，不应该任凭过滤袋干燥，而应该将其存放在罐子或冷水中。配有冷水套管的大型咖啡壶能使咖啡保持几乎恒定的温度，同时避免伴随着温度波动而发生的变质。

咖啡液的成分。不同冲煮方法比较值的真正检验标准是风味与适口性，连同煮制出特定浓度咖啡的杯数，或咖啡在同样杯数下的相对浓度。化学分析还没有发展到能由其结果获得具指示性价值的阶段。咖啡焦油的量非常少，以至于未能获得任何比较结果。而测定"咖啡单宁酸"实际上是没有意义的，这种化合物的组成和生理作用如此不明确，而且所采用的测定方法模糊到无法解读，在任何试图对相对含量百分比进行比较时，提出的数据都是无用的。能够进行的分析中，唯一正确的是对咖啡因的分析。

大量的广告宣传重点放在被某些器具所萃取出的少量咖啡因上。饮用咖啡的主要原因为何？当然是里面含有的咖啡因。这导致了若某一种器材萃取的咖啡因比较少，则其销量不尽如人意。如果消费者希望饮料中不含咖啡因，市面上有贩卖无咖啡因的咖啡。

咖啡液对金属起作用的方式会降低饮料的质量，因此任何种类的金属——当然还有铁，都应尽可能避免使用。作为替代，制造咖啡制作器具时，应该在尽可能的范围内使用等级更为良好的陶制器具或玻璃。

关于咖啡煮制

响应作者的要求，麻省理工学院科学院院长兼生物及公共卫生学系主任S.C.普雷斯科特博士提供了以下关于咖啡更近期的讨论：

咖啡饮料的煮制

许多研究热衷于找出煮制这种令人愉快且有刺激作用的饮料最令人满意的方法，因为事实上，能够被种植出来并被适当烘焙的最出色的咖啡豆，会被上桌前的错误煮制方法摧毁。只有拥有细致的香气、优雅的风味、充分的稠度、温暖，又具刺激性的咖啡豆，会被公认为质量最令人满意的咖啡豆，而这只有在特别注意某些细节的情况下才能得到——新鲜烘焙的咖啡豆，还有能获得快速并有效萃取的细致研磨度可以产生清澈且出色的汁液，这是一种需要时间、温度和器材的方法，选用的器具要能保留新鲜烘焙咖啡豆中具有的、需要小心处理的挥发性成分，但要避免总是会在咖啡中发现的木头味及发苦的风味，这是因为磨碎的材料处于水的溶剂作用下的时间过久。

烘焙过的咖啡豆只能在寥寥数天内维持其特有的新鲜度。当被暴露在空气中时，它的风味会逐渐变得乏味与平淡，直至最终走味，口感也越来越差。其确切发生的变化仍然未知，但一项显著的特征就是二氧化碳含量的减少，这些二氧化碳原来被包含在烘焙豆内部的封闭环境中。这种流失至少有一部分是基于二氧化碳和氧气间的气体交换，而当咖啡豆被暴露于空气中时，其口感在烘焙后的2～3天内就已经开始改变，而在第4或第5天时，风味的改变就能被轻易地察觉。

显然，如果咖啡豆是密封保存的——例如在真空袋中，这些显著的变化就不会发生。

3种常用的咖啡煮制方法如下：

（1）传统过时的煮沸制作法。

（2）使用所谓的渗滤式咖啡壶，咖啡粉被连续数份的水重复喷洒，而由于持续作用的缘故，咖啡粉随后还会被润湿的汁液喷洒。

（3）使用不同种类能制作出过滤或"滴滤"咖啡的器具；也就是借由单次或有时是重复，让热水通过咖啡粉团块，调制出的汁液会流进下方的储存容器。

在这些方法中，为获得好的结果，第一种和第二种的温度太高，而且处理时间太长。挥发性成分会流失，而且咖啡会变得"浓烈"，这不是由于咖啡因含量增加，而要归因于大量溶解的色素物质、木头味的萃取物，还有其他慢慢溶解的成分。

至于第三种方法，则有助于控制温度、水和咖啡接触的时间，以及保留想要的物质，并且将那些不想要的物质排除在外。

以下是笔者进行咖啡调查的报告，并提出了一些和咖啡煮制相关联的重要特征：

由于咖啡液是一种浸泡汁液，泡制后溶液的成分取决于各种在浸泡过程中被水带出的可溶性成分，也与浸泡的持续时间、浸泡所用的温度或所使用的咖啡粉与水的量，以及使用器材和其制作材料的特性直接相关。

所以，与其将咖啡煮制视为混合或化合无趣成分的机械步骤，倒不如说是一种复杂的化学反应。

要决定制作咖啡饮料"最好"的方法需要调查研究煮制过程中每一项相关的因素或条件，而所得结果不只要用化学与生物学加以解释，还要从消费者角度去理解。

需要考虑的因素包括：

（a）咖啡本身——包括新鲜度、烘焙度及研磨度。

（b）水的特性。

（c）水的温度。

（d）用于浸泡的容器的特性。

（e）浸泡时间。

（f）调制出汁液的浓度。

（g）加入其他物质的影响。

尽管这些因素有一些能够直接被测量出来，比如说，在固定时间与温度的条件下，特定比例咖啡与水混合浸泡所得萃取物的量，但这样的结果对一般咖啡消费者的意义不大，而且也无法反映出这杯饮料的质量如何。

煮制咖啡最重要的因素，似乎是用来萃取的温度，或者换句话说，咖啡被制作出来的温度。质量合适、细研磨度的咖啡被加进正达到沸点的水中，温度会有些微的下降——可能下降3℃或4℃。如果咖啡粉是新鲜现磨的，会发生一种被称为模拟雾化的作用，会发生剧烈冒泡泡的情况，气泡生成而且使咖啡颗粒飘浮起来，然后消失在空气中，接着咖啡粉会平息下来或静静地滚沸，可溶性物质便或多或少萃取完成了。

尽管在一开始，冒泡的原因无法确定，但后来发现这个现象是由封闭在烘焙咖啡豆内的二氧化碳被排出所造成的。也有可能是豆子中的蛋白质物质同样发生改变，而将气体驱赶出来。改变最为剧烈的情况似乎出现在95℃和稍微低几摄氏度的范围间，因此便被用来作为温度的一般指示之用。如果我们在低于这个温度时制作咖啡浸泡液，绝对不让溶液发生沸腾，这样产生的气体排放剧烈程度会大幅减少，而制作出的咖啡比起用较高温度制作的，会少了一些苦或涩的风味。

为了判断温度是否会造成咖啡饮料质量的明显改变，我们进行了一系列延伸的实际测试，利用不同组的个体作为决定公共意见的方法。一般来说，有相当多的人偏爱未被加热到沸点且用低于沸点相当多的温度所制作的咖啡。举例来说，在85℃、90℃到93℃、95℃以上但未沸腾、煮沸，这几种不同温度下制作的咖啡，受到喜爱的是以较低温制作的咖啡；反之，在沸点制作的咖啡，或是煮沸一小段时间的咖啡则不太受人喜欢。

这一结论对家庭主妇、饭店和餐厅的重要性不言而喻。另外，加热到沸腾时所发生的物理作用与化学作用，可能使咖啡豆里的某些物质分解并释放出来，这些物质不仅有碍于咖啡的口感，还可能给人的身体带来不良的生理影响。

另一件似乎比原先的假设还具有深远重要性的事情，就是金属对咖啡口感或风味的影响。理论上，这也会衍生出另一个更重要的问题，那就是是否咖啡的特性没有受到影响。

以金属容器煮制的咖啡会得到各种不同的形容，例如"有涩感""有金属味""让人讨厌""很苦""味道很涩"等，其口味有别于用玻璃容器制作出来的、更为顺滑且风味更加细致的咖啡。口感上的差异很容易就被那些不习惯喝咖啡和不习惯用金属壶制作早餐咖啡的人辨识出来。对后者来说，由容器给予的味道有时候会被当作咖啡本身口感不可或缺的一部分，而以玻璃或陶瓷容器制作的饮料，一开始可能尝起来会感到"单调"。

换句话说，个人习惯的口味很可能被消费者视为正常的口感，然而，无论一个人的经验如何，只需要一点点训练，就能够察觉真正风味间的区别。当进行分组测试时，结果具有非常明确的意义。

按照我们所知关于金属的化学知识来思考，结果似乎指出这两者间有直接的关联性。有机化学家已证明，有机物质与金属之间经常会发生结合。咖啡因和汞会形成化合物，还有许多其他已知的例子。"金属改变了无数食物原本的风味"是相当常见的经验。显而易见地，在与有机的溶液——例如咖啡的泡制汁液——一起烹煮后，许多金属会产生明显的味道。

很久以前就已知铁会出现这种情况，而锡、铝、马口铁、铜以及镍也会出现类似的情形。据说银会在咖啡中产生独特的味道。

在不详述所有细节的情况下，咖啡制作的研究结果可以总结如下：

（1）用硬水或碱水煮制咖啡，会带来不利的影响。通常可以使用软水或硬度较低的水，对饮料的质量不会造成明显的差异。

（2）水的温度在咖啡制作中扮演重要的角色。沸水会增加咖啡的苦味。最适宜的水温似乎是85℃到95℃，在这样的温度下，咖啡因几乎全部溶解，提供风味的油脂或醚类大部分都还未被汽化损耗，而某些造成苦味和木头味的变化并不存在或可忽略不计。

（3）泡制的时间应该短一些。一般说来，在上述的温度下，泡制时间不应该超过2分钟，1分钟则更好。即使在较低的温度下，长时间的浸泡也会增加咖啡的苦味，并让风味及香气减少。

（4）2分钟内，大约80%的咖啡因会在沸点被溶解；而当温度达到95℃时，咖啡因溶解量几乎与沸腾时相同。

（5）煮沸1分钟的咖啡明显比在95℃煮制的咖啡更苦。

（6）咖啡汁液对金属很敏感，可能会产生苦味、涩味或金属味。

（7）马口铁、铝、铜和镍，都会影响咖啡的味道，影响程度依所述顺序由大到小排列，马口铁的影响是最大的。

（8）玻璃、瓷制品、石制品、仿玛瑙斑纹的陶器，还有其他玻璃化的器具，对咖啡的味道没有影响。

（9）有些金属会和咖啡因或咖啡内的其他成分形成化合物。

（10）金属的影响可以稍微用糖和奶油掩盖。这些附加物可以平衡口感。没有任何处理的情况下可能非常苦的咖啡，在添加了适量比例的糖和奶油之后，苦味或许会减少很多；因此用无添加的咖啡进行这些测试，比用加了糖和奶油的咖啡简单许多，尽管我们已经二者同时使用，而两种方法所得到的结果是可以互相比较的。

（11）新鲜烘焙和新鲜研磨是获得最好风味的咖啡的必要条件。

（12）整颗咖啡豆比磨好的咖啡粉更能维持长时间的风味。

（13）研磨度会对风味造成影响。一般说来，比起较粗的研磨度，细致的研磨能得到更丰富的风味，因为后者的风味提供物质能更快且更完整地溶解。然而，研磨度应与选用的煮制方法互相配合。

（14）如果你希望保留所有能取得的风味和香气，最好在浸泡的前一刻再研磨咖啡豆。

（15）不同的咖啡有能被专家辨识出的自己的风味特色。即使是廉价的商用等级咖啡，如果经过新鲜烘焙、新鲜研磨，以及恰当的煮制，都会优于未经适当储存以防止氧化变质或煮制糟糕的高等级咖啡。

（16）我们相信，最好的结果是使用新鲜烘焙的咖啡，在85℃～90.5℃，用玻璃、瓷制或玻璃化容器，以浸泡法制作并立即将咖啡粉滤净而获得的。

1杯完美的咖啡

比起任何其他国家，美国的咖啡爱好者在获得1杯完美的咖啡这方面，占据了更好的条件。尽管咖啡生豆进口商不像茶的进口商那样小心把关，政府还是有很完善的监察机制用来保护消费者免受杂质之害，与此同时，农业农村部实施纯净食品法，积极地确保不会发生贴错标签及狸猫换太子的状况。农业农村部将咖啡定义为"一种用水浸泡烘焙过的咖啡豆制成的饮料，除此再无其他原料"。

今天没有一个声誉良好的商人会考虑贩卖除了咖啡本身以外、哪怕只是未确切标示的咖啡商品。而消费者会觉得，包装咖啡的商标上陈述的就是所有的内容物。

由超过数十个生产国生产的一百多种咖啡进入这个市场，有如此多可能的组合，以至于任何口味都保证会有适合的未经掺杂的咖啡或调和咖啡。而那些曾经不敢喝咖啡的人，应该让自己在陷溺于饮用咖啡替代品的危险之前做点小小的尝试。

很久以前的观念是，爪哇和摩卡是唯一有价值的调和咖啡，但我们现在知道，各种不同产物的组合能制作出令人满意的饮料。

而如果某人恰好对咖啡因敏感，市面上也有咖啡因含量低到可以忽略的咖啡，例如一些波多黎各生产的咖啡，以及其他将咖啡因以特殊处理法去除的咖啡。任何喜爱咖啡的人都没有理由放弃饮用它。改写马卡洛夫的话：要谦逊、良善、少食，并多思，为服务他人而生，工作并玩乐还有欢笑与爱——这样就已足够！如此你就能在不为你永恒的灵魂带来危险的情况下饮用咖啡。

有些鉴赏家仍然坚持于传统的 2/3 爪哇及 1/3 摩卡的调和咖啡，但笔者从 3/2 麦德林、1/4 曼特宁和 1/4 摩卡的调和咖啡中获得了极大的乐趣。然而这种调和或许不符合其他人的口味，组成调和咖啡的各种咖啡粉也并不总是容易取得。

另一种让人满意的调和咖啡由高等级的哥伦比亚、水洗马拉卡波以及圣多斯以相同比例混合而成。在一家大型连锁系统的商店内，可能会有一种由 60% 波旁圣多斯和 40% 哥伦比亚组成的调和豆。

如果你是一位美食主义者，你可能会想要钻研和尝试新奇的墨西哥、古巴、苏门答腊、梅里达，还有某些夏威夷"可纳"产的咖啡豆。

那么，要准备 1 杯完美的咖啡，咖啡豆本身的等级要够好，并且要新鲜。如果可能的话，咖啡豆应该在使用的前一刻再进行研磨。笔者发现，细研磨，也就是大概和细致颗粒状的糖一致的颗粒是最符合要求的。对一般家庭来说，最好的是采用滤纸或滤布的器材；对老饕来说，改良式的瓷制法式滴漏壶或改良的布制滤器能让人获得咖啡带来的欢愉的极致。你可以随自己的喜好饮用黑咖啡、加糖或不加糖、加或不加奶油或热牛奶。

要记得，制作出 1 杯完美的咖啡并不需要特殊的咖啡壶或器具。好的咖啡能用任何陶瓷器皿和一块平纹细布做出来。但如果要使它臻于完美，无论是烘豆机还是咖啡杯，乃至整个制作过程，都要花费心力。

霍林沃斯指出，不可能单纯透过味觉分辨奎宁和咖啡，或分辨苹果及洋葱。

咖啡并不单纯只有作为兴奋剂的咖啡因和它对味蕾及口腔的作用，嗅觉和视觉也扮演了重要角色。要充分享受 1 杯咖啡，在你说它尝起来味道很好之前，它看起来和闻起来也一定都很好。它必须借着钻进我们鼻腔、以形成绝大部分咖啡诱惑力的美妙香气引诱我们。

这正是为什么在准备咖啡饮料时，应该将最多的心力花在保留香气上，直到它为我们带来心灵层面的满足。这只能借着在需要小心处理的风味被萃取之时让香气出现而达成——在真正开始制作咖啡饮料前过早进行烘焙和研磨会让这个目的无法达成。将萃取液煮沸能为房屋熏香，但流失的香气永远无法回到那个被称为咖啡、死气沉沉的液体中，当咖啡由咖啡壶倒出的时候，香气会逸散。

下列是制作咖啡的正确方法：

（1）购买等级优良的咖啡豆，并确保对选用的煮制器材类型来说，咖啡豆经过了适当的研磨。

（2）每 1 杯咖啡饮料使用 1 大圆汤匙咖啡粉。

（3）制作时，使用法式滴漏壶或用某些过滤装置，将新鲜煮沸的水倒入——只需要倒一次，使其流经咖啡粉。

（4）避免使用泵浦式渗滤壶或任何将水加热并使其重复压迫通过咖啡粉的器具。绝对不要煮沸咖啡。

（5）让咖啡饮料保持温度，并以"黑咖啡"加糖和热牛奶或奶油，或两者都加的形式供应。

其余的咖啡产品

个人咖啡包。1935 年，纽约市的黑门制造公司开发出一种"速溶"咖啡，也可称为半水溶性咖啡。他们将咖啡粉包装在单个的纱布袋中，加上棉线和标签，看起来就像在美国被广泛使用的个人茶包，而这个设计的目的正是要让咖啡以相同的方式被使用。

每个袋子里有制作 2 杯咖啡所需的正确分量。这个工序被包括在美国第 1527304 号专利中（1925 年）。

据称以此工序制作出的颗粒含有 2 倍于一般咖啡的可溶性咖啡物质，而且加上热水就能立即饮用。此饮品的浓度取决于袋子被容许在水中停留的时间。此商品宣称的好处包括省时、消除了咖啡"渣"，还有不用清洗咖啡壶。

片状咖啡。由美国大陆制罐公司赞助梅隆工业研究所进行咖啡研究的偶发事件中，发展出一道制作片状咖啡的工序，被包含在美国基础专利第 1903362 号专利中。

片状咖啡是经由在高压下滚动特制的颗粒状咖啡，生成极薄的薄片而制成的。在这个过程中，几乎所有的细胞都被破坏或碾碎，而且所有的颗粒都被压缩成圆形或椭圆形的小片，颜色通常比一般咖啡粉深一些，这是因为密度增加了，还有稍微可在表面看见的油脂的缘故。细胞间距的减少让颗粒的体积缩小至原来体积的一半。所有薄片的尺寸是相同的，只有 1 寸的几千分之一厚。薄片厚度的一致性与细薄的程度是为了确保萃取作用的均等和快速。

10 盎司片状咖啡的浓度等同于 1 磅一般咖啡粉的浓度。薄片形态可搭配任何煮制法和任何类型的咖啡壶使用。

制造后的咖啡保存是借由制造商所谓的"循环"过程，以只含有微量空气的纯二氧化碳填充在罐头里而达成。除了少量重新溶解进片状咖啡的二氧化碳之外，罐头会被密封并维持在大气压力下。半自动控制的机器被使用在片状咖啡的制造上。一间小型工厂每分钟可生产20～24罐10盎司装的片状咖啡。

这项产品到目前为止尚未达到可上市的程度，因此没有多少机会能弄清楚消费者可能会有的反应。

作为调味剂的咖啡

埃达·C.贝利·艾伦女士介绍了一本她在1919—1923年巴西咖啡推广运动期间，为联合咖啡贸易宣传委员会准备的小册子，在将咖啡作为调味剂使用方面，她做出以下的评论：

尽管咖啡是全国性饮料，但只有相对少数的厨师认识到它作为调味剂的可能性。咖啡可以与各式各样数量繁多的食材搭配，尤其适合和甜点、酱汁和糖果搭配。以这种方式制作的咖啡特别吸引男性和所有喜爱浓郁风味的人。

作为调味使用的咖啡应该以作为饮品时同样的谨慎细心进行制作。

使用新鲜的咖啡能获得最好的成果，不过基于经济考虑，理想情况下可以利用用餐时剩下的咖啡液，必须注意不要任凭咖啡液留在咖啡渣上，以免变苦。

当食谱需要加入其他液体时，应将此液体的量按照比例减少到与已经加入的咖啡等量。当在蛋糕或饼干食谱中使用咖啡取代牛奶时，每1杯应该少放1汤匙咖啡，因为咖啡并不具有和牛奶相同的稠化性质。

在某些情况下，若能将食谱内原有的液体拿来制作咖啡（加入正确比例的咖啡粉，再加热或烹煮），再加入菜品中，会得到更好的结果。这个意思是能够得到完整的咖啡风味，而最终成品味道的浓厚程度不会因加水而减少——使用调制好的咖啡液常会出现这种情况。这个方法在以牛奶为基础制作的各种甜点中尤其适合，还有那些以卡士达酱、某些巴伐利亚奶油、冰淇淋，以及以同样类型材料为基底的甜点。通常咖啡的正确比例是每杯一汤匙，应该与冷牛奶或奶油在隔水加热的内锅中混合，随后在热水上增稠，混合物应使其通过极为细密的筛网或粗棉布，以去除所有的咖啡渣。

咖啡可作为调味剂用于几乎任何一种采用调味剂的甜点或西点中。以下是一则制作咖啡糖浆的好食谱：

咖啡糖浆。2 夸脱浓烈的咖啡、3.5 磅糖。咖啡必须非常浓烈，因为糖浆将会被大幅稀释。1 磅咖啡兑 1.75 夸脱水，这一比例是符合要求的。咖啡可以用任何喜欢的方法制作、澄清和过滤，然后跟糖混合，煮到沸腾后，再滚煮 2～3 分钟。应该趁沸腾时用消毒过的瓶子装罐。将瓶子装满后，用和处理葡萄汁或任何其他罐装饮料一样的方法密封。

part 3

老城里的咖啡风情

17 世纪的伦敦咖啡馆被称为"一便士大学"，

摄政时期的巴黎成了一间巨大的咖啡馆，

纽约早期的咖啡馆甚至被用来举行市议会会议……

CHAPTER 15

第十五章

旧伦敦的咖啡馆

一般认为，现今给小费的习惯和"小费"这个词，都起源于咖啡馆。咖啡馆常常会悬挂着用黄铜做框架的箱子，期望顾客能因为得到的服务向箱子里投放钱币。这些箱子上雕刻着"确保及时"（To insure promptness）的字样，而这些词的首字母连起来便是"小费"（Tip）。

在咖啡历史中，最绚烂的两个篇章必然与17世纪和18世纪的旧伦敦和巴黎的咖啡馆有关系。许多关于咖啡的传奇故事都发生在这段时期。

"咖啡馆的历史，"迪斯雷利说，"在俱乐部发明之前，反映出一个民族的礼仪、道德和政治风貌。"

可以说，17世纪及18世纪的伦敦咖啡馆史，事实上也就是英国人当时的礼仪与风俗史。

伦敦的第一间咖啡馆

英国古物收藏家兼民俗学者约翰·奥布里（1626—1697）曾经说："伦敦的第一间咖啡馆位于康希尔街的圣麦可巷，就在教堂对面，大约1652年由伯曼先生（土耳其商人霍奇斯先生的马车夫，他是被霍奇斯先生激发了对咖啡的兴趣）开设。在第二家咖啡馆开业的4年前，圣麦可教堂对面的法尔·强纳森·佩因特先生成为伯曼先生的首位学徒。"

据目录学家威廉·奥尔德斯记载，伦敦商人爱德华先生在土耳其养成了喝咖啡的习惯，并从达尔马提亚的拉古萨将咖啡带回家乡。来自亚美尼亚，又或许是希腊籍的青年帕斯夸·罗西会为爱德华先生制作咖啡。奥尔德斯说："这件事太有趣了，爱德华先生从众多仆人中挑出了帕斯夸，准许他与他女婿的仆人一同在康希尔的圣麦可巷开设了伦敦的第一家咖啡馆。"

由此看来，帕斯夸有一个合伙人，也就是奥布里所说的伯曼。伯曼是霍奇斯的马车夫，而霍奇斯则是爱德华的女婿——那位同行的商人兼旅行家。

奥尔德斯告诉我们，帕斯夸和伯曼很快就分道扬镳了。另一位英国古物研究者约翰·提布斯（1801—1875）说，帕斯夸和伯曼发生了争吵，帕斯夸得到了房子，伯曼则利用剩下的东西，在圣麦可教堂的院子里搭了个帐篷，贩卖咖啡。

这个历史事件还有另一个版本，被记载在1698年出版的《霍顿文集》中：

似乎是有位士麦那（土耳其城市，今称"伊兹密尔"）的英国商人丹尼尔·爱德华先生，在1652年带着一位名为帕斯夸的希腊人一同来到这个国家，帕斯夸会帮爱德华先生准备咖啡。这位爱德华先生娶了住在沃尔布鲁克的奥德曼·霍奇斯的女儿，并资助帕斯夸在康希尔街的圣麦可教堂院子里搭了个棚屋贩卖咖啡。咖啡摊的生意兴隆，旁边售卖啤酒的小贩向伦敦市长请愿取缔帕斯夸的咖啡摊，理由是帕斯夸不是自由人。

此举令奥德曼·霍奇斯决定让具有自由人身份的马车夫伯曼成为帕斯夸的合伙人；但帕斯夸因为一些情节不重的罪被迫离开英国，而伯曼用做生意赚来的钱以及凑到的1000个6便士银币，撤掉棚屋，建了一栋房子。

伯曼的第一位学徒是约翰·佩因特，接着是汉弗里。这些事都是汉弗里的妻子告诉我的。

第一份咖啡宣传单

这段叙述显示，爱德华是霍奇斯的女婿。无论他们之间是什么关系，大多数专家都认为，帕斯夸·罗西是第一个在伦敦公开贩卖咖啡的人——不管地点是帐篷还是棚屋，时间则是在 1652 年前后。

帕斯夸最初的店铺海报，也就是店铺的宣传单，是最早的咖啡广告，现在被收藏于大英博物馆。广告的内容直截了当：英国首家制作及贩卖美味咖啡的店，店主是帕斯夸·罗西……地点在康希尔的圣麦可巷……店铺招牌是帕斯夸的头像。

对于这一历史事件，只有亨利·理查德·福克斯·伯恩（在大约 1870 年时）提出了截然不同的看法。他说："1652 年，尼古拉斯·克里斯佩爵士于伦敦开设了第一间在英国扬名的咖啡馆，店里有一位希腊女孩制作咖啡。"但这个故事没有任何佐证，大多数证据都支持爱德华 – 帕斯夸的版本。

咖啡馆就这么出现在伦敦，将咖啡这种民主的饮料介绍给了英语系国家的人民。

说来奇怪，咖啡和公共福利的发展是齐头并进的，英国的咖啡馆和同时代的法国咖啡馆一样，都是自由思想的发源地。

接受"爱德华与霍奇斯之女结婚"这一版本的罗宾逊说，在帕斯夸和伯曼分道扬镳之后，伯曼在帕斯夸的摊位对面搭起了帐篷。一位热情的支持者给帕斯夸写了一首诗，"献给帕斯夸·罗西，他的商铺位于圣麦可巷，伦敦第一个咖啡帐篷旁，招牌是他自己的头像及半身像"：

> 我的泪之泉，
> 每天因你冒着热气的咖啡而耗尽，
> 否则它们将汇聚成滔滔江河，
> 这点不容置疑。
> 可怜的帕斯夸，看看你受的苦难。

The Vertue of the *COFFEE* Drink.

First publiquely made and sold in England, by *Pasqua Rosee.*

THE Grain or Berry called *Coffee*, groweth upon little Trees, only in the *Deserts of Arabia.*

It is brought from thence, and drunk generally throughout all the Grand Seigniors Dominions.

It is a simple innocent thing, composed into a Drink, by being dryed in an Oven, and ground to Powder, and boiled up with Spring water, and about half a pint of it to be drunk, fasting an hour before, and not Eating an hour after, and to be taken as hot as possibly can be endured; the which will never fetch the skin off the mouth, or raise any Blisters, by reason of that Heat.

The Turks drink at meals and other times, is usually *Water*, and their Dyet consists much of *Fruit*, the *Crudities* whereof are very much corrected by this Drink.

The quality of this Drink is cold and Dry; and though it be a Dryer, yet it neither *heats*, nor *inflames* more then *hot Posset.*

It so closeth the Orifice of the Stomack, and fortifies the heat within it's very good to help digestion; and therefore of great use to be bout 3 or 4 a Clock afternoon, as well as in the morning.

uch quickens the *Spirits*, and makes the Heart *Lightsome.*

is good against sore Eys, and the better if you hold your Head over it, and take in the Steem that way.

It suppresseth Fumes exceedingly, and therefore good against the *Head-ach*, and will very much stop any *Defluxion of Rheums*, that distil from the *Head* upon the *Stomack*, and so prevent and help *Consumptions*, and the *Cough of the Lungs.*

It is excellent to prevent and cure the *Dropsy, Gout,* and *Scurvy.*

It is known by experience to be better then any other Drying Drink for *People in years*, or *Children* that have any *running humors* upon them, as the *Kings Evil.* &c.

It is very good to prevent *Mis-carryings in Child-bearing Women.*

It is a most excellent Remedy against the *Spleen, Hypocondriack Winds*, or the like.

It will prevent *Drowsiness*, and make one fit for business, if one have occasion to *Watch*; and therefore you are not to Drink of it *after Supper*, unless you intend to be *watchful*, for it will hinder sleep for 3 or 4 hours.

It is observed that in Turkey, where this is generally drunk, that they are not trobled with the Stone, Gout, Dropsie; or Scurvy, and that their Skins are exceeding cleer and white.

It is neither *Laxative* nor *Restringent.*

Made and Sold in St. *Michaels Alley* in *Cornhill*, by *Pasqua Rosee,* at the Sign of his own Head.

第一则咖啡广告，1652 年，开设伦敦第一家咖啡馆的帕斯夸·罗西曾用过的宣传单。翻摄自藏于大英博物馆的原件。

啊！帕斯夸，

你为了公众的利益，

第一个将此琼浆玉露引入，

你必然乞求了基德的教导，

好驱动一条他熟知的贸易航道。

你不过本着自己的信念，

否则今日他岂能知书识字？

鼓起勇气吧，帕斯夸，

别怕围困你的仇敌；

坚守你的阵地，

准备好你的武器，

在这个夏季坚持住，

即使他掀起风暴，

也无法获胜——

在你面前，

这将为咖啡壶带来一线生机。

最终，帕斯夸·罗西消失无踪，有些人说他在欧洲大陆——可能是荷兰或德国，开了一家咖啡馆。伯曼则娶了奥德曼·霍奇斯的厨娘，并说服大约1000位顾客每人借他一枚6便士银币，将他的帐篷改造成一栋结实的房子，还收了一个学徒。

至于伦敦第二间咖啡馆的老板，也就是彩虹咖啡馆的老板詹姆斯·法尔，他最有名的顾客便是亨利·布朗特爵士，爱德华·哈顿说：

我发现记录中有位詹姆斯·法尔，他是一位理发师，如今拥有一间咖啡店，店名为彩虹咖啡馆，位置就在内殿大门旁边（英国最早的咖啡馆之一），当时是 1657 年，他遭到西部圣邓斯坦公会陪审团的起诉，理由是制作并贩卖一种叫作咖啡的饮料，对邻近地区构成极大的麻烦和损害。

谁想得到，伦敦曾经有近 3000 起这样的麻烦事件，而那时的人们又如何知道，咖啡现在被有名望的上流人士和医师大量饮用。

显然哈顿将法尔的麻烦事归咎于咖啡本身，然而，陪审团的申告清楚地显示，有麻烦的是法尔的烟囱，而不是咖啡。

刚才提到的亨利·布朗特爵士被称为"英国咖啡馆之父"，他获此殊荣看起来是有道理的，因为他那鲜明的性格"在这系统上打下了深深的烙印"。

亨利·布朗特爵士最喜爱的座右铭是，"大众也许会谈论它；智者则选择它"。罗宾逊则说，"这将他们的目的完美地用口语的形式表达出来，并且因为出自这些游历过世界各地的人之口而显得十分自然"。

奥布里谈到亨利·布朗特爵士时是这么说的，"他现在已经 80 多岁了，但他的智力良好，身体也相当强壮"。

即使英国的咖啡馆并不像其他欧洲国家的咖啡馆那般，可以让两性都光顾，然而女性在英国的咖啡销售方面发挥了不小的作用。

1660 年的伦敦市 Quaeries 提及"一位女性咖啡商人"，即玛丽·斯特林格，她于 1669 年在三一巷经营一间咖啡馆；1672 年，安妮·布朗特在坎农街开设一间土耳其人头像咖啡馆。威廉·郎的遗孀玛丽·郎，她与丈夫的姓名首字母一起出现在位于科文特花园市场的玫瑰咖啡馆发行的纪念币上。玛丽·郎纪念币与其他咖啡馆经营者的纪念币一同被列在本书中。

第一则报纸广告

1657 年 5 月 26 日，第一则咖啡的报纸广告刊登在伦敦的《大众咨询报》上，由一位早期以咖啡为题材写作的作者在 5 月 19 日到 5 月 26 日间撰写，内容如下：

在旧交易所后面的巴塞洛缪巷，有家店贩卖一种被叫作咖啡的饮料。

这是一种非常有益身心健康的饮料，有许多出色的功效，包括闭合胃部的开口并强化其中的热度、帮助消化、振奋精神、放松心情，对预防眼睛酸痛、咳嗽或伤风、感冒、痨病、头痛、水肿、痛风、维生素 C 缺乏病、结核病和许多其他疾病都十分有效。

咖啡供应时间是每天早上和下午 3 点。

The Publick Adviser,

WEEKLY

Communicating unto the whole Nation the several Occasions of all persons that are any way concerned in matter of Buying and Selling, or in any kind of Imployment, or dealings whatsoever; according to the intent of the OFFICE OF PUBLICK ADVICE newly set up in several places, in and about *London* and *VVestminster*.

For the better Accommodation and Ease of the People, and the Universal Benefit of the Commonwealth, in point of

PUBLICK INTERCOURSE.

From Tuesday May 19 to Tuesday May 26.

In *Bartholomew* Lane on the back side of the Old Exchange, the drink called *Coffee*, (which is a very wholsom and Physical drink, having many excellent vertues, closes the Orifice of the Stomack, fortifies the heat within, helpeth Digestion, quickneth the Spirits, maketh the heart lightsom, is good against Eye-sores, Coughs, or Colds, Rhumes, Consumptions, Head-ach, Dropsie, Gout, Scurvy, Kings Evil, and many others is to be sold both in the morning, and at three of the clock in the afternoon.

咖啡的第一则报纸广告。这则广告于 1657 年 5 月 19 日到 5 月 26 日整周刊登在伦敦的《大众咨询报》上，比第一则于 1658 年 9 月 23 日至 9 月 30 日刊登在伦敦的《政治快报》上的茶的报纸广告早了大约 16 个月。

同年，巧克力的广告也出现了。1657 年 6 月 16 日，《大众咨询报》上刊登了以下布告：

在主教街的皇后头巷，有一间法国人开的店铺，那里贩卖一种叫作巧克力的西印度饮料，价格合理，你可以随时来享用。

1657 年，在卡洛韦咖啡馆——托马斯·卡洛韦的店里，茶被首次公开贩卖。

奇特的混合咖啡

医师们非常不愿意让咖啡脱离神秘的药典，变成一种任何人花 1 便士就能从咖啡馆买到或在家里调制的"简单且可以提神的饮料"。

在这件事情上，医师们得到许多充满善意但方向错误的人士的协助和鼓动，这些人中，有一部分是相当有智慧的，但是他们似乎执着地认为"咖啡是种难以下咽的药物"，需要添加些东西来消除咖啡里的诅咒，否则就需要用复杂的方法来冲煮咖啡。

以沃尔特·拉姆齐"法官"所著的《咖啡舐剂》为例，这本书出版于 1657 年，其中提到了一种被他称为"Oraganon Salutis"的工具——一种清理胃部的仪器。这种器械是一根长 60～90 厘米、具有弹性的鲸鱼骨，末端有一颗亚麻或丝绸材质的纽扣，用于插入胃里产生催吐的效果。病患在使用该仪器前后都要服用咖啡舐剂，法官称之为"Provang"。而这就是法官"新颖且更高级的咖啡制作法"，他在制作咖啡舐剂的处方中写道：

> 取等量的黄油和沙拉酱，将它们完全融化，但不要煮沸；然后充分搅拌，直到两者完全融合在一起。
>
> 接着，立刻在上述混合物中加入 3 倍量的蜂蜜，搅拌均匀；随后在里面加入土耳其咖啡粉，将其制作成浓厚的舐剂。

只要稍做思考并说明，任何人都会相信，这种舐剂八成能够达到它被推荐使用的功效。

法官大人发明的另一种混合物被称为"wash-brew"，里面有燕麦、"咖啡"粉末、1 品脱麦芽啤酒或任何酒类、姜、用来让口感愉悦的蜂蜜或糖；除了这些成分之外，也可以加入黄油和任何一种果汁粉，或是可口的香料。制成的混合物要装进法兰绒布袋中，"像淀粉浆一样随意保存"。这是一种深受威尔士地区百姓喜爱的药物。

这本书的前言提到了作家兼传记作者詹姆斯·豪威尔（1595—1666）写的一封信中是这么叙述的：

接触咖啡之后，我同意他们关于咖啡的观点，即咖啡就是古时候斯巴达人饮用的，并且以诗歌颂的黑色高汤。它必然是有益于健康的，因为有如此多睿智和聪明的民族大量地饮用它。

但是，它除了具有让胃内杂质干燥的功效外，还有舒缓大脑的作用，能够增强视力，预防水肿、痛风、维生素 C 缺乏病，以及健脾和缓解臆想症、胀气（咖啡对以上所有症状都有缓解作用，也不刺激）。

依我看来，除了以上所有迄今被发现的特性，这种叫作咖啡的饮料还使得人们更加清醒。

以前，学徒、教堂执事和其他人习惯在早餐时饮用麦芽啤酒、啤酒或红酒等，使得大脑昏沉，不利于日常工作。他们现在改喝这种让人清醒的饮料，扮演热诚且友好的角色。因此，那位可敬的、首位将饮用咖啡引进伦敦的绅士穆迪福德先生应该得到全国的尊敬。

有一段时间，人们喝咖啡时会加入糖，或加入芥末。无论如何，咖啡馆通常提供的是黑咖啡，"少数人会加入糖或牛奶"。

奇异的咖啡主张

在咖啡被引进英国的过程中，人们不可能不注意到，其支持者的轻率言行会造成一些阻碍。一方面，庸医虎视眈眈，试图宣称咖啡乃医疗专属；另一方面，有些愚昧无知的俗人将众多不属于咖啡的功效归于它。

咖啡支持者最喜欢的休闲活动就是夸大咖啡的价值与优点；其反对者的最佳消遣，则是诋毁那些使用咖啡的人。所有这些赞成或反对的声音都为咖啡馆提供了"素材"，咖啡馆成了引发争论的主战场。

从早期用"比诱人的食物还要有益健康"等讽刺字眼对咖啡大加指责的英国作家，到推动关于咖啡的各种荒诞不经主张的帕斯夸·罗西和那些与他同时代的人，咖啡不得不在误解和偏狭所构成的泥沼中奋力前行。

历史上没有任何一种无害的饮料像咖啡一般，同时因支持者和反对者而受到那么多的磨难。

支持者将其视为万灵丹，反对者则斥其为慢性毒药。在法国和英国，有人主张咖啡会引发忧郁，也有人认为咖啡是治疗忧郁的良药。

托马斯·威利斯（1621—1673），英国著名的医生，被安东·波尔塔（1742—1832）称为"有史以来最伟大的天才之一"。据说，威利斯医生有时候会将患者送去咖啡馆，而非药剂师开设的药店。本章后面会详细描述一张古老的巨幅传单，其中强调，"只要你使用这种罕见的阿拉伯饮料，就能拒绝所有的庸医"。

作为醉酒的解药，咖啡"魔法般的"效力得到了支持者的交口称赞，连它的反对者也心有不甘地承认了这一点。

一位作家赞扬咖啡是除臭剂；另一位作家理查德·布莱德利在他关于咖啡在瘟疫中的应用的专著中表示，如果咖啡的特性在 1665 年就被充分了解的话，"霍奇斯医生和当时的学者都会推荐使用它的"。事实上，在 1665 年出版的吉迪恩·哈维所著的《瘟疫防治指南》中，我们可以发现以下文字："咖啡被推荐用来防御接触性传染病。"

《叛逆解药》（*Rebellious Antidote*）的作者是这样称颂咖啡的重大功效的：

> 来吧，疯狂的人们，
>
> 别再醉醺醺的了，
>
> 顺服，而我将召回你们的理智。
>
> 由全然的疯狂转变为端庄的秉性，
>
> 付出 1 便士，我将你再度唤回，
>
> 用正式的技巧赋予你所有的 mene，请喝下然后出席你的命运之旅；

无论你酩酊大醉或清醒而来，

都只需付一点点费用，

来吧，你们这些疯狂的人，

我将成为你们的医生。

威利斯医生在他的《理性用药》（*Pharmaceutice Rationalis*）（1674 年出版）一书中，首次试图用公正的态度对待咖啡问题。

他认为咖啡充其量只是一种有些风险的饮料，在某些情况下，喝咖啡的人必须做好忍受倦怠甚至瘫痪的心理准备：它可能会攻击心脏并引起四肢震颤。另一方面，如果饮用得当，咖啡将给人带来绝妙的好处，"每天饮用咖啡，会让灵魂变得澄澈，还能驱散身体每个部分的不良物质"。

经过相当长的一段时间后，这种"新奇饮品"的真相才得到确认；值得一提的是，如果说咖啡具有社交以外的功效的话，那就是"政治层面的意义，而非医学价值"。

蒙彼利埃大学的詹姆斯·邓肯博士在他于 1706 年传入英国的著作《预防热性药剂滥用之安全建议》中提出了"咖啡不比毒药更值得被称为万灵药"的说法。此外，著名的英国医生乔治·彻尼（1617—1743）用以下陈述表达了自己的中立立场："我对其并无高度赞誉，也没有激烈的指责。"

咖啡价格与咖啡执照

1660 年，英国的法令文书中首次提到了咖啡、茶与巧克力，当时规定，生产和销售每加仑这些产品，"需要缴纳"4 便士的税金。英国下议院将咖啡与"其他异国饮料"归为一类。

有记录显示，1662 年，位于交易巷的土耳其人头像咖啡馆出售"合适的咖啡粉"，价格是"每磅 4 先令到 6 先令 8 便士；以臼研磨成粉 2 先令；东印度浆果 1 先令 6 便士；研磨好的正宗土耳其浆果，3 先令。未研磨的（在豆子中）价格较低，会附上如何以相同方式使用的用法说明"。巧克力也同样可以用"每磅 2 先令 6 便士；加香料的 4 先令到 10 先令"的价格购得。

在英国，1 磅咖啡一度卖到 5 基尼，甚至 40 克朗（约合 48 美元）的高价。

1663 年，英国所有的咖啡馆都必须有营业执照，办理的费用是 12 便士。若未取得执照，每个月需缴纳 5 磅的罚款。

政府官员密切地监视着咖啡馆，其中一位官员叫穆迪曼，他是一位优秀的学者，也是一个"流氓头子"。他曾经"为国会代笔"，不过后来成了一个受雇用的间谍。

埃斯坦格拥有"情报独家"特权，他曾经在其著作《情报员》中提及，他对于"议会新闻的寻常书面文章……任由咖啡馆和所有其他广受欢迎的俱乐部论断那些议事和协商——尽管那与他们一点关系也没有"的不良影响感到十分担忧。

第一份皇家咖啡委托书由查理二世授予一位名为亚历山大·曼的苏格兰人，他追随蒙克将军来到伦敦，并在白厅开设咖啡馆。在这里，他标榜自己是"查理二世的咖啡师"。

由于茶、咖啡和报纸的税金日益增高，1714 年，在安妮女王统治末期，咖啡馆店主们普遍提高了商品价格：咖啡，一碟 2 便士；绿茶，一碟 1.5 便士；所有的烈酒，每打兰 2 便士（1 打兰约为 1.77 克）。至于零售价，咖啡是 1 磅 5 先令，茶是 1 磅 12 先令到 28 先令不等。

罗塔咖啡俱乐部

1665 年，一位时事评论者说："咖啡和全体公民因改革而携手同行，共同创造一个自由且清醒的国家。"这位作家主张言论的自由"在持有不同看法的人群聚集之处"应当被认可，他还补充说："那场所就是咖啡馆，还有什么地方能让人像在那里一样如此自由地交谈呢？"对此，罗宾逊的评论十分贴切：

我们现在或许并不常将社交活动和讨论的自由与清教徒统治的时代联想在一起，然而我们必须承认，诚如佩皮斯所言，亲切友好与开放坦诚乃罗塔咖啡俱乐部的特征。

这个"足智多谋绅士们的自由且开放的俱乐部"是在 1659 年由共和党的某些党员创建，他们曾经怯生生地表达过自己的独特意见，但是未获得伟大的奥利弗·克伦威尔的包容。后来的软弱政府对这些观点极度厌恶，并怀有一定程度的恐惧。

俱乐部成员之一奥布里说："他们在位于威斯敏特新宫殿广场的土耳其人头像咖啡馆（迈尔斯的咖啡馆）聚会，在那里喝水。迈尔斯咖啡馆楼梯旁的那栋房舍，里面刻意制作了一个巨大的椭圆形桌子，中间有一条通道，以便将咖啡从迈尔斯送过来。"

罗宾逊继续评论：

这种奇特的提神饮料和人们对饮料的兴趣，远逊于另一项新奇体验所带来的刺激。

在经过激烈的争论后，当一位成员想要对会议的主张进行测试，任何特定的观点都可以经过一致同意后提出来并进行投票，一切都取决于"我们的木制神谕"——这是英国有史以来的第一个投票箱。严谨的程序与待议事项结合，赋予了这个尚未成熟的议会极为重要的地位。

罗塔俱乐部——或如佩皮斯称呼的咖啡俱乐部，本质上是一个传播共和主张的辩论社。只有在亨利四世统治时期，以下几个俱乐部超越了它：

La Court de Bone Compagnie 俱乐部；沃尔特·雷利爵士的星期五街道俱乐部，也就是面包街俱乐部；位于面包街的美人鱼酒馆内的俱乐部，莎士比亚、博蒙特、弗莱彻、罗利、塞尔登、多恩等，都曾经是这个俱乐部的会员；还有坐落在中圣堂门和圣殿酒吧之间的"稀有"本·琼森的恶魔酒馆俱乐部。

罗塔俱乐部的名字来源于一项
计划，该计划旨在推动每年变更特
定议会成员。这个计划是由詹姆
士·哈林顿建立的，他在自己的著
作《大洋国》中，以最公正的立场
将那理想中的公民描绘出来。

威廉·佩蒂爵士曾是罗塔俱乐
部的一员。奥布里表示，"每天晚上
在一间塞满了人的房间内"，弥尔顿
和马维尔、西里亚克·斯金纳、哈
林顿、内维尔以及他们的朋友围坐
在桌旁，讨论深奥的政治问题。

罗塔俱乐部因其与文学相关
的严苛限制而声名远播。其中包
括了"罗塔俱乐部对弥尔顿先
生的著作《建设自由共和国的
简易方法》一书的谴责"（1660
年）——尽管弥尔顿是否造访过

17 世纪的伦敦咖啡馆。翻摄自该时期的木刻画。

这间"熙来攘往的咖啡馆"仍然有待商榷。罗塔俱乐部同样谴责过《德莱
顿先生的格拉纳达战争》（1673 年）。

许多早期咖啡馆的经营者对"四处林立的咖啡馆是否该为了确保优质客
户免受打扰，而在有所限制的情况下经营"这一点感到极度焦虑。17 世纪时，
几家咖啡馆的墙上挂着一套以不那么押韵的方式写下的规章制度：

请进，先生们，

请随意，

但首先，如果可以的话，

请详细阅读我们的公民规则，

内容如下。

第一点，

所有人，士绅、工匠，

都欢迎莅临，

并且可以不算冒犯地同席而坐；

早先的显赫地位在此无须在意，

只要找到合适座位就座即可；

若有任何更高阶级的人进入店内，

也无须起身让渡自己的座位；

我们认为限制花费是不公平的，

但会让咒骂者支付 12 便士罚款；

在此地开启争端的人，

应当赠予所有人 1 杯咖啡，

以弥补此一过失；

同时他应提供咖啡给他的友人饮用；

彻底克制大声争执的噪声，

这里没有脆弱易感的人在角落暗自神伤，

所有人都活泼健谈，但恰到好处，

关于神圣的事物，

不允许任何人擅自触碰，

也不允许亵渎《圣经》，

或用傲慢无礼的不当言语对待国家大事；

让欢乐维持单纯，

而每个人都无须深思熟虑地看待自己说出口的俏皮话；

为了让咖啡馆保持安静和不受外界责难，

我们因此禁止纸牌、骰子及一切游戏；

也不接受超过 5 先令的赌注，

因为那往往带来许多麻烦；

让所有的损失或罚款，

都在咖啡馆发泄时，

花费在那有益的汁液上。

而顾客们在力所能及的情况下，

为遵守平静、合宜的时光尽力而为。

最后，让每个人为自己的需要付款，

那么如此，

每天都欢迎你的光临。

早期的咖啡馆大多位于一段楼梯上，并且由一个"以各式各样不同话题区分座位"的大房间构成。1681 年，一出喜剧（马龙引用的）的序幕开场白为上述情景提供了参考：

在一间咖啡馆里，面对一群乌合之众，我直截了当地询问：叛国者坐在哪一桌？

曼的咖啡馆以及其他被机智风趣之人、文人学士和"对流行有直觉之人"喜爱的咖啡馆都这样布置。后来，明显为商务服务的咖啡馆则设有独立的房间，为商业交易提供了便利。木制隔间——和小酒馆一样的木制包间——也是在稍微晚一点的时期引进的。

下页的图画是一份 1674 年的印刷品，画面中有 5 位不同阶层的顾客，其中一位正坐在椅子上吸烟，桌上放着没有垫盘的小水盆或碟子，还有烟斗。与此同时，一位咖啡侍者正端着咖啡。

一开始，英国的咖啡馆只贩卖咖啡。很快，巧克力、冰冻果子露和茶也

查理二世时期的一间咖啡馆。翻摄自 1674 年的刻画。

被列入商品清单。但是，咖啡馆仍旧保有其社交和禁酒代理人的重要地位。

1664—1665 年间，"希腊"咖啡馆的康斯坦丁·詹宁斯（或乔治·康斯坦丁）为零售的巧克力、冰冻果子露和茶打广告，还提供了制备这些饮品的免费教学说明。1689 年，小埃弗德说，"只有新开的咖啡馆会供应少量烈酒和果汁"。尽管早在 1669 年就有几间咖啡馆出售麦芽酒和啤酒，不过多年来，会让人喝醉的酒精饮料并不是咖啡馆的重要商品。

1666 年伦敦大火之后，许多咖啡馆开张了，它们不再局限于"一段楼梯上单一房间"的架构。而且，由于咖啡馆老板们过度强调咖啡的提神功效，在晚上 9 点打烊之后，许多从小酒馆及啤酒馆出来的人都来到了咖啡馆。这些人对于提高咖啡馆的声誉毫无助益；而事实上，咖啡馆作为戒酒机构的功能逐渐削弱，这似乎可以追溯到对邪恶小酒馆受害者虚假的怜悯之心，许多咖啡馆后来怀抱着与小酒馆相同的邪恶，因此招致了自己的毁灭。

身为戒酒机构，早期的咖啡馆可谓是独一无二，其独有的特征与任何英国或欧洲大陆的酒吧都不一样。后来，在 18 世纪，这些独有的特色逐渐变得模糊，再用咖啡馆这个名称称呼戒酒机构就不恰当了。

然而，罗宾逊说："在失去其丰富的社交传统前，以及为政治自由奋斗的议题尚不明确时，咖啡馆常客间的亲密互动只会导致对立者间更大的混乱或互相抱团。各种不同的要素在同理心的作用下逐渐统合，或者因迫害而强制结合在一起，直到最终产生一股近乎所向披靡的社会、政治及道德力量。"

咖啡代币

1666 年的伦敦大火摧毁了一部分伦敦咖啡馆，在那些幸存的咖啡馆中，最出名的是彩虹咖啡馆，它的经营者詹姆斯·法尔发行了最早的咖啡馆代币之一——毫无疑问，这是基于对大火中逃生的感恩。

法尔的代币的正面图案是由火烧云中浮现的拱形彩虹，这表示他一切安好，彩虹依旧光芒四射。代币背面镌刻的字样是"位于舰队街——1/2 便士"。

在 17 世纪，咖啡馆老板和其他零售商大量发行咖啡馆代币，作为发行者，需支付给代币持有者欠款总额的证明。

代币发行的起因是小额零钱的稀缺。代币的材质有黄铜、铜、白镴（锡与铅、黄铜等的合金），甚至还有镀金的皮革。代币上刻有发行者的姓名、地址、职业、该代币象征的价值，以及一些关于发行者所从事贸易的情况介绍。

出示这些代币可以兑换相同面额的金钱。不过，它们只在相邻地区流通，很少超过一条街的范围。C. G. 威廉姆森写道：

> 本质上，代币的出现是大众喜闻乐见的，若非政府对公众需求的漠视，代币显然不会有发行的机会；因为代币的出现，我们注意到一则例证，那就是人民迫使立法机关服从合理且必要的民意。
>
> 如果把这些代币当作一个系列来看，它们普通却有些古雅，缺乏美感但又自成一格，具有一种奇特的本土艺术感。

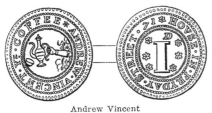

Andrew Vincent
in Friday Street

Morat Ye Great Coffee House
in Exchange Alley

Robins' Coffee House
in Old Jewry

Mary Long
in Russell Street

Union Coffee House
in Cornhill

James Farr, the Rainbow
in Fleet Street

Chapter Coffee House
in Paternoster Row

Sultaness Coffee House
in Cornhill

Achier Brocas
in Exeter

Morat Coffee House
in Exchange Alley

图版 1 17 世纪咖啡馆主人的代币。由收藏于大英博物馆与市政厅博物馆的毕佛伊典藏原件翻绘制作。

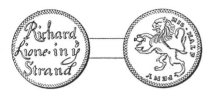

Richard Lione
in the Strand

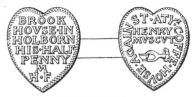

Henry Muscut
opposite Brook House in Holborn

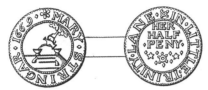

Mary Stringar
in Little Trinity Lane

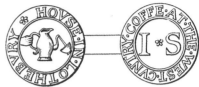

West Country Coffee House
in Lothebury

Richard Tart
in Gray Friars, Newgate Street

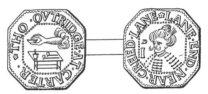

Thomas Outridge
in Carter Lane End, near Creed Lane

William Russell
in St. Bartholomew's Close, Smithfield

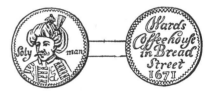

Ward's Coffee House
in Bread Street

John Marston
in Trumpington Street, Cambridge

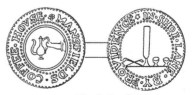

Mansfield's Coffee House
in Shoe Lane

图版 2　17 世纪咖啡馆主人的代币。由收藏于大英博物馆与市政厅博物馆的毕佛伊典藏原件翻绘制作。

在普遍的简朴风格中，罗宾逊发现交易巷咖啡馆发行的代币可谓例外。这些代币所用的模具显示了约翰·罗蒂尔的高超手艺。最华丽的一种模具上雕刻了当时一位因暴行而闻名、最终自杀而亡的土耳其苏丹的头像，其上的铭文内容是：

> 人们称我为穆拉德大帝；
>
> 凡听闻我名之地都将为我征服。

许多收藏于市政厅博物馆毕佛伊典藏中、最有趣的咖啡馆主人的代币都已被拍照并收录于本书，同时展示的还有根据照片绘制的代币图样。我们可以发现，1660—1675 年间，许多商人采用的交易标志是一只手从壶中倒出咖啡的图像，而且无一例外都是土耳其大口水壶的样式。穆拉德大帝（阿木姆）和苏里曼经常被用来作为 17 世纪咖啡馆的标志。

乔舒亚·哈罗德·伯恩在他的著作《贸易商的代币目录》中叙述，1672 年时，"许多人认为……黄铜和铜制的印花、硬币以及流通的 1/4 便士、1/2 便士及 1 便士""都因一项严重的起诉而被扣留"；不过在提出仲裁后，它们就获得了赦免，直到 1675 年，私人代币才禁止流通。自此之后，代币发行时都会打上"必需之零钱"的标志。

1674 年末的一份皇家公告禁止对任何"将贱金属用于私人印花"或"妨碍因交易所需而流通的那些 1/2 便士和 1/4 便士"的人提出控告。

咖啡馆的反对者

咖啡馆为什么立即受到各个阶层的有识之士的欢迎，其中的原因其实显而易见。在咖啡馆出现之前，英国人平日可以去的休闲场所只有小酒馆；然而，咖啡馆作为公共场所出现了，并且提供一种不醉人的饮料，于是立刻吸引了大众。作为交流思想的会面地点，咖啡馆很快风行起来。

不过，也并非没有反对者。在眼睁睁地看着生意从眼前溜走后，酒馆老板开始用激烈的宣传手段抵制这一全新的社交中心，也发动了相当多的对咖啡的攻击。

从王政复辟（1660年查理二世的复辟）到1675年之间，有8份以伦敦咖啡馆为主题写成的小册子，其中有4份用"咖啡馆的特色"作为标题的一部分。这些小册子的作者们似乎急切地想将城里最新流行的事情告诉那些还不熟悉的读者。

《咖啡大乱斗》（1662年）是这些早期的小册子之一，其声称收录了"一位博学的骑士与一名可鄙的假博学者"之间的对话。

在这本小册子里，有一则关于一间声誉日隆的清教徒式咖啡馆的有趣报道。这家咖啡馆里人才济济，每个小群体都全神贯注地关注自己的话题，就像是另一座巴别塔。

在一个人引经据典的同时，另一个人则在向邻座吐露他有多仰慕欧几里得：

> 三分之一的人在演讲，
>
> 四分之一的人在推测，
>
> 五分之一的人追逐蝇头小利。

神学被引进；假面舞会和戏剧被拒之门外；有些人还在讨论新闻，并深深沉浸于即将到来的"水星事件"；有些人吹嘘哲学。每个人都在卖弄经不起推敲的学问。学徒"以拉丁文点咖啡"，所有人都旁征博引，"这情形会让一位可怜的牧师全身发抖"。

咖啡再度成了攻击目标

第一次值得关注的对咖啡的攻击，出现在1663年的一篇文章中，文章的标题是《1杯咖啡：咖啡的真相》：

1663 年的抨击文章。

　　对那些变得和土耳其人一样的一般人和基督徒来说，想要将罪行归咎于他们的饮料，是比魔术还神奇的事。

　　完全的英国模仿者！就我所知，如果那是符合流行的，你可能也会学着去吃蜘蛛。

　　作者惊讶于有人喜欢咖啡胜于加纳利葡萄酒，还提到博蒙特、弗莱彻和本·琼森的年代。他写道：

　　他们饮用琼浆玉液，如同诸神一般，从而将因此……因圆润的加纳利葡萄酒得到升华。

　　这些咖啡大师，这些微不足道之人，几乎无法制作他们的高汤，因此令人发笑。

　　至于葡萄藤的纯净血液，尽管龇牙咧嘴，并依然给予你们。

一种尚未被完全了解的、令人厌恶的饮品，可是煤灰色的糖浆，或旧鞋的精华，掺和在每日新鲜事及新闻之书中。

可以看出，《1 杯咖啡：咖啡的真相》的作者使用修辞时毫不吝啬。

一段以诗歌体呈现的对话《在少女对咖啡提出控诉后，遭到解雇的咖啡大师的格拉纳多》也在 1663 年出现。

《咖啡馆的特色，眼见及耳闻之证言》出现在 1665 年。这是一本 10 页的小册子，事实证明，它也是一份出色的咖啡广告——制作优良，而且富有地方色彩。

《从咖啡馆来的新闻：其中显示数种他们热爱的话题》于 1667 年出现。这份文件在 1672 年以《咖啡馆》或《新闻传播者会堂》之名再版。

这些巨幅传单中的数个章节被大量引用。这些文字描写了早期咖啡馆顾

1667 年的巨幅传单。

客的特质，我们可以从中了解 17 世纪时咖啡馆的礼仪和习惯——特别是在斯图亚特王朝统治期间。1667 年版本的第五节，对法国有敌意，1672 年修订并再版时被删除了，同年，英国与法国联合，向荷兰宣战。以下带有注释的诗句来自 Timbs：

> 从咖啡馆来的新闻
> 你们喜欢风趣与欢乐，
> 并渴望听闻这样的消息，
> 从世界各地而来，
> 荷兰人、丹麦人，
> 还有土耳其人及犹太人，
> 我将送你们前往一个地方，
> 那里有新鲜出炉的消息；
> 去咖啡馆吧，
> 那里的消息必然是真实的。
> 那里有陆战和海战，
> 还有充满血腥味的阴谋；
> 他们知晓的事情比想象的还多，
> 否则始终会遭到背叛；
> 没有任何制币厂的钱币，
> 有如此光亮崭新程度的一半；
> 而若从咖啡馆而来，
> 那必然是真实的。
> 在海军舰队开始工作之前，
> 他们知道谁将是赢家；
> 他们可以告诉你，
> 土耳其人上周日拿什么当正餐；

他们最后所为，

就是从德·鲁伊特带领的快乐水手手中，

收割了他的玉米；

否则就是那首先带来恶魔之角的人，

以上所述必然为真。

一位渔夫放胆直言，

并坚定地发誓，

他捕到一群青花鱼。

所有谈判都以荷兰语进行，

并大叫道转向、转向、转向，Myne 在此；

但就像他们绘制的草图一样，

他们因为蒙克的出现，

而散发出恐惧的恶臭，

以上所述必然为真。

* * *

满世界都碌碌无为，

从君王到胆小鬼皆然，

除了在每个白天或夜晚，

用力推挤进入咖啡馆内。

占星师莉莉和预言家布克，

使用自身技艺无法带来的，

你将在咖啡馆发现任何一个人，

能迅速地发现真相。

他们知道何人将要来到，

无论是肯定的，

或是尚未完成的，

从伟大的罗马圣彼得街，

到伦敦的特布尔街。

* * *

他们知晓会毁灭你们，

或拯救你们的所有好事，或伤害；

国家、军营和海军，

拥有学院，以及法庭；

我认为不会有任何一所大学，

能让你花 1 便士，就能成为一位学者。

* * *

在这里，

人们可谈论所有事，

用洪亮且自由的声音，

就如同八卦的女士们，

在舌头上加了两道箍；

很快在你的视线范围内，

他们会立刻带来巨幅传单，

信誓旦旦地保证内容皆为真实。

在那里喝巧克力，

能让一个傻瓜蜕变成苏菲教徒；

人们认为土耳其的穆罕默德，

是第一个受到咖啡启发的人，

借此，

他的威能满溢巴勒斯坦的土地：

那么让我们前去咖啡馆吧，

这远比饮酒便宜多了。

你们应该会知道，流行的趋势是什么；

假发是如何卷曲的；

只要付出 1 便士你就能听到，

全世界发生的新奇事。

你会看见年老或年少、伟大或渺小，

以及富有或贫穷的人；

所以让我们全都来杯咖啡，

一路跟着我来吧。

罗伯特·莫顿在 1670 年出版了《咖啡的本质、质量，以及最出色功效的附加说明》一书，书中的内容为这场关于咖啡的争议添加了素材。

1672 年发行的《反对咖啡的巨幅传单》，又名《土耳其人的婚姻》，因其别具一格且生动的谩骂方式，获得了相当大的名气。同时他们也强调，帕斯夸·罗西的合伙人是一名马车夫，还模仿了拉古萨少年结结巴巴的英文：

反对咖啡的巨幅传单，又名"土耳其人的婚姻"

咖啡，土耳其变节者的一种，

最近被拿来与基督活水相比较；

一开始在他们当中出现一个异端，

然而他们彼此结合，

不过发生极大的骚动。

* * *

咖啡冰冷如泥土，

活水则如同泰晤士河之水，

并且处于急需托付之火的状态。

Nature, Quality, and Most Excellent Vertues OF COFFEE.

A Broad-side against COFFEE; Or, the Marriage of the Turk.

一份 1670 年的巨幅传单。

一份 1672 年的巨幅传单。

* * *

咖啡的色泽在还是浆果时，

看起来就呈现出如此深棕色调，

对一位如此美好、如此剔透的仙女来说，

过于黝黑。

* * *

一名马车夫，

是第一个（在此）制作咖啡的人，

而从此之后，其他人在此行受到激励；

我的英文不好！

而确实，

他扮演大夫，

来缓解这黑漆漆玩意儿的问题；

对胃、咳嗽、矿坑病都有好处，

而我相信了他，

因为那看来确实很像药剂。

咖啡的硬壳和被烧成焦炭的煤炭一样，

气味和口感就像中国瓷碗的赝品一样；

在气喘吁吁的情况下，

他们让肺脏费力工作，

以免如同《路加福音》中的财主一般，

他们将为自己的言语受苦。

然而他们告诉你，

它并不会发烫，

尽管你要回复陪审团的猛烈抨击；

它狂暴的热度让水翻腾上涨，

并在通过你双眼的净化后静止。

惧怕和欲望，

你在一次次情感爆发中屈从，

就好像饿犬舔舐滚烫的燕麦粥。

它在治疗醉鬼方面有极高的声誉；

牛奶酒和燕麦粥，

难道这些无法达到相同效果？

所有的困惑都被塞进一个场景当中，

就像在诺亚的方舟里，

洁净的与不洁的共存。

但如今——

唉！这种给牲口用的药水获得信任，

而不愿喝下的人便非绅士；

如此发育不良之物竟能达到如此高度！

但习惯与天性的分隔不过一步之遥。

一个小小杯盏与一间大咖啡馆，

这是什么，

除了一座大山和一只小老鼠之外？

* * *

Mens humana novitatis avidissima

最后的结果是，咖啡的历史在英国重演——许多善良的人逐渐相信咖啡是一种危险的饮料。

在那遥远的年代里，反对咖啡的长篇大论听起来和如今我们的咖啡替代品厂商所采用的广告行话没什么两样——咖啡甚至被描述为"傻瓜汤"和"土耳其稀粥"。

一篇名为《关于那能带来清醒且有益健康、被称作咖啡之饮料的卓越好处的简短论述》的文章在 1674 年出现，对于那些针对咖啡的攻击性言论来说，这是一份有力且有尊严的回应。

女性加入反对行列

同年（1674 年），史上头一遭，不同性别的人群对于咖啡产生了分歧，女士们发布了一份《女性反对咖啡请愿书》，向公众控诉咖啡给她们带来的不便。

英国的女士们不像法国、德国、意大利和欧洲大陆其他国家的女士们一样，享有前往咖啡馆的自由，她们在请愿书中抱怨：咖啡让男人们"如同传说中购买这种倒霉浆果的沙漠地区一样——不毛且无后"。

除了抱怨咖啡使整个种族面临灭绝的危险之外，还有人极力主张："一个家庭的中心思想应该包含，一位丈夫能够在路上顺便喝上几杯咖啡。"

人们认为，这份小册子加速了随后数年王权对咖啡的镇压，尽管在 1674 年出现了"男士们对女性反对咖啡诉愿书的回应，维护辩白……近日在她们造谣中伤的宣传小册子中，加诸他们的饮品上的不当诽谤"。

1674 年为咖啡辩护的巨幅传单首次附上了插图；尽管它辞藻华丽，显得有些矫揉造作，但对咖啡来说，不失为一份不错的押韵广告。

这份传单是为保罗·格林纳达印制的，同时在"布艺博览会

1674 年的巨幅传单，第一份附有插图的传单。

靠近西史密斯菲尔德附近，有磨豆机及烟卷标志的店铺内出售，那里还贩卖最好的阿拉伯咖啡粉及以西班牙方式制作的巧克力蛋糕或巧克力卷等物品"。以下摘录的部分将有助于说明这份传单的风格：

当用那背叛的葡萄制成的甜蜜毒药，

全面糟蹋影响了这个世界；

使我们的理性和我们的灵魂

在满溢大碗的幽深海洋中溺毙……

* * *

当朦胧的麦芽啤酒，

在留下强而有力的灰暗烟雾后，

已然团团包围住我们的大脑。

* * *

于是上帝出于怜悯，

为了达到救赎的目的——

* * *

最初在我们之中送来这全能疗愈浆果，

立即让我们既清醒又愉快。

阿拉伯咖啡，那味道浓厚的兴奋剂，

是可负担且对人有益的，

带有如此多的功效，

它的国度因它而被称为幸福之乡。

由旭日升起的华美寝室，

还有艺术，

以及所有美好潮流起源之处，

到世上精选的稀世珍宝获得祝福之地，

濒死的凤凰在此建造奇妙的巢；

咖啡，

那重大且有益的汁液，来到了此地，

治愈了肠胃，

让才思更加敏捷，

找回了记忆，

唤醒了悲伤。

* * *

然而，

这罕见的阿拉伯兴奋剂确实有效，

你或许遭到所有医师拒绝。

那么，别作声，愚钝的大夫，

你们的江湖骗术即将终止，

咖啡是更快速见效的百病良方；

它具有多么大的好处，

我们会因此认为，

第三世界将咖啡当作一般的饮料。

简而言之，

健康即为所有你的丰富财宝奖赏，

同时不再招致酒糟鼻，

或湿润蒙眬的眼睛，

只余自身的清醒作为你的要领，

并立刻喜爱上良善的同伴及其节俭；

对酒来说，

已无法产生智慧并创造战利品，

只有每晚在此沉浸嬉戏于咖啡中。

在查理二世时期之前，为咖啡辩护所发表的最后一篇论述是一本 8 页的对开本，它试图遵循凯尔·贝和科普鲁律的脚步，这本对开本在 1675 年上半年发行。它的标题是："为咖啡馆辩白。对近期出版的《咖啡馆的特性》一文的答复。由理性、经验谈，以及优良的作家主张此汁液的绝佳用途和对身体的功效……加上拥有此类公民休闲并进行巧妙谈话的场所所具备的重大便利性。"

与酒吧相比，咖啡馆具有以下优点。

第一，消费更低。如果在小酒馆等待朋友或与人会面，钱包里的钱很快就会花光；在啤酒屋，你也会忍不住一壶接着一壶狂饮……然而在咖啡馆，只要付 1 便士或 2 便士，你就能消磨两三个小时，既能躲风避雨、靠炉火取暖，又可以结交朋友；如果你愿意的话，也可以抽一管烟；而这一切都不会为你招来任何抱怨或不满。

第二，保持清醒。在酒吧里谈论生意或进行交易似乎成了一种风俗……在那里不断地啜饮……酒精侵入头脑，令人昏昏欲睡且感到不舒服……而现在，他们可以再去咖啡馆，一人喝 1 或 2 杯咖啡（到目前为止，它能治疗任何头晕目眩，也无令人心烦的烟雾），恢复神智、振奋精神，从而清醒地去处理其他事务。

第三，娱乐消遣。除了咖啡馆，晚上还有什么地方能够让年轻的绅士或店主们更轻松惬意地消磨一两个小时呢？在那里，他们一定会遇见同伴。而且，咖啡馆不像其他场所一般有所限制，在这里是可以自由交流的，每个人都能够放心地讲述自己的故事，并且在适当的时机向其他人提出自己的建议。

因此，整体说来，尽管咖啡馆背负了一些无根据的讽刺和卑鄙的指责，但是借着清楚明白的事实，我们或许可以简短描述一间管理良好的咖啡馆所具备的特点（我们不屑为那些假借这个名字来掩盖肮脏、卑劣行为的场所辩护）：它是健康的庇护所、节制的温床、俭朴的乐事、谦恭有礼的学院和富有创造力的免费学校。

《啤酒店女主人对咖啡馆的抱怨》是在 1675 年出版的，描述了一个酒商的妻子与一位咖啡师之间的对话，内容是关于彼此如何抢走对方的生意。

政府的公然打压

早在 1666 年，政府就计划对咖啡馆展开打击，1672 年又试图再度出手。到了 1675 年时，这些"煽动叛乱的温床"已经被各阶层的人经常光顾。安德森说，"这些适合我们本国特质的人，就法院在这些极相似的观点方面看来，在其中享有极大的自由，因而与人民的意见相悖"。

1672 年，查理二世似乎急于效仿对东方国度抱持偏执态度的先辈，决定尝试镇压。"得知大量的民众经常光顾咖啡馆而带来极大的不便之后"，国王陛下"询问掌玺大臣和大法官，他能采取什么样的合法措施来控告这些咖啡馆"。

罗格·诺斯在他的著作《每日反省》中讲述了完整的故事，而迪斯雷利是这样评论这个故事的："如果不尊重英国宪法，这件事是无法完成的。"法院装作没有违反法律，而法官们被传唤前来开会，但 5 位参与会议的法官无法达成共识。

威廉·考文垂爵士对提出的措施表示反对，他指出，政府从咖啡中获得了相当可观的税收，对国王陛下的复辟大业有所助益，因此应该对这些看起来令人不快的场所表示感谢；在克伦威尔的时代，这些场所便被允许存在，当时国王的友人运用了比"他们敢于在任何其他地方所用的"更多的言论自由。同时，考文垂爵士力谏，下达一个极有可能不被遵守的命令是轻率且鲁莽的。

最终，法官们迫于做出回复的强大压力，迎合国王的政策，给出了一个软弱无力的意见——就好像咖啡第一次遭受迫害时，麦加的医师和法学家们被强迫做出不情愿的裁决那般。罗宾逊说："英国律师们使用的语言客套且含糊，使得他们东方的同道们羡慕不已。"他们宣称：

> 咖啡零售或许是纯洁的行业——以它的执业方式来说；但是，现今咖啡馆作为一般聚会的场所，人们在那里谈论国家大事、新闻及重要人物，乃懒散和实用主义的温床，并且阻碍了本地粮食的消耗。从这些情况来看，它们或许可被视为公害。

《解密英格兰大忧患》试图将公众意见塑造成赞同打压咖啡馆，这对国王陛下的冒险精神是很好的宣传，但对那些爱好自由的人来说完全没有说服力。

经过多次反复后，国王在 1675 年 12 月 23 日发布了一份公告，公告的标题明确地陈述其目的——"取缔咖啡馆"。以下是精简后的公告内容：

奉国王之令：取缔咖啡馆公告声明

R. 查理

有鉴于——非常显而易见的——近年来，帝国境内、威尔士自治领地，以及特威德河畔贝里克镇开办和经营了大量的咖啡馆，大量无所事事和有反叛之意的民众光顾这些场所，造成了十分有害且危险的影响。

同时，许多商人和其他人等，在这些地方虚度光阴，而这些时间本可以用来从事合法的工作和业务；不仅如此，这些场所充斥着各种各样虚假的、恶意的和诽谤性的传闻，还散播对国王陛下的政府的谣言，扰乱了王土之内的平静和祥和。国王陛下认为，（为了未来着想）取缔咖啡馆是恰当且必需的……严格指示并命令各色人等，自次年1月10日起，不得擅自经营任何公共咖啡馆，或出售（欲在同一场所使用或消耗的）咖啡、巧克力、冰冻果子露、茶，否则将面临惩罚……（所有的营业执照将被吊销）。

本公告于1675年12月23日，国王统治的第25年，在白厅的法院颁布。

上帝保佑国王

之后，一件不寻常的事发生了：上个月29日才发布的皇家公告，在隔月的8日就被撤回了。这是查理二世创下的纪录。

公告于1675年12月23日撰写，并在1675年的12月29日发布。公告中禁止咖啡馆在1676年1月10日之后继续营业，但民众的反对情绪如此激烈，以至于短短11天后就被撤销了，这足以说明国王犯了个天大的错误。

各党派人士发出怒吼，反对取缔他们惯常出没的场所。咖啡、茶和巧克力商人则声称，这份公告将大幅削减国王陛下的税收……动乱和不满日益扩大。国王注意到这个警告，在1676年1月8日发布另一篇公告，用来撤销之前的公告。

为了挽回国王的颜面，第二份公告中严肃地声明"国王陛下"出于"大度的考虑和皇室的怜悯"，允许咖啡零售商继续营业到来年的6月24日。

不过，这显然只是皇室的托词，因为接下来并无任何进一步的干扰，而在第二份公告已广为流传的时刻，皇室若有任何行动都将十分可疑。

"比较两份公告无法证明更大的过失，也无法证明更多的弱点。"安德森如是说。

罗宾逊如此评论："在不经常召开议会也不存在新闻自由的时期，这是一场关于维护言论自由的战役，并且取得了胜利。"

一便士大学

我们在 1677 年读到："除非有办法就议会是否被解散的问题进行辩论，否则没有人敢冒险进入咖啡馆。"

在 17 世纪剩下的那几年，以及大半个 18 世纪，伦敦咖啡馆的发展可以说是欣欣向荣。如前所述，咖啡馆一开始是戒酒机构，与小酒馆和啤酒馆大相径庭。"咖啡馆内总是非常嘈杂、非常忙乱，但是从来不失规矩和体面。"

每杯咖啡只要 1 便士到 2 便士不等，其需求如此之大，以至于咖啡馆老板不得不用能盛装 8 或 10 加仑的壶来煮咖啡。

在 17 世纪，咖啡馆有时候会被称为"一便士大学"，因为它们是由谈话构成的"学校"，而"学费"只需要 1 便士。一杯咖啡或茶的价格普遍是 2 便士，但这个价格包含了报纸和照明的费用。常客的惯例是：在进入或离开咖啡馆的时候，将钱留在吧台上。

所有人都可以来咖啡馆，参与机智且精彩的对话。

> 多么优秀的一间大学啊！
> 我想不会再有比这里更好的学校了；
> 在这里，你将有可能成为一位学者，
> 只要花费 1 便士。

"常客"如我们被告知，"会有特定的座位和吧台女士，以及茶和咖啡侍者的特别关照"。

一般认为，现今给小费的习惯和"小费"这个词，都起源于咖啡馆。咖啡馆常常会悬挂着用黄铜做框架的箱子，期望顾客能因为得到的服务向箱子里投放钱币。这些箱子上雕刻着"确保及时"的字样，而这些词的首字母连起来便是"小费"（Tip）。

《国家评论》指出，"在 1715 年之前，伦敦的咖啡馆估计达到 2000 家。"虽然达弗尔在 1683 年的作品中宣称，根据由数名暂住在伦敦的人提供的信息，有 3000 个这样的场所（咖啡馆），不过，我认为 2000 这个数字或许最接近真实状况。

在英国历史上的那个关键时期，人民厌倦了斯图亚特末代王朝的恶政，迫切需要一个公共集会场所来讨论重大议题，咖啡馆因此成为避难所。为了英国人的利益，最重要的政治问题在此处被反复讨论并决定。同时，由于这些问题在当时都经过了周详缜密的考虑，之后也完全没有必要再因为它们而争论。英国为政治自由所做的最重大的斗争，事实上是在咖啡馆里打响并获得胜利的。

在查理二世统治末期，与其说政府将咖啡视为一种附加的奢侈品，不如说是关于营业执照的全新筹码。

革命发生之后，伦敦的咖啡商人被迫向上议院请愿，反对新的进口关税。而直到 1692 年，政府才"为了更大幅度地激励并促进贸易，以及上述个别的商品与货物更大的进口量"，取消了半数令人憎恶的关税。

伦敦大火发生后不久，咖啡替代品开始出现。首先出现的是一种用药水苏做成的汁液，那是"为了那些无法习惯咖啡苦味的人制作的。"药水苏是薄荷科的一种药草，以前它的根被用来制作催吐剂或泻药。

1719 年，咖啡的价格升至 1 磅 7 先令，此时出现了后来被称为沙露普汤的 bocket，这是一种用黄樟和糖熬煮而成的汤剂，深受那些买不起茶或咖啡的人的欢迎。伦敦街头了出现许多贩卖沙露普汤的小摊。舰队街的阅读咖啡馆也售卖沙露普汤。

咖啡商意图把控报纸

1729 年，咖啡馆老板已经具有强大的公众影响力，以致他们完全丧失了做出正确判断的能力；我们发现，他们曾认真地提议，要篡夺、取代报纸的功能。这些自负的咖啡商要求政府将新闻业的垄断权交给他们，理由是，当时的报纸充斥着广告以及由野心勃勃的新闻记者所写的荒谬报道，而政府要想避免"由新闻自由引起的进一步暴行"和摆脱"那些社会蠹虫、无证的新闻贩子"，唯一的办法就是委托身为"主要自由拥护者"的咖啡商出版并发行咖啡馆公报。公报的素材由光顾咖啡馆的常客自行提供，被记录在黄铜板或象牙雕刻板上，由公报的代理人每天征集 2 次。所有的利润都将归咖啡商所有——包括因此增加的顾客。

不消说，咖啡馆老板们提出的这个匪夷所思的、让民众撰写报纸的提议遭到了鄙视和嘲弄，以失败告终。

对咖啡日益增长的需求让政府开始刺激人们在英属殖民地种植咖啡的兴趣。

1730 年，牙买加进行了咖啡种植的试验。到了 1732 年，从试验结果来看，前景一片大好，国会"为了鼓励国王陛下在美国的农场种植咖啡"，调降由该地生产的咖啡的内陆关税，从每磅 2 先令降为 1 先令 6 便士，"不过，不适用于其他地区"。

"看起来法国人在马提尼克岛、伊斯帕尼奥拉岛（海地岛）和马达加斯加附近的波本岛（现在的留尼汪岛）抢占了先机，在苏里南的荷兰人也是如此，但他们迄今都没有从全部独有的咖啡种类中找到足以与阿拉伯咖啡相匹敌的。"亚当·安德森在 1787 年这样写道，有点不太礼貌地试图明褒暗贬英国的商业对手。当时，爪哇咖啡处于领先地位，而波旁桑托斯品种正在巴西的土地中迅速繁殖。

然而，英属东印度公司对茶的兴趣远大于对咖啡的兴趣。既然在"阿拉伯产的小小棕色浆果"上输给了法国和荷兰，英属东印度公司因此活跃地致力于一项名为"振奋人心的 1 杯"的宣传活动，这是由于从 1700 年到 1710 年，茶叶的年平均进口量是 80 万磅，而在 1721 年则超过了 100 万磅。1757 年，茶叶的进口量大约为 400 万磅。而当咖啡馆终于屈服时，茶——而非咖啡，已然成为英国的"国饮"。

1873 年，一场复兴咖啡馆的运动以咖啡"宫殿"的形式展开，旨在让咖啡馆取代小酒吧成为工人们的休闲场所。由此，爱丁堡城堡在伦敦开放。这场运动在整个不列颠群岛获得相当大的成功，甚至扩展到了美国。

所有的行业、交易、阶级和政党都有各自喜爱的咖啡馆。"一种叫作咖啡的苦味黑色饮料。"佩皮斯先生是这么形容的。咖啡将形形色色的人会聚一堂，而由他们混杂的交际中，发展出偏好特定咖啡馆并赋予它们特色的老客群。

一个老客群转变为小集团，随后再变成俱乐部的过程是很容易的，短时间内可以持续在咖啡馆或巧克力店聚会，但最终会需要一个专属场所。

咖啡馆的衰退和减少

咖啡馆一开始是为平民服务的公共场所，很快，它们就变成有闲阶级的娱乐之地；而当俱乐部发展起来后，咖啡馆退化到小酒馆的水平。因此在 18 世纪，咖啡馆的影响力和受欢迎程度达到了巅峰，同时也开始衰退和减少。据说 18 世纪即将结束时，俱乐部的数量与 18 世纪初的咖啡馆数量不相上下。

有一段时间，阅读报纸的习惯随着社会阶层的流动而传播，咖啡馆重获新生。沃尔特·贝赞特爵士的观察如下：

在当时，咖啡馆经常被并非前去聊天，而是为了阅读的人们光顾。小生意人和较高层级的技工都来到咖啡馆，他们会点 1 杯咖啡，再要一份买不起的日报。每间咖啡馆会提供三四份报纸。如今，这曾经的社交机构里似乎没有了一般的对话。

作为休闲和谈话场所的咖啡馆逐渐衰落了，而你很难说清原因——除了"所有人类的公共机构都将腐朽衰败"这一点。或许是礼仪的逐渐衰落、文坛领袖不再在咖啡馆出现、市政职员开始涌入，而小酒馆及俱乐部吸引了咖啡馆的顾客吧。

少数几家咖啡馆幸存到 19 世纪初期，但社交的部分已经消失不见。随着茶和咖啡进入一般家庭，高级俱乐部取代了大众化的咖啡广场，咖啡馆转变为小酒馆或小吃店，或者因确信不再有用而终止营业。

咖啡馆生活素描

根据艾迪生发表在《旁观者》上的文章、斯梯尔刊登在《闲谈者》上的文章、麦凯在《全英杂志》中刊载的文章，以及其他许多文章，我们或许可以相当精确地描绘出旧伦敦咖啡馆里的生活。

17 世纪时，咖啡馆通常被开设在远离街道的地方。一开始，咖啡馆只有散布在沙地上的几张桌椅，后来，这种布置渐渐被包厢或雅座替代——如同那幅由罗兰森创作、忠实呈现出劳埃德银行内部情景的讽刺画一样（见第 379 页图）。

咖啡馆的墙上张贴着传单和海报，宣传假药、药丸、酊剂、药膏和干药糖剂，这些东西都可以在靠近入口处的吧台购买。吧台由一位女士管理——这些女士便是现代英国酒吧女侍的原型。此外，店内还有戏剧节目单、拍卖公告等，具体种类取决于咖啡馆的性质。

和现在一样，当时的酒吧女侍会被老顾客特别关照。汤姆·布朗谈论她们时，说她们是迷人的"菲莉丝，用多情的秋波邀请你进入她们烟雾弥漫的领地"。

常客可以在吧台留言和收信。史黛拉被要求将"位于圣詹姆斯、替艾迪生提供掩护的"斯威夫特咖啡馆作为她的收件地址。麦考利说：

> 异乡人评论道，是咖啡馆让伦敦有别于所有其他城市；咖啡馆是伦敦人的故乡，而那些希望找到某位绅士的人最常询问的，不是他是否住在舰队街或法院巷，而是他经常去希腊人咖啡馆或是彩虹咖啡馆。

上层或中层阶级的人每天都会光顾特定的咖啡馆，去获得新闻并互相讨论。更高级的咖啡馆，则是上流阶层的会面场所。每间咖啡馆都有自己的演说家，对他的赞赏者来说，这名演说家是"第四等级"的存在。

麦考利为我们描绘了1685年的咖啡馆图像：

只要在吧台上留下1便士，就可以进入咖啡馆。每一种社会阶层和职业，每一种宗教和政治主张，都有自己的"总部"。

圣詹姆斯公园附近的咖啡馆是纨绔子弟的聚集之地，他们的头上和肩膀上披着黑色或亚麻色的假发，发量丰沛的程度不亚于大法官和下议院院长戴的假发。那里的空气和香水店的没什么两样。除了浓郁的鼻烟之外，其他任何形式的烟草都是令人厌恶的。如果有一个不懂规矩的跳梁小丑要求来根烟斗的话，将得到全场的嘲笑，侍者也会用简短的话语说服他到别处去。

事实上，他也不需要走太远，因为一般来说，散发着烟草刺鼻气味的咖啡馆就和禁闭室一样。

没有比威尔咖啡馆更烟雾缭绕的地方了，这间著名的咖啡馆位于科文特花园和鲍街之间，是纯文学的圣地；在那里，人们谈论的是因果律，以及时间和空间的统一。没有其他地方能看见这么多形形色色的人物，有戴着星形勋章和嘉德勋章的伯爵、穿着黑色法袍并佩有领带的神职人员、矫健的圣殿骑士、羞怯的学院少年、穿着破烂粗呢外套的翻译家和索引编纂者。

最大的压力是靠近约翰·德莱顿坐的位置，冬天的时候，那个座位永远被放在火边最温暖的角落；到了夏天，那张椅子则会被放在露台上。向这位桂冠诗人低头致意，并聆听他对拉辛最新悲剧剧作，或博苏以史诗为主题写就的论文的评价，均被视为一项殊荣。从德莱顿的鼻烟盒里捏出一小撮鼻烟粉，就足以让年轻的狂热者晕头转向了。

还有一些最早的医生可能会去接受咨询服务的咖啡馆。约翰·拉德克利夫医师在1685年成为伦敦最大的执业医生，每天皇家交易所挤满人的时刻，他会从住所——位于当时算是首都时髦地段的鲍街——前去卡洛韦咖啡馆，在某个被外科医生和药剂师包围的座位处可以找到他。

在清教徒咖啡馆里，你不会听到发誓赌咒，头发平直的人在那里带着鼻音讨论选举权和遗弃论。

在犹太人咖啡馆中，来自威尼斯和阿姆斯特丹的黑眼珠货币兑换商会互相问候。

在天主教咖啡馆中，如同一个虔诚的新教徒所相信的，耶稣会会士边喝咖啡边计划着另一场大火，还有浇铸射杀国王的银制子弹。

内德·沃德为我们描绘了17世纪咖啡馆的景象。他描绘的是苏格兰场的老人咖啡馆：

我们爬上两层阶梯，走进一间古典的房间，在这里，衣着华丽的人群带着芳香的"Tom-Essences"气味正在四处走动，他们将自己的帽子拿在手中，唯恐帽子会将他们假发的前额发弄乱。

我们挤进去，来到房间的另一端，在一张小桌子旁落座。在这里很少听到有人要求一碗政客燕麦粥或任何其他烈酒，也很少听见一位花花公子点一管烟草；人们唯一的活动就是装满和清空他们的鼻孔，还有让假发保持恰当整齐的卷曲度。

开关鼻烟盒盖发出的碰撞声，比人们说话的声音还要大。最新的点头致意和阿谀奉承的风格，于此地在友人之间以奇妙的精确度彼此交流。他们发出的嗡嗡声就好像一大群挤在乡村烟囱里的大黄蜂，那不是他们交谈的声音，而是他们一边在窃窃私语谈论他们新的小步舞曲，一边将手放在口袋中——如果他们的手没有放在鼻烟盒上的话。

我们注意到烟草烟斗，因此大胆地点了一些吞云吐雾的用具。那用具被送来了，但却是带着某种不情愿的态度，就好像他们宁愿摆脱我们的陪伴，因为他们的桌面是如此整洁，而且打磨得如同用于市府参事鞋子的上等皮革一样闪亮，还有着像乡村主妇的橱柜顶端一样的棕色。

地板干净得像有宫廷气派的爵士的餐厅，这使得我们四处张望，看看是否有悬挂告示令，谁要是向壁炉边吐痰就会被课征清洁罚金。虽然没看见任何告示，但我们仍需要些勇气来支持自己粗俗的无礼行为，我们要求他们将蜡烛点燃，好让我们用火焰点燃烟斗并将烟雾吐在空中。看到这种情形，几位弗洛林斯先生的脸扭曲成许多愤怒的皱纹，每当那些混迹于鲍街咖啡馆的纨绔子弟发现有人带着牡蛎桶充当暖手筒、以芜菁做纽扣，再混入他们中间大肆嘲笑他们的纨绔行径时，他们也会做出一样的表情。

各具特色的咖啡馆

在《大不列颠欢乐简史》一书中，我们读到：

伦敦有数量庞大的咖啡馆，风格模仿我曾在君士坦丁堡见过的咖啡馆。这些咖啡馆是生意人和闲散人士的聚集地。除了咖啡，店里还有许多其他饮料，而人们一开始不会好好地品尝这些饮料。他们会吸烟、玩游戏，或是阅读报纸；他们在此探讨国家大事、与异国王侯结盟并再次破坏盟约，处理会对整个世界带来决定性影响的事务。

他们将咖啡馆描绘成伦敦最令人愉快的地方，依我看来，它们的确是适合发展人脉的场所，或者说，这里是比在家里更惬意且能消磨时间的地方；但就其他方面而言，咖啡馆十分令人厌恶，那里跟禁闭室一样充满烟雾，也跟禁闭室一样拥挤。我相信，这些地方给诽谤者提供了栖身之所，因为在那里，人们会听到每件发生在伦敦城里的事，就好像这里只不过是一个小村落一般。

邻近法院有怀特咖啡馆、圣詹姆斯咖啡馆、威廉咖啡馆等咖啡馆，在那些咖啡馆里，人们谈论的话题是马车及侍从的要素、马匹的配种、假发、时尚，还有贷款；可可树咖啡馆的话题焦点则在贿赂和贪污、恶毒的大臣们、政府犯下的错误；在面对查令阁的苏格兰咖啡馆里，话题则是投资与津贴补助；骑士比武场咖啡馆和青年人咖啡馆里，人们则谈论着轻蔑侮辱、荣誉、报复、决斗，还有论战交战情况。我被告知后者（指决斗）在这一区发生的频率如此之高，以至于随时都有一位外科医生和一位律师在此待命；医生负责包扎和治疗伤口，而万一有死亡的情况发生，律师就设法让幸存的那一方由杀人罪的判决中脱罪。

位于圣詹姆斯街的怀特与布鲁克咖啡馆。

17世纪咖啡馆中的政客。

教堂附近咖啡馆的话题通常都是关于诉讼、诉讼费用、异议、二次答辩及抗辩；位于舰队街的威尔士人丹尼尔的咖啡馆，谈话主题则是家世、血统和血缘关系；柴尔德和查普特咖啡馆中讨论的是土地、什一税、圣职推荐权、教区长住宅和讲师职位；诺斯咖啡馆的话题围绕着不正当的选举、伪造的投票、选票复查等；汉姆林咖啡馆中则是以婴儿洗礼、圣职任命、自由意志、天选论和遗弃论为讨论主题；在巴特森的咖啡馆里，人们议论胡椒、靛蓝染料和硝石的价格；而在商人聚会处理他们业务的地方，所有关于交易所的业务都处于短线交易无休止的忙乱中。撒谎、行骗、行阴谋诡计，还有掠夺和抢劫等行为都在公共场合发生。

18世纪时，除了茶和巧克力，咖啡馆通常也会贩卖啤酒和葡萄酒。丹尼尔·笛福于1724年前往舒兹伯利，他后来在游记中写道："我在市政厅周围发现的咖啡馆，是我所见过的任何城市中数量最多的，但当你进入这些咖啡馆后会发现，它们其实不过就是酒吧，只不过他们认为咖啡馆这个名称能为这些场所带来比较好的氛围。"

谈到伦敦市内的咖啡馆，贝赞特说：

只有有钱的商人们才敢进入某些咖啡馆，比起交易所，他们在咖啡馆里能更为隐秘和迅速地进行交易。有些咖啡馆只有军官会光顾，有些让城里的店主与好友会面，有些有演员在那里聚集；还有专属于牧师、律师、医师、幽默大师及他们的听众的咖啡馆。

所有咖啡馆都一样，访客只需要支付1便士就可以进入。如果是常客的话，可以到自己的老位子坐下，点1杯茶或咖啡，付2便士。如果他想的话，也可以点1杯甘露酒。他可能会与邻座的客人交谈——不论他们是否认识。

人们会为了遇见在那里出没的著名诗人和作家，而光顾特定的咖啡馆，就跟蒲柏前去寻找德莱顿一样。咖啡馆里会有当天的日报和小册子。有些咖啡馆允许吸烟，但不包括那些比较体面的咖啡馆。

麦凯在他的《全英杂志》（1724年）中说：

我们大约9点起床，而那些经常出入宫廷午朝并从中找到乐趣的人则到11点才起身，或者，像荷兰人一样坐在茶桌前。大约12点时，

冰冻的泰晤士河上的盛大市集，1683 年。翻印自题为《深水之上的奇观》的大字报。标示为 2 的地方是约克公爵的咖啡馆。

上流社会的人会在几个咖啡馆或巧克力店聚集；其中最好的是可可树和怀特巧克力店、圣詹姆斯咖啡馆、士麦那咖啡馆、罗奇福德夫人咖啡馆，以及不列颠咖啡屋；这些店彼此相邻，你可以在一小时内见到它们所有的顾客。我们坐着椅子（或说轿子）被带到这些地方，费用在此地十分便宜，每周 1 基尼或每小时 1 先令，你的轿夫便会提供搬运行李、跑腿打杂等服务，就像威尼斯的贡多拉船夫所做的一样。

如果天气晴朗宜人，我们会在公园里待到 2 点，然后再去用餐；如果天气恶劣，你可以在怀特咖啡馆用牌戏或巴吉度猎犬消遣娱乐，或者，你可能会在士麦那咖啡馆或圣詹姆斯咖啡馆里谈论政治。我还必须告诉你的是，不同政党有不同的地盘，然而陌生人在这些地方总是被充分接纳的；不过就跟辉格党党员不会去可可树咖啡馆一样，你也不会在圣詹姆斯咖啡馆看见托利党党员。

苏格兰人通常会光顾不列颠咖啡屋，而士麦那的客群则是鱼龙混杂。这个区域还有许多其他经常被光顾的小型咖啡馆——青年人咖啡馆是军官去的，年长者咖啡馆是股票经纪人、主计官和朝臣去的，而小人物咖啡馆则是骗子赌徒的地盘。

在进入上述最后一类咖啡馆时，我这辈子从未像现在一般仓皇失措。我看见两三张桌子前坐满了玩法罗纸牌的人，周围围绕着看来精明狡诈的面孔，我害怕被他们的目光吞噬。我很庆幸自己在法罗牌游戏丢下 2 或 3.5 克朗后，得以毫发无损地离开，并因彻底摆脱他们而欣喜若狂。

安妮女王时期（1702—1714）的咖啡馆。画面中有咖啡壶、咖啡碟和咖啡侍者。

我们通常会在 2 点前去用餐，普通餐厅在此地不像在异国那般常见，不过法国人为方便沙福街的异乡人，开设了两三家味道不错的法国餐厅，但是那里的服务不尽如人意；此处常见的方式是让在咖啡馆的一伙人到小酒馆去用餐，我们会在那里坐到 6 点，直到去看戏为止——除非你受邀与某些经常被陌生人献殷勤并豪爽招待的大人物同桌。

名人与咖啡馆

麦凯写道："在所有的咖啡馆中，不仅有外文印刷品，还有除了道德说教及政党相争的报纸之外的几种报道国外事件的英文印刷品。"

"在戏剧演出结束后，"笛福写道，"最出色的客人们通常会去附近的汤姆咖啡馆和威尔咖啡馆，在那里玩纸牌、享受最高质量的对话，直到午夜时分。

你会在这里看见蓝色及绿色的饰带，明星们用同样直率的态度友好随意地就座，自由地交谈，他们好像把阶级与地位遗忘在了家里。"

人们对待咖啡馆的态度就和现在他们对待俱乐部的态度一样——有时候满足于一个，有时候是三四个。

举例来说，约翰逊除了常去的小酒馆之外，还会去圣詹姆斯、土耳其人头像、贝德福德以及皮尔等咖啡馆；艾迪生和斯梯尔常去巴顿咖啡馆；斯威夫特会去巴顿、士麦那和圣詹姆斯咖啡馆；德莱顿常出没在威尔咖啡馆；蒲柏则流连于威尔咖啡馆和巴顿咖啡馆；哥德史密斯喜欢去圣詹姆斯和查普特咖啡馆；菲尔丁选择贝德福德咖啡馆；贺加斯会去贝德福德和屠宰场咖啡馆；谢立丹是去广场咖啡馆；瑟罗则选择南多咖啡馆。

J. A. 芬德利先生在他的作品《波罗的海交易所简史》中暗示，伦敦咖啡馆中偶尔会进行奴隶交易，他在其中引用了两则 1728 年刊登于《日报》的广告。

第一则广告是用来寻找一名从布莱克希斯的主人家逃跑的黑人女性，如果有人将她的下落留在牙买加咖啡馆吧台的公告栏里，可以获得 2 基尼酬金；第二则广告则公开宣告，"待售——一名黑人男孩，年约 11 岁。请洽询皇家交易所后方、针线街上的弗吉尼亚咖啡馆"。

1730 年巴顿咖啡馆的名人三人组。穿着斗篷的是维维亚尼伯爵，面向读者正在下西洋棋的人是亚毕诺医师，而站立的人可能是蒲柏。

当代著名的咖啡馆

17世纪时，著名的英国咖啡馆有圣詹姆斯咖啡馆、威尔咖啡馆、卡洛韦咖啡馆、怀特咖啡馆、屠宰场咖啡馆、希腊人咖啡馆、巴顿咖啡馆、劳埃德咖啡馆、汤姆咖啡馆和唐·索尔特罗咖啡馆。

圣詹姆斯咖啡馆经常被辉格党议员光顾，去那里的也有少数文坛明星。卡洛韦咖啡馆则迎合当时的上流社会，他们中的许多人偏向托利党。

安妮女王统治时期，最著名的咖啡馆之一就是巴顿咖啡馆。在这里，几乎每天中午和下午都可以看到艾迪生、斯梯尔、戴夫南特、凯利、菲利普斯，以

巴顿咖啡馆的狮头像，1713年由贺加斯设计，并由艾迪生打造。翻摄自T. H.谢泼德的水彩画作。

及其他志同道合之人。蒲柏曾在同一个咖啡馆俱乐部待了一年，但他天生的暴脾气导致他最终退出了俱乐部。

巴顿咖啡馆有一个贺加斯仿照威尼斯的雄狮而设计的狮头像，"一个知识与行动恰到好处的象征，所有精明头脑和尖爪的存在"。狮头像的设置是为了接收从《卫报》来的信件和报纸。

《闲谈者》和《旁观者》是在咖啡馆里诞生的，而若非咖啡馆的关系，或许英国散文根本不会受到艾迪生和斯梯尔的随笔的推动。

蒲柏著名的《秀发遭劫记》，灵感就来自咖啡馆里的流言蜚语。诗作里有一段关于咖啡的迷人段落。

当代咖啡馆的其他常客还有丹尼尔·笛福、亨利·菲尔丁、托马斯·格雷，以及理查德·布林斯利·谢立丹。盖瑞克常出现在伯尔钦巷的汤姆咖啡馆，查特顿在他英年早逝之前的无数个夜晚可能也曾在那里出现。

休闲花园的兴起

在 18 世纪下半叶乔治三世统治期间，咖啡馆依旧是伦敦生活的要素，但还是不免受到会供应茶、巧克力及其他饮料——当然还有咖啡——的花园游乐场所的影响。

对咖啡馆来说，尽管咖啡还是最受欢迎的饮料，但是咖啡馆老板为了吸引更多客人光顾，开始贩卖葡萄酒、麦芽啤酒及其他种类的烈酒。这看来应该就是咖啡馆走向衰败的第一步。

无论如何，咖啡馆仍旧是知识分子聚集的中心。当时塞缪尔·约翰逊和大卫·盖瑞克一同前往伦敦，文学发展的前景不佳，而当时的寒门文士皆聚居在格拉布街。

直到约翰逊获得一定的成功，并在土耳其人头像咖啡馆成立他的第一个咖啡馆俱乐部，文学写作才再次成为时髦的职业。1763—1783 年间，这个著名的文学俱乐部的成员都在土耳其人头像咖啡馆聚会，其中有英国散文家塞缪尔·约翰逊、奥利弗·哥德史密斯，传记作家詹姆斯·鲍斯韦尔，演说家艾德蒙·伯克，演员大卫·盖瑞克，以及画家乔舒亚·雷诺兹爵士。晚期的成员则有历史学家爱德华·吉本以及政治经济学家亚当·斯密。

可以肯定的是，在咖啡馆盛行期间，英国产生了比以往任何时候都更好的散文作品，具体表现在英格兰的小品文、文学评论、小说等各方面。

在英国，休闲花园的出现将咖啡带到了户外，而拉内拉赫和沃克斯豪尔等休闲花园开始比咖啡馆更常被人光顾的原因，在于它们对女性和男性来说都是十分受欢迎的休闲场所。

休闲花园中提供所有种类的饮料。很快，女士们开始将茶作为下午的饮料。我们至少可以确定，茶饮的重大发展是从这个时期开始的；而许多这一类的休闲场所则自称为茶园。

到现在为止，咖啡广泛地被一般家庭作为早餐和正餐的饮料，这样的消耗弥补了咖啡馆逐渐衰退所造成的损失。然而，随着乔治三世统治时期的到来，英国人的口味悄悄地发生了改变，因为早在安妮女王统治时期，英属东印度公司就已经开始积极宣传茶叶了。

18世纪的伦敦休闲花园十分独特。有一段时间，在每年的四五月到八九月期间，休闲花园中会有一个"巨大的迷宫"。一开始，进入这些场所是免费的，但沃里克·沃斯告诉我们，访客通常会购买奶酪蛋糕、乳酒冻、茶、咖啡和麦芽啤酒。

伦敦最著名的4个休闲花园分别是沃克斯豪尔、马里波恩、库珀——这几处的入场费被定为不少于1先令；以及拉内拉赫，入场费是半克朗，其中包括茶、咖啡以及面包和牛油等"精致佳肴"。

休闲花园提供步行场所、可供跳舞的房间、九柱戏场地、板球草坪、种类繁多的娱乐活动以及逍遥音乐会，还有不少地方被划归给流行的赌博和竞赛。

沃克斯豪尔花园是追求享乐的伦敦人最为喜爱的休闲场所之一，位于萨

庆典之夜的沃克斯豪尔花园。

里的泰晤士河畔，沃克斯豪尔桥以东不远处。

沃克斯豪尔花园最初被命名为新春园（1661 年），后来为了有别于在查令十字街的春园而改名，它们在查理二世统治期间开始变得有名。沃克斯豪尔以其步行场所、点亮园区数以千计的灯火、音乐及其他表演、晚餐和烟火著称。那里聚集了各色人等，而在凉亭内饮用茶和咖啡是一大特色。

前页的插图显示花园在庆典活动时被灯笼和油灯映照得明亮。凉亭内则供应咖啡和茶。

拉内拉赫是"公众的娱乐场所"，在 1742 年于切尔西设立，有一点像乔装打扮后的沃克斯豪尔花园。其主要建筑被称为"圆形大厅"，是圆形的，直径约 46 米，中央有乐队席，层层排列的包厢围绕在周围。在包厢内散步和享用茶点是主要的娱乐方式。除了庆典之夜的面具舞会和烟火之外，拉内拉赫只提供茶、咖啡以及面包和牛油。

位于拉内拉赫花园的圆形大厅，顾客正在其中用早餐，1751 年。

狗与鸭酒吧（The Dog and Duck，圣乔治温泉）曾属于与矿泉有所关联的花园类别，最后这里成了一座名声可疑的茶园和舞蹈沙龙。

根据沃斯的认定，还有另一个主要由茶园构成的分支，其中包括海布里会所、霍恩西 & 哥本哈根会所、卡农伯里会所、巴格尼格·威尔斯会所，以及纯洁规范会所。最后提到的两个地点是当时的经典茶园。两处皆有为避雨而设的"长房"，室内散步区还有管风琴音乐。还有亚当与夏娃茶园，里面有凉亭，可举办饮茶宴会，这里后来成为亚当与夏娃小酒馆暨咖啡馆。远近驰名的还有贝斯沃特茶园以及犹太竖琴会所暨茶园。所有这些场所都提供整洁、"体面"的包厢，并为喝咖啡和喝茶的顾客嵌入树篱和壁龛。

著名咖啡馆集锦

康希尔交易巷三号的卡洛韦咖啡馆是众多商业贸易进行的场所。

原来的老板托马斯·加威是一名烟草商兼咖啡商，他声称自己是第一个在英国卖茶的人——虽然不是在这个地点。之后的卡洛韦咖啡馆除了茶和咖啡之外，还因三明治和一间能饮用舍利酒、淡色艾尔啤酒和潘趣酒的饮酒室而出名了很长一段时间。据说，为了应付一天的消耗量，负责制作三明治的人光是切割和摆放当天的三明治，就得忙上整整 2 小时。

在 1666 年伦敦大火后，卡洛韦咖啡馆搬到交易巷内、大火前的埃尔福德旧址。在此地，他宣称拥有伦敦最古老的咖啡馆；但这块 BOWMAN 咖啡馆曾矗立的土地，后来被弗吉尼亚还有牙买加咖啡馆占据。后者在 1748 年的火灾中毁坏，大火也吞噬了卡洛韦咖啡馆和埃尔福德咖啡馆。

威尔咖啡馆是巴顿咖啡馆的前身，一开始的店名叫作"红牛"，随后又改名为"玫瑰"。

这家咖啡馆位于罗素街北侧，在鲍街的拐角处，店主是威廉·厄温。"德莱顿让威尔咖啡馆成为与他同时代文人（如蒲柏和斯宾塞）的重要的休闲场所。"这位桂冠诗人常坐的那个房间在一楼；冬季时，他的座位在火炉边，或者在露台的角落里，天气好的时候可以俯瞰街景；他将这两处称为他的冬季席位和夏季席位。这层楼被称为餐厅楼层。后来，客人们不会坐在包厢里，反而会分散地坐在房间里的几张桌子旁。

公用室是允许吸烟的，这在当时是流行的行为，并不会被视为不健康或不文明行为。

和其他类似的聚会场所一样，在这里，访客们自行划分成不同的小圈子；而沃德告诉我们，很少接近主桌的青年才俊认为，能获得一小撮由德莱顿的鼻烟盒拿出来的鼻烟粉是一项莫大的殊荣。

德莱顿去世之后，威尔咖啡

位于交易巷的卡洛韦咖啡馆。加威（又称卡洛韦）宣称他曾是第一个在英国贩茶的人。

馆被转让给对面的一家商号，同时改名为巴顿咖啡馆，"就在位于科文特花园的托马斯咖啡馆对面"。

艾迪生也从托马斯咖啡馆转移了不少顾客过来。据说，斯威夫特第一次与艾迪生见面就是在此地。"斯梯尔、阿布斯诺特，还有许多当代的才子"都曾光顾这里。

巴顿咖啡馆流行到艾迪生去世、斯梯尔到威尔士隐居为止，在这之后，喝咖啡的顾客转而去贝德福德，而晚宴则转移到莎士比亚餐厅。巴顿咖啡馆后来被称为苏格兰咖啡馆。

屠宰场咖啡馆坐落于圣马丁巷西侧顶端，在 18 世纪的时候，以画家和雕刻家的休闲娱乐场所而闻名。1692 年，它的第一任房东是托马斯·斯劳特。第二家屠宰场咖啡馆（新屠宰场咖啡馆）于 1760 年在同一条街上建立，原来

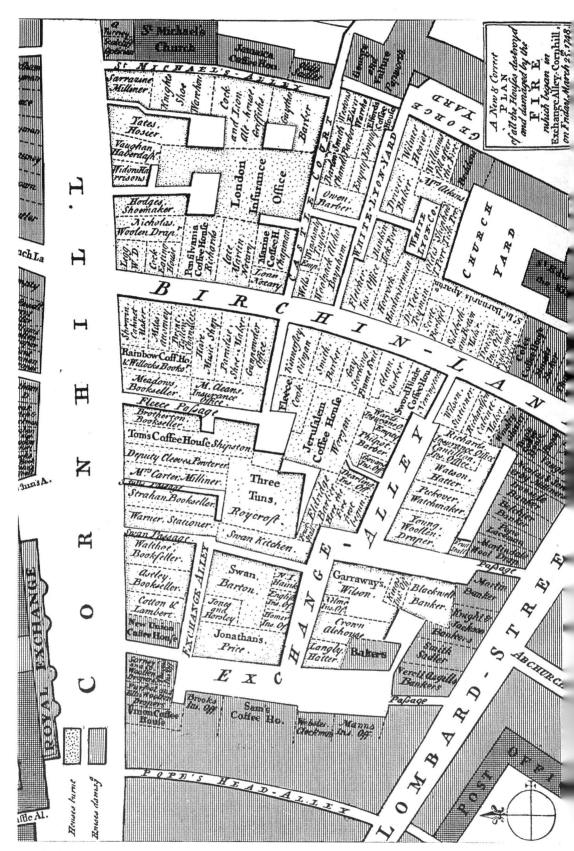

1748 年伦敦大火前，标明众多老伦敦咖啡馆位置的地图。

的屠宰场咖啡馆则改称为"老屠宰场咖啡馆",它在1843—1844年间被拆毁。

经常光顾这里的名人有贺加斯、年轻的庚斯博罗、奇普里亚尼、海顿、鲁比里亚克、绘制《业余者肖像》的哈德逊、美柔汀铜版画家 M. 阿德尔、雕刻师卢克·沙利文、肖像画家加德尔,以及威尔士竖琴师帕里。

汤姆咖啡馆。位于康希尔伯尔钦巷的汤姆咖啡馆虽然主要是商人的休闲场所,但因盖瑞克的经常光顾而稍有几分名声。查特顿也是汤姆咖啡馆的常客,他将这里当作"最好的休闲场所"。

还有在戴维鲁短巷斯特兰德的汤姆咖啡馆,以及位于科文特花园大罗素街17号的汤姆咖啡馆,后者在安妮女王统治时期是相当著名的休闲场所,随后还风靡了超过一个世纪。

希腊人咖啡馆位于斯特兰德的戴维鲁短巷,最初是由一位名为康士坦丁的希腊人经营。斯梯尔在此提议将他发表在《闲谈者》的学术文章注明日

位于大罗素街的苏格兰咖啡馆,旧名巴顿咖啡馆。翻摄自 T. H. 谢泼德的水彩画。

位于圣马丁巷的屠宰场咖啡馆,在1843年拆除。翻摄自1841年 T. H. 谢泼德的水彩画。

大罗素街 17 号的汤姆咖啡馆。直到 1804 年都被作为咖啡馆，在 1865 年被拆毁。翻摄自 T. H. 谢泼德的水彩画。

位于戴维鲁短巷的希腊人咖啡馆，于 1843 年停业。翻摄自一幅可追溯至 1809 年的素描。

期；此地在第一期的《旁观者》中也曾被提到，哥德史密斯也经常光顾这里。希腊人咖啡馆曾是富迪的早餐会客室。1843 年，这里变成希腊会议厅，在大门上方陈列了艾塞克斯伯爵戴维鲁阁下的半身像。

皇家交易所的劳埃德咖啡馆以其第一手的航海情报及海运保险闻名。这家咖啡馆的创始人是爱德华·劳埃德。在大约 1688 年时，他在塔街开了一家咖啡馆，后来则搬到阿布教堂巷的伦巴第街街角。此地对船员和商人来说，是个不算太贵的休憩场所。

为方便起见，爱德华·劳埃德还为咖啡馆常客准备了"船只列表"以供咨询。根据安德鲁·斯科特的说法，"这些手写列表包含船舰的描述，在那里聚集的保险商可能会提出对这些船只提供保险"。

这就是从那时起便对全世界海运贸易产生举足轻重的影响的两个机构的起源——全球最大的保险机构劳合社与劳埃德船级社。劳氏集团现今在全球各地有 1400 位代理人，一年接收多达 10 万份电报。借由它的情报机构，劳氏集团得以记录 11000 艘船舰的日常活动。

刚开始，交易所中的一间公寓被稍加布置，成为劳埃德的咖啡室。爱德华·劳埃德于 1712 年过世，咖啡馆随后搬迁到教皇小巷，并被改名为"新劳埃德咖啡馆"；不过在 1784 年 9 月 14 日，咖啡馆被迁移到皇家交易所的西北角，之后就一直待在那里，直到该处部分建筑被大火烧毁。

在重建交易所的时候，新增了签署人或保险商的房间、商人的房间，以及船长的房间。发行于 1848 年的《大都会》第二版中，便包含了以下对这个最出名的商人、船东、保险商，及保险、股票和汇兑经纪人之会面地点的描述：

在这里，你能获得船只抵达和启航、海上的船难损失、掠夺、收复交战，以及其他航海情报的第一手消息；而船东和船运的货物都被保险

位于皇家交易所内的劳埃德咖啡馆，图中所示为签约室。

商承保。

房间以威尼斯风格装潢，带有罗马式的丰富装饰。

在房间的入口处，展示了由劳埃德遍布国内外的代理人那里获得的船舶列表，其中提供了船只启航或抵达、船难事故、海难救助或所救回货物的拍卖等事项的详细情况。左右两侧陈列着"劳埃德之书"两大本分类账簿。右手边记录的是船只与预定目的地之间的沟通，或抵达预定目的地的所有船只；在左手边的则是以细致的罗马手写体、用"双横线"格式写下的船难记录、火灾或严重的相撞事故。为了协助保险商进行计算，房间的尽头放置了一台风速计，日夜记录风速状况；风速计上还附带有一个雨量计。

科克斯珀尔街的不列颠咖啡馆"长久以来都是苏格兰人常去的场所"，历任房东太太都很出色。1759年，不列颠咖啡馆是由道格拉斯主教的姐妹经营，道格拉斯主教因为反对兰黛和鲍尔的作品而闻名，这或许能解释这家咖啡馆在苏格兰人当中的名气。这家咖啡馆在另一个时期是由安德森夫人经营的，麦肯锡在《家居生活》中，将这位夫人描写为"天资不凡且最会与人交流的女士"。

唐·索尔特罗咖啡馆位于切尔西的夏纳步道18号，是由一位名为索尔特的理发师于1695年开设的。索尔特"博物馆"中收藏的那些无用的廉价小玩意儿中，有一些是汉斯·斯隆爵士的收藏品。长期驻扎在西班牙的海军中将蒙登在那里养成了喜爱西班牙

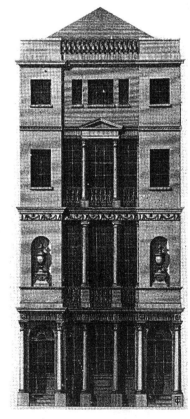

科克斯珀尔街的不列颠咖啡馆。翻摄自一份1770年出版的印刷品。

文称号的习惯，他为咖啡馆店主改名为唐·索尔特罗，而店主的博物馆则成了唐·索尔特罗博物馆。

乡绅咖啡馆的位置在霍尔本的福尔伍德出租房，是格雷律师学院的前身。它是《旁观者》杂志的派送点之一。《旁观者》的负责人在第 269 期接受罗杰·德·科弗利爵士的邀请，与他"在乡绅咖啡馆一起抽支烟斗并喝杯咖啡。因为我很喜爱那位老先生，所以我很高兴地顺从了他的一切要求，并服侍他前往咖啡馆，而他德高望重的形象吸引了屋内所有人的目光。他一到便落座在高桌的上宾位置，要了 1 支干净的烟斗、1 卷烟草、1 杯咖啡、1 支蜡烛和 1 份副刊（当时的一份

夏纳步道 18 号的唐·索尔特罗咖啡馆。翻摄自藏于大英博物馆的一幅钢板雕刻。

期刊），在如此愉快的气氛下，所有咖啡厅内的侍者（看起来都以能服侍他为乐）都在为他服务，并且到了'除非骑士大人心满意足，否则没有任何顾客能得到 1 杯咖啡'的程度"。这就是《旁观者》杂志那个年代的咖啡厅写照。

可可树原本是位于帕摩尔南侧的一间咖啡馆。当"人们越来越需要更讲究、更精致的休闲场所"时，巧克力店开始流行起来，而可可树是其中最为著名的。它在 1746 年转型成俱乐部。

位于圣詹姆斯街、由弗朗西斯·怀特于大约 1693 年创设的怀特巧克力店，一开始的定位是开放给所有人的咖啡馆，不久就变成一间私人俱乐部，成员都是"城内及宫廷中衣着考究的时尚男士"。在它作为咖啡馆的时期，入场费是 6 便士，和其他咖啡馆平均收费不相上下。埃斯柯特称怀特咖啡馆是"它所属阶

层的样本，两百年来，不管是'咖啡馆'还是'俱乐部'，在这同一个屋檐下，相同阶层的人们都聚集在一起"。

在17世纪和18世纪欣欣向荣的数百家咖啡馆中，以下几家是值得一提的名店：

位于交易巷58号的贝克咖啡馆以其在咖啡厅内炙烤并从烤架上直接呈上可食用的热腾腾的肋排和牛排闻名近半个世纪；位于针线街的波罗的海咖啡馆是与俄国贸易有关的中介与商人的会面场所；贝德福德咖啡馆的位置在"科文特花园广场下方"，每晚都挤满了多才多艺的人，"多年来，这里一直是智慧的集散地、评论的场所以及品位的典范"。

位于主祷文路的篇章咖啡馆经常被查特顿和哥德史密斯光顾；位于圣保罗大教堂的柴尔德咖啡馆是《旁观者》的派送点之一，而且神职人员和皇家学会院士经常造访此地；迪克咖啡馆的位置在舰队街，这里是考珀经常光顾的地方，也是卢梭的喜剧《咖啡馆》的取景地；圣詹姆斯咖啡馆位于圣詹姆斯街上，斯威夫特、哥德史密斯和盖瑞克是那里的常客；位于康希尔考珀法庭的耶路撒冷咖啡馆是那些与中国、印度及澳大利亚等地贸易有关的商人和船长频繁出入的地方；开设在交易巷的乔纳森咖啡馆被《闲谈者》形容为"股票经纪人的大卖场"；位于路德门山的伦敦咖啡馆以出版商在此拍卖库存及版权而闻名。

位于苏格兰场的曼氏咖啡馆因其老板亚历山大·曼恩得名，有时

迪克咖啡馆的内部一景。翻摄自"咖啡馆——戏剧性的场所"卷头插画。

候也被称为老曼咖啡馆或皇家咖啡馆，以便与年轻人咖啡馆、小男人咖啡馆、新人类咖啡馆等邻近地区的会所有所区别；舰队街的南多咖啡馆是瑟洛爵士和许多无业游民经常流连的地方，他们是被那里颇负盛名的潘趣酒和女店主吸引来的。

巴林银行、罗斯柴尔德家族以及其他资本雄厚企业的代理人，都名列于针线街的新英格兰咖啡馆及南北美咖啡馆的会费名单上；舰队街的皮尔咖啡馆拥有一幅据说是由乔舒亚·雷诺兹爵士绘制的约翰逊博士（即塞缪尔·约翰逊）肖像；位于牛津街的珀西咖啡馆是《珀西轶事》一书的灵感来源；在科文特花园的广场咖啡馆里，麦克林恩布置了一个巨大的咖啡厅，或可说是剧场，作为演讲的场所，菲尔丁和富迪还因此奚落他。

彩虹咖啡馆位于舰队街，这是第二家在伦敦开设的咖啡馆，并且拥有自己的代币；士麦那咖啡馆在帕摩尔，是"可以谈论政治"的地方，普莱尔和斯威夫特经常造访此处；汤姆·金咖啡馆是科文特花园市集最古老的夜店之一，"被所有对床感到陌生的男士们所熟知"；交易巷的土耳其人头像咖啡馆

伦敦的法国咖啡馆，18 世纪下半叶。翻摄自托马斯·罗兰森的水彩素描原稿。

同样也拥有自己的代币；而位于斯特兰德的土耳其人头像咖啡馆，则是约翰逊博士和鲍斯韦尔最喜欢的用餐地点；还有弗利咖啡馆，这是一家开设在泰晤士河游艇上的咖啡馆，在安妮女王统治期间变得臭名昭彰。

关于咖啡馆在 19 世纪下半叶开始重新流行，爱德华·富比士·罗宾逊在他的著作《英国早期咖啡店发展史》中相当惋惜地评论道：

> 没有多少独属于咖啡馆的特色能被辨认出来；有时担着咖啡馆名头的场所会试图模仿小酒馆的社交氛围，与此同时，在其他地方，这种回归的方向是朝着咖啡在这个国家初次崭露头角时的简单纯朴。它们全都不再是文学活动的中心。有些古老的传统很可能重新流行，然而我们无法冒昧断言，咖啡馆是否将再次在任何程度上，在成为公共小酒馆或私人俱乐部的路途上，占据其特殊的社交地位。
>
> 作为一项合理的选择，而到目前为止，在将所有具共通之处者凝聚在一起这方面，咖啡馆是包容一切的，还能劝说他们暂时放下对我们国民而言过于保守的习惯——这将是咖啡馆的理想目标。咖啡馆的成功，在于认识到这样的典型对后来的而且较不幸运的英国人来说，必然永远是卓越非凡的。

CHAPTER 16

第十六章

整个旧巴黎就是一间咖啡馆

他们会在某些咖啡馆中谈论新闻，在其他咖啡馆下西洋棋。有一间咖啡馆烹制咖啡的方法如此神妙，能够激发出饮用者的智慧；在所有经常光临的顾客中，4 人中就有 1 人自认他的智慧在进了咖啡馆后有所增长。

假设我们打算接受尚·拉罗克的权威论点，那么，"1669 年之前，除了在泰弗诺先生的店内和他的一些友人的家中，巴黎极少看见咖啡的踪迹。除了旅行者写的见闻录，也从未有人听说过咖啡"。

尚·德·泰弗诺是在 1657 年将咖啡带进巴黎的。不过也有人说，在路易十三统治时期，一个黎凡特人在小夏特莱以 "cohove" 或 "cahove" 的名称所贩卖的一种汤剂应该就是咖啡，但是这个说法缺乏证据。

据说，路易十四在 1664 年的时候第一次喝到咖啡。

土耳其大使将咖啡引进巴黎

1669 年 7 月，土耳其大使苏里曼·阿迦抵达法国后不久，关于他带来大量咖啡供自己和随员饮用的消息甚嚣尘上。他 "用咖啡款待了一些宫廷和城市中的人"。过了一段时间，"许多人都习惯了饮用加糖咖啡，而其他从咖啡中受益的人则戒不掉它"。

6 个月内，全巴黎都在谈论由穆罕默德四世派遣到路易十四宫廷的大使举办的咖啡盛宴。

艾萨克·迪斯雷利在他的著作《文学珍谈录》中形容得最为贴切：

> 穿着最华丽的东方服饰的大使奴隶，以跪姿将装在薄胎瓷小杯中滚烫、香浓的上等摩卡咖啡倒入金碟和银碟中，摆放在装饰有金色流苏的刺绣丝绸桌巾上，送给那些高贵的夫人，而她们，摇着扇子，调皮地用自己涂脂抹粉和点缀装饰过的脸蛋，对这种全新、冒着热气的饮料扮鬼脸。

据说在1669年或1672年的时候，著名的法国书信作家塞维涅夫人（原名玛丽·德·拉比坦－尚塞尔）说出了那句著名的预言："法国人绝不会吞下肚的有两样东西：咖啡和拉辛的诗作。"这句预言有时候会被简化成"拉辛和咖啡会被跳过"。

一位权威人士表示，塞维涅夫人真正想说的是，拉辛是为女伶尚梅莱写作，而非为子孙后代写作；此外，对于咖啡，她说："人们会像厌恶不值得喜爱的东西一般厌恶它。"

拉鲁斯认为，这句双重评价被错误地加诸塞维涅夫人身上。这句格言和其他许多同类名句一样，皆是后来被伪造出来的；塞维涅夫人说的其实是，"拉辛为尚梅莱创作了一出喜剧——而非为了即将来临的年代"。此时是1672年；4年之后，她对女儿说："你戒了咖啡，做得很好。德·梅尔小姐也戒掉咖啡了。"

无论事实真相如何，这位和蔼可亲的书信作家注定要在有生之年看见法国人同时屈从于咖啡的诱惑和当代最伟大剧作家的诗意诡计。

咖啡挺进凡尔赛宫

尽管记录显示，咖啡在路易十四宫廷中的进展缓慢，但下一任国王路易十五为了取悦他的情妇杜巴利伯爵夫人，让咖啡风靡一时。事实上，有一种说法称，路易十五为了他的女儿们所饮用的咖啡，一年花了1.5万美元。

与此同时，1672 年时，一位名叫帕斯卡尔的亚美尼亚人首次在巴黎公开贩卖咖啡。

根据坊间的一种说法，帕斯卡尔是被苏里曼·阿迦带来巴黎的，他在帐篷内出售咖啡，同时那里也是圣日耳曼市集的货摊，增加了由土耳其侍童提供的服务，他们会在人群中用放在托盘上的小杯子兜售咖啡。市集在春天的头两个月举办，地点在紧邻巴黎城墙内侧、接近拉丁区的一大块空地上。在寒冷的日子里，当帕斯卡尔的侍童穿梭在人群中时，现煮咖啡的香气为这种冒着热气的饮料迅速带来了许多生意，很快地，市集的访客学会了寻找可以带来欢乐的 1 杯"小小黑色"，或者叫"petit noir"，这个名称沿用至今。

咖啡在圣日耳曼市集首次公开提供并贩卖。翻摄自一份 17 世纪的印刷品。

市集结束之后，帕斯卡尔便在新桥附近的码头开了一家小小的咖啡店；不过，他店里的常客偏好当日啤酒和红酒，所以咖啡的销售变得停滞不前。帕斯卡尔没死心，继续让他的侍童们带着用油灯加热的大咖啡壶，穿梭在巴黎的街道上，挨家挨户地推销。他们欢快地喊着"咖啡！咖啡！"这叫卖声受到许多巴黎人的欢迎。后来，帕斯卡尔放弃经营，搬到当时饮用咖啡正大受欢迎的伦敦，但法国人还时常想念着他的"petit noir"。

许多早期的巴黎咖啡馆都仿效帕斯卡尔，喜欢用亚美尼亚风格的装饰。此图翻摄自 17 世纪的印刷品。

由于不受宫廷的欢迎，咖啡的推广速度十分缓慢，法国的上流阶层忠于淡酒和啤酒。

1672 年，另一位亚美尼亚人马里班在梅斯网球场隔壁、邻近圣日耳曼修道院的比西街开了一家咖啡馆。这家店里同时也供应烟草。后来马里班移居到荷兰，将咖啡馆留给他的仆人兼合伙人，即波斯人格雷哥利负责。

为了更接近法兰西喜剧院，格雷哥利将咖啡馆搬到玛扎林那街。他的生意则交给了波斯人玛卡拉，后来玛卡拉回到伊斯法罕，将咖啡馆留给了从比利时列日市来的甘托里斯。

大约在这个时期，一个来自坎迪亚的跛脚男孩，名叫"le Candiot"，开始在巴黎街道上叫卖咖啡。他带着一个大咖啡壶、热水盆、杯子以及其他做生意所需的器具，以每杯 2 苏的价格挨家挨户地贩卖加了糖的咖啡。

另一个叫约瑟夫的黎凡特人也在街头巷尾贩卖咖啡，后来他自己开了几家咖啡店。从阿勒颇来的史蒂芬紧接着在兑换桥开了一家咖啡馆，当生意愈

巴黎街头的咖啡小贩，1672—1689年。每杯2苏，已加糖。

做愈大，他将咖啡馆搬到圣安德烈街比较豪华的街区，面对着圣米歇尔桥。

所有这些和其他的咖啡馆，基本上都是东方风格的中下级别咖啡馆，它们主要面向穷人和异乡人，"绅士和上流人士"则不乐意在这一类公共场所露面。不过，当法国商人开始在圣日耳曼市集设置"风格优雅的宽敞房间，装饰以绣帷、巨大的镜子、画作、大理石桌、枝状烛台和华丽的照明灯，并提供咖啡、茶、巧克力及其他点心"时，这些房间迅速地挤满时尚人物和文人作家。

如此一来，在公共场合饮用咖啡逐渐成了体面的象征。不久后，巴黎便拥有了300多家咖啡馆。主要的咖啡师除了在城里做生意，还在圣日耳曼市集和圣劳伦斯市集上经营咖啡店。不论男女，大家都经常光顾这些地方。

真正巴黎咖啡馆的鼻祖

直到1689年，巴黎才出现由东方风格咖啡馆顺应潮流转变后的真正法国咖啡馆，那就是普洛科普咖啡馆，是来自佛罗伦萨或巴勒莫的弗朗索瓦·普洛科普（普罗科皮奥·卡托）开的。

普洛科普是一位柠檬水小贩，拥有贩卖香料、冰、大麦茶、柠檬水和其他同类饮料的皇家许可证。他很早就将咖啡加入销售清单中，并吸引了大量名人顾客。

身为一个精明的商人，普洛科普将客户群体定位在社会阶层比帕斯卡尔的客人更高端的顾客身上，同时维护着那些最早跟随他的客户。他将咖啡馆开在新开幕的法兰西喜剧院正对面，那条街当时被叫作圣日耳曼德福塞街，现已改名为老喜剧院街。

　　一位当代的作家留下了以下对这家咖啡馆的叙述："普洛科普咖啡馆也被称为普洛科普洞穴……因为这里即使在白天也十分昏暗，到了晚上就更暗了；而且，你经常能在那里看见一大批瘦巴巴、气色不佳的诗人，他们身上多少有点幽灵般的气质。"

　　因其地理位置，普洛科普咖啡馆成为 18 世纪众多著名法国演员、作家、剧作家和音乐家聚集的场所，这里是名副其实的文学沙龙！伏尔泰是普洛科普咖啡馆的常客，直到这家历史悠久的咖啡馆在存在超过两个世纪后结束营业时，伏尔泰的大理石桌子和椅子都是咖啡馆最珍贵的文物之一。据说伏尔泰最喜爱的饮料是一种咖啡和巧克力的混合物。

　　作家兼哲学家卢梭、剧作家兼金融家博马舍、百科全书编纂人狄德罗、瓦瑟农修道院的圣福瓦（Ste. Foix）神父、《加莱围城战》的作者德·贝洛伊、《阿尔塔薛西斯》的作者勒米尔、克雷比翁、碧红、拉绍塞、丰特奈尔、孔多塞，还有许多不那么显赫的人物，都是这家邻近法兰西喜剧院的小咖啡馆的常客。

　　本杰明·富兰克林在欧洲被公认为美国独立战争时期世界上最重要的思想家之一，他的名字在普洛科普咖啡馆经常被提及；当这位卓越的美国人在 1790 年过世时，这家法国咖啡馆还为这位"共和主义的伟大友人"表示深深的哀悼。咖啡馆内外的墙上挂满黑色的布旗，而富兰克林的治国之才和科学成就受到所有常客的称赞。

历史上著名的普洛科普咖啡馆一隅，伏尔泰与狄德罗正在辩论。翻摄自一幅罕见的水彩画。

1743 年的普洛科普咖啡馆。翻摄自波斯莱顿的雕版印刷。

普洛科普咖啡馆在法国大革命的史册上占有重要地位。在 1789 年那段动荡不安的日子里，人们会在咖啡馆里看到马拉、罗伯斯庇尔、丹敦、埃贝尔和德穆兰这些人物，他们一边喝着咖啡或烈性饮料，一边讨论着当时的一些重大议题。当时还是个可怜的火炮队军官的拿破仑也在那里，但他大部分时间都在忙着下棋——那是早期巴黎咖啡馆顾客最喜欢的休闲活动。据说，弗朗索瓦·普洛科普曾在年轻的拿破仑翻找支付咖啡的钱时，强迫他将他的帽子作为抵押品。

法国大革命过后，普洛科普咖啡馆失去了它在文学方面的声望，沦落到一般餐厅的水平。

在 19 世纪后半叶，波希米亚人、诗人和象征主义作家领袖保尔·魏尔伦经常光顾普洛科普咖啡馆，使得普洛科普咖啡馆一度重拾失去的声望，依然留存在老喜剧街 13 号。

据历史记载，随着普洛科普咖啡馆的开张，咖啡在巴黎站稳了脚跟。在路易十五统治期间，巴黎有 600 家咖啡馆；到 18 世纪末，巴黎已有超过 800 家咖啡馆；等到了 1843 年，咖啡馆的数量已经超过 3000 家了。

咖啡厅的发展

随着咖啡的风靡，许多夜总会和知名的餐厅开始将咖啡添加到菜单中，银塔餐厅就是其中一家，它于 1582 年在托内尔码头开张，并迅速成为巴黎最时髦的餐厅。至今，银塔餐厅对饕客而言仍然是最具吸引力的餐厅之一，始终保有吸引从拿破仑到爱德华七世等众多世界领袖进入这间古雅餐厅内用餐的名声。

另一家继普洛科普之后接受咖啡的小酒馆是皇家鼓手，由让·朗波诺开设在波切隆法院，紧跟着马格尼的店铺。即使咖啡在菜单上占据重要的位置，他的酒馆还是理所当然地被归类为小酒馆。在路易十五统治期间，这家店因暴行和恶行而声名狼藉。在朗波诺的酒窖中，你会发现各色人等——尤其是在某些特别狂野的宴会上。玛丽·安托瓦内特王后宣称，她最愉快的时光是在皇家鼓手的一场狂野的法朗多尔舞会上度过的。时髦的巴黎人非常喜爱朗波诺；他的名号还被用作家具、衣服和食物的商标。

朗波诺的皇家鼓手受欢迎的程度，可由一幅描绘咖啡厅内部的早期印刷品上的题词获得证实。翻译后的内容如下：

朗波诺的皇家鼓手是早期巴黎最受欢迎的咖啡馆之一。一开始是一家小酒馆，后来经营者将咖啡添加到菜单上，以至于这家小酒馆在路易十五统治期间变得十分有名。插画翻摄自用来宣传"皇家鼓手"诱人之处的早期印刷品。

轻松自在的乐趣并不扰乱品位，

不慌不忙地享受如在自家般的悠闲，

或者在马格尼的店中虚掷几小时，

啊，那可是老派的做法！

我们今日所有的劳动者，

所有人都知道，

要在工作时间结束之前赶快离开，

你问为什么？

他们一定是要去朗波诺先生的店！

瞧，全新风格的咖啡厅！

当咖啡馆开始在巴黎迅速地兴起时，大多数都集中在皇家宫殿，"那美丽的花园胜地，三侧都被三层式画廊所围绕"，那是黎塞留在 1636 年路易十三统治期间，以主教宫殿的名义建立的。

1643 年，此地开始以"皇家宫殿"的称号而闻名。而在普洛科普咖啡馆开张后没多久，皇家宫殿周围开始涌现出许多吸引人的咖啡摊——或者说咖啡屋，散布在能俯瞰花园的画廊的其他店铺中。

早期咖啡馆的日常

1760 年，狄德罗在他的著作《拉摩的侄儿》中描述了皇家宫殿其中一间咖啡馆，也就是摄政王咖啡馆的日常和其中的常客：

> 无论雨天或晴天，我都习惯在下午 5 点左右去皇家宫殿……如果天气太冷或太潮湿，我会在摄政王咖啡馆里避一避。
> 我在这里旁观别人下棋来自娱自乐。在这世界上，没有任何地方的人比巴黎人下棋更有技巧，而在巴黎，没有任何其他地方比这家咖啡馆里

的人技巧更好了。只有在这里，你能见到渊博的莱加尔、敏锐细致的菲利多尔、慎重的梅约。在此，你能看见最令人惊奇的棋路，还会听到最糟糕的对话，因为如果一个人同时是一位才子和伟大的棋手——就像莱加尔一样，他也很有可能是个可悲的傻瓜——就像朱伯特和梅约一样。

摄政王咖啡馆的起源和一个巴黎人勒菲弗的传说有关：大约在普洛科普于 1689 年开咖啡馆的同一时期，他在巴黎的街头巷尾兜售咖啡。

据说，勒菲弗后来在皇家宫殿附近开了一家咖啡厅，并在 1718 年将咖啡厅卖给了一位名叫勒克莱尔的人。勒克莱尔将咖啡厅改名为摄政王咖啡馆，向奥尔良摄政王致敬，这个名字至今被保留在门口的招牌上。为博取摄政王的好感，贵族阶层会在此聚会。

要列举在摄政王咖啡馆漫长营业历史中的常客名单，就跟描绘两个世纪以来的法国文学史没什么两样：有菲利多尔，"18 世纪最伟大的理论家，他的棋艺比他的音乐更为人所知"；参与法国大革命的罗伯斯庇尔，他曾与一位女扮男装的女士为了她情人的性命博弈；当时棋艺比建立帝国的想法更出名的拿破仑；还有甘必大，他那通常在辩论时响起的大嗓门让一位棋手无法专注于棋局，在不胜其扰下提出了抗议。

伏尔泰、阿尔弗雷德·德·缪塞、维克多·雨果、让·雅克·卢梭、泰奥菲尔·戈蒂耶、黎塞留公爵、萨克斯元帅、布丰、里瓦罗

在皇家宫殿举行的咖啡践行宴会，1789 年。翻摄自波斯莱顿的雕版印刷。

CHESS HAS BEEN A FAVORITE PASTIME AT THE CAFÉ DE LA RÉGENCE FOR TWO HUNDRED YEARS

200 年来，西洋棋在摄政王咖啡馆一直是一种受欢迎的消遣活动。

尔、丰特奈尔、富兰克林，以及亨利·缪尔热，这些都是在回忆起这家历史悠久的咖啡馆时会想到的名字。马蒙泰尔和菲利多尔曾在那里下着他们最爱的国际象棋。狄德罗在他的《回忆录》中说，他的妻子每天给他 9 苏，让他在那里喝咖啡，他就是在这间咖啡馆里完成了《百科全书》。

如今，国际象棋仍然是摄政王咖啡馆里颇受欢迎的活动，尽管棋手们并不用和那些早期的常客一样，必须为在棋盘边放置的蜡烛多付一笔以小时计费的座位费。现今的摄政王咖啡馆位于圣奥雷诺街，在很大程度上保留了旧日的风貌。

历史学家米什莱为我们描绘出一幅摄政时期巴黎咖啡馆的狂想曲素描：

整个巴黎成了一间巨大的咖啡馆。以法语交谈来到鼎盛时期；比起1789 年少了雄辩的口才与修辞，除了卢梭之外，没有值得一提的雄辩家。无形的智慧尽可能地涌动。毫无疑问，这场才气迸发在某种程度上应该归功于当代幸运的革命性变革、创新习惯，甚至重塑了人类气质及性情的重大事件——那就是咖啡的出现。

咖啡的影响是不可估量的，不像现在被烟草粗暴的影响力削弱和抵消。他们用鼻子吸嗅烟草，而不是吸食；夜总会被打败，在路易十四执政时，城里的年轻人在轻浮女子的陪伴下，在可鄙的夜总会酒桶间狂欢；驾着四轮礼车让夜晚不再如此挤满人群；少数贵族在贫民窟找到休息之处。

人们在雅致的咖啡馆里谈天说地，这里与其说是商店，不如说是沙龙，惯例及风俗在此交换且变得尊贵。咖啡的盛行即节制的盛行；咖啡，一种令人清醒的饮料，一种强大的精神振奋剂，它与含酒精的饮料不同，

19 世纪早期，典型的巴黎咖啡馆内部景象。

能令人神志清醒；咖啡，能够抑制茫然与幻想，能让人从对现实的感知中发现真理的光芒；咖啡是禁欲的……

咖啡的三个时期都是属于现代思想的时期，它们标志着伟大心灵时代的庄严时刻。

早在 1700 年，阿拉伯咖啡都是先驱。你能在波纳尔的时髦房间中看见美丽的女士正从小杯子里吸啜咖啡——她们正享受着由阿拉伯来的最好的咖啡所散发的香气。她们在聊什么呢？话题有土耳其的后宫、画家夏丹、苏丹娜的发型，还有《一千零一夜》（1704 年）。她们将凡尔赛宫的无聊和东方的天堂拿来互相比较。

从 1710 年到 1720 年，印度的咖啡快速盛行起来，其产量充足、受欢迎，并且价格相对低廉。我们在种植咖啡的印度尼西亚岛屿留尼汪岛突然感受到前所未有的快乐。这产自火山地带土壤的咖啡在摄政时期和引领新潮流方面都起了爆炸性的作用。

这突如其来的欢呼、这旧世界的笑声、这些势不可挡的智慧闪光，伏尔泰《波斯人信札》中才气洋溢的诗句只能给我们一点模糊的概念！即使最出色的书籍都未能成功地捕捉这轻快闲谈的翅膀，它们难以捉摸地飞来飞去。这是缥缈自然的精灵，是在一千零一夜中，被禁锢在他瓶中的巫师。但是，哪个玻璃瓶能够承受那般压力？

波旁皇室的盥洗室，就好像阿拉伯的沙洲一样，供需并不平衡。摄政王认识到这一点，并下令将咖啡运送到我们安的列斯群岛富饶的土地上。

圣多明各出产的浓咖啡，味道浓郁、口感粗糙，在滋养的同时也有刺激的效果，供养了生存在百科全书鼎盛时期的成人们。布丰、狄德罗、卢梭都曾饮用，为伟大的灵魂增添了光彩，它明察秋毫的预言之光汇聚在普洛科普的洞穴，他由那黑色饮料的底层预见了 1789 年的光芒。丹敦，可怕的丹敦，在步上讲坛前都要喝下数杯咖啡，他如此比喻说："马儿得要先吃到燕麦。"

咖啡的流行让糖的使用开始普及，当时的糖是以盎司为单位，要到药店中购买。达弗尔说，在巴黎，人们习惯在咖啡中加入大量的糖，以至于让咖啡成了"黑水糖浆"。

女士们习惯让她们的四轮马车停在巴黎的咖啡馆前，由服务员将咖啡装在银制的碟子中送上来。

每一年都有新的咖啡馆开张。当咖啡馆数量变得如此庞大，而竞争变得如此激烈，发明新招吸引顾客就变得十分必要了。于是，表演餐厅诞生了，这里提供歌唱、独角戏、舞蹈，还有小型戏剧及闹剧——不见得总是有最佳趣味——来娱乐常客。

这些沿着香榭丽舍开设的表演餐厅，很多都是露天的。天气不好的时候，巴黎会为寻欢作乐的人提供黄金国、阿尔卡萨、史卡拉、19 世纪的音乐会、疯狂波比诺、朗布托、欧洲音乐厅，以及其他数不清的聚会场所，人们在这些场所可以享用 1 杯咖啡。

就像在英国一样，特定的咖啡馆会因其独有的追随者而闻名，比如军人、学生、艺术家、商人。政治家有他们喜爱的休闲场所。萨尔万迪如是说：

> 这里像一个微型的参议院：会讨论重大的政治问题；决定着和平与战争；公众事务在此被提到司法界面前……杰出的雄辩家被成功地反驳，大臣们因他们的愚昧无知、无能、不诚实、贪腐而遭到诘问。

> 事实上，咖啡馆是一种法国的公众机构；我们会在其中发现所有以变革为目的、对人群进行的煽动和运动，但类似情形并不会发生在英国的小酒馆中；没有任何政府能赞同咖啡馆内的观点。革命之所以发生，是因为他们支持革命。拿破仑得以统治，是因为他们追求荣誉。君王复辟失败了，是因为他们对《宪章》有不同的理解。

1700 年出现的《格调代表作》，当中收录了咖啡馆中的对话。

法国大革命时期的咖啡馆

在法国大革命前后，皇家宫殿的咖啡馆是行动的中心。当时正走访巴黎的阿瑟·杨格留下了一段关于 1789 年 7 月那段日子的描述：

> 咖啡馆展现出更为非凡与令人惊奇的景象，不仅店内挤满了人，门口和窗边也簇拥着期待的人群，听着某位演说家坐在椅子或桌子上，对着他的小范围听众高谈阔论；他们每说出一个激烈的反政府观点，就会收获雷鸣般的掌声，这一点都不难想象。

在 1789 年 7 月 12 日那个决定命运的星期天，皇家宫殿挤满了激动的法国人。那是紧张的时刻，当时从伏瓦咖啡馆走出的年轻新闻记者卡米尔·德穆兰爬上一张桌子，并开始慷慨陈词，发表促成法国大革命第一次公开行动的演说。他满腔怒火，煽动着暴民的情绪。演说结束后，德穆兰和他的追随者"为了革命任务离开了咖啡馆"。两天后，巴士底狱被攻陷。

1811 年的 Mille Colonnes 咖啡馆。翻摄自波斯莱顿的雕版印刷。

仿佛对于成为法国大革命暴民精神的发源点感到羞愧一般，伏瓦咖啡馆在后来几年成了艺术家和文人学士安静的聚集场所。一直到歇业，它都以其排外性和严格执行的禁烟规则而与其他著名的巴黎咖啡馆区别开来。

在一开始，巴黎的咖啡馆就迎

合了社会所有阶层的趣味；而不同于伦敦的咖啡馆，这种特殊的性质被保留了下来。有一些咖啡馆很早就在菜单中加入其他烈酒和大量的茶点，并在之后彻底转型成餐厅。

咖啡馆的惯例和常客

一位 18 世纪后半叶的作家如此描述咖啡对巴黎人的影响：

> 我认为我可以有把握地说，正是因为巴黎拥有如此众多的咖啡馆，所以大多数人看起来彬彬有礼、温文尔雅。在咖啡馆出现之前，几乎所有人都在夜总会打发时间，甚至在那里谈生意。自从有了咖啡馆，人们聚集在那里，探听正在发生的事情、有节制地喝饮料和玩乐，带来的结果就是人们变得更文明、更有礼貌——至少表面上看起来是这样。

以下是孟德斯鸠以他的讽刺笔法，在他的著作《波斯人信笺》中描绘的最早的咖啡馆形象：

> 他们会在某些咖啡馆中谈论新闻，在其他咖啡馆下西洋棋。有一间咖啡馆烹制咖啡的方法如此神妙，能够激发出饮用者的智慧；在所有经常光临的顾客中，4 人中就有 1 人自认他的智慧在进了咖啡馆后有所增长。
>
> 不过，令我生气的是，这些所谓的"才子"根本无法成为对他们的国家有用的人。

孟德斯鸠在新桥的一间咖啡馆外遇见了一位几何学家，并与他一起走进店内。他这么描述这个插曲：

> 我发现，我们的几何学家在咖啡馆受到了最为殷勤的接待，咖啡馆

1843 年的巴黎咖啡馆。翻摄自波斯莱顿的雕版印刷。

的侍童对他的尊敬远远超过了对坐在角落里的两位火枪手。至于我们的几何学家，他似乎认为自己身处一个宜人的场所；他紧蹙的眉头稍微舒展了一些，还露出了笑容，就好像一点都不具备几何学家的特征一般……他对每个机智的开始感到恼火，就如同敏感的眼睛被太过强烈的光线伤害一般……

最后，我看见一位老者走了进来，他面色苍白、身形瘦削，在他坐下前，我就知道他是一位咖啡馆政客。他不是那种不怕灾难、总是预言胜利和成功的人，而是那些不吉利的卑鄙小人中的一员。

在法国波希米亚主义的记录中，摩姆斯咖啡馆和圆亭咖啡馆尤为引人注目。摩姆斯咖啡馆位于塞纳 – 马恩省河右岸的圣日耳曼街，以作为波希米亚人的大本营闻名。圆亭咖啡馆的位置在塞纳 – 马恩省河左岸、医学院街和高叶街的转角。

亚历山德拉·夏纳让我们一窥在早期咖啡馆中的波希米亚人日常。他将叙述的场景放在圆亭咖啡馆，讲述了一群贫穷的学生如何用咖啡为 1 杯共饮的水调味并上色，让伙伴们得以整晚保持良好状态。他说：

每天晚上，第一个来的人在侍者询问"先生，请问要点些什么？"时，必然会回答，"现在先不要，我在等一位朋友"。

这位朋友来了之后，会被质问"你有钱吗？"他则会绝望地做出一个表示否定的姿势，然后用足以被柜台女侍听见的音量大声说一句："天哪！我把钱包留在我那镀金的、纯正路易十五风格的桌案上了。啊！健忘太可怕了！"接着，他会坐下来，而侍者会擦擦桌子，表现出有事要做的样子。

第三个人来了，他可能会说："我这里有 10 苏。"

"太好了！"我们说，"点 1 杯咖啡、1 个杯子和 1 瓶水；结账并付侍者 2 苏，让他闭嘴。"

这样就成了。其他人会过来，在我们旁边就座，并对侍者说出同一句话："我们和这位先生是一起的。"

我们经常是八九个人坐在同一张桌子旁，但花钱消费的却只有一位。我们会吸烟和阅读，以此消磨时间。

当水少了之后，我们其中之一便会厚着脸皮大喊："侍者，加点水！"毋庸置疑，这家咖啡馆的老板了解我们的处境，并指示侍者别管我们，因为他不需要靠我们来创造财富。他是个好人，也很聪明，订阅了欧洲所有的科学杂志，这为他带来了外国学生客群。

1782 年一间巴黎咖啡馆的收银柜台。翻摄自雷蒂夫的画作。

另一家延续了拉丁区最佳传统的咖啡馆是瓦谢特，这家咖啡馆存续到 1911 年让·莫雷亚斯去世为止。古文物研究家在与区内许多其他屈服于酒色放荡的咖啡馆比较时，通常会将瓦谢特咖啡馆作为慎重的典范。一位作家是这么说的："瓦谢特的传统更倾向于学术，而非感官享受。"

在17世纪末和18世纪初，巴黎咖啡厅确实只是咖啡馆；但是，当许多顾客开始在咖啡馆消磨大部分清醒的时间后，经营者便在菜单上加入了其他饮料或食物，以确保客人的光顾。因此，某些咖啡馆虽然一开始定位是咖啡馆，但后来改称为餐厅或许更准确。

具历史意义的巴黎咖啡馆

尽管大多数咖啡馆已经被湮没，但一些具历史意义的咖啡馆至今还在原来的地点蓬勃发展。从身为常客的法国文人所写的小说、诗歌和散文中，我们得以窥见更多著名的咖啡馆。

这些第一手的记述，对有时激动人心、通常是有趣的，还有经常是令人讨厌的一些事件——例如圣法尔戈在位于皇家宫殿菲芙利的低穹顶地窖咖啡馆遭到刺杀——提出深刻的见解。

玛尼咖啡馆，最初是戈蒂耶、丹纳、圣维克托、屠格涅夫、德·龚古尔、苏利耶、勒南、埃德蒙等自由人士流连的场所。近年来，老玛尼咖啡馆被夷为平地，其原址上重建了一家同名的餐厅，不过风格与以前截然不同；甚至街道的名称也变了，由康特斯卡普街改名为马泽街。

Méot 咖啡馆、Very 咖啡馆、布维里尔、玛谢、索尔特尔咖啡馆、三兄弟，还有大公地全都位于皇家宫殿，这些都是法国大革命时引人注目的咖啡馆，而且与法国戏剧界及文学界有着紧密的关系。

Méot 咖啡馆和玛谢咖啡馆曾经是暴动前那段时间，保皇党约定碰面的地点，但在革命党掌权后，咖啡馆同样欢迎他们的到来。索尔特尔咖啡馆则因为是年轻贵族们的聚集之地而声名狼藉，这些贵族逃脱了上断头台的命运，却因此变得胆大妄为，经常由邻近的咖啡馆招来与他们类似的人，一同参与他们复辟君权的计划。三兄弟因其绝妙而昂贵的正餐而为人所熟知，在巴尔扎克、利顿勋爵以及阿尔弗雷德·德·缪塞的一些小说中都被提及。大公地咖啡馆则出现在卢梭的著作《忏悔录》中，与剧作《乡村占卜师》有关。

Venua 咖啡馆，是开设在圣奥诺雷街的众多咖啡馆中最著名的一家，罗伯斯庇尔和他的革命伙伴是这里的常客，这里可能也是贝尔蒂埃遭到残酷谋杀，以及其后一段时间所发生令人恶心的事件后续的地点。马皮诺咖啡馆，作为 22 岁的历史学家阿奇博尔德·艾利森举办宴会的地点而被载入史册；还有瓦赞咖啡馆，这间咖啡馆仍然坚持和左拉、阿尔丰斯·都德，还有儒勒·德·龚古尔相同文学观点的传统。

从过去到现在，意大利大道大概有着比法国首都任何其他地段更多的时髦咖啡馆。

在第一法兰西帝国早期，由一位柠檬水小贩维洛尼开设的朵托尼咖啡馆，是大道上最受欢迎的咖啡馆，经常挤满来自欧洲各地的上流时髦人士。研究法国大革命的史学家路易斯·勃朗在成名之初曾在此度过一段漫长的时光。塔列朗、音乐家罗西尼、艺术家阿尔弗雷德·史蒂文斯和爱德华·马奈是仍然与朵托尼咖啡馆的传统联系在一起的几个名字。

沿着大道继续前行，还有里奇咖啡馆、多蕾之家、英国咖啡馆及巴黎咖啡馆。里奇咖啡馆和多蕾咖啡馆彼此相邻，都属于高价位咖啡馆，并以狂欢宴会闻名于世。英国咖啡馆从摆脱第一法兰西帝国后开始存在，也因其高昂的价格而出名，不过作为回报，它提供丰盛的晚餐和美酒。据说甚至在巴黎被围困的时候，英国咖啡馆都能向它的常客提供"驴子、骡子、豆子、炸马铃薯和香槟等奢侈品"。

位于俄罗斯王子德米多夫故居、从 1832 年就开始存在的巴黎咖啡馆，或许是 19 世纪所有巴黎的咖啡馆中，布置得最为富丽堂皇且经营管理最为优雅的咖啡馆。其中一位常客阿尔弗雷德·德·缪塞说："你无法用低于 15 法郎的价格敲开它的大门。"

文艺咖啡厅在 19 世纪于波那诺维尼大道开张，邀请文学界人士光顾，并在菜单的补充说明中印着："每位在本店消费 1 法郎的顾客，将有资格从我们的大量收藏中选择任何一件作品。"

　　曾或多或少有点名气的巴黎咖啡馆相当多，其中一些是：卢梭在完成一部特别尖刻的讽刺作品后，便被迫离开的罗兰咖啡馆；古怪的沃顿男爵与辉格党的常客尽情寻欢作乐的英国咖啡厅；詹姆斯党人经常出没的荷兰咖啡厅；位于小冠军街的渔村咖啡馆，被萨克雷记述在作品《法式鱼汤民谣》中；位于圣但尼大道的梅尔咖啡馆，它的历史可追溯到 1850 年前；马德里咖啡厅开设在蒙马特大道，对西班牙抒情诗人卡贾特极富吸引力；和平咖啡馆位于嘉布遣大道，是法兰西第二帝国主义者和他们的密探的休闲场所；坐落于玛德莱娜教堂广场的杜兰咖啡馆开业时和高价位的里奇咖啡馆程度相当，并于 20 世纪初期结束营业；罗彻·德·坎卡莱最让人难忘的是它的盛宴以及来自欧洲各地、生活豪奢的顾客们；邻近圣彼得斯堡的盖尔波瓦咖啡厅，印象派画家马奈在几经浮沉后，因其画作而赢得名望，并持续多年在此接待来访者；蒙马特区维克多马斯路的黑猫咖啡厅是咖啡厅与音乐厅的综合体，从那时开始就是被广为模仿的对象——不论名字还是特色等各方面。

第十七章

老纽约咖啡馆
成了公民论坛场所

> 咖啡馆通常被视为最方便的休闲场所，因为仅需花费少量的时间或金钱，就能找到想找的人定下会面之约、得知目前的新闻以及任何与我们最为相关的信息……纽约，英属美洲最核心同时也是规模最大且最繁华的城市……竟缺乏如此便利的设施，着实为一种耻辱。

纽约的荷兰籍创建人似乎在带来咖啡之前，已经先一步将茶引进新阿姆斯特丹；这大约发生在 17 世纪中叶。我们从记录中发现，当地市民在大约 1668 年时放弃对咖啡的抵抗。咖啡先缓慢地进入家庭中，取代了早餐的“必备品”——啤酒。巧克力也在差不多同一时期出现，不过比起茶或咖啡，巧克力更像是一种奢侈品。

在纽约于 1674 年向英国投降后，英式礼仪和风俗习惯迅速传入美国。首先是茶，接着是咖啡，成为每个家庭喜爱的饮料。到了 1683 年，纽约成了主要的咖啡生豆市场，以至于威廉·佩恩一在宾夕法尼亚殖民地安顿下来，就立刻为了他的咖啡补给出发前往纽约。没过多久，一种只有伦敦风格咖啡馆能满足的社交需求就出现了。

早期纽约的咖啡馆，和它们在伦敦、巴黎和其他世界首都的原型一样，是城市商业、政治以及社交生活的中心。不过，它们从未像法国和英国咖啡馆一样，成为培育文学作品的温床，这主要是因为殖民地居民中没有著名的职业作家。

早期的美国咖啡馆——特别是那些开设在纽约的，有一项有别于欧洲咖啡馆的重要特色。殖民地居民有时候会在咖啡馆的长厅——会议室——进行法庭审判；此外，他们经常在那里举行代表大会和市议会会议。

成为公民论坛的咖啡馆

早期的咖啡馆是纽约城市生活的一大要素。这类聚集场所的长久存在对公民们的意义，可以由一段刊登在1775年10月19日的《纽约新闻报》上的抗议文字看出来。这篇文章显然意在重振日渐没落的商人咖啡馆，其中一部分内容是这样的：

荷属纽约的咖啡历史文物。范·科特兰之家博物馆收藏的船形香料研磨器、咖啡烘焙器，以及咖啡壶。

致纽约居民：

在这个公众面临困难与威胁的时刻，这个城市中并没有让我们可以日常会面，从不同区域听闻并交换消息，同时与彼此商讨和我们自身相关所有事项的场所，这一点实在让我十分忧心。

像这样的公众聚会场所在许多方面都有极大的优点——尤其是像现在这个时刻，除了它所能提供的乐趣及其社交性之外，还能让我们跟上趋势，这一点在如今是最需要的。

因为能满足上述这些目的，且具有其他良善且有用的优势，咖啡馆通常被视为最方便的休闲场所，因为仅需花费少量的时间或金钱，就能找到想找的人定下会面之约、得知目前的新闻以及任何与我们最为相关的信息。故而，在我所见所有英国治下的城市及大型城镇，对一间或更多间风格优雅咖啡馆的发展都给予足够的支持鼓励。

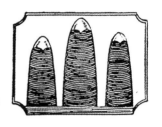

老纽约酒馆与食品杂货店的招牌。图左，史密斯·理查德兹，食品杂货商兼糖果商，"招牌上是茶叶罐和 2 条糖糕"（1773 年）；图中，国王之臂，本来是伯恩斯咖啡馆（1767 年）；图右，乔治·韦伯斯特，食品杂货商，"招牌上是 3 条糖糕"。

那么为何纽约，英属美洲最核心同时也是规模最大且最繁华的城市，无法负担起一家咖啡馆？对这个城市和其中的居民来说，因为欠缺适当的鼓励而使得城市中竟缺乏如此便利的设施，着实为一种耻辱。

说到咖啡馆，确实是有那么一家非常好且舒适的，管理得良好并提供膳宿，但光临的人数少到不值一提；而且我惊讶地发现，在经常光顾咖啡馆的客人里，只有一小部分会在那里消费，大部分人来来去去却从不点任何东西或支付任何金钱。在伦敦所有的咖啡馆里，每个进来的人都会按照惯例点 1 杯咖啡，或支付 1 块钱，这是很合理的，因为这些咖啡馆老板花钱将咖啡馆装饰一番，并且提供了所有膳宿的必需品；每个前来这里享受这些便利的人，都应该为此付一些费用。

城市之友

纽约的第一家咖啡馆

某些记录纽约早期历史的历史学家确信，美国的第一家咖啡馆是在纽约开的，他们提供的最早且经过鉴定的记录是 1696 年 11 月 1 日，约翰·哈钦斯在百老汇买了一块地，位于三一教堂公墓和现在的雪松街之间，并在那里建了一栋名为"国王之臂"的房子。

与此记录对照，波士顿可以拿出手的是塞缪尔·加德纳·德雷克的著作《波士顿的城市历史与文物》中，提到本杰明·哈里斯于1689年在"伦敦咖啡馆"卖书的叙述。

国王之臂是用木材建造的，正面是黄色砖块，据说是从荷兰运来的。整栋建筑有两层楼高，屋顶上有一个"瞭望台"，设有座椅，在这里可以看到海湾、河流以及整个城市的风景；咖啡馆的访客经常于午后落座于瞭望台上。瞭望台并未显示在插图中。

一楼主厅的两侧分别排列着包厢，为了维持更高的私密性，还用绿色的帷幔加以遮挡。熟客可以像彼时的伦敦人那样，在包厢里面啜饮咖啡，或来杯更刺激的饮料，看看自己的信件。

二楼的房间供商人、殖民地行政官员及监督人用来处理公众及私人事务，或用来举行特殊聚会。

如上所述，会议室似乎是区别咖啡馆和小酒馆的最主要特征。虽然这两种类型的场所都有为客人准备的房间，都提供餐点，但为处理商业事宜的目的使用咖啡馆的多半是固定常客，而光顾小酒馆的通常都是来往的旅客。每

纽约的咖啡馆先驱——国王之臂，于1696年开张。这张风景画显示了这栋古老的历史建筑在约翰·哈钦斯经营的时候，在百老汇接近三一教堂公墓的花园一侧景色。瞭望台可能是后期增建的。

天，人们在咖啡馆会谈生意，然后去小酒馆找乐子或住宿。国王之臂大门前悬挂的招牌上写着："狮子与独角兽为王冠争斗。"

有长达数年的时间，国王之臂都是纽约唯一一家咖啡馆，或者说，至少在殖民地记录中，似乎没有其他咖啡馆重要到值得一提。基于这个原因，国王之臂更常被称呼为"那家咖啡馆"，而非"国王之臂"。

在关于国王之臂的约翰·哈钦斯和罗杰·贝克因蔑视乔治国王而被捕一事的记录中，提到了由贝克经营的国王之首。不过，人们普遍认为，国王之首旅馆其实是家小酒馆，而不是咖啡馆。1700 年被提及的白狮也是一间小酒馆，或者说旅店。

1709 年 9 月 22 日，《纽约殖民地代表大会期刊》提到一场在"新式咖啡馆"举行的会议。从这一天起，纽约市的商业区开始由百老汇逐渐向东移往滨水区；而基于这个事实，很可能"新式咖啡馆"指的是国王之臂从原来邻近雪松街的位置搬走了，或是它已不再受人喜爱，被另一家新咖啡馆所取代。《纽约殖民地代表大会期刊》并未透露"新式咖啡馆"的位置。不论是哪一种情况，国王之臂这个名字直到 1763 年才再次出现在记录中，而那时它的性质更接近于小酒馆，或者说路边旅馆。

1709—1729 年的公开记录中，关于纽约咖啡馆的记录付诸阙如。1725 年，纽约的第一份报纸《纽约公报》创刊；4 年后的 1729 年，《纽约公报》上出现了一则广告，称在"咖啡馆"，"可能可以获得一位合格簿记员的消息"。1730 年，同一份报纸上的另一则广告则讲述了一场在交易所咖啡馆举行的土地公开拍卖会。

交易所咖啡馆

由于名字的原因，交易所咖啡馆被认为应该位于百老汇街的街尾，毗邻防波堤，并且接近当时的长桥。在当时，这个区域是城市的商业中心，有一个交易所。

交易所咖啡馆在 1732 年时是纽约唯一一个这种类型的咖啡馆，这可以从同年的一份通告推测出来——内容提及议会和立法机构的会议协调委员会将于"咖啡馆"召开会议。1733 年《纽约公报》上的一则广告也证明了这一事实，广告内容是请求将"遗失的袖扣归还给咖啡馆隔壁的托德先生"。记录显示，当时有一位名叫罗伯特·托德的人经营了一家著名的黑马酒馆，而该酒馆正好位于城市的这个区域。

1737 年，我们再度听闻交易所咖啡馆的消息，而且显然是在相同的地点。它在一起被称为"黑人阴谋"的事件中被提及，位置在百老汇街街尾，长桥旁的战斗雄鸡酒馆隔壁。也是在同一年，交易所咖啡馆因作为公开拍卖位于百老汇的土地的场所而得名。

至此，交易所咖啡馆实际上已然成为纽约市的正式拍卖场，同时也是购买和饮用咖啡的地方。在咖啡馆内以及咖啡馆门前的人行道上，也可以买到各种各样的日用品。

商人咖啡馆

1750 年，交易所咖啡馆开始失去维持已久的声望，咖啡馆的名字也被改为"绅士交易所咖啡酒馆"。一年后，它被改名为绅士咖啡酒馆，并搬迁到百老汇。1753 年，它再次迁移到位于现在滨海街的猎人码头，大约介于如今的 Old Slip 和华尔街之间。

这家著名的老咖啡馆此时似乎已不复存在，毫无疑问，更新的商家——商人咖啡馆的出现，加速了它的消逝，而商人咖啡馆即将成为纽约最著名，以及美国最具历史意义的咖啡馆——根据某些作家的说法。

现在已无法确定商人咖啡馆是何时开业的。据我们所知，1737 年，一位名为丹尼尔·布卢姆的水手从约翰·邓克斯手中买下牙买加领航船酒馆，并且重新命名为商人咖啡馆。

这栋建筑位于如今华尔街和水街（当时的皇后街）的西北角，一直到

图右，商人咖啡馆于 1772 年到 1804 年间的样貌。原来使用这个名字的咖啡馆于 1706 年开设在华尔街及水街的西北角，1772 年商店搬迁到东南角。

1750 年后不久，即布卢姆去世时，布卢姆都是这里的老板。

下一任老板是詹姆斯·阿克兰上尉，不久他就将咖啡馆出售给了卢克·鲁姆。1758 年，鲁姆将此建筑卖给了查尔斯·亚丁博士。此后，查尔斯·亚丁博士将此地出租给玛丽·法拉利夫人，直到 1772 年搬进斜对面由威廉·布朗·约翰在华尔街及水街东南角新建的房子为止，玛丽·法拉利夫人都是这里的经营者。法拉利夫人将常客及商人咖啡馆之名一同带到了新地点，而老房子不再作为咖啡馆之用。

原来的商人咖啡馆是一栋两层楼高的建筑，顶楼附有阳台，那是 18 世纪中叶纽约的典型建筑样式。一楼设置了绘有和国王之臂有关图像的咖啡吧台跟雅座。二楼则是典型的供公众聚会用的长厅。

在布卢姆经营期间，商人咖啡馆经历了一段漫长的斗争，才从当时生意兴隆的交易所咖啡馆那里抢来了顾客。

由于地理位置邻近 Meal 市场——那是商人们经常聚集的场所，商人咖啡馆逐渐成为人们青睐的会面地点，离滨水区更远的交易所咖啡馆则为此付出了代价。

寡妇法拉利掌管原来的商人咖啡馆长达 14 年，一直到她搬到对街为止。她是一位敏锐的生意人，在她的新咖啡馆开张前夕，她向老顾客们宣布将举行一场乔迁派对，派对上会提供亚力酒、潘趣酒、红酒、冷火腿、牛舌以及其他美味佳肴。几家报纸报道了这件事，其中一家报纸是这样说的："新咖啡馆的宜人环境和雅致的风格吸引了大量人群在此聚集。"

法拉利夫人继续负责经营商人咖啡馆，直到 1776 年 5 月 1 日，科尼利厄斯·布拉德福德成为所有人为止。在独立革命前夕的那段纷乱时期，咖啡馆的客流量有所减少，因此当布拉德福德接手咖啡馆后，他便着手想办法吸引更多的顾客。

在经营权交接的通告中，布拉德福德说："当贸易和航运于从前的航道重启时，有趣的情报将会被谨慎地收集，船只抵达的消息也将获得最大限度的关注。"他所提到的是，殖民地当时对欧洲持续发布的封港令。当美国军队在独立革命期间由这座城市撤退时，布拉德福德也跟着离开，前往位于哈德逊河畔的莱茵贝克。

在英国占领期间，商人咖啡馆是重大活动发生之地，它和从前一样是商业中心，而在英国的殖民统治下，它也成为出售战列舰的场所。商会于 1779 年在商人咖啡馆的上层长厅恢复了自 1775 年就宣告暂停的集会。为了使用长厅，商会每年会支付 50 英镑给当时的业主——史密斯夫人。

1781 年，当时为女王之首酒馆老板的约翰·斯特拉坎成为商人咖啡馆的店主，他在一份公开声明中保证："我们不仅要关注咖啡馆，还要关注小酒馆；要将酒馆和咖啡馆区别开来，保证上座率。早餐供应时间为 7 点到 11 点；汤和开胃菜的供应时间是 11 点到 13 点 30 分。茶、咖啡等，就像在英国一样，于午后供应。"但是，斯特拉坎因为利用往英国的军舰收发信件并为此收费 6 便士而引起了轩然大波，最后，他被迫放弃了这项业务。斯特拉坎一直是商人咖啡馆的负责人，直到和平时期来临，科尼利厄斯·布拉德福德则重新取得咖啡馆的所有权。

布拉德福德将咖啡馆的名字改为"纽约咖啡馆"，不过，公众还是以原来的名字称呼它，因此不久后店主便对改名这件事做出了让步。他拥有一份海运清单，上面有抵达和离开的船只名称，并记录了这些船只所航行的港口。他还设了一个返航市民登记簿，他在广告中宣称："任何一位现在居住在这个城市的绅士，都可以在这里登记姓名及居住地址。"这看起来像是制作城市名录的首次尝试。很快，布拉德福德就让商人咖啡馆再次成为城市的商业中心。布拉德福德是纽约的模范市民，当他于1786年去世时，民众纷纷对其表示深切的哀悼；他的葬礼是在曾被他管理得如此良好的咖啡馆中举行的。

商人咖啡馆一直是主要的公共集会场所，直到1804年被大火摧毁。在它存在期间，它的许多地方在国家的历史事件中都扮演了重要的角色。这些事件多如牛毛，无法详述，在此仅列举一些比较著名的事件：1765年，向市民宣读命令，警告他们停止反对《印花税法》的暴乱；针对拒绝接受由大不列颠来的托运货物议题展开的辩论；自由之子——有时被称为"自由男孩"，在"南希号"运茶船的罗克伊尔船长面前示威,1744年"南希号"由波士顿改道，试图在纽约卸货；为了在抵抗英国压迫上获得协助，在1744年5月19日举行的公民大会上，就与马萨诸塞州殖民地互通有无的方法进行讨论，由这次会议发出一封信函，主张由各殖民地组成众议院，同时要求一个"富有道德且积极坚定的联邦"；紧接着发生在马萨诸塞州康科德和莱克星顿的战役那段时期举行的群众会议；还有成立百人委员会来掌管公众事务，使得商人咖啡馆差不多成了政府所在地。

当美国军队在1776年占据这座城市时，商人咖啡馆成了陆军和海军军官的休闲场所。1789年4月23日，这家咖啡馆达到它荣耀的最高点——当时被选为第一任美利坚合众国总统的华盛顿，在此处被各州州长、纽约市长和次级内政官员迎接。

作为社交聚会及投宿的场所，商人咖啡馆始终享有盛名。除了在其长厅

总统当选人华盛顿在商人咖啡馆受到接待，纽约。这场接待发生在 1789 年 4 月 23 日，华盛顿的就职典礼前一周。翻摄自查尔斯·P. 格鲁佩的画作，本书作者为画作拥有者。

聚会的商业团体之外，以下团体在草创初期会定期在此会面：艺术、农耕暨经济学会，科西嘉骑士团，纽约通讯委员会，纽约海事协会，纽约州商会，共济会第一六九支部，辉格会，纽约医疗院所协会，圣安德鲁协会，辛辛那提协会，圣帕特里克友好兄弟协会，解放协会，解救受难债务人协会，黑衣修士协会，独立游骑兵协会，还有联邦共和党人士协会。

　　一同来到的，还有在 1784 年成立城市的第一个金融机构——纽约银行——的人；同时在 1790 年由合法经纪人于此地举办了第一场股票公开拍卖活动。这里也是唐廷咖啡馆出资人举行组织会议的地方，而唐廷咖啡馆在几年内被证明是一个可敬的对手。

一些名气较小的咖啡馆

在开始讲述著名的唐廷咖啡馆的故事前，我们应该注意一些商人咖啡馆曾有过的前期竞争者。

交易所咖啡馆花费 4 年的时间，试图迎合百老汇街街尾商人们的需求。交易所咖啡馆位于皇家交易所内，这家交易所建于 1752 年，是用来代替旧的交易所的，直到 1754 年都被当作仓库使用。后来，威廉·基恩和来特富拿到了管理权，开始经营附带有舞厅的咖啡屋。1756 年，这段合伙关系宣告破裂，来特富继续经营，直到他第二年去世，当时他的遗孀试图将生意维持下去。1758 年，此处又恢复成原先商务机构的特性。

然后还有白厅咖啡馆，由罗杰和汉弗莱斯两个人于 1762 年开办，他们宣

伯恩斯咖啡馆在大约 19 世纪中叶出现时的样貌。它在百老汇屹立多年，位于德兰西议院内，滚球绿地的对面，在 1763 年以国王之臂的名字开始为人所知，后来改名为亚特兰提克之家。

唐廷咖啡馆，图左第二栋建筑，于 1792 年开业。本图所示为原始建筑，位于华尔街与水街的西北角，后来于 1850 年被一栋五层楼的建筑取代，一栋现代办公大楼随后又将前述建筑取代。

布："已经安排好和伦敦及布里斯托之间的通信，可以在第一时间得到所有公共印刷品和宣传小册；每周还会补充纽约、波士顿以及其他的美国报纸。"这家咖啡厅维系的时间并不长。

早期的城市记录很少提到伯恩斯咖啡馆，它有时候会被称为酒馆。与其说这个地方是咖啡馆，不如说是一家小旅馆。这家店由乔治·伯恩斯经营了多年，店的位置靠近巴特里，坐落在之后变成城市旅馆的历史性建筑——老德兰西会馆内。

伯恩斯一直经营到 1762 年，后来被斯蒂尔夫人接管。斯蒂尔夫人将咖啡馆的名字改为"国王之臂"。1768 年，爱德华·巴登成为店主。后来几年，这个地方以"亚特兰提克之家"的名字而闻名。据说叛徒本尼迪克特·阿诺德在变节投靠敌军后，曾住在这间老旅馆中。

银行咖啡馆属于更晚的时代，而且没有多少早期咖啡馆的特色。它是由威廉·尼布洛于 1814 年开设的，坐落于纽约银行后方的威廉街与派恩街街角，以尼布洛花园而闻名。这家咖啡馆大约营业了 10 年，成了知名商人的聚集场所，这些商人还成立了某种形式的俱乐部。银行咖啡馆因其正餐和晚宴而声名远播。

弗朗萨斯客栈因作为华盛顿向他麾下军官告别的场所而闻名，正如它的名字所显示的，此处是一间旅馆，将其归类为咖啡馆并不是很恰当。尽管这里提供咖啡，设有作为集会之用的长厅，但是很少有商人在此谈定生意。这里主要是想要"享乐一番"的市民们的聚集地。

此外还有新英格兰暨魁北克咖啡馆，它也是一间酒馆。

唐廷咖啡馆

最后要介绍的纽约著名咖啡馆是"唐廷咖啡馆"。在商人咖啡馆于 1804 年被焚毁后，唐廷咖啡馆是城里唯一一家重要的咖啡馆。

基于各式各样商业活动的需求，约有 150 位商人觉得应该有一间更为宽敞便利的咖啡馆，于是在 1791 年筹建了唐廷咖啡馆。这家公司是依据 1653 年由洛伦佐·通蒂引进法国的计划，经过少许修改后执行。根据纽约通天计划，每位股东逝世后，股份会自动归属于仍在人世的股东，而非该股东的继承人。原始股东共有 157 位，股份共有 203 股，每股价值 200 英镑。

董事们花 1970 英镑买下了位于华尔街和水街西北角的地块，也就是原来商人咖啡馆所在地的房屋和土地。随后，他们买下了华尔街和水街上与咖啡馆相邻的土地，华尔街的土地花了 2510 英镑，水街的土地则花了 1000 英镑。

新咖啡馆于 1792 年 6 月 5 日铺设基石；一年后的同一天，120 位绅士在完工的咖啡馆里举办了一场宴会，庆祝一年前的奠基大事。约翰·海德是首任店主。咖啡馆耗资共 4.3 万英镑。

一位当时正走访纽约的英国人描述了 1794 年唐廷咖啡馆的样子：

唐廷咖啡馆是一栋富丽堂皇的砖造建筑；你从门廊爬上 6 或 8 层台阶后，会来到一间很大的公共空间，这里是纽约股票交易所，所有交易都在此进行。这里有两本书，就和劳埃德咖啡馆（位于伦敦）保存每艘船抵达和通关信息一样。这栋房屋是为了给商人们提供住宿而建造的，用每股 200 英镑的通天股票。它由曾是伦敦羊毛织品布商的海德先生经营。你可以在此住宿，并在公共餐台上用餐；不管你是在外用餐还是在咖啡馆内用餐，每天的费用为 10 先令。

　　1817 年，股票市场将总部设置在唐廷咖啡馆内，初期的组织架构经过精心的设计，演变成为纽约股票暨汇兑委员会。它在 1827 年搬到商业汇兑大楼，而且一直留在该处，直到 1835 年这栋建筑被大火烧毁。

　　通天联盟的原始文件中规定，该房舍必须以咖啡馆的形态经营并使用，这个协议一直被遵守到 1834 年，当时经由衡平法院许可，这栋房子被出租用

1850 年的通天大楼。位于华尔街和水街的西北角；一辆百老汇——华尔街公共驿马车正经过建筑前方。

于一般商务办公。这项改变要归因于坐落在华尔街前端的商业汇兑所带来的竞争压力，商业汇兑所在唐廷咖啡馆建成后不久便开业了。随着城市的发展，原来唐廷咖啡馆的商务办公区域变得不够用了；在大约 1850 年，一栋耗资 6 万美元的新五层楼建筑取代了旧的建筑。到了这个时候，这栋建筑已经失去旧日咖啡馆的特色。

这栋新的通天大楼被认为是纽约市第一栋真正的办公大楼。如今这个地方被一栋大型现代办公大楼占据，依然延续通天大楼这个名称。知名的纽约咖啡商人约翰·B. 奥多诺霍与查尔斯·A. 奥多诺霍是通天大楼的拥有者，他们于 1920 年将这栋楼以 100 万美元的价格出售给了联邦精炼糖业公司。

在城市及国家的历史性事件中，唐廷咖啡馆并不如它的邻居——商人咖啡馆——那般受人瞩目，然而唐廷咖啡馆却成为来自全国各地的访客的麦加圣地，在见识过纽约最气派的建筑之前，访客们都不会认为自己在纽约的行程是圆满的。

唐廷咖啡馆的编年史家们总是说，大多数国家领导人以及来自国外的贵宾，都曾在他们职业生涯的某个时间点聚集在这家老咖啡馆的大厅中。在唐廷咖啡馆的墙壁上，还张贴着汉密尔顿被迫与阿伦·伯尔决斗后在生死关头挣扎的新闻快报。

唐廷咖啡馆逐渐变为纯粹的商务大楼标志着纽约咖啡馆时代的结束。交易所和商务大楼的出现，取代了咖啡馆的商业作用；俱乐部承担了社交功能；而餐厅和饭店迅速涌现，满足了人们对饮料及食物的需求。

纽约的休闲花园

将伦敦的休闲花园概念引进纽约的这个尝试相当成功。一开始，数家已经提供舞厅的酒馆增设了饮茶花园，接着，沃克斯豪尔花园及拉内拉赫花园在纽约市市郊开张——皆是以它们著名的伦敦原型来命名的。三家同名的沃克斯豪尔花园中的第一家位于格林尼治街，在华伦街和钱伯斯街之间，它面

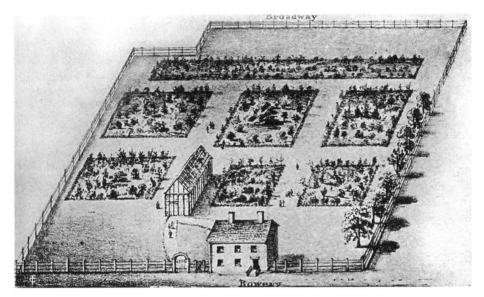

1803 年的沃克斯豪尔花园。翻摄自一份旧印刷品。

眺北河，可以纵览哈德逊河的美丽景色。一开始此处的名字是 Bowling Green 花园，在 1750 年更名为沃克斯豪尔花园。

拉内拉赫花园则位于百老汇，在杜安街和窝夫街之间，后来的纽约医院就建在这里。从那个时期（1765—1769）的广告中我们得知，拉内拉赫花园每周有 2 次音乐会演出。此处是"供绅士们和淑女们吃早餐以及夜晚休闲娱乐"的场所。花园中有一个宽敞的大厅，可以供人们跳舞。

拉内拉赫花园维持了 20 年之久，全天供应咖啡、茶和热面包卷。燃放烟火是沃克斯豪尔花园和拉内拉赫花园的特色。1798 年，第二家沃克斯豪尔花园开业了，其位置接近现今茂比利街和格兰街交叉口；1803 年，第三家开在包厘街上，接近阿斯特广场。阿斯特图书馆是在第三家沃克斯豪尔花园的原址上兴建的。

威廉·尼布洛以前是派恩街的银行咖啡馆的经营者，他于 1828 年在百老汇和王子街一栋名为竞技场的圆形建筑的原址上开了一家休闲花园，并将其

尼布洛花园，百老汇及王子街，1828年的样貌。

命名为 Sans Souci。花园的中央仍然是竞技场，供"快乐并吸引人的角色"进行戏剧表演。后来他在百老汇对面建了一间更华丽的戏院。花园内部"很宽敞，点缀着灌木丛及步道，并用彩灯照明"。这里一般被称为尼布洛花园。

老纽约为人熟知的休闲花园还有 Contoit's、后来的纽约花园，以及位于老樱桃山上的樱桃花园。

第十八章

老费城咖啡馆
是人们的公务及社交中心

在和平降临后，这家咖啡馆成为当时流行的娱乐场所。这里曾迎来城市舞团，也曾是第一位由法国到美国的法定代理人 M. 杰拉德，为路易十六生日举办辉煌宴会的场所。华盛顿、杰斐逊、汉密尔顿以及其他思想领袖在费城时，或多或少都是这家咖啡馆的常客。

当威廉·佩恩于 1682 年在特拉华州建立贵格会教派殖民地的时候，也将咖啡引进了这个地方。其实，他也为这个"友爱之城"带来另一种关乎人类兄弟情谊的伟大饮料，那就是茶。一开始（1700 年），"就和茶一样，咖啡只不过是另一种富人的饮料——除非你只喝一小口"。和其他英国殖民地一样，茶越来越受到人们的喜爱，而咖啡一度受到了冷落，这种情况在一般家庭中更明显。

随着 1765 年《印花税法》和 1767 年《茶税法》的实施，宾夕法尼亚殖民地与其他殖民地联合起来抵制茶叶；在这个后来成为最初的"北美十三州"之一的殖民地，就和其他州一样，咖啡的传播得到了推动。

早期费城的咖啡馆，在本市与联邦的历史中都占有重要地位。它们别具一格，而其独特的殖民地建筑风格也让它们具有浪漫色彩。许多城市的、社会的以及工业的改革都是在这些有着低矮天花板及铺沙地板的咖啡馆主厅内进行的。

多年来，耶咖啡馆、两家伦敦咖啡馆，还有同样被称为"商人咖啡馆"的城市酒馆，轮流主宰了费城的公务及社交生活。早期的咖啡馆是贵格派内政官员、船只的船长，以及前来处理公共和私人业务之贸易商的固定聚会场所。随着独立战争爆发的临近，许多穿着贵格会教派服装的激愤殖民地人民聚集在该处，倡议殖民地反抗英国的迫害；在独立革命结束后，许多重要人物经常到咖啡馆宴饮、进行社交活动。

当费城在 1682 年创建时，因为咖啡的价格太过高昂，以至于它无法被咖啡馆出售给一般大众。威廉·佩恩在他的著作《一些报道》中写道，1683 年时，有时会以每磅 18 先令 9 便士的价格从纽约采办咖啡浆果，相当于每磅约 4.68 美元。他还说，普通餐厅的饭菜一般是每份 6 便士（相当于 12 美分），由此可知："我们有 7 间普通餐厅供外地人和工匠消遣娱乐，而且在那里花费 6 便士便可以享用一顿不错的饭菜。"如果 1 磅咖啡生豆的价格为 4.68 美元，那么 1 杯咖啡的价格就大约为 17 美分；在这种情况下，咖啡不太可能以每杯 12 美分的价格出现在普通餐厅的菜单上。麦芽啤酒是常见的佐餐饮料。

公共旅馆分为四种——小旅馆、酒馆、普通餐厅和咖啡馆。

小旅馆是不太大的饭店，提供住宿、食物和饮料，饮料多半包括麦芽啤酒、波特酒、牙买加朗姆酒和马德拉酒。酒馆虽然为客人提供食宿，但比起住宿场所来说，更像是喝酒的地方。普通餐厅结合了餐厅和寄宿公寓的特色。咖啡馆则是矫饰过的酒馆，在大多数情况下，会供应咖啡和含酒精的饮料。

费城的第一家咖啡馆

大约在 1683 年或 1684 年，费城的第一家供公众休闲之用的酒吧——"蓝锚酒馆"开业了。顾名思义，这是一间酒馆。而第一家咖啡馆大约是在 1700 年出现的。

对于第一家咖啡馆出现的时间，沃森在《费城编年史》中提到了两次，但一处写的是 1700 年，另一处却是 1702 年。一般认为，较早的日期是正确的，而且这一点似乎在沙夫及韦斯科特合著的《费城历史》中得到了证实——他们在著作中说，第一间被称为咖啡馆的公共场所是在佩恩的年代（1682—1701）出现的，由塞缪尔·卡朋特建成，位置在前街东侧，可能超过核桃街。事实上，这个第一家咖啡馆的头衔似乎实至名归。过去，每当提到这家店时，人们总是会称它为"耶咖啡馆"。

卡朋特还开了一家全球旅馆，这家旅馆与耶咖啡馆之间隔着一条公共楼梯，从前街直通水街，而且那条楼梯可能也通往卡朋特的码头。最近，一家费城房地产暨所有权保证公司，从原始专利拥有者塞缪尔·卡朋特的所有权中证实，这间古老咖啡馆的确切位置在核桃街和栗子街之间，占据现在南前街 137 号店面宽的 2 米及整个 139 号。

我们无法确定咖啡馆维持了多久。在殖民地记录中，最后一次提到这家咖啡馆是在 1703 年 4 月 26 日的一份卡朋特将其转让给塞缪尔·芬尼的文件中。那份文件是这样说的："那栋叫作耶咖啡馆的砖造建筑或廉价公寓，由亨利·弗洛尔持有，位于特拉华河畔，长约 9 米，宽约 7 米。"

亨利·弗洛尔是费城第一家咖啡馆的老板，曾担任邮局局长多年，据传耶咖啡馆也曾充当邮局之用。本杰明·富兰克林的《宾夕法尼亚公报》，在 1734 年发行的那一期中有这样一则广告：

> 所有曾在信件的邮资或其他方面受惠于前任宾夕法尼亚州邮政局局长亨利·弗洛尔的人，请到费城的老咖啡馆内为他做出同样的付出。

弗洛尔的广告显示，尽管当时耶咖啡馆已经古老到被称为老咖啡馆，但它依然存在，且可以在那里找到弗洛尔。富兰克林似乎也曾涉足咖啡产业——在 1740 年的好几期公报中，他打出了这样的广告："印刷业者出售的咖啡非常好。"

第一家伦敦咖啡馆

费城的第二家咖啡馆挂着"伦敦咖啡馆"的名字，这个名字后来被威廉·布拉德福德用于 1754 年开设的休闲场所。第一家使用这个名字的咖啡馆建于 1702 年，不过，它的确切位置却无法确定。

查尔斯·H. 布朗宁在《国家史迹名录》中说："威廉·罗德尼在 1682 年与佩恩一同来到费城，在肯特郡定居，于 1708 年在此地去世；他在 1702 年于前街及市场街建立了伦敦咖啡馆。"

据另一位编年史家考订，伦敦咖啡馆"超过核桃街，不是在水街的东侧，就是位于特拉华大道上，或者，因为这些街道彼此十分接近，它可能同时位于两条街上。咖啡馆的经营者约翰·舒伯特是一位基督堂教区的居民，而他的成就多半都是托庇于教会和英国人士"。

这里也是佩恩的追随者和专有党聚会的地方，与此同时，站在他们反对阵营的奎利上校的政治支持者则经常光顾耶咖啡馆。

第一家伦敦咖啡馆在它经营后期更类似于一间时髦的俱乐部会馆，适合富有的费城人从事"高雅的"休闲活动。耶咖啡馆更像是一间商业或公共交易所。约翰·威廉·华莱士证明了伦敦咖啡馆的上流雅致：

> 假如我们可以从舒伯特夫人在 1751 年 11 月 27 日留下的遗嘱做出推测，伦敦咖啡馆的陈设应该是非常雅致的。我们从那份文件得知，舒伯特夫人的遗赠有 2 个银质的单柄大容量酒杯、1 个银杯、1 个银质汤碗、1 个银质胡椒罐、2 组银质家具脚轮、1 支银汤匙、1 把银质酱料匙，还有和 1 个银质茶壶配套的许多银质大餐匙及茶匙。

许多历史事件都与这家老咖啡馆有关，其中之一是威廉·佩恩的长子约翰于 1733 年造访这座老房子，当时他用一天在这里招待州议会代表，隔天则宴请了城市社团法人。

罗伯特咖啡馆

另外一家在 18 世纪中叶有些名气的咖啡馆是罗伯特咖啡馆，它位于邻近第一家伦敦咖啡馆的前街。

虽然无法得知这家咖啡馆的开业日期，但一般认为它大约在 1740 年就已经存在了。1744 年，一位英国陆军军官在当时的一份报纸上刊登了一个从牙买加征兵的广告，表示如果有意向可以去罗伯特遗孀的咖啡馆里找他。

在英法北美战争期间，费城因法国与西班牙私掠船攻击而面临重大危机的时刻，当见到英国船只"水獭号"前来救援时，市民们大大地松了一口气，他们提议在罗伯特咖啡馆举办一场公开舞会，向"水獭号"的船长表达敬意。

基于某些未被记录下来的原因，这场招待会事实上并没有举行，可能是因为咖啡馆太小了，无法容纳所有想来参加招待会的市民。寡妇罗伯特于 1754 年退休。

詹姆斯咖啡馆

与罗伯特咖啡馆同时代的，还有一开始由寡妇詹姆斯经营、后来由她的儿子接手的休闲场所。此处于 1744 年开张，占据了前街与核桃街街角西北方的一栋大型木造建筑。托马斯州长和许多他政坛上的追随者经常光顾这家店，同时，这家店的名字也经常出现在《宾夕法尼亚公报》的新闻和广告专栏中。

第二家伦敦咖啡馆

佩恩的城市中最出名的咖啡馆，大概是《宾夕法尼亚杂志》的印制威廉·布拉德福德所开设的那一家。它位于第二街与市场街角的西南方，并且被命名为"伦敦咖啡馆"，是费城第二家被冠上名字的咖啡馆。1702 年，后来的市长查尔斯·李德从奠基者威廉·佩恩之女——莱提蒂娅·佩恩——手中购得了这块土地，并建造了这栋建筑。

布拉德福德是第一个将这栋建筑用来当作咖啡馆的人，而他在递交给州长的营业证申请书中，自述进入这门生意的理由是："有人建议经营一家咖啡

第二家伦敦咖啡馆，1754 年由印刷业者威廉·布拉德福德所开设。比起其他酒馆，作为一间休闲娱乐场所，这里是贵格市内最常被光顾的地方——直到美国独立战争爆发。同时，这家店也在殖民地闻名遐迩。

馆以造福商人和贸易商，而某些人或许有时会想要被供应除了咖啡以外的其他含酒精饮料，申请人认为有必要获得州长的许可证。"这表明，在当时咖啡被人们当作两餐间的提神饮料，就像人们多年来会在餐前和餐后饮用酒精饮料一样——直到 1902 年。

布拉德福德的伦敦咖啡馆似乎是一家合资企业，因为在他 1754 年 4 月 11 日的杂志中，出现以下公告："公共咖啡馆的认购人获邀于 19 日、周五下午 3 点前往法庭会面，选拔适合认购计划的受托人。"

咖啡馆是一栋三层楼的木造建筑，还有某些历史学家认为是四层楼，其中第四层是阁楼。有一层楼高的木制雨篷向外延伸，遮盖咖啡馆前的人行道。咖啡馆的入口在市场街（当时的高街）。

伦敦咖啡馆是早期城市"刺激、冒险精神和爱国主义脉动的中心"。最活跃的市民们在此聚集——商人、船长、来自其他殖民地及国家的旅行者、英国

费城老伦敦咖啡馆的奴隶买卖。

政府官员和地方官员。地方行政长官和其他同等重要的人士会在特定时间光顾，"从嘶嘶作响的大壶中啜饮咖啡，某些高贵的访客甚至拥有自己的座位"。

此地也带有商业交易的特色——四轮马车、马匹、粮食以及类似的货物在此处的拍卖会上出售。

此外，早期的费城奴隶主会将黑人成年男女和孩童公开拍卖，将他们放在咖啡馆门前街道上架设的平台上展示。

这个休闲场所是公众情绪的晴雨表。1765 年，一份带有根据《印花税法》条款而发行的印花、在岛国巴巴多斯出版的报纸，就是在咖啡馆前的这条街道上，伴随着群众的欢呼声而被公开焚烧。1766 年 5 月，带来撤销《印花税法》消息的来自英国普尔的"密涅瓦号"船长怀斯，就是在此处受到了群众的热烈欢迎。几年来，渔人们都会在这里设立五朔柱，将此地作为庆祝五朔节的场所。

布拉德福德在加入新成立的革命军并担任少校后不久又升任上校，便放弃了咖啡馆。当英国人在 1777 年 9 月进入费城时，军官们前往经常被托利党党员光顾的伦敦咖啡馆休闲。在英国人撤出城市后，布拉德福德上校重拾经营咖啡馆的旧业；不过，他发现群众对这个老休闲场所的态度发生了变化，之后，这家咖啡馆便开始走下坡路，几年前开幕的城市旅馆所带来的激烈竞争或许也加速了它的衰败。

布拉德福德在 1780 年放弃租赁权，并将咖啡馆的所有权转让给约翰·彭伯顿，彭伯顿将此处出租给吉佛德·达利。彭伯顿是一位贵格会教徒，他对于赌博和其他罪行有所顾忌，并将这一点体现在了租约的条款中。

租约条款是这样的：达利"承诺并同意他将尽一位基督徒的努力，维护馆舍的规矩与秩序，并防止出现咒骂、诅咒等渎神的行为；同时，在每周的第一天，该馆舍保持关闭，不开放给大众使用"。双方还进一步约定，"不允许任何人玩纸牌、骰子、双陆棋或任何其他非法游戏，否则将被罚款100英镑"。

由租约的条款可以看出，彭伯顿认定为亵渎神明的事物，在当时的其他咖啡馆却是被接受的。这些规定或许过于严苛了；几年之后，这家咖啡馆转到了约翰·斯托克斯手中，而他将其用作住所及仓库。

城市旅馆（商人咖啡馆）

最后要介绍的费城著名的咖啡馆建造于1773年，名为"城市旅馆"，后来被称为"商人咖啡馆"——可能是以当时纽约著名的同名咖啡馆来命名的。

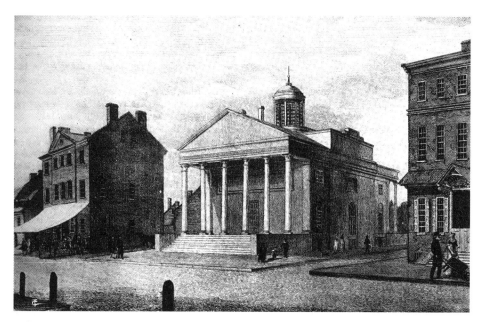

城市旅馆，建于1773年，以"商人咖啡馆"之名为人所知。图左的酒馆被认为是殖民地最大的旅馆，位于宾夕法尼亚银行（图中）隔壁。翻摄自一份以罕见桦木雕版的印刷品。

剧作《汉密尔顿》中交易所咖啡馆的场景。在这个玛丽·P. 汉姆林及乔治·亚利斯于 1918 年创作的戏剧第一幕场景中，舞台布景艺术家致力于呈现真实的历史背景，并结合了在华盛顿第一届任期时存在于费城、弗吉尼亚及新英格兰数家旅馆及咖啡馆的特色。

它的位置在第二街，邻近核桃街。在某些方面，它比早期的竞争者——也就是布拉德福德的伦敦咖啡馆——更为有名。

城市旅馆是仿照伦敦最好的咖啡馆建造的，当它开业时，被公认为美国同类型商店中最精致且最大的。

它有三层楼高，用砖块建成，里面设置了几个很大的俱乐部聚会室，其中有两间由一扇宽大的门连接在一起，当门打开的时候，就成了一间约 15 米长的大型餐厅。

丹尼尔·史密斯是第一任经营者，他在 1744 年初对大众开放咖啡馆。在独立战争之前，史密斯为了从伦敦咖啡馆赢得顾客而经历了一段艰苦挣扎的时期——伦敦咖啡馆就开在几个街口之外。但在独立战争期间和之后，城市旅馆逐渐占据了领先地位，而在超过四分之一世纪的时间里，此处一直是城内主要的聚会场所。一开始，这家咖啡馆在大众心中有各种不同的名称，有些人用它真正的名字来称呼它，也就是城市旅馆，有些人则会加上店主的名字，称呼它为史密斯酒馆，还有一些人叫它新酒馆。

在独立战争结束后，费城的上流人士会前往城市旅馆休闲，正如他们之前去布拉德福德的咖啡馆一样。

然而，在到达如此高的地位之前，城市旅馆差点被摧毁，因为托利党人扬言要将其夷为平地。1776 年，华盛顿在马萨诸塞州剑桥接管美国军队的指挥权，华盛顿夫人在前去与丈夫会合的途中于费城停留。当时，华盛顿夫人婉拒了在酒馆露面，进而阻止了这次危机。

在和平降临后，这家咖啡馆成为当时流行的娱乐场所。这里曾迎来城市舞团，也曾是第一位由法国到美国的法定代理人 M. 杰拉德，为路易十六生日举办辉煌宴会的场所。华盛顿、杰斐逊、汉密尔顿以及其他思想领袖在费城时，或多或少都是这家咖啡馆的常客。

城市旅馆变成商人咖啡馆的确切时间并不清楚。当詹姆斯·基钦于 19 世纪初接手经营时，它已经被如此称呼了。1806 年，基钦将咖啡馆改为交易所，或者说商业交易所。到了俱乐部和饭店开始流行的时候，咖啡馆也丧失了往日的地位。

1806 年，威廉·伦肖计划在第三街的宾汉大楼开设交易所咖啡馆。他甚至向企业界募资，表示他打算记录一份海事日志和一份待售船舶登记簿，以接收并转寄船上的邮件，并且为举办拍卖会提供场地。不过，他最终打消了这个念头，部分原因是商人咖啡馆似乎令人满意地填补了城市生活中那个独特的位置，另一部分原因则是餐饮业的利润更为可观。于是，他放弃了他的计划，并在 1807 年于宾汉大楼开设了官邸饭店。

part 4

向世界宣传咖啡

品尝咖啡能获得真正的愉悦，

来杯咖啡是聚会的标配，

准确地呈上咖啡是种品位，

宣传咖啡千万不可忽略这三点！

第十九章

咖啡广告简史

> 贾维斯·A. 伍德曾说，广告的目的是让他人认识、记住并采取行动。如果我们同意这个绝佳定义，那最早的咖啡广告人便是早期的医师和作家，他们将一些关于咖啡浆果和用其制作的饮料的讯息告知自己的追随者。

以本书的特色来说，关于广告的章节不可避免地要以故事的形式呈现。本章将告诉我们咖啡在广告宣传方面取得的成就，并为更好的广告宣传指出一条明路。在讲述这个故事时，作者会尽可能多地辅以插图，有时候插图甚至比文字更有说服力。

早期的咖啡广告

商业宣传或广告需要专业建议，成功的商业记者们正好能胜任提供意见的角色。我建议这个领域的新手要先咨询他们，他们熟识所有媒体内最有资格提供协助的人，而且乐于推荐那些能提供最大助力的人。

贾维斯·A. 伍德曾说，广告的目的是让他人认识、记住并采取行动。如果我们同意这个绝佳定义，那最早的咖啡广告人便是早期的医师和作家，他们将一些关于咖啡浆果和用其制成的饮料的讯息告知自己的追随者。

早在 10 世纪时，拉齐和阿维森纳便以拉丁文讲述了这个故事，并且他们似乎推荐将咖啡作为健胃剂使用。许多早期的医师也提到过咖啡。因此，咖啡最早是被当作一种药物介绍给消费者的。这种从珍奇柜中取出的浆果最初进入药剂师的店铺，被当作一种药材出售和宣传；接着，柠檬水小贩开始宣传并贩卖咖啡；然后是咖啡馆和咖啡店的经营者；最后则是咖啡商人，他们贩卖咖啡生豆及烘焙过的咖啡豆，并且会进行广告宣传。

劳沃尔夫在 1582 年将咖啡引入德国；阿布达尔·卡迪在大约 1587 年用阿拉伯文写下他著名的《支持咖啡合法使用之论证》；阿尔皮尼在 1592 年将咖啡引入意大利；英国旅行者在 16 到 17 世纪写下关于咖啡的记录；大约在同一时期，法国的东方学家也描述过咖啡；早在 1670 年咖啡生豆被带到波士顿出售前，咖啡就已经在美国出现了。

阿布达尔·卡迪在其手稿中用非常直白的语言宣传了咖啡，因为这一点，他的手稿或许可以被视为最早的咖啡广告。阿布达尔·卡迪是一位法学家暨神学研究者、穆罕默德的追随者，他急切地想要说服同时代的人：饮用咖啡与先知的律法并不矛盾。

第一份英文广告印刷品

很快，今天的新闻就变成了明天的广告。

1652 年，第一份关于咖啡的广告印刷品在英国出现了。那是一张商店广告单，也就是传单，是帕斯夸·罗西为其位于康希尔圣麦可巷的第一家伦敦的咖啡馆制作的。原件被保存在大英博物馆。这份广告单印在第十五章，值得我们仔细研究一番。上面写着：

> 咖啡的优点
>
> 在康希尔圣麦可巷以帕斯夸·罗西自己的头像为招牌的店铺中，帕斯夸·罗西推出一款全新的饮品——咖啡，这也是咖啡首次于英国制作并贩卖。
>
> 咖啡浆果是一种矮小的树的果实，这种树只生长在阿拉伯沙漠中。

一些在美国经广告宣传的咖啡品牌。这些是数以百计在美国被广告营销的包装咖啡的一些例子。这批商品为它们的商标设计所展示的类型数量、变化，及其吸引力提供了很好的例证。

现在，它从那里被带到此地，并普遍被所有伟大的自治领主饮用。

这种饮料的制作过程很简单：先将咖啡浆果放在炉中烘干，然后研磨成粉，再用清泉水煮成饮料即可。饮用咖啡前 1 小时需禁食，饮用后 1 小时内不可进食，请在可忍受的温度范围内，尽可能地趁热饮用；我保证，热咖啡绝不会烫掉嘴里的皮或造成任何水泡。

土耳其人在吃饭时和其他时候通常会喝水，他们的饮食中包含许多水果，这种天然食品在很大程度上被咖啡这种饮料所修正。

这种饮料既是凉性又是热性的；而尽管它是一种可燃物质，但它既不发热，也不会比热奶酒更容易燃烧。

它能使胃部的开口闭合，并能够强化其中的热度，因此有助于消化，尤其是在下午三四点或早晨时饮用极为有效。

它能振奋精神，使人放松。它还可以预防眼睛酸痛，如果你用热咖啡的蒸汽来蒸眼睛，效果会更好。

它能抑制愤怒，因此对预防头痛十分有用，而且能有效阻止胃部上方部位所凝结出的黏膜分泌物流下，从而预防、改善痨病和肺部的咳嗽。

它对预防和治疗水肿、痛风以及维生素 C 缺乏病有绝佳效果。

根据经验我们可以得知，对上了年纪的人和患有结核病的孩童来说，它比其他任何无酒精饮料都更好。

它对预防孕妇流产非常有效。

它是治疗脾虚、忧郁症、胀气或其他类似病症的最佳药物。如果你需要提神，可以适当饮用咖啡，防止自己昏睡，保持专心工作的状态；不过不建议你在晚饭后饮用咖啡，除非你打算彻夜不眠，因为它会导致你晚睡三四个小时。

据观察，土耳其人普遍饮用咖啡，他们不会被结石、痛风、水肿或维生素 C 缺乏病所困扰，而且他们的皮肤都特别清透和白皙。

咖啡不是泻药，也不是止血剂。

这则广告值得注意的地方是，即使与如今最好的广告相比，它依旧有极高的价值。因为这则早期的广告似乎极为出色地囊括了那些现代广告专家公认的一则成功的广告所必备的特质——以针对消费者的销售方面作为衡量标准。我们之后再讨论这个问题。

第一则报纸广告

第一则咖啡的报纸广告以"文选"的形式出现在 1657 年 5 月 19 日星期二到 5 月 26 日星期二那一周的伦敦《大众咨询报》上。《大众咨询报》是一份每周发行的商业时事通讯。这则咖啡广告被夹在一则宣传一位医师的文选和一则巧手匠人（是位女性美发师）的宣传之间，内容如下：

> 在旧交易所后面的巴塞洛缪巷，有家店贩卖一种被叫作咖啡的饮料。
> 这是一种非常有益身心健康的饮料，有许多出色的功效，包括闭合胃部的开口并强化其中的热度、帮助消化、振奋精神、放松心情，对预防眼睛酸痛、咳嗽或伤风、感冒、痨病、头痛、水肿、痛风、维生素 C 缺乏病、结核病和许多其他疾病都十分有效。
> 咖啡供应时间是每天早上和下午 3 点。

差不多在 1672 年帕斯夸于巴黎开设第一间咖啡馆的同一时间，巴黎的店主们开始用广告牌宣传咖啡。以下是一个极佳的例子，其文本与帕斯夸·罗西的广告非常相似：

> 咖啡浆果最出色的功效
> 咖啡是一种只生长在阿拉伯沙漠的浆果，它从那里被运到所有伟大领主的领土。
> 饮用咖啡，能祛寒、除湿、缓解胀气、健肝、消肿。咖啡是对抗瘰

痒及血液毒素的良药，能提神醒脑，缓解胃部的疼痛；对脑部微恙、伤风、分泌物多和忧郁沉重也有好处；咖啡散发的蒸汽可以预防眼睛发炎和耳鸣；在预防胸闷气短、脾脏疼痛和肝脏疼痛方面，咖啡的表现也十分出色；咖啡可以抵抗寄生虫；在暴饮暴食之后，人们也可以适当饮用咖啡来缓解不适。

如果你每天饮用咖啡，要不了多久就能体会到上述的效果；感觉不舒服的人更应该不时饮用咖啡。

以下是 1662 年和 1663 年典型的伦敦商业广告。第一则广告摘自 1662 年6 月 5 日的《王国通报员报》，内容如下：

在交易巷由康希尔进入伦巴街、靠近管道街，属于行宫伯爵厅的音乐厅中，出售合法的咖啡粉；它也被称作土耳其浆果，彻底清洗过的 1磅价格是 30 先令……（号称）品种最好的东印度浆果 1 磅售价 20 先令。某些地方会贩卖质量非常糟糕的浆果，那些追求低价的无知者会去购买，这正是造成现在许多地方喝的咖啡品质低劣的主要原因。

1663 年 12 月 21 日的《情报》刊登了以下这则广告：

本月 23 日周三晚间 6 点，在圣巴塞洛缪巷尽头、皇家交易所北门对面的全球咖啡馆，有一批咖啡浆果公开出售。若有任何人想知道更多的消息，可求助于全球咖啡馆的公证人布里格先生。

达弗尔的专著《制作咖啡、茶和巧克力的方法》于 1671 年在里昂出版，人们普遍认为这本书是为咖啡所做的广告；事实证明，它确实是出色的广告，并于 1685 年被翻译成了英文。

1691 年，我们在巴黎的《方便之书》中发现了一则广告，是为了宣传一种能放进口袋的便携式咖啡制作装备。

1707 年，第一本咖啡期刊《新兴及奇特的咖啡馆》由西奥菲洛·乔吉于莱比锡发行，它可能是第一个咖啡谈话会的内部刊物；这位发行人兼经营者承认，将他的咖啡沙龙打造成文人学士休闲场所的主意是从意大利获得的。

我们在前文介绍了一些在 1652—1675 年间，与将咖啡引进伦敦有关的巨幅海报、传单和小册子。讲到这些宣传品，连学广告的学生都能做到，因为它们的作用是：显示咖啡的真正价值如何被那些强力主张更荒诞要求的人所彻底忽略。

然而，一个值得我们注意的有趣现象是，这些早期的广告在印刷水平上表现出了极高的水准。真的！咖啡一词的字母与 270 年后美国的广告版本中所用的一样。另一点值得注意的是，"聪明采用插画的巧妙协助"于 1674 年首次被使用。

再一次，我们注意这奇特的对照：283 年前，所有的广告都将咖啡宣传为一种可治疗许多病痛的灵丹妙药，而咖啡的反对者却想要我们相信，那些病痛正是由咖啡引起的。然而，那些了解咖啡真相的人明白，这两种说法都很荒谬。

早在 1714 年，"咖啡"就出现在《波士顿时事通讯》上商店经营者的公告中。同时在 18 世纪时，美国殖民地的其他报纸上，咖啡通常会伴随着一些古怪的对象一起被出售。1748 年，一家位于波士顿码头广场的商店发布广告，称出售"茶叶、咖啡、靛青染料、肉豆蔻和糖等"物品。1794 年 4 月 26 日，《哥伦比亚百夫长》刊登了一则非常具有代表性的广告，内容如下：

康希尔 44 号的杂货店

诺顿和霍利奥克

敬告友人和公众，康希尔 44 号的杂货店（以前是邮局）正出售

各种各样的杂货商品。

包括：

茶叶、香料、咖啡、棉花、靛青染料、淀粉、巧克力、葡萄干、无花果、杏仁和橄榄；西印度群岛朗姆酒、最好的法国白兰地、纯正的进口樱桃酒等。所有商品的售价和波士顿任何一家商店一样低廉。

任何不满意的商品都可以无条件退货。

美国第一则与咖啡相关的广告刊登在 1790 年 2 月 9 日的《纽约每日广告报》上，内容是关于一家大宗咖啡烘焙工厂，而不是咖啡本身。这则广告被翻拍如下页图。

直到 19 世纪 60 年代，包装咖啡开始流行，所有咖啡商人遵循的刻板商务名片形式才开始发生改变。

然而就算在那个时候，这些千篇一律的名片所做的改变，也不过是将品牌名称嵌入而已，比如说"奥斯彭的驰名调和爪哇咖啡。由路易斯·A. 奥斯彭独家提供"，"以铝箔纸包装的政府咖啡，由泰博和普雷斯的茜草磨坊提供"。

咖啡广告的演进

就和其他行业的宣传一样，咖啡广告真正的进步始于美国。在美国，咖啡广告实现了危害最小化、效益最大化的效果。整个过程用了不到 75 年的时间。

咖啡广告有所进步的第一个表现就是出现了印有彩色图像的广告单。广告单，也就是小传单，在英国及欧洲大陆已经十分常见了。在英国和欧洲，广告单与更巨幅的海报被当作广告媒介已超过 200 年，它们的竞争对手是小册子和报纸。然而，一直到美国开始使用彩色图像，广告单才得以发扬光大。

时间最早且质量最好的图像广告单范例，便是插图显示的阿巴可循环式烘豆机广告。很快，与之相似的广告开始在报纸上出现，不过大多都没有插图。后来，报纸上开始引入更多的图像元素、装饰性边框和设计。欧洲艺术家的点子被大量采用，但由于是被运用在如此功利性的广告上，以至于它们的创作者几乎都认不出自己的作品。

美国第一则专为咖啡所做的报纸广告,《纽约每日广告报》, 1790 年 2 月 9 日。

1854 年圣路易的一张广告单。

1888 年 12 月的《女士之家杂志》中, 波士顿的大伦敦茶叶公司(一家早期的邮购商行)刊登了一则广告, 称"自 1877 年以来, 我们一直在为那些大量购买茶叶和咖啡的客户提供优惠价格"。

同一期杂志中, 还刊登了波士顿 Chase & Sanborn 公司出品的海豹牌及十字军牌咖啡的广告; 匹兹堡的 Dilworth 兄弟公司也是杂志广告版面的早期用户之一。

在 20 世纪初, 谷物饮料对咖啡的威胁发展到了一定程度, 以至于咖啡商开始对此感到担忧。骗人及不实的"替代"复制品几乎被所有媒体毫无节制地全盘接受, 包装上的标签也容易让人产生误解。

随着 1906 年《纯净食品与药品法》的出台, 谷物替代品的标签滥用情况得以改善; 但直到将近 10 年后, "广告中的真相"运动发展成一股不容小觑的力量，报纸与杂志才对咖啡商采取切实的保护措施。同时，许多咖啡商由于缺乏组织性或对咖啡知识的了解，发表了让消费者更加困惑的不恰当辩护文稿，而无意间让替代品占了便宜。

一度有将近 100 家咖啡替代品公司参与了一场针对咖啡的激烈、虚假的抗议活动。最引人注目的犯罪者利用自我暗示法则，并找来许多密医和广告人，这些人非常乐意出卖自己的才能，协助他攻击一项体面的事业。

曾有一年，足足 176.5 万美元被投注在诽谤咖啡上。诽谤者主张，咖啡是所有疾病的源头，而如果停止饮用咖啡 10 天并用他们的万能药代替，这些疾病就会消失。

当然有许多人知道——不过仍属少数——咖啡中所含的咖啡因是种纯粹、安全的兴奋剂，并不像酒精、吗啡等虚假的兴奋剂那般会摧毁神经细胞。而且，即使摄入了大量的含咖啡因的饮料，一旦停止饮用后，副作用就会消除。

在这样的情况下，人们还是对咖啡产生了质疑，觉得咖啡也许对他们并没有益处。

接着，咖啡商们迎来了令他们不满的严冬。深陷在谷物替代品所造成的泥沼中，没有安全的立足点和确实的方向感，咖啡广告在撰稿人开始向大众担保"谷物替代品商人所控告那些罪名与他们的品牌绝对不符"时，便可悲地误入歧途。在这种情况下，他们无意中帮助并支持经营谷类替代品的商人。

例如，一位烘焙商兼包装业者在广告中说："咖啡中的有害物质是含有单宁酸的糠，而我们在烘焙及研磨过程中已将它们彻底去除。"科学研究已经证明，此说法是错误的。

另一位烘焙商说："如果咖啡对你的神经和消化造成严重破坏，那是因为你使用的并不是新鲜烘焙、彻底清洁和正确保存的咖啡。我们制备咖啡的方法可以生产香气十足的咖啡，而且保证没有摧毁神经的副作用。"

一位知名的咖啡包装商在广告中称："我们的咖啡没有灰尘和带有苦味的单宁，即咖啡中唯一有害的物质。"另一位包装业者则告知消费者，他使用"一种非常特殊的钢铁切割工艺"把咖啡豆切开，"这么一来，含有易挥发油

The Case For Coffee

Number Six

What experienced physician can or will deny the power and influence of suggestion—auto or extra—upon the mind and body of his patients—or himself? Such suggestion influences the action and effect of foods as well as drugs—one patient cannot eat this; another can. Certain patients, provided suggestion is sufficiently potent, ascribe benefit to medicine taken that is purely placebo. Herein may be found the explanation of the harmful effects ascribed to coffee, by the exceedingly small number of people who claim to be injuriously affected by it—as well as the efforts of those who are selfishly interested in the exploitation of coffee substitutes. Those who are susceptible to the power of suggestion, respond quickly to oft-repeated fallacy or distorted statement. Easily convinced themselves, they succeed in influencing others. The result of this is a collection of so-called clinical evidence that is apt to influence the careless physician who does not analyze carefully, who overlooks the importance of *post non propter hoc* in the Science and Art of Medicine. "He gets not far in medicine who takes anything for granted." Hence, the conscientious and the wise doctor should not accept without analysis, nor condemn without reason.

He should differentiate between fallacy and fact, in order that he may most efficiently practice the art which above all other arts, demands accurate and exact estimation of the relation between cause and effect. Eschew suggestions —hold fast to facts. See next issue.

The Case For Coffee

Number Seven

We owe to Pavlov, and other eminent seekers after physiological truth, the knowledge of the value of mental stimulation in producing the so-called "appetite juice" without which gastric digestion cannot be efficiently p e r f o r m e d. Hence we can understand why and how, to most individuals, the thought, anticipation and odor of the morning cup of coffee is of practical value in bringing about the proper enjoyment and digestion of what is or should be the most important of the daily meals.

"Without coffee," wrote a wise doctor, "breakfast is a meal instead of an institution." The craving for the matutinal cup of coffee is not a cry of the body for a stimulating drug, not the prompting of a bad habit. It is a physiological demand for aid in the performance of normal digestion.

Nature is wise in her provision of coffee to begin the first meal of the day, to awaken and activate digestive processes made dormant during the period of the body's lowest vitality. Also of coffee after dinner to assist in the digestion of the heaviest meal when functions are depressed as a result of the day's struggle. If coffee be a habit—so is appetite. One is almost as helpful and as necessary to the average individual as is the other.

Realizing these *facts*, physicians will be slow to condemn or to forbid the use of coffee—in moderation—because of certain fallacies or half-truths, promulgated by those who neither analyze nor weigh the evidence, or who are influenced by prejudice, selfish interest or exploitation of substitutes for "Nature's most prized beverage." More anon.

The Case For Coffee

Number Eight

"Science," wrote a great scientist, "has neither reason nor excuse for jumping at conclusions."

Yet, "jumping at conclusions"—or the assumption of fact from insufficiently analyzed evidence—has more than anything else retarded the progress of practical medicine.

Assumption, for example, that uric acid is the cause of rheumatism, gout and many other functional or organic disturbance or disorder of body organs or tissues, prevented for years the recognition of the true cause of such conditions and the real nature of uric acid, indican, etc.

Attempts therefore to condemn coffee as a source of uric acid or metabolic waste products, while given credence in the past, lose all force in the light of present knowledge. Oldfangled dietaries used to *proscribe* coffee—modern ones allow it or *prescribe* it. We formerly forbade sugar and carbohydrates in diabetes mellitus. Today, knowing the patient can tolerate these in moderation, we allow them to be so taken. There was a time, when all water or liquid was forbidden during fevers. We used to bleed or purge secundum artem for so-called "reasons" arrived at by "jumping at conclusions." As for coffee, accused upon hearsay and prejudice of being a "dangerous drug" capable of doing considerable harm, we now realize and recognize it as possessing definitely beneficial therapeutic properties. Let no physician condemn or forbid coffee unjustly or as a result of "jumping at conclusions."

See next issue.

The Case For Coffee

Number Nine

Hippocrates recognized the influence of temperament in the production of symptoms. It is often said that "as a nation we live and work and play upon our nerves." To "nervousness" is ascribed much of the functional disturbance that provides physicians with many patients. Why deny the fact? But on the other hand, why attempt to saddle upon certain articles of food or drink the onus of inducing "nervousness?"

Take coffee for example, accused of producing nervousness by over-stimulation of cardiac or cerebral functions. Nervousness is a mental phenomenon mostly. Excessive fatigue, overuse of muscles or mind, overwork of digestive organs, increased mental strain, worry, insistence upon brain effort in spite of Nature's effort to rest and to recuperate, impaired nutrition favored by impure or anemic blood, laden with toxins absorbed as a result of intestinal stasis, deficient oxidation or exercise, excessive use of vital forces, all these are upon analysis the causes of "nervousness." Yet how often patient and physician make or attempt to make coffee a scapegoat for symptoms complained of!

Analysis of symptoms, of secretions, and excretions, of habits, will, almost without exception, point away from coffee and toward some more rational and direct exciting cause. Withdrawal of coffee does not often remedy the condition. Removal of the real causes, usually permits of resumption of the use of coffee. Forbid coffee if you can convince your reason that it is in part responsible. But do not make it a scapegoat to excuse or avoid getting at the real cause. See next issue.

告知医生关于咖啡的真相，1920 年。

分（食品）的微小细胞便不会被破坏"。

一位著名的芝加哥包装商推出了一种新品牌的咖啡，宣称这项产品"不会令人上瘾""无毒"，是"纯粹的咖啡"。一位不想被超越的纽约客则推出一款宣称含有咖啡浆果中的全部刺激成分，但去除了酸和所有有害成分的咖啡。他补充道："这款咖啡可以放心地大量饮用，不会损伤消化器官或神经系统。"

一位饮用包装咖啡的人推出了一种自制的谷类"咖啡"，并在广告中称这款产品"是市场上最好的咖啡，拥有全部的功效，没有任何令人不愉快的特质，强化却不刺激，能够令人满意而不毁坏神经"。

历史再次在美国重演。在咖啡第一次于阿拉伯遭到宗教迫害的400多年后，它遭到了美国商业狂热分子的迫害。就连在友军阵营中，咖啡都遭到了暗算，咖啡商人自己都用推测和讽刺做出让人出乎意料的"诋毁性"广告。

必须做些什么！

当谷物饮料足以自立的时候，这些咖啡替代品并没有获得太多关注。只有用它们是咖啡替代品的理由去进行交易，才让它们得到一些进展。最初的犯罪者将他的产品当作"咖啡"出售，这是个谎言，就像他后来所承认的，他的产品中1颗咖啡豆都没有。他的广告厚颜无耻地宣称："留白咖啡，无法消化一般咖啡的人的最佳选择。"

人们无法再在包装标签上进行虚假宣传，然而报纸和广告牌仍然可以利用。在法律和舆论让某些手段无法再使用前，利用报纸和广告牌宣传推销咖啡便是司空见惯的做法，而且能用这种方式来为某个包装创造需求，然而一旦你掏钱买下，

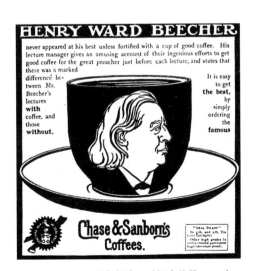

Chase & Sanborn 广告文稿，时间大约是 1900 年。

就会发现根本不是这么回事。

直到 1911 年，我们最为敬重的报刊之一《纽约日报》都还刊载了一则将自己的产品宣称为"咖啡"的广告。尽管根据公正性，它被要求修正其中的误导性用语，但一直到《茶与咖啡贸易期刊》呼吁《纽约日报》发行商要注意事项时，广告中关于咖啡的部分才被删除。

这本贸易期刊从一开始就极力主张咖啡商要组织起来进行抗辩，这些鼓动最后终于有了结果：全国咖啡烘焙师协会成立了，随后在巴西咖啡种植者及全国咖啡烘焙师协会的支持下，一项运动展开了——合作广告活动，则是这项运动的成果。

与此同时，由于政府的检验分析，谷物咖啡替代品已经彻底被打入不可信的行列，即使到了现在，仍旧有许多报纸发行人愿意"冒险"挑战公众舆论，并乐于承认他们在广告栏上为咖啡替代品刊登了像是"拥有如咖啡般风味"的误导性说法。

杂志及报纸广告文稿，联合咖啡运动，1922 年。

联合咖啡贸易宣传委员会杂志及报纸广告稿，1919 年。

在今日的美国，咖啡广告已经达到极高水平；我们的咖啡广告人领先于所有国家。教育工作由《茶与咖啡贸易期刊》开展、全国咖啡烘焙师协会促成，并且由联合咖啡贸易宣传委员会、巴西－美国咖啡促进委员会和美国咖啡工业联合会共同发展，已经削弱了不少谷类替代品引起的群魔乱舞。

然而，咖啡商们还是有相当大的改进空间。有些人还是习惯在宣传中夸大其词，用会摧毁公众对咖啡信心的方式做出有损竞争对手名誉的事，还有些人因为对自身产品不了解或缺乏信心，不断宣称他们的品牌绝对不含有害或者无用的成分。我们希望假以时日，这些弊端将对商业报刊及那些为商业的改进持续努力的组织产生进一步的启发和影响。

在 1919 年国际咖啡运动展开之前，全国咖啡烘焙师协会发起了两次"全国咖啡周"活动，一次在 1914 年，另一次则在 1915 年；这两次活动为接下来的大型联合咖啡贸易宣传奠定了非常好的基础。

联合咖啡运动期间，也出现了一些关于正确的研磨和冲煮咖啡方法的早期研究。在纽约的爱德华·阿博恩指导下成立的咖啡冲煮改进协会，为自耕农提供服务。更多的教育工作在学校中、报纸编辑之间，还有交易的时候进行。这是第一个为咖啡进行的联合宣传活动。

除上述的活动之外，"全国咖啡周"还在全国各地推广冰咖啡这种令人愉快的夏日饮品，并有史以来第一次强调应该要用滴漏和过滤的方法来制作咖啡，而非煮沸法——长期以来，煮沸法是这个行业的弊端之一。

包装咖啡的广告宣传

咖啡广告在约翰·艾伯克于 1873 年引进 "Ariosa" 咖啡后，开始呈现出特色。以现代标准来看，某些为包装咖啡先驱所进行的早期宣传在印刷上看起来相当粗糙，不过，文稿本身已经有所有必要的效力，而且虽然已经历经半个世纪，其中的许多论点在今日同样适用。

以下页左上图的广告单为例。这份广告单是三色印刷，上面的论点新颖

第一份包装咖啡彩色广告单，约在 1872 年。　　早期 Yuban 咖啡的广告文稿样本。

且很有说服力。广告单的背面也让人印象非常深刻。

即使在一些报纸上刊登过广告，但艾伯克起初还是多借助传单或巨幅海报来进行宣传。艾伯克是第一位在广告中提出优惠活动的人，而事实证明，这些策略是让"Ariosa"咖啡一举成名的一大重要因素。

艾伯克先生为他的商品创造了一种口耳相传的宣传方式，这其实是广告业最难以达到的成就。这一举动造成了深远而持续的影响，以至于在某些区域，这种宣传方式持续了至少 60 年。这种广告营销的用意在于：让人们开始谈论你的品牌。

据估计，1933 年，大型咖啡烘焙商在美国采取所有形式的宣传手段花费了约 600 万美元。

第一个咖啡的注册商标，1871 年。

经验证明，一个成功的包装咖啡品牌背后，必然要具备咖啡豆采购、调和、烘焙及包装的专业知识，以及高效的销售团队。以下这些是必不可少的：（1）高质量的产品；（2）好的商标名称及标签；（3）有效的包装。有了这些，再通过明智的规划，并谨慎地发布广告，进行相关的销售活动，将获得成功。这些广告既包括面向经销商的，也包括面向消费者的；它们可能借助的媒介多种多样，例如报纸、杂志、广告牌、电子招牌、电影、收音机、实地示范，以及试喝体验。商业广告绝不能被忽略的一方面，就是经销商协助。

当然，推出一种全新包装咖啡的烘焙包装业者或经销商，要在多大范围内利用各式各样的广告媒体，或寻求经销商协助，取决于广告经费的多少。

许多烘焙包装业者为了协助替他们销售咖啡的食品杂货商，于是提供了用来做户外展示的耐风雨金属招牌、展示架、商店和橱窗的展示标志、产品立牌、记事簿、消费者小册子、电影、实地示范，以及试喝体验等广告宣传形式。

商业广告

直到相对近代的时期，只从事烘焙交易贩卖的生咖啡进口商都还没有意识到广告的必要性。他们倾向于相信他们不需要做广告，因为在大多数情况下，生咖啡的销售并不取决于品牌；在某种程度上，价格才是真正的决定因素。

然而，近些年来，许多生咖啡公司开始了解到，在咖啡烘焙师贸易日志中，能被巧妙运用的广告字段才是影响形势的友好要素。与此同时，少数进口商会在广告中展示自己的商标，从而让他们在名誉之外累积了更为宝贵的商标资产。

有好几年，生咖啡贸易使用的是名片式广告宣传，不过有些现在开始采用最新的文稿风格。

如果不恰当地利用商业出版物，为包装咖啡进行的广告活动不可能完全生效。在从业者发行的报纸上做广告有许多优点。对推销员来说，这种广告活动是一份负有宣传使命的好工作，能让经销商更有信心，并让他们知道，在制订分销计划时也为他们考虑了——绝对没有仅仅通过消费者广告就要强将货物塞给他的意图。

贸易文章的广告也帮助包装业者结识支持所广告之品牌，且拥有销售点的经销商，如此便可节省推销员的时间。现在越来越多的咖啡包装业者利用贸易文章的广告字段。

以各式媒体进行的广告宣传

广告牌、其他户外广告和车体广告，被大量运用在咖啡宣传中。

多年来，色彩鲜艳的户外招牌都是一家中西部烘焙商宣传活动的支柱。车体广告和广告牌越来越受到欢迎，因为这种广告不仅引人注目，还能让咖啡包装业者用自然的色彩将自家产品呈现在大众眼前。比如纽约的艾伯克兄弟、旧金山的希尔斯兄弟、布鲁克林的马克斯韦尔产品股份有限公司、纽约的希曼兄弟、圣路易的 Hanley & Kinsella 咖啡及香料公司、纽约的 Jos. Martinson、杜鲁斯的安德森－莱恩公司、普罗维登斯的 Brownell & Field 公司，以及许多其他公司，都坚持使用这种广告风格。

电子招牌也被证明在咖啡的广告宣传上是有效的。

电影在咖啡的广告宣传中被大量地使用，特别是在由咖啡生产国所引导的活动中。

巴西－美国咖啡促进委员会制作了一部电影，并将放映权授予咖啡烘焙师，让他们在当地戏院、零售食品杂货商群体面前和教育机构播放。

哥伦比亚咖啡农联盟现在正在宣传一部叫作《咖啡之乡》的影片，影片中揭露了哥伦比亚的咖啡种植与制备过程，这部影片还被授权给烘焙师并服务于其他展示用途。

大西洋与太平洋茶叶公司有两部与哥伦比亚咖啡制备相关的影片流通，同时还有一张照片显示咖啡在美国的搬运过程，供自家公司组织内部流通。

在将这些影片于戏院以及其他消费者群体面前放映时，当地烘焙师往往会将自有品牌广告插入其中作为预告片。

对于将收音机当作一种广告媒体有多少价值这一点，美国社会出现了不同的意见，但在 1933 年，重要的咖啡烘焙商不只在广播设备上投入了226.4025 万美元，还在制作节目以及许多"点"（也就是由小型企业所建立的地方广播）方面投入了大量的经费。

国家广播公司在落基山脉以东的 21 个大城市建立的基础"红色"联播网，每小时耗资 7120 美元，而将全国 65 条媒体通路接线到"红色"联播网的费用则为每小时 1.52 万美元。

同一家公司 18 条媒体通路的基础"蓝色"联播网花费是 6120 美元，而连接全国 62 座城市则每小时要花费 1.42 万美元。

通过哥伦比亚广播公司系统东部和中西部 23 个电台广播的基础网络，晚间每小时的花费是 7025 美元，白天则是 3516 美元。夜间由大西洋海岸到太平洋海岸联网的费用——93 条媒体通路——每小时要价 1.7575 万美元，而日间费用是每小时 8815 美元。

此处提到的所有费用指广播时段的花费，不包括节目的费用。

"A&P Gypsies"的管弦乐节目会让它的赞助商大西洋与太平洋茶叶公司在除了广播时段的开销外，每周再花费 3000 美元。

广播时段支出经费 1933 年著名的美国咖啡、茶叶等包装业者的花费 *（不包括节目费用）		
比纳营养包装公司		$52,584
加州包装合作社	Del Monte 咖啡	$85,814
乔治・W. 卡斯韦尔公司	咖啡	$47,011
J. A. Folger & Co.	咖啡	$82,581
通用食品公司	马克斯韦尔咖啡 速溶和谷物咖啡替代品	$571,330 $90,628
M. J. B 咖啡		$65,976
标准品牌公司	Chase & Sanborn 咖啡 Tender Leaf 茶叶	$657,333 $93,800
Sussman, Wormser & Co.	咖啡及食品产品	$11,480
乔治・华盛顿精炼公司	速溶咖啡	$106,820
R. B. Davis & Co.	巧克力麦芽饮品	$120,392
D. Ghirardelli 公司	可可和巧克力	$10,262
好立克麦芽牛奶公司	麦芽牛奶	$234,486
威氏葡萄汁公司	葡萄汁	$33,528
		$2,264,025
* 由国家广播公司出版资料整理		

赞助商制作有声广告片的经费在 5000 美元到 1 万美元之间。此外还要加上根据票房收入计算出的每发行 1000 次支出 5 美元的费用。由大西洋海岸到太平洋海岸的播映，每次更换节目的平均发行量是 500 万。

咖啡信息办事处

从 1931 年 6 月起，位于纽约的咖啡信息办事处就通过宣传品在美国持续推动大众对咖啡的兴趣与关注。

美国制罐公司是这个办事处的赞助商，这家公司认为，如果大众能对咖啡有更多的认识，咖啡的消耗量必然会随之攀升——特别是当人们了解了新鲜咖啡的重要性之后。

办事处的工作大部分是通过教育机构展开的，无偿为人们提供以下信息：咖啡生产国的文宣材料；为地理课程的学习数据做安排；展示咖啡的栽种、生长、采收、烘焙以及分销的过程；咖啡的冲煮方法。

关于咖啡的科学观点被提出，包括将咖啡放进真空罐头中的测试结果，该结果显示这种包装程序在保存咖啡的新鲜度方面是很有效的。

办事处宣称，到 1935 年 6 月，已经有超过 25 万磅印刷品被发放到美国各地的教育机构——而且全部都是对方主动要求的。

零售商的广告宣传

由各种类型的零售商人与连锁店所制作的咖啡广告，成为美国各地日益增加的咖啡宣传广告类别，特别是在大城市中。

当零售商分析购买咖啡的顾客时，通常会发现三种类型：第一种是以咖啡评鉴专家自许，却无法找到任何适合自己品位的咖啡的女士；第二种是新晋家庭主妇，她们对咖啡所知不多，但想找到一个自己与先生都会喜爱的优良品牌；第三种是最受零售商欢迎的顾客类型，就是那些喜爱咖啡、天天光顾咖啡店的人。

得克萨斯州零售商人 W. 哈利·朗格针对上述三种顾客类型准备了以下广告文案。对于"咖啡百事通女士"，以下这种风格被证明是有效的：

更好的咖啡让你的一餐会更好

餐桌上放置咖啡壶的角落是"平衡你正餐"的重点。

如果咖啡因为某种原因而"稍显逊色"——很有可能是咖啡本身的问题——事情看起来就不会如预期般美好；但当咖啡"品位十足"，这一餐从始至终都会是一种享受。如果"平衡点"让你感到困扰，让××牌调和咖啡为你量身定制。1 磅售价 35 美分，3 磅 1 美元。

××茶与咖啡公司

对于既想找到合适品牌的咖啡，又想获得信息的女士来说，以下文案很有吸引力：

成功的选择

决定购买 ×× 调和咖啡，就是能实现每天早上那杯咖啡的成功选择。至今有好长一段时间，许多家庭无法获得这项成功，这当然是因为他们对 ×× 调和咖啡一无所知，要真正了解 ×× 调和咖啡是很困难的，除非你亲自尝试过。这就是为什么我们总坚持你必须借由购买 1 磅咖啡来得到我们的介绍。

×× 茶与咖啡公司

如果是同时针对上述两种类型的顾客，则可用以下文案：

平衡的调和

是对 ×× 调和咖啡的完美形容，因为在制备时的小心注意，让强度不至于凌驾于风味之上。调配师的目标是得到令人满意且愉快的饮用质量；在你尝试 ×× 调和咖啡时，你将会发现调配师的成果远超过成功的范畴。
1 磅售价 35 美分，3 磅 1 美元。

×× 茶与咖啡公司

那些最受零售商欢迎的顾客当然不会介意偶尔换换口味；再者，经销商应该偶尔让那些感到满意的顾客知道，他对自己的商品信心十足。为了实现这一目的，可以采用下列文案：

为你省钱的服务

这是一项 ×× 调和咖啡在你想喝咖啡时推出的服务。
×× 调和咖啡能节省许多事物。它省下了你的担忧，因为它的风味与强度始终如一；它省下了你的时间，因为当你订购 ×× 调和咖啡时，我们会按照你使用的过滤器或咖啡壶的需求，为你将咖啡研磨到适合的粗细程度；×× 调和咖啡也帮你节省了钱包，因为没有任何浪费，每一次你都会清楚知道冲煮多少杯咖啡所需的正确咖啡用量。
1 磅售价 35 美分，3 磅 1 美元。

×× 茶与咖啡公司

此外，以下文案或可吸引潜在顾客的兴趣：

证明你的认可

为了证明你对××调和咖啡的认可，我们邀请你试试小小的1磅。我们知道你将会爱上它，因为它以好咖啡需要的用心、以顶级咖啡理应使用的方式进行调和、烘焙和研磨。向自己证明你认可这样制备咖啡的方法。

1磅售价35美分，3磅1美元。

××茶与咖啡公司

在某些家庭中，日常采买是由厨师负责的，但通常厨师不会在阅读日报时留意咖啡广告。如果想通过女主人影响厨师，可以试试下列文案：

你知道自己所喝咖啡的名字吗？

或者它来自店铺中的那些无名品牌？尽管让你的厨师去采购吧，有可以仰仗的人是件幸运的事，不过记得告诉你的厨师，你偏爱××调和咖啡，而非那些你现在可能正在饮用的无名品牌。与所有其他品牌相比，××调和咖啡有一项独特的优点：它是新鲜烘焙的。现在就告诉你的厨师，订购××调和咖啡吧。

××茶与咖啡公司

政府推动的宣传活动

在英国的一些殖民地、法国、荷兰、波多黎各、哥斯达黎加、危地马拉、哥伦比亚和巴西等地，由政府主导的咖啡宣传活动都或多或少取得了成功。法国、德国、奥地利、捷克、比利时、斯堪的纳维亚和美国，一直都是被大力培养的市场。

1730年，英国开始在其殖民地发展咖啡的种植，英国国会头一次降低了国内的税赋。从那时开始，国会便试图从许多方面支持和鼓励英国种植咖啡，大力宣传英国产咖啡，而这种偏爱现在仍然表现在民辛巷（Mincing Cane）提供的报价单上。荷兰政府对爪哇和苏门答腊采取了相同的政策，法国也为其殖民地提供了类似的服务。

自从波多黎各成为美国的一部分，该岛政府与农场主就多次尝试在美国各地推广波多黎各咖啡。斯科特·特鲁斯顿于 1905 年在纽约开了一家公家经销处。按照创始人的劝说和忠告，他代表波多黎各种植者保护协会进行了一场长达数年的激烈运动，采用的办法就是任命官方经纪人，并担保产品的真实性；由于经费及寻求广告宣传之产品数量都不够，这场咖啡运动只在一定程度上获得了成功。

曾供职于 J. 瓦特·汤普森公司的莫蒂默·雷明顿，在 1912 年被任命为波多黎各协会的商业代表，该协会由岛上的种植者和商人组成。都会地区已经进行了一些代表波多黎各咖啡的有效广告宣传，若干高档的食品杂货商非常乐于囤积这些有协会盖章认证包装的商品。然而和从前一样，处理其他产品（包括雪茄、葡萄柚、菠萝等）阻碍了咖啡的生产和推广，这个企业因而遭到中止。随后，华盛顿政府协助波多黎各制定了一套在美国拓展咖啡市场的实用计划，然而，此番努力因为太多的"政治因素"而付诸东流。

随着 1915 年巴拿马太平洋万国博览会在旧金山开幕，危地马拉政府开始在美国宣传自己的咖啡——截至目前，已经吸收了 75% 危地马拉产品的欧洲市场，由于世界大战的缘故而对它关上了大门。旧金山的咖啡中介 E. H. 欧布莱恩负责这次活动的宣传工作，在不少报纸上刊登了整版广告，不过，这些广告主要是针对咖啡烘焙交易的。就目前而言，这项活动是非常成功的。

哥斯达黎加也提供特别奖励给在世界大战期间愿意为哥斯达黎加咖啡开拓美国市场的咖啡贸易集团。

由种植者、中介和出口商组成的哥伦比亚咖啡农联盟（总部位于波哥大），于 1930 年 6 月开始在美国展开宣传活动，并在纽约设立办公室，由米盖尔·洛佩斯·普马雷霍先生管理；1932 年，于旧金山设立分部；1934 年，指派一位代表前往新奥尔良，建立联邦政府与美国 3 个最重要的咖啡进口城市间的联络据点；1935 年 3 月，米盖尔·萨姆佩·海莱拉先生在纽约接替了洛佩斯先生的工作。

在协助增加美国对哥伦比亚咖啡消费工作的同时，哥伦比亚咖啡农联盟也展开了和咖啡相关的教育活动，并为那些买卖咖啡的人提供客观的数据。

除了小册子、教育影片、咖啡和其他形式的宣传活动之外，咖啡农联盟还在哥伦比亚及其他咖啡生产国和消费国进行了一项咖啡统计研究。咖啡农联盟与贸易保持密切接触，以便拓展每个可能的合作机会。这个联盟在潜在的进口商与出口商间建立联系，它也提出了不少有建设性的批评意见，力图全面改善哥伦比亚咖啡工业。纽约办公室每周会发行公报，披露针对哥伦比亚咖啡的统计形势和其他信息。

咖啡农联盟出版了下列免费发放的小册子：《咖啡之乡》《成就 1 杯好咖啡的方法和理由》《哥伦比亚咖啡工业》《冰咖啡与影响咖啡质量的因素》《烘焙咖啡的酸味》以及《正确研磨与咖啡冲煮的关系》；最后这一本是与美国咖啡工业联合会合作出版的。此外还发放了咖啡树与咖啡庄园的照片，同时也利用广播进行了宣传。

咖啡农联盟还制作了以下影片，并授权给商业及教育机构放映：《咖啡之乡》《安第斯山脉的诱惑》《来自云端的咖啡》；还在数本杂志上刊登了常规的广告。

咖啡农联盟也与欧洲的重要咖啡馆签订独家贩卖哥伦比亚咖啡的合约，同时在大众运输工具、杂志和告示牌上张贴广告。此外还在法国发行了一本名为《亲切的咖啡馆殿下》的小册子。

咖啡农联盟在巴黎设立了一间办公室，以建立哥伦比亚咖啡新销售通路为目标，为整个欧洲提供与纽约办公室相同的服务。平托·瓦尔德拉玛（Pinto Valderrama）先生是巴黎办公室的主管，荷西·梅迪纳先生则是咖啡农联盟在欧洲的旅行销售代表。

哥伦比亚咖啡在法国的宣传活动于 1934 年展开，并在第一年就实现了进口量成倍增加。接下来的策略是，在强调质量的同时，不去攻击法国商人的习惯与惯例，反而是与已经存在的组织密切合作，并且尊重那些企业联合组织的规章。主要是通过高级食品商店来宣传和售卖"哥伦比亚甜咖啡"，这些商店的顾客负担得起优质的咖啡。同时，咖啡农联盟也印刷了大量的宣传资料，并在其中指出能够保证全年供应高质量的哥伦比亚咖啡。

在 1933 年的芝加哥世界博览会上，哥斯达黎加展示了咖啡和其他的产品。这场博览会以休闲花园的形式举行，设有柜台和桌子，而午餐菜单的特色则是咖啡、可可和西点。

波多黎各也在芝加哥博览会上展示了自己的咖啡与其他产品。他们的咖啡经过烘焙、研磨，被包装在 1 磅装的罐头中，放在用栏杆围住的场地中展示，让现场所有人都能看见——也能闻到咖啡的芳香。

巴西圣保罗在 1908 年开始补助消费国的公司及个人来促进消费，借此宣传巴西咖啡。圣保罗州与咖啡公司，即伦敦的 E. Johnson & Company 和 Joseph Travers & Son 公司签订合约，开发巴西咖啡在大英帝国的销路。

他们也与其他欧洲国家的咖啡公司签订了类似的合约——尤其是意大利和法国，并以现金和咖啡的形式连发 5 年补助金。在英国的公司以"圣保罗州（巴西）纯净咖啡股份有限公司"的名义拨了 5000 英镑经费，用于烘焙并包装出一个名为"Fazenda"的品牌，并在食品杂货商处进行实物宣传，以及用有点受限的方式进行广告宣传。

在英国，尽管据说一度有 5000 位食品杂货商代理了"Fazenda"牌咖啡，但其销量仍然不尽如人意。这个宣传活动的一项特色是使用"Tricolator"以确保咖啡被正确制备，这是一项美国设备，它在美国较为知名。1915 年，巴西开始在日本为自己的咖啡进行宣传活动，将其作为日本劳工移民巴西的特定工作之一。

法国咖啡委员会于 1921 年 7 月在巴黎成立，与巴西政府在一家以增加咖啡在法国消费量为宗旨的企业进行合作。

各国在国外进行的大部分咖啡宣传活动，最主要的缺点在于将资金耗费在补助特定的咖啡企业，而不是努力使整个行业的利润能得到平均的分配。这个错误，再加上咖啡生产国当地的政治权术，导致了最终失败的结局。巴西咖啡在美国进行的宣传活动是一个值得注意的例外，这个活动开始于 1919 年，并一直持续到 1925 年，所有各式各样的利益集团，圣保罗州政府、咖啡种植者、出口商、进口商、烘焙师、批发商和经销商，全都在一个广告咖啡本身的活动计划下竭力合作，其中并未有任何个人、商号或团体享有特权。

联合咖啡贸易宣传活动

大约在 1903 年，活动的创办人开始鼓吹咖啡产业的联合广告宣传。他的建议是像"讲述关于咖啡的真实"这样的广告口号，我们很高兴地发现，许多他的原创概念都在 1919—1925 年的联合咖啡贸易宣传活动中得到体现。咖啡烘焙师在 1911 年组织成立了全国协会。这项工作的创办人极力主张，烘焙师应该独立于种植者之外，合作进行基于科学研究的广告宣传；但要在这样的议题上联合代表不同利益的团体是行不通的，因此，这个运动的领导人将所有精力都集中在促成一项同时受到种植者和批发商支持的活动上。作为全世界将近 3/4 咖啡来源的巴西是一个理想的结盟对象，因此，他求助于巴西的种植者。

圣保罗州咖啡占美国咖啡消费量的一半以上，该州种植者是第一批欣赏这个主意的人，在他们试图引起政府兴趣的尝试失败后，圣保罗的咖啡商创立了促进咖啡保护学会，并游说州参议员通过了一条法令：在 4 年内，对每 1 袋从该州的种植园运出的咖啡征税。一开始，每 132 磅为 1 袋，税金是 100 雷亚尔，按平均汇率计算，相当于 2.5 美分，而在 1923 年过后，这个金额加倍，并持续了 3 年，税金由铁路公司向货主征收，并交给学会。

巴西人学会派出西奥多·兰加德·德梅内赛斯先生前往美国达成协议；1918 年 3 月 4 日，在纽约签订了一纸协议，根据协议内容，圣保罗每年要为在美国举办的宣传活动捐款 24 万美元，为期 4 年，总额是 96 万美元；而美国的咖啡从业成员预计捐款的总额是 15 万美元。这场 4 年运动的结果十分令人满意，以至于它得以持续到 1925 年。

在美国广告宣传的监督管理被委派给 5 位男士：纽约的罗斯·W. 威尔、俄亥俄州代顿市的 F.J.Ach、代表波士顿烘焙师的乔治·S. 莱特、来自纽约的生咖啡商人威廉·贝恩二世及 C. H. 斯托夫里根。

这 5 人所组织的委员会以威尔先生担任主席，莱特先生担任会计，而斯托夫里根先生则是秘书。来自克利夫兰的 C. W. 布兰德是全国咖啡烘焙师协会的会长，他受邀出席这次委员会会议，并协助制订活动方针。活动总部被设立在纽约，由菲利克斯·科斯特担任主任秘书，艾伦·P. 艾姆斯担任宣传总监，费城的广告代理商 N.W.Ayer&Son 负责策划活动以及广告业务。

报纸、杂志还有贸易文章的广告于 1919 年开始与教育路线同步进行，作为宣传活动的核心。而私有品牌的广告，加上全国性宣传中不可或缺的其他宣传手法，最终让广告效益得到了进一步的扩大。

1920 年，美国拨付 2.25 万美元给麻省理工学院的 S. C. 普雷斯科特教授，用于一项科学研究，他在 1923 年撰写并发表研究报告表示：咖啡对绝大多数人来说，是一种有益身心健康、便于饮用且会带来满足感的饮料。

联合咖啡贸易运动的另一项活动是组织咖啡俱乐部，成立俱乐部的目的是通过烘焙师、批发商的推销员、零售经销商间的建设性团队的合作，来对消费者进行教育。俱乐部每个月会以报纸的形式发表 1 篇公报，有 2.7 万份在批发商、推销员，以及零售经销商间流通。借由咖啡俱乐部的手段，委员会为经销商的橱窗分发了 5 万份清楚易懂的招牌，还提供给推销员 5000 枚铜制的咖啡俱乐部圆形徽章。

委员会在不同时间发行了 6 份小册子，在美国家庭与学校中的总流通量超过了 150 万份。这些小册子以成本价出售给咖啡从业者，他们再将这些小册子分发给自己的顾客和学校的科学教师。

在这项运动中，品牌广告增加量超过 300%，这是委员会促使烘焙师将地方性广告与全国性杂志及报纸的宣传活动紧密结合的缘故。

1919—1925 年联合咖啡贸易宣传运动获得了令人满意的结果。而由于这项运动并未对巴西以外的咖啡生产国区别对待，所有国家在销售上都有所获得，当然，巴西自然是获利最多的。

从 1920 年 3 月 29 日到 4 月 4 日，委员会组织并资助了第三届全国咖啡周，这是一场被全国零售商热烈庆祝的活动。这次咖啡周以"橱窗布置大赛"为主题，并为数百位食品杂货商准备了总额为 2000 美元的比赛奖金。在这场比赛中，将近 1 万家杂货店都在橱窗中展示了咖啡，如此一来，咖啡的销售额也大幅增加。

美国也出资制作了一部咖啡电影，并授权给 128 位咖啡烘焙师，让他们在全国各地放映。

1927—1931 年的宣传活动

1927 年，在咖啡于巴西发展 200 年的庆祝活动期间，为保卫咖啡政策而制订的计划更加完善，其中也包括巴西咖啡的海外宣传。借由政府的协助与鼓励，大臣华盛顿·鲁兹博士、圣保罗州大臣胡立欧·普列斯特斯博士和圣保罗州财政书记官兼圣保罗咖啡研究所所长的马力欧·罗林姆·泰利斯博士，在所有主要咖啡消费国展开密集的宣传活动。这些活动由圣保罗咖啡研究所统一负责，同时通常会与相对应国家中的在地企业或机构签订合约，依工作完成的比例分配经费。

尽管合约在不同国家会视不同状况而有弹性空间，但仍然需要签约者在适合的场所设立专门为烘焙、研磨和提供巴西咖啡的独家咖啡立牌或横幅，并且这些立牌应该保持清洁状态，如此才能吸引群众；与此同时，场地的内部及外部都应该张贴广告标语，用以宣传咖啡的滋补特性及每日饮用的益处；"巴西咖啡"的字样应该在这些场地中随处可见。

在这次活动中，给私人机构和在博览会上发放免费样品是一大特色，同时还放映讲解巴西咖啡文化的影片。除此之外，活动中也充分利用了告示牌、传单和广播。

1927 年底，魏玛共和国、瑞士、阿根廷共和国、智利共和国、捷克斯洛伐克、法兰西共和国、巴拉圭共和国、希腊、塞尔维亚－克罗地亚－斯洛文尼亚王国、土耳其王国与保加利亚王国等国为巴西咖啡运动签署了合约。不久，其他国家也相继签署了合约。

美国的巴西咖啡运动由 1929 年持续到 1930 年，而最早是由圣保罗咖啡研究所在 1928 年下半年采取行动，这是由全国咖啡贸易协调会通过其在纽约的主席，即法兰克·C. 罗素为巴西咖啡运动在此地运作的结果。基于研究所的要求，一个由罗素先生命名为"巴美咖啡推广委员会"的组织被指定负责处理宣传活动的工作，资金来源是由巴西运到美国的每袋咖啡 200 雷亚尔的税金。

费城的 N.W.Ayer & Son 公司被选为广告咨询对象，而在 1929 年 4 月展开了真正的工作。为这个运动选定的口号是"咖啡——美国最受欢迎的饮料"。一项教育运动也同时展开，鼓励人们选用更高等级的咖啡和更好的制备方法。再一次，在前一次运动中崭露头角的《咖啡俱乐部》期刊内充满了给烘焙师、批发商、零售商、管家和其他人的建议，同时也通过家政学、饮食学、医学教师，咖啡、食品杂货、饭店和餐厅的广告，以及都会中心的报纸向大众宣传。在想方设法增加咖啡消费的其他计划中，还有鼓励办公室、商店，以及家庭的下午 4 点咖啡时间。

一部关于咖啡庄园的影片被广泛传播，并放映给家政学课堂、烹饪学校、俱乐部和其他类似组织中的 25 万名女士观赏。此外，全国性的联网广播将巴西咖啡的讯息带入数以百万的家庭中。

同时，学校教师对于展示着咖啡从种植、栽培、采摘、准备、运输，还有烘焙的插画图版也有着大量的需求。

于 1920 年开始的科学研究，在联合咖啡贸易宣传运动期间，被进一步交付给麻省理工学院的 S. C. 普雷斯科特。这项研究涵盖范围包括咖啡的成分、生理作用以及制备方法，还有种植、采摘和保存方法及其他相关事宜。

咖啡广告开销

预估总额 取样来自 1933 年美国 23 家主要咖啡烘焙商，并揭示其使用的媒体 *	
杂志	$984,149
报纸	$1,597,500
收音机	$1,697,945
户外广告	$550,000
车体广告	$719,000
总计	$5,548,594
* 由纽约的 Erwin，Wasey & Co. 汇编	

同一时期，巴西咖啡在其他国家也展开了宣传活动，包括阿根廷、奥地利、比利时、丹麦、埃及、芬兰等国。欧洲的宣传活动采用了艺术影片搭配消费者实地示范的方式，获得了成功。

在 1933 年和 1934 年的芝加哥世界博览会上，巴西举办了一场令人印象深刻的咖啡展览。在现代化的环境以及用来说明咖啡的精美装饰中，双马蹄铁形的咖啡吧每天供应数千杯免费咖啡。同时，毗邻的休息室设置了许多吸引人的安乐椅，咖啡吧的两端永远被喝咖啡的人群占据。在这次展览中，以圣保罗咖啡庄园为主题的一个大型立体透视模型颇引人注目。

近年来，巴西咖啡其他值得注意的展览是 1929 年圣保罗咖啡研究所在布拉姆齐尔的咖啡博览会所做的展示和实物示范、1929 年在西班牙塞维利亚博览会上的展览，以及 1935 年在布拉姆齐尔及横滨博览会的展览。

咖啡广告无先例可循

回归到英国原始的咖啡广告，当我们将其与最新的广告艺术案例做比较时，会发现它所具有的价值是相同的；然而帕斯夸·罗西并没有广告专家为他提供意见，也没有先例可循。

帕斯夸·罗西是士麦那人，他是被土耳其商人爱德华先生带到伦敦的。罗西是爱德华先生的贴身仆人，他的主要职责之一就是每天早上为爱德华先生准备一杯土耳其咖啡。

历史告诉我们，"因冲泡咖啡的新颖性为他吸引太多人，他（爱德华先生）允许仆人和他的女婿一起贩卖咖啡"。于是，帕斯夸·罗西在康希尔圣麦可巷开设了一家咖啡馆。

帕斯夸·罗西想让伦敦大众认识他产品的优点和美味的特质，因此他在广告中加入了自己感觉最具吸引力的事实与论点，试图以此引起顾客的兴趣。

若读者愿意看一看罗西的广告，便会被他这种不加掩饰、直截了当的广告形式所吸引。由于没有广告迷信去扭曲他的判断力，他得以用一种很自然的方式讲述了一个有趣的故事，具有强大的说服力。尽管这种饮料的一些优点后来遭到了驳斥，但这并不重要，当时他是信以为真的。在那个年代，没有多少人了解"咖啡的真相"。

甚至以现代眼光来看，他的广告排版都很吸引人，令人赏心悦目。同时因为在当时，并没有谷物替代品或其他妖魔鬼怪需要对付，所以他的广告文案简单明了，显得恰到好处。

事实上，在咖啡广告的历史中，帕斯夸·罗西树立了一个榜样，并建立了一套对于那个古老年代所有咖啡广告都非常有帮助的文案标准。

直到所谓"现代"广告时期，咖啡宣传的效率和价值反而跌入了低谷，在那段黑暗的日子里，大多数咖啡广告人忽视了在其他种类的食品杂货中所应用的推销原则。他们非但没有告诉受众自己的产品有多好，而是反其道行之，警告大众喝咖啡是有危害的！他们是这样告诉大众的："咖啡有许多危害，但我们品牌已经排除了其中一些（或大多数）有害成分。"在大多数情况下，他们是反对派的使徒。

我们或许应该为以帕斯夸·罗西为首的所有咖啡广告人鼓掌喝彩——是他们告诉大众，喝咖啡是一件多么美好、多有益处的事情。现代广告人能够获得如此丰富的广告资源，自然也应该能将这些关于咖啡的美好传达给大众。毫无疑问，那种无法为任何人带来利益的负面广告形式，应该已经走到了尽头。

许多咖啡产业的人通常都会疑惑，咖啡广告创作者明明有很多可以利用的素材，为什么却很少创造出吸引人的作品？

关于咖啡的有趣的事情有很多：咖啡的历史；咖啡工业如何传播到不同的国家；巴西如何成为咖啡生产大国；咖啡如何种植、收获、处理、运输；咖啡如何储存、烘焙、处理、配送——简而言之，就是咖啡从热带咖啡庄园来到早餐桌上的过程。只要用有趣、自然、令人信服的方式来讲述这些事情，就能将咖啡塑造成一种健康、美味的饮料；反观那些对咖啡替代品有利的负面类型广告，则将咖啡置于不利之地。

除了一个咖啡烘焙师当中的著名罪犯外，美国的咖啡广告已经朝向更有建设性的趋势发展。有大量证据显示，自 1935 年，或更早的时间，咖啡包装业者开始期望，广告不仅能凸显出自家品牌的优异质量，还能向大众强调咖啡本身的诸多优点。

其他可以强调的话题还有：正确的烘焙、研磨及包装的方法。在近年来的宣传中，新鲜咖啡的重要性一直都是最受欢迎和最具建设性的题材。就一些包装业者而言，质量是另一个已经获得相当程度发展的概念。

最近，冰咖啡受到更多的关注，这种夏日饮料在广告中被大肆宣传，填补了人们对于夏季咖啡的需求，促进了夏季咖啡消费量的增加。

广播已经成为美国受欢迎的咖啡广告媒体，有些大型公司为广播节目花费巨额资金，这些节目通常是管弦乐或歌唱形式的娱乐节目，节目中会附带提及特色品牌。电台广告通常更强调品牌，而非咖啡这种饮料。

大型咖啡包装业者往往会制作讲述咖啡种植过程和制备方法的小册子，以此进行宣传。因为激烈的竞争环境，咖啡从业者得到批发商前所未有的协助，如当地报纸广告、车体广告、橱窗及店铺展示、立牌等，来促进产品的销售。

在欧洲，大多数咖啡包装业者会在广告中明确地展示特定品牌的优点，而非咖啡本身。很多广告从印刷排版的角度看来特别吸引人，因为它们是现代主义风格的。

咖啡广告的效益

和茶的情况一样，有太多错误的消息被发表，以至于广告人应该谨慎避开有争议的问题，从正面的角度去创作文案。广告应该具备教育性，并以按照正确顺序排列的事实作为依据。"酒香客自来"，跟好酒一样，咖啡也是一种古老且尊贵的饮料。

无论是政府或协会的宣传活动，或为私有品牌进行广告宣传，在采取任何行动前，都需要先对这个市场做出理性的分析。分析过后，无论建议使用何种媒体或采用何种方法，都需要强调以下事项：

1. 对于咖啡本质上的追求——从喝咖啡这一行为中获得真正的愉悦。

2. 咖啡是一种令人愉快的社交媒介——是亲密交谈或一般聚会时的必配品。

3. 提供咖啡可以彰显社会地位——一位成功女主人的标志。

这三项见解应该被纳入所有咖啡广告中，但归根结底，教育的曲调必须先被奏响。

part 5

咖啡是生活美学的
灵感泉源

启发诗人、音乐家、画家和工匠的想象力，

为世人留下无数伟大而美丽的作品，

让我们在忙乱的生活中，

追寻到比 1000 个吻还让人愉悦的幸福感……

第二十章

浪漫文学中的咖啡

> 咖啡一旦落入胃里，立刻引起全身的骚动。思想开始像战场上的大军般开始行动，战斗开始了……明喻法形成，纸张上布满墨水，因为斗争开始并随着那黑水的奔流而终了，如同战事因火药而结束一般。

任何咖啡文学的研究都包括了全面考察由拉齐到弗朗西斯·萨尔图斯这段时期的文选。医师兼哲学家拉齐，被认为是第一位提及咖啡的作家，紧随其后的是其他伟大医师，比如与拉齐同时代的班吉阿兹拉和阿维森纳（980—1037）。

随后出现了许多关于咖啡的传说，这些传说为阿拉伯、法国、意大利和英国的诗人们提供了很多灵感。

据说摩卡的穆夫提谢赫·吉马莱丁（Sheik Gemaleddin）在1454年发现了咖啡的功效，并在阿拉伯地区推广了这种饮料。在16世纪末，植物学家劳沃尔夫和阿尔皮尼将关于这种新饮料的知识传授给了欧洲人。

第一份关于咖啡起源的真实记录是由阿布达尔·卡迪在1587年写下来的。这是一份著名的阿拉伯文手稿，其中介绍了咖啡及其功效，现在被保存在巴黎的法国国家图书馆，编目为"Arabe，4590"。

阿布达尔·卡迪的全名是 Abd-al-Kâdir ibn Mohammad al Ansâri al Jazari al Hanbali，意思是"强者（即神）的奴仆"；"al Ansâri"意指他是 Ansâri 的后裔，Ansâri 是"帮手"的意思，指的是在先知穆罕默德由麦加出逃后，接待并保护他的麦地那人；"al Jazari"意指他是美索不达米亚人；"al Hanbali"指的是法律及神学上的一个著名的派别，即汉巴利学派，此学派以伟大的法学家兼作家艾哈迈德·伊本·汉巴利的名字命名，他在公元855年于巴格达过世。汉巴利学派是伊斯兰教逊尼派的四大教法学派之一。

阿布达尔·卡迪生活于希吉拉纪年的第10世纪——公元16世纪，他在伊斯兰纪年996年，也就是公元1587年写下他的著作。大约从公元1450年起，咖啡在阿拉伯地区就被普遍饮用了。

咖啡在先知穆罕默德的时代并未被利用，穆罕默德于公元632年过世；但他禁止饮用烈酒，因为烈酒会影响大脑。因此有人认为，由于咖啡可作为兴奋剂使用，它应是不合法的。

人们认为，阿布达尔·卡迪的著作是在希纳布-阿丁（Shinâb-ad-Dîn Ahmad ibn Abd-al-Ghafâr al Maliki）所写的作品的基础上写就的，因为他在自己手稿的第三页中提到了后者。如果真是这样的话，那份更早的作品似乎并未被保存下来。

拉罗克说，希纳布-阿丁是一位阿拉伯历史学家，他提供了阿布达尔·卡迪故事的主要部分。拉罗克还提到了一位土耳其历史学家。

笔者在研究中并未找到任何关于希纳布-阿丁的事迹，只是从他的名字"al Maliki"中得知，他属于马立克学派——另一个逊尼派的四大教法学派之一，以及他写作的时间比阿布达尔·卡迪早约100年。他的著作没有任何已知的抄本流传于世。

阿布达尔·卡迪手稿的封面及扉页中有一段拉丁文铭文，是该手稿首度被收录时写成的。这段铭文的译文如下：

> 这本书共七章，内容是关于咖啡的合法使用，作者是阿布达尔-卡迪·本·穆罕默德·安萨里（Abdal- cader Ben Mohammed al Ansari）。本书由作者于希吉拉纪年996年自行出版，当时，咖啡已经在阿拉伯地区流行了120年。

诗歌中的咖啡

阿布达尔·卡迪的著作让咖啡永垂不朽。全书共七章。第一章讲的是 cahouah（kahwa）一词的词源及含义、咖啡豆的本质和特性、咖啡饮料首次被饮用的地点，同时描述了咖啡的功效。其他几章则介绍了 1511 年在麦加发生的教会争议、响应信仰虔诚主张的咖啡反对者，并以在麦加争议期间，由当时最好的诗人所写的大量阿拉伯诗文作为结束。

德诺伊特尔是路易十四朝廷派往奥图曼土耳其宫廷的大使，他将阿布达尔·卡迪的手稿从君士坦丁堡带回了巴黎。

至于另一份手稿，则是由奥图曼帝国三位首席财政大臣之一的比奇维利写成的。这份手稿的写作时间晚于阿布达尔·卡迪的手稿，主要内容是咖啡引进埃及、叙利亚、大马士革、阿勒颇和君士坦丁堡的历史。

以下是两首最早称颂咖啡的阿拉伯诗文。它们的年代大约始于第一次发生在麦加的咖啡迫害时期（1511 年），是当时最优秀的思想的代表：

> 歌颂咖啡
>
> （由阿拉伯文翻译而来）
>
> 噢，咖啡！你驱散了所有忧虑，你是学者向往之对象。
>
> 你是神之友的饮品；为那些正在使用、渴求智慧的人带去健康。
>
> 你由浆果朴实的果壳制备而成，有着麝香般的气味和墨水般的色泽。
>
> 聪明人知晓真相，会将这些泛着泡沫的咖啡一饮而尽。
>
> 那些谴责咖啡的愚蠢之人，愿神剥夺他们享用此饮料的权利。
>
> 咖啡无异于黄金。无论它在何处供应，任何人都能与最尊贵且最慷慨之人社交。
>
> 噢，喝吧！与纯净的牛奶一般无害，区别只在于它漆黑的色泽。

以下是同一首诗另一个押韵的版本：

歌颂咖啡

（由阿拉伯文翻译而来）

噢，咖啡！钟爱且芳香的饮料，

汝将烦忧尽皆驱散，

汝乃那昼夜学习之人心之所向。

汝予其抚慰，汝予其康健，

而神确实偏爱行走在智慧大道上的人，

亦不寻求他们自身的依托。

浆果芬芳如麝香，色泽却黑如墨水！

仅有那啜饮芳香之杯者能知晓真相。

愚钝者不愿品尝，却诽谤其用处；

因为当他们干渴并寻求帮助时，

神拒绝给予恩赐。

噢，咖啡乃吾等之财富！

因为看那，

地上凡咖啡生长之处，

人所实践之目标皆尊贵，

所显露的乃是真实的美德。

咖啡伴侣

（由阿拉伯文翻译而来）

来吧，在咖啡居住之所享受其陪伴；因为神圣的精华会围绕那些参与它的盛宴之人。

在那里，有着典雅的毛皮地毯，有着甜美的生活，有着宾客间的交际，这一切构成了一幅幸福的画卷。

在传递者将盛满咖啡的杯呈现在汝之前，它即是任何忧伤者都无法抗拒的美酒。亚丁目睹汝之诞生尚未过去多久。若汝对此存疑，去看看闪耀于汝儿女脸庞上生气勃勃的青春光彩。

它的居所之内不会有悲伤。

烦恼忧虑恭顺地在它的力量之前顺服。它是神之子嗣的饮品，它是健康之源。它是洗去我们的伤痛的河流。它是吞噬我们的悲伤的火焰。

无论是谁，一旦知道了用以制备此饮品的保温锅，都将对由圆木桶中的酒和烈酒感到厌恶。

可口美味的饮品，它的色泽是它纯净的标志。

理智会宣告它的合法。

坦然地饮用它吧，无须理会那毫无理由对其谴责挞伐的愚蠢之人的言语。

在 16 世纪后半叶，对咖啡展开第二次宗教迫害期间，其他阿拉伯诗人则咏唱起对咖啡的赞歌。

学识很丰富的法克尔－埃丁－阿布贝壳尔・本・阿比德・伊西（Fakr-Eddin-Abubeckr ben Abid Iesi）写下一本名为《咖啡的胜利》的著作，而诗人首领谢里夫－埃丁－奥马尔－本－法雷德（Sherif-Eddin-Omar-ben-Faredh）用和谐的韵文歌颂咖啡，在谈到他的情妇时，他发现没有比被比喻成咖啡更好的恭维了。他大声呼喊："她让我在干渴已久之后，饮下那狂热，或者，不如说是以爱情酿就的咖啡！"

由早期的旅行者对咖啡文学做出的无数贡献，已经按照年代顺序在先前的章节中谈及。在劳沃尔夫和阿尔皮尼之后，还有英国的安东尼・舍利爵士、帕里、比达尔夫、约翰・史密斯上尉、乔治・桑德斯爵士、托马斯・赫伯特爵士、亨利・布朗特爵士，还有法国的 P. 拉罗克及加兰德、意大利的德拉・瓦勒、德国的奥利留斯和尼布尔，以及荷兰的纽霍夫和其他人。

1623—1627 年间，弗朗西斯・培根在他的著作《生死志》和《林中林：百千实验中的自然志》中有关于咖啡的描写。

伯顿在他 1632 年的著作《忧郁的解剖》中提及咖啡。1640 年，帕金森在他的著作《植物剧院》中对咖啡做出了描述。1652 年，帕斯夸·罗西在伦敦印行了他著名的广告传单，这是文学上的努力成果，也是英国杰出的第一则广告。

安东·佛斯特斯·奈龙 1671 年在罗马出版了第一本单独奉献给咖啡的专论。同年，达弗尔在法国发表第一篇专题论文《制作咖啡、茶和巧克力的方法》。之后在 1684 年，他又发表了《冲泡咖啡、茶与巧克力的不同方法》。约翰·雷在他 1686 年于伦敦出版的著作《植物世界史》中，赞美了咖啡的优点。加兰德在 1699 年将阿布达尔·卡迪的手稿翻译成法文，而尚·拉罗克在 1715 年于巴黎出版了他的《欢乐阿拉伯之旅》。从这些著作中摘录的文字在本书不同章节中皆有出现。李奥纳多斯·费迪南德斯·迈斯纳在 1721 年发表了一本关于咖啡、茶和巧克力的拉丁文专著。1727 年，詹姆斯·道格拉斯于伦敦出版了他的《阿拉伯也门果子树：咖啡树的描绘和历史》，这部作品要归功上述许多意大利、德国、法国和英国学者；同时作者还提到了其他资料的来源：昆西博士、佩琪、高德隆、德·丰特奈尔、布尔哈夫教授、菲格罗亚、夏布雷乌斯、汉斯·斯隆爵士、兰吉乌斯，以及杜·蒙特。

在 17—18 世纪，法国、意大利和英国的诗人与剧作家在已发表的以咖啡为主题的文章中找到了大量的素材，更不用说由咖啡饮料本身，以及那个时代的咖啡厅社群所提供的灵感了。

以拉丁文写作的法国诗人，最早将咖啡当作诗的主题。瓦涅雷在他的《乡间田产》第 8 册中歌颂咖啡；费隆（里昂三一学院的耶稣会教授）写了一首名为《阿拉比卡咖啡》的诗歌，说教意味浓厚，被收录在多利维特的《长短诗选》中。

修道院院长纪姆尧·马修的《咖啡诗歌》写于 1718 年，此著作曾在法兰西文学院被研读。其中一位为此文作者撰写颂词的德博兹，在其作品《马修诗集》中说，若贺拉斯和弗吉尔早知道咖啡，此诗作很可能被认为是他们写的；而将此作品译为法文的特里则说，"它是一颗被放在稀有珠宝盒里的雅致的珍珠"。

以下是由该诗作的拉丁原文翻译而来的译文：

咖啡

法兰西学术院之纪姆尧·马修的诗歌

（根据存于大英博物馆的拉丁文原稿，逐字散文体翻译）

咖啡最初是如何来到我们的海岸的？此神圣饮料的本质是什么？用途是什么？它如何帮助人类对抗各种邪恶？

在此，我将以简单的诗句开始讲述。

你们这些轻声细语的人啊，经常品尝这饮料的甜美，若它从未蒙骗你的心愿或嘲讽你的盼望，随着它被喝干，大发慈悲耐心聆听我们的颂歌吧。

愿你，伟大的阿波罗，好心地降临，承认这强力药草即益于健康的植物乃是你的馈赠，同时将令人哀伤的疾病从肉体驱离，因他们说你是那祝福的创始者。愿你将你的馈赠在人群中散播，同时也传遍整个世界。

越过遥远的利比亚和尼罗河奔涌的 7 个河口，在那里，亚洲人欢欣鼓舞地散布在广袤无垠的疆域上，各式资源富饶无比，同时充满着香气宜人的树木，有一区域向外扩张，古老的赛伯伊人居住于此。我确信，作为所有生灵的母亲的大自然，爱这个地方胜于爱其他地方。

天堂的气息在此地更和缓地吹拂；阳光也更为温和；不同气候地区的花朵在此共存；肥沃的土地孕育出各种各样的果实，肉桂、桂皮、没药和芬芳的百里香。

在这片蒙福的土地、富饶的资源和馈赠中，朝向太阳的方向和那温暖的南风之处，一棵树自发地将自己的枝丫伸向高空。

别处没有生长，在早期数个世纪默默无闻，尺寸一点也不大，它的枝丫伸展得不远，也没有高耸入云的树顶；而是谦卑地模仿着桃金娘或柔软的金雀花，从地面长出来。大量的核果压弯了它的枝干。

小小的像颗豆子，颜色深沉而暗淡，果壳正中有一条明显的浅沟。

许多人将它移植到自家田地，并且非常细心地培育它。

然而却是徒劳——

因它对种植者的狂热与渴望没有响应，使他们的长时间劳动付诸东流；在白日来临前，这脆弱的药草便枯萎了。

若非气候的原因，那就是吝啬的土地拒绝为异乡来的植物供应适合的养分。

因此汝等任何对咖啡抱持爱意之人，不要懊悔于从遥远的阿拉伯世界带来这有益健康的豆子，因这是它丰饶的故土。抚慰的气流最先由那些地区流动穿过其他民族，从那里流经欧洲与亚洲，然后穿越整个世界。

因此，你所知道足以满足你需求的东西，是否已提早准备好了？

让它成为你仔细小心聚积一整年的丰富储藏、深谋远虑装满的小型谷仓。

如同往昔的农人一般，提早为未来做好准备，从田地中收获作物并将它们储入谷仓，然后将注意力转向来年。

与此同时，也要留意给咖啡使用的器具。

不要任凭适合饮用此饮品的器具欠缺，还要有一个壶，它细长的壶颈顶端应该有一个小盖子，壶身应该逐渐鼓起成为椭圆状。

当这些东西都准备妥当，你接下来就应该用火焰烘焙豆子，然后研磨豆子。

用锤子不停地击打豆子，直到它们丢弃坚硬的特质，彻底变成细致的粉末；立即将这些粉末装入专门准备的袋子或盒子中，并将其用皮革包裹，涂抹上软蜡，以免出现任何裂缝。

除非你预防这些问题的手段，是用一条逐渐变小的秘密通道，否则微粒与任何存在的有价之物，以及整体的强度，将会脱离，消耗在空无一物的空气中。

还有一种像小塔般中空的机器，他们将其称为磨臼，你能在其中捣碎烘焙过的咖啡果实；中间有一根可旋转的枢轴，只要扭动把柄上的金属开关，它就能轻松自如地转动。

转轮的顶端有一个象牙手柄，用手转动手柄，经过千次循环，在绕过千个圆圈后它便推动了那枢轴。

当你放进一个果核，迅速地转动手柄，你会想知道，在里面劈啪作响的果核是如何变成粉末的。

曾经只被下层隔间纳入它善意的怀抱，那被堆放在盒子最深处、被粉碎的谷粒，但为何我们要在这些没那么重要的事情上浪费时间呢？

还有更重要的事情在等着我们。是时候喝点甘美的汁液了，要么在晨曦之下，胃部空空之时；要么在盛宴之后，胃部不堪重负，必须寻求外来热源的协助之时。

那么，来吧！

当壶在火焰中变得微红，壶底劈啪作响，而你将看见那液体，伴随混合其中的咖啡粉末一同膨胀，在壶的边缘冒着泡泡。把壶从火上抽走，如果你不这么做，壶里的汁液会突然溢出来，喷溅在下方的火焰上。

不要令这样的意外干扰了你该有的快乐。

当水不再受到约束，并随着热度的上升而冒泡泡时，你应当仔细观察；然后将壶放回火边 3 到 4 次，直到咖啡粉在火焰之中散发出蒸汽，并与周围的水完全融合。

煮制这抚慰之饮是有技巧的，饮用它也有技巧——并非像人们饮用其他饮品一样。

喝它时要保持理智；当你将冒着热气的咖啡壶从剧烈燃烧的火焰上取下来，并且等到所有渣滓都沉到壶底之后，你不能急性子地一饮而尽，而要一点一点啜吸，并且在两口之间缓一缓；啜吸，趁咖啡还保持着热度，长饮几口将其喝完。

这样比较好，因为这样它就能渗透到我们身体内部，到达五脏六腑与骨髓的中心，让我们全身都充满力量。

即使只是在它从壶底向上冒泡时用鼻孔吸入香气，也能提神醒脑，使人愉悦。

现在，另一项任务在等着我们——介绍此天赐之饮所蕴含的神秘的力量。

但谁能期望用诗歌来了解这奇妙的赐福或据此追求如此伟大的奇迹？

事实上，当咖啡悄悄进入你的体内，它便为四肢带来温暖，并激发出内心快乐的力量。

然后若有任何未消化之物，有了火焰的帮助，它能加热隐蔽的通道，并使变细的孔洞松弛，无用的水分便能从这些孔洞渗出，而疾病的种子从你所有的血管中消失。

因此，来吧！你们这些关注自己健康的人；你们这些三层下巴垂挂到胸前、拖着沉重的大肚子的人，它是为你们量身打造的。

首先，让自己享受一下这温暖的饮品，因为它确实能帮助你排出身体里的水分。在短时间内，你那充满脂肪的肚子将会开始缩减，你会觉得身体越来越轻盈。

噢，快乐的人民啊，在太阳神升起时，用他所散发的第一道光芒观看！

在此地，相当自由地饮用酒液从未造成任何伤害，因为律法与宗教禁止我们畅饮美酒。

在此地，我们以咖啡为食粮。

于是，快乐的力量在此兴旺繁盛，追求人生且不知疾病为何物的人，并不是酒神之子和至高存在的同伴——Gout，亦非透过此结合准备攻击我们世界的无数疾病。

然而，确实，这提神的饮品驱走了人们心中的悲伤，令人振奋起来。

我曾见过一人，在还没饮用这琼浆玉液之前，他静静地以缓慢的步伐走动，面容哀伤，眉头紧皱。

当他啜吸一口这甜美的饮料之后——立竿见影——愁容消散；他还讲了一些诙谐的话，逗乐周围的人。

他没有纠缠任何带着苦涩笑容的人。因为这种无害的饮料不会唤起惹是生非的欲望，毒液严重缺乏，而不带苦涩的欢悦笑容令人开心。

饮用咖啡的习惯在整个东方都已经被接受。

而如今，法国，你们接受了这异乡风俗，咖啡馆一家接着一家开张。

悬挂着常春藤或月桂树图腾的招牌，吸引着过路行人的光临。

整个城市的群众皆会集于此，并且逍遥自在地度过畅饮的时光。

一旦身体变暖、感情升温，幽默的笑声以及令人愉快的辩论便会随之增加。

接踵而来的是众人的欢乐，处处回荡着快乐的喝彩声，但无法抵抗疲惫的身体，从未吸收这液体，而是确实让睡眠压迫他们沉重的双眼，令他们的大脑迟钝；他们体力下降，身体变得迟缓，而咖啡将驱除睡意，让身体摆脱怠惰的状态。

所以，对那些长期从事大量劳动的人，以及那些学习到深夜的人来说，饮用咖啡是有好处的。

在此，我将介绍是谁教导我们饮用这种令人愉悦的饮料，而在此之前，它的功效多年来不为人所知。我将从最开始讲述这件事。

一位阿拉伯牧羊人正驱赶他的小羊前去著名的牧草地。

在他们穿过孤寂的荒野时，一棵果实累累的树——过去未曾见过——映入眼帘。

因为枝丫低矮，小羊们咬下叶片，也扯下了树上的果实。

它的苦味极具吸引力。

尚未发现此事的牧羊人，此时正坐在柔软的草地上唱歌，并对树林讲述他喜爱的故事。

但当夜晚的星星升起，警告他该离开田野时，他带着他吃得饱饱的羊群回到了畜栏。他发现这些动物并未闭上眼睛甜甜地入睡，反而比平常更活跃，欢天喜地地跳了一整晚。

牧羊人惊呆了，吓得浑身发抖；他以为这是某人的恶作剧，又或者是什么神秘魔法造成的。

离此不远处的偏僻山谷中，有一群教徒建造了一个朴素的住所，他们每天在那里咏唱对神的赞歌，并在祭坛上放满适合的礼物。

尽管低沉且响亮的钟声彻夜回荡，召唤他们前往神圣的殿堂，而他们常常在黎明时分才醒来，发现自己仍然在卧榻上，已然忘记在夜半三更时起床。

他们对睡眠的爱意如此深沉！

这座神圣殿堂的院长是一位老者，有着一头银丝和满面白色的胡髯，所有教徒都崇敬并遵从他。

牧羊人着急慌忙地来到院长面前，并将整件事告诉他，乞求他的协助。

老者暗自发笑，不过他同意前去调查这奇迹的隐蔽根源。

当他来到山坡上，看到小羊和它们的母亲都在啃咬一种不知名植物的浆果。

他说："这就是问题的源头！"然后便不再说话。

他从那棵果实累累的树上摘了一些果实，并带了回去。他将果实清洗干净后，和纯净的水一起放在火上烹煮。煮好后，他无畏地喝了1大杯。

一股暖意立刻遍布他的全身，他感到四肢充满了力量，疲倦困乏立刻从他老迈的身躯中被驱散了。

这位老者因这个发现而狂喜不已。他高兴地与所有的教徒分享了用这种果实煮制的汁液。

在夜幕初降时分，他们纵情于欢乐的盛宴，并以大碗将这种汁液一饮而尽。

他们不再像从前一样难以从甜美的睡眠醒来了。

噢，多幸运的人们啊！

他们的心浸浴在这甘露中。他们的头脑不再迟钝，他们可以在清晨第一道曙光照耀大地之前迅速地起床。

还有，以非凡的雄辩术供养心灵之人，以及以言辞使罪人灵魂感到恐惧之人，也应饱享这令人愉快的饮料；因为，如你所知，它会改善弱点。

因为这种饮料，四肢可获得强烈的活力，并扩散至全身。

因为这种饮料，你的声音也会响亮有力。

还有那些经常被有害气体侵扰的人，你们因危险的眩晕而抖动。

啊，来吧！

这甜美的液体中有着现成的良药，而没有什么比它更能使人平静下来了。

阿波罗为自己种下这份力量，他们说，这个故事值得被传颂。

曾经，有一种致命的疾病袭击了阿波罗座下的信徒。它扩散得既远又广，而且会攻击大脑。所有天才都受此疾病之苦；艺术被遗弃了，与它的工作者一同衰弱凋零。

而某些人甚至假装患上这种疾病，假装痛苦，过着闲散怠惰的生活。

乏善可陈的工作变得更令人讨厌，而致命的怠惰到处增加。

人们从工作和劳动中解放出来，沉溺于无忧无虑的宁静之中。

满心愤慨的阿波罗，无法忍受这种致命的安逸堕落蔓延下去。他或许能由先知那儿带走所有欺诈的手段，从富饶土地上找到这种友善的植物，没有任何其他植物比它更能迅速地让因长时间研究而疲惫的心灵振奋起来了，也没有任何其他植物比它更能抚慰令人烦恼的忧伤。

噢，这植物！是诸神给人类的馈赠！

在整个植物界，没有能与你竞争的。水手因你由我们的海岸扬帆出航，无畏地征服凶恶的风暴、沙丘，以及令人恐惧的暗礁。

你的植株营养丰富，胜过了岩爱草、神仙美味，还有芳香的万应药。

可怕的疾病从你面前逃跑。健康与你相伴，同时还有欢乐人群、交谈、有趣的笑话和甜蜜的私语。

16 世纪末，诗人贝利吉写了一首诗，译文如下：

在大马士革、阿勒颇和伟大的开罗，

每个街角转弯处都能找到，

能制作如此受欢迎的饮料的温和果实，

在接近通往胜利的宫殿前。

有世上的煽动扰乱者，

凭借它无与伦比的功效，

从今日开始，

取代了所有的酒。

雅克·德利尔（1738—1813）是一位描写自然的说理诗人，在他《自然三界》的诗歌之中，歌颂了这一"天赐的琼浆玉露"，并描述了它的制备过程：

天赐的咖啡

（由法文翻译而来）

有一种对诗人来说最为珍贵的液体，

它是弗吉尔所缺乏的，

被伏尔泰热爱，

那即是汝，天赐的咖啡，

因属于你的尽皆为艺术，

在不使头脑错乱的情况下使心灵愉悦。

因而即使我的味觉因变老而迟钝，

我依然带着喜悦喝光你的珍贵饮料。

我多么欢喜能为自己准备——

你那最珍贵的琼浆玉露，

没有人能篡夺这个属于我的美妙仪式；

当黑色煤炭燃烧时，火焰上，

你的豆子，

从金黄变成稀有黑檀木般的色泽，

我独自一人，

倚靠着那圆锥体，

与骇人铁制利齿合作，

你的果实散发出苦中带甜的气味；

直到被这样的香气所吸引，

我小心地将这稀有的、充满香气的粉末，

放入壁炉边的壶中；

起先是平静的，

随后沸腾起来，

我全神贯注地凝视。

终于，这液体慢慢平静下来；

我能作证，

它的财富尽在这滚热冒烟的容器中，

我的杯子和你的琼浆玉露；

来自野生芦苇，

我的餐桌上有美国最好的蜂蜜；

一切都已准备就绪，

日本的鲜艳珐琅发出邀约，

两方世界对汝之声望的尊崇在此结合，

来吧，

天赐的琼浆玉液赋予你我灵感，

我心所愿唯有安蒂冈妮、甜点与汝；

只因我鲜少品尝你芬芳的香气，

当汝的气息迎面而来时，

一股暖流抚慰了我，

我的思绪飞扬起来，

如空气般轻盈，

唤醒我的感官，抚慰我的烦恼。

后来产生的念头如此无趣且消沉，

看啊，

他们穿着华丽的服装前来！

一些天才唤醒了我，

我的课程已开始；

因为我所饮用的每一滴，

都伴随着阳光的明亮光芒。

莫梅内在下列诗篇对加兰德说：

我的朋友，若睡意来临，

伴随着一些夜晚喝下的酒，

隐约的、带着罂粟花香的睡眠，

如果浓烈的酒，

终于让你的头脑产生混乱，

那么喝咖啡吧！

这天赐的果汁会将睡意驱逐，

并让雾状的酒蒸发，

及时地帮助你找回新的活力。

法国诗人卡斯特尔在他的诗作《植物》中，提到了热带的咖啡树。他在1811年如此描述它们：

生气勃勃的植物，

太阳神的最爱，

由这些气候带中提供了最罕见的功效，

美味的摩卡，

汝之树汁，

如同迷人的女性，

觉醒的天才，

比帕纳斯山更有价值！

在收藏于布雷斯特图书馆的《布列塔尼之歌》里，有许多诗节是颂赞咖啡的。一位布列塔尼诗人写了一首由96个诗节构成的小诗，他在其中描述了咖啡对女性具有的强烈吸引力，以及它在家庭和乐方面的可能影响。根据布列塔尼的一首古老歌谣所说，咖啡第一次出现在这个国家时，只有贵族会饮用它，而现在所有的平民都在饮用咖啡——其中有很大一部分的人甚至没有面包可吃。

一位18世纪的法国诗人写了以下诗句：

咖啡的消息

（由法文翻译而来）

好咖啡并不只是1杯美味的饮料，

它的香气有使汁水变干的力量。

若你在离开饭桌前喝了咖啡，

头脑会充满智慧、思绪清明，

且神经稳定；

尽管这样说很奇怪，

但事实如此，

咖啡有助于消化，能使你重新开始进餐。

而确实为真，

尽管只有少数人知悉，

就是好咖啡是每一位杰出诗人的灵感来源；

许多像北风神玻瑞阿斯的作家，

凭借这令人神往的饮料，

已经有了大幅的改善。

咖啡照亮了单调乏味的沉重哲学，

并开启了强大的几何学。

在喝下这琼浆玉液之后，

我们的立法者也设计出令人惊叹的改革，

相当无法形容；

他们欣喜地吸入咖啡的香气，

并向全体国民保证会修改病态的法律。

咖啡抚平了学者额头的皱纹，

而他眼中的欢乐如萤火虫闪烁；

他从以前那个受老荷马雇用的文人，

一跃成为一位原创者，

而且那并非用词不当。

注意那尽力睁大眼睛、

观察行星的天文学家；

唉，

所有那些明亮的天体，

似乎都遥不可及，

直到咖啡揭露出他自己的指导星。

不过，咖啡最神奇的地方在于，

是在新闻编辑并无预期时出现的帮助；

咖啡低声说出隐秘外交手段的秘密、

战争的暗示性传闻，

还有非常猥亵的丑闻。

咖啡带来的启发必定与魔法接近；

而只要几便士，

1 杯咖啡的微小代价，

"编辑们"就能侵吞宇宙。

艾斯门纳德在一些绝妙诗篇中，颂扬狄克鲁船长带着从巴黎植物园获得的咖啡植株驶往马提尼克的浪漫旅程。

在众多歌颂咖啡的诗中，由法国诗人创作且值得一提的有：《咖啡颂词》，1711 年由雅克·艾蒂安于巴黎写成的一首 24 对句的颂歌；《咖啡》，一首在马赛发行的《大自然奇迹中神的辉煌荣光》其中第四首诗歌未完成的片段；《咖啡》，摘录自贝尔舒所作的第四首美食诗歌；《致我的咖啡》，杜西斯所作的一节小诗；《咖啡》，1824 年，插入《诗意的马其顿》中的一节佚名小诗；奥利维尔收藏的一首拉丁文诗；《白色花束与黑色花束，四首诗歌》；1837 年，C. D. 梅里所作的《咖啡》；1852 年，S. 梅拉耶所作的《咖啡赞词》。

许多意大利诗人也吟唱对咖啡的颂歌。L. 巴洛蒂在 1681 年写下诗作《咖啡》。18 世纪意大利最伟大的讽刺作家和抒情诗人兼评论家朱塞佩·帕里尼（1729—1799）描述了一幅令人愉快的当代米兰上流社会的习惯与风俗的画卷。威廉·迪恩·豪威尔斯在他的著作《现代意大利诗集》中，引述了以下诗句（根据他自己的翻译）。场景是宴会结束后，淑女向她的护花使者示意该离开餐桌了：

首先，快站起身，靠近你的女士，

拉开她的椅子并向她伸出你的手，

带她走向另一个房间，

不再忍受，

会引起她敏锐的感官不适的食物，

所散发的污浊气味。

你和其他人一同邀请，

咖啡令人愉快的香气到来，

它在一张稍小的、

用印度织物装饰的隐秘桌上冒着热气。

那同时燃烧着的芳香树脂，

使沉重的氛围变得香甜而纯净，

消除了宴饮留下的痕迹。

你们贫病交迫，

悲惨的人和怀抱希望的人，

偶然地在正午时分被引领至这些门户，

喧闹、赤裸、丑陋的人群，

有着残缺不全的肢体、污秽的脸孔，

正在生产和支撑着拐杖者从远处而来，

宽慰你们自身，同时伴随翕张的鼻孔，

饮用那讨人喜欢的微风吹送而来的——

天赐筵席中的琼浆玉液；

但不要妄图围困这些高贵的院落，

纠缠不休地给予她，

那统治你内心灾难的令人讨厌的场景！

而现在，先生，需要你的帮助来准备，

那随后将给予援助的微小杯子，

慢慢地啜饮，

它的汁液被引入汝女伴的双唇；

同时现在你思考着，

她究竟偏爱这滚烫的饮料更多，

或是以一点点糖所调和的；

或者如果，可能她最喜欢的方式，

如同原始的配偶一般，

接着当她坐在波斯来的织锦上时，

用灵巧的手指，

爱抚她的君主那虬髯满布的面容。

这首诗选自《正午时分》。其他三首诗作分别是《早晨时光》《傍晚》以及《夜幕降临》。在《早晨时光》中，帕里尼赞颂道：

若令人沮丧之臆想症使汝心情沉重，

将汝迷人的四肢，

围绕以分量惊人的汝所增长的血肉，

那么以汝之双唇向那清澈的饮料致敬，

由充分变为古铜色、冒着烟、

从阿勒颇发送与汝的炽热豆子，

还有从遥远的摩卡，

一千艘船的货运；

当缓慢啜饮时，它无可匹敌。

贝利的《咖啡》提供了关于咖啡之意大利文学的部分参考书目。其中有许多诗作被谱成歌曲。1921 年，波隆那出版了一些由 G. B. 切齐尼为咖啡所作的宣传诗，配上由凯萨·坎丁诺谱写的音乐。

教皇利奥十三世在他 88 岁时写的贺拉斯风格（贺拉斯是古罗马奥古斯都时代的诗人）诗篇《俭朴论》中，如此描述他对咖啡的欣赏：

最后端上来的是来自东方海岸的饮品，

遥远的摩卡，

是那芳香浆果的生长之处。

用挑剔的双唇品尝那深色的液体，

当你啜饮时，

消化系统欣喜地等待着。

奥地利诗人彼得·阿登伯格，如此赞美他家乡的咖啡馆：

致咖啡馆！

当你心有烦忧，

被这样或那样的事情所困扰——

去咖啡馆吧！

当心爱的情人失约，

因为这样或那样的理由——

去咖啡馆吧！

当你的鞋子被扯破且破旧不堪——

去咖啡馆吧！

当你赚了 400 克朗却花了 500 克朗——

去咖啡馆吧！

当你是个小官，

却雄心勃勃地追求职业上的名誉——

去咖啡馆吧！

当你找不到适合的伴侣——

去咖啡馆吧！

当你万念俱灰、走投无路——

去咖啡馆吧！

你痛恨并鄙视人类，

而同时没有人类你又不会快乐——

去咖啡馆吧！

你写了一首诗，

却无法强迫在街上遇见的朋友听——

去咖啡馆吧！

当你的煤筐空了，

瓦斯也耗尽了——

去咖啡馆吧！

当你需要钱买烟的时候，

你会接触的侍者领班——

在咖啡馆！

当你被锁在门外，

而没钱打开家门时——

去咖啡馆吧！

当你有了新的激情，

又想点燃旧情时，

就要将新的热情带到旧情人的——

咖啡馆！

当你想要躲藏起来的时候——

去咖啡馆吧！

当你想要向众人展示你的新衣——

去咖啡馆吧！

当再也没有人信任你、借贷给你——

去咖啡馆吧！

　　从弥尔顿到济慈，英国诗人都歌颂咖啡。弥尔顿（1608—1674）在他的作品《酒神》中这样称赞咖啡：

　　啜吸一口这饮料，

就将令消沉的灵魂沐浴在欣喜中，

远超过梦境的极乐。

诗人兼讽刺作家亚历山大·蒲柏（1688—1744），说过一句经常被引用的话：

咖啡，让政客变得聪明，

并透过他半阖起的眼帘透视所有事物。

在卡鲁瑟斯所著《蒲柏的一生》中，我们看见这位诗人为了缓解头痛而吸入咖啡蒸汽。从以下的诗句，我们完全可以理解在他还未满 20 岁时，从他身上被唤起的灵感：

只要摩卡的快乐之树依然生长，

在浆果爆裂时，或磨盘转动时；

在冒烟的蒸汽由银制壶嘴中流动时，

或中国的土地接纳那黑暗之潮时，

在咖啡被英国的仙女视为珍宝时，

在被香气蒸腾的头脑将振奋喝彩时，

或令人愉快的苦味将取悦味觉时，

她的荣耀、名声，

与歌颂将持续不衰。

蒲柏的著作《秀发遭劫记》是由咖啡馆八卦脱胎而来。诗中包括了先前引用过的关于咖啡的段落：

因为——

看啊！这寄宿之处被杯子与汤匙加冕；

浆果爆裂而磨白一圈圈转动；

他们在涂着闪亮黑漆的祭坛上，

举起银色的油灯：

火焰一般的精神熊熊燃烧：

那令人愉快的汁液由银制壶嘴中流淌，

同时中国的土地接纳那冒着烟的潮水。

他们立即对他们的气味与口感感到满意，

觥筹交错，

延长了就餐时间。

她欢乐的乐队一直盘旋在这市集上；

在她啜吸时，

有一些冒烟的汁液被吹拂：

有一些在她的膝上小心地展示其羽饰，

颤抖着，

因富丽的织锦而害羞。

咖啡，

（让政客变得聪明，并透过他半阖起的眼帘透视所有事物。）

以蒸汽的形态进入男爵的大脑，

新的策略，

为了得到那闪闪发光的一缕秀发。

　　蒲柏经常在夜晚叫醒仆人准备 1 杯咖啡；在饮用时，他习惯在桌上研磨和煮制。

　　威廉·考珀"那能激励但不致醉饮料"所表达赞赏的这句话，据说是从贝克莱主教对茶而不是咖啡的赞誉借鉴而来，这经常被错误地归属在他身上。这是《任务》中最令人愉快的画面之一。

考珀在他的作品中只提过一次咖啡。在他的《对不幸非洲人的怜悯》中，他表示自己"被奴隶的无知震惊"：

> 我深深地怜悯他们，
>
> 但我得保持沉默，
>
> 因为我们怎能没有糖和朗姆酒呢？
>
> 尤其是糖，在我们看来如此缺乏；
>
> 什么！
>
> 放弃我们的甜点、咖啡和茶？

和许多其他人一样，他满足于怜悯的言辞，而更积极的抗争将会牺牲他个人的舒适悠闲和安逸。

利·亨特（1784—1859）和约翰·济慈（1795—1834），都是咖啡神坛的崇拜者；而著名的诗人、散文家、幽默作家以及评论家查尔斯·兰姆用诗歌颂扬狄克鲁船长护送咖啡植株的功绩。诗句如下：

> 咖啡枝条
>
> 每当我喝着芳香的咖啡，
>
> 我就想到那慷慨的法国人，
>
> 他的坚忍不拔令人钦佩，
>
> 将树运送到马提尼克的海岸。
>
> 尽管当时她的殖民地尚且陌生，
>
> 她岛上的产出稀少；
>
> 他带着从咖啡树上截下的，
>
> 两节幼嫩枝条横渡海洋。
>
> 为了每条幼小柔嫩的咖啡枝条，
>
> 他每日在船上加以浇灌。

而他如此照料那胚芽般的树，

感觉好似在大海中培育咖啡果林，

而它宽大的树荫，

将屏蔽黑暗的克里奥尔少女。

但是，哎呀！

很快地，

他观看他珍贵宝藏的乐趣，

就要消失——

因他所乘船只已无水可供，

如今所有贮水处尽皆关闭，

船员只能获得限量供应；

每人分到可怜的数滴水，

没有多少剩余、

可以浇灌这些可怜的咖啡树——

但他满足了它们的需求，

甚至从自己的干燥双唇中，

为咖啡枝条留下水来。

他将水先给了精心养育的幼枝，

在平息自己深沉的口渴之前，

唯恐，

他忍受已久的急切双唇先将水吸食。

他见它们因渴求更多水分而枯萎；

然而当抵达目的地时，

英勇的园丁骄傲地看见，

他的树上还有一段存活的枝条。

岛民对他的颂扬回荡不绝；

咖啡种植园如雨后春笋般建立；

而马提尼克，

将他的船舶装满了——

那些珍贵的产物。

在约翰·济慈那有趣的幻想之作——《帽子与钟》中，埃尔菲南国王问候伟大的占卜者胡姆，并为他提供了茶点：

"你可以选择装在银杯中的雪莉酒、装在金杯中的德国白酒，或装在玻璃杯中的香槟……你想喝哪一杯？"

"忠诚者的指挥官！"胡姆答，"比起这些，我更想要一小杯牙买加朗姆酒。"

"这是个再简单不过的恩惠，"埃尔菲南对胡姆说道，"你可以来一杯白兰地，我早晨喝的咖啡里就加了它。"

胡姆接受了一杯白兰地，但没有加咖啡，"加入第 3 份最少分量的柠檬奶酱使其美味，晶莹剔透"。

无数大字报在 1660—1675 年间在伦敦印刷。这些印刷品中只有极少数具有文学价值。

《咖啡与烤面饼》被多次引用。它在 1837 年刊登于《弗雷泽的城镇与乡村杂志》上。该诗的作者自称为朗塞洛·利特尔多。全诗很长，这里只摘录其中提到"也门的芳香浆果"的部分内容：

咖啡与烤面饼

（作者：圣殿泵房的大律师朗塞洛·利特尔多）

10 点钟了！

由汉普斯特德到伦敦塔的钟声，

奏出欢乐的颂歌；

以刚强的口舌争论着关于时间的问题，

活像 50 个卖鱼妇的吵架现场；

谨慎的警察躲开了即将来到的阵雨；

汤普森和费伦装上另一桶酒的桶塞；

"把木头放到火上，驱散寒冷吧！"

现在，来吧，来奥里诺科河！

来吹奏一小时，

来喝一杯吧，

满满一早餐杯色泽微红的摩卡咖啡，

清澈、味香、颜色深浓，

如同佛罗伦萨少女那——

渡鸦般黑亮秀发、

白皙脸颊，

还有因美丽嘴巴而增色的明亮双眼。

我从来不吃黑松露——

若不是我注定会为它消化不良。

（碰它就完蛋！）

所以，为了永远平息这冲突，

贝蒂，把水壶拿来！

咖啡！噢，咖啡！

令人意想不到的信念。

在所有诗人中，

优秀的、差劲的，以及更糟糕的，

在邮件与纸莎草的纸张上信手涂鸦，

（颂扬德国白酒或希俄斯酒）

"永恒不朽的诗句"——

以乏味的莎芙诗韵，

或简练的阿卡额斯诗韵，

写成韵律优美的明喻。

我小小的棕色阿拉伯浆果啊，

无人为你写作颂歌——

这太令人吃惊了！

若现在我是名诗人，有着现成的韵脚，

就像汤米·摩尔的一样，

流畅地来到它们的位置，

随着欢快的钟声旋转起舞，

伴随着粗心大意的真相，

一塌糊涂夫人们的舞蹈；

听听这个——

公报、通告、预兆、标准、时报，

我能写出一首史诗！

用咖啡作为它的基础；

甜美如自从鲍勃·蒙哥马利，

或阿莫斯·科特尔的时代后，

伦敦东区曾经令人窒息的鸟啭。

睡眼惺忪的中国人啊！

迷人的海妖，

白毫红茶！

缪斯曾对你加以称颂，

"那愉悦却不使人迷醉的"；

而拜伦曾称呼你的姊妹为"泪之女王"，

武夷岩茶！

而他，

罗马铁血时代的阿那克里翁，

说，

如此偏颇的"他帮不了你"。

而同时，咖啡，汝——贴满传单的山墙说，

如古老丘彼特的技艺，"每天被烘焙。"

我极爱在一个像今日一般的雨夜，

当难得且更为少见的公共马车，

哐啷哐啷地在街道间穿梭，

为了啜饮汝芬芳的亲吻；

而河岸街偏僻处，

一些醉酒斗殴遥远模糊的回声，

以及水壶在灼热炉盘上发出的嘶嘶声，

在我脑海中只有——

由汝而来的异乡、我的咖啡壶、

我诗作的灵感泉源。

许多在这期间出现的诗中，包括了一场若非结局不甚愉快否则还算让人高兴的舞会。男主角和他迷人的"玛丽"坐在一起，正要向她求婚时，不幸地将一杯红酒打翻在她白色缎子礼服上，同时也打翻了他所有的幸福梦想，"因为一个泼妇取代了他曾爱慕的天使"。而他，只能甘于做一个"在室男"。

因此我坐在这里啜饮，

边啜饮边思考，

而后再度思考并啜饮，

并沉入弗雷泽河中，

健康的奥利弗国王啊！

我为你干杯：

长久以来，大众以你使她惊讶。

和费加罗一样，汝令人的眼皮眨动，

磨光的剃刀在汝熟练的掌中翻转——

真正由贺拉斯冶炼，

用雅典的磨刀皮带打磨平滑；

啊！

汝能"剃光整个欧洲"。

* * *

来吧，奥利弗，

告诉我们有什么新鲜事；

一张舒适的椅子，

正等待汝过来坐吧。

来吧，我恳求汝，

如同他们恳求缪斯，

而在汝萎靡不振时，

汝将选择烈酒。

而若汝之双唇拒绝我奉上的醒酒汤，

只为了那紫色葡萄更红润的一点汁液，

我们可以歌唱，

汲取另类的诗句，

你的和我的饮品，

就如科里登与赛尔西斯一样。

* * *

把碗装满，但不是用酒，

浓烈的波特酒，或火一般的雪莉酒；

因为这是给我更温和的 1 杯

我迷恋的是也门芬芳的浆果。

* * *

颜色深浓的葡萄串是温和的，

但酒是个反复无常的孩童；

有着更柔顺的光泽，这才是琼浆玉液！

这才是"使其得到温和"的 1 杯。

深刻地饮下它天赐般的蒸汽，

把杯装满吧，

但别用酒。

普瑞尔和蒙塔格将以下的诗意小品文刊登在他们的著作《城里老鼠与乡下老鼠》中，模仿德莱顿《牝鹿与豹》的滑稽讽刺文体写成：

随后他们继续慢跑；

而由于一小时的谈话，

能在冗长乏味的散步中插入一段谈笑，

就我记忆所及，

那严肃的老鼠说，

我听过不少关于魏特的咖啡馆的谈话；

布尔多说，

在那里，

汝将前去并看见僧侣啜饮咖啡、互相争吵，

并为茶写诗；

这里有粗糙的起绒粗呢，

那里有高雅适当的打扮，

这一切让高贵的老官员无所适从，

我是说那些测试官员。

精明的臆测被做出，并给出理由，

人类的律法从不曾是在天堂中制定的；

但最重要的，

那将讨好汝之视线，

并令汝之眼球装满巨大欣喜的，

乃是神圣的幽默机智做出之诗意判决，

由那荣耀就坐在黑暗中者所裁决；

而当那接受第一缕月光者，

她令这地狱因此明媚闪亮，

而他如此闪耀，从遥远之处放射光芒，

他由一颗更好的星辰借用光线；

因为源自高乃依和拉平的规则，

被所有在底下涂鸦的芸芸众生所钦佩，

出于法国传统的同时他确实提供一贯正确的真相，

那是分裂教会罪，

被诅咒的罪行；

要质疑他的，

或信任你个人的感受。

已故的杰弗里·塞普顿，一位常年居住在维也纳的英国诗人兼小说家，他的幻想故事和童话在欧洲远近驰名，他曾为咖啡写了以下这首十四行诗：

献给伟大的君主，咖啡王

杰弗里·塞普顿

I

让鸦片出局吧！

那令头脑迟钝的、

伴随着不存在幻影的强烈诱惑的陷阱。

别让纤细的感官因如此的药物而衰败，

随着不知不觉地、轻声被窃取的幻觉，

进入灵魂所在的房间。

梦魇紧跟在他们之后，使心灵昏愚。

寻找确信者好排除那难以忘怀的忧虑；

将冒着蒸汽的咖啡壶放在桌上吧！

透过香味浓郁的果实、甜点，

以及闪闪发光的酒瓶，

以伟大咖啡大帝的身份自负地统治吧，

因为所有索求的，

他皆给予天赐的欢乐，

与他的配偶，甜美的水果白兰地一起。

噢，让我们沐浴在他的至高欢愉中。

来吧，举起芳香满溢的杯子并屈膝吧！

II

噢！伟大的咖啡，汝乃民主之主，

诞生于热带的阳光下且带着古铜色光泽，

在财富与智慧之地，

谁能同汝一般，

在每一或辉煌或俭朴的桌上，

为流浪的人类提供如此服务？

在老实的工人朴实无华的炉围边，

在优雅的女士与甜美温柔的少女中间，

在瓷器、金银器中，

我们倒入汝之崇拜与甜美，

东方的君王啊。

噢，我们多么喜爱听见水壶的鸣唱声，

因汝的接近而欢欣，

体现人生那——

苦味、甜味及奶油般的面向；

人民之友、争斗之敌，

土地之子艰难地将汝孕育。

同样地，美国的诗人也对咖啡大加赞颂。詹姆斯·惠特科姆·莱利在他的古典诗中颂扬稍微有点可疑的"母亲以前经常制作的种类"：

如同他的母亲曾做的一样

"杰克大叔的店"，1874 年，密苏里州圣约瑟夫市

"我出生在一个原住民族群。"

一个陌生人说，

他的头发平直稀疏，身材纤瘦，

当我们这些在餐厅的伐木工人，

有点在嘲笑他的时候，

杰克大叔将另一个南瓜派滑向他面前，

还有一杯额外的咖啡，

他的眼中闪烁着光芒，

"我出生在一个原住民族群——

40 多年前，

我已有 20 年没回来了，

而我正缓慢地为返回努力；

不过，

我曾在这里与 Santy Fee 间所有餐厅——

用过餐，

而我要声明，

这杯咖啡喝起来像回到家一样，

对我来说！"

"老爹，再给我们来一杯！"

那伐木工人边暖身边说，

并在大叔拿过他的杯子时，

隔着茶托开口说，

"当我在远处看见你的招牌时，"

他对着杰克大叔继续说，

"我进门并喝到像从前你母亲煮的咖啡，

我想到我的老母亲，

还有波西乡下的农场，

仿佛我再次成了一个小孩，

被抱在她的臂弯中，

在她让壶滚沸，

将蛋打开并倒进壶中时……"

之后这位伐木工人停顿了一下，

下巴微微颤抖。

杰克大叔把伐木工的咖啡端回来，

并且像一位殡葬业者一样，

庄重地肃立了一分钟；

然后在某种程度上，

他蹑手蹑脚地，

走向厨房门口，接着，

他老迈的妻子和他一同走出，

一边擦拭着她的眼镜，

她冲向那位陌生人，并叫喊出声，

"是他！

感谢老天让我们遇见他！

你不认识自己的母亲了吗，吉姆？"

那伐木工边抓住她边说，

"我当然没有忘记，可是，"

他擦擦眼睛，说，

"你的咖啡非常烫！"

英国最可爱的咖啡诗篇之一是由弗朗西斯·萨尔图斯（卒于 1888 年）为"性感的浆果"所作的十四行诗，被收录在《烧瓶与酒壶》中：

咖啡

性感的浆果啊！

凡夫俗子在何处能寻得——

堪与汝匹敌的天赐琼浆，

在宴饮时，我们啜吸汝之珍贵精华，

并感受到，

自己离机智谈吐和妙语如珠更近一步？

汝乃轻蔑、愤世嫉俗的伏尔泰，

他唯一的友人；

汝之力量激励巴尔扎克的心灵，

为辉煌成就而努力；

无疑是上帝为汝之爱好者设计了：

可用以分享的无上欢乐。

每当我闻嗅汝之香气，在夏日群星之间，

东方辉煌的盛况便映照在我的眼前。

大马士革，

伴随着各式各样清真寺的尖塔，

闪烁发光！

我见汝于广大无边的市集中热气蒸腾，

或者——

在昏暗的后宫内，

在那皮肤白皙的苏丹之妻脚下，

伴随着春梦冒出苍白的烟雾！

　　阿瑟·格雷在 1902 年写了《关于黑咖啡》，尽管其中掺杂了有关茶的不适宜的意见（这部分可以忽略不计）：

咖啡

噢，滚沸、冒泡、浆果、咖啡豆！

汝乃厨房女王的配偶，

每一独到之处皆成为棕色且被研磨。

唯一的芳香造物，

我们为之渴望，为之付出！

早晨流露的气息，芬芳的餐食。

茶算什么？它只能代表，

最温和的媒介，

思想与心灵无趣的清醒物

它"毫无特色"——我们发现——

除了平和的散文、和缓的散步、

舒适呼噜的猫儿、老妇人间的闲谈……

* * *

但咖啡！能展现不同的故事。

它书写的历史随处可见且大胆无畏，

在"西班牙海域"上英勇的海盗，

军队行进横跨那狭长的平原，

孤独的探勘者游荡越过山丘，

在猎者的营地，汝之香气被彻底蒸馏。

因此，在此为咖啡的健康举杯！

火热的咖啡！

一杯晨间的祝酒！再来一壶吧。

1909年，《茶与咖啡贸易期刊》刊登了威廉·A. 普来斯所作的绝佳诗句：

咖啡颂

噢，汝乃最为芳馥、馨香的喜悦，

被责难、被滥用，

并经常被激烈反对，

然而小小一杯，

包含了所有能被浓缩的幸福喜悦！

为蔑视汝之人带来狂妄、专横的奚落，

因汝之统治将贯穿尚未到来的时代！

传说中提及，

一些古老的阿拉伯人最先发现汝，

他的记忆蒙福！

今日遍及全球之兄弟情谊的标志，

联系东方与西方的纽带！

波斯山谷中的好咖啡给人带来愉悦，

而黑脚印第安人让它变得更加优越。

沙漠中孤独的旅人，

若汝跟随他，

他便能笑对黄昏，

在汝之芳香泡沫前，

水手在大海风浪肆虐时嘲笑大海，

而正在作战的战士营地中

汝之香气盘旋在每一片战场上。

"饮用，但别滥用，

此一人生中的美好事物。"

这是由先知的时代流传至今的格言，

而以如此方式对待汝，

我们将永远不会遭遇困难的时光，

或走上歧途。

安适与抚慰接随汝持续，

咖啡树之丰饶、高贵的浆果！

1915年，《纽约论坛报》刊登了路易斯·昂特迈耶的诗句，这些诗句随后被收录在《与其他诗人选》中：

吉尔伯特·K.切斯特顿起身为咖啡祝酒

烈酒是一位模仿者；

烈酒是一头凶猛野兽。

当你开始奋起时，它紧咬住你；

它是虚构的酵母菌。

你不该供应由新鲜采摘的蛇麻子，

所制成的麦芽啤酒或啤酒，

或甚至供应廊酒来诱惑一名新婚男子。

因为酒有一种魔咒，如同来自地狱的诱惑，

而恶魔已混入那酿造物中；

与麦芽啤酒亲善之人，

某种程度都是苍白、令人厌烦，

且不明事理的一群人，

而啤酒的口感很古怪，

并且是不甚明确的棕色；

但是，同志们，

我给予你们咖啡，

喝下去、将它一饮而尽。

伴随着废话连篇和胡言乱语等。

噢，可是给上了年纪且与年迈侄女同住的教师喝的饮料；

茶是给艺术家工作室和喧闹且暴力的社会秩序饮用的；

而白兰地是在行李箱里破损时会损坏衣物的饮料；

但咖啡是让从不曾喝醉者沉醉的饮料。

所以，先生们，

举起那欢宴用的杯子，

摩卡与爪哇在其中融合；

它能在谈话变得过于高明

让聪明才智不敷使用时让头脑清明！

它让命运远离那金色的吧台，

和微醺的都市生活；

所以，为浓烈的黑咖啡举杯吧！

将它喝下，

伴随着废话连篇和胡言乱语等。

海伦·罗兰在《纽约世界晚报》发表的作品中称颂最为流行的美国早餐咖啡风格:

> 每位妻子都知道的事
>
> 给我一个会在早餐饮用完美、热烫、又黑又浓的咖啡的男人!
>
> 一个会在晚餐后,
>
> 抽支完美、色黑、粗胖雪茄的男人!
>
> 你大可与牛奶信徒或你的反咖啡怪胎——
>
> 结婚,随你高兴!
>
> 但我深知咖啡壶的魔力!
>
> 让我准备我先生的咖啡吧,
>
> 我不在乎谁对他暗送秋波!
>
> 每天给我两支火柴,
>
> 其一是为了早餐时燃起煮咖啡的火焰,
>
> 另一是为了点燃他的雪茄,就在晚餐后!
>
> 而我向所有的基督教迷人美女,
>
> 发起在他心里点燃全新火焰的挑战!
>
> 噢,甜美非凡的咖啡壶!
>
> 解决家庭问题的灵丹妙药,
>
> 能消除已婚人士的所有疾病,
>
> 那甜美忘忧药的忠实创始者。
>
> 令人愉快、闪闪发光、抚慰灵魂,
>
> 以及温情亲切的、无生命的友人!
>
> 哪个妻子能否认:
>
> 她应当归功于你的安详与平静?
>
> 向你致意,
>
> 是谁阻挡在,

她和她所有一早出现的麻烦之间，

阻挡在她和早餐前的抱怨之间，

阻挡在她和宿醉的头疼之间，

阻挡在她和冰冷昏暗黎明的监督中？

向你致意，

你为那疲倦不堪的男子灵魂，

提供了金黄色的琼浆玉液，

抚慰那紧张不安的男子神经、激动劳累的男子心灵、

启发迟缓的男子心绪，

使迟滞的血液流动并让整天恢复正常！

让我问你，

是什么，

在他口干舌燥且暴躁易怒地用早餐时，

让他暂停，

同时使冒着火花的锐利讽刺锋芒，

那是他原本打算用来刺穿你的恶毒言语，

在他说出口前归于静默？

是那咖啡壶散发的甜美香气，

那想到就令人战栗的第一口美味！

是什么，在俱乐部通宵狂舞后的清晨，

在他挑剔的眼光下，

为你掩藏那疲倦、有点苍白无力的脸色，

还有那凌乱散落、变直的发型？

是那宽宏大量的咖啡壶，

如同守护天使般阻挡在你和他之间！

而在那些众多生死攸关的紧要关头，

在决定支持或反对婚姻生活的各面相，

是否将会浪漫与幸福的蜜月期间，

当急性子碰上急性子的重要早餐时刻，

并遇上"我不"的时候，

是什么让你在悲剧边缘刹住车，

并分散——

你对意图为自己辩护之诱惑的注意力？

是那引人入胜、渴望看咖啡滚沸的焦虑！

是什么，

温暖了他的血管同时抚慰了你的神经，

并冷不防地，

将整个世界从阴沉灰暗的沮丧低谷，

转变为明亮美好的希望花园，

而且让又一天如同一辆全新的车子般，

平顺流畅地向前行进？

是什么，

比在约旦河行浸礼，

更能将一个男人，

由一个朋友改造成一个天使？

是早晨的第一杯咖啡！

1935 年，美国诗人伯顿·布拉利通过以下诗句颂扬了晨间的第一杯咖啡：

抱怨的理由

我的胃由锌制成，

能够处理那会导致规避现实者担忧与内疚的食物和饮料；

早餐、晚餐、茶或午餐，

一只山羊能咀嚼吃下的任何东西——

我都能津津有味地品尝并吸收。

用染料美化的果冻、

能无预警砸扁秃鹫的装甲蛋糕和派，

我都能愉快地消化，

就算我的咖啡是早上唯一像样的。

我是个心脏适应力极强、

非常令人愉快的绅士，

还有我力所能及尽可能乐观的人生观，

而如果命运放我鸽子，

并对我施压，

我已然在过去证明我能应付。

我甚至能摆脱那混乱爱情的影响，

我能忍受一位女士理想化的轻蔑藐视，

但我是彻底无用的，

而我的整个生涯是微不足道的，

如果我在早上没喝到一杯像样的咖啡。

没有女人、酒或诗歌，

我依然能快乐地平稳向前，

没有同伴或金钱也可以；

少了图画、书籍或戏剧，

我将会整日烦忧，

伴随着乐观的性格。

总体而言——

我是我灵魂的船长，

独立自主，

但我的自由和我的勇气初生即死亡，

而我在昏迷中，

纳闷我是否错失了——

早上那一杯芬芳咖啡的新鲜香气！

戏剧文学中的咖啡

咖啡首次被"戏剧化"，或许是在英国，我们读到：1667 年时，查理二世和约克公爵观看了《塔鲁格的诡计：或者，咖啡馆》的首演。

这是一出喜剧，塞缪尔·佩皮斯将其描述为"我这辈子看过的最荒谬且无趣的剧目"。

这出戏剧的作者是托马斯·圣塞德瑟菲。该剧以一种生气勃勃的方式拉开序幕，作为这出戏里的时髦英雄，塔鲁格需要换装，因此，他换下他的"背心、帽子、假发和佩剑"，并为宾客们提供咖啡，而学徒则扮演一位绅士顾客。

不久，其他"各行各业的顾客"纷纷走进咖啡馆。这些人对那位所谓的咖啡师并非总是有礼的；一位顾客抱怨他的咖啡"只不过是杯加了豆子的温开水"，而另一位则希望他送上"加水调制的巧克力，因为我讨厌加鸡蛋的东西"。由一位"学究"角色演绎的迂腐和胡说八道，可能是咖啡馆言谈的一个不公正的样本；特别值得一提的是，没有一位宾客拿危险的政治立场来冒险。

最终，这位咖啡师对他小丑般的顾客们感到厌烦，直截了当地说："这种粗野无礼和郊区的小酒馆相称，而非我的咖啡馆。"在仆人的帮助下，他"在学究们和顾客们付完钱之后，将他们全都赶出门外"。

1694 年，让·巴蒂斯特·卢梭出版了他的喜剧《咖啡》，这出剧目似乎在巴黎只演出了一次——虽然一位后来的英国剧作家说它在法国首都受到盛大的欢迎。《咖啡》是在洛朗咖啡馆里写的，丰特奈尔、安托万·胡达尔·德·拉莫特、杜谢、阿拉里·博因丁等人也是那里的常客。伏尔泰说："这个既没有文坛经验也没有戏剧经验的年轻人的作品，似乎预示着一个新天才的出现。"

约在此时期，巴黎的咖啡馆老板和侍者都流行穿戴亚美尼亚服装，因为帕斯卡尔已经发展得比他所知的更好。丹库尔特写的喜剧《圣日耳曼博览会》1696 年上演时，其中一个最重要的角色是"穿着打扮像亚美尼亚人的咖啡贸易商老洛朗"。在第五场戏中，他对穆塞特小姐表示，"作为一个咖啡馆服装销售者"，他已经"入籍亚美尼亚三周了"。

苏珊娜·尚特利弗夫人（1667—1723）在她大约于 1719 年创作的喜剧《大胆地为妻子爱抚》中，有一场戏的场景就设定在那个时代的乔纳森咖啡馆。当股票经纪人在第二幕第一场戏中开口讲话时，咖啡侍童叫喊着："新鲜咖啡！先生们，要新鲜咖啡吗？……需要武夷茶吗，先生们？"

亨利·菲尔丁（1707—1754）在 1730 年出版了一部喜剧《咖啡屋政客》。

1737 年，詹姆斯·米勒的戏剧作品《咖啡馆》在位于德鲁里巷的皇家剧院上演。在该剧的出版版本中，狄克咖啡馆的内部场景是以雕版卷头插画的方式呈现的。作者在序言中表明："这部作品部分取材自一部多年前由著名的卢梭在法国写成的独幕喜剧，剧名是《咖啡》，这出剧在巴黎受到极大欢迎。"

剧中的咖啡馆由寡妇 Notable 经营，她有个漂亮的女儿，像所有的好妈妈一样，她急着为自己的女儿安排一桩合适的亲事。

在第一场戏中，政客 Puzzle 和诗人 Bays 之间发生了激烈的争吵，花花公子 Pert 和所罗门以及其他此地的常客都被牵扯其中。

Puzzle 发现房间里有一位喜剧演员和其他演员，坚持要将他们驱逐或禁止他们进入咖啡馆。寡妇被激怒了，愤慨地回答道：

禁止演员来我的咖啡馆，阁下！

哟，阁下，我一个星期从他们身上赚到的钱，比 7 年来从你身上赚得还要多呢！你来我的店里，拿着报纸，待 1 个钟头，用你的政治惹毛所有顾客，还要求笔和墨水、纸张和封蜡，还要 1 管烟草、烧掉半根蜡烛、吃掉半磅糖……然后拍拍屁股走人，只付了 2 便士买一碟咖啡。

若是没有其他好心人来弥补我因为像你这样的人造成的损失，我很快就得关门大吉了，阁下。

所有人都和寡妇一起嘲弄和讥讽，极度窘迫的 Puzzle 因此离开了咖啡馆。美丽的小吉蒂通过演员的协助欺骗了她的母亲，嫁给她自己选择的一位男性。但当她的母亲发现那个人是一位圣殿骑士后，便原谅了她。

这出戏只有一幕，有几首歌曲穿插其中。结尾是一首有 5 节的诗文，配上"由 Caret 先生谱写"的音乐：

赞歌

一间咖啡馆每天能给予多少乐趣啊！

能读到和听到这个世界是如何快乐地运转；

能欢笑、歌唱和闲聊八卦；

在通宵游荡饮酒作乐后，浪荡子来此，

因他早晨花费的 4 便士，

将让他的头脑清醒过来；

从未让铜色沾染洁白手指的花花公子，

让自己的 6 便士值回票价，

目不转睛地瞪着眼前的玻璃杯；

总是准备猎杀的医生，

每天来此占据一位置——他愿意的话；

还有那喧嚣并挑战保安的士兵，

会大胆地在此处抽签，

因为——我们会维持他的信任；

总是在寻找猎物的律师，

会在此处找到每日果腹的食物；

而那严肃的政客，用咖啡渣占卜，

能指出每位君主的命运——

除了他自己的。

然后，时髦男士们，

既然你在此能找到的每一件——

能取悦想象或有益于心灵，

全都来吧，

每个人都来杯满溢的欢乐，

并在每个夜晚将我们的咖啡馆挤满。

约翰·提布斯告诉我们，这出剧"因它的表述遭受了强烈的反对，因为据说剧中的角色就是根据经营迪克咖啡馆的特定家族（也就是亚罗夫人及她的女儿）设计的，艺术家们不经意地选择了此地作为卷头插画"。提布斯继续说，"看来女店主和她的女儿是当时圣殿骑士团的红人，于是骑士团的成员经常光顾迪克咖啡馆，并对此事反应如此激烈，导致他们联合起来，在事件发生的当晚谴责这场闹剧；他们成功了，甚至在往后一段很长的时间内，将他们的愤慨延伸到疑似这位作者（詹姆斯·米勒牧师）的每一件事情上"。

被称为意大利莫里哀的卡洛·哥尔多尼在 1750 年写下《咖啡馆》这部关于威尼斯中产阶级的自然主义风格喜剧，嘲讽当时的丑闻和投机风气。场景被设定在一间威尼斯咖啡馆——很可能是弗洛瑞安咖啡馆。

在许多值得注意的研究中，有一项是针对一位名为唐·马齐欧的满口胡言的诽谤者的研究，他被评为曾经出现过的少数最好的、吸引舞台注意力的原著角色。这出剧目在 1912 年于芝加哥戏院协会以英文演出。查特菲尔德–泰勒认为，伏尔泰可能参考《咖啡馆》创作了他

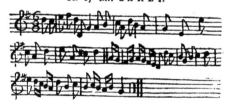

《咖啡馆》剧中选曲。

的《咖啡馆，或苏格兰人》。哥尔多尼是一位咖啡爱好者，他是咖啡馆的常客，他从咖啡馆汲取了许多创作灵感；被称为威尼斯贺加斯的彼得罗·隆吉，在他的一幅展现威尼斯在堕落年代的生活与风俗习惯的画作中，证明哥尔多尼是当代一家咖啡馆的访客，画面中还有一名女乞丐在乞讨。这幅画是意大利可·巴拉斯的收藏之一。

在喜剧《波斯妇人》中，哥尔多尼让我们一窥 18 世纪中叶的咖啡制作过程。他借奴隶 Curcuma 之口讲了出来：

咖啡来了，女士们，

原产于阿拉伯的咖啡，

由沙漠商队带进伊斯法罕。

阿拉伯的咖啡当然永远是最好的。

当它在一侧伸出叶子，

另一侧则会长出花朵；

它生长在富饶的土壤里，渴望着阴凉，

或只需要少许阳光。

每三年这小小的树木会被种在土里。

尽管确实非常微小，果实还是能

长大到足以变得有几分青绿。

在后来使用的时候，

它应该被新鲜研磨，

贮存在一个干燥且温暖的地方，

并谨慎地加以守护。

＊ ＊ ＊

不过只需要少量就能将它备好。

放进想喝的量，同时，

别让它溢出洒到火上；

加热至泡沫升起，

然后让它在远离火源处再次消退；

至少这么做 7 次，咖啡就做好了。

1760 年，《咖啡馆，或苏格兰人》在法国出现，传说是一位名为休谟的英国人所写，并且被翻译为法文。事实上这是伏尔泰的作品，伏尔泰在不久前以同样的方式出版了另一部戏剧作品《苏格拉底》。

同年，《咖啡》被译成了英文，书名改为《咖啡馆，或公正的逃犯》。书名页注明该剧是由"伏尔泰先生"所作，并从法文翻译而来。这是一部五幕喜剧，主要角色有：法布里斯，一个善良的咖啡馆老板；康士坦提亚，一个美丽的逃犯；威廉·伍德维尔爵士，一位被厄运笼罩的高贵绅士；贝尔蒙特，爱上康士坦提亚的有钱人和犯罪嫌疑人；弗里波特，一位商人，是英式风格的象征；史坎朵，一个骗子；还有爱上贝尔蒙特的艾尔顿夫人。

《乡村咖啡》是一出由加卢皮创作的音乐剧，于 1762 年在意大利上演。

另外一出意大利戏剧，则是一部名为"精神饱满的咖啡壶"的喜剧，于 1807 年演出。

《汉密尔顿》是一出由玛丽·P. 哈姆林和乔治·亚利斯创作的戏剧，后者也在其中饰演与该剧同名的角色，这部剧目于 1918 年由乔治·C. 泰勒在美国演出。第一幕第一场戏的场景是在华盛顿第一次执政时期费城的交易所咖啡馆。在这场戏中出现的人物包括詹姆斯·门罗、塔列朗伯爵、菲利普·斯凯勒将军以及托马斯·杰斐逊。

剧作家们非常忠实地再现了华盛顿时期咖啡馆中的氛围。正如塔列朗所说："大家都到交易所咖啡馆与每个人会面……它是俱乐部、餐厅、商人的交易所、一切的一切。"

《咖啡摊上的独裁者》是一部由哈罗德·柴林创作的独幕剧目，于 1921 年在纽约市出版。

咖啡与文学的关系

茶和咖啡在著名文人的"最爱饮品"中不时交替，此消彼长的复杂过程说不定足以写成一本有趣的书。而在这两种兴奋剂中，咖啡似乎给多数人提供了更好的灵感和提神作用。然而，正因为这两种饮料让如此多的杰出心灵不再沉溺于红酒与烈酒，反倒使得文明成了它们的债务人。

伏尔泰与巴尔扎克，是法国的文人中对咖啡最忠诚的狂热信徒。苏格兰哲学家兼政治家詹姆斯·麦金塔爵士（1765—1832）也非常喜爱咖啡，他曾说，一个人的智力通常与他所饮用咖啡的量成正比。他优秀的校友兼好友罗伯特·霍尔（1764—1831），是一位浸信会牧师兼布道坛上的雄辩家，偏爱喝茶，有时候会喝上十几杯。著名的希腊学者考珀、帕森以及帕尔、塞缪尔·约翰逊博士，还有作家兼评论家威廉·赫兹利特都是重度饮茶人士；但是伯顿、迪恩·斯威夫特、艾迪生、斯梯尔、利·亨特和许多其他人则颂扬咖啡。

西北大学医学院的教授查尔斯·B. 里德博士说，咖啡可以被认为是一种能够培养天赋的物质。历史似乎证实了他的话。

里德博士说，咖啡的本质是如此明确，以至于某位评论家宣称，自己拥有一种特殊的能力，能从伏尔泰的所有作品中，看出有哪些部分是受到咖啡的灵感启发而创作出来的。茶和咖啡能激发创作才能，并让人专注于创造艺术和文学杰作。

风趣之王伏尔泰（1694—1778）也是咖啡饮者之王。据说在他的晚年，他每天都要喝 50 杯咖啡。对有所节制的巴尔扎克（1799—1850）来说，咖啡既是食物也是饮料。

在弗雷德里克·拉顿的《巴尔扎克》中，我们读到："巴尔扎克辛勤地工作。他的习惯是在傍晚 6 点就寝，睡到 12 点，然后起床并连续写作将近 12 小时，在写作的过程中，他靠喝咖啡来提神。"

巴尔扎克在他的《当代兴奋剂专论》中，如此描述他自己对于他最钟爱兴奋剂的反应：

> 咖啡一旦落入胃里，立刻引起全身的骚动。思想开始像战场上的大军般开始行动，战斗开始了。记忆中的事物全都涌现，旗帜飘扬在风中。由比喻组成的轻骑兵发动了一次宏大的冲锋，由逻辑组成的炮兵队带着弹药加速前进，理智的箭如同狙击手一般启动。
>
> 明喻法形成，纸张上布满墨水，因为斗争开始并随着那黑水的奔流而终了，如同战事因火药而结束一般。

当巴尔扎克讲述米诺雷博士的监护人如何用 1 杯与波旁威士忌和马提尼克酒混合而成的"摩卡"款待他的朋友们时，博士坚持亲自在银制咖啡壶中调制咖啡，那其实是巴尔扎克自己的习惯。他只从白朗峰大道（现在的绍塞·昂坦大道）购买波旁威士忌；从老奥德里埃特路购买马提尼克酒；摩卡则是向大学路的一位食品杂货商购买。要买齐这些东西至少需要半天。

为咖啡而生的文学作品

法国、意大利、英国和美国的作家在咖啡的通俗文学方面有明显的贡献。篇幅所限仅能附带提及其中一些人。早期法国与英国的文人学士有关咖啡的作品已经在先前章节提过一些。

在法国的达弗尔、加兰德与拉罗克之后，还有英国的伦福德伯爵、约翰·蒂姆斯、道格拉斯·埃利斯、罗宾逊、法国的贾丁和富兰克林、意大利的贝利、美国的休伊特、瑟伯以及华许等。

奥布里、波顿、艾迪生、斯梯尔、培根以及迪斯雷利的作品中都提到了咖啡。

法国伟大的美食家——布里亚·萨瓦兰（1755—1826）对咖啡的了解可谓前无古人、后无来者。他在《美食的艺术：美好生活的科学》中大声疾呼：

你们这些管理天堂恩赐的、戴着十字架和主教冠冕的修道院长和主教们，还有你们这些为消灭撒拉逊人而武装自己的、令人畏惧的圣殿骑士，你们对我们现代巧克力的甜美恢复作用，还有启发思考的阿拉伯咖啡豆一无所知——我真是同情你们！

欧·德古尔库夫的作品《咖啡，给塞内塞的书信》是值得提及的。
一位早期的法国作家如此赞颂咖啡能给人带来灵感的作用：

它是一种极为令人愉悦、能启发灵感且有益身心健康的饮料。同时，它也是一种兴奋剂、一种退热剂、一种消化剂以及一种抗催眠剂；它能赶走睡意，睡意是劳动的敌人；它能唤起想象力，没有想象力就不会有快乐的灵感。它能驱除痛风，痛风是享乐之敌，尽管痛风的诞生要归因于享乐；它能促进消化，没有消化作用就不会有真正的快乐。

它支配快乐，没有快乐就不会有享乐或享受；它将机智给予那些已经拥有的人，它甚至供应机智风趣（至少几小时）给那些通常并不具备的人。感谢上天赐予我们咖啡，看啊，一颗小小浆果的浸泡汁液中蕴含了多少赐福。世上还有什么饮料能与之匹敌？咖啡，既是一种享乐，也是一种良药；咖啡，同时滋养着心灵、身体和想象力。为汝喝彩！文人作家的灵感源泉，美食者的最佳消化良药，全人类的琼浆玉液。

1691 年，安杰罗·兰博蒂在波隆那出版了《阿拉伯珍馐，健康饮料咖啡》。这部作品分为 18 节，描述了咖啡豆的起源、种植以及烘焙，同时讲述了如何煮制这种饮料。

在米兰被西班牙统治的时期，切萨雷·贝加利亚主持并编辑了一份名为《咖啡》的刊物，这份刊物的发行时间从 1764 年 6 月 4 日到 1766 年的 5 月，根据致敬谢词，这份刊物"由贾马里亚·里扎迪在布雷西亚编辑，并由一小群友人承担这项工作"。

另一份叫作《咖啡》的刊物专注于艺术、文字与科学层面，在 1850 年到 1852 年间于维也纳发行。还有一本名字相同的期刊，是一本全国性周刊，在 1884 年到 1888 年间于米兰发行。

一本题名为《咖啡》的年鉴在 1829 年于米兰出版。

一份名为《佩德罗基咖啡》的周报于 1846—1848 年间在巴都亚发行。这份周报以报道艺术、文学以及政治方面的内容为主。

彼得罗·波利教授 1885 年于米兰创办了名为《茶、巧克力、藏红花、胡椒，以及其他兴奋剂》的刊物，但维持时间很短暂。

一份早期的英国杂志（1731 年）中有篇咖啡渣占卜的报道。作者出其不意地前去拜访，并"使那位正在用咖啡策划阴谋的女士及其同伴大吃一惊。所有人的兴趣都聚焦在当中一位看起来疲惫不堪的女人身上，而当女占卜师透过咖啡渣发出了神奇的预言后，众人变得更加兴趣盎然。接着，女占卜师进入受到天启的状态，以相当庄重的神情观察着咖啡杯底的微小颗粒；她身旁坐着一位寡妇，另一边则是一位未婚女士。她们都向我保证，咖啡杯中的每个图案都预示着每个人即将到来的人生蓝图，而且针对每一笔交易所发出的预言都经过最精确无误的分析"。

这位先知的宣传广告相当有意思：

> 特此公告，闻名遐迩的樱桃夫人近日抵达本市（都柏林），她是唯一真正懂得咖啡渣占卜这门神秘的科学的女士。在过去的一段执业时间内，她不断地获得成功，令她的女性访客普遍感到满意。她的工作时间是在圣彼得教堂祈祷结束后到晚餐之前。
>
> （注意，她从未向任何一位女士索要超过 1 盎司的咖啡，而且在任何时候都不会超过那个数量。）

如果 1 盎司咖啡代表的是她预言未来的酬金，那么这个收费标准并不高昂！

17 世纪和 18 世纪的英国作家很明显地受到咖啡的影响，当时的咖啡馆也因他们而名垂后世；而在许多情况下，这些作家本身便因咖啡馆与其中的常客而不朽。

现代的新闻写作可以追溯到 1709 年 4 月 12 日《闲谈者》的发行，它的编辑是爱尔兰剧作家兼散文家理查德·斯梯尔爵士（1672—1729）。他的灵感来自咖啡馆，而他的读者们是最了解咖啡馆的一群人。他在第一期中如此宣布：

> 所有关于英勇行为、享乐和娱乐的内容都将置于分类为怀特咖啡馆的文章下；诗歌在威尔咖啡馆分类下；学习在希腊人咖啡馆标题下；你将由圣詹姆斯咖啡馆分类下获得国外与国内新闻，而我将提供的任何其他主题将由我自己的公寓开始。

斯梯尔的《闲谈者》每周发行 3 期，直到 1711 年才停刊，被《旁观者》取代，而《旁观者》的主要撰稿人是散文家兼诗人约瑟夫·艾迪生（1672—1719），他也是斯梯尔的校友。

咖啡馆内的珍稀收藏

理查德·斯梯尔爵士在《闲谈者》的第三十四期，令唐本人和位于老切尔西的唐·索尔特罗咖啡馆名垂青史，在那里，他告诉我们旅行对认识这个世界的必要性，透过他为了获得新鲜空气而展开的旅程（实际上没走得比切尔西的村庄远到哪儿去），他幻想着能立即对那村庄做出描述——从强盗埋伏的五片田野到文人学士围坐议事的咖啡馆。但他发现，即使像此地这么接近城镇的地方，都有他一无所知的滔天罪行和显赫人物。

这间咖啡馆几乎被博物馆合并，斯梯尔说：

> 当我走进咖啡馆，还来不及向里面的客人致意，我的视线就被四散在房内和悬挂在天花板上的 1 万件小玩意儿吸引了。当我第一时间感受

到的震惊过去了之后，一位头发稀疏、身形单薄的智者镇定地向我走来，他的样子让我怀疑，是阅读或苦恼烦躁使他看起来如哲学家一般。不过，很快我意识到，他属于那种古人称为"gingivistee"的人，用我们的话来说就是"拔牙工"。

我立刻上前问候他，因为这些实际的哲学家是根据非常实际的前提而决定将病人受感染的部分给移除——而非加以治疗。我对人类的关爱让我对索尔特罗先生十分仁慈——其实这是出于他理发师兼古董商的名声。

唐·索尔特罗最出名的是他的潘趣酒，还有他的提琴技艺。他还会拔牙和写诗；他用几节诗描述了他的博物馆，其中一节是这么写的：

各种各样的怪兽都能看见：
自然界中生来即如此奇妙的事物；
示巴女王的一些遗物，
与有名的鲍勃·克鲁索的未完成作品。

随后斯梯尔陷入深思，为何理发师们在打击荒诞不经之事时，比其他行业的人来得更为激进；并坚称唐·索尔特罗乃是沿着正确的路线行进，并非出于约翰·乍得斯坎——如他自己声称的那般，而是出于来自曼查的骑士那值得纪念的陪伴。

斯梯尔对所有前来观看唐那些珍奇收藏的可敬公民担保，他的双管手枪、小圆盾、锁子甲，他的手持火枪与托莱多剑，都是由传说中的堂吉诃德留给他的祖先的；再由他的祖先传承给所有后裔，直到索尔特罗。

尽管斯梯尔如此支持唐·索尔特罗的伟大功绩，但斯梯尔对唐在未经他允许的情况下，利用各自的名声宣传他的收藏，而对英国的良善人们造成伤害是拒绝的；其中一件特别计划来欺骗虔诚的宗教人士，和针对有好感者的巨大丑闻，同时还可能引进异端的意见。

在由海军上将蒙登提供的奇珍异宝中有一副棺材，里面装着一位曾行过奇迹的西班牙圣人遗体或遗物。斯梯尔这么说：

他向你展示 1 顶草帽，据我所知，那是马吉·佩斯卡德的作品，在距离贝德福德不到 3 英里（1 英里约为 1.6 千米）的地方；并且告诉你"这是庞提乌斯·彼拉多的妻子的女仆的姐姐的帽子"。

就我对这顶帽子的了解，或许能补充说明，覆盖在帽子上的稻草从未被犹太人使用过，这是因为他们被要求在没有稻草的情况下制作砖块。因此，这不过是为了欺骗世人所编造出披着学识与古代遗物外皮、似是而非的说辞。

在他的珍品中，还有其他我无法忍受的东西，例如，装在玻璃箱子中的陶瓷仕女像；为了禁锢那些随其出国之人的意大利火车头。我特此命令将这两者撤掉，否则他将被吊销制造潘趣酒的许可证，来年冬天禁止使用暖手筒，或永远无法在不带妻子的情况下去伦敦。

巴比拉德说索尔特罗有个破旧的灰色暖手筒，穿戴起来能顶到他鼻子，在 0.25 英里外就能够认出他来。他的妻子一点都不好，动不动就骂人；而喜爱杯中物的索尔特罗，如果他有机会自己去伦敦，一定不会急着踏上归途。

以作为展览而言，唐·索尔特罗咖啡馆被证实是非常吸引人的，吸引了众人前往咖啡馆。咖啡馆还为此出版了一本目录，并印刷超过 40 版，小说家斯莫列特是贡献者之一。1760 年发行的目录包括了下列珍品：

老虎的獠牙，教皇的蜡烛，天竺鼠的骨骼标本，1 只戴着装饰有羽毛的帽子的猴子，1 块真正十字架的碎片，以樱桃核雕刻的 4 个传教士的头，摩洛哥国王的烟斗，苏格兰玛丽皇后的插针垫，伊丽莎白女王的祈祷书，1 双修女长袜，生长在 1 棵树上面的雅各布之耳，1 只在烟草塞里的青蛙，还有超过 500 种奇特的纪念物。

唐有个竞争对手，可以由于皇家天鹅——在金士兰路通往肖迪奇教会——1756 号的亚当店铺展示之珍品目录看出来。为了娱乐那些好奇之人，亚当先生展出的物品如下：

> 珍妮·卡梅隆的鞋，亚当长女的帽子，著名的贝丝·亚当斯的心脏，她在 1737 年的 1 月 18 日于伦敦行刑场与卡尔律师一同被处以绞刑，华特·雷利爵士的烟斗，布雷牧师的木底鞋，用来帮豌豆去壳的工具，长在鱼肚子上的牙齿，布莱克·杰克的肋骨，亚伯拉罕为他的儿子艾萨克与雅各布梳头的梳子，瓦特·泰勒的马刺，治好洛瑞船长头痛、耳朵痛、牙痛和肚子痛的绳子，亚当的伊甸园前门与后门的钥匙，诸如此类……

这些不过是从 500 种同样神奇的展品中列举出来的一小部分。

唐·索尔特罗成功地吸引了客人到他的咖啡馆来，这促使切尔西面包店业主也效仿他，弄出了类似的珍品收藏，为他的面包店招揽顾客。在某种程度上来说，此举是成功的。

文人们的咖啡馆日常

艾迪生在第 1 期《旁观者》中说：

> 我经常出席一般的休闲场所。
>
> 有时会见到我在威尔咖啡馆把头伸进一圈政治家当中，并全神贯注地聆听那些小圈群聚的听众的精彩陈述。有时候我会在柴尔德咖啡馆抽着烟斗，而尽管我看起来除了手中的《邮务员》外，未曾再分心他顾，却能偷听到房间内每张桌子上的对话。
>
> 我在周日晚上出现在圣詹姆斯咖啡馆，有时候会加入里间的小型政

治委员会，去聆听意见、提升自己。

我在希腊人咖啡馆、可可树咖啡馆都混得脸熟，在德鲁里巷及干草市场的剧院也是。

10多年来，我在交易所咖啡馆都被认为是一名商人，而在乔纳森咖啡馆的股票经纪人集会上，我被当成犹太人。

简而言之，无论在何处看到人群聚集，我总是会去和他们混在一起，尽管我从不曾开口说话——除了在我自己的俱乐部中。

在第2期《旁观者》中他说：

我现在与一位寡妇住在一起，她有许多孩子，并迁就我对每件事的幽默感。

我不记得在这5年中我们是否交换过只言片语；无须开口要求，每天早晨我的咖啡就会出现在我的寝室；如果我需要烧火，我就指指烟囱；如果要用水，就指指我的脸盆。对此，我的房东太太会点点头，就好像她说她了解我的意思一样，同时立刻按照我的讯号行动。

艾迪生在《旁观者》上发表的3篇文章（第402期、第481期和第568期）幽默地记述了那个时期的咖啡馆。第420期的开头是这样的：

两个国家的朝廷并无太大的差异，至于王宫和城市则各有其独特的生活和对话方式。简而言之，尽管生活在同样的法律之下，说着相同的语言，圣詹姆斯的居民仍旧与咸普塞街的居民有着明显的区别，而咸普塞街的居民同样有别于一旁的圣殿街居民与另一侧的史密斯菲尔德居民，差异体现在他们思考的方式和交谈时的氛围。

基于这个理由，作者漫步于伦敦和威斯敏斯特，收集他足智多谋的同胞们对法国国王死亡这则时事的意见。

我认识所有伦理法案中主要政客的脸孔；并且，由于每间咖啡馆都有某些专属的政治家，他们是自己那条街区的喉舌，所以我总是会特别注意让自己接近他们，以便弄清楚他对目前事件的立场。然而，就像我预见国王之死将使整个欧洲改头换面一样，在我们的英国咖啡馆中，也同样出现了许多稀奇古怪的臆测，我非常渴望了解我们最杰出的政治家在这一问题上的想法。

　　为了尽量靠近源头，我首先拜访了圣詹姆斯咖啡馆，在那里，我发现整个靠外侧的房间都在讨论政治；在接近门口处，人们的讨论并不激烈，但当你越往里走，讨论就越激烈，一小群理论家坐在里间，在咖啡壶冒出的热气之间发表言论，在那里，我在不到 15 分钟内听到了整个西班牙如何应对君主制，还有波旁王朝准备的所有路线方针。

　　随后我拜访了贾尔斯咖啡馆，我在那里看见一群法国绅士坐在一起讨论他们崇高君主的生与死。他们当中支持辉格党利益的人非常明确地声明，在一周之前就已经放弃了这种生活，因此，他们立即着手解放仍在奴隶船上划桨的友人们，并进行他们自己的复辟行动；但在发现他们的意见无法达成一致后，我就按原计划继续前进。

　　在我来到珍妮·曼咖啡馆时，我看见一位警觉的年轻小伙子把帽子歪戴在刚好和我在同一时间走进店内的朋友头上，同时用以下的方式跟他搭话："好吧，杰克，那个一本正经的老家伙总算死了。急转直下是最好的说法了。机不可失啊，小子。直接登上巴黎的城墙吧！"除此之外还有一些其他相同性质的深沉抒情。

　　我在查令十字和科文特花园间遇到的政治分歧相当少。而且，在我走进威尔咖啡馆时，我发现他们的话题已经从法国国王的死亡，转移到了布瓦洛先生、拉辛、高乃依和其他几位诗人身上，他们在这样的场合对这些人物表示遗憾，认为他们本该能够以一位如此伟大的王子且受教经历如此卓越的赞助人的死亡为题写出挽歌，为这世界尽一份义务的。

　　在接近圣殿街的一家咖啡馆，我发现几位年轻绅士非常潇洒地参与进一场关于西班牙君主体制继承的争论。他们当中的一位似乎依然是安茹公爵的拥护者，另一位则支持皇帝陛下。他们两位都是支持凭借英国条例法律来决定君王头衔的；在我发现自己对他们的谈话一窍不通之后，我继续前行，来到保罗的教堂庭院。我在此处极为专注地聆听一位博学之人的谈话，他为听众解释在已故国王在位期间，法国的悲惨状况。

随后我右转进入费雪街，那个街区的首席政治人物在听到这个消息后（抽完一烟斗的烟草，并反复咀嚼思考一段时间之后），说："如果法国国王确定已经死亡，我们这一季将能够拥有足够的青花鱼；我们的渔业将不再像过去十几年一样遭受私掠船的骚扰了。"随后，他考虑起这位伟人的死亡会如何影响我们的沙丁鱼，同时借由一些其他的评论，使他的听众普遍感到高兴。

在那之后，我走进一家坐落在一条狭窄巷弄尽头的咖啡馆，我在那里偶然遇到一位正非常亲切地与蕾丝商人谈话的拒绝宣誓者，这位商人为附近一个非国教教派的秘密集会提供了极大的支持。争论的重点是已故法国国王最喜欢的是奥古斯都·恺撒还是尼禄。两方的争论非常激烈，而由于两方都在争论过程中相当频繁地向我看来，我有点担心他们会求助于我，所以我在吧台放下 1 便士，就离开前往齐普赛街。

在找到下一个适合的目标前，我已经徒劳地瞪着这些招牌好一会儿了。我在咖啡馆遇见的第一个对象是一位对法国国王的去世表达出深切哀悼的人；但当他解释他的意思时，我发现他的哀伤并非出于这位君王的逝去，而是因为他在听到消息的大约 3 天前，将所有产业变卖了。

对此，作为这家咖啡馆的行家，而且有自己仰慕者小圈子的一位杂货商人，立刻找了几个人作证，说他在超过 1 个星期前就表达过意见，认为法国国王绝对已经死了；他补充道，考虑到我们从法国接到的迟来的通知，这绝不可能有其他的可能。

当他把这些事件都集中在一起，并用极为权威的口吻与他的听众辩论时，进来了一位从卡洛韦咖啡馆过来的绅士，他告诉我们刚刚收到几封来自法国的信件，信里说国王贵体康健，而且在信寄出的当天早上外出打猎了；听到这个消息，那位杂货商人偷偷把帽子从他座位旁的挂钩上取下，带着一肚子的困惑回自己的店里去了。

这个信报让我终止了在各家咖啡馆间的愉快游走。对于如此重大的事件，能听闻这么不同立场的意见，这让我感到非常愉悦。我同时观察到，当听到这样的一条新闻时，每个人都会自然而然地倾向于从自身利益出发去考虑并发表意见。

约翰逊在他的《艾迪生的一生》中写道，关于《闲谈者》和《旁观者》：

两者皆在有着喧嚣、躁动且暴力的两方政党鼓动整个国家的时代出版，两方皆有貌似可信之宣言，而两方对自己的观点可能都没有明确的决心；对因政治争辩而激昂兴奋的人来说，它们提供了更冷静、更为无害的表达方式……它们对当时的谈话有着明显的影响，并教导那些嬉闹浪荡之人该如何将欢闹与规矩结合起来，这些是他们永远不会完全丢失的影响。

哈洛德·鲁斯在《剑桥文学史》中谈到《旁观者》，说：

它在风格与思想方面都优于《闲谈者》，它表达了商业的影响力。商人被描绘成不诚实且贪得无厌的形象已经超过一个世纪，这是因为剧作家和宣传小册子作者通常都是为有闲阶级写作，而由于自身过于贫穷，导致他们跟生意人之间的关系并不愉快。如今的商人已然成为文明的大使，并为了控制遥远且神秘的财富来源而在智力方面有所成长；因此他们轻而易举并在很大程度上通过咖啡馆，开始认识自己的重要性与影响力。

咖啡，极度急切的小事

塞缪尔·佩皮斯（1633—1703）非常喜爱美食，而且几乎每天都会将享用过的美味晚餐记录在他的日记中。

一场被他认为无比成功、供应给 8 位宾客享用的晚宴包括了生蚝、兔肉马铃薯泥、小羊羔、珍贵的牛脊肉；随后是 1 大盘烤鸡（"花了我大约 30 先令"）、水果馅饼、水果和奶酪。"我的晚餐已经足够丰富……我相信这天的筵席会花掉我将近 5 英镑。"不过你会发现，咖啡并未被列入菜单。

他无数次提及自己造访了这家或那家咖啡馆，但只记录了一次真正饮用咖啡的经历：

> 一早来到我的办公室，之后在 7 点的时候，前去卡特瑞特爵士处，在那里与梅纳斯爵士结束他的账目。
>
> 不过，我没有依照惯例去享用我的夫人已准备好的正餐，并在那里喝几杯早酒；除了她的咖啡之外，我什么都没有喝。那咖啡很糟糕，里面还加了一点点糖。

这一条他认为值得记录下来的备忘录，显然不是受到那位好夫人晨间咖啡的启发。

英裔美籍政治家、改革者及经济学作家威廉·克伯特（1762—1835）指控咖啡是"泔水"；不过他属于非常少数的那群人。在他之前，英国最伟大的讽刺作家之一乔纳森·斯威夫特（1667—1745），引领着一大批热爱咖啡的文学界人士。

斯威夫特的作品处处可见咖啡的踪影；而斯黛拉给他的信件经过伪装后，在圣詹姆斯咖啡馆被交付给他。几乎每一封给埃丝特·凡妮莎的信，里面都提到了咖啡，我们由此可以发现他们秘密聚会的蛛丝马迹。1720 年 8 月 13 日，斯威夫特在爱尔兰各地旅游时写下的信件中说：

我们住在这里的一个荒凉的城镇中，没有任何有价值的造物，同时，卡德说他对此感到厌倦，宁愿在威尔士贫瘠的山上喝咖啡，也不想在这地方当国王。

无花果是给鹧鸪和鹌鹑吃的，我对你们的美味一无所知；但在威尔士最高的山峰上，我会选择平静地喝下我的咖啡。

在大约两年后，在回复凡妮莎来信指摘并哀求斯威夫特尽快写信给她的信件中，他提出了以下建议：

我所知最好的人生格言就是：能喝咖啡的时候就喝，不能喝的时候就不喝；如果你依旧暴躁易怒，我将一直说教。这就是我所能给你的同情了，我并不乐意写信，因为我相信，每周喝一次咖啡是必要的，而你很清楚，咖啡会使我们变得正经、严肃且冷静。

这些提及咖啡的段落被认为是以他们交友初期的一桩事件为根据，当时凡妮莎家族由都柏林旅行到伦敦，凡妮莎意外地在某家旅馆的火炉边把她的咖啡泼溅出来，这被斯威夫特认为是他们的友谊将日渐增长的预兆。

在克拉赫写信给凡妮莎时，斯威夫特提醒她：

别忘了，财富是生活中所有美好事物的90%，而健康是剩下的10%——喝咖啡则在很久之后才出现，然而，它是那第11份，但若没有前两者，你也无法正确地饮用它。

在另一封信中，他以滑稽的笔调纪念她开玩笑般的揶揄：

我渴望能邋里邋遢地喝上1杯咖啡，并听你催促我告诉你一个秘密，还有那一句："喝你的咖啡，你为何不去喝你的咖啡？"

关于咖啡，利·亨特有非常愉快的事可说，他认为咖啡能激发想象力，而茶却不能。举例来说：

咖啡，和茶一样，过去便自成一类正餐后数小时使用的点心饮料；它现在被当作一种消化药，在用餐或用酒时饮用，有时甚至会不停饮用它，或许消化药剂本身会被某种叫作 Chasse-Café（一种饮用烈酒后喝的饮料）的饮料消化。我们因滋味、口感的缘故而喜爱咖啡更甚于茶。

为了在风味上达到完美（我们并没有说有益身心健康），咖啡应该是滚烫且香浓的，可以加少量的牛奶和糖。在欧洲的某些地区，人们就是这样喝咖啡的，但其他地方的民众并没有接纳这种方式。异国用餐所喜爱的咖啡饮用方式，是加入大量的牛奶——在法国被称为欧蕾咖啡（加牛奶的咖啡）。我们从饮用咖啡这种在东方普及的饮料所获得的乐趣之一，就是它能使我们想起《一千零一夜》，就和吸烟会造成同样效果的原因一样；尽管饮用这些饮料被视为与东方风俗相似，但一样都没有在那本迷人的著作中出现。它们在《一千零一夜》写成的时候还没有被发现；那时的饮料是冰冻果子露。你很难想象没有咖啡和烟斗的土耳其人或波斯人要如何度日，就和内战发生前，英国的女士和先生们早餐没有茶喝一样。

伟大的形而上学家伊曼努尔·康德在晚年时极为喜爱咖啡；托马斯·德·昆西叙述了一件小事，显示了康德对晚餐后咖啡的极度渴望：

在他生命的最后一年，他开始习惯于晚餐后立刻喝一杯咖啡——特别是那些我恰好和他做伴的日子。他是如此重视这个小小的乐趣，甚至会提前为此事在我送给他的空白笔记本上写好备忘录，记录隔天我将与他一同进餐，而且必须"准备咖啡"。有时候因为谈话，咖啡会被遗忘，不过不会太久。他会想起来，伴随着老年人的唠叨抱怨，要求"立刻当场"送上咖啡。

无论如何，准备工作总是提前做好的；咖啡豆被研磨好，水被煮开了；而在命令下达的那一刻，仆役像箭一般射了出去，将咖啡粉投入水中。剩下的就是给它时间煮沸。但这微不足道的延迟对康德来说似乎都难以忍受。若你说："亲爱的教授，稍等一会儿咖啡将会送来。"他会说："将会！只有障碍才将会出现。"然后他会以斯多葛学派的神态让自己冷静下来，并说："好吧，人终有一死；那不过就是死亡；而在另一个世界，感谢老天，没有咖啡可喝，因此也不用为它等待。"

在终于听到仆役踏上楼梯的脚步声时，他会转向我们，开心地叫着："陆地，陆地！我亲爱的朋友们，我看见陆地了！"

萨克雷（1811—1863）八成对茶和咖啡都有许多失望的经历。在《莱茵河的齐克贝里家》中，他问道："为什么搭乘汽船时，他们总是要将泥巴加进咖啡里？为什么茶通常喝起来会像煮过的靴子？"

在《阿瑟咖啡馆》中，A. 尼尔·里昂保留了返璞归真的伦敦咖啡摊氛围。"我不愿，"他说，"将待在阿瑟咖啡馆的一晚与同伦敦最聪明的智者相处一星期交换。"该书是短篇故事选集。就像已经记录过的，哈罗德·柴林在《咖啡摊上的独裁者》中将这一处别具一格的伦敦场所给戏剧化了。

在霍拉斯·波特将军的作品《与格兰特并肩作战》中，在 50 多页的内容中，有三件不同的与咖啡有关的事。在莽原之役最激烈的深沉咆哮中，我们所受到的款待是：

格兰特将军慢慢地啜吸着他的咖啡……完整的一份让人镇静的军中饮料……将军为如此令人精疲力竭的一天，以及接下来类似的每一天，做出宁可单独用餐的准备。

他拿了 1 根小黄瓜，切成薄片，在上面倒了些醋并吃光，还喝了 1 杯浓咖啡，就没有吃别的了……将军看起来精神很好，甚至想要开开玩笑。他对我说："我们刚喝过咖啡，你会发现我们留了一些给你。"……
我像遭遇船难的水手般津津有味地把它喝掉了。

在抵达费耶特维尔以及 1865 年 3 月的情报交流中，谢尔曼将军想从惠灵顿那里第一优先得到的补给之一就是咖啡，这难道不是他自己在《回忆录》中说的吗？

更明显的是，在《回忆录》接近结尾处，由这场浩大战争所获得的经验果实中，谢尔曼将军对咖啡如是说：

> 咖啡几乎变得不可或缺，尽管已经找到许多替代品，例如将玉米像咖啡一样烘烤、研磨并煮沸，以及用同样方法处理的地瓜和秋葵籽。
>
> 这些全都被南方邦联的人们拿来使用，他们已经好几年都弄不到咖啡了！不过，我注意到女人们经常向我们乞求真正的咖啡，似乎真正的咖啡能满足某种更为强烈、无法以习惯解释的天生需求——或者说渴望。因此，我总是会建议定量配给咖啡和糖，即使牺牲面包，因为面包有非常多的替代品。

乔治·阿格纽·张伯伦的小说《家》当中，生动地描述了一个老种植园里咖啡制作的过程，这只有咖啡的忠实爱好者才能写出来。

美国人盖瑞·兰辛逃过了在河中溺毙的命运，而现在迷失在巴西的丛林中。最终他找到一条通往一个老种植园房舍的道路：

> 灶台是用砖石手工砌成的，一个大而深的炉子从厚实的墙上开口。灶台旁有一名年老的女黑人，用带着颤抖的慎重态度制作咖啡……
>
> 女孩和那长满皱纹的老女人让他在桌旁坐下，然后把松脆的木薯面粉做的脆饼干和冒着热气的咖啡放在他面前，咖啡美妙的香气使人忽略了眼前脏污的场面，同时这香气通过鼻腔沁入味蕾……咖啡里加了深色、

气味刺鼻的糖浆，未加牛奶，并装在大碗中被端上桌，仿佛永远喝不够的灵丹妙药一般。盖瑞贪婪地啜饮咖啡，一开始是拘谨地小口小口喝，接着便大口大口地喝起来……

盖瑞叹了口气，放下了空碗。脆饼干十分美味。

在《念珠》中，佛罗伦萨·L.巴克莱让一名苏格兰女子讲述她如何煮制咖啡。她说：

用水罐——重要的不是你用来制作的器具，而是你制作的方法。一切都取决于新鲜，新鲜烘焙、新鲜研磨、新鲜煮开的水。还有，绝对不要让它与金属接触，将它塞进陶制的水罐中，将沸水直接倒在上面，用一根木勺搅拌，将它放在壁炉搁架上沉淀10分钟；咖啡渣会全部沉到底部——虽然你可能没有想到这一点；然后将它倒出来，香气十足、浓郁且清澈。

秘诀就是：新鲜、新鲜、新鲜。还有，别吝啬你的咖啡。

赛勒斯·汤森·布雷迪的《咖啡里的困境》是"一部纽约咖啡市场的惊悚传奇小说"。

咖啡、杜巴利伯爵夫人以及路易十五在《绯红色污渍壕沟》故事的一场戏中领衔主演，如同伊丽莎白·W.钱普尼在她的作品《波旁城堡中的罗曼史》中所讲述的一样。

故事叙述一位德国学徒里森纳协助他的师父奥本，为路易十五设计一张带有隐藏抽屉的漂亮书桌。他们经过10年的努力才将这张书桌做好，到最后，奥本有意把里森纳纳为合伙人和女婿。奥本的女儿小薇朵儿，那个喜欢坐在平底船上，将她的娃娃放在比耶夫尔河水中拖行，看看她的裙摆会被戈贝林工厂的染料变成什么颜色的小女孩，当时只有5岁，而奥本夫人则是23岁。

随着时间的流逝，里森纳爱上了母亲，而非已长成一位苗条少女的女儿，女儿虽不及母亲美丽，却有独属于她的可爱。

随后发生了一场争吵。

年轻的学徒认为师父应该拒绝 M. 杜普莱斯的建议——杜普莱斯要奥本夫人为放在国王书桌上的烛台雕像担任裸体模特儿。里纳森在年轻气盛的狂怒之中离去，并发誓在奥本有生之年绝不回来；奥本则因无法完成这个最重要的杰作而自寻短见，葬身于比耶夫尔绯红色的河水中。

奥本并没有宿敌，但他与里森纳的争吵让他的遗孀——奥本夫人，对这位学徒的怀疑迅速滋长；因此，当里森纳听闻师父的死讯，深感自责地回来完成那张书桌时，她断然拒绝与他见面。书桌上有一尊惟妙惟肖的雕像，是里森纳仿照沃伯尼尔夫人的形象雕刻而成的，沃伯尼尔夫人是一位狡诈的女帽导购员，她想用这种方式让自己获得路易十五的注意。

这个策略十分成功，在书桌被献给国王之后，我们声名狼藉的杜巴利伯爵夫人——从前的沃伯尼尔夫人——成为新的皇家情妇。

后来，杜巴利伯爵夫人派人去请如今已名闻遐迩的橱柜制作商；当她的黑人男侍允许他进入时，他看见路易十五国王跪在壁炉前，为她煮制咖啡，而她在嘲笑他烫伤了自己的手指。里森纳被召唤前来为国王演示隐藏抽屉的机关，这个抽屉被巧妙地隐藏在国王书桌内，没人找得到。但是，里森纳也不知道机关的秘密——师父来不及泄露便已死去。

随后发生了十月革命。当路维希恩那美丽的楼阁被洗劫一空，里面昂贵的家具被投下塞纳－马恩省河的悬崖；国王那张被破坏到几乎无法修复的书桌，被送到戈贝林的工厂献给奥本夫人，作为对她丈夫手艺的褒奖。

接着，里森纳注意到原本隐藏的抽屉已然暴露出来，而在里头发现的一封信则让他免除了杀人罪嫌。那封信出自奥本之手，他在信中暗示自己将因工作停滞不前而决定结束这一切。之后里森纳迎娶了寡妇，一切都有了快乐的结局。

詹姆斯·莱恩·艾伦在《肯塔基歌手》中讲述了一个蓝草之乡的传说，即一位年轻的英雄随着鸟儿的歌声找到爱情与解放自身天性的钥匙的故事：

他四下环顾，寻找一棵奇特古怪的树。如果他足够幸运看到一株咖啡树，他绝不会视而不见。也就是说，他确信，若那树结出咖啡果实，他便能认出它来。他活到现在还没有喝够咖啡，在他漫长混乱的进食经历中，没有一次能随心所欲地饮用咖啡。曾经，在他更年少的时候，他听某人说，在所有美国的森林中，唯一以肯塔基为名的树就是肯塔基咖啡树，他立刻萌生了想要秘密造访森林那个角落的念头。

他带着杯子和几块糖，坐在树枝下，接住落下来的咖啡果……没有人会阻止他……他终于能想喝多少就能喝多少……肯塔基咖啡树——大自然中他的最爱！

约翰·肯德里克·邦斯在《咖啡与巧谈妙语》中叙述了一些被纵容在寄宿公寓餐桌上发生的有趣小争执，争执发生在"傻子"[①]和客人之间，而咖啡则让这场争论变得更为有趣：

"我不能给你另一杯咖啡吗？"房东太太问道。

"可以的。"校长回答，对房东太太的文法感到头疼，但因他太有礼貌了而不会让房东注意到这一点——除了用强调的口吻说出"可以的"之外。

傻子开口说："你也可以把我的杯子加满，史密瑟斯夫人。"

"咖啡都用完了。"房东太太打了个响指回答。

"那么，玛丽，"傻子优雅地转向侍女，"你可以给我一杯冰水。毕竟它和咖啡一样暖和，而且没那么寡淡。"

另一个幽默的短剧场景发生在史密瑟斯夫人的咖啡遭受损失的情况下。

---

① 此处所用"傻子"为文学性描绘，不含任何歧视成分，不代表"智力障碍者"，硬改反而影响阅读口感。下同。——编者注

和平常一样，在充满连篇妙语的早餐桌上，牧师怀特查克先生对他的房东太太说：

"史密瑟斯夫人，今早请帮我在咖啡里加一点热水。"说着，他瞄了傻子一眼，又说道，"我觉得看起来快下雨了。"

"你们在谈论咖啡吗，怀特查克先生？"傻子问道。

"啊，我不太懂你的意思。"牧师带着些恼怒回答。

"你好像说看来快下雨了，而我问你，你说的是不是咖啡，因为我觉得我同意你的说法。"傻子说。

"我确定，"史密瑟斯夫人插嘴道，"像怀特查克先生这样的绅士，是不会说出这种含沙射影的话的，先生。他不是那种会挑剔放在他面前的东西的人。"

"我必须向你道歉，夫人，"傻子礼貌地回答，"我也不是那个挑剔眼前食物的人。的确，我习惯避免各种争执，尤其是与弱者之间的，你的咖啡属于这个分类。"

咖啡俏皮话和咖啡逸事

咖啡文学中充满了俏皮话和逸闻趣事。最出名的咖啡俏皮话大概出自塞维涅夫人，先前我们已经讲过"拉辛和咖啡会被跳过"这句话如何被误认为由塞维涅夫人所说。伏尔泰在《伊琳娜》的序言中谴责过这位友善的书信作家，而已过世的她无法为自己辩驳。

从她其中一封信件中摘录的文字中明显可看出，塞维涅夫人一度是咖啡饮者："护花使者相信咖啡能带给他温暖，而我，如你所知是个傻瓜，已经不再饮用它了。"

尚·拉罗克将咖啡称为"香气之王"，添加香草后，它的香气更为丰富、浓郁。

埃米尔·梭维斯特（1806—1854）曾说："可以说，咖啡维持了肉体与精神滋养的平衡。"

伊西德·波登说："咖啡的发现扩展了幻想的疆域，并且带来了更多的希望。"

一则古老的波旁谚语说："对一个老人来说，一杯咖啡就像是一间老房子的门柱——它能支撑他。"

贾丁说，在安的列斯群岛上，鸟儿衔来的是咖啡花枝，而非橙花枝；而如果一位女子处于未婚状态，他们会说她弄丢了她的咖啡枝。"在法国，我们会说她戴着圣卡特琳娜的头巾。"

对于咖啡是一种慢性毒药的评论，丰特奈尔和伏尔泰有过著名的回复："我认为一定是如此，因为我已经喝了 85 年咖啡，而且到现在还没死。"

在麦丁格尔的《德语语法》中，bon mot ——"慢性毒药"——一词被认为出自丰特奈尔。将这件事归功于丰特奈尔似乎挺合理的。伏尔泰在 84 岁时过世。丰特奈尔则活到将近 100 岁，有一则关于他的晚年的逸闻。

> 某一天在谈话的时候，一位比丰特奈尔年轻几岁的女士开玩笑地说："先生，你和我在这世上待了这么久，我想死神已经忘了我们。""嘘！小点声，夫人，"丰特奈尔回答，"这样更好！别提醒他我们还在。"

福楼拜、雨果、波德莱尔、保罗·德·科克、泰奥菲尔·哥提耶、阿尔弗雷德·德·缪塞、左拉、科佩、乔治·桑、居伊·德·莫泊桑，还有莎拉·伯恩哈特，全都被认为与许多或巧妙或诙谐的咖啡俏皮话有关。

法国外交官兼才子的塔列朗王子（1754—1839），为我们总结何谓一杯理想的咖啡。他说那应该"黑如恶魔、烫如地狱、纯净如天使、甜美如爱情"。这段俏皮话被误认为出自布瑞拉特·萨伐仑。

塔列朗还说过：

一杯用少量优质牛奶调和的咖啡，并不会降低你的智力；相反地，你的胃将被它解放，同时，你的大脑将不再感到苦恼；它将使你的心灵不受烦恼与忧虑的束缚，而能令其运转自如。摩卡咖啡温和的微小颗粒，在不引起过分热度的情况下，搅动你的血液；负责思考的器官由它接收到共鸣的感觉；工作变得更简单了，而你能毫无负担地坐下来，享用一顿大餐，这将能修复你的身体，并给予你一个平静、美好的夜晚。

在咖啡饮者中，俾斯麦亲王（1815—1898）名列前茅。他喜欢纯咖啡。

当普鲁士军队在法国境内时，某日他走进一家乡下旅馆，并询问店主店里有没有菊苣，并得到了肯定的答复。

俾斯麦说："好吧，把店里有的都拿来给我。"店主照做了，交给俾斯麦满满一罐菊苣。

"你确定这是全部了吗？"这位首相问道。

"是的，大人，每一颗都在这儿了。"

"那么，"俾斯麦将罐子放在自己身旁，"现在去给我煮壶咖啡吧。"

相同的故事也发生在1879—1887年间担任法国总统的弗朗索瓦·保罗·儒勒·格雷维（1807—1891）的身上。

根据法国版的故事，格雷维从不饮酒——即便在正餐时也一样，然而，他酷爱咖啡。为确保他所饮用的咖啡拥有最好的品质，只要有可能，他就会自己煮制咖啡。

某次，他与一位朋友 M. 贝斯蒙特一同受邀，参加由诺瓦谢勒一位著名的巧克力制造商 M. 梅尼尔举办的一场狩猎派对。碰巧格雷维和 M. 贝斯蒙特在森林里迷路了。在寻找出路的时候，他们偶然发现一间小酒铺并停下来休息。他们要了一些喝的东西。M. 贝斯蒙特觉得他的酒好喝极了；但和往常一样，格雷维不喝酒。他想喝咖啡，但又担心即将送上来给他的咖啡的品质。不过他还是倒了足足 1 大杯，他是这样做的：

"你有没有菊苣？"他对那人说。

"有的，先生。"

"拿一些给我。"

店主很快带着一小罐菊苣回来。

"这是你们店里全部的吗？"格雷维问。

"我们还有一些。"

"把剩下的也拿来给我。"

当店长再次拿着另一罐菊苣回来，格雷维说："你还有吗？"

"没有了，先生。"

"非常好。现在去帮我煮杯咖啡。"

前面提过，路易十五对咖啡有极大的热情，他会自己煮制咖啡。凡尔赛宫的首席园丁勒诺曼德每年培育 6 磅咖啡，专供国王使用。国王对咖啡和杜巴利伯爵夫人的喜爱引发了一则著名的关于路维希恩的逸事，此事被许多认真的学者考证为事实。在 1766 年，梅罗伯特用以下方式在一本诽谤杜巴利伯爵夫人的小册子里讲述了此事：

国王陛下热爱自己煮制咖啡，甚至不关心政事。某日，当咖啡壶放在火上，而国王陛下正专注于其他事情时，咖啡因沸腾而溢出。"噢！法国佬，注意点！你的咖啡！"那位受宠的美人叫道。

查尔斯·瓦岱勒否定了这个故事。

据说让·雅克·卢梭某次在杜乐丽宫漫步时，闻到了烘焙咖啡的香气。他转头看向同伴贝尔纳丹·德·圣皮埃尔，说："这是一种我喜欢的香味；当他们在我的房子附近烘咖啡时，我会赶紧打开门，好吸收所有的香气。"这位日内瓦哲学家如此喜爱咖啡，以至于他去世时，"只差手里拿杯咖啡"。

拿破仑一世的重要医师巴特兹，毫无节制地饮用大量的咖啡，并称它是

"聪明人的饮料"。拿破仑本人则说："大量的浓咖啡能使我保持清醒。它给我温暖，给我不寻常的力量，给我愉悦的痛苦。我宁愿受苦也不想无知无觉。"

爱德华·艾默生讲述了以下关于普洛科普咖啡馆的故事。

某日，当 M. 圣福瓦坐在他在这家咖啡厅里常坐的位子时，一位国王的侍卫走进店中，坐下并点了一杯咖啡加牛奶和一个面包卷。侍卫说："这些可以充当我的晚餐了。"

圣福瓦听了这话，大声说，他认为用一杯咖啡加牛奶和一个面包卷当晚餐太寒酸了。那位侍卫表示抗议。圣福瓦则重申了一遍自己的观点，还补充说，任何与此相反的说辞都无法说服他这不是一顿非常寒酸的晚餐。侍卫于是向他提出挑战，所有在场的客人围观了这场决斗。最终，这场决斗以圣福瓦被打伤手臂收场。

"这真是太好了，"受伤的斗士说，"不过我请你们做见证人，先生们，我依然深信，一杯咖啡加牛奶和一个面包卷是一顿非常寒酸的晚餐。"

这个时候，事件的主要参与人都被逮捕，并被带到诺瓦耶公爵面前。不等公爵发问，圣福瓦便说："阁下，我丝毫没有冒犯这位英勇军官的意思，我一点都不怀疑这位军官是一位可敬之人；但是阁下，我依然断言一杯咖啡加牛奶和一个面包卷是一顿非常寒酸的晚餐。"

"嗯……的确是。"公爵说道。

"那么我就没有错，"圣福瓦坚持说，"而且一杯咖啡……"

听到这些话，法官、被抓起来的人和听众都大笑起来，原本对立的两人也立刻成了朋友。

鲍斯韦尔在他的作品《约翰逊传》中，讲述了一位出身旧日贵族阶级，但如今处于卑微境地的年老骑兵德·马耳他的故事。

他处于巴黎的一家咖啡馆，此处还有"因其图形及色彩而享有盛名的戈贝林伟大绣帷制作者——朱利安"。这位老骑兵的马车十分陈旧。朱利安用粗俗傲慢的态度说："我想，先生，你最好将你的马车重新上漆。"

老骑兵愤怒地蔑视着他，回答说："好吧，先生，您可以把它带回家并为它染色。"

"整个咖啡馆都因朱利安的慌乱而高兴。"

英国牧师兼幽默作家西德尼·史密斯（1771—1845）曾说："如果你想提高你的理解力，喝咖啡吧，它是聪明人的饮料。"

我们的同胞威廉·迪安·豪威尔斯这样称赞咖啡："这咖啡令人沉醉但又不至于使人情绪激动，轻柔地抚慰你远离乏味的严肃庄重，让你思考和谈论所有你经历过的令人愉快的事情。"

已故哈定总统的妻子偏爱咖啡更胜于茶。下午去白宫的访客可以选择喝杯茶，只要他们愿意的话，茶是随传即到，而哈定夫人总是会为那些和她有同样偏好的人送上咖啡。

威尔·艾尔文讲述了一个关于已故将军——休·斯科特的故事，故事中的咖啡在一场印第安人叛乱中扮演了明星的角色。

居住在美丽山脉中的纳瓦霍族印第安人中，有一位巫医先知，他有点像西南方的坐牛（历史上最后一位印第安酋长）。这位先知的指导神灵告诉他，诸神将降下洪水将白人淹没。洪水会填满山谷，因此纳瓦霍人必须撤离到高山上去。当洪水消退后，白人将全部死去，而整个国家将不再干旱。另一个黄金时代将随之而来，纳瓦霍人将成为世界之主，蒙福且富足。

得知这一消息后，先知的追随者与日俱增，他们狂热地舞蹈、庆祝。后来，他们经过艰苦跋涉，集体迁徙到高山顶上，在那里静坐等待。

这些狂热分子大半是男性，非法枪支和军火弹药也被运送到高山上。女性则留在家中纺织。留下的这群人被忽略了，而且眼看他们就要遭受饥荒了。这时，政府派出了斯科特将军，他对纳瓦霍人了如指掌，他知道咖啡是纳瓦霍人的软肋——他们不喜欢酒精。当男主人在贸易站卖掉妻子织的毯子后，通常会买 1 磅咖啡和一点点糖；在特殊场合，女人们会为客人送上咖啡。

斯科特将军向美丽山脉行进，探查他能采取些什么行动。与斯科特将军同行的是两三个骑马的勤务兵和一小队载着补给的骡子，他们带了 20 磅咖啡、相应分量的糖、几箱浓缩牛奶、几个大型咖啡壶和许多锡制套杯。他们在打着休战旗号的情况下到达，斯科特将军用英文、纳瓦霍语和手语对印第安人喊话。他表示，他和他带来的人必须要求他们的招待。这要求看来并不合理，因为他知道他们的粮食即将告罄。他们会不会想要来杯咖啡？

原始的热情点亮了纳瓦霍人的双眼。50 名印第安人立刻冲去生火，他们喝了一杯又一杯咖啡，一切看起来既甜美又平静。他们向白人敞开心胸，聆听着他的论据。在夜幕降临前，斯科特将军驰骋在通往希普罗克峰的小路上，而跟在他后方行进的，是仍处于精神安宁状态、最近才发动叛乱的纳瓦霍主力。

老伦敦咖啡馆的趣闻

关于 17 世纪和 18 世纪伦敦咖啡馆常客们的逸事趣闻很多，若一一记录下来，八成能集结成一本相当厚的书。

辞典编纂者塞缪尔·约翰逊（1709—1784）是他那个年代最忠诚的咖啡馆常客。人们常常看到，高大、笨拙的塞缪尔·约翰逊与他的追随者——年轻的詹姆斯·鲍斯韦尔——一起四处走动。当时的鲍斯韦尔正为了取悦未来世代，准备将约翰逊的事迹写进他的著作《约翰逊传》中。此人在智力和道德上的怪癖，在咖啡馆中找到自然流露的通道。

当他们在位于科文特花园的汤姆·戴维斯书店初遇的时候，约翰逊 54

岁，而鲍斯韦尔只有 23 岁。这个故事被鲍斯韦尔用极度细致的文笔和独有的天真烂漫的口吻讲述如下：

> 戴维斯先生提到我的名字，并恭敬地将我介绍给他。我相当激动，同时想起了我听过无数次的、他对于苏格兰人的偏见，于是我对戴维斯说："别告诉他我是从哪儿来的。"戴维斯却恶作剧地大喊："从苏格兰来的。"
>
> "约翰逊先生，"我说，"我的确来自苏格兰，但对此我无能为力。"我一厢情愿地以为我提起这一点是为了开开玩笑并博得他的好感，而不是为了羞辱我的国家。
>
> 不过不管怎样，这番说辞在某种程度上并没有什么作用，因为他用十分出色的敏捷反应抓住了那句"来自苏格兰"；我使用的这个说法，在某种意义上来说代表我属于那个国家，而他以一种好似我已经远离或背弃它的方式反驳："我发现，先生，你的许多同胞都对此无能为力。"

不过，没有什么能让鲍斯韦尔气馁。过了不到一个星期，他就去拜访约翰逊了。这一次，他被要求留下。三周后，博士对他说："你有时间的话就常来找我。"从那之后的两星期内，鲍斯韦尔为这位伟人勾画出他自己一生的速写，而约翰逊兴奋地大叫："把你的手给我，我开始喜欢你了。"

当人们问"跟在约翰逊脚边的那条苏格兰恶犬是何方神圣"时，哥德史密斯回答："他不是恶犬；他不过是附在别人身上的芒刺。汤姆·戴维斯开玩笑地把他扔到约翰逊身上，而他具有黏附的功能。"

约翰逊博士在柴郡奶酪咖啡店的座位。

一段最为奇特的友谊因而萌芽，从这段友谊关系发展出所有文学作品里最令人愉快的自传。鲍斯韦尔对文学的兴趣，以及约翰逊在文学方面的变幻无常，在这段滋生于老伦敦小旅馆与咖啡馆的富有波希米亚风格的情谊中交汇。鲍斯韦尔如此描述这位以独特方式生活的古怪博士的观点：

我们今天在位于礼拜堂的一家棒极了的小旅馆用餐，约翰逊先生对英国咖啡馆和小旅馆发表意见，他说英国在某一方面是胜过法国的，那就是法国人没有形成小酒馆生活模式。那里没有像在重要城市中的小酒馆一样，可以让人们度过愉快时光的私人会所（他说的），要有大量充足的好东西，豪华、优雅，有让每个人都能安逸放松的渴望。当然，它是无法做到这种程度的：必然会有一定程度的烦恼和急切。

店主人急于娱乐他的客人；客人急切地对店主表达赞同；而除了十分放肆无礼的流氓以外，没有人能自由自在地控制他人家中的所有物，就好像是自己的一样。反之，在小酒馆中，有着一种因急切渴望而生出的自由。你确定自己是受欢迎的，而且你制造越多噪声、带来越多麻烦、要求越多的好东西，你就越受欢迎。没有任何仆役会像侍者一样欣然为你服务，他们会被能立即令他们满意的报酬所激励。

不，先生，还没有任何一项由人所设计策划的造物，能创造出如一间好的小酒馆或小旅馆所能制造的如此多的快乐。他随后以极丰沛的情感重复了尚斯顿的诗句：

"无论谁在乏味人生中四处游历，无论他处在人生的何种阶段，也叹息着他依旧能够在旅馆，找到最温暖的接待。"

耐心地钻研约翰逊流派会收获许多关于这位疯狂哲学博士的逸事趣闻，以及那些以把他的天才翻译给全世界为乐的忠实报道者。

鲍斯韦尔是个酒鬼，但约翰逊坦承自己是一个"顽固且厚颜无耻的饮茶人士"。当鲍斯韦尔为了让约翰逊戒除那更强烈的饮料强烈劝说时，约翰逊博士回答:"先生,如果你能维持适量节制,我并不反对一个人饮酒的行为。我发觉自己有极端的倾向,而因此,在一段时间没喝它的情况下,由于疾病的缘故,我认为最好不要恢复饮酒。"

另外有一次他说到茶:"这是多么令人愉快的饮料啊!如果早餐时吃不下任何其他东西,喝茶能令人愉悦。"

约翰逊早年有一位弟子名叫大卫·盖瑞克。当这位演员出名后,他被自己的成功冲昏了头脑,经常用模仿约翰逊博士的怪相"逗得全场观众哄堂大笑"。

老公鸡旅馆咖啡室里的壁炉。

有一则故事是说,在某一场盖瑞克和约翰逊都获邀参加的晚宴派对上,盖瑞克就这位伟人的餐桌礼仪开了一个粗俗的玩笑。当笑闹声平息下来之后,约翰逊博士站起身来,严肃地说:"先生们,从盖瑞克先生对待我的方式看来,你们必然会认为我和他很熟;但我可以向你们保证,在这里遇见他之前,我只见过他一次——而且随后我便为看见他付了 5 先令。"

某个谄媚的人士为了拍约翰逊的马屁,约翰逊每说一句话他就会大笑不止。约翰逊忍无可忍,他转头对那名没礼貌的人说:"请问先生,你怎么了?我希望我没有说什么你能理解的话!"

由于生理和心理的缺陷,约翰逊博士并不善于社交。然而,只要他高兴,他也能当个骑士,因为他的思想能克服所有障碍。

有一次,一位女士带着约翰逊博士参观花园。当这位女士为无法将某种特定花卉培养到尽善尽美的状态而表示遗憾时,约翰逊博士勇敢地迎接了这个挑战，他拉着那位女士的手说："夫人，请允许我让这花变得完美。"

还有一次，当英国著名的悲剧女演员西登斯夫人前往约翰逊博士的私室拜访他，而仆人却未能及时地为西登斯夫人搬来椅子的时候，他机智地说："你看看，夫人，不管你走到哪里，都没有空座位！"

约翰·托马斯·史密斯在他的《伦敦街头古文物随笔》（1846年）中讲述了乔治·埃瑟里奇爵士生平中一桩有趣的事件，这位剧作家在当代剧作家经常光顾的洛克小店欠了一笔钱，他发现自己无力偿还，便不再光顾那家店。洛克太太因此派人前去讨债，并威胁他说如果不还钱就要起诉他。乔治爵士回话说，如果她搅和进这件事情，他就吻她。

听到这样的回答，这位善良的女士气坏了，她取下兜帽和披巾，并对丈夫说："我倒要看看有没有任何活在世上的人会有这么厚的脸皮。""亲爱的，别这么鲁莽，"她的丈夫说，"谁也说不准一个男人在盛怒之下会做出什么事来。"

被约翰逊写进他著名作品《诗人传》中的英国诗人兼约翰逊的友人——理查德·萨瓦奇，因1727年在罗宾逊咖啡馆的一场醉酒斗殴中杀害了詹姆斯·辛克莱而遭到逮捕。萨瓦奇被判有罪，但由于哈特福女公爵的求情，他逃过了死刑判决。这场审判最主要的部分是佩吉法官向陪审团陈述的惊人指控，这位法官因为其严苛的措辞和对绞刑的热爱而受到了惩罚——在蒲柏诗文中留下了遗臭万年的坏名声。控告内容如下：

> 诸位陪审团的先生们！你们要知道，萨瓦奇先生是一位非常伟大的人，比你我都还要伟大；他的穿着十分精致，比你我都要好太多；他拥有很多财富，比你我拥有的都要多。但是，诸位陪审团的先生们，萨瓦奇先生应该杀死你或我吗？这并不是一件特别困难的案子，诸位陪审团的先生们！

艾伯特·V.拉利制作了一份老伦敦咖啡馆逸事趣闻的合集。以下是其中部分内容：

这个故事讲述了理查德·斯梯尔爵士曾经在巴顿咖啡馆为两位未无名辩论者做仲裁人。

这两位辩论者因为一些宗教问题发生了争论。其中一位说："我怀疑，先生，你是否应该谈到宗教，我用 5 基尼打赌，你不会向上帝祈祷。"

"成交！"另一个人说，"理查德·斯梯尔爵士将保管赌注。"

赌注被寄存在斯梯尔手里。

接着，这位绅士以"我相信上帝"为开头，顺畅地说出了教义。

当他说完后，另一位先生说："好吧，我没想到他能做到。"

有一则关于著名法官尼古拉斯·培根爵士的故事。他遇到一位胡搅蛮缠的罪犯，要求他看在两个人是亲戚的分上饶他一命。

"这怎么可能？"法官诘问道。

罪犯回答："我的名字是哈格（字义为猪），而你的名字是培根；猪和培根是近亲。"

"好吧，"法官无奈地回答，"可是你和我不可能是亲戚，因为猪被挂起来烟熏后才能成为培根。"

还有一次，一名出庭律师在法官尼古拉斯·培根爵士面前作辩护时很紧张，一开口就不停地说"不幸的委托人"。"请继续，先生，"法官说道，"目前为止，整个法庭都站在你这边。"

据说有一位绅士曾用特别的诱因试图说服乔纳森·斯威夫特接受一场晚餐邀约，那位绅士是这样说的："我会寄我的车马费账单给你。"

"你还不如把你的伴游费账单给我。"斯威夫特反驳道，这充分显示出他对事实真相的欣赏：去参加晚宴，重要的不是吃了什么，而是那些前去用餐的人。

某次，"令人敬畏的杰弗里斯法官"正在最高法院审讯伦敦主教汤普逊

老公鸡旅馆咖啡室里的晨间八卦。

时，如同坎贝尔在他的著作《大法官阁下的生活》中描述的，那位主教抱怨
他没有起诉书副本。杰弗里斯对这个借口的回答是："不管在哪个咖啡馆，只
要1便士就能买到。"过了一周，这个案件再次开庭审理，主教再度提出抗
议，说他还是没有准备好，因为他很难拿到必要的文件。杰弗里斯不得不再
一次休庭，将案件延期审理，在这么做的同时，他戏谑地道歉说："阁下，在
我告诉你，在每一间咖啡馆都能看见我们的委员会成员时，我没有任何暗指
你常泡在咖啡馆，贬低你的身份的意图。我对此想法深恶痛绝！"这位法官
曾经一度明确地对抗他曾经不遗余力支持的党派和主义，他从前也将某些事
情的好结果归功于那些如今他与之分道扬镳并发出最后一击的机构。

　　罗格·诺斯在《每日反省》中讲述的故事也被坎贝尔复述过："他（法官）
被叫到酒吧去之后——通常会坐在咖啡馆中，并命令他的男仆前来，同时命
令男仆告诉他，他的私室中有一群人在等着见他；听到这些，他就会气呼呼

地说：'让他们等一会儿，我很快就过去。'如此完成一场日常工作的演出。"

约翰·提布斯在他的作品《伦敦的俱乐部及俱乐部生活》中，收录了许多老伦敦咖啡馆的逸事趣闻，以下是其中一则：

> 著名的卡洛韦咖啡馆坐落在康希尔交易巷，它的名气来自三个方面：第一，此地是英国第一个贩卖茶叶的地方；第二，在南海泡沫事件时期，这里是最好的休闲娱乐场所；第三，此地后来成为重要的商贸交易场所。最初，这家店的店主是烟草商兼咖啡商托马斯·卡洛韦，他是第一位售卖茶叶的人，并推荐将茶作为治疗所有疾病的良药。

《布列塔尼亚》一书的编辑奥格比从 1673 年 4 月 7 日开始，在卡洛韦先生的咖啡馆中就有自己的常设书籍抽奖摊位，直到书被全部抽走为止。同时，在1722 年的《英格兰之旅》中，卡洛韦咖啡馆、罗宾逊咖啡馆和乔纳森咖啡馆被说成是三家著名的咖啡馆："第一家咖啡馆里的顾客，是在城市里有一番事业的上流人士，经常光顾的是最重要且富有的市民。第二家咖啡馆的客人是外国银行家，甚至常常还有外交使节。第三家则是股票买卖双方常光顾的店。"

卡洛韦咖啡馆。1673 年，卡洛韦咖啡馆以"蜡烛拍卖"的方式出售酒类，蜡烛拍卖就是在蜡烛燃烧的同时进行竞价的一种拍卖形式。第 147 期《闲谈者》中有提道："昨晚回家时，我发现有人给我送来了 216 大桶法国酒，这些酒将以每大桶 20 英镑的价格在交易巷的卡洛韦咖啡馆出售。"

然而，所谓的蜡烛拍卖并不是在夜晚以蜡烛照明进行的拍卖，而是在白天进行的。拍卖一开始，拍卖商就会将拍品的叙述以及拍品处理的状况念一遍，然后点燃一根 1 英寸（等于 2.54 厘米）长的蜡烛，在蜡烛熄灭的瞬间喊价的投标人便会被宣告为得标者。

斯威夫特在 1721 年的作品《南海骗局之歌》中也提到了卡洛韦咖啡馆：

> 在那里，有个吞没千人的海湾，

此处是所有冒险家的踏足之处，

一道细窄的海峡，

尽管深如冥府，

交易巷即那可怕的名字，

这里飘荡的用户数以千计，

彼此挤在一起，

每个人划着自己漏水的船，

在这里寻找金子并溺毙。

如今埋葬在海底深处，

如今再次登上天堂，

他们往复来回地卷线并蹒跚而行，

全然不知所措，如同醉酒之人。

与此同时安然待在卡洛韦的峭壁上，

是靠着海难船为生的蛮族。

静卧等候沉没的小船，

并将死者尸体洗劫一空。

南海骗局中的一位急躁投机者约翰·雷德克里夫博士通常会在接近交易时间时，站在卡洛韦咖啡馆的一张桌子前，一动不动地观察市场的变化；此时，他的劲敌爱德华·汉内斯博士的男仆走进卡洛韦咖啡馆，并趾高气扬地询问汉内斯博士是否在场。被几个药剂师和外科医师包围的雷德克里夫博士大叫道："汉内斯博士不在这里！"接着，又问了一句："是谁找他？"那个人的回复是："有其主必有其仆。"但他把这句干巴巴的指责当真了，"不，不，朋友，你弄错了；那位博士需要那些老爷。"雷德克里夫的一个冒险之举是在南海计划中投入 5000 基尼。当他在卡洛韦咖啡馆被告知他的投资全都付诸流水时，"哎呀，"他说，"这不过就是要再多走 5000 层楼梯罢了。"汤姆·布朗说："值得因为这个答案而为他立一尊雕像。"

乔纳森咖啡馆。乔纳森咖啡馆是另一家坐落在交易巷的咖啡馆，在第 38 期《闲谈者》中，此咖啡馆被描述成"股票经纪人的大卖场"，而第 1 期《旁观者》则告诉我们，艾迪生"在乔纳森咖啡馆的股票经纪人聚会中有时候会被误认为是犹太人"。

此处是他们的集结地点。尽管先前伦敦市政府颁布了一道禁止股票经纪人聚会的禁令，这里依然进行着各式各样的投机事业；这道禁令直到 1825 年才被撤销。

彩虹咖啡馆。第 16 期《旁观者》注意到舰队街的彩虹咖啡馆有一些同志常客："我接到一封想要我对现在使用的时髦的小暖手筒好好讽刺一番的信

"在旅馆找到最温暖的接待"，今日的乔治旅馆保留了一部分的老回廊，原始的回廊能以典型"狄更斯旅馆"风格完全围绕住天井。访客可以想象皮克威克先生从其中一间卧室的门后出现，并朝天井里的山姆·韦勒打招呼。在一楼的老式咖啡室里，你仍然能在被圈起来的长凳上用餐。

件；另一封信则是告知我，最近在舰队街的彩虹咖啡馆已经有人看到我穿着扣在膝盖下方的银色吊带袜。"

剧作家蒙克里夫先生曾讲述，在大约 1780 年，这间咖啡馆是由他的祖父亚历山大·蒙克里夫经营的，当时它保留了"彩虹咖啡馆"的原名。

南多咖啡馆。位于舰队街内殿巷 17 号的南多咖啡馆，会被某些人错认成 16 号的 Groom 咖啡馆。这家咖啡馆是瑟洛勋爵投身律师行业之前最爱去的地方。

这家咖啡馆聚集了一群被此地有名的潘趣酒及老板娘的魅力而吸引来的懒汉。老板娘聪明机智，受到了顾客的赞赏。一天晚上，人们在咖啡馆讨论的主题是道格拉斯诉汉密尔顿公爵这一案件。当瑟洛出现时，有人半认真地建议要任命他为初级出庭律师，而这提议也真的被付诸实行。因为这件事，瑟洛结识了昆斯伯里公爵夫人，伯爵夫人立刻看出瑟洛的价值，并向布特公爵推荐，设法以一袭丝质长袍得到他的效劳。

迪克咖啡馆。舰队街 8 号的迪克咖啡馆（南侧，靠近圣堂酒吧）原本叫理查德咖啡馆，得名于理查德·特纳——或透纳，他在 1680 年承包了这家咖啡馆。当考珀居住在圣殿区时，经常光顾理查德咖啡馆。在对自己的疯狂作出解释时，考珀说：

> 早餐时，我读了一份报纸，上面有一封读者来信，我越是细读那封信，注意力便越被吸引。我现在想不起来那封信的主旨，但在我读完之前，它对我来说确实是一种诽谤或讽刺。作者看起来知道我想自我毁灭的意图，因而故意写了那封信，好加速我的自我毁灭。或许，我的头脑在这个时刻已经开始混乱；无论事实如何，我确实产生了一个强烈的错觉。
>
> 我暗自思忖："你的残酷行为将获得满足，你会复仇。"一怒之下，我丢掉报纸，冲出房间，径直向田野奔去，我打算在那里找一所房子，然后死在里面；或者，如果没有的话，我决定在水沟里服毒，我能在田野里找到一条足够僻静的沟渠。

洛依德咖啡馆。洛依德咖啡馆是最早创立的咖啡馆之一，1700年出版的诗《富有的店主，或乐善好施的基督徒》中提到了它：

现在前往他从未缺席的洛依德咖啡馆，去阅读信件，参加拍卖。

1710年，斯梯尔（《闲谈者》，第246期）从洛依德咖啡馆开始，为他的咖啡馆雄辩家与报贩请愿书追本溯源。艾迪生在1711年4月23日的《旁观者》中叙述了这样一件滑稽可笑的事：

大约一个星期之前，一件非常奇特的事情发生在我身上，起因是我将文稿不小心落在了洛依德咖啡馆，而那里经常举行拍卖会。在我发觉文稿遗失之前，咖啡馆里有人发现了它，并且翻阅了它。当我注意到这些人在做什么时，他们正因为我的文章而哄堂大笑，以至于我没有勇气承认那是我的文章。

当他们看完那篇文章，咖啡馆的侍童将它拿在手上，挨个询问咖啡馆里的人有没有遗失一张写着字的纸，不过没有人认领。那些细读过文章而兴高采烈的绅士们要求侍童站上拍卖台，将文章读给大家听，看看有没有谁会买下这份文稿。

侍童于是爬上拍卖台，并用非常清晰的声音念出那篇文章，这让整间咖啡馆的氛围都十分欢乐；有些人断定这是由一个疯子写的，其他人则认为它是某人从《旁观者》上抄下来的笔记。

读完文章后，那位侍童从拍卖台上走下来，旁观者（艾迪生）伸出手来要侍童将文章给他，侍童照办了。这把所有客人的目光都吸引到旁观者身上。旁观者只是匆匆看了一看文稿，他阅读时还摇了摇头，然后就将它揉成一团，并用它点燃了自己的烟斗。

"我一直沉默，"旁观者说，"在整个过程中，我认真严肃的表情和行为引得周围人大笑起来；然而，我因为这样做洗脱了文章作者的嫌疑而感到十分满意。我要了 1 支烟斗和 1 份《邮务员》，不再注意周遭发生的任何事。"

士麦那咖啡馆。在安妮女王统治时期，位于帕摩尔的士麦那咖啡馆因能在每天傍晚看见从火炉左侧一路排到门口的"那群聪明脑袋"而闻名。下面这则刊登在第 78 期《闲谈者》中的通告十分有趣："这是给伦敦市和威斯敏斯特内外所有足智多谋的绅士的通知，想要在音乐、诗歌和政治等方面获得科学指导的人都涌进帕摩尔的士麦那咖啡馆，在晚上 8 点到 10 点之间，他们会在那里接受全部或任何一种上述技艺的免费指导，并通过'口耳相传'获知相关文章。"

圣詹姆斯咖啡馆。从安妮女王统治时期到乔治三世执政末期，圣詹姆斯咖啡馆都是著名的辉格党咖啡馆。它是圣詹姆斯街西南角倒数第二家店，在第一期《闲谈者》中被如此描述："你能从圣詹姆斯咖啡馆获得国内外的新闻。"它也出现在之前从《旁观者》中引用的段落。斯威夫特经常造访圣詹姆斯咖啡馆——寄给他的信件会被留在此地；在给斯特拉的日记中，他说："我遇见哈雷先生，他问我，我自己给自己写信有多长时间了？他从咖啡馆的玻璃盒中看到了你的信件，并认为那是我写的。"

为了说明圣詹姆斯咖啡馆的秩序和规矩，我们或许可以引用刊登在第 25 期《闲谈者》中的一则广告："为了防止所有在镇上另一端、一周只造访圣詹姆斯咖啡馆一次的绅士犯下可能犯下的所有错误（不论是叫错仆人的名字，还是要求他们做些不该做的事情），谨以此文向大众公告，作为偏远地区顾客债务保管人兼未付款霸王客之观察者的基德尼已经辞去了职务，该职位由约翰·索顿接替；威廉·比尔德被提拔为通讯门房和首席咖啡磨豆师；而塞缪尔·伯达克以擦鞋匠的身份加入前述比尔德的房间。"

不过，圣詹姆斯更让人难以忘怀的是，它是哥德史密斯的著名诗篇《复仇》的发源地。这首诗归属于一个由有才识之人组成的临时社团，其中有些人是偶尔一起在这里用餐的俱乐部成员。

威尔咖啡馆。威尔咖啡馆是巴顿咖啡馆的前身，甚至比巴顿咖啡馆更出名，由威廉·厄温负责经营。一开始它的店名是红牛，后来改为玫瑰，我们相信，它就是《闲谈者》第 2 期中一则令人愉快的故事中所提到的那一间咖啡馆。"晚餐和友人在玫瑰咖啡馆等着我们。"

迪恩·洛基尔留下了以下他在威尔咖啡馆与首席天才（德莱顿）会谈的记录，他说：

我第一次来到城里时是 17 岁，一头短发又粗又硬，长相也古怪，当时刚走出乡下，总是显得有些笨拙。无论如何，尽管我很腼腆，但还是偶尔冲进威尔咖啡馆，去看一看当代最闻名的智者，那时他们都会在此地休闲娱乐。我第二次去那里的时候，德莱顿先生正和往常一样谈论他自己的作品——特别是那些最近出版的。"如果说我有什么好作品，"他说，"那就是《弗雷克诺之子》，我对它的评价很高，因为这是第一首以英雄诗体写成的讽刺诗。"

听到他这么说时，我鼓足勇气，用刚好足够被听见的音量说：《弗雷克诺之子》是一首非常好的诗，不过我不认为它是第一首以那种形式写成的诗文。"听到我这么说，德莱顿转向我，似乎对我的插话感到惊奇；他问我"跟诗歌艺术打交道有多久了"，还微笑着补了一句："请问，先生，你究竟想象了些什么让你觉得曾经有过这样的诗？"

我说出了布瓦洛的《唱读台》和塔索尼的《被绑架的水桶》，而且我知道，德莱顿的某些写作手法是从这两者中借鉴来的。"确实如此，"德莱顿说，"我把它们忘了。"过了一会儿，德莱顿朝外面走去，他临走时对我说，希望我隔天能再次来探望他。我对这邀请感到非常欣喜，因此答应了；此后，我和他也熟稔起来。

威尔咖啡馆是诽谤文字和讽刺文章的利伯维尔场。有个叫作朱利安的醉鬼是威尔咖啡馆的常客，而沃尔特·斯科特爵士这样描述他和他的职业：

写作讽刺文章的惯例，以及让作者隐身于幕后的同时，想出某些做法让丑闻八卦四散传播的必要性，促使朱利安创办了他的独立事务所；他自称是缪斯女神的秘书。

这位仁兄会出现在威尔咖啡馆，并将作者私下传给他的讽刺文章分发给经常光顾该地的常客。马龙先生说："他是一个醉鬼，还一度因为诽谤罪被关进了监狱。"

一天晚上，塞缪尔·佩皮斯去接他的妻子回家，中途他在科文特花园的那家他从未去过的"伟大的咖啡馆"（他是这么称呼威尔咖啡馆的）前停了下来。他说："诗人德莱顿（我在剑桥认识的）、城里所有的聪明人、祈祷者哈里斯，以及我们学院的霍尔先生，都在那里。如果我有空的话，去那里会是一件美好的事，因为我认为在那里和人交谈会令人感到愉快。但我不能在此耽搁，而且现在很晚了，他们也都准备离开了。"

艾迪生和德莱顿的生活方式很相似。德莱顿利用早上的时间写作，在家中用餐，随后前往威尔咖啡馆，"只不过他晚上比较早回家"。

这种大家对德莱顿的崇敬给年少的蒲柏留下深刻印象，以至于他说服几个友人带他到威尔咖啡馆去，而且对于他可以说自己见过德莱顿这件事感到非常欣喜。查尔斯·沃根爵士也提到穿着时髦、来自温莎森林的蒲柏，并在威尔咖啡馆将他引荐给德莱顿。蒲柏后来形容德莱顿是"一个有着消沉外表的直率之人，而且并不十分善变"。同时，柯利·西伯也只能说："他只记得他是个体面的老先生，是威尔咖啡馆里重大争议的仲裁者。"

蒲柏歌颂道："在威尔咖啡馆接受德莱顿教导的少年斯泰尔斯！"

德莱顿在他不同作品的序言中提及，对他剧作的绝大多数不友善评论，似乎都是由其他人在他最喜欢去的威尔咖啡馆中写成的。

1679 年的冬天，德莱顿从威尔咖啡馆回到位于爵禄街的家里时，于玫瑰街被罗切斯特伯爵威尔默特雇来的三个人用棍棒殴打了一顿。

值得注意的是，斯威夫特习惯用贬抑的口吻谈论威尔咖啡馆，就像在他的《诗的狂想曲》中一样：

> 隔天务必要在威尔咖啡馆，
>
> 舒适地蜷在那里，
>
> 并听听评论家们怎么说；
>
> 若你发现，
>
> 大众都说你是个愚蠢的恶棍流氓，
>
> 将你的所有思想贬抑为
>
> 低级且微不足道，
>
> 静静坐着，
>
> 并吞下你的口水。

　　斯威夫特看轻威尔咖啡馆的常客，他曾说，他这辈子听过最糟糕的对话就发生在威尔咖啡馆；有五六个写过剧本或至少写过序幕的人，或在一本杂集中占了部分篇幅的人，会来到此处，彼此逗乐，仿佛他们是人类本性最高贵之成就，或帝国命运都系于他们身上。

　　在第 1 期《闲谈者》中，诗歌艺术被归类在威尔咖啡馆的文章之下。但在德莱顿的时代之后，这个地方已然发生改变："过去你遇见的每个人，手里都会拿着歌曲、隽语和讽刺诗，而现在你只能看见一盒扑克牌；不再讨论情绪表达转换、风格优雅与否，博学之士如今只会争论竞赛的真相。""过去，我们曾在戏剧演出当下及表演过后坐在这里，但现在娱乐方式已经变了。"

　　有时旁观者（艾迪生）会被看见"把头伸进威尔咖啡馆内的一群政治人物中，并极为专注地聆听这些人在说什么"，然后作为例证，除了那些在某种程度上可能相当自命不凡的人以外，没有任何一个人，"仿佛他前来威尔咖啡馆是为了写出一句戒指上的题词"。而且，"在威尔咖啡馆待命的门房罗宾是城里安排住宿地点最好的人选：这家伙身材瘦削、步伐敏捷、外表严肃，看起来有足够的判断力，对这座城市很了解"。

在德莱顿于 1701 年去世，之后的 10 年内，威尔咖啡馆依旧被认为是"智者的咖啡馆"，就如我们在内德·沃德的叙述以及 1722 年的《英格兰之旅》中看到的那样。

蒲柏兴致勃勃地加入社团，并企图获得城里智者及咖啡馆评论家的信件。亨利·克伦威尔先生是蒲柏早年的友人，是摄政家族堂／表兄弟姐妹中的一位；他是个单身汉，大部分时间都待在伦敦。他在学识和文学素养方面自命不凡，曾为雅各布·顿森编辑的《杂录》翻译数首奥维德的哀歌《爱情》。

克伦威尔对威彻利、盖伊·丹尼斯、当代受欢迎的男女演员以及所有威尔咖啡馆的常客都很熟悉。他不仅从德莱顿的鼻烟盒里拿了一撮鼻烟粉——这种行为在威尔咖啡馆被视为一种荣誉，还曾因一位孱弱的女诗人伊丽莎白·托马斯与德莱顿发生争吵，这位女诗人曾被德莱顿称为柯林娜，或被人们称为莎芙。盖伊将这位文学怪人描绘成"诚实、不戴帽子、穿着红色马裤的克伦威尔"：

> 与女士同行时，将帽子拿在手上是他的习惯。亨利·克伦威尔整天忙于女士与文学、预演与评论，以及对他的咖啡与巴西鼻烟粉的质量吹毛求疵。对十六七岁的蒲柏来说，克伦威尔是个危险的熟人，但也是个和蔼可亲的人。蒲柏写给他这位友人的信件，大部分都寄到位于 Great Wildstreet、接近德鲁里巷的蓝厅，还有一些则寄到伦敦市王子街尽头德鲁里巷附近寡妇汉布尔登开的咖啡馆。克伦威尔到宾菲尔特走了一遭；在他回伦敦的路上，蒲柏写信给他，"特别提到了几位女士"，还有他喜爱的咖啡。

巴顿咖啡馆。威尔咖啡馆是德莱顿时代智者最好的休闲场所，在德莱顿死后，他们的休闲场所转移到了巴顿咖啡馆。蒲柏称这两家咖啡馆"位于科文特花园的罗素街，彼此相对"，大约在 1712 年，艾迪生在一栋新房屋内建立了丹尼尔·巴顿的新咖啡馆；而在《卡托》发表之后，他的名声吸引了许多辉格党人来到此地；巴顿曾是沃里克伯爵夫人的仆人。更确切地说，这间咖啡馆"在汤姆咖啡馆对面，靠近街道南侧的中间"。

艾迪生是巴顿咖啡馆的最大赞助者，不过据说，当他在伯爵夫人那里遭受什么恼火的事情时，他就会从巴顿咖啡馆撤资。在他与沃里克夫人结婚之前，他最主要的伙伴们是斯梯尔、布吉尔、菲利普斯、凯利、达维南特和康奈尔·布雷特。他经常与其中一位或多位在圣詹姆斯咖啡馆共进早餐，与他们一同在小酒馆中用餐，然后前往巴顿咖啡馆，接着再去某家小酒馆，在那里享用晚饭。

如同蒲柏在《史宾赛咖啡馆的逸事》中所叙述的，"通常艾迪生整个早上都在读书，然后在巴顿咖啡馆和他的同伴们会面，在那里用餐，并停留五六个小时，有时候会逗留到深夜。大约有整整 1 年的时间，我曾是这群伙伴中的一员，但我发现自己渐渐无法应付这样的聚会，那会损害我的健康，因此我放弃了"。他又说："有段时间，我和艾迪生先生的关系比较冷淡，除了在我几乎每天都能看见他的巴顿咖啡馆之外，有好长一段时间我们不曾互相做伴去任何地方。"

据说，蒲柏曾经对辞典编纂者帕特里克说："字典编纂者可能知道 1 个字的意思，但是不知道 2 个字放在一起后的意思。"

巴顿咖啡馆是《卫报》的投稿处，为了这个目的，在以幽默的方式公告时，还装设了一个仿造威尼斯著名狮子制成的狮头信箱。公告如下：

注意：艾恩塞德先生在过去 5 周内，给 3 只狮子戴上嘴套、吞掉了 5 只，还杀死了 1 只。下周一，死狮子的皮会被挂在巴顿咖啡馆里。

* * *

我打算 1 周刊登 1 次狮子的吼叫，并希望它的吼声大到足以让整个国家都听见。我曾经，不知如何，被卷入关于我自己的闲谈中，按照老祖宗的风格，几乎和整份《卫报》的内容一样冗长。因此我将用和我本人相关的文字把剩余的篇幅填满。现在我要用第二十个瞬间让所有人知道，我决意要设置一个狮子头，为了仿效我曾在威尼斯描述过的那些，据说所有平民百姓都会从中经过。

设置这个狮头信箱，是为了接收客户传送给我的那些信件与文章。我决心特别关注所有这样通过狮子之口来到我手中的信件。狮头下方会有一个箱子，用来接收投放进去的文章，钥匙由我保管。狮子吃进来的任何东西，我都会为了将它化为公众之用而加以消化。这个狮头需要花点时间才能做好，因为工匠们决心为它增添一些装饰，并尽可能表现得贪婪一些。它将被装设在科文特花园的巴顿咖啡馆里，巴顿咖啡馆将指出通往狮头的路，并告知每一位年轻作家如何安全且秘密地将他的作品投入狮口中。

* * *

我想有必要让大众了解，大约两星期前宣传过的那个狮头，现在已经被装设在科文特花园罗素街的巴顿咖啡馆里了，任何时候，它都会在那里张开大口，接收人们投递的讯息。

它是一件极为出色的工艺品，由能工巧匠仿照古埃及的狮子设计而成，它的脸由狮子的脸与巫师的脸合成。这个狮头的整体特征十分强烈，而且线条极为有力。所有见到它胡须的人都会称赞一番。它被设置在咖啡馆西侧，由头和脚掌两部分构成，象征着知识和行动，脚掌下面是接收稿件的箱子。

* * *

因为目前我不得不前去处理我自己的一桩特殊事务，所以我授权我的印刷业者深入研究狮子的奥秘，并从中挑选出可能对公众有用的信件。特此，委托并要求巴顿先生给予印刷业者自由进出的权利，保证他们不受任何阻碍、限制或骚扰，直到他接到与此相反的命令为止。此段文字将成为他的授权令。

* * *

我那任何时候都为智慧张开大嘴的狮子，告知我仍然有为数不多的庞大凶器存在；但我确信它们只会在德鲁里巷及科文特花园中（或周围）的赌馆与某些秘密情人的寓所偶尔可见。

这个值得纪念的狮头上雕刻着："通过狮口，信件会掉入巴顿咖啡馆的钱箱中。"

狮头是贺加斯设计的，并被蚀刻在爱尔兰的《插画》中。据说，柴斯特菲尔德伯爵曾经出价 50 基尼购买这个狮头。它从巴顿咖啡馆被迁移到位于广场里面的莎翁之首小酒馆，由一位名叫汤姆金斯的人保管；1751 年，它被短暂地摆放在毗邻莎翁之首的贝德福德咖啡馆，被约翰·希尔博士用作《督察员》杂志的信箱。

亚历山大·蒲柏在巴顿咖啡馆——1730 年。选自贺加斯的一幅画作。据说就座人物对面的男性是蒲柏。

1769 年，服务员坎贝尔继承了汤姆金斯的工作，成为小酒馆和狮头的业主，而后者由坎贝尔保留到 1804 年 11 月 8 日，然后被理查德森饭店的查尔斯·理查德森以 17 镑 10 先令买走，理查德森也拥有莎翁之首的原始招牌。在理查德森先生于 1827 年过世之后，狮头被转交给他的儿子，由贝德福德公爵买走，并寄存在沃本修道院，它现在依旧在那里。

蒲柏在巴顿咖啡馆遭受不少打扰和羞辱。塞缪尔·加思爵士写信给盖伊，说每个人都很满意蒲柏的翻译，"除了少数在巴顿咖啡馆的人之外"。针对这件事，盖伊还对蒲柏补充说："我确信在关于道德等方面，你的名声在巴顿咖啡馆被人随意使用了。"

在一封给蒲柏的信件中，西伯说："过去你曾经在巴顿咖啡馆打发时间，而即使在那里，你也因你挑衅行为所表现出的讽刺欲而引人注目；鲜少有任何自诩拥有超凡才智的男士，没有被你不加防备的暴脾气在某一首尖锐的诙谐短诗中猛烈攻击过。某次，你在这些人当中讥讽了一个描写乡村生活的鞑靼人，他对你本人和你诗中机敏的严苛深感愤懑，以至于他在房间里竖起了一根桦木棒，好在你踏足到棍棒可及之处的任何时刻做好攻击的准备；而照着你振作精神然后继续写作的速度，你迟早会有押韵押到把自己押离咖啡馆的一天。"

所谓"描写乡村生活的鞑靼人"指的是安布洛斯·菲利普斯，约翰逊说，他"在巴顿咖啡馆立起一根棍子，威胁要用它来抽打蒲柏"。

在一封写给克雷格的信件中，蒲柏如此解释这个事件：

> 某天傍晚，菲利普斯先生的确在巴顿咖啡馆对我表现出极愤慨的态度（据我所知），他说我与斯威夫特，还有其他人走上了密谋策划的道路，我们创作不利于辉格党利益的作品，尤其还暗中破坏他与他的友人——斯梯尔和艾迪生——的名声；但菲利普斯先生从未当面对我说过恶劣的话，不论在此次或任何类似的场合，即使我几乎每天晚上都会和他共处一室，他也从未对我做出任何无礼的言行。

在菲利普斯以这种无所事事的方式跟我谈话之后隔天或 2 天后的夜晚,艾迪生先生来找我,向我坦言他对传言的真实性有所怀疑,而我们应当始终保持友谊,并且希望我别再对此多说什么。哈利法克斯伯爵阁下出于道义,通过与数个人进行谈话来排除虚假中伤的方式搅和进这件事情中,而这些诽谤可能令我对一个政党产生了偏见。

无论如何,菲利普斯暗地里尽了他的全力向汉诺瓦俱乐部汇报,而且以俱乐部秘书的身份,把付给我的捐款掌握在他手中。俱乐部的首脑从那时起让他明白,这件事令他们感到不痛快;但是(根据我应该与这样的一个人所订立的条款)我不会向他要这笔钱,而是委托其中一个游手好闲者以及和他不相上下的人接受了这笔款项。这便是整件事的全貌了,而关于这种恶意行为的私密立场,将有助于在我们碰面时创造令人愉快的历史。

另一则记述中说,那根棍子悬挂在巴顿咖啡馆,而蒲柏为了躲避它选择待在家里——"他通常的习惯"。菲利普斯以他的勇气及优秀敏捷的剑术著称,后来他成了一位太平绅士,而且每当他逮到一位当权者听他倾诉时,就会提到蒲柏,说他是政府的仇敌。

巴顿咖啡馆最重要的顾客——尤其是艾迪生与斯梯尔,会面时都戴着巨大飘逸的亚麻色假发。戈弗雷·内勒爵士也是那里的常客。

巴顿咖啡馆的老板于 1731 年去世,当年 10 月 5 日的《每日广告商》上刊登了以下内容:

在卧病 3 天之后,巴顿先生于周日上午去世,他是位于科文特花园罗素街巴顿咖啡馆的老板。巴顿咖啡馆是非常著名的智者聚集之地,里昂曾在这里创造出《闲谈者》和《旁观者》,由已故国务大臣艾迪生先生和理查德·斯梯尔爵士撰写,他们的成就将令他们的名字流芳百世。

经常光顾巴顿咖啡馆的智者还有斯威夫特、阿布斯诺特、萨瓦吉、布吉尔、马丁·福克斯、葛斯博士及阿姆斯特朗博士。1720年，贺加斯提及有"4幅以印度墨水绘成的图画"绘制巴顿咖啡馆的人物。这4幅画分别是阿布斯诺特、艾迪生、蒲柏（据推测），以及某位维瓦尼伯爵——许多年后，霍勒斯·沃波尔发现了这些画作。随后这些画作就成为爱尔兰的所有物。

时髦的拦路强盗詹米·麦克连，或称麦克林恩，也经常造访巴顿咖啡馆。《太阳报》的约翰·泰勒先生对麦克林恩的描述是一位高大、爱炫耀、英俊的男性。唐纳森先生告诉泰勒，他观察到麦克林恩对巴顿咖啡馆的酒吧女侍特别关注——她是店主的女儿，他对这位父亲暗示麦克林恩的人格有问题。父亲告诫女儿提防拦路强盗的举止，并鲁莽地告诉她是根据谁的忠告要她提高警惕；而她同样鲁莽地告诉了麦克林恩。

在那之后，当唐纳森走进咖啡馆其中的一个包厢时，麦克林恩也走了进来，并且装腔作势地大声说道："唐纳森先生，我希望和你单独谈谈。"赤手空拳的唐纳森自然十分害怕与这样一号人物单独相处，他回答说，他们之间没有什么事是他不希望被别人知道的，他婉拒了这个邀约。"很好，"麦克林恩在离开房间时说，"我们会再见面的。"

一两天后的傍晚，唐纳森先生在里奇蒙附近散步时，看见麦克林恩骑在马上。幸运的是，当时有一位绅士的马车突然出现在双方的视野中，麦克林恩立刻调转马头，奔向马车，而唐纳森则以最快的速度跑回里奇蒙。那辆出现的马车对麦克林恩而言是更好的猎物，否则他很有可能会立刻射杀唐纳森先生。

麦克林恩的父亲是一位爱尔兰学监，他的兄弟是海牙一位极受尊重的加尔文派牧师。麦克林恩曾是威尔贝克街的一名食品杂货商，但失去了挚爱的妻子以及女儿后，他结束了生意，并且很快花光了剩下的200英镑，然后与唯一的同伴——出师的药剂商普朗基特——一同成为流浪者。

麦克林恩在1750年的秋天被捕，因为他向蒙茅斯街的一位当铺老板兜售一件以缎带结成的背心，而当铺老板恰巧将背心带去给缎带被抢走的苦主。

麦克林恩举报了他的同伴普朗基特，但对方并未被捕。格雷在他的《长篇故事》中提到了麦克林恩：

> 当突如其来的寒战使他发抖；
>
> 他沉默地站着，一如可怜的麦克林恩。

巴顿咖啡馆后来成了一个私人会馆，英奇巴尔德夫人在此投宿，可能是在她的姐妹过世之后，她可以继承姐妹的遗产，英奇巴尔德夫人才如此高尚又大方。

英奇巴尔德夫人现在的年收入是 172 英镑，而我们得知她搬去了一间寄宿公寓中，在那里，她能够享受更安逸的生活。出版商菲利普斯曾提出要以1000 英镑收购她的回忆录，但是被她婉拒了。她于 1821 年 8 月 1 日在肯辛顿的一间寄宿公寓中去世，留下的 6000 英镑遗产，被明智地分配给她的亲戚。她那朴实和节俭的习性非常奇怪。"上周四，"她写道，"在我打扫完卧室后，一辆戴着皇冠的马车和两名男仆在门口等着我，要带我出去兜风。"

"与巴顿咖啡馆有关的最愉快的回忆之一，"利·亨特说，"就是葛斯，他生性活泼大方，提到他的名字都令人感到十分快乐。他是最友善且最聪明的医师中最友善且最聪明的一位。"

就在安妮女王登基之后不久，斯威夫特结识了光顾巴顿咖啡馆智者的领头者——安布洛斯·菲利普斯，他称他是奇怪的牧师，咖啡馆的常客已经观察他好一阵子了，他不认识任何人，也没有人认识他。他会将他的帽子放在一张桌子上，然后以轻快的步伐来回走动半小时，其间不和任何人说话，或似乎是对任何正在进行的事都漠不关心。然后他会抓起帽子，在吧台付了钱之后一言不发地离开。咖啡馆的常客称他为"疯狂的牧师"。

一天傍晚，艾迪生先生和其余的人正在观察他，他们看见他数次将目光投注在一位穿马靴的绅士身上，那位先生似乎刚从乡下出来。斯威夫特走向这位乡村绅士，好像要和他说话。

斯威夫特不客气地询问那位乡村绅士："拜托，先生，你知道世界上有什么好天气吗？"斯威夫特的搭话方式和问题都很奇怪，那位绅士一开始没有回答，只是盯着斯威夫特，一会儿后，他说："有的，先生，感谢上帝，我记得在我生命中遇到了很多次好天气。"斯威夫特回答："这让我不知道该说什么才好；在我的印象中，没有哪天不是太热或太冷、太潮湿或太干燥的；但是，无论万能的上帝如何安排，在一年结束时，一切都将很美好。"

沃尔特·斯科特爵士经伍斯特的瓦尔博士同意提供了以下这则逸事，此秘闻是瓦尔博士从阿布斯诺特博士那里听来的——没有通常听到的版本那么粗俗。斯威夫特在巴顿咖啡馆的火炉边就座，咖啡馆的地板上有沙子，而阿布斯诺特打算逗弄一下这位奇怪的名人，他交给斯威夫特一封刚刚写好地址的信，说："好啦，沙子出去吧！"斯威夫特回答："我这里没有沙子，不过我可以帮你弄到一点点碎石子。"他的话如此意味深长，阿布斯诺特急忙将信抢回来，以免它遭受到与小人国首都一样的命运。

汤姆咖啡馆。尽管位于康希尔伯尔钦巷的汤姆咖啡馆基本上是商人的休闲场所，但由于盖瑞克经常光顾这里，也获得了一些名声。为了保持对这座城市的兴趣，每年冬天，他会在这个年轻商人的集结地出现两次。

霍金斯说："听到所有对盖瑞克先生的谈论之后，必须羡慕地承认，他的出名归功于他的价值，然而，对于这一点，他自己却很不自信，以至于他练习杂七杂八却微不足道的技巧，以确保得到大众的喜爱。"然而盖瑞克做得比这些更多。当一位正在崛起的演员对盖瑞克夫人抱怨报纸对他的辱骂时，这位遗孀回答："你应该自己写评论，大卫总是这样做。"

某天傍晚，墨菲在汤姆咖啡馆，当时柯利·西伯正与一位老将军搭档玩惠斯特纸牌。当牌发给西伯时，他轮流拿起每一张牌，并对每一张牌都表示失望。在玩牌过程中，他总是不按规则出牌，他的搭档说："什么！你一张黑桃也没有吗，西伯先生？"西伯看了看自己的牌，回答："噢，有啊，1000张。"而这句话惹来了将军一番怒气冲冲的批评。对此，极爱骂人的西伯回答："不要生气。如果我愿意的话，我可以打得比现在烂10倍。"

贝德福德咖啡馆。位于科文特花园的著名的贝德福德咖啡馆曾经因在1751年及1763年分别出版了两个版本的《贝德福德咖啡馆回忆录》而吸引了许多人的注意。它位于科文特花园广场西北角，靠近戏院的入口，早已不复存在。

在1754年第1期《鉴识家》中，我们得知："这家咖啡馆每晚都挤满了有才干的人。几乎你遇到的每个人，都是有礼貌的学者和智者。每一个包厢都充斥着玩笑话和妙语，人们会在这里讨论文学艺术的每一种分支、每份报刊作品或戏剧演出的价值。"

在《贝德福德咖啡馆回忆录》中，我们会读到："多年来，这个地方都被认为是才智集散地、评论中心，也代表着品位的标准。经常光顾这家咖啡店的常客有：富迪、菲尔丁先生、利欧尼先生、伍德沃德先生、墨菲先生、莫普西、阿恩博士。阿恩是唯一一位三伏天还穿着天鹅绒西装的男士。"

当约翰及亨利·菲尔丁、贺加斯、丘吉尔、伍德沃德、洛依德、哥德·史密斯博士和其他许多人在贝德福德咖啡馆见面，并创建了一个八卦先令与三局胜负俱乐部时，斯泰西是当时的店主。亨利·菲尔丁是一个非常聪明的家伙。

在巴顿咖啡馆的狮头信箱被放在这里后，《督察员》杂志似乎引发了这个由贝德福德咖啡馆主导的状况，这种情况对斯梯尔来说是相当有帮助的，让他再度确立了科文特花园里智者领袖的地位。

而盛行于贝德福德咖啡馆的机智幽默与诙谐打趣并未因《督察员》的终结而停止，一群喜欢说俏皮话、双关语的人紧接着继承了此处。为了不让在吧台的女士们听到并觉得被冒犯，咖啡馆内专门安排了包厢分配给这样的场合使用。贝德福德咖啡馆有很多丑闻，阿瑟·墨菲在1768年4月10日写给盖瑞克的信件中透露了这一点：

泰格·罗区（因为他曾经在贝德福德咖啡馆横行霸道）受威尔克的友人资助来嘲弄模仿卢崔和他的虚荣做作；我承认我不知道是不是有比

成为泰格的共同应试者还要可笑的情况。奥布莱恩模仿过他，而从他的表现，或许你能对这位重要人物有所了解。他总是带着一副饿得半死的神态坐着，脸颊上有一块黑色的膏药，因谋杀的念头或绝对的怯懦而看起来脸色苍白、嘴唇颤抖、眼睛低垂。他一个人坐在桌边自言自语，又因擦口水而说话断断续续的，就像下面这样：

"咳！咳！咳！一个戴着丝袋假发的绸缎商人学徒；嗯……我的；嗯……，好像我不会把他们都像百灵鸟一样切成碎片！咳！咳！咳！我不理解这种气氛！我会用棍子打他的背、胸和肚子，那根本不算什么！你好吗，帕特？咳！咳！咳！上帝的宝血——赖瑞，很高兴见到你；'学徒！确实是优秀的家伙！咳！咳！你好吗，多米尼克！嗯……我的，嗯……，你来这里做什么！'"

这就是这位令人愉快的青年内心的思绪。一天晚上，当我在那里的时候，看到泰格因为这样的空想，竟突然将巴内尔先生叫出房间，并且在黑暗中刺杀他，而巴内尔先生手无寸铁，无法反抗。泰格一直不松手——直到最后，兰纳先生气势汹汹地在他头上挥舞着一条鞭子，以威胁的姿态命令他开口求饶。

泰格因威胁而害怕了，用微弱的音量说："咳！这和你有什么关系？好吧！好吧！我请求原谅。"

"大点声，你说的话我一个字都听不见。"兰纳先生人高马大，越发显得泰格柔弱、无力，仿佛他的声音是从地底下传出来的，无法传到足以被对方听见的高度。

这就是会出现在贝德福德咖啡馆的英雄人物。

富迪最喜爱的咖啡馆便是贝德福德。他也是汤姆咖啡馆的常客，而且是咖啡馆内一个俱乐部的领头人。

贝德福德咖啡馆众所周知的饶舌者兼当代讽刺评论家巴洛比博士，留下了关于富迪的随笔：

一天傍晚（他说），他看见一名穿着华丽的年轻人走进房里（在贝德福德咖啡馆内），他穿着一套绿色与银色蕾丝制成的连身套装，戴着丝袋假发、佩剑，拿着有锐利折边的花束，立刻加入了屋内上层阶级的核心圈子。没有人认得他，但他的态度举止如此自在，还有他能完美地接住别人的话并作出恰当的评论，以至于似乎没人对他的出现感到意外和不安。

似乎有人问："他是谁？"但是没有获得解答。直到一辆漂亮的马车在门口停下，他站起身，离开房间。这时，仆人大声宣告：他的名字是富迪，一位门第高尚且富贵的年轻士绅，内殿学院的学生，而马车是特意前来接他去参加一场时髦女士聚会的。

巴洛比博士曾经在贝德福德嘲笑富迪，当时富迪一边招摇地炫耀着他的金制腕表，一边说："哎呀，我的表不走了！"

"它很快就要走了。"这位博士平静地说。

年轻的诗人柯林斯在 1744 年来到城里追寻财富。他前往贝德福德咖啡馆，当时富迪是那里最重要的智者和评论家。

和富迪一样，柯林斯很喜欢打扮自己，他常常戴着一顶装饰着羽毛的帽子到处走动，一点也不像是个身无分文的年轻人。一封当时的信件告诉我们："柯林斯在任何地方都是受欢迎的同伴；因他的天才而喜爱他的绅士有阿姆斯特朗博士、巴洛比博士、希尔博士、昆恩先生、盖瑞克先生，以及富迪先生，他们经常在把作品公之于众以前询问他的意见。他特别受到经常光顾贝德福德咖啡馆与屠宰场咖啡馆的天才们的注意。"

10 年后（1754 年），我们发现富迪在贝德福德咖啡馆的地位再次达到顶峰。咖啡馆的常客都争着在晚餐时和他坐在一起；其他人则尽可能地让自己靠近桌子，就好像只有富迪能说出幽默的话语。在这个时期，贝德福德咖啡馆的名声也达到最高点。

富迪和盖瑞克经常在贝德福德碰面，他们是竞争对手，交锋相当频繁且尖锐。富迪通常是攻击的一方，而有许多弱点的盖瑞克大多数时候都是受害者。盖瑞克早年做过酒类生意，并给贝德福德供应过酒，因此富迪形容他是住在杜伦工场，地窖里有3夸脱醋就自称为酒商的家伙。富迪必然喝了不少贝德福德这段时期的酒！

有一天晚上，富迪走进贝德福德，告诉已经坐在那里的盖瑞克，他刚才看到了一位很出色的演员。盖瑞克正处于提心吊胆、焦虑不安的状态，富迪让他等了整整一小时。最后，富迪询问盖瑞克对彼特先生的戏剧天分有何看法，以此来结束这次攻击。盖瑞克对即将得到解脱感到很欣喜，他表示，如果彼特先生选择登上舞台，就很可能是舞台上的第一人。

另一天的晚上，盖瑞克和富迪正准备一起离开贝德福德。付账时，富迪掉了1基尼，并且没能立刻找到它，富迪说："它到底跑到世界的哪个角落去了？""投奔恶魔去了，我猜。"帮忙寻找的盖瑞克回应道。"说得好，大卫！"富迪响应，"更不用说光是你一个人就比其他人能让1基尼跑得更远。"

丘吉尔与贺加斯的争吵始于八卦先令与三局胜负俱乐部，就在贝德福德咖啡馆的会客室里；当时贺加斯对丘吉尔说了一些侮辱性很强的话，而丘吉尔在他的作品《使徒书》中表达了他对此事的愤慨。在这场争论中，恶意多于聪明才智。沃波尔说："从未有人像这两位愤怒且具有相同才能的男士一样，以如此差劲的方式互相扔泥巴。"

喜剧演员伍德沃德通常住在贝德福德，他与店主斯泰西很亲密，他还曾将一幅自己手中拿着面具的肖像画赠送给斯泰西——这幅画是乔舒亚·雷诺兹爵士早期的作品之一。斯泰西擅长玩惠斯特纸牌。一天，大约凌晨2点钟的时候，一位服务生叫醒斯泰西，告诉他有一位贵族绅士把他累惨了，还希望他能把老板叫来，和他玩一场牌，赌注为100基尼。斯泰西立刻起床、穿好衣服、赢钱，然后又回到床上睡着，这一切都发生在1小时之内。

麦克林恩从舞台退役之后，1754年，他在科文特花园开设了广场膳宿公寓的分部，此处后来被称为泰维斯托克酒店。他在那里布置了一个很大的咖啡室、一个为演讲准备的剧院以及其他的房间。以收费 3 先令的一般房间而言，他又多加了 1 先令的课程费，即"演讲与评论教育"；由他在晚餐桌上主持，并为顾客切肉；晚餐后，他会表演某种"雄辩术的至理名言"。菲尔丁曾经巧妙地在他的作品《里斯本之旅》中描绘麦克林恩："对伦敦的鱼贩子来说，很不幸的是，鲂鱼只栖息在德文郡的海域；因为只要船员中的任何一位能把一条鱼运到位于广场下方的奢华之殿——执牛耳的麦克林恩每日在该处供应他丰盛的祭品，那位鱼贩就能得到极为丰厚的报偿。"

在演讲中，麦克林恩试图借由教导他们如何发表演说，让他的每一位听众都成为雄辩家；他欢迎指点与讨论。

这个新奇的计划吸引了许多好奇的人。他借由自己和富迪之间要么存在于想象中，要么存在于现实中的非比寻常的争议，去进一步激发这种好奇，麦克林恩与富迪公然地互相辱骂对方，并为了各自的目的占用了位于干草市场内的小剧场。除了此次人身攻击，此处还以罗宾汉社群的方式辩论各式各样的主题，这让麦克林恩赚了不少钱，并证明他的雄辩之术是有些价值的。

以下是他与富迪的一次交锋，辩论的主题是爱尔兰的决斗术，麦克林恩已经举例说到伊丽莎白女王统治时期了。

富迪大叫："肃静！"他想问个问题。

"好吧，先生，"麦克林恩说，"你对这个主题有什么看法呢？"

"我认为，"富迪说，"这件事用几句话就能解决。现在几点了，先生？"

麦克林恩完全无法看出时间和决斗术之间有任何关联，但还是回答说现在是 9 点 30 分。

"非常好，"富迪说，"大概在晚上的这个时候，每位有些经济能力的爱尔兰绅士可能都正在喝着他第三瓶红葡萄酒，因此很可能正醉醺醺地；喝醉了容易和人发生争吵，争吵则可能升级为决斗，如此故事结束。"顾客们都很感激富迪的干预，时间问题因而被纳入考虑；尽管麦克林恩并不欣赏这个简化的版本。

富迪成功地拿麦克林恩的演讲来娱乐这件事，促使他在干草市场创办了一个讲座。他采纳了麦克林恩的想法，将希腊悲剧应用在现代主题上，这个嘲讽之举非常成功，让富迪在 5 个晚上净赚了 500 英镑，同时科文特花园广场的咖啡室关门大吉，而麦克林恩在《公报》上宣告破产。

不过，在麦克林恩先生的伟大计划流产之际，他在早先谈到相似场合的一篇文章的序言中说——

　　从阴谋诡计、烦躁忧愁、饥荒与绝望中，我们设法优雅地使一位被放逐的玩家恢复元气。

当城镇因两位戏剧性的天才之间看似捏造出的争吵而餍足时，麦克林恩锁上了他的门，将所有仇恨和敌意放在一边，他们来到贝德福德并握手言欢。伴随着一位新大师的出现，新的顾客也纷至沓来。

汤姆·金咖啡馆。汤姆·金咖啡馆是科文特花园市场上的一家老夜店。那是一处简陋的遮阳篷，位于圣保罗教堂柱廊正下方，是"所有夜不归宿的绅士们都知道的地方"。菲尔丁在他的一首开场诗中说道："哪个浪荡子会不知道汤姆·金咖啡馆？"

这家咖啡馆出现在贺加斯画作《早晨》的背景中，画中有位一本正经的未婚女士正走向教堂，她因见到从汤姆·金咖啡馆走出来两位醉醺醺的花花公子正在亲吻爱抚两名孱弱女子而感到不快；在咖啡馆门口，上演着一场以剑和棍棒为武器的醉酒闹剧。

哈伍德的《伊顿公学校友录》，在关于从伊顿公学选入伦敦国王学院的少年的记述中，有这样的内容："1713 年，托马斯·金，出生于威尔特郡西阿什顿，因为担心无法被同侪认同而辍学；后来，他在科文特花园开了一家以他本人的名字命名的咖啡馆。"

汤姆死后，穆尔·金（即伊丽莎白·阿德金斯）成为咖啡馆的老板娘，她是个聪明人。她接手后，尽管店铺的环境只比原来的遮阳篷稍微好一点，但依旧门庭若市。"贵族和花花公子，"斯泰西说，"离开宫廷后，都佩剑并穿着有荷包的正式礼服，和有富丽织锦的丝质外套，去到她的店里，与各种各样的人一同漫步和交谈。她对所有顾客，包括清扫烟囱的工人、园丁、商人和上流阶层人士，都一视同仁。穿着华服的高瘦男士阿普利斯先生是她的常客，他被其他经常光顾咖啡馆的人称呼为卡德瓦拉德。"

穆尔·金经常因为经营所谓妨碍治安的咖啡馆而被罚款。经过很长的一段时间后，她从这一行——还有公开批评中——退休，前往亨普斯特德，在那里靠着非法所得维持生活。不过她在教堂认捐了一条长椅，也会在指定的时节做慈善。她于 1747 年过世。

广场咖啡馆。位于科文特花园广场东北角的广场咖啡馆似乎起源自麦克林恩；因为我们在 1756 年 3 月 5 日《大众咨询报》上看到一则广告："广场咖啡馆，就在科文特花园。"

谢立丹经常光顾广场咖啡馆，关于他在 1809 年德鲁里巷的剧院发生火灾时如何沉着冷静的著名逸事，在这家咖啡馆流传着。据说火灾发生时，他正坐在广场咖啡馆内享用着茶点饮料，他的一位朋友称赞他在面对不幸时能表现出哲学家般的冷静，谢立丹回答："一个人当然可以在自己的火炉边喝杯酒。"

谢立丹与约翰·坎贝尔经常一起在广场咖啡馆用餐，因为那里离剧院很近。在坎贝尔管理期间，谢立丹有机会提出抗议，为此坎贝尔"紧张兮兮"地给他写了一封信。谢立丹的回复十分有意思，他是这么写的："管理剧院是一件棘手的事情，这是我不想面对的，而且我以为你早就知道这一点。"随后谢立丹将坎贝尔的信件当作"一场神经紧张的溃逃"，不需要严肃地对待，因为明显是剧院的利益使他焦虑不安，同时还暗示坎贝尔过于敏感与保守。他如此总结道：

> 如果你感觉不顺心，且这并非源自你目前的棘手困境，选择不将其说出来是幼稚且怯懦的举动。我对你的态度是十分坦率的，因此有资格

要求你也该这么做。

　　但我发现情况并非如此。我将你的信函归咎于精神错乱，我认为不应该纵容这种行为。我嘱咐你，你明天 5 点在广场咖啡馆与我会面，而且要带上 4 瓶（而非 3 瓶）红葡萄酒（在你身体健康的情况下，或许会吝惜饮用），让你忘记你写过那封信，就像我也会忘记我曾经收到这样一封信一样。

R. B. 谢立丹

　　广场咖啡馆的正面和内部是哥特式风格。咖啡馆拆除后，原址上建造了一个以水晶宫模型为蓝本的花卉大厅。

　　查普特咖啡馆。查普特咖啡馆位于帕特诺思特路，是一处与文学相关的休闲场所，更特别的是，此地与 20 世纪的贤人会议有关。关于查普特有一件非常有趣的事情，是盖斯凯尔夫人在较晚期（1848 年）记录的。

　　哥德史密斯是查普特的常客，而且总是坐在同一个位子，而此地在之后的许多年，都是文学荣耀之地。现今还留存有查普特咖啡馆的皮制代币凭证。

　　柴尔德咖啡馆。位于圣保罗教堂庭院中的柴尔德咖啡馆是《旁观者》的派送点之一。艾迪生说："有时候，我会在柴尔德咖啡馆抽着烟斗，同时偷偷听着房间里每张桌子上的对话。"神职人员经常光顾这里；第 609 期《旁观者》指出了一位乡下绅士将所有戴着领巾的人都当作神学博士的谬误，因为只有极其重要的领巾才能使他"被老板娘和在柴尔德的少年冠以博士称号"。

　　柴尔德咖啡馆是米德博士以及其他成就显赫的人士常去的休闲场所。皇家学会的会员也会来这里。惠斯顿提到，有一次汉斯·斯隆爵士、哈雷博士和他在柴尔德咖啡馆时，哈雷博士问惠斯顿为何他不是皇家学会的会员，惠斯顿则回答，因为他们不敢选用一个异教徒。对此，哈雷博士说，如果汉斯·斯隆爵士提名他，也就是惠斯顿，他会支持的。

　　由于柴尔德咖啡馆靠近主教座堂及民法博士会馆，它成为神职人员的休闲场所和教士们的闲晃之处，就这个功能而言，柴尔德咖啡馆之后便被位于帕特诺思特路的查斯特咖啡馆取代。

伦敦咖啡馆。伦敦咖啡馆在 1731 年之前就已经创立，因为我们在以下广告中可以发现它的踪迹：

1731 年 5 月

鉴于咖啡馆和其他大众酒吧的惯例： 1/4 夸脱的亚力酒收费 8 先令，而 1 夸脱的白兰地或朗姆酒收费 6 先令，混合制成潘趣酒。本公告特此通知：

詹姆斯·阿什利的伦敦咖啡馆已经在拉德盖特山开张，这是一家潘趣酒馆、罗切斯特啤酒及威尔士麦芽啤酒仓库，最好的陈年亚力酒、朗姆酒，还有法国白兰地搭配其他最好的原料，在此被制成潘趣酒。即，1夸脱要制成潘趣酒的亚力酒价值 6 先令；因此按照最小分量的比例，也就是 1/8 夸脱来说，就是 4.5 便士。1 夸脱要制成潘趣酒的朗姆酒或白兰地要价 4 先令；因此按照最小分量的比例，也就是 1/8 夸脱来说，即 4.5便士；只要有 1 基尔的酒能制作完成并被取出，先生们就能喝到。

这个营业场所占据了一个罗马遗址；1800 年，在这间酒馆的后面、城墙的堡垒里，发现了一个纪念克劳迪娜·马丁娜的墓碑，是由她的丈夫（一位外乡的罗马士兵）设立的；人们还在这里发现了一座赫拉克勒斯雕像的碎片，以及一个女性雕像的头部。咖啡馆前方、紧邻圣马丁教堂的西侧则矗立着拉德盖特山。

伦敦咖啡馆以拍卖出版商库存及版权而出名。拍卖依照弗利特监狱管理章程举行；咖啡馆在拍卖举行的夜晚会被"封锁"，就和在老贝利街开庭的陪审团员无法达成一致的裁决结果时一样。这家咖啡馆长期由著名艺术家约翰·里奇的祖父及父亲经营。

多年以前，伦敦咖啡馆里发生了一件奇怪的事：地志学者布雷利先生参加在此处举办的一场派对，当时有名的男高音歌手布洛德赫斯特先生在演唱高音时，桌上的一个玻璃杯竟然破裂了，杯身与杯柄分离开来。

土耳其人头像招牌咖啡馆。从 1662 年一份由政府发行的周报《国家情报报》中，我们得知，一家以土耳其人头像做招牌的新咖啡馆开张了，那里出售"适合的咖啡粉"，每磅价格从 4 先令到 6 先令 8 便士不等；用研钵碾碎的价格是 2 先令；东印度群岛浆果，1 先令 6 便士；而彻底筛选过的真正土耳其浆果，3 先令。"未筛选过的价格较低，会附上使用说明。"

另外，巧克力的价格是每磅 2 先令 6 便士；有熏香的从 4 先令到 10 先令不等；"还有，在土耳其制作的果味粉，以柠檬、玫瑰和紫罗兰熏香；还有茶，价格取决于其营养成分。咖啡馆的印章刻的是穆拉德大帝。有教养的顾客和熟识之人会（在下一个新年元旦）被邀请到这家挂着那土耳其人标志的新咖啡馆来，在这里喝咖啡是免费的"。穆拉德在德莱顿的作品《王政复辟》中扮演暴君的角色。鲍福伊典藏中有一枚这家咖啡馆印有苏丹头像的代币。

在同一批藏品中的另一枚代币，有着不同寻常的优秀之处，它可能是约翰·罗蒂尔的作品。钱币的正面有"我召唤你，穆拉德伟大之人"的字样和苏丹头像；反面的文字为"在野外的，咖啡、烟草、果子露、茶、巧克力，于交易巷零售"，另有"由我所来之处，我将全部征服"的句子环绕于代币最外圈。

"茶这个字，"伯尔尼先生说，"除了在那些由土耳其人头像咖啡馆发行的代币上可见到，没有出现在其他于交易巷流通的任何代币上。"1662 年，一则该咖啡馆的广告中标示茶的价格为每磅 6 先令到 60 先令不等。

竞争随之出现！康斯坦丁·詹宁斯位于针线街、圣多福教堂正对面的店打出广告，宣传从他这里可以买到和任何地方一样价廉物美的咖啡、巧克力、果子露，以及茶与真正的土耳其浆果；而且人们可以免费在店里学到如何制备那传说中的汁液。

佩皮斯在他的日记中写道，1669 年 9 月 25 日，他点了"一杯茶，这是一种中式饮料，他以前从未品尝过"。阿林顿伯爵亨利·班奈特在约 1666 年时将茶介绍到王宫；在他的作品《查尔斯·塞德利爵士的桑园》中，我们读到："希望被视为时髦人士的人总是会在晚宴时饮用掺水的酒，随后再喝一碟茶。"这些细节都是从伯尔尼先生于 1855 年出版的《博福伊目录》第二版中摘录而来。

在苏荷区的爵禄街也有一家土耳其人头像咖啡馆，该处还创设了一个土耳其人头像协会；1777 年，吉本在给盖瑞克的信中写道："到了一年的此刻（8 月 14 日），土耳其人头像协会已经不能说是一个组织，大多数会员可能都已经分散了：亚当·斯密在苏格兰，伯克在比肯斯菲尔德的庇护之下；而福克斯，上帝或者恶魔才知道他在哪。"

在 1745 年叛乱期间，这里在某种意义上是忠诚联盟的总部。这里成立了"文学俱乐部"，以及一个以保护及促进艺术为目的而严格挑选成员的组织。1739—1769 年，另一个艺术家社团在圣马丁巷的圣彼得学院聚会。在持续数年的争吵后，主要的艺术家们在土耳其人头像咖啡馆会面，有许多人加入他们，并向国王（乔治三世）请愿成为皇家艺术学院的赞助人。国王陛下同意了这个请求；而新的社团在市场街对面的帕摩尔租了一个房间，并一直待在那里，直到 1771 年国王将旧萨默塞特宫的公寓赐予他们为止。

位于河岸街 142 号的土耳其人头像咖啡馆非常受欢迎，约翰逊博士及鲍斯韦尔经常在那里共进晚餐、同饮咖啡。鲍斯韦尔的作品《约翰逊传》中有几段记载：从 1763 年开始，"晚间，约翰逊先生和我在位于河岸街的土耳其人头像咖啡馆的一间私室中啜饮咖啡；'我支持这家咖啡馆，'他说，'因为这里的女主人是位优秀的公民，而且生意并不太好。'"另一段记载是："我们在土耳其人头像咖啡馆非常友好地结束了这一天。"1673 年 8 月 3 日，"在我动身前往外国前，我们在土耳其人头像咖啡馆举行了最后一次社交聚会"。

后来，这里改名为"土耳其人头像，加拿大与巴斯咖啡馆"，成了一间门庭若市的小酒馆兼饭店。1659 年，哈林顿创建了著名的罗塔俱乐部，他们会在土耳其人头像咖啡馆，或位于威斯敏斯特新宫殿围场的迈尔斯咖啡馆聚会；聚会场所有一张巨大的椭圆形桌子，中间有一条通道，可以从迈尔斯送来咖啡。

屠宰场咖啡馆。 在伦敦的街道被完整地铺设好很多年之前，"屠宰场咖啡馆"都被叫作"人行道上的咖啡馆"。老屠宰场咖啡馆除了是艺术家们的休闲场所，还是法国人的落脚处。

长久以来，圣马丁巷都是 18 世纪艺术家们的总部。"在本杰明·怀斯特的年代，"J. T. 史密斯说，"以及在皇家艺术学院组建之前，希腊街、圣马丁巷和爵禄街是他们唯一的聚集地。圣马丁巷的老屠宰场咖啡馆是他们晚上的重要休闲场所，而贺加斯是那里的常客。"贺加斯住在金头（Golden Head），莱斯特运动场的东侧，萨布隆涅尔饭店的北半边。他住所的"金头"标志是他自己用软木切割、粘贴并绑在一起，再放置在街门上的。在这个时期，年轻的本杰明·怀斯特住在位于科文特花园贝德福德街的家里，同时他在那里架设起他的画板；他于 1765 年在圣马丁教堂结婚。

鲁比里亚克早年经常出现在屠宰场咖啡馆；大约在获得爱德华·沃波尔爵士的赞助之前，这位年轻的纪念碑制作者在沃克斯豪尔花园捡到了一个装满钱的皮夹，他因将这个皮夹归还给其主人准男爵而获得了准男爵的资助。为了回报他的诚实和从实例中所展露出来的技艺，爱德华爵士承诺终生资助鲁比里亚克，并如实地履行了这个承诺。

年轻的庚斯博罗花了三年时间来揣摩圣马丁巷画家的作品，以欢快愉悦出名的海曼和奇普里亚尼也很有可能是屠宰场咖啡馆的常客。史密斯告诉我们，昆恩和海曼是形影不离的好友，他们经常到天明时才互相道别。

坎宁安先生在书中提到，"早年威尔基喜欢花很少的钱换一顿少量的晚餐。一位咖啡馆的常客曾告诉我，威尔基总是最后一位来吃晚餐的人，从未有人看过他在白天时到咖啡馆内用餐。事实上，他在家里埋头于他的艺术工作，直到白日最后一丝光亮消失为止"。

在海顿断断续续的职业生涯早期，他习惯在此地与威尔基一同用餐。在海顿 1808 年的《自传》中，他写道："我们生命中的这个时期是非常快乐的；终日画画，然后在老屠宰场用餐，随即前往学院，将傍晚的时间填满，8

点钟之后回家，边喝茶——那是一位勤奋用功之人的赐福——边讨论各自的功绩，比如他（威尔基）在忙些什么，以及我最近做了些什么。当时，我们为了缓和因连续工作 8 到 12 小时而疲乏的心灵，经常会做出一些离奇的荒诞行径。通常我们会为奇特的称呼撰写韵文，并在加上新一行诗的时候，大笑着对彼此喊叫。有时，在一顿丰盛的晚餐后，我们会懒洋洋地在德鲁里巷或科文特花园附近闲逛，犹豫着要不要走进店内。通常我（如果一开始就知道那里没有什么我想看的）会假装拥有一项实际上并没有的长处，占据道德优势，即为了我们的艺术和责任，对威尔基无法抗拒如此诱惑的弱点说教，并在他期待去欣赏鹅妈妈的时候，逼迫他去用功念书。"

J. T. 史密斯提到，老屠宰场咖啡馆"曾经是蒲柏、德莱顿以及其他智者的会面地点，并是当代著名的聪明人经常光顾的地方"。

在那边的是建筑师韦尔。在还是个病恹恹的小男孩时，韦尔给一位烟囱清扫工人当学徒。有一次，他在白厅面对街道的门面用粉笔涂鸦时，被一位绅士看见，并付钱买下他剩下的时间；随后，这位绅士将他送去意大利，并在他回国后雇用了他，同时将他以建筑师的身份介绍给他的朋友们。这个故事是韦尔坐在那里，为他的半身像给鲁比里亚克摆姿势的时候说起的。韦尔建造了柴斯特菲尔德故居以及其他几个贵族宅邸，并以对开本形式，汇编了一本意大利建筑师帕拉底奥的书，直到去世的那一天，煤灰都依然存留在他的身体内。他与鲁比里亚克十分亲近，而鲁比里亚克是老屠宰场咖啡馆东侧对面的邻居。

另一位与韦尔竞争设计及建造黑衣修士桥的建筑师关恩，也是经常光顾老屠宰场咖啡馆的客人之一；格拉维洛也是常客，他在河岸街、几乎是南安普敦街正对面经营一家绘画学校。

绘制《业余者肖像》的哈德逊、美柔汀版画雕刻家 M. 阿德尔以及贺加斯作品《卫兵行进》的雕刻师卢克·沙利文，也经常光临老屠宰场咖啡馆；肖像画家西奥多·加德尔也是咖啡馆的常客，他因谋杀他的女房东而遭到处决；同样经常光顾这里的，还有在彼得学院经营一所艺术学校的老莫瑟。

威尔士竖琴演奏家帕里尽管双眼全盲，却是英国最早的西洋棋玩家之一。他有时会和老屠宰场咖啡馆的常客一起下棋；而由于赌注的关系，鲁比里亚克介绍纳撒尼尔·史密斯（约翰·托马斯之父）过来和帕里下棋。棋局持续了大约半小时，帕里相当激动，史密斯做出让步；但由于牵涉到赌注，棋局仍继续到结束，而赢家是史密斯。这场胜利为史密斯带来无数的挑战，而位于圣马丁巷，在教堂正对面、由唐所经营的谷仓酒吧邀请他成为会员，不过史密斯婉拒了这个提议。多年来，著名的国际象棋和西洋棋的棋手都经常光顾谷仓酒吧，他们在那里为最高等级的棋手之间的棋局做出裁决。

希腊人咖啡馆。位于河岸街戴维鲁短巷的希腊人咖啡馆（于 1843 年停业）之名，由经营针线街君士坦丁咖啡馆的希腊人而来。在《闲谈者》的公告中，所有关于学习的报道都将"归类在希腊人标题下"；同时在第 6 期《闲谈者》中："尽管城里其他区域都被目前（马尔伯勒）的活动所娱乐，我们通常会在这张桌子（在希腊人咖啡馆）消磨傍晚的时间，探询调查古代遗物，并思考能带给我们新知的任何新鲜事。因此，我们将荷马的《伊利亚特》中的情节写进期刊中，为我们自己制造了愉快的消遣。"

此外，《旁观者》的记者在希腊人咖啡馆——一家"游走在法律边缘的"咖啡馆——是为人熟知的。

有时候，希腊人咖啡馆会成为学术讨论的背景地点。金博士讲述了这样一个故事：某个傍晚，两位熟识的绅士在此地因某个希腊单词的发音而发生争执。这场争执非常激烈，导致这两个人决定用手上的剑来决一胜负。于是他们走出咖啡馆，来到戴维鲁短巷内，最后其中一位（金博士认为他的名字是费兹杰罗）被刺穿身体，当场死亡。

希腊人咖啡馆是富迪的晨间会客室。此地对年轻的圣殿骑士哥德史密斯来说也十分便利，而咖啡馆内经常回荡着奥利弗喧闹的欢笑声；因为"这里已经成为爱尔兰和兰开夏的圣殿骑士们最喜爱的休闲场所，在这里，他喜爱的人聚集围绕在他身边，以 1 杯甘露酒和朴实无华的殷勤款待作为娱乐，偶尔吹奏长笛或者玩玩惠斯特纸牌——虽然这两项他都不太擅长"。哥德史密斯偶尔会在这里享用晚餐，完成他的作品《制鞋匠的假期》。

弗利特伍德·谢泼德就是在希腊人咖啡馆告诉坦克雷德·罗宾逊博士以下这个令人难忘的故事，罗宾逊博士之后又允许理查德森转述给其他人听："多塞特伯爵当时在小不列颠搜寻着合他口味的书籍，他后来找到了一本《失乐园》。偶然读到的几段话使他感到惊讶与沉迷，因此他买下了这本书；书商乞求他帮忙说说好话，因为这些书像废纸一样在他手中躺了两年了……谢泼德也在现场。伯爵将书带回家，读完它，并将它送给德莱顿，德莱顿没多久就把书还回来了。'这位仁兄，'德莱顿说，'把我们和年高德劭的人全都打败了。'"

乔治咖啡馆。位于河岸街 213 号，靠近圣堂酒吧，是 18 世纪和 19 世纪时的著名休闲场所。在它还是间咖啡馆的时候，某天，詹姆斯·洛瑟爵士走进店中，他和咖啡女侍兑换了 1 块银币，花 2 便士买了 1 杯咖啡，然后被搀扶着——基于他的跛脚和衰弱的身体——登上他的双轮马车，回到了家中。过了一会儿，他又来到那家咖啡馆，告诉咖啡馆的女主人，她给了他半枚劣质的便士，他要求换成另 1 枚钱币。詹姆斯爵士的年俸大约有 4000 英镑。

"在小旅馆受到最热烈的欢迎"的尚斯顿发现乔治咖啡馆是个经济实惠的地方。"你们这些爱刺探每件事情的人，"他写道，"认为我的必要支出是多少？哎呀，其实只有 1 先令。我的朋友们去乔治咖啡馆，在那里，我只要付不到 3 先令，就可以阅读所有的小册子；而确实，任何更大尺寸的册子都不适合在咖啡馆里翻阅细读。"

尚斯顿说，牛津伯爵在乔治咖啡馆时，一群乌合之众拿着爵爷阁下的肖像画走进他与其他人所在的包厢，只是为了请求他施舍一些金钱。霍勒斯·沃波尔反驳了这个说法，并补充说，他猜测尚斯顿以为牛津伯爵去咖啡馆是为了获取新闻。

阿瑟·墨菲经常光顾乔治咖啡馆，"城里的智者每天傍晚都在那里聚会"。法律系学生洛依德吟唱道：

借着法律，

让其他人为获得声望而努力！

弗洛里奥是一位绅士，

一位世故活跃的人。

他既不向客户献殷勤，

也不触犯相关的法律，

从南多咖啡馆急匆匆地赶到科文特花园。

然而，

他是一位学者；

在剧场正厅后方的座位将他标志，

伴随着评论家尖锐的嘘声，

同时响起智能的停止讯号！

他在乔治咖啡馆里地位显赫，

他在人群中慷慨陈词，

风格的审查员，从悲剧到歌谣。

珀西咖啡馆。牛津街拉斯伯尔尼广场的珀西咖啡馆已经不复存在；但它因将名字赋予同类型中最受欢迎的书籍（《珀西轶事》，由班格山班乃迪克修道院的肖尔托·珀西与鲁班·珀西兄弟所创作）而被人们铭记。

这本书分为 44 个部分，从 1820 年开始创作。据说书的扉页上的姓名和地点是虚构的。鲁班·珀西就是于 1824 年去世的托马斯·拜利，他是约翰·拜利爵士的兄弟，也是约翰·利伯德于 1822 年开创的《镜报》的第一任编辑。至于肖尔托·珀西，则是于 1852 年过世的约瑟夫·克林顿·罗伯森，他是《大众机械》杂志的创始人，他直到去世都是这本杂志的编辑。

《珀西轶事》的书名，并非如当时的人们所认为的那样，来自受欢迎的《珀西遗物》，而是来自珀西咖啡馆。拜利和罗伯森经常在珀西咖啡馆见面，并讨论他们合作的作品。然而，理查德·菲利普斯爵士声称，创作这本书是他的主意，他坚称这本书源自他向蒂洛奇博士和梅恩先生所提出的建议，即从蒂洛奇博士担任编辑、拜利先生担任助理编辑的《星报》中摘录逸事趣闻。不过，理查德爵士质疑，若有人仔细探查《珀西轶事》，便会发现是助理编辑偷听到这个建议。他们大获成功，并且因为这部作品赚了一大笔钱。

皮尔咖啡馆。在费特巷东方角落，舰队街 177 号及 178 号的皮尔咖啡馆是约翰逊流派年代的咖啡馆之一；同时，此处长期保存着一幅绘制在壁炉架楔石上的约翰逊博士的肖像，据说这幅肖像是由乔舒亚·雷诺兹爵士绘制的。皮尔咖啡馆因存有以下这些日期的报纸而闻名：《公报》，1759 年；《时报》，1780 年；《晨报》，1773 年；《晨间邮报》，1773 年；《晨锋报》，1784 年；《广告人早报》，1794 年；还有从他们开业以来的晚报。这间咖啡馆如今是一间小酒馆。

咖啡文献资料及典范

本书提及的文学作品并非完整的参考书目，若要将报纸及期刊中所有与咖啡相关的诗歌、传奇故事、历史、化学及生理学效应有关的文章全部收录，就需要两倍的篇幅。参考书目中只包括了早期的作品，以及最近三个世纪以来更为值得注意的稿件，不过这足以让读者对大体进展的脉络进行分析。

针对咖啡文献的研究显示，法国人确实使咖啡这种饮料国际化了。英国人和意大利人紧随其后。随着报纸的出现，咖啡开始遭受来自竞争者的困扰。

现代生活的错综复杂表明，完美咖啡饮用方式、咖啡美学以及一种新的咖啡文学可能再一次成为少部分社会阶层的消遣娱乐。难道生命中真正的乐趣、真正值得的事物，都属于那些有效率的人？谁说的？难道不是我们中的某些人——尤其是美国人，宁愿美化工作信条到如此崇高的地步，以至于我们正面临失去理解或享受任何其他事物的能力吗？

即便如此，咖啡，已被公认为最令人愉快的帮助人体运转的润滑剂，注定要在我们的生活中扮演一种越来越重要的角色。但是它的作用不止于此。

当生活单调的时候，它会带走生命中的灰暗；当生活令人悲哀的时候，它为我们带来抚慰；当生活乏味且令人生厌的时候，它为我们带来全新的灵感；当我们感到疲倦、厌烦的时候，它为我们带来安慰与有效的激励。

咖啡的魅力，在于它会吸引我们更纤细的情感；那是所有人追寻的、长久而甜美的幸福。这将带领我们这庞大、忙乱的美国当中的一部分人，踏上充满灵感与魅力的道路。那可能不是一间与早期咖啡馆有任何相似之处的场所，但或许会是某种现代化的咖啡俱乐部。有何不可呢？

第二十一章

与咖啡有关的美学创作

咖啡是美国流行歌曲发源地锡盘街灵感的重要来源。最早有被数部时事讽刺剧采用的《1杯咖啡、1份三明治和你》。《你是我咖啡上的奶油》则是音乐喜剧《抓住一切！》的主题曲……而《一切尽在一杯咖啡中》是一则用音乐讲述生活中的小小悲喜剧如何与我们的国民饮料有所联结的故事。

咖啡启发了许多诗人、音乐家和画家的想象力。在17世纪与18世纪，那些具有美术天赋的人，似乎都拜倒在它的魔咒之下，创作出大量流传后世的伟大作品。我们要特别感谢那个年代的画家、雕刻师和讽刺画家，为促进我们对早期咖啡习俗和礼仪知识的理解提供了大量图像。

艺术品中的咖啡

荷兰风俗画画家兼蚀刻师阿德里安·范·奥斯塔德（1610—1685）是弗兰斯·哈尔斯的学徒，在他的画作《荷兰咖啡馆》（1650年）中展示了此时期西欧咖啡馆的起源，当时它仍带有小酒馆的性质及特征。

前景的一群人正享用着咖啡服务。据信这是现存最古老的咖啡馆图像，下文的插图是 J. 博瓦莱特制作的仿照蚀刻画，被收藏在慕尼黑的平面艺术藏品中。

著名的英国画家兼雕刻师威廉·贺加斯（1697—1764）擅长讽刺画，他

荷兰的一家咖啡馆，大约在1650年。阿德里安·范·奥斯塔德的画作（据说是欧洲最早的咖啡馆画作），由J.博瓦莱特仿照制作的蚀刻画翻摄。

选择了当时的咖啡馆作为许多社会讽刺画的背景。

贺加斯的系列绘画作品《一日四时》中的《早晨》，生动地描绘了1738年伦敦的街头生活，从圣保罗教堂上的钟可知，我们看到的是早上7点55分的科文特花园。

据说此画作的灵感来源于艺术家本人过去的一段关系中，将他从遗嘱中剔除的一位拘谨的未婚女士。她在晨间礼拜结束后走在回家的路上，身旁跟着一名瑟瑟发抖的小男孩，她对画面右侧声名狼藉的汤姆咖啡馆前某些男子醉酒喧闹的场面感到震惊与反感。

这些花花公子正将注意力集中在前景中漂亮的市集女子身上。在开创他不光彩的事业之前，汤姆·金曾是伊顿公学的学生。在这幅画作绘制的时期，据信他的事业已经被同样名声不佳的未亡人穆尔·金所继承。

在贺加斯创作的《浪子生涯》（下文图）中，第六幅画的背景是怀特巧克力（咖啡）馆的俱乐部——斯威夫特博士形容此处为"声名狼藉的骗子赌棍和贵族傻蛋们常去的聚会地点"。浪子失去了他最近获得的所有财富，在突然爆发的一阵暴怒与诅咒中扯下了他的假发，并朝着地面扑去。1733年，怀特咖啡馆遭到焚毁，火舌突然由薄墙上喷涌而出，但全神贯注的赌徒们并未注意到身后已经燃起了熊熊大火，甚至连看守人大喊"起火了！"的时候也一样。

画面左侧坐着一名拦路强盗，他外套下摆的口袋里装着一把马枪和黑色的面具。他沉浸在自己的思绪中，并未注意到他旁边的男孩正把放在托盘上的一杯酒端给他。

科文特花园的汤姆·金咖啡馆，1738年。翻摄自威廉·贺加斯的系列画作，《一日四时》。

在怀特咖啡馆的俱乐部中，
1733 年。翻摄自由威廉·贺
加斯所绘制的系列作品——
《浪子生涯》。

这一场景很好地描绘了怀特咖啡馆中的下层阶级。这让人想起一小段法库尔的《博客斯的策略》（第三幕，第二场）中的对话：艾姆威尔对拦路强盗吉彼特说："请告诉我，先生，我是不是曾在威尔咖啡馆见过你？""是的，先生，是在怀特咖啡馆。"这名拦路强盗回答。

火灾过后，俱乐部和巧克力馆都迁移到了龚特咖啡馆。迁移启事在 5 月 3 日的《每日邮报》上如此宣布：

> 敬告所有贵族与绅士，阿瑟先生在怀特巧克力馆不幸被焚毁之后，将搬迁到圣詹姆斯街、圣詹姆斯咖啡馆隔壁的龚特咖啡馆，他谦恭地恳求朋友们能够一如既往地支持他的店。

意大利画家兼雕刻师亚历山德罗·朗吉（1733—1813）被称为"威尼斯的贺加斯"，他在一幅作品中揭露威尼斯衰微年代的生活和风俗习惯，画中展现的是剧作家哥尔多尼造访那个时期的一家咖啡厅，还有一个正在乞求施舍的女乞丐。

巴黎卢浮宫里悬挂着一幅由路易十五时期著名的宫廷画师弗朗索瓦·布歇（1703—1770）绘制的《早餐》。画中显示的是 1744 年的一间法式早餐屋，有趣的地方是因为它表明咖啡已经被引进一般家庭中，也展示了当时的咖啡服务。

在范卢为路易十五的第二情妇兼政治顾问蓬巴杜夫人绘制的肖像画中，出现了 18 世纪较晚期的咖啡服务形态。可以看出，努比亚仆役将小杯黑咖啡呈给侯爵夫人时，用的是当时流行的有盖东方风格咖啡壶，传承自阿拉伯 - 土耳其烧水壶的有盖东方风格壶。

咖啡与杜巴利伯爵夫人启发了一幅著名画作——《被深爱者》，画作的灵感来源于这位在路易十五的感情之路上成为蓬巴杜夫人后继者的女性。这幅画作的名字是《凡尔赛的杜巴利夫人》，同时，在凡尔赛目录中，它被描述为由德克勒兹仿照德鲁耶手法所绘制。德克勒兹是格罗的学徒之一，在凡尔赛

布歇所绘《早餐》，展示了 1744 年时一般家庭的咖啡服务。

蓬巴杜夫人中的咖啡服务——由范卢绘制。

绘制了许多历史肖像画。

马尔科姆·查尔斯·萨拉曼在他的著作《18世纪的法国彩绘》中提到，达戈蒂在1771年完成这幅画作的复制品，书中说："原版画作的作者被认为是法兰斯瓦·休贝特·德鲁耶，但原始的肖像画技法出自雕刻师（达戈蒂）之手是没有什么疑问的，因为那风格远逊于德鲁耶。"

杜巴利伯爵夫人和她的奴隶侍童札穆尔——由德克勒兹绘制。

他如此形容：

　　我们可以看见路易十五最后的情妇坐在她那位于路维希恩、靠近马里森林的迷人寓所中的卧房内，她正从她所豢养的侍者——小黑人男孩札穆尔的手中接过咖啡。札穆尔这个名字是孔蒂亲王起的，意思是所有穿红戴金的勇士。

　　无疑地，她正在等待国王早上的造访。国王如今不再是英俊年少的时髦男士，眼神已然晦暗无光、脸颊浮肿；而或许就是在这个特定的早晨，她会用甜言蜜语哄骗路易，在一时放肆地玩笑揶揄时，让他指派那黑人男孩成为有着丰厚薪水的城堡及路维希恩楼阁的总管，就如同，在另外一天，她开玩笑地打趣那疲倦不堪的老色鬼，哄着他为给她烹调精美餐点的大厨授勋，随后得意扬扬地向他揭露，他刚才用极大的热情、津津有味享用的态度表达赞赏的晚餐其实是一位女性厨师的杰作，这个可能性曾被他心怀轻蔑地怀疑过。

　　但当我们观察这名皇家情妇与她的小黑人宠儿时，我们忘记了那"被深爱者"与他骄奢淫逸的享乐与放纵，因为我们在阴暗处看见另一幅景象——大约20多年后，在那傲慢、不知羞耻的美人站在那令人恐惧的法官席前的同时，札穆尔，那忘恩负义的不忠黑人，被从路维希恩解雇，而且现在全心全意在公共安全委员会服务，同时是她很难宽恕的原告，将她在尖叫声中送上断头台。

咖啡馆被引进欧洲，被风俗画画家、维也纳学院的学徒法蓝斯·沙姆斯提在一幅被提名为《维也纳第一家咖啡馆》（1684年）的美丽图画给记录下来，这幅画为奥地利艺术协会所拥有。一份平版印刷的复制品由法蓝斯·沙姆斯提自己制作，并由维也纳的约瑟夫·斯托夫斯印制。美国有数份复制品样本。

画中显示的是蓝瓶子的内部情景，这是维也纳的第一家咖啡馆，由哥辛斯基所开设。这位英雄店主站在前景中，从一个东方式咖啡壶中将咖啡倒出

法蓝斯·沙姆斯提的《维也纳第一家咖啡馆》。

来，另一个咖啡壶则由咖啡店的招牌悬垂下来，挂在壁炉上方。在火炉的壁龛中，有一名女性正用研钵碾碎咖啡。穿着那个时代服装的男男女女聚在此处，由一位维也纳年轻女孩负责供应咖啡。

画家马里哈特、德斯坎普斯和德图尼曼都描绘过咖啡厅场景：马里哈特是在他的作品《在叙利亚道路上的咖啡馆》中描绘，这幅画在1844年于沙龙画展中展示；德斯坎普斯是在他的《图尔咖啡馆》中描绘，该作品在1855年于世界博览会崭露头角；德图尼曼则是在他的《小亚细亚咖啡馆》中描绘，这幅画在1859年的沙龙画展中获得赞誉，并在1867年的世界博览会上引起了人们的注意。

一片由S.马兹罗勒为巴黎歌剧院自助餐厅设计的装饰镶板，在1878年的世界博览会上展出。法国艺术家雅克昆德曾绘制了两幅迷人的

《杜塞朵夫》。翻摄自彼得·菲利普斯的画作。

《咖啡前来帮助缪斯》。翻摄自鲁菲欧的画作。

《开罗咖啡馆》，由让·莱昂·杰罗姆绘制，收藏于纽约大都会博物馆。

作品；一幅描绘的是一间阅览室，另一幅则描绘的是一间咖啡厅的内部情景。

许多德国艺术家在画作中展示了咖啡礼仪和习俗，这些作品现在都悬挂在欧洲知名的艺廊中。其中特别值得一提的有：C. 舒密特的《贾斯提在柏林的甜品店》，1845 年；米尔德的《咖啡桌旁的巴斯特·罗腾堡及其家人》，1833 年；还有他的《下午茶桌边的克莱森经理及其家人》，1840 年；阿道夫·门泽尔的《巴黎林荫大道咖啡厅》，1870 年；雨果·梅斯的《在咖啡桌边的周六午后》；约翰·菲利普的《拿着咖啡杯的老妇人》；弗里德里希·沃勒的《慕尼黑王宫花园中的午后咖啡》；保罗·梅耶海姆的《东方咖啡馆》；彼得·菲利普斯的《杜塞朵夫》。1881 年的沙龙美术博览会中，展示了 P. A. 鲁菲欧的画作《咖啡前来帮助缪斯》，其中出现了一种形式更为雅致的东方大口水壶。至于《开罗咖啡馆》，是一幅由让·莱昂·杰罗姆（1824—1904）绘制的油画，悬挂于纽约市的大都会艺术博物馆中，受到了许多的赞赏。画作显示了一家典型东方咖啡馆的内部情景，画面左侧有两名接近火炉的男性正在准备咖啡饮料；一名男子坐在柳条编织的篮子上，正要开始抽水烟筒；一位托钵僧在跳舞；背景里还有几个人靠墙坐着。

1907年时，纽约历史学会由玛格丽特·A.英格拉罕小姐处获得一幅油画《唐提咖啡馆》。这幅画是弗朗西斯·盖伊于费城绘制的，并且在获得约翰·亚当斯总统的赞赏后，于一场慈善抽奖活动中售出。画中显示的是1796年到1800年间的下华尔街，画作中的唐提咖啡馆位于华尔街与水街的西北角，此位置原是另一间更为著名的咖啡馆——商人咖啡馆——的旧址，它后来搬到对角线对面街区前的位置。

查尔斯·格鲁佩（1825—1870）的画作展现了"华盛顿于商人咖啡馆接受纽约市及州政府官员正式欢迎"的场景，时间是1789年4月23日，他正式成为第一任美国总统的就职典礼前一周，这是一幅色彩丰富的油画，因画

《咖啡馆里的疯狗》——罗兰森绘制的讽刺画。

中的氛围和历史联结的关系而备受赞誉。这幅画是本书作者的财产。

每个国家的艺术博物馆和图书馆都收藏了许多美丽的水彩画、雕刻版画、版画、素描和平版印刷品，这些作品的创作者都从咖啡中获得了灵感。由于篇幅所限，在此仅提及其中的少数。

托马斯·H. 谢泼德保存了一幅绘有巴顿咖啡馆的水彩画，创作时间是1857 年，画中描绘的是位于科文特花园大罗素街上的加勒多尼咖啡馆；1857 年还诞生过一幅画是绘制了位于科文特花园大罗素街 17 号的汤姆咖啡馆；1841 年则有一幅画绘制了位于圣马丁巷的屠宰场咖啡馆；此外，还有 1857 年绘制作品的，由艾迪生放置在巴顿咖啡馆的狮头，这个狮头后来归属于沃本的贝德福德公爵。

山姆·爱尔兰收藏了几幅贺加斯的作品，以描绘 1730 年巴顿咖啡馆常客的素描原稿为代表。

伟大的英国讽刺画家兼插图画家托马斯·罗兰森（1756—1827），创作了几幅描绘英国咖啡馆生活的精细画作。他的作品《咖啡馆里的疯狗》刻画了一个生动的场景；而他的水彩作品《法式咖啡馆》则是我们所拥有的描绘 18世纪后半叶伦敦法式咖啡馆最好的画作之一。

在 1814 年法国战役期间，某日拿破仑匿名前来参加一次长老会教务评议会，虔诚的教区修士正安静地转动他手中的咖啡烘焙器。皇帝问他："你在做什么，神父？""陛下，"修士回答，"我做的事和您做的一样。我正在焚烧殖民地的炮灰。"沙莱（1792—1845）根据此事制作了一幅平版印刷作品。

一些法国诗人兼音乐家将对咖啡的称颂诉诸音乐。布列塔尼也有颂赞咖啡的歌曲，就和法国其他省份一样。有许多叙事诗、狂想曲及康塔塔等，甚至还有一出由梅尔哈特创作、德菲斯谱曲的歌剧，剧名是"Le Café du Roi"，1861 年 11 月 16 日在利里克剧院演出。

为了向咖啡表达敬意，富泽利写了一出康塔塔，由伯尼为其配乐。以下是诗人之歌的主题：

《拿破仑与教区牧师》——沙莱制作的平版印刷。

啊，咖啡，

是什么样至今未知的地带，

无视汝之蒸汽启发的澄澈火焰！

汝之言有重大意义，

在汝广大的帝国，

那不被酒神狄奥尼索斯所承认的疆域。

那让我的灵魂充满喜悦的汁液，

汝迷人之处在于使生命相信快乐时光，

凭借汝带来幸运的协助，

我们甚至能征服睡眠，

汝拯救那本应为睡眠剥夺的夜晚时光。

那将我灵魂充满喜悦的汁液，

汝之迷人之处在于使生命相信快乐时光。

噢，我深爱的汁液，

深褐色的狂欢蒸汽，

甚至让高高在上的诸神，

追逐这餐桌上的琼浆。

为汝开启无情战端，

因那不忠的狡猾汁液。

噢，我深爱的汁液，

深褐色的狂欢蒸汽，

甚至让高高在上的诸神，

追逐这餐桌上的琼浆。

在咖啡馆刚开始在巴黎流行的那段时期，诞生了一首名为《咖啡》的香颂，由音乐学院的和声学教授 M. H. 科利特谱曲，并以钢琴伴奏。这首香颂被以公告的形式印刷并在咖啡厅展示，它获得了警察队长德·沃耶·达根森的签名核准。这首诗作并非毫无缺陷：它几乎无法被认可为当代任何一位颇负盛名的诗人的作品，反而更像是出自一位用各式各样主题大量写作的波希米亚打油诗人之手。

它是关于咖啡特质及制作咖啡最佳方法理论的产物。

有趣的是，广告宣传在 1711 年的巴黎就已经被知晓且受到重视，因为香颂中提到了一位名叫维兰的商人，他的店铺在伦巴底街。这一节诗文的内容如下：

咖啡——一首香颂

若你有着无忧无虑的心灵，

它将日益繁盛兴旺，

让一周当中的每一天，

都有咖啡在你的托盘上出现。

它将保护你的身躯免于任何疾病，

它将那些疾病赶得远远的，啦！啦！

那偏头痛和可怕的黏膜炎——哈！哈！

沉闷的伤风和瞌睡。

咖啡音乐——如果你能够接受这个说法，最出名的作品就是德国管风琴演奏家兼 18 世纪前半叶最时髦作曲家约翰·塞巴斯蒂安·巴赫（1685—1750）的《咖啡康塔塔》。

巴赫以圣歌颂扬德国新教徒的虔诚情操，而在他的《咖啡康塔塔》中，他用音乐讲述了妇女对于"针对咖啡这种饮料的诋毁诽谤"的抗议。在当时，新教徒于德国敦促禁止妇女饮用咖啡，说它会导致不孕！后来，政府颁布了诸多令人讨厌的禁令，限制咖啡的生产、销售和饮用。

巴赫的《咖啡康塔塔》是《世俗康塔塔》第 211 号，在 1732 年于莱比锡出版。德文名是"Schweigt stille，plaudert nicht"（《安静，别说话》）。这部康塔塔是为女高音、男高音、男低音独唱及管弦乐团写的。巴赫用皮坎德的一首诗作为康塔塔的歌词。

康塔塔其实是一种独幕轻歌剧，以诙谐演出的方式，描绘了一位严格的父亲阻止他女儿养成喝咖啡的习惯。很少人认为巴赫是一位幽默作家；不过，《咖啡康塔塔》的音乐带有滑稽地模仿英雄风格的倾向，宣叙调和咏叹调都带着愉快的韵味，暗示着剧中主人翁的所作所为。

剧中，父亲 Schlendrian（意喻"困于泥淖"）——笨伯，尝试了各种威胁的方法，想劝阻他的女儿不要沉迷在这种新的恶习中，最后借由威胁让她失去丈夫而获得了成功。不过他的胜利只是暂时的。当母亲和祖母也沉溺于咖啡时，终曲的三重唱问道：谁能责怪这女儿呢？

巴赫使用的拼写是 coffee，而非 kaffee。1921 年 12 月 8 日，纽约市一场由维也纳音乐之友协会举办的演奏会上演唱了这出康塔塔，由阿瑟·博丹茨基指挥演出。

剧中的女儿有一段吸引人的咏叹调，开头唱道："啊，如此甜美的咖啡！比一千个吻还要令人愉快，比麝香葡萄酒更甜美！"

正文并不长，在此将它完整摘录下来，内容如下：

角色列表

报信者与旁白：男高音

笨伯：男低音

贝蒂，笨伯之女：女高音

男高音（宣叙调）：安静，别说话，但注意即将发生的事！老笨伯带着他的女儿贝蒂来了。他像一只粗鄙的熊一样嘟嘟囔囔——听听他在说些什么。

（笨伯一边进场，一边抱怨）：孩子是多么令人烦恼的存在！他们有千百种捣蛋的方法！我对女儿贝蒂说话还不如去对着月亮说！

（贝蒂进场。）

笨伯（宣叙调）：你这个淘气的孩子，你这个调皮的女孩，噢，你什么时候才能听我的——戒掉咖啡！

贝蒂：亲爱的爸爸，请不要这么严厉！如果我一天不喝 3 小杯黑咖啡，就跟一块干巴巴的烤羊肉没什么两样！

贝蒂（咏叹调）：啊！如此甜美的咖啡！比一千个吻还要令人愉快，比麝香葡萄酒更甜美！我不能没有咖啡，如果有任何人想让我开心，让他给我——来杯咖啡吧！

笨伯（宣叙调）：如果你不愿放弃咖啡，年轻的小姐，我就不让你参加任何婚宴，我甚至不会让你出门散步！

贝蒂：噢……拜托，给我来杯咖啡吧！

笨伯：你这个胡闹的小家伙，无论如何！我不会让你有任何一条当今流行的鲸骨骨裙！

贝蒂：噢，这很容易解决！

笨伯：可我也不会让你站在窗前看最新的流行款式！

贝蒂：那对我也不会造成困扰。但发发善心，让我喝杯咖啡吧！

笨伯：可你不会从我手中拿到银色或金色的缎带发饰！

贝蒂：噢……好吧！我对现在拥有的就已经很满意了！

笨伯：贝蒂你这个小坏蛋，你！你就不能对我服软吗？

笨伯（做作地）：噢，这些小女孩！她们也太顽固了！不过如果你抓住她们的软肋，或许可以成功！

笨伯：（宣叙调，带着一副这回一定势在必得的神态）现在听你父亲的话。

贝蒂：任何事，除了咖啡以外。

笨伯：那好吧，看来你已经下定决心不要丈夫了。

贝蒂：噢！什么？老爸，丈夫？

笨伯：我跟你保证，你不会有丈夫！

贝蒂：直到我放弃咖啡吗？噢，好吧，咖啡，就让它随风而去吧！亲爱的好爸爸，我不会再喝了——一滴也不喝！

笨伯：那么你就能有个如意郎君！

贝蒂（咏叹调）：今天，亲爱的老爸，今天就帮我找个老公吧。（笨伯离开下场）啊，一个如意郎君！这的确是最适合我的！在他们知道我一定得喝咖啡时，哎呀，今晚我上床睡觉前就能有个英勇的爱人啦！（离场）

男高音（宣叙调）：现在赶紧出门物色佳婿吧，老笨伯，看看他怎么帮女儿找到一个如意郎君——因为贝蒂已经偷偷告诉他："除非他能够保证，而且在婚姻契约里写清楚，允许我在任何时候喝咖啡，否则我不会让任何追求者上门！"（笨伯与贝蒂进场，与男高音合唱）

三重唱：猫咪不会放过老鼠，女仆们继续说着"咖啡好姐妹"——

当妈的热爱咖啡，当祖母的也是个咖啡狂，现在谁能怪当女儿的！

1925 年，英国国家歌剧院公司在英国利兹演出了巴赫《咖啡康塔塔》的独幕歌剧版本，剧名是《咖啡与丘比特》，由桑福德－泰瑞翻译及改编，由珀西·皮特编曲的音乐合并了耳熟能详的《咖啡康塔塔》以及由巴赫世俗作品中挑选出的其他选曲。

在原版作品中，贝蒂为了幸福的婚姻放弃了咖啡。但桑福德－泰瑞先生在诠释作曲家附加的乐章时，让情节有了更进一步的发展：这位小姐表面上屈从父亲并签署了一份婚姻契约，让笨伯愚蠢地以为自己胜利了并因此而自满，但一旦贝蒂确认爱神的来临，她便着手准备让她的父亲和婚宴宾客知道，她打算一如既往地喝咖啡。在让笨伯彻底崩溃的情况下，咖啡被传递给前来的宾客。他在盛怒之下将假发砸向装着咖啡杯的托盘，并且将它扔在地上；而我们最后看见的画面，则是这位专制的父亲不知所措地站在他憎恶的饮料中。

危地马拉带给我们一首发源自阿尔坎塔拉、名为《咖啡花朵》的华尔兹。

咖啡是美国流行歌曲发源地锡盘街灵感的重要来源。最早有被数部时事讽刺剧采用的《1 杯咖啡、1 份三明治和你》。《你是我咖啡上的奶油》则是音乐喜剧《抓住一切！》的主题曲；欧文·柏林的《让我们再来杯咖啡吧》风靡全国；《早晨的咖啡与夜晚的吻》则是成功的电影主题曲；而《一切尽在一杯咖啡中》是一则用音乐讲述生活中的小小悲喜剧如何与我们的国民饮料有所联结的故事。

研究人员只发现了一件与咖啡相关

维也纳的哥辛斯基塑像。

的雕塑作品——奥地利英雄哥辛斯基的雕像，他是维也纳咖啡馆的守护神。这座雕像设立在法沃莱特街角一栋两层楼房上，是维也纳咖啡师联合工会为纪念哥辛斯基而建造的。这位伟大的"兄弟之心"雕像的姿势是他正将咖啡从一个东方式咖啡供应壶倒入托盘上的杯中。

供应咖啡的美丽艺术样本

远近驰名的佩德罗基咖啡馆，是 19 世纪初期意大利城市帕多瓦的生活中心，也是意大利最美丽的建筑物之一，建筑的用途一眼就能看出来。

这间咖啡馆于 1816 年开始动工，1831 年 6 月 9 日开幕，并且在 1842 年

全世界最美丽的咖啡馆。罗马帝国时期，意大利帕多瓦的佩德罗基咖啡馆，由卑微的柠檬水小贩兼咖啡商人安东尼奥·佩德罗基所建立。

土耳其式咖啡套组，彼得典藏，美国国家博物馆，华盛顿。　　镶嵌珠宝的咖啡磨豆器。纽约大都会艺术博物馆馆藏。

正式完工。安东尼奥·佩德罗基（1776—1852）是一位不起眼的帕多瓦咖啡馆老板，他亟欲取得荣耀，因此想出了一个建造全世界最美咖啡馆的主意，并且付诸实行。

自咖啡被发现以来，各个时代的艺术家与能工巧匠都将他们的天赋发挥在制作与制备咖啡相关的设备装置上。有用铜、银、金制作的咖啡烘焙器和磨豆器，黄铜的研钵，还有用铜、白镴、陶、瓷以及银等材质制作的煮制及供应咖啡的精美壶具。

美国国家博物馆的彼得典藏中，可以发现一个由铜箔制成、用来煮制及供应咖啡的精美巴格达咖啡壶样本；另外还有一组美丽的土耳其咖啡套组。纽约的大都会艺术博物馆中有一些精美的波斯与埃及彩陶大口水壶，可能是用来装咖啡的。

此外，在美国与欧洲大陆的博物馆中能发现许多 17 世纪德国、荷兰和英国的黄铜研钵及杵的样本，是用来"捣碎"咖啡豆的。

大都会艺术博物馆收藏了一个非常美丽的东方式咖啡磨豆器样本，由铜和柚木制成，镶嵌着红、绿色的琉璃珠宝，柚木中还有以象牙及黄铜镶嵌的花样。这是 19 世纪印度 – 波斯的设计风格。

大都会艺术博物馆还展出了许多 17—18 世纪时在印度、德国、荷兰、比利时、法国、俄罗斯和英国使用的白镴咖啡壶样本。

从 1754 年 3 月 20 日 到 1755 年 4 月 16 日，路易十四至少购买了 3 个拉扎尔·杜沃的金质咖啡壶，通过这个记录，我们可以猜测出整个 18 世纪法国人使用咖啡壶的奢华程度。

这些咖啡壶装饰着雕刻的枝叶，而且配备有"抛光的钢制暖锅"，此外还有红酒酒精灯。它们的价格分别是 1950 法郎、1536 法郎以及 2400 法郎。在"法国王太子妃玛丽·约瑟芬的财产清单中"，"皮箱中有 2 杯份金质咖啡壶及酒精灯用暖锅"。

意大利锻铁咖啡烘焙器。原图刊登于《艾迪生月刊》。

17 世纪的意大利锻铁咖啡烘焙器通常可说是艺术作品。图中的样本有丰富的佛罗伦萨艺术装饰图案。

蓬巴杜夫人的财产清单中有一个"金质的咖啡磨臼，以彩金雕刻描绘出一株咖啡树的枝干"，试图装饰一切事物的金匠工艺并未轻视这些普通家常的用具。在法国国立中世纪博物馆里，我们可以看见在造型优美的磨臼当中，有一个年代可追溯到 18 世纪的雕刻铁制咖啡磨臼，上面镌刻的是四季的图样。然而我们被告知，它因"在蓬巴杜夫人死亡后被拍卖"而增光，当然，这也让它更有价值。

"在英国，最早使用的茶壶、咖啡壶和巧克力壶是非常相似的，"查尔斯·詹姆斯·杰克逊在他的著作《英式餐盘历史图解》中说，"每一种壶都是圆形的，越往上越细，而且把手与壶嘴呈直角"。

他进一步说：

> 最早的样本是东方式器具，它们的形式被英国电镀工人采用，作为

给其他银制器具的模板。

显然，一直到茶和咖啡在这个国家（英国）被饮用多年之后，茶壶才被制作成较咖啡壶矮且直径比咖啡壶大的形状。这种形状可能仿自中国瓷制茶壶，后来被保留了下来。直到今日，茶壶和咖啡壶之间的主要差异依然体现在高度上。

下图中 1681 年的咖啡壶之前属于东印度公司，现在被收藏在维多利亚和艾伯特博物馆。

这个咖啡壶与收藏在同一间博物馆的一个茶壶（1670 年）几乎一模一样，除了它笔直的壶嘴被固定的位置更靠近底部之外，它的把手也以皮革包覆，把手随着放置的托座形成一条长长的向后弯曲的涡卷，固定在壶嘴对面且与壶嘴呈一直线的地方。

它的壶盖以铰链连接在上侧把手的托座，高度很高，就和 1670 年的茶壶一样；但外形不像茶壶盖一样平直，咖啡壶盖稍微有点波浪形，而且顶端装有一个纽扣状的球形突出物。

它的壶身上雕刻着一个盾形纹章、三片交错鸢尾花纹上的回文状雕饰，围绕着一圈连接在一起的羽毛。壶身上的铭文是"理查德·斯特恩赠予东印度公司"。

这个壶高 9.75 英寸，壶底直径为 4.875 英寸，带有从 1681 年到 1682 年间的伦敦市标志，还有制作者的特定盾状徽章标志"G. G."，杰克逊认为这是

17 世纪的茶壶和咖啡壶。（从左至右）茶壶，1670 年；咖啡壶，1681 年；咖啡壶，1689 年。

乔治·嘉尔索恩的标志。

上文图中1689年的咖啡壶是乔治五世的财产。上面带有1689年到1690年的伦敦市标志，还有弗朗西斯·嘉尔索恩的标志。它的壶身又高又圆，并且越往上越细，底部和边缘有实用的饰条。壶嘴是平直的，向上逐渐变细，与壶口齐平。把手是黑檀木的，呈新月形，并以铆钉钉牢在与壶嘴呈直角固定住的两个托座中。壶盖是一个高锥体，顶端有一个小小的瓶状尖顶，并用铰链固定在把手的上端托座。

提灯形咖啡壶，1692年。

整个壶除了威廉三世与玛丽皇后的皇家花押字之外，就没有任何其他的装饰了，花押字镌刻在壶身的背面。这个样本到壶盖顶端的尺寸是9英寸高，形式上与刚才提过的东印度公司的茶壶非常相似；不过由于壶身更矮的茶壶似乎在1689年之前开始流行，这个壶可能一开始就被作为咖啡壶使用。

1692年的提灯形咖啡壶是H. D. 艾利斯的财产，它的壶嘴在最顶端向上弯曲，装配有一个小小的、以铰链固定的口盖和一个装在壶盖边缘的涡卷形壶盖按压片。壶身和壶盖原本都相当朴素，后来在大约1740年才加上浮雕与镂刻的对称洛可可装饰花纹。

杰克逊说壶上的木制手柄不是原装的，原来的手柄可能是C形的。壶上带有1692年平常的伦敦市标志，而制作者的标志为"G. G."刻在一个盾形纹章上面，这是记录在铜片上、属于金匠的公司的标志，克理普斯认为"G. G."是指乔治·嘉尔索恩。这个提灯形咖啡壶的特点是：

1. 平直的侧边，由底座到顶端逐渐转为尖细，以至于在只有6英寸高的情况下，直径由底座的4英寸过渡到上端边缘的不到2.5英寸。

2. 近乎完全平直的壶嘴，装配了口盖或遮板。

3. 盖子是形状周正的圆锥体。

4. 壶盖按压片，这是那个时期的大啤酒杯普遍具备的一项特征。

5. 手柄的位置与壶嘴垂直。

艾利斯先生在向伦敦古董学会提交的一份关于咖啡壶最早形制的报告中说：

如果咖啡一开始是由土耳其商人引进这个国家的，那么很可能他们也同时将供应这个饮料的器皿带了进来。这一类器皿的形状从 200 年前至今都未曾有过改变——如我们已很熟悉的土耳其大口水壶，这是因为在东方，改变的速度是很缓慢的。

而在查理二世统治期间，由于人们在家中饮用咖啡的习俗受到英国女士们的反对而受阻，同时因为来自朝廷的强大影响力，从土耳其进口的器皿就能轻易满足数量由一只手就数得过来的咖啡馆的少量需求。

从市政厅博物馆毕佛伊典藏中的咖啡馆代币可看出，许多 1660 年到 1675 年的贸易商都采用"从咖啡壶中倒咖啡的一只手"作为他们的交易标志，标志上的咖啡壶无一例外都是土耳其大口水壶的形式。虽然没有证据显示土耳其人是否曾用大口水壶来供应咖啡，但英国咖啡馆从业者似乎不可能把一种与咖啡完全无关也无法向大众传达任何与咖啡相关含义的容器用在其交易标志上。

不过，一旦咖啡的广泛饮用创造了需求，进而刺激了咖啡壶的国内生产，一项新的业务便就此出现了。东方人喜爱的波浪形外观、如短弯刀一般的弯曲弧度，以及和他们优美流畅的书写笔迹相似的曲线，都无法在当时严苛的西方品位中留下好印象——当时的西方偏好的是银匠作品中的简明线条，就像我们在水盆、杯子，特别是当时的平顶大啤酒杯外形中看到的那样。

流行的趋势受到了直线美感的影响，1692 年的咖啡壶就是在这种影

响下制作出来的。咖啡壶平直的线
条持续流行到下一个世纪中叶，自
那时起，才开始了一股重新支持滚
圆壶身与弯曲壶嘴的风潮。

市政厅博物馆中还有一些更为著名
的咖啡馆老板发行的代币，在前文中已
经对这些代币进行描述及展示。

在维多利亚和艾伯特博物馆中，还
有其他银制咖啡壶，由福金罕（1715—
1716，右图）以及瓦斯特尔（1720—
1721，下左图）而来，后者的咖啡壶是八角形的。

福金罕咖啡壶，1715—1716 年。

下文的插图还展示了以瓷砖呈现的设计，被镶嵌在斯皮塔佛德红砖巷的

瓦斯特尔壶，1720—1721 年。

咖啡侍童的盘子，由戴尔夫特瓷砖公司
设计，1692 年。

中国瓷咖啡壶。
17 世纪晚期。

银制咖啡壶，18 世纪早期。翻摄自杰克逊的《英式餐盘历史图解》。左：文生壶，有盖标志，伦敦，1738 年。右：斯威特林男爵的咖啡壶，1731 年。

爱尔兰咖啡壶，1760 年，带有都柏林标志。穆尔·布拉巴赞中校财产。

一间古老咖啡馆墙内，在市政厅博物馆的伦敦古董典藏目录中的显示名称为"咖啡侍童的盘子"。

艾利斯先生认为这个作品属于较早的年代，但绝不会晚于 1692 年；图像中描绘的咖啡壶正是提灯形式的。那是一片矩形的戴尔夫特瓷砖构成的招牌，以蓝色、棕色和黄色装饰，描绘的图像是一个正在倒咖啡的年轻人。在他旁边的一张桌子上摆放着 1 份公报、2 支烟斗、1 个碗、1 个瓶子，还有 1 个大杯子；左上方，在 1 个滚动条上写着"咖啡侍童的盘子"。

提灯形咖啡壶在英国开始以疾风迅雷的态势出现。下页左上图的中国式瓷制咖啡壶

1779—1780 年的史考菲壶。　　　　　　　　　子爵夫人的咖啡壶。

可能是按照英国原型在中国制作的，制作时间晚于 1692 年。艾利斯先生观察到"壶嘴已经丧失了它的平直性，极端变细的程度也有所减少，而壶盖设计从最初的趋势背离，从平直的圆锥体变成如穹顶般弯曲的外形"，他补充说：

> 这些变化迅速加剧，而在 18 世纪初，我们发现壶身变尖细的程度依旧较少，而壶盖则变成完美的半球形。到了安妮女王统治末期，壶盖按压片消失了，手柄与壶嘴也不再呈直角。

> 在乔治一世统治时期，除了壶身变尖细的趋势越来越小之外，几乎没什么变化。在乔治二世年代，我们发现变尖细的趋势几乎完全消失，壶的侧边近乎是平行的，同时壶盖上的半球被压平到非常低的程度。18 世纪上半叶后期流行的是梨形咖啡壶。乔治三世早期，银匠的作品中有许多新颖且美丽的设计，咖啡壶的形状发生全面改革，新样式的流畅外观让人回想起土耳其大口水壶，这个样式在之前的将近 100 年间是被弃置不用的。

18 世纪到 20 世纪的陶壶和瓷壶。

上左：约翰·阿斯特伯里作品，盐釉壶。上中：埃勒斯粗陶器，1700 年。上右：盐釉壶，约 1725 年。下：1. 斯塔福郡。2. 英国，18 世纪到 20 世纪。3. 英国，18 世纪到 19 世纪。4. 利兹，1760 年到 1790 年。5. 斯塔福郡，19 世纪到 20 世纪。

纽约大都会博物馆中的瓷制咖啡壶。

上两排：Sino-Lowestoft 系列，18 世纪到 19 世纪。第三排：意大利卡波迪蒙特咖啡壶，18 世纪。

第四排左 1：法国塞纳–马恩省河咖啡壶，1744—1793 年。左 2：塞维鲁斯咖啡壶；1792—1804 年。左 3 及左 4：德国咖啡壶，18 世纪。

这个变革的历程可以由 1731 年斯威特林男爵的咖啡壶、1736 年的咖啡罐、1738 年的文生壶、沃尔斯利子爵夫人的铜制镀银咖啡壶、1760 年的爱尔兰咖啡壶，还有 1773—1776 年及 1779—1780 年的银制咖啡壶的外形特点看出。

　　关于这方面的样本，还有下页插图显示由埃勒斯制作的粗陶咖啡壶（1700 年），与阿斯特伯里制作的盐釉壶，以及大约 1725 年的另一个盐釉壶。这些咖啡壶都被收藏在大英博物馆的英国与中世纪古文物部门，在那里，还可以看到一些以威尔顿器皿形式制作的咖啡供应套组样品，以及玮致活的浮雕玉石器皿。

维也纳咖啡壶，1830 年。收藏于大都会艺术博物馆。

　　同样在插图中展现的，还有一些将陶艺家的艺术作品应用在咖啡供应器具上的美丽范例，就像是那些在大都会艺术博物馆中从许多国家带来的展品，其中包括了 18 世纪、19 世纪与 20 世纪来自利兹与斯塔福郡的样品。

　　下文插图展示的是：18 世纪到 19 世纪的 **Sino-Lowestoft** 系列咖啡壶，18 世纪的意大利卡波迪蒙特咖啡壶，1744 年到 1793 年的法国塞纳–马恩省河咖啡壶，1792 年到 1804 年的塞维鲁斯咖啡壶，以及 18 世纪的德国咖啡壶，1830 年的维也纳咖啡壶，18 世纪以铜色光瓷装饰的西班牙咖啡壶。

　　在大都会艺术博物馆内还可以看到 18 世纪到 19 世纪的哈特菲尔德及镀银铜板制作的咖啡壶、由美国银匠制作的许多银制的茶和咖啡供应器具以及咖啡壶范例。

　　18 世纪中叶之前，银制的茶壶和咖啡壶

西班牙咖啡壶，18 世纪。收藏于大都会艺术博物馆。

在美国的数量十分稀少。

早期的咖啡壶几乎都是圆柱形的，而且壶身越往上越尖细，后来则渐渐和茶壶的形状接近，有着隆起如鼓的壶身、铸模制作的底座、带有装饰的壶嘴以及装有尖顶饰、铸模制作的壶盖。

我们从由 R.T. 哈尔西及约翰·巴克、弗洛兰斯·利维为 1909 年哈德逊－富尔顿庆典收集并编纂的大都会艺术博物馆展览目录中得知：

新英格兰最早的银器可能是由在国外服刑的英国或苏格兰移民制作的。而传承这些技艺的，要么是在此地出生的人，要么是像约翰·赫尔这种年纪轻轻就来到此地学手艺的能工巧匠。

在英国，每一位金匠大师都被要求拥有自己的标志，并且在他的作品被检验并盖上国王的标志证明质量良好之后，会将自己的标志也印在作品上。

殖民地的银匠将他们的姓名首字母放在盾形、圆形等形状的图案中间，作为他们制作的器皿的标志，不一定带有纹章，并且没有标注制造地点或日期。在大约 1725 年之后，以姓氏作为标志成为惯例，不一定带有首字母，有时候还会以全名作为标志。

自从美国建立之后，城镇的名称通常会被加入标志之中，还有以圆圈圈起的字母 D 或 C，这可能是代表元或钱币的意思，表示该器皿制作所根据的标准或钱币种类。

纽约殖民地中演化出一种设计独特的银制茶壶，这种茶壶并未在整个殖民地的其他地方使用。哈尔西先生说这种壶既可以当作茶壶，也可以当作咖啡壶。在风格方面，它们在一定程度上借鉴了英国在 1717—1718 年间梨形茶壶的设计，但高度和容量都有所增加。

殖民地的银匠在茶壶、咖啡壶和巧克力壶上做出了许多美丽的设计。在出借给大都会艺术博物馆的哈尔西与清水市的典藏中能看到精美的样本。

左：镀银铜板制作的咖啡壶，18 世纪。收藏于大都会艺术博物馆。
右：伊弗雷姆·布拉舍制作的银制咖啡壶。大都会艺术博物馆清水市典藏。

清水市典藏中还有一个由皮根·亚当斯（1712—1776）制作的咖啡壶；同时，近日还加入了一个由伊弗雷姆·布拉舍制作的咖啡壶，他的名字出现在 1786 年到 1805 年的纽约市工商名录中。

伊弗雷姆·布拉舍是金银匠协会的会员，他曾经为著名的达布隆金币制作铸模，后来此铸模以他的名字称呼，一个铸模的样品在费城卖出 4000 美元的价格。他的兄弟亚伯拉罕·布拉舍是一名陆军军官，曾经写了许多在独立革命时期很受欢迎的歌谣，同时也是一名报纸的长期撰稿人。

大都会艺术博物馆中的清水市殖民地银器藏品非常丰富，而这个由伊弗雷姆·布拉舍制作的咖啡壶是一件很了不起的藏品。它高 13.5 英寸，重 44 盎司，有独一无二的黑檀木手柄、曲线形的壶身和喇叭口样式的底座，底座带有一圈椭圆形装饰图案，壶盖边缘也有类似的装饰。壶嘴精致且弯曲，壶盖上有一个瓮状的尖顶饰，还雕刻了一块用缎带构成的情人结花环围绕的圆形浮雕。

哈尔西典藏中展示了一个由塞缪尔·米诺特制作的咖啡壶，还有几个保罗·里维尔制作的手工艺品。保罗·里维尔的名字更常与著名的"子夜之旅"联系在一起，而非银匠技艺。

在所有的美国银匠中，保罗·里维尔是最有意思的一位。他不仅是一位

美国典藏中的银制咖啡壶。

上左：塞缪尔·米诺特作品，哈尔西典藏。上中：查尔斯·哈特菲尔德作品，大都会艺术博物馆典藏。上右：皮根·亚当斯作品，大都会艺术博物馆清水市典藏。

中排：选自弗朗西斯·希尔·毕格罗的"殖民地历史银器"。左，伦敦壶，1773—1744 年；中，雅各布·赫尔德作品；右，保罗·里维尔作品。

下排：英国镀银铜板制咖啡壶及咖啡瓮，18 世纪。

由美国银匠制作的咖啡壶。
左：一位无名银匠的作品。中：保罗·里维尔的作品。右：保罗·里维尔的作品。20 世纪美国咖啡服务。朴次茅斯样式，由高勒姆公司制造。

有名望的银匠，还是一位爱国人士、军人、共济会总导师、马萨诸塞湾政府机密探员、雕刻师、画框设计师和制模大师。

他于 1735 年出生在波士顿，于 1818 年去世。他是所有波士顿银匠中最负盛名的——尽管他更广为人所知的身份是一位爱国人士。

他在家里的 12 个小孩中排行老三，很早就进入父亲的店里做事。他的父亲在他 19 岁时去世了，不过，他有足够能力将生意继续下去。他在银器上的雕刻足以证明他的才能，他也会在铜器上雕刻，还绘制了许多政治漫画。

保罗·里维尔在克朗波因特加入了抵抗法国人的远征队，并且在独立革命时担任炮兵队中校。战争结束后，他于 1783 年重操金匠与银匠的旧业。他是一位行动派，能很好地扮演多种角色，并出色地完成各式各样的任务。他制作的银器都结合了浪漫主义与爱国的风格或元素，深受喜爱。

里维尔具有超凡的天赋，让他得以给予自己的作品非比寻常的优雅，同时，他以作为一位美丽纹饰的雕刻师闻名，纹章设计以及花环为他的作品增色不少。

波士顿美术馆以及纽约大都会博物馆都收藏了里维尔咖啡壶。

波士顿美术馆还有一个由威廉·萧和威廉·普利斯特在1751年至1752年间为彼得·法乃尔制作的咖啡壶，法乃尔是那个年代最富有的波士顿人，波士顿的法乃尔厅——被称为"新英格兰的美国自由精神摇篮"——便是以他的名字命名的。

由威廉·萧与威廉·普利斯特制作的咖啡壶。为彼得·法乃尔制作（1751—1752），波士顿法乃尔厅以他的名字命名，此处被称为"新英格兰的美国自由精神摇篮"。

其他在咖啡壶制作上有引人注目设计的美国银匠中，值得一提的有G.艾肯（1815），盖瑞特·伊夫（纽约，1785—1850），查尔斯·费瑞斯（他在大约1790年时于波士顿工作），雅各布·赫尔德（1702—1758，在波士顿被叫作赫尔德船长），约翰·麦穆林（在1796年费城的《工商名录》中被提及），詹

20世纪美国咖啡服务。朴次茅斯样式，由高勒姆公司制造。

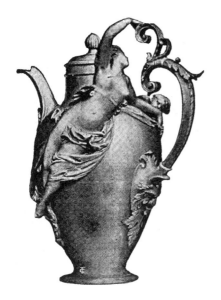

法国银制咖啡壶。这个壶是 1886 年的 Union Centrale 首奖。

姆斯·马斯格雷夫（在 1797 年、1808 年及 1811 年费城的《工商名录》中被提及），梅尔·梅耶斯（1746 年以自由人身份获准进入纽约市，活跃至 1790 年，1786 年担任纽约银匠协会会长），以及安东尼·罗序（1815 年时曾于费城工作）。

在美国境内的许多历史学会博物馆中，能够看见咖啡壶以白镴、不列颠金属，还有锡制器具，以及陶、瓷及银等材质制作的有趣样本。

和 17 世纪及 18 世纪的其他艺术分支一样，美国在早期的陶器与瓷器方面，受惠于英国、荷兰以及法国等国家良多。

埃勒斯、阿斯特伯里、威尔顿、威治伍德，还有他们的模仿者，以及后来的斯塔福郡陶艺家，用他们的陶器作品征服了美国市场。

瓷器在 19 世纪之前并未在这个国家制作，然而从早期开始，装饰性陶器就已在此地制造。不列颠金属于 1825 年开始取代白镴制品的地位，而上过漆的锡制器皿与陶器的引进逐渐让白镴的制造被中止。

一些历史遗物

一件有趣的遗物被存放于波士顿协会的典藏中。那是一个谢菲尔德器具风格的咖啡瓮，从前被放置于 1697 年到 1832 年都矗立在联合街上的绿龙旅馆里，绿龙旅馆是独立革命爱国人士的著名集会场所。

咖啡瓮是球形的，被放置在一个底座上，里面还有一块圆柱形的铁，这块铁被加热的时候，能够让瓮内装着的甘美汁液保持热度，直到它被供应给

旅馆的常客。铁块会装在一个锌或锡
制的保护罩内，以避免人们将咖啡倒
入瓮中的时候，附在铁块中的灰烬直
接碰触到咖啡。

绿龙旅馆的旧址现在被一栋商业
建筑占据，这块地皮的所有人是波士
顿共济会圣安德鲁斯分部；最近一次
的分部聚会是在圣安德鲁日，咖啡瓮
在聚会上被展示给集会的弟兄们。

当旅馆里的东西被拍卖时，咖啡
瓮被伊丽莎白·哈林顿夫人买下，她
随后在珍珠街上一栋昆西家族拥有的
建筑内开设了一家有名的膳宿公寓。
公寓在 1847 年时被拆除，取而代之的
是昆西大楼。

绿龙旅馆的咖啡瓮。

哈林顿夫人搬迁到高街，又从那里搬到昌西地区。某些波士顿著名的人
物都长年向她租赁房屋。她去世的时候将咖啡瓮给了她的女儿，约翰·R. 贝
德福德夫人。它被伊丽莎白·哈林顿夫人的孙女——菲比·C. 贝德福德小姐
赠送给协会。

另一个有点类似，但是以白镴制成的瓮，被收藏在缅因州的奥勒冈历史
协会博物馆；还有一个则收藏在马萨诸塞州塞勒姆的艾塞克斯学会博物馆中。

在亚伯拉罕·林肯的众多宝贵遗物中，有一个老旧的不列颠金属咖啡壶。
在他与拉特利奇家族同住在伊利诺伊州新塞勒姆（现今的默纳德）拉特利奇
客栈时，经常用这个咖啡壶来饮用咖啡。据说，林肯十分喜爱这个壶。现在，
这个壶是伊利诺伊州匹兹堡旧塞勒姆林肯联合会的财产，它是被加州锡斯阔
克的桑达士夫人连同其他遗物一同捐献出来的——桑达士夫人是詹姆斯与玛
丽安·拉特利奇唯一存活下来的孩子。

拉特利奇夫人精心地保存这个壶和其他新塞勒姆时期的遗物；而在她过世（1878 年）前没多久，她将这些遗物赠予她的女儿桑达士夫人，并劝告她要好好保存它们，直到回归新塞勒姆的人们出于感恩为它们提供了一个永久居所为止，在那里，它们将会把不朽的林肯与他悲剧性的传奇和这位夫人的女儿——安——联系在一起。

咖啡年表

迄今为止，在传说、旅行、文学、栽培、种植加工、贸易以及咖啡的制备和饮用中具有历史意义的日期和事件。

（以下日期均为公元纪年）

＊大约（或传说中）的日期

◇ 900 年＊：拉齐，著名的阿拉伯医师，是第一位提及咖啡的作家，称咖啡为"Bunca"或"bunchum"。

◇ 1000 年＊：阿维森纳，穆罕默德教派医师兼思想家，第一位解释咖啡豆药用性质的作者，他也将其称为"bunchum"。

◇ 1258 年＊：谢赫·奥马，沙德利的门徒、摩卡的守护圣者兼传奇的奠基者，在阿拉伯担任教长时偶然发现作为饮料的咖啡。

◇ 1300 年＊：咖啡是一种用烘烤过的浆果，在研钵中以杵捣碎后，将粉末放进沸水中熬制成的饮料，饮用时连同咖啡渣与其他物质一同被喝下。

◇ 1350 年＊：波斯、埃及，以及土耳其的陶制大口水壶首次被用来供应咖啡。

◇ 1400—1500 年：有小孔的圆形漏勺状陶制或金属制咖啡烘焙盘在土耳其及波斯开始被置于火盆上方使用。常见的土耳其圆筒状咖啡磨臼和原始的金属制土耳其咖啡壶也大约在这个时期出现。

◇ 1428—1448 年：以四只脚站立的香料研磨器首度被发明，随后被用在咖啡研磨上。

◇ 1454 年＊：亚丁的穆夫提谢赫·吉马莱丁在前往埃塞俄比亚的旅途中发现咖啡浆果的效用，并认可咖啡在南阿拉伯的使用权利。

◇ 1470—1500 年：咖啡的使用扩展到麦加及麦地那。

◇ 1500—1600 年：有长手柄和小脚架的铁制长柄浅勺开始在巴格达和美索不达米亚被使用在咖啡烘焙上。

◇ 1505 年*：阿拉伯人将咖啡植株引进锡兰。

◇ 1510 年：咖啡饮料被引进开罗。

◇ 1511 年：麦加总督凯尔·贝在咨询过由律师、医师，以及模范市民所组成的委员会之后，发布了谴责咖啡的公告，并禁止这种饮料的使用。禁令随后被开罗苏丹下令撤销。

◇ 1517 年：塞利姆一世在征服埃及后，将咖啡带到君士坦丁堡。

◇ 1524 年：麦加的下级法官基于扰乱秩序的理由关闭了公共咖啡馆，但允许咖啡在家中及私底下饮用。他的继任者准许咖啡馆在获得许可的前提下重新开业。

◇ 1530 年*：咖啡被引进大马士革。

◇ 1532 年*：咖啡被引进阿勒颇。

◇ 1534 年：一群开罗的宗教狂热分子谴责咖啡，并领导一群暴民攻击咖啡馆，许多咖啡馆都受到破坏。城市分裂为两派，支持咖啡与反对咖啡的；但在咨询学者之后，首席法官在会议中供应咖啡，自己也饮用了一些，并以这样的方式平息了争端。

◇ 1542 年：塞利姆二世在诱惑一位宫廷女士时，禁止咖啡的使用，但完全没有效果。

◇ 1554 年：第一间咖啡馆由大马士革的森姆斯及阿勒颇的哈克姆在君士坦丁堡建立。

◇ 1570—1580 年*：因咖啡馆日渐受到欢迎，君士坦丁堡的宗教狂热分子宣称烘焙过的咖啡是一种炭，并且穆夫提决意用法律禁止咖啡。基于宗教立场，穆拉德三世随后下令关闭所有的咖啡馆，将咖啡归于《古兰经》禁止的酒类中。这项命令并未被严格遵守，在关闭的店门后和私人住宅中人们还在继续饮用咖啡。

◇ 1573 年：德国医师兼植物学家劳沃尔夫，是第一位提到咖啡的欧洲人，他曾经旅行至黎凡特。

◇ 1580 年：意大利医师兼植物学家普罗斯佩罗·阿尔皮尼（Alpinus）旅行至埃及，带回关于咖啡的消息。

◇ 1582—1583 年：关于咖啡的第一篇出版参考文献以 "chaube" 之名出现在劳沃尔夫的著作《劳沃尔夫的旅程》中，该书在德国法兰克福及劳因根出版。

◇ 1583 年：第一则关于咖啡起源真实可靠的记录由阿布达尔·卡迪写下，被记录在一份收藏于法国国家图书馆的阿拉伯文手稿中。

◇ 1585 年：担任君士坦丁堡城市地方行政官的吉安弗朗西斯科·摩罗辛尼向威尼斯元老会报告土耳其人使用的一种"黑水，是用一种叫作 cavee 的豆子浸泡制成的"。

◇ 1592 年：第一份关于咖啡植株（称为 bon）与咖啡饮料（称为 caova）叙述的出版品出现在普罗斯佩罗·阿尔皮尼的作品《埃及植物志》中，以拉丁文写就，在威尼斯出版。

◇ 1596 年 *：贝利送给植物学家卡罗卢斯·克卢修斯一种"埃及人用来制作他们称为 cave 这种饮料的种子"。

◇ 1598 年：将咖啡称为"chaoua"的第一篇关于咖啡的英文参考文献是巴鲁丹奴斯作品《林斯霍腾的旅程》中的注释，由荷兰文翻译而来，于伦敦出版。

◇ 1599 年：安东尼·舍利爵士是第一位提到东方人饮用咖啡的英国人，他由威尼斯航行至阿勒颇。

◇ 1600 年 *：大口咖啡供应壶出现。

◇ 1600 年：被设计为在明火中使用、以足支撑的铁蜘蛛被用来烘焙咖啡。

◇ 1600 年 *：咖啡种植被一位穆斯林朝圣者巴巴·布丹引进南印度的迈索尔希克马格鲁。

◇ 1600—1632 年：木制和金属制（铁、青铜，还有黄铜）研钵与杵开始在欧洲被广泛用来制作咖啡粉。

◇ 1601 年：第一篇以更近代形式单字称呼咖啡的英文参考文献出现在威廉·派瑞的著作《雪莉的旅程中》，其中叙述"一种他们称作咖啡的特别饮料"。

◇ 1603 年：英国探险家兼弗吉尼亚殖民地奠基者约翰·史密斯上尉，在他于同年出版的游记中，提到土耳其人的饮料"coffa"。

◇ 1610 年：诗人乔治·桑德斯爵士造访土耳其、埃及，还有巴勒斯坦，并记录下土耳其人"以可忍受范围内最热烫的温度，由陶瓷小盘中啜饮一种叫作 coffa（即制作该饮料的浆果）的饮料。"

◇ 1614 年：荷兰贸易商造访亚丁，调查咖啡种植及咖啡贸易的可能性。

◇ 1615 年：皮耶罗·特拉华勒由君士坦丁堡写信给他在威尼斯的友人马里欧·席帕诺，说他会在回程时带上一些咖啡，他相信此物"在他的故乡是一种未知的事物"。

◇ 1615 年：咖啡被引进威尼斯。

◇ 1616 年：彼得·范·登·布卢克将第一批咖啡带到荷兰。

◇ 1620 年：裴瑞格林·怀特的木制研钵及杵（用来"捣碎"咖啡的）由搭乘"五月花号"的怀特双亲带到美国。

◇ 1623—1627 年：弗朗西斯·培根在他的著作《生死志》（1623 年）中谈到土耳其人的"caphe"；同时在他的《林中林：百千实验中的自然志》（1627 年）中写道："在土耳其，他们有一种被称为咖啡的饮料，是用一种同名的浆果制成的，这种饮料黑得跟煤烟一样，而且有一股称不上芳香的强烈气味……这种饮料能抚慰头脑和心脏，还能帮助消化。"

◇ 1625 年：在开罗，糖被首次加进咖啡中使其变甜。

◇ 1632 年：伯顿在他的著作《忧郁的解剖》中说："土耳其人有一种被叫作咖啡的饮料，由一种和煤烟一样又黑又苦的浆果制成。"

◇ 1634 年：亨利·布朗特爵士航行至黎凡特，并在穆拉德四世在场时获得饮用"cauphe"的邀请。

◇ 1637 年：德国旅行家兼波斯学者亚当·奥利留斯造访波斯（1633—1636）；同时在他回归后讲述在这一年中，于波斯人的咖啡馆内对他们饮用"cahwa"的观察。

◇ 1637 年：牛津贝里奥尔学院的纳桑尼尔·科诺皮欧斯将咖啡的饮用习惯带进英国。

◇ 1640 年：帕金森于他的著作《植物剧院》中，发表了对咖啡植株的首篇英文植物学描述，谈到咖啡是"土耳其浆果饮料"。

◇ 1640 年：荷兰商人沃夫班在阿姆斯特丹拍卖第一批从摩卡经商业运输进口的咖啡。

◇ 1644 年：P·拉罗克由马赛将咖啡引进法国，他还从君士坦丁堡带回了制作咖啡的器材与用具。

◇ 1645 年：咖啡开始在意大利被普遍饮用。

◇ 1647 年：亚当·奥利留斯以德文出版了他的著作《波斯旅途记述》，当中包括对1633—1636 年间波斯咖啡礼仪及习惯的说明。

◇ 1650 年 *：荷兰在奥斯曼土耳其宫廷的常驻公使瓦尔纳发表了一本以咖啡为主题的专门著作。

◇ 1650 年 *：单个手摇式金属（马口铁或镀锡铜）烘焙器出现；形状与土耳其咖啡

研磨器类似，用于开放式明火。

◇ 1650 年：英国的第一家咖啡馆由一位名叫雅各布伯的犹太人在牛津开设。

◇ 1650 年：咖啡被引进维也纳。

◇ 1652 年：伦敦第一家咖啡馆由帕斯夸·罗西开设在康希尔圣麦可巷。

◇ 1652 年：英国的第一份咖啡广告印刷品以传单形式出现，由帕斯夸·罗西制作，称赞"咖啡饮料的功效"。

◇ 1656 年：大维齐尔库普瑞利在对坎迪亚的战争期间，基于政治因素，对咖啡馆展开迫害，并对咖啡下达禁令。首次违反禁令者所受的刑罚是用棍棒鞭打；再犯者会被缝进皮革口袋中，丢进博斯普鲁斯海峡。

◇ 1657 年：咖啡的第一则报纸广告出现在伦敦的《大众咨询报》。

◇ 1657 年：咖啡被尚·德·泰弗诺秘密地引进巴黎。

◇ 1658 年：荷兰人开始在锡兰种植咖啡。

◇ 1660 年 *：第一批法国商业进口的咖啡由埃及成包运抵马赛。

◇ 1660 年：咖啡首次在一国法规书籍中被提及，每加仑被制作并贩卖的咖啡要课征 4 便士的税，"由制造者支付"。

◇ 1660 年 *：荷兰派往中国的大使纽霍夫首先尝试将牛奶加进咖啡，模仿加牛奶的茶。

◇ 1660 年：埃尔福德白铸铁烘焙咖啡机器在英国被大量使用，这个机器"用一个插座点燃火焰"。

◇ 1662 年：欧洲的咖啡烘焙是用没有火焰的炭火，在烤炉中及火炉上进行烘焙；"在无盖陶制塔盘、旧布丁盘，还有平底锅中使其变成棕色"。

◇ 1663 年：所有的英国咖啡馆被要求获得许可证。

◇ 1663 年：荷兰阿姆斯特丹开始定期进口摩卡咖啡豆。

◇ 1665 年：改良式的土耳其长型黄铜咖啡磨豆器组合（包括折叠手柄及放置生豆的杯型容器——可供煮沸及供应咖啡）最早在大马士革被制造出来。大约在这个时期，包括了长柄烧水壶和放置于黄铜杯架上瓷杯的土耳其咖啡组合开始流行。

◇ 1668 年：咖啡被引进北美洲。

◇ 1669 年：咖啡被土耳其大使苏里曼·阿迦公开引进巴黎。

◇ 1670 年：大量咖啡烘焙在有铁制长手柄的小型密闭铁皮圆筒中进行，手柄的设计让它们能在开放明火中旋转。此装置首先在荷兰使用。随后在法国、英国、美国流行。

◇ 1670 年：在法国第戎的首次欧洲咖啡种植尝试得到失败的结果。

◇ 1670 年：咖啡被引进德国。

◇ 1670 年：咖啡首度在波士顿贩卖。

◇ 1671 年：法国第一家咖啡馆被开设在马赛，邻近交易所处。

◇ 1671 年：第一篇专为咖啡所作的权威性专论是由罗马东方语言学教授安东·佛斯特斯·奈龙以拉丁文撰写而成并在罗马出版。

◇ 1671 年：第一篇以法文写作，大部分专门叙述咖啡的专论，《咖啡，最完美的浆果》，于里昂出版。

◇ 1672 年：一位名为帕斯卡尔的亚美尼亚人是第一位在巴黎圣日耳曼市集公开贩卖咖啡的人，同时他开设了第一家巴黎的咖啡馆。

◇ 1672 年：大型银制咖啡壶（伴随着属于它们、以同样材质制成的所有用具）在巴黎圣日耳曼市集中使用。

◇ 1674 年：《女性反对咖啡请愿书》在伦敦出版发行。

◇ 1674 年：咖啡被引进瑞典。

◇ 1675 年：查理二世签署了一份公告，以煽动叛乱的温床为由关闭所有伦敦咖啡馆。这项命令在 1676 年因贸易商的请愿而撤销。

◇ 1679 年：一次由马赛医师站在纯粹饮食营养立场所发起的败坏咖啡名声的企图并未奏效；咖啡的消耗以如此惊人的速度增加，使得里昂和马赛的贸易商只能开始由黎凡特进口整船的生豆。

◇ 1679—1680 年：德国的第一家咖啡馆由一位英国商人在汉堡开设。

◇ 1683 年：咖啡在纽约公开贩卖。

◇ 1683 年：哥辛斯基开设了第一家维也纳的咖啡馆。

◇ 1685 年：法国格勒诺布尔的一位著名医师西厄尔·莫宁首次将欧蕾咖啡当作一种药物使用。

◇ 1686 年：约翰·雷是最早在科学专论中颂扬咖啡功效的英国植物学家之一，于伦敦出版了他的著作《植物史》。

◇ 1689 年：德国里根斯堡开设了当地的第一家咖啡馆。

◇ 1689 年：普洛科普咖啡馆是第一家真正的法式咖啡馆，由来自佛罗伦萨的西西里人弗朗索瓦·普洛科普所开设。

◇ 1689 年：波士顿开设了第一家咖啡馆。

◇ 1691 年：口袋型便携式咖啡制作装置在法国广受欢迎。

◇ 1692 年：有着圆锥体壶盖、壶盖按压片，手柄与壶嘴呈直角的提灯形平直外观咖啡壶被人引进英国，接替了有曲线的东方式咖啡供应壶。

◇ 1694 年：德国莱比锡的第一家咖啡馆开张。

◇ 1696 年：第一家在纽约开张的咖啡馆（国王之臂）。

◇ 1696 年：首批咖啡幼苗是从马拉巴尔海岸的坎努尔而来，并从邻近巴达维亚的克达翁引进爪哇，但在不久之后被洪水摧毁。

◇ 1699 年：第二批由亨德里克·茨瓦德克鲁从马拉巴尔运送到爪哇的咖啡植株成为所有荷属印度咖啡树的祖先。

◇ 1699 年：最早关于咖啡的阿拉伯文手稿由加兰德翻译的法文版本出现在巴黎，书名为《咖啡的缘起及发展论述》。

◇ 1700 年：耶咖啡馆是费城的第一家咖啡馆，由塞缪尔·卡朋特建造。

◇ 1700—1800 年：以铁皮制成的小型携带式焦炭或木炭炉具，搭配用手转动的水平旋转圆筒开始在家庭烘焙中使用。

◇ 1701 年：有着完美半球形壶盖、壶身没有那么尖细的咖啡壶在英国出现。

◇ 1702 年：第一家"伦敦"咖啡馆在美国费城开设。

◇ 1704 年：可能将煤炭首次应用在商业烘焙上的布尔咖啡烘焙机在英国获得专利。

◇ 1706 年：阿姆斯特丹植物园接收了爪哇咖啡的第一份样本，以及一株原本生长在爪哇的咖啡树。

◇ 1707 年：第一本咖啡期刊《新奇及奇特的咖啡屋》由西奥菲洛·乔吉在莱比锡发行，是第一个咖啡沙龙的某种机关刊物。

◇ 1711 年：爪哇咖啡第一次在阿姆斯特丹公开拍卖。

◇ 1711 年：一种将研磨好的咖啡粉装在粗斜条棉布（亚麻）袋中，用浸泡方式制作咖啡的新方法被引进法国。

◇ 1712 年：德国斯图加特当地的第一家咖啡馆开张。

◇ 1713 年：德国奥格斯堡当地的第一家咖啡馆开张。

◇ 1714 年：一株由在 1706 年被阿姆斯特丹植物园所接收咖啡植株的种子培育出的咖啡树，被献给法国国王路易十四，并在巴黎植物园中培育。

◇ 1715 年：尚·拉罗克在巴黎出版了他的作品《欢乐阿拉伯之旅》，当中描述了许多关于咖啡在阿拉伯，以及它被引进法国的许多珍贵信息。

◇ 1715 年：咖啡种植被引进海地及圣多明各。

◇ 1715—1717 年：咖啡种植被一位圣马洛的船长引进波旁大岛（现在的留尼汪），他遵照法属印度公司的指令，将咖啡植株从摩卡带出来。

◇ 1718 年：咖啡的种植被引进苏里南（荷属圭亚那）。

◇ 1718 年：阿卜·纪尧姆·马西乌的《卡门咖啡》，关于咖啡最早且最著名的诗作，以拉丁文谱写完成，并在法兰西文学院朗诵。

◇ 1720 年：弗洛里安·弗朗西斯康尼在威尼斯开设弗洛里安咖啡馆。

◇ 1721 年：德国柏林的第一家咖啡馆开幕。

◇ 1721 年：梅瑟出版了一本探讨咖啡、茶及巧克力的主题图书。

◇ 1722 年：咖啡种植从苏里南被引进开宴。

◇ 1723 年：葡萄牙殖民地开始在巴西帕拉以从开宴（法属圭亚那）运来的植株首次进行咖啡种植，结果以失败告终。

◇ 1723 年：诺曼底步兵团的海军上尉加百列·狄克鲁带着献给路易十四的其中一株爪哇咖啡树幼苗由法国起航，并在前往马提尼克的漫长旅程中，与它分享了自己的饮水。

◇ 1727 年：咖啡的种子与幼苗从法属圭亚那开宴，被带进位于亚马孙河口的葡萄牙殖民地帕拉，开启了咖啡种植第一次成功引进巴西的开端。

◇ 1730 年：英国人将咖啡种植引进牙买加。

◇ 1732 年：英国国会借由减少内陆赋税，试图鼓励英国在美洲的殖民地种植咖啡。

◇ 1732 年：巴赫著名的《咖啡清唱剧》在莱比锡出版。

◇ 1737 年：商人咖啡馆在纽约创建；有些人称其为美国自由精神真正的摇篮及美国的诞生之地。

◇ 1740 年：咖啡文化由西班牙传教士从爪哇引进菲律宾。

◇ 1746 年：瑞典颁布了一条皇家敕令，反对"茶与咖啡的误用与过度饮用"。

◇ 1748 年：咖啡种植由唐·约瑟夫·安东尼奥·吉列伯特引进古巴。

◇ 1750 年：咖啡种植由爪哇引进苏拉威西。

◇ 1750 年：在英国，平直外观的咖啡壶开始被偏爱滚圆壶身与弯曲壶嘴的新古典主义运动反对；壶的侧边近乎是平行的，壶盖的半球被压平到在壶边缘非常低的高度。

◇ 1750—1760 年：咖啡传入危地马拉。

◇ 1752 年：葡萄牙殖民地的密集咖啡种植在巴西帕拉及亚马孙州重新展开。

◇ 1754 年：在送往驻扎于凡尔赛的国王军队的货物中，提到有一个长约 20 厘米、直径约 10 厘米的白银制烘焙器。

◇ 1755 年：咖啡种植由马提尼克被引进波多黎各。

◇ 1756 年：咖啡饮用在瑞典被皇家明令禁止，但是非法咖啡制作贩卖和税收的损失最终迫使禁令被解除。

◇ 1760 年：熬制，即煮沸咖啡法，在法国普遍被浸泡法所取代。

◇ 1760 年：朱奥·艾伯特·卡斯特罗·布朗库种下一棵从葡属印度果阿邦带到里约热内卢的咖啡树。

◇ 1761 年：巴西豁免咖啡的出口关税。

◇ 1763 年：一位法国圣班迪特的锡匠唐·马丁发明了一种咖啡壶，壶的内里"被一个细致的法兰绒袋子填满"，还有一个阀门可以倒出咖啡。

◇ 1764 年：彼得罗·维里伯爵在意大利米兰创立一本哲学与文学期刊，刊名为《咖啡》。

◇ 1765 年：蓬巴杜夫人财产目录中的金磨白被提及。

◇ 1770 年：英国咖啡供应壶风格彻底改革，回归到土耳其大口水壶的流畅线条。

◇ 1770 年：荷兰首次将菊苣与咖啡一同使用。

◇ 1770—1773 年：里约、米纳斯，以及圣保罗开始进行咖啡种植。

◇ 1771 年：约翰·德林因复合咖啡而获得一项英国专利。

◇ 1774 年：一位名为莫尔克的比利时修士将咖啡植株由苏里南引进里约热内卢的卡普钦修道院花园中。

◇ 1774 年：一封由通讯委员会从纽约贸易商咖啡馆发出，送往波士顿的信函中，做出组建美利坚合众国的提议。

◇ 1775—1776 年：威尼斯十人议会以不道德、邪恶，还有贪腐为由，对咖啡馆下达禁令。然而，咖啡馆从所有打压它们的企图中存活下来。

◇ 1777 年：普鲁士的腓特烈大帝发表他著名的咖啡与啤酒宣言，建议社会下层阶级以啤酒取代咖啡。

◇ 1779 年：理查德·迪尔曼因一项制作研磨咖啡磨豆器的新方法被核发英国专利。

◇ 1779 年：咖啡种植被西班牙航海家纳瓦洛从古巴引进哥斯达黎加。

◇ 1781 年：普鲁士的腓特烈大帝在德国创办了国营咖啡烘焙工厂，宣布咖啡业为皇家独占事业，并禁止一般人自己烘焙咖啡。"咖啡嗅辨员"则让违背法律者的日子极不好过。

◇ 1784 年：咖啡种植被引进委内瑞拉，使用的是从马提尼克来的种子。

◇ 1784 年：科隆选侯国的统治者马克西米利安·弗里德里希颁布了一项禁令，禁止上流阶层之外的所有人使用咖啡。

◇ 1785 年：马萨诸塞州的州长詹姆斯·鲍登将菊苣引进美国。

◇ 1789 年：美国开始征收咖啡的进口关税，每磅 2.5 美分。

◇ 1789 年：乔治·华盛顿以美国总统当选人的身份，在 4 月 23 日于纽约市的商人咖啡馆被正式迎接。

◇ 1790 年：咖啡种植由西印度群岛被人引进了墨西哥。

◇ 1790 年：美国第一家批发咖啡烘焙工厂在纽约市大码头街 4 号开始营运。

◇ 1790 年：第一则美国的咖啡广告出现在《纽约每日广告报》中。

◇ 1790 年：美国的咖啡进口关税被提高到每磅 4 美分。

◇ 1790 年：第一份粗糙的包装咖啡被放在"窄口粗陶壶和粗陶罐中"，由纽约商人贩卖。

◇ 1791 年：一位名为约翰·霍普金斯的英国贸易商将里约热内卢的第一批咖啡出口

至葡萄牙里斯本。

◇ 1792 年：唐廷咖啡馆于纽约市创建。

◇ 1794 年：美国的咖啡进口关税上涨到每磅 5 美分。

◇ 1798 年：小托马斯·布鲁夫二世因改良的咖啡研磨磨臼获得了第一项美国专利。

◇ 1800 年 *：菊苣在荷兰开始被当作咖啡替代品使用。

◇ 1800 年 *：后来改为瓷制的锡制德贝洛侬咖啡壶出现——最原始的法式滴漏咖啡壶。

◇ 1800*—1900 年 *：在英国，手柄与壶嘴呈直角的咖啡供应壶风格有回归的趋势。

◇ 1802 年：第一项咖啡滤器的法国专利被核发给德诺贝、亨利翁和鲁什——发明了"浸泡方式的药物学 – 化学法咖啡制作器具"。

◇ 1802 年：查尔斯·怀亚特以一种蒸馏咖啡的器具获得一项伦敦的专利。

◇ 1804 年 *：第一批由摩卡送出的咖啡货运以及其他东印度出产物，被放置于船舱底层，送往马萨诸塞州塞勒姆。

◇ 1806 年：詹姆斯·亨克被核发一项咖啡干燥机的英国专利，"一项由外邦人传达给他的发明"。

◇ 1806 年：无须煮沸，以过滤方式制作咖啡的改良法式滴漏咖啡壶所获得的第一项法国专利被核发给哈德罗特。

◇ 1806 年：居住在巴黎，被流放的美籍科学家伦福德伯爵（本杰明·汤普森）发明咖啡渗滤壶（即改良后的法式滴漏咖啡壶）。

◇ 1808 年：咖啡在哥伦比亚库库塔附近小规模种植，这里的咖啡是在 18 世纪后半叶由委内瑞拉引进的。

◇ 1809 年：美国第一批由巴西进口的咖啡抵达马萨诸塞州塞勒姆。

◇ 1809 年：咖啡在巴西成为贸易商品。

◇ 1811 年：一位伦敦食品杂货商兼茶叶商华特·洛克弗德因压缩咖啡块在伦敦获得了一项专利。

◇ 1812 年：英国的咖啡是在铁锅或在以铁皮制作的空心圆筒中烘焙，然后再用研钵捣碎，或用手摇磨臼研磨。

◇ 1812 年：安东尼·施依克获得一项关于烘焙咖啡法（或者说步骤）的英国专利，

但规格说明书从未被提出。

◇ 1812 年：咖啡在意大利是被人放在配有松松的软木塞的玻璃瓶中烘焙的，玻璃瓶被保持在木炭燃烧的澄澈火焰上，并且被不间断地进行搅动。

◇ 1812 年：美国的咖啡进口关税由于战争税收措施的原因，上涨到每磅 10 美分。

◇ 1813 年：一项研磨和捣碎咖啡的磨豆机美国专利被核发给康涅狄格州纽海文市的亚历山大·邓肯·摩尔。

◇ 1814 年：战争时期茶和咖啡投机生意的狂热，令费城的居民组成了一个不消费协会，每个立誓加入的人都必须保证不会为每磅咖啡付出比 25 美分还高的价格，还有不喝茶，除非是已经运进国内的。

◇ 1816 年：美国的咖啡进口关税下降到每磅 5 美分。

◇ 1817 年 *：比金壶（据说是由一位名叫比金的人所发明的）在英国开始被普遍使用。

◇ 1818 年：供咖啡现货交易及取得咖啡的利哈佛咖啡市场被创建。

◇ 1819 年：巴黎锡匠莫理斯发明了一种双重滴漏、可翻转咖啡壶。

◇ 1819 年：罗伦斯因最早的泵浦式渗滤器具而获得了一项法国专利，水在这个器具中会被蒸汽压推高并滴流在磨好的咖啡上。

◇ 1820 年：巴尔的摩的佩瑞格林·威廉森因在 1820 年对咖啡烘焙做出的改良而被核发了在美国的第一项专利。

◇ 1820 年：另一种早期的法式渗滤壶由巴黎锡匠格德获得专利。

◇ 1822 年：缅因州的内森·里德被核发咖啡脱壳机的美国专利。

◇ 1824 年：理查德·埃文斯因烘焙咖啡的商用方法获得了英国专利，此项专利包括了装有供混合用的改良式凸缘的圆筒形铁皮烘焙器；在烘焙的同时为咖啡取样的中空管子及试验物；以及将烘焙器彻底翻转以便清空内容物的方法。

◇ 1825 年：借由蒸汽压力和部分真空原理作用的泵浦式渗滤壶在法国、荷兰、德国、奥地利以及其他地方开始流行。

◇ 1825 年：第一项咖啡壶的美国专利被人核发给纽约的刘易斯·马爹利。

◇ 1825 年：咖啡种植由里约热内卢被人引进了夏威夷。

◇ 1827 年：巴黎一位镀金珠宝制造商雅克·奥古斯汀·甘达斯发明了第一台真正能实际使用的泵浦渗滤壶。

◇ 1828 年：康涅狄格州梅里登的查尔斯·帕克开始着手研究最初的帕克咖啡磨豆机。

◇ 1829 年：第一项咖啡磨豆机的法国专利被核发给法国穆尔塞姆的 Colaux&Cie。

◇ 1829 年：劳扎恩公司开始在巴黎制作手摇式铁制圆筒咖啡烘焙机。

◇ 1830 年：美国的咖啡进口关税调降至每磅 2 美分。

◇ 1831 年：戴维·塞尔登因一台有铸铁制研磨锥的咖啡磨豆机而被核发一项英国专利。

◇ 1831 年：英国的约翰·惠特莫公司开始制造咖啡种植机械。

◇ 1831 年：美国的咖啡进口关税调降至每磅 1 美分。

◇ 1832 年：康涅狄格州梅里登的爱德蒙·帕克与 M. 怀特因一种新式的家用咖啡与香料研磨器，被核发了 1 项美国专利。（查尔斯·帕克公司也在同年奠定基础。）

◇ 1832 年：由强制劳动力进行官方咖啡种植的方式被引进爪哇。

◇ 1832 年：咖啡被列在美国的免税清单上。

◇ 1832—1833 年：康涅狄格州柏林镇的阿米·克拉克因改良家用咖啡及香料研磨器获得美国专利。

◇ 1833 年：康涅狄格州哈特福德的阿莫斯·兰森在 1833 年获得一项咖啡烘焙器的美国专利。

◇ 1833—1834 年：詹姆斯·威尔德在纽约建立了一家全英式咖啡烘焙及研磨工厂。

◇ 1834 年：这一年标示着哥伦比亚最早有记录的咖啡出口。

◇ 1834 年：约翰·查斯特·林曼因将装配有金属锯齿的圆形木盘用在咖啡脱壳机上而获得一项英国专利。

◇ 1835 年：波士顿的托马斯·迪特森获得脱壳机的美国专利。随后还获得另外 10 项专利。

◇ 1835 年：爪哇及苏门答腊开始出现最早的私人咖啡庄园。

◇ 1836 年：第一项咖啡烘焙机的法国专利核发给了巴黎的弗朗索瓦·勒内·拉库的陶瓷制复合式咖啡烘焙研磨机。

◇ 1837 年：里昂的弗朗索瓦·伯莱特因法国第一种咖啡替代品获得专利。

◇ 1839 年：詹姆斯·瓦迪和莫里茨·普拉托因一种采用真空步骤制作咖啡，且上层器皿为玻璃制作的瓮形渗滤式咖啡壶，而被核发了一项英国专利。

◇ 1840 年：咖啡种植被引进萨尔瓦多。

◇ 1840 年：中美洲开始将咖啡运往美国。

◇ 1840 年 *：罗伯特·纳皮尔父子克莱德造船公司的罗伯特·纳皮尔发明了一种借由蒸馏和过滤来制作咖啡的纳皮尔真空咖啡机，然而，此器具从未被注册专利。（见 1870 年条目。）

◇ 1840 年：纽约州波兰的阿贝尔·史提尔曼获得 1 项美国专利，专利内容是在家用咖啡烘焙器上加上让操作者得以在烘焙过程中观察咖啡的云母片窗口。

◇ 1840 年：英国人开始在印度种植咖啡。

◇ 1840 年：威廉·麦金开始制造咖啡农庄种植机械。（他的公司创立于 1798 年。）

◇ 1842 年：第一个玻璃制咖啡器具的法国专利被核发给里昂的瓦瑟夫人。

◇ 1843 年：巴黎的爱德华·洛伊塞尔·德·桑泰因改良式咖啡制作机器获得专利，机器的原理随后被体现在一个 1 小时冲煮 2000 杯咖啡的流体静力渗滤壶上。

◇ 1846 年：波士顿的詹姆斯·W. 卡特因他的"拉出式"烘豆机而被核发 1 项美国专利。

◇ 1847 年：巴尔的摩的 J. R. 雷明顿获得 1 项咖啡烘焙机的美国专利，专利内容是采用以箕斗轮将咖啡生豆用单一方向推送穿过一个以木炭加热的槽，生豆在通过转动的箕斗轮的同时被烘焙。

◇ 1847—1848 年：威廉和伊丽莎白·达金因一个有金、银、白金，或合金内衬的烘焙圆筒，还有架设在天花板轨道上，将烘豆器由烘炉中移进和移出的移动式滑动台架设计的烘豆机在英国获得专利。

◇ 1848 年：托马斯·约翰·诺里斯因镀有珐琅的有孔渗滤式烘焙圆筒获得 1 项英国专利。

◇ 1848 年：咖啡研磨机器的第一项英国专利被核发给路克·赫伯特。

◇ 1849 年：利哈佛的阿波莱奥尼·皮埃尔·普雷特雷将咖啡烘焙机架设在称重器具上，以显示烘焙过程中的重量流失并自动中断烘焙过程，因而获得 1 项英国专利。

◇ 1849 年：辛辛那提的托马斯·R. 伍德因改良一台为厨房炉具设计的球形咖啡烘焙机获得 1 项美国专利。

◇ 1850 年：约翰·戈登有限公司开始在伦敦制造咖啡农园机械。

◇ 1850 年 *：约翰·沃克为咖啡种植事业引进他的圆筒碎浆机。

◇ 1852 年：爱德华·吉因一款烘焙改良式复合烘豆装置在英国获得 1 项专利；烘豆机有一个打有孔洞的圆筒，并装配了供烘焙时翻转咖啡豆之用的倾斜凸缘。

◇ 1852 年：罗伯特·鲍曼·坦内特因一台双圆筒式碎浆机在英国获得 1 项专利。随后还获得其他专利。

◇ 1852 年：塔维涅因一种咖啡块获得 1 项法国专利。

◇ 1853 年：拉卡萨涅与拉楚德因制作咖啡的固态及液态萃取物获得 1 项法国专利。

◇ 1855 年：纽约州比肯市的 C. W. 范·弗利特因一台上层为断裂锥、下层是研磨锥的家用咖啡磨豆机而被核发 1 项美国专利。此专利被让渡给了康涅狄格州梅里登的查尔斯·卡特。

◇ 1856 年：韦特和谢内尔的欧道明咖啡壶在美国注册专利。

◇ 1857 年：诺威公司咖啡清洗机械的专利在美国提出专利申请。随后还有 16 项其他专利。

◇ 1857 年：乔治·L. 史奎尔于纽约州水牛城开始制造咖啡农园机械。

◇ 1859 年：约翰·戈登因咖啡碎浆机而获得 1 项英国专利。

◇ 1860 年 *：包装式研磨咖啡的先驱奥斯彭调制的爪哇咖啡，由路易斯·A. 奥斯彭投放至纽约市场上。

◇ 1860 年：一位在哥斯达黎加圣荷西的美籍机械工程师马可斯·梅森发明梅森咖啡碎浆清洁机。

◇ 1860 年：约翰·沃克获得为去除阿拉伯咖啡豆果肉所制作圆盘式碎浆机的英国专利。

◇ 1860 年：阿莱克修斯·范·居尔彭开始在德国埃默里希生产咖啡生豆分级机器。

◇ 1861 年：由于战争税收措施的原因，美国的咖啡进口关税达到每磅 4 美分。

◇ 1862 年：美国第一家为散装咖啡制作纸袋的公司在布鲁克林开始营运。

◇ 1862 年：费城的 E. J. 海德获得 1 项美国专利，专利内容是咖啡烘焙机与装配有起重机的火炉组合，烘焙圆筒在有起重机的火炉上能够被旋转，并可水平回转以清空与重新装填。

◇ 1864 年：纽约的杰贝兹·伯恩斯因伯恩斯咖啡烘焙机获得了 1 项美国专利，这是第一台在清空咖啡豆时，不需要由火源处移开的机器：这在咖啡烘焙装置的制造方面是一项独特的发展。

◇ 1864 年：詹姆斯·亨利·汤普森、霍博肯及约翰·利杰伍德因一台咖啡脱壳机获得 1 项英国专利。

◇ 1865 年：约翰·艾伯克将独立包装的烘焙咖啡引进匹兹堡的市场，即名为"Ariosa"包装咖啡的先驱。

◇ 1866 年：美国驻里约热内卢代理大使威廉·范·弗利克·利杰伍德获 1 项咖啡脱壳清洗机的英国专利。

◇ 1867 年：杰贝兹·伯恩斯获得一台咖啡冷却机、一台咖啡混合机，以及一台研磨机——或可说造粒机的美国专利。

◇ 1868 年：纽约的托马斯·佩吉开始制造与卡特烘豆机类似的一款拉出式咖啡烘焙机。

◇ 1868 年：与 J. H. 蓝辛及西奥多·冯·金伯恩合伙的阿莱克修斯·范·居尔彭，开始在德国埃默里希制造咖啡烘焙机器。

◇ 1868 年：康涅狄格州米德尔顿的 E. B. 曼宁在美国注册他的茶与咖啡两用壶的专利。

◇ 1868 年：约翰·艾伯克因一种烘焙咖啡涂布层配方获得 1 项美国专利，配方中包括鹿角菜、鱼胶、明胶、糖以及蛋。

◇ 1869 年：纽约的埃利·莫内斯与 L. 杜帕尔 - 奎特因一个以铜片制成、内里有纯锡片内衬的咖啡壶获得 3 项美国专利。

◇ 1869 年：纽约的 B. G. 阿诺德策划了第一宗大批生豆投机买卖；他作为操盘手的成功为他赢得了咖啡贸易之王的称号。

◇ 1869 年：费城威克尔 & 史密斯香料公司的亨利·H. 史麦泽获得一个可同时供咖啡使用的香料盒的美国专利。

◇ 1869 年：伦敦的咖啡贩卖执照被废止。

◇ 1869 年：咖啡叶斑病侵袭锡兰的咖啡庄园。

◇ 1870 年：费城的约翰·古利克·贝克是宾夕法尼亚州企业制造（Enterprise Manufacturing）公司的创办人之一，因一台由企业制造公司以"冠军一号"研磨机之名引进给同业的咖啡磨豆器而获得一项专利。

◇ 1870 年：老德勒芬·马鲁姆因一种可在火焰上翻转的管状咖啡烘豆器而获得 1 项法国专利。

◇ 1870 年：德国埃默里希的阿莱克修斯·范·居尔彭制作出一款有孔洞及排气装置的球形咖啡烘焙器。

◇ 1870 年：苏格兰格拉斯哥的 Thos，Smith&Son 公司（后继者是艾尔金顿公司）为了以蒸馏方式煮制咖啡，开始生产纳皮尔真空咖啡机。

◇ 1870 年：俄亥俄州哥伦布的巴特勒·艾尔哈特公司注册了美国第一个咖啡香精的商标。

◇ 1870 年：巴西第一家咖啡稳价企业最终以失败收场。

◇ 1871 年：纽约的 J. W. 吉利斯因在咖啡烘焙及处理过程当中，加入了冷却处理过程而获得 2 项美国专利。

◇ 1871 年：美国第一个咖啡商标被核发给俄亥俄州哥伦布巴特勒·艾尔哈特公司，该公司于 1870 年首度开始使用 "Buckeye"。

◇ 1871 年：G. W. 亨格弗尔德因一台咖啡清洁磨光机获得 1 项美国专利。

◇ 1871 年：美国的咖啡进口关税降至每磅 3 美分。

◇ 1872 年：纽约的杰贝兹·伯恩斯因一台改良式咖啡造粒磨粉机获得 1 项美国专利。另一项专利于 1874 年取得。

◇ 1872 年：危地马拉城的乔科拉的 J. 瓜迪欧拉因一台咖啡碎浆机及一台咖啡干燥机首次获得他的美国专利。

◇ 1872 年：美国取消咖啡进口关税。

◇ 1872 年：纽约的罗伯特·休伊特二世出版了美国第一本关于咖啡的著作，《咖啡：历史、种植，与用途》。

◇ 1873 年：费城的 J. G. 贝克是宾夕法尼亚州企业制造公司的股东，他因一台后来被业界称为 "全球企业冠军〇号" 的研磨磨粉机获得 1 项美国专利。

◇ 1873 年：马可斯·梅森开始在美国生产咖啡农庄种植机械。

◇ 1873 年：第一个成功的包装咖啡全国性品牌 "Ariosa" 被匹兹堡的约翰·艾伯克投放到美国市场上。（于 1900 年注册。）

◇ 1873 年：巴尔的摩的 H. C. 拉克伍德因一种以纸制成，并加上锡箔内衬的咖啡包装获得 1 项美国专利。

◇ 1873 年：第一个为控制咖啡而成立的国际联盟在德国法兰克福由德国贸易公司成立组织，同时此组织成功地运行了 8 年。

◇ 1873 年：杰伊·库克股票市场恐慌导致里约咖啡豆在纽约市场的价格于一天内，从 24 美分降到 15 美分。

◇ 1873 年：乔治亚州格里芬的 E.达格代尔因咖啡替代品获得 2 项美国专利。

◇ 1873 年：设计用来取代小酒吧成为劳工的休闲场所的第一间"咖啡宫殿"——爱丁堡城堡在伦敦开张。

◇ 1874 年：约翰·艾伯克因一台咖啡清洁分级机获得 1 项美国专利。

◇ 1875 年、1876 年、1878 年：宾夕法尼亚州新布莱顿的特纳斯特罗布里奇因首度由 Logan&Strowbridge 公司制造的箱式咖啡磨粉机获得 3 项美国专利。

◇ 1876 年：约翰·曼宁在美国生产他的阀门式渗滤咖啡壶。

◇ 1876—1878 年：水牛城的亨利·B. 史蒂文斯是水牛城人士乔治·L. 斯奎尔的让与人，他因咖啡清洁与分级机器而获得美国专利。

◇ 1877 年：一台商用咖啡烘焙机的第 1 项德国专利被核发给 G.Tuberman 之子。

◇ 1877 年：巴黎的马尚和伊涅特因一台圆形，或说球形咖啡烘豆机获得 1 项法国专利。

◇ 1877 年：瓦斯咖啡烘豆机的第一项法国专利被核发给马赛的鲁雷。

◇ 1878 年：咖啡种植被引进英属中非。

◇ 1878 年：《香料磨坊》是第一份提献给咖啡及香料行业的报纸，由杰贝兹·伯恩斯在纽约创立。

◇ 1878 年：康涅狄格州新不列颠的兰德斯 & 弗雷里 & 克拉克公司让与人鲁道弗斯·L.韦伯因改良家用箱式咖啡研磨器而获得 1 项美国专利。

◇ 1878 年：波士顿的咖啡烘焙商 Chase&Sanborn 是第一家将烘焙咖啡以密封容器包装及运送的公司。

◇ 1878 年：费城的约翰·C.戴尔因一台供店面使用的咖啡磨粉机获得 1 项美国专利。

◇ 1878 年：英国人开始在中非地区种植咖啡。

◇ 1879 年：英国兰卡斯特斯托克波特的 H. 福尔德因第一台英国燃气式咖啡烘焙机获得 1 项英国专利，这台机器目前由 Grocers Engineering&Whitmee 公司制造。

◇ 1879 年：英国的弗勒里与巴克公司发明了一种新的燃气式咖啡烘焙机。

◇ 1879 年：里约热内卢的 C. F. 哈格里夫斯因脱壳、光亮，以及分离咖啡豆的机械装置获得 1 项英国专利。

◇ 1879 年：纽约的查尔斯·霍尔斯特德是第一位生产有陶瓷内衬的金属咖啡壶的人。

◇ 1879—1880 年：康涅狄克州绍辛顿佩克·斯托·威尔考克斯公司的奥森·W. 斯托因对咖啡及香料磨粉器进行改良而获得 1 项美国专利。

◇ 1880 年：由于巴西、墨西哥，以及中美洲等地的咖啡种植与采购企业联合组织，美国在咖啡贸易上遭受到了极为沉重的打击。

◇ 1880 年：配有盖子、底部有可供澄清与过滤之平纹细布的咖啡壶首次由 Duparquet，Huot&Moneuse 公司在美国制造。

◇ 1880 年：英国曼彻斯特的彼得·皮尔森因将一款咖啡烘焙器的燃料由煤炭改为瓦斯而获得 1 项英国专利。

◇ 1880 年：费城的亨利·史麦泽因一台包装充填机获得 1 项美国专利，此机器是称重包装机的先驱，约翰·艾伯克因掌控此机器而开启了与哈弗迈尔的咖啡与糖之争端。

◇ 1880 年：有着花哨外形的咖啡包装纸袋首次在德国使用。

◇ 1880—1881 年：G. W. 亨格弗尔德与 G. S. 亨格弗尔德因清洁、冲刷与亮光咖啡的机器获得美国专利。

◇ 1880—1881 年：北美以"三位一体"（O. G. 金博尔、B. G. 阿诺德，以及鲍伊·达许，全都来自纽约）为人所知的第一个大型咖啡贸易联盟以轰动社会的方式解体，联盟的失败与巴西、墨西哥以及中美洲等地的咖啡种植与采购企业联合组织有关。

◇ 1881 年：史提尔与普莱斯公司首先引进全纸制（硬纸板）的咖啡罐。

◇ 1881 年：布鲁克林的 C. S. 菲利普斯因咖啡的陈化与熟成获得 3 项美国专利。

◇ 1881 年：德国埃默里希的 Emmericher Machinenfabrik und Eisengiesserei 公司开始制造附有瓦斯加热器的密封球形烘豆器。

◇ 1881 年：杰贝兹·伯恩斯因对他自己的烘豆器进行结构改良而获得 1 项美国专利，

包括了一个可同时供重新装填及清空使用的可翻转前端顶部。

◇ 1881 年：艾德加·H. 摩根与查尔斯摩根兄弟开始制造家用咖啡磨粉机，后来（1885 年）被伊利诺伊州弗里波特的 Arcade 制造公司购得。

◇ 1881 年：纽约的弗朗西斯·T. 特伯出版了美国第二重要的咖啡著作，《咖啡：从农场到杯中物》。

◇ 1881 年：布鲁克林的哈维·里克将被称为"老大"的"1 分钟"咖啡壶及咖啡瓮引进这个行业，"老大"随后改名为"1 分钟"，而加以改良后，以"半分钟"咖啡壶之名注册专利（1901 年），它是使用厚底棉布袋的过滤装置。

◇ 1881 年：纽约咖啡交易所成立。

◇ 1882 年：纽约的克里斯多弗·阿贝尔因对一款与被称为 Knickerbocker 初始伯恩斯机型（专利已于 1864 年过期）类似的咖啡烘豆机进行改良而在美国获得 1 项专利。

◇ 1882 年：亨格弗尔德父子制作出一款与最早的伯恩斯机型相似的咖啡烘焙机，与克里斯多弗·阿贝尔竞争。

◇ 1882 年：柏林的艾米尔·诺伊施塔特因最早的咖啡萃取液制作机获得 1 项德国专利。

◇ 1882 年：第一个法国咖啡交易——或说集散市场，在利哈佛开幕。

◇ 1882 年：纽约咖啡交易所开始营业。

◇ 1883 年：伯恩斯改良式样本咖啡烘焙机由杰贝兹·伯恩斯在美国注册专利。

◇ 1884 年：后来被称为"马里昂·哈兰德"的"星辰"咖啡壶被引进咖啡业。

◇ 1884 年：Chicago Liquid Sac 公司将最初纸与锡罐的组合咖啡容器引进美国。

◇ 1885 年：F. A. 哥舒瓦将一款陶瓷内衬的咖啡瓮引进美国市场。

◇ 1885 年：纽约咖啡交易所的资产被移转至纽约市咖啡交易所，经由特殊许可进行合并。

◇ 1885 年：咖啡种植被引进比属刚果。

◇ 1886 年：沃克父子有限公司开始在锡兰实验一种利比里亚盘状咖啡碎浆机；在 1898 年彻底完善。

◇ 1886—1888 年："咖啡大爆发"迫使里约第七类咖啡期货的价格由 7.5 美分上升到 22.25 美分，其后的恐慌将价格削减到 9 美分。1887 年到 1888 年纽约咖啡交易所的总销量是 47,868 袋；同时在 1886 年到 1887 年间，价格上扬了 1485 点。

◇ 1887 年：伦敦的 Beeston Tupholme 因一台直火瓦斯咖啡烘豆机获得 1 项英国专利。

◇ 1887 年：咖啡种植被引进日本、越南。

◇ 1887 年：咖啡交易所在阿姆斯特丹及汉堡开始营业。

◇ 1888 年：巴西奴隶制度的废止令咖啡工业蒙受损害，并为君主政体的衰落铺路，其后在 1888 年被共和体制承接。

◇ 1888 年：巴西圣保罗皮拉西卡巴的 Evaristo Conrado Engelberg 因一台咖啡脱壳机（于 1885 年发明）获得 1 项美国专利；同年，纽约雪城的 Engelberg 脱壳机公司以制造并贩卖 Engelberg 机器为目的而组织成立。

◇ 1888 年：荷兰海牙的卡雷尔·F. 亨尼曼因一款直火式瓦斯咖啡烘豆机而获得 1 项西班牙专利。

◇ 1888 年：1 项法国专利因一台燃气式烘豆机被核发给 Postulart。

◇ 1889 年：1886 年由苏格兰格拉斯哥来到美国的戴维·福瑞泽创办了亨格福德公司，接替了亨格福德的生意。

◇ 1889 年：伊利诺伊州弗里波特的 Arcade 制造公司生产出第一台 "磅" 级咖啡磨粉机。

◇ 1889 年：荷兰海牙卡雷尔·F. 亨尼曼的直火式瓦斯咖啡烘豆机获得比利时、法国以及英国专利。

◇ 1889 年：C. A. 奥图因一台可在 3.5 分钟内将咖啡烘好的螺旋线圈加热瓦斯咖啡烘豆机获得 1 项德国专利。

◇ 1890 年：法国巴勒迪克的 A.Mortant 开始制造咖啡烘焙用机械。

◇ 1890 年 *：咖啡交易所于安特卫普、伦敦，及鹿特丹开始营运。

◇ 1890 年：西格蒙德·克劳特开始在柏林生产新式的防油纸质内衬咖啡包装袋。

◇ 1891 年：波士顿的新英格兰自动度量衡机械公司开始制造将咖啡称重装填至硬纸盒或其他包装的机械。

◇ 1891 年：危地马拉安提瓜的 R.F.E.O·克拉萨因一台为咖啡碎浆的机械获得 1 项重要的英国专利。

◇ 1891 年：英国肯特郡布莱克希思的约翰·李斯特因一台被描述为纳皮尔系统改良

版的蒸汽式咖啡瓮获得 1 项英国专利。

◇ 1892 年：德国埃默里希的 T. 冯·金伯因在旋转式圆筒中采用无屏蔽瓦斯火焰的咖啡烘豆机而获得 1 项英国专利。

◇ 1892 年：德国马德堡市 Buckau 的 Fried.Krupp A.G.Grusonwerk 公司开始制造咖啡种植机械。

◇ 1893 年：纽奥良的西里洛·明戈因借由使袋子潮湿的方式，让咖啡生豆熟成或陈化的加工方法获得 1 项美国专利。

◇ 1893 年：美国第一台直火瓦斯咖啡烘豆机（Tupholme 的英国机械）由 F. T. 荷姆斯安装在纽约 Potter-Parlin 公司的工厂中，他也以日租为基础的方式，在全美各地安装类似的机器，将租约限制在一个城市只有一间公司，他由 Waygood, Tupholme 公司——现今伦敦的 Whitmee 机械股份有限公司，取得美国独家代理权。

◇ 1893 年：荷兰海牙卡雷尔 F. 亨尼曼的直火式瓦斯咖啡烘豆机获得美国专利。

◇ 1894 年：第一台能称量货品并装填至硬纸盒中的自动称重机被装设在波士顿的 Chase&Sanborn 公司。

◇ 1894 年：费城的约瑟夫·M. 沃尔什出版了他的著作《咖啡：历史、分类与性质》。

◇ 1895 年：荷兰海牙的格里特 C. 奥滕及卡雷尔·F. 亨尼曼因一台咖啡豆机获得 1 项美国专利。

◇ 1895 年：阿道夫·克劳特将德国双层（防油内衬）咖啡纸袋引进美国。

◇ 1895 年：纽约马可斯·梅森公司的让与人马可斯·梅森因咖啡碎浆及亮光的机械获得美国专利。

◇ 1895 年：费城的托马斯 M. 罗亚尔是第一位在美国制造新式双层内衬咖啡纸袋的人。

◇ 1895 年：埃德列斯坦·贾丁在巴黎出版了他关于咖啡的作品《咖啡店及它们的店主》。

◇ 1895 年：马萨诸塞州昆西的电子度量衡公司开始制作气动式称量机械；生意由马萨诸塞州诺福克·唐斯的气动式度量衡股份有限公司接续。

◇ 1895 年：荷兰机械亨尼曼直火式瓦斯咖啡烘焙机由马萨诸塞州菲奇堡的 C. A. 克罗斯引进美国。

◇ 1896 年：天然气在美国首次被用来作为烘焙咖啡的燃料，于宾夕法尼亚州与印第安纳州将改良式瓦斯炉放置在煤炭烘焙圆筒下方。

◇ 1896 年：咖啡在东非肯尼亚进行实验性栽种。

◇ 1896—1897 年：贝斯顿·图普霍尔姆因他的直火瓦斯咖啡烘焙机获得美国专利。

◇ 1896 年：咖啡种植被小范围地引进了澳洲昆士兰。

◇ 1897 年：佛蒙特州的约瑟夫·兰伯特开始在密歇根州巴特尔克里克制造并贩卖兰伯特独立式咖啡烘豆机，这款机器没有当时咖啡烘焙机器必备的砖砌镶嵌底座。

◇ 1897 年：一款特殊的瓦斯炉（后成为专利申请的依据）首次被附加在一般的伯恩斯烘豆机上。

◇ 1897 年：宾夕法尼亚州的企业制造公司是第一个习惯性采用以电动马达经由所安装之皮带轮驱动的商用咖啡磨粉机公司。

◇ 1897 年：新泽西霍博肯的卡尔·H. 杜林是纽约 D.B. 弗雷泽的让与人，他因一款咖啡烘焙机获得 1 项美国专利。

◇ 1898 年：俄亥俄州特洛依的霍博特制造公司将最早接有电动马达且经由所附加皮带轮驱动的首批咖啡磨粉机投放到市场上。

◇ 1898 年：布鲁克林的米拉尔德·F. 汉姆斯利因一款改良式直火瓦斯咖啡烘焙机获得 1 项美国专利。

◇ 1898 年：纽约的爱德恩·诺顿因罐装食物的真空加工步骤获得了 1 项美国专利，此步骤后来也被应用在咖啡包装上。其后还有其他专利。

◇ 1898 年：一位杰出的委内瑞拉男士 J. A. 奥拉瓦里亚首先提出限制咖啡生产计划，以及调整受咖啡生产过剩之苦国家咖啡出口策略的主张。

◇ 1898 年：一项卖空行动迫使里约第七类咖啡期货在纽约咖啡交易所的价格下跌到了 4.5 美分。

◇ 1899 年：黑死病的暴发让咖啡价格暂时停止下滑。

◇ 1899 年：新泽西菲利普斯堡的瓶罐公司开始为咖啡制造纤维本体、锡底的正方形及矩形罐头。

◇ 1899 年：东京化学家佐藤加藤在芝加哥发明可溶性咖啡。

◇ 1899 年：纽约的戴维·B. 福瑞泽获得两项美国专利，其一是核发给一台咖啡烘焙机，另一项则是咖啡冷却机。

◇ 1899 年：纽约的埃利斯·M. 波特因将某些改良体现在 Tupholme 的机器上，改进制作出直火瓦斯咖啡烘焙机获得了 1 项美国专利，在这台改良的机器中，瓦斯火焰大范围地延伸，如此可避免烧焦，并确保更彻底与均匀地烘焙。

◇ 1900 年：装配有获得专利、位置在正中央，供充填及清空咖啡豆之用的摇摆闸门顶端的伯恩斯直火瓦斯咖啡烘豆机首度被引进咖啡业内。

◇ 1900 年：第一台齿轮传动电动咖啡磨粉机由宾夕法尼亚州的企业制造公司引进美国市场。

◇ 1900 年：伯恩斯摇摆栅门咖啡试样烘焙装备在美国注册专利。

◇ 1900 年：旧金山的希尔斯兄弟是首先在诺顿专利授权下，将咖啡真空包装的公司。

◇ 1900 年：伊利诺伊州弗里波特的查尔斯·摩根因一款配有可拆卸玻璃量杯的玻璃罐咖啡磨粉器获得 1 项美国专利。

◇ 1900 年：危地马拉安提瓜的 R.F.E.O·克拉萨因咖啡去壳及干燥的机器获得英国及一项美国的专利。

◇ 1900 年：以化学方法纯化及中和后的松香被用作使烘焙咖啡保持新鲜及美味的亮光剂在德国首先被发现并应用。

◇ 1900 年：查尔斯·刘易斯因他的"Kin Hee"过滤式咖啡壶获得 1 项美国专利。

◇ 1900 年：肯尼亚开始进行商业规模咖啡种植。

◇ 1900—1901 年：咖啡在圣多斯咖啡永久取代里约咖啡，成为世界最大咖啡供应来源，迈入了一个全新的纪元。

◇ 1901 年：佐藤加藤的可溶性咖啡由在水牛城参加泛美博览会的加藤咖啡公司投放至美国市场。

◇ 1901 年：美国瓶罐公司开始在美国制造并贩卖锡制咖啡罐。

◇ 1901 年：改良版全纸质咖啡罐（以硬纸板、纯色刨花板，或以马尼拉纸制成的刨花板制作而成）由圣路易的 J.H. 库兴迈斯特引进美国市场。

◇ 1901 年：专门关注茶叶及咖啡贸易的《茶与咖啡贸易期刊》第 1 期在纽约出现。

◇ 1901 年：咖啡种植由留尼汪岛被引进英属东非地区。

◇ 1901 年：纽约的罗伯特·伯恩斯因一台咖啡烘豆机及冷却机获得 2 项美国专利。

◇ 1901 年：密歇根州马歇尔的约瑟夫·兰伯特将一款瓦斯咖啡烘焙机引进美国咖啡业界，那是最早采用瓦斯为燃料进行非直火烘焙的机器之一。

◇ 1901 年：英国米德尔萨克斯宾福特的 T. C. 穆尔伍德因一台配有可拆卸取样管的瓦斯咖啡烘焙机获得 1 项英国专利。

◇ 1901 年：F. T. 荷姆斯加入位于纽约西尔弗克里克的韩特利制造公司，随后开始为咖啡业打造"监测者"咖啡烘豆机。

◇ 1901 年：兰德斯 & 弗雷里 & 克拉克的通用渗滤式咖啡壶在美国注册专利。

◇ 1902 年：寇尔斯制造公司（Braun 公司的接续者）与费城的 Henry Troemner 开始制造及销售齿轮传动电动咖啡磨粉器。

◇ 1902 年：在墨西哥市举行的泛美会议提议进行研究咖啡的国际会议，于 1902 年 10 月在纽约集会。

◇ 1902 年：10 月 1 日到 10 月 30 日于纽约举办了一场国际咖啡会议。

◇ 1902 年：罗布斯塔咖啡由布鲁塞尔植物园被引进爪哇。

◇ 1902 年：Union Bag&Paper 公司制造首批使用整卷纸、以机械制作的新式双层纸袋。

◇ 1902 年：Jagensberg 机械公司开始将德国制的一种咖啡自动包装标签机引进美国。

◇ 1902 年：明尼亚波利斯的 T. K. 贝克因一款布质滤器咖啡壶获得 2 项美国专利。

◇ 1903 年：一项关于浓缩咖啡及制作浓缩咖啡步骤（可溶性咖啡）的美国专利被核发给芝加哥的佐藤加藤，他是芝加哥加藤咖啡公司的让与人。

◇ 1903 年：F. A. 哥舒瓦将科菲的可溶性咖啡引进美国咖啡业界，此产品乃是将事先研磨好的烘焙咖啡与糖混合在一起，并使其变为粉末。

◇ 1903 年：巴西咖啡豆的过量生产使圣多斯第四类咖啡期货在纽约交易所的价格降至 3.55 美分，是咖啡有史以来的最低价。

◇ 1903 年：纽约的约翰·艾伯克因一台采用风扇强制"热火气"进入烘焙圆筒的咖啡烘焙装置获得 1 项美国专利。

◇ 1903 年：纽约的乔治·C. 莱斯特因一台电气式咖啡烘豆机获得 1 项美国专利。

◇ 1904 年：E·丹尼克马普博士因一种旨在保存咖啡风味及香气的松香亮光剂而获得 1 项美国专利。

◇ 1904 年：所谓的"棉花群众"在 D. J. 苏利的领导下，强迫生豆价格上涨到 11.85 美分，所有纽约咖啡交易所的商业记录都因 2 月 5 日超过百万袋的销售而崩盘。

◇ 1904 年：纽约 S.Sternau 公司的让与人西格蒙德·斯特瑙、J.P·斯德普，以及 L. 斯特拉斯伯格因一款渗滤式咖啡壶获得 1 项美国专利。

◇ 1904—1905 年：纽约马可斯·梅森公司的让与人道格拉斯·戈登因一台咖啡碎浆机及一台咖啡干燥机获得美国专利。

◇ 1905 年：水牛城的 A.J.Deer 公司（现在位于纽约霍内尔）开始以分期付款的方式，直接对经销商销售自家的"皇家"电气式磨粉机，彻底改变了从前必须通过设备批发商贩卖咖啡磨粉器的做法。

◇ 1905 年：H. L. 约翰生获得了 1 项核发给咖啡磨粉机的美国专利，他的这项专利之后又被让渡给位于俄亥俄州特洛依的霍博特制造公司。

◇ 1905 年：费德利克·A. 哥舒瓦引进他的"私人庄园"咖啡滤器，这是一款采用日制滤纸的过滤装置。

◇ 1905 年：费城的 Finley Acker 因一款采用"有孔或吸水的纸张"作为过滤材料且有侧边过滤功能的渗滤式咖啡壶获得了 1 项美国专利。

◇ 1905 年：咖啡交易所在奥匈帝国的里雅斯特开始营运。

◇ 1905 年：不来梅的 The Kaffee-Handels Aktiengesellschaft 因一种将咖啡因由咖啡中去除的加工步骤而获得 1 项德国专利。

◇ 1906 年：密苏里州堪萨斯市的 H. D. 凯利因"凯伦姆自动测温"咖啡瓮获得 1 项美国专利，此瓮采用了一个底层咖啡在以真空步骤进行渗滤前，会持续被搅动的咖啡萃取器。随后还有 16 项专利。

◇ 1906 年：一位双亲为英国人、出生于比利时的美籍化学家 G. 华盛顿在暂住危地马拉市期间，发明精制的可溶性咖啡。

◇ 1906 年：韩特利制造公司的让与人法兰克·T. 荷姆斯因一项对咖啡烘焙机器的改良获得 1 项专利。

◇ 1906 年：发明于 1900 年的莫格林上尉的电力咖啡烘豆机在德国进行实机展示。

◇ 1906 年：圣路易埃斯穆勒磨坊家具公司的让与人路德维希·施密特因一台咖啡烘焙机获得 1 项美国专利。

◇ 1906 年：首届巴西咖啡生产州大会在 2 月于圣保罗陶巴特举行。

◇ 1906—1907 年：巴西的咖啡收成达到破纪录的 2190 万袋，而圣保罗州展开一项稳定咖啡价格的计划。

◇ 1907 年：《纯净食品与药品法》在美国联邦生效，所有咖啡都有义务正确加以标示。

◇ 1907 年：米兰的德西德里奥·帕沃尼因对用来快速制作 1 杯咖啡的 Bezzara 咖啡制备供应系统所做出的改良而获得 1 项意大利专利。

◇ 1907 年：芝加哥的埃德豪尔夫人因一台双层自动称量机获得 1 项美国专利，这是第一台用来称量咖啡简单、迅速、正确，同时价格中庸的机器。

◇ 1908 年：约翰·弗雷德里克·梅尔二世博士、路德维希·罗斯利乌斯，以及卡尔·海因里希·维穆尔因一种去除咖啡豆中咖啡因的加工方法获得 1 项美国专利。

◇ 1908 年：巴西开始在英国借由发给为宣传咖啡之目的而组织起来的英国公司津贴，来进行咖啡宣传活动。

◇ 1908 年：波多黎各咖啡农向美国国会提交一份备忘录，要求所有外来咖啡都享有每磅 6 美分的保护性关税。

◇ 1908 年：巴西政府透过赫尔曼·西尔肯向英国、德国、法国、比利时以及美国借贷 7500 万美金，因此和银行家建立联盟，促使咖啡企业物价稳定措施得以恢复。

◇ 1908 年：密歇根州巴特尔克里克 J. C. 普林斯为一项设计给零售商店使用的小容量（50 磅到 130 磅）瓦斯兼煤炭咖啡烘焙机的波浪状圆筒改良取得专利。

◇ 1908 年：一台由开放式穿孔圆筒搭配可弯曲后顶部及前部平衡轴承构成的伯恩斯烘豆机改良款获得 1 项美国专利。

◇ 1908 年：芝加哥的 I. D. 里奇海默引进他的"Tricolator"，这是一款使用日制滤纸的改良装置。

◇ 1908—1911 年：危地马拉安提瓜的 R.F.E.O·克拉萨因去壳、清洗、干燥和分离咖啡的机器获得数项英国专利。

◇ 1909 年：G. 华盛顿精制特调可溶性咖啡被投放至美国市场。

◇ 1909 年：A.J.Deer 公司取得普林斯咖啡烘豆机，并以"皇家"咖啡烘豆机之名重新引进咖啡业界。

◇ 1909 年：伯恩斯倾斜式样品咖啡烘焙机因瓦斯或电力加热组件而在美国获得专利。

◇ 1909 年：纽约的费德利克·A. 哥舒瓦因一个配有供重复注水使用离心泵浦的咖啡

瓮获得 1 项美国专利。

◇ 1909 年：圣路易的 C. F. 布兰克因一个配有过滤袋的陶瓷咖啡壶获得 2 项美国专利。

◇ 1910 年：德国的无咖啡因咖啡首次由纽约的默克公司引进美国咖啡业界，品牌名称为 Dekafa，后改为 Dekofa。

◇ 1910 年：B. 贝利在意大利米兰出版一部关于咖啡的作品《咖啡馆》。

◇ 1910 年：纽约霍内尔 A.J.Deer 公司的让与人法兰克·巴尔兹因平面与凹面的咖啡研磨盘——装备有以同心圆方式排列的倾斜锯齿，获得 2 项美国专利，此研磨盘用于电气式咖啡磨粉机上。

◇ 1911 年：给咖啡使用之全纤维、羊皮纸衬里的 "Damptite" 罐头被美国罐头公司引进。

◇ 1911 年：美国的咖啡烘焙师组织了一个全国性协会。

◇ 1911 年：巴尔的摩的罗伯特·塔布特是位于华盛顿 J.E. 贝恩斯的让与人兼受托管理人，他因一款电气式咖啡烘豆机获得了 1 项美国专利。

◇ 1911 年：纽约的爱德华·阿伯尔尼引进他的 "Make-Right" 咖啡过滤器，并因此过滤器获得 1 项美国专利。

◇ 1912 年：危地马拉安提瓜的 R.F.E.O·克拉萨因清洗、干燥、分离、脱壳以及亮光咖啡的机器获得 4 项美国专利。

◇ 1912 年：圣路易的 C. F. 布兰克茶与咖啡公司生产 "Magic Cup"，后来被称为 "浮士德可溶" 咖啡。

◇ 1912 年：美国政府提起诉讼，强迫在美国的咖啡库存销售需依据物价稳定措施协议。

◇ 1912 年：底特律的约翰·E. 金因一款采用过滤附加装置的改良式渗滤咖啡壶获得 1 项美国专利。

◇ 1912 年：依合约交付罗布斯塔咖啡被纽约咖啡与糖交易所禁止。

◇ 1913 年：加州洛杉矶的 F. F. 韦尔完善了一款咖啡制作装置，此装置采用了一个可供滤纸铺设的金属制有孔夹层，放置于法式滴漏壶的英式陶制改良版咖啡壶的底部。

◇ 1913 年：危地马拉市的 F. 伦霍夫·怀尔德与 E. T. 卡贝勒斯在比利时布鲁塞尔组织了 "Société du Café Soluble Belna"，将商品名为 "Belna" 的精制可溶性咖啡投放到欧洲市场。

◇ 1913 年：俄亥俄州特洛依霍伯特电气制造公司的让与人赫伯特·L. 约翰生因一台精制咖啡的机器获得 1 项美国专利。

◇ 1914 年：咖啡馆全国商业联合会在哈佛尔朱尔斯费里广场五号成立，成立目的是保护全法国咖啡贸易的利益。

◇ 1914 年：资本额为 100 万美金的 Kaffee Hag 公司在纽约组织成立，目的是继续在美国以原始德国品牌名称销售德国的无咖啡因咖啡。

◇ 1914 年：杰贝兹·伯恩斯父子公司的让与人，纽约的罗伯特·伯恩斯因一台咖啡造粒磨粉机获得 1 项美国专利。

◇ 1914 年：采用改良法式滴漏原理的 "Phy-lax" 咖啡滤器由底特律的 Phylax 咖啡滤器公司引进咖啡业界，此公司在 1922 年由宾夕法尼亚州的 Phylax 公司继承。

◇ 1914 年：首次的全国咖啡周活动在美国由全国咖啡烘焙师协会发起。

◇ 1914—1915 年：芝加哥的赫伯特·高特因高特咖啡壶被核发 3 项美国专利，此咖啡壶为全铝制，分为两个部分：一部分是采用了法式滴滤原理的可拆卸圆筒，另一部分则是咖啡收集壶。

◇ 1915 年：伯恩斯的 "Jubilee" 内部加热式瓦斯咖啡烘豆机在美国进行了专利注册并投放到市场上。

◇ 1915 年：全国咖啡烘焙师协会采用了一组以齿轮—棘轮作用原理螺丝的家用咖啡磨粉机被引进业界。

◇ 1915 年：第二届全国咖啡周在美国举行，由全国咖啡烘焙师协会主办。

◇ 1916 年：Federal Tin 公司开始制造与自动包装机器使用相关的锡制咖啡容器。

◇ 1916 年：密尔瓦基的 National Paper Can 公司将一种供咖啡使用的新型不透气密封全纸质罐头引进美国咖啡业界。

◇ 1916 年：1 项美国专利被核发给 I. D. 里奇海默，因他对自己 "Tricolator" 进行改良。

◇ 1916 年：伦敦的咖啡贸易协会是为了将掮客、商人，以及大盘批发商都涵括在内而成立的。

◇ 1916 年：纽约市咖啡交易所更名为纽约咖啡与糖交易所，加入了糖的贸易。

◇ 1916 年：纽约 S. 布里克曼的让与人索尔·布里克曼因一项制作并分配咖啡的装置获得 1 项美国专利。

◇ 1916 年：纽奥良的奥维尔·W. 张伯伦因一款自动滴漏咖啡壶获得 1 项美国专利。

◇ 1916 年：印第安纳州达灵顿的朱尔斯·勒佩吉因使用切割滚筒对咖啡进行切割（而非研磨或捣碎）而获得两项美国专利，后来由芝加哥的 B.F.Gump 公司以"理想"钢切咖啡磨碎机之名营销。

◇ 1916—1917 年：第一个供咖啡使用的不透气密封全纸制罐头被引进美国咖啡业界（由密尔瓦基的 National Paper Can 公司于 1919 年注册专利）。

◇ 1917 年：设在明尼亚波利斯和纽约的贝克进口公司将"Barrington Hall"可溶性咖啡投放至美国市场。

◇ 1917 年：纽约的理查德·A. 格林和威廉·G. 伯恩斯是杰贝兹·伯恩斯父子公司的让与人，因伯恩斯伸缩臂冷却机（供批量烘焙咖啡用）获得美国专利，可达范围内的所有地方皆能连接到冷却箱，提供最大风扇吸力。

◇ 1918 年：密歇根州底特律的约翰·E. 金因一种咖啡不规律研磨方式获得 1 项美国专利，产品中包括 10% 粗磨咖啡粉与 90% 细磨咖啡粉。

◇ 1918 年：费城的查尔斯·G. 海尔斯公司生产海尔斯可溶咖啡。

◇ 1918 年：最早的加藤可溶性咖啡推广者及加藤专利权所有人 I. D. 里希海姆组建了美国可溶性咖啡公司，为海外的美国陆军提供可溶性咖啡的补给；停战之后，在加藤专利的约束下授权给了其他贸易商，或为贸易商处理他们的自有可溶性咖啡——如果对方愿意的话。

◇ 1918 年：美国政府将咖啡进口商、中介、批发商、烘焙商，以及大盘商纳入战时许可证交易系统中管理，以管控出口及价格。

◇ 1918 年：巴西圣保罗州遭受前所未见的霜害，造成咖啡花的严重伤害以及后续咖啡豆的减产。

◇ 1918—1919 年：美国政府对咖啡的管制造成咖啡在巴西港口堆积了超过 900 万袋；即便如此，巴西投机商人迫使巴西咖啡评级上升至 75% 到 100%，导致美国贸易商蒙受数百万美金的损失。

◇ 1919 年：Kaffee Hag 公司在外侨财产监管官将公司股票售出 5000 股，而剩余 5000

股被俄亥俄州克里夫兰的乔治·冈德买入后，成为一家美国公司。

◇ 1919 年：宾夕法尼亚州匹兹堡的威廉·A. 哈穆尔以及查尔斯·W. 特里是密歇根州底特律之约翰·E. 金的让与人，他们因制作一种新式可溶性咖啡的加工步骤获得 1 项美国专利。此加工步骤包括让挥发性的咖啡焦油与凡士林吸收媒材接触，如此咖啡焦油可保存在其中，直到需要与蒸发的咖啡萃取物结合为止。

◇ 1919 年：底特律的弗洛伊德·W. 罗比森因借由以微生物处理咖啡生豆，以增加其风味及萃取物价值的陈化方法获得 1 项美国专利。所得到的产品被称为熟成咖啡投放至市场上。

◇ 1919 年：费城的威廉·富拉德因一种供烘焙咖啡之用的"加热新鲜空气系统"获得 1 项美国专利。

◇ 1919 年：由巴西咖啡农与联合咖啡贸易宣传委员会合作的一项百万美金等级宣传活动开始在美国进行。

◇ 1920 年：第三届全国咖啡周在美国举办，此次的活动由联合咖啡贸易宣传委员会出资赞助。

◇ 1920 年：纽约的爱德华·阿伯尔尼因一款"Tru-Bru"咖啡壶，即体现改良过后之法式滴滤原理的装置，获得 1 项美国专利。

◇ 1920 年：纽约的阿尔弗雷多·M. 萨拉查因一款咖啡瓮获得 1 项美国专利，咖啡在要供应的同时，于此瓮内借由使用蒸汽压力，迫使热水通过龙头上所附加布袋中的咖啡粉制作咖啡。

◇ 1920 年：联合咖啡贸易宣传委员会在美国展开了一场以冰咖啡为主打特色的活动。

◇ 1920 年：麻省理工学院的 S. C. 普雷斯科特教授在联合咖啡贸易宣传委员会的赞助下，开始进行对咖啡性质的科学研究。

◇ 1920 年：一个总部设在纽约的全国性大盘与零售咖啡商组织——咖啡俱乐部，为了促进联合咖啡贸易宣传委员会的工作而成立。

◇ 1920 年：旧金山 M. J. 布兰登史坦公司的让与人威廉·H. 皮萨尼因包装烘焙咖啡的真空加工步骤获得 1 项美国专利。

◇ 1920 年：里约热内卢咖啡交易所举行了开幕仪式。

◇ 1921 年：为促进咖啡的消费，法国成立了法国咖啡委员会。

◇ 1921 年：美国农业农村部化学局裁定，只有种植在爪哇群岛的小果咖啡在贩卖时可以被称作"爪哇"咖啡。

◇ 1921 年：第一批由巴西直接运往波士顿的 23000 袋咖啡是由"自由之光号"所负责载运的。

◇ 1922 年：圣保罗的立法机关在 Sociedade Promotora da Defeza do Café 的教唆下，通过了一项将咖啡由圣多斯出口的关税调整至每袋 200 雷亚尔的法案，以继续在美国进行 3 年咖啡推广活动。

◇ 1922 年：由华特·琼斯、华莱士·摩利、罗伯特·梅尔，以及 Felix. Coste 组成的外交使节团代表全国咖啡烘焙师协会访问巴西。

◇ 1922 年：威廉·H. 乌克斯的作品《关于咖啡的一切》（即本书的第一版）是 30 年来第一部关于咖啡的重要著作，于 10 月出版。

◇ 1922 年：纽约奥辛宁的刘易斯·S. 贝克在美国注册了 1 项两件式真空型自动咖啡机的专利。

◇ 1922 年：荷兰阿姆斯特丹的亨利·罗斯利乌斯因一项由咖啡中移除咖啡因的加工步骤拿到 1 项美国专利；同时，旧金山的刘易斯·安杰尔·罗梅罗为制作咖啡萃取液的步骤注册了 1 项专利。

◇ 1923 年：S. C. 普雷斯科特教授向联合咖啡贸易推广委员会提出报告，表示他对咖啡性质的研究显示，咖啡对绝大多数人来说，是一种合乎身心健康、有益的，且会带来满足感的饮料。

◇ 1923 年：威廉·H. 乌克斯因他的著作《关于咖啡的一切》获得一枚由巴西百年博览会颁发的金牌。

◇ 1923 年：意大利政府将咖啡种植引进非洲厄立特里亚。

◇ 1923 年：纽约的爱德华·艾伯尔尼因一款过滤式咖啡壶获得 1 项美国专利，同时，纽约的 I. D. 里奇海默为一款咖啡单杯浸煮器注册专利。

◇ 1924 年：全国咖啡贸易协调会在美国组织成立，目的在于将生豆商与咖啡烘焙师纳入单一指导组织。

◇ 1924 年：圣路易的 Cyrus F.Blanke 在美国注册了 1 个咖啡壶的专利；纽约的咖啡产品公司则注册了 1 个制备无咖啡因咖啡豆的加工步骤专利；俄亥俄州特洛伊的霍伯特制造公司注册了一台咖啡磨豆机的专利；而密歇根州马歇尔的艾伯特·P. 葛罗汉斯则注册了两款咖啡烘豆机的专利。

◇ 1924 年：巴西政府将对咖啡的保护转移到圣保罗州。

◇ 1925 年：纽约咖啡与糖交易所准许水洗罗布斯塔咖啡的交易。

◇ 1925 年：纽约的威廉·G. 伯恩斯和哈利·罗素·麦柯生是纽约杰贝兹·伯恩斯父子公司的让与人，他们因一款咖啡烘豆机及卸除烘焙豆的方法获得 1 项美国专利。同时，同为杰贝兹·伯恩斯父子公司让与人的理查德·A. 格林注册了 1 个可以独立排空之烘焙圆筒多功能性的专利。

◇ 1925 年：马萨诸塞州穆尔登 Silex 公司的让与人，威廉·A. 蓝姆在美国注册一款咖啡机和加热装置的专利；英国伦敦的恩尼斯特·H. 史提尔注册的是一款供咖啡使用的加压式浸煮器的专利；而新泽西菲利普斯堡的乔治·H. 皮尔则是注册了一款装配有棉绳与标签的渗滤式咖啡浸煮器之专利。

◇ 1925 年：一个由贝伦特·弗瑞尔、F.J.Ach，以及 Felix Coste 组成的美国咖啡人代表团，为了安排重新在美国进行咖啡广告宣传而访问巴西。

◇ 1926 年：圣保罗州在伦敦筹资 1000 万英镑贷款。

◇ 1926 年：《茶与咖啡贸易期刊》以特刊（9 月号）方式庆祝发行 25 周年。

◇ 1927 年：为促进巴西与美国间的商业关系而成立了美国—巴西关系协会。

◇ 1927 年：巴西庆祝引进咖啡种植的第 200 年纪念。

◇ 1927 年：杰贝兹·伯恩斯父子公司的让与人 J. L. 柯普夫注册了一种与咖啡造粒方法有关的专利。

◇ 1927 年：普罗维登斯的 Gorham 制造公司在美国注册了一款电气式渗滤壶的专利；瑞士的 Fritz Kündig 注册了制作无咖啡因咖啡的加工步骤专利；纽约的司洛斯完美咖啡制造者公司注册了 1 个复合式咖啡瓮的专利；德拉维尔的 Compact coffee 企业则是注册了一款咖啡块的专利。

◇ 1928 年：纽约的 I. D. 里奇海默因一个非喷洒式咖啡壶壶嘴获得 1 项美国专利；洛杉矶的查尔斯·E. 佩吉因一款滴漏壶获得专利；而纽约的艾伯特·W. 梅尔是因一款单杯咖啡机获得专利。

◇ 1929 年：巴西—美国咖啡促销委员会在纽约成立，旨在推广巴西咖啡在美国的销售。委员会是由法兰克·C. 罗素担任主席；塞巴斯蒂昂·桑帕约博士担任副主席；还有伯伦特·弗瑞尔、R. W. 马克里里、约翰·M. 汉考克，及费利克·科斯特等其他成员组成。

◇ 1929 年：纽约布罗克顿的韩特利制造公司因改良式三滚筒咖啡研磨机而获得了 1 项美国专利。

◇ 1929 年：法属西非种植第一批咖啡。

◇ 1929 年：纽约罗伯森·罗切斯特股份有限公司的让与人兰威廉·A. 蓝金因改良的渗滤式咖啡壶被核发 1 项美国专利，同时，同一家公司的另一位让与人弗雷德里克·J. 克罗斯则被核发一项电气式渗滤咖啡壶底座的专利；芝加哥 B.F.Gump 公司的让与人威廉·M. 威廉斯获得一台造粒机的专利；而西雅图的约翰·N. 萧则因改良式咖啡瓮获得专利。

◇ 1930 年：纽约的爱德华·阿伯尔尼因一款滴漏壶获得 1 项美国专利；俄亥俄州马西隆的理查德·F. 克罗斯因一台滴漏咖啡机获得专利；意大利的安杰罗·托利那尼因改良式"快速"咖啡滤器获得专利；以及纽约的 I. D. 里奇海默，因为替自己的"Tricolator"咖啡壶设计的改良式咖啡支撑架获得专利。

◇ 1931 年：俄亥俄州春田市的鲍尔兄弟公司注册了一台咖啡研磨磨粉机的 1 项美国专利；纽约的 I. D. 里奇海默因一款改良式咖啡渗滤壶而获得专利；鲍尔兄弟公司的让与人 Richard S.Iglehart 注册了一台咖啡磨粉机的专利；以及纽约的艾伯特·W. 梅尔，注册了专为咖啡壶设计的渗滤式咖啡储存器之专利。

◇ 1931 年：国际咖啡代表大会在巴西圣保罗市召开。会议中建议成立作物管控、宣传活动等方面的合作社，以及一个国际性的咖啡办事处，但并未达成任何实质的成果。

◇ 1931 年：美国物价平稳法人（联邦农场委员会）以 2500 万蒲式耳小麦以物易物交换了 105 万袋巴西咖啡，引发对政府与私人企业争利的抗议。

◇ 1931 年：在全国咖啡师协会大会上，为能代表所有美国咖啡同业的目标，制定了发展"更大且更好"协会的计划。

◇ 1932 年：美国咖啡工业联合会接替了全国咖啡烘焙师协会及全国咖啡贸易协调会的角色，联合会中包括了生咖啡、连锁商店，以及物流等行业，当然还有咖啡烘焙。

◇ 1932 年：纽约咖啡与糖交易所以在华尔道夫饭店举办纪念晚会及发行《茶与咖啡贸易期刊》特刊（3 月号）的方式庆祝其成立十五周年。

◇ 1932 年：一份每年经费达 100 万美金的巴西咖啡美国广告宣传 3 年合约在巴西全国咖啡协调会签署时公布。

◇ 1932 年：纽约布罗克顿的韩特利制造公司因一款改良式咖啡研磨机而获得了 1 项美国专利。

◇ 1932 年：杰贝兹·伯恩斯父子公司让与人威廉·G. 伯恩斯和理查德·A. 格林获得一项咖啡搅拌冷却机的美国专利。此外，杰贝兹·伯恩斯父子公司让与人乔治·C. 赫兹则获得一台将石头等杂物由咖啡中去除之气动分离器的专利。

◇ 1932 年：兰德斯＆弗雷里＆克拉克公司让与人约瑟夫·F. 蓝伯获得一款自热式渗滤咖啡壶的专利；俄亥俄州马西隆的理查德·F. 克罗斯获得滴漏咖啡机的专利；而芝加哥 B.F.Gump 公司让与人尤金·G. 贝瑞与何瑞斯·G. 伍德海德则获得一款咖啡切割磨粉机的专利。

◇ 1933 年：巴西全国咖啡协调会遭到废除，全国咖啡部取代了它的位置。巴西咖啡在美国可能存在的任何广告宣传活动计划都遭到了搁置。

◇ 1933 年：东非的肯尼亚咖啡理事会成立，总部设在内罗毕。

◇ 1933 年：巴西对海外咖啡买家提供了 10% 的特别补助，但随后又很快因业界的反对而撤销。

◇ 1933 年：由璜安·艾伯托上尉、弗雷德利戈·考克斯先生，以及阿弗列德·里纳利斯先生组成的外交使节团为了在芝加哥世界博览会中安排巴西咖啡的展示，并探讨巴西咖啡广告宣传在美国重新开始的可能性而访问美国。

◇ 1933 年：为了合作营销他们的咖啡，乌干达咖啡农组成乌干达咖啡销售合作社，总部设在坎帕拉。

◇ 1933 年：位于纽约康宁、康宁玻璃制品公司的让与人哈利·C. 贝兹在美国注册 1 项全玻璃渗滤式咖啡壶的专利；旧金山 Geo.W.Caswell 有限公司让与人约瑟夫·F. 昆恩因一种烘焙咖啡的步骤获得专利；俄亥俄州伍斯特的 Buckeye 铝业公司让与人柯克·E. 波特因一款滴漏咖啡机获得专利；康涅狄格州新不列颠兰德斯＆弗雷里＆克拉克公司的让与人约瑟夫·F. 蓝伯获得一款电气式渗滤咖啡壶的专利；宾夕法尼亚州沙勒罗伊麦克白－埃文斯玻璃公司的让与人雷蒙·W. 凯尔及查尔斯·D. 巴斯因一台真空式咖啡机获得专利；还有俄亥俄州特洛依利比玻璃制造公司的让与人阿瑟·D. 纳许因一款玻璃咖啡壶获得专利。

◇ 1934 年：针对美国咖啡工业的公平竞争法规在全国工业复兴法之下订立。

◇ 1934 年：应巴西全国咖啡部的邀请，代表美国咖啡贸易业界的代表团访问了巴西，并在 3 周的时间内参访咖啡产区及重要的咖啡贸易城市。

◇ 1934 年：布鲁克林的美国咖啡合作社让与人爱德华·J. 邓特，因一种烘焙方法获得 1 项美国专利；芝加哥 BatianBlessing 有限公司让与人厄尔·M. 埃弗莱斯获得 1 项咖啡瓮的专利；俄亥俄州马西隆的铝业制造有限公司让与人艾伯特·C. 威尔考克斯因一台自动电气式滴漏咖啡机而获得专利；纽约的 I. D. 里奇海默则因咖啡固定器及洒水器获得专利；哈特福 Silex 公司的让与人法兰克·E. 沃考特获得一台真空型咖啡机的专利；纽约美国咖啡合作社的让与人爱德华·J. 邓特获得 1 项烘焙装置的专利；芝加哥 B.F.Gump 公司让与人何瑞斯·G. 伍德海德获得了一台咖啡造粒机的专利；匹兹堡麦克白－埃文斯玻璃公司让与人乔治·D. 麦克白获得 1 项真空型咖啡机的专利；哈特福 Silex 公司的让与人法兰克·E. 沃考特获得一台真空型咖啡机的专利；还有巴特尔克里克的家乐氏有限公司让与人哈洛德·K. 怀尔德因去除咖啡豆中咖啡因的加工技术而获得专利。

◇ 1935 年：纽约杰贝兹·伯恩斯父子公司的让与人 J. L. 柯普夫及莱斯利·贝克因一种新式咖啡烘焙法获得 1 项美国专利。

◇ 1935 年：随着 NRA 的解体，美国联合咖啡工业公司在于芝加哥召开的年会中实行了公平执业法规。

咖啡同义语

被用于咖啡植株、咖啡浆果及咖啡饮料的赞美之词与叙述措辞		
咖啡植株	**咖啡饮料**	
·珍贵的植物	忘忧药	好战者的饮料
·温和友善的植物	欢宴的 1 杯	被热爱及偏爱的饮料
·摩卡的快乐植物	天堂来的果汁	殷勤好客的象征
·天堂的赠礼	天上琼浆	这稀少珍贵的阿拉伯饮品
·有着茉莉般花朵的植物	红色摩卡	文人作家的启发之物
·蒙福的阿拉比	男人的饮料	革命性的饮料
·最优雅的香气	讨人喜欢的汁液	狂欢的深褐色蒸汽
·诸神赐予人类族群的礼物	美味的摩卡	严肃且有益身心健康的饮料
	魔法般的饮料	聪敏之人的饮料
咖啡浆果	馥郁的饮品	才气焕发智者的补药
·魔法豆	美妙的蒸汽	其色泽是它纯净的象征
·天堂之果	全家人的饮料	清醒且有益健康的饮料
·芳香浆果	欢乐的饮料	比一千个吻还要让人愉快
·丰饶高贵的浆果	咖啡乃吾辈之黄金	这真诚且令人愉快的饮料
·带来快感的浆果	全人类的琼浆玉液	没有任何悲伤能拒绝的美酒
·贵重的浆果	黄金般的摩卡	人类兄弟情谊的象征
·对健康有益的浆果	甜美的琼浆	既是乐事又是良药
·天堂般的浆果	天堂的神仙美味	诸神之友的饮料
·神奇浆果	温和友善的饮料	烧尽我们哀愁的火焰
·有万能疗效的浆果	令人愉快的饮料	家庭问题的温和万灵药
·来自也门的芳香浆果	1 杯甜美的饮品	早餐桌上的独裁者
·娇小的芳香浆果	1 杯天堂般的饮品	诸神子嗣的饮料
·娇小的棕色阿拉伯浆果	可喜的汁液	美国早餐桌之王
·来自阿拉伯启发灵感思绪	万能的饮料	温柔地抚慰你，使你免于乏味无趣的
的豆子	美国饮料	清醒
·由阿勒颇送达、冒着烟的	琥珀色的饮料	让你感到愉悦却不会沉醉的 1 杯饮料 *
炽热豆子	欢乐的饮料	咖啡，能让政治家更聪明
·制作出如此被喜爱饮料的	所有人的刺激物	它的香气是所有种类中最令人感到愉
野生浆果	所有香气之王	悦的
	快乐满杯	快乐及有益健康的至高无上的饮料 *
	令人感到抚慰的 1 杯饮料	让我们得以洗去忧伤的河流
	诸神的神仙美味	微风所带来的迷人香气
	智慧的饮料	全然使我的灵魂被喜悦填满的受喜爱
	香气满溢的 1 杯饮料	的汁液
	有益健康的饮料	我们倒在友谊祭坛上的美味奠酒
	好伙伴饮料	将悲伤忧虑从心中驱除的令人振奋的
	民主之饮	饮料
	享有荣光的饮料	
	让人清醒而文明的饮料	
	冷静清醒之饮 *	* 一开始是写给茶的；被错误地声称是为
	心理层面的必需品	咖啡所写